现代建筑门窗幕墙技术与应用
——2024 科源奖学术论文集

杜继予 主编

中国建材工业出版社

北京

图书在版编目（CIP）数据

现代建筑门窗幕墙技术与应用：2024科源奖学术论文集/杜继予主编．--北京：中国建材工业出版社，2024.2

ISBN 978-7-5160-4011-9

Ⅰ.①现… Ⅱ.①杜… Ⅲ.①门－建筑设计－文集②窗－建筑设计－文集③幕墙－建筑设计－文集 Ⅳ.①TU228-53

中国国家版本馆CIP数据核字（2024）第016880号

内 容 简 介

本书以现代建筑门窗幕墙新材料与新技术应用为主线，围绕其产业链上的型材、玻璃、金属板、石材、人造板材、建筑密封胶、五金配件、保温材料和生产加工设备等展开文章的编撰工作，旨在为广大读者提供行业前沿资讯，引导传统产业领域提升创新主体活力，推动创新链与产业链深度融合。同时，本书还针对行业的技术热点，汇集了超低能耗相关技术、BIM及数字化技术、建筑模块化及装配式技术等相关工程案例和应用成果。

本书可作为房地产开发商、设计院、咨询顾问、装饰公司以及广大建筑门窗幕墙上下游企业管理、市场、技术等人员的参考工具书，也可作为门窗幕墙相关从业人员的专业技能培训教材。

现代建筑门窗幕墙技术与应用——2024科源奖学术论文集
XIANDAI JIANZHU MENCHUANG MUQIANG JISHU YU YINGYONG
——2024 KEYUANJIANG XUESHU LUNWENJI

出版发行：中国建材工业出版社
地　　址：北京市海淀区三里河路11号
邮　　编：100831
经　　销：全国各地新华书店
印　　刷：北京印刷集团有限责任公司
开　　本：889mm×1194mm　1/16
印　　张：27.25　彩色：2
字　　数：705千字
版　　次：2024年2月第1版
印　　次：2024年2月第1次
定　　价：**178.00元**

本社网址：www.jccbs.com，微信公众号：zgjcgycbs
请选用正版图书，采购、销售盗版图书属违法行为
版权专有，盗版必究。本社法律顾问：北京天驰君泰律师事务所，张杰律师
举报信箱：zhangjie@tiantailaw.com　举报电话：(010)57811389
本书如有印装质量问题，由我社事业发展中心负责调换，联系电话：(010)57811387

本书编委会

主　　编　杜继予

副 主 编　姜成爱　剪爱森　周瑞基
　　　　　周春海　魏越兴　闵守祥
　　　　　王振涛　丁孟军　蔡贤慈
　　　　　贾映川　周　臻　杜庆林
　　　　　万树春

编　　委　花定兴　闭思廉　曾晓武
　　　　　区国雄　麦华健　江　勤

前　言

告别 2023 年，我国建筑行业进入了转变发展方式、优化产业结构、转换增长动力的关键时期。通过创新驱动实现转型升级，打破业态界限实现合作共赢已成为行业安全发展、科学发展、高质量发展的必由之路。

为了及时总结推广行业技术进步的新成果，本编委会决定把深圳市建筑门窗幕墙学会和深圳市土木建筑学会门窗幕墙专业委员会组织的"2024 年深圳市建筑门窗幕墙科源奖学术交流会"获奖及入选的学术论文结集出版。

《现代建筑门窗幕墙技术与应用——2024 科源奖学术论文集》共收集论文 46 篇，在一定程度上反映了行业技术进步的发展趋势和最新成果。在大幅度降低建筑能耗的前提下，努力提高和改善建筑环境的舒适性，这是建筑行业进入高质量发展时期的一个重要课题，《符合被动式超低能耗建筑的玻璃幕墙系统的应用》《浅析玻璃幕墙传热系数的影响因素》等论文，针对建筑外围护结构的特点在这方面作了有益的探讨。高质量幕墙工程的建造过程就是在初步设计、施工图设计、制造工艺、施工技术、营运维护等全寿命周期的各个阶段，运用先进技术和手段不断地进行创新和突破的历程，《深圳湾超级总部基地 C 塔项目玻璃冷弯设计研究》《澳门新濠影汇异型钢结构安装工艺分析和应用》等文章，对这一专题作了深入的总结和分析。行业技术的发展与进步离不开对基础理论、计算方法、实验数据的研究和探索，离不开对行业未来方向的洞察与研判，《硅酮结构密封胶许用应力的发展演进与展望》《建筑幕墙中若干问题的探讨》《建筑门窗幕墙行业未来的创新发展》等从不同的角度和切入点对此作了重点阐述。

本论文集所涉及的内容包括超低能耗相关技术、BIM 及数字化技术、建筑模块化及装配式技术等在建筑门窗幕墙行业的应用，以及建筑门窗幕墙专业的理论研究与分析、工程实践与创新、制造与施工技术等多方面内容，可供同行借鉴和参考。由于时间及水平所限，疏漏之处恳请广大读者批评指正。

本论文集的出版得到下列单位的大力支持：深圳市科源建设集团股份有限公司、深圳市新山幕墙技术咨询有限公司、深圳市方大建科集团有限公司、深圳中航幕墙工程有限公司、深圳市华辉装饰工程有限公司、深圳市中装建设集团股份有限公司、中建不二幕墙装饰有限公司、深圳市汇诚装饰工程有限公司、深圳市中祥源幕墙工程有限公司、阿法建筑设计咨询（上海）有限公司、深圳市智汇幕墙科技有限公司、深圳市方大云筑科技有限公司、深圳市宝利检测有限公司、郑州中原思蓝德高科股份有限公司、广州白云科技股份有限公司、广州集泰化工股份有限公司、成都硅宝科技股份有限公司、浙江时间新材料有限公司、江苏华硅新材料科技有限公司、广东坚朗五金制品股份有限公司、广东合和建筑五金制品有限公司深圳分公司、深圳坚威科技实业有限公司、深圳东天五金制品有限公司、深圳创信明智能技术有限公司、泰诺风保泰节能科技（深圳）有限公司、佛山市顺德区荣基塑料制品有限公司、深圳市澳顺橡塑制品有限公司、格鲁斯（深圳）幕墙门窗科技有限公司、广东古工防火玻璃有限公司、广东雷诺丽特实业有限公司、深圳市成功幕墙材料有限公司、广东粤邦金属科技有限公司、深圳忠铝铝业有限公司，特此鸣谢。

编 者

2024 年 1 月

目 录

第一部分 行业技术创新发展趋势研究

建筑门窗幕墙行业未来的创新发展……………………………… 窦铁波 包 毅 杜继予（3）

第二部分 "双碳"及超低能耗相关技术研究

符合被动式超低能耗建筑的玻璃幕墙系统的应用……………………………… 黄奕超（9）
浅析玻璃幕墙传热系数的影响因素……………………… 梁珍贵 陈雨伟 朱 俊（18）
碲化镉在BIPV项目上的应用与思考………………… 何 敏 蔡广剑 罗杰良 杨秦川（27）
断桥铝合金型材隔热区填充材料对门窗热工性能的影响……………………… 周秀红（37）
近零能耗类建筑对幕墙门窗的要求………………………………… 谢 冬 谢士涛（41）
光伏幕墙设计要点……………………………………………………………… 艾 兵（46）

第三部分 BIM及数字化技术应用

深圳湾超级总部基地C塔项目玻璃冷弯设计研究 ……… 熊 凯 石大川 王 军 林广松（55）
澳门新濠影汇异型钢结构安装工艺分析和应用………………………… 张同虎 周春海（67）
单元式幕墙参数化加工工艺设计应用…………………… 姚国旺 罗球明 刘文杰（79）
安邦财险深圳总部大厦设计浅析…………………………… 刘琪杰 邓军华 王 斌（86）
BIM技术在建筑幕墙算量及加工图中的应用 ……………………………… 宋尚明（95）
幕墙产品的数字化生产实践……………………………………… 苟于情 莫子全（105）
成都独角兽N6幕墙工程设计与施工解析………………… 张小红 谢泽鑫 肖龙锋（112）
浅谈数据化下单在幕墙加工设计中的应用…………………………… 陈龙辉 包 浪（120）

第四部分 建筑模块化及装配式技术应用

超高层超大幕墙窗系统的装配式设计分析………… 张忠明 杨友富 欧阳林波 刘 振（131）
装配式瓷板幕墙的开发与应用………………………………………… 王继惠 唐喜虎（145）
大跨度波浪造型铝板的装配式技术应用…………… 万 飞 陈伟煌 阮树伟 孙鹏飞（155）
折线铝板幕墙装配式和BIM应用设计分析………… 温华庭 杨友富 刘思扬 张红军（165）

第五部分 理论研究与技术分析

硅酮结构密封胶许用应力的发展演进与展望……… 高新来 胡亚飞 段亚冰 李延鑫（179）
建筑幕墙中若干问题的探讨………………………………………………… 曾晓武（192）
单元式幕墙侧挂π形支座受力分析与设计要点……………………………… 周赛虎（199）

中美玻璃规范计算原理比较与案例对比分析·················· 杨志鹏　范建磊　董　彪　张　瑜（210）
EN 1279 解析及对中空玻璃用密封胶的要求·················· 高　洋　庞达诚　汪　洋　周　平（219）
不同计算方式下铝板加劲肋的力学分析·················· 刘旭康　逄增伟　张舒雅　王万钊（225）
一种特殊造型的 UHPC 窗花 ANSYS 结构分析 ························· 赵海恩　姜捷奇（233）

第六部分　工程实践与技术创新

超大异形固定与开合玻璃屋面建造技术研究与应用 ····················· 禹国英　胡　勤（241）
中金大厦异形索网幕墙设计施工解析 ····························· 彭赞峰　邓军华（255）
设计施工一体化高效建造技术在复杂异形超高层项目中的应用
　　　　　　　　　　　　　　　　　　　　　······· 江永福　蔡广剑　周春海　花定兴（267）
单元式幕墙超大水平装饰带的结构设计 ······················· 李才睿　刘晓烽　闭思廉（276）
粤海街道文体中心幕墙工程设计与施工解析 ··················· 房　飞　王晓军　郭学林（284）
浅析字节跳动后海项目窄立柱锯齿状玻璃幕墙设计 ··················· 彭　斌　鄢超雄（296）
呼和浩特新机场超大气动开启窗设计与施工 ··················· 王继惠　胡　勤　杜静波（304）
"双归零"管理在幕墙质量管控中的应用 ·························· 侯达理　刘晓烽（313）
某项目超高层建筑玻璃幕墙解决方案 ····························· 李春光　陈江华（319）
建筑幕墙外立面超大规格铝板遮阳装饰线条的设计解析 ··················· 韦再兴　郭学林（330）
异形转角一体单元幕墙板块的设计与安装分析 ········· 张立成　黄建峰　杨友富　李荣年（339）
浅析某工程蜂窝铝板设计及施工难点 ····················· 阮李奔　梁宏程　柳国玻（350）

第七部分　制造工艺与施工技术研究

大跨度预制 GRC 构件无缝分段合并的综合施工技术
　　　　　　　　　　　　　　　　　　　　　······· 莫世真　陈伟煌　黄庆祥　孙鹏飞（359）
中银国际金融中心装饰"中"字铝节能幕墙系统设计 ··········· 吴天青　钟云严　何　敏（367）
浅谈幕墙吊装用屋面环形轨道的安装技术 ·························· 廖文涛　李才睿（376）
一种大型月牙状铝板装饰构件构造及安装设计 ························ 李正明　杨　云（391）
防火玻璃幕墙横梁立柱及系统安装问题的分析应用 ····················· 刘惠芬　吕淑清（398）
钢结构点支撑玻璃幕墙施工技术研究 ································· 黄明辉（404）

第八部分　既有建筑幕墙维护、改造与检测技术

建筑幕墙防火封堵现场检测浅析 ······························· 包　毅　江　辉　杜继予（409）
深圳湾睿印 RAIL IN 幕墙改造工程设计与施工 ············· 区家伟　刘　海　陈桂锦　黄　磊（412）

第一部分
行业技术创新发展趋势研究

建筑门窗幕墙行业未来的创新发展

◎ 窦铁波　包　毅　杜继予

深圳市新山幕墙技术咨询有限公司　广东深圳　518057

摘　要　经过四十余年改革开放，经济高速发展，我国建筑产业达到较高水平，当前，房地产市场萎缩下降的趋势，给整个建筑产业带来极大的影响，门窗幕墙行业也承受巨大的压力。在我国经济转型和高质量发展的背景下，建筑门窗幕墙行业的市场和发展方向，需要我们进行认真的分析和探讨。本文对建筑门窗幕墙市场进行了分析，探讨了我国建筑门窗幕墙行业未来创新发展的方向。

关键词　门窗幕墙；市场；创新

1　引言

经过四十余年改革开放，经济高速发展，我国建筑产业达到较高水平，当前，房地产市场明显开始出现萎缩下降的趋势。根据国家统计局发布的数据，2022年全国房地产开发投资13.29万亿元，比2021年下降10%，回退到了五年前的水平。从中国建筑金属结构协会铝门窗幕墙分会《2022—2023中国门窗幕墙行业研究与发展分析报告》中可以看到，幕墙产值显现逐年下降的趋势，2022年幕墙产值比2019年下降了约20%。另外，2023年上半年一线城市"商办"市场租金及空置率双双承压。戴德梁行日前的报告显示，截至2023年6月底，北京、上海、广州、深圳的甲级写字楼空置率分别为16.9%、18.6%、18%、24.5%，均较2022年年底有不同程度的上升。深圳写字楼租金回到十年前，空置率有的区域高达40%。全国一线城市办公楼的空置率也反映出我国房地产建筑产业在我国现在经济水平的状态下基本趋向于饱和。房地产市场的萎缩趋势，必将给整个建筑产业带来极大的影响，门窗幕墙行业同样会承受巨大的压力。在我国经济转型的大形势下，建筑门窗幕墙行业如何跟上国家高质量发展的步伐，市场和发展方向在何方，需要我们认真分析和探讨。

2　建筑门窗幕墙市场分析

2.1　新建建筑门窗幕墙市场

在我国经济转型的大形态下，我国房地产在国家经济建设支柱产业行列的排位正在变化。房地产市场的萎缩，必定造成新建建筑量的减少，建筑门窗幕墙市场也不可能像以前的发展周期一样继续一路走高，而是趋向缓慢下降。由于我国地域经济发展不平衡，建筑需求和发展也不一致，但可以预见的是超高层建筑办公楼将逐渐减少，伴随而来的应该是城市民生配套和居住建筑的增加，如文化、教育、医疗、体育、旅游建筑和住宅园区等。图1～图5所示的上海、杭州和深圳等地近年来在建或规划中的项目都属于此类建筑，是建筑门窗幕墙未来的潜在市场。

  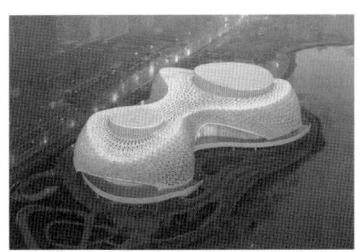

图 1　上海大歌剧院　　　图 2　上海世博文化公园温室花园　　　图 3　杭州金沙湖大剧院

图 4　深圳金融文化中心　　　　　　　图 5　深圳自然博物馆

2.2　既有建筑门窗幕墙改造市场

据不完全统计，到 2023 年末，幕墙面积预计达到 32 亿 m^2，而门窗的数量更多。一方面，随着我国对建筑环境和节能性能要求的提高，既有建筑门窗幕墙设计工作年限的到期，安全不确定因素增加，另一方面，随着人民对幸福生活的追求，住宅装修水平的提高，为确保既有建筑门窗幕墙安全和正常使用，并创造出绿色、节能和舒适的工作、生活环境，既有建筑门窗幕墙的改造和重建，将成为建筑门窗幕墙未来的一个巨大的潜在市场，给建筑门窗幕墙行业发展带来新的生机。

1）建筑环境和节能改造

20 世纪 80 年代末至 90 年代所建的门窗幕墙都是性能较低的产品，已远远满足不了现在建筑环境和节能的要求，这部分建筑的环境和节能改造正在逐渐增加，其中国有企业和政府部门的办公建筑已成为改造的重点，如深圳设计大厦及周边小区的近零能耗改造。

2）既有建筑门窗幕墙维保和重建

20 世纪 80 年代建成的建筑已历经四十多年的风雨，其建筑门窗幕墙按照现行国家标准规范的规定，已达到或超过工作使用年限，既有建筑门窗幕墙老化和性能的下降，给建筑的正常运营带来较大的安全风险和管理上的不便及经济损失。日常的安全检查和维护维修、大面积的拆除重建正在逐步形成规模化的局面，这给门窗幕墙市场未来发展提供了一定的空间。

3）建筑门窗家装市场

由于人民生活水平的提高，以及既有建筑门窗存在的性能缺陷，我国建筑门窗家装产品和市场近年来得到极大的发展，特别是在二、三线城市以及广袤的村镇地区，对建筑门窗家装产品需求特别强劲。家装市场的现货现价、快速流转周期和市场潜力的特点有力地推动了家装门窗企业的发展，企业年产值在十几亿元以上的不在少数。

3　建筑门窗幕墙行业创新发展的趋势

顺应建筑门窗幕墙市场的变化，面对建筑门窗幕墙行业未来可持续发展的大趋势，唯有依靠不断的管理创新、设计创新、材料创新、制造创新、施工创新和标准创新来引领、提高和促进行业、企业的竞争能力，才能规避风险、健康发展。应反对和制止一切通过低质低价的不正当竞争所产生的行业内耗。

3.1 管理创新

管理创新是建筑门窗幕墙行业未来发展的最基本创新元素。在我国经济转型高质量发展的形势下，我们应该抛去以往低层次、低质量、低效率、低价格的管理思维，依靠现代信息和大数据系统建立新型的管理模式。企业应该在高层次人才、高管理质量、高运作效率和高经济效益等方面进行创新和重建，包括理念和信息管理创新、组织和人力资源管理创新、财务和市场营销管理创新、工程设计和技术研发管理创新、产品制造和现场施工管理创新、物流和工程进度管理创新等。管理创新可减少企业内上下游环节的不必要内耗，为企业发展增添实实在在的竞争能力，确立企业在行业中的头部地位。

如何将 AI（人工智能）技术融入工程项目中的数据收集、数据分析、项目策划、计划实施等各个方面，建立实时可视的即时建筑信息模型（BIM），为管理决策者提供整个项目生命周期（从规划到完成）的准确信息，优化相关链接，提升管理效力，是值得探讨和发展的方向。

3.2 设计创新

设计创新将引领材料创新、制造创新、施工创新的发展，大力推进门窗幕墙行业向工业化、装配化、智能化和绿色低碳化发展是设计创新的方向。第一，以设计为中心，建立集材料、加工和施工各环节于一体的信息管理系统，以提高企业整体工作效率，提升建筑质量，降低工程成本，对带动企业技术进步、全面转型升级具有重要意义。第二，采用先进的工程设计和计算方法，开发新型门窗幕墙结构、新工艺和新材料，是促进装配化技术深化，减少设计环节，提高设计可靠性，攻克多维曲面、空间结构等难点幕墙的重要方式。第三，应着眼于适应"双碳"目标和绿色建筑的新型建筑门窗幕墙产品的研发和实施，包括低能耗、清洁能源、智能与绿色等类型。第四，对即将到来的既有门窗幕墙改造和重建，要研究其与新建门窗幕墙在设计上的差别，探讨出相关的技术方案和解决办法。对于设计中最主要的安全问题，应始终放在设计创新的首位。

3.3 材料创新

材料创新是建筑可持续发展的重要一环，是门窗幕墙作为建筑外围护构件，在减少建筑能耗和创建新型结构等方面必不可少的支承。在我国"双碳"目标的指引下，低碳、节能、环保、可再生等绿色新型建筑材料不断涌现，给建筑门窗幕墙在新材料的应用上提供了更多的选择空间。我们应在门窗幕墙的设计中认真学习、了解和掌握各种新材料，包括复合材料、免烧制品、防护涂料、密封材料、五金制品等产品的性能，研发和创新更多安全可靠和绿色节能的门窗幕墙产品。同时，在设计的过程中，提出对材料更多的要求，进一步推动材料创新的发展。

3.4 制造创新

各种新型门窗幕墙加工设备的出现，为门窗幕墙制造创新提供了必要的条件。组建全自动全流程的门窗幕墙加工流水线是门窗幕墙制造创新的目标，是完成复杂门窗幕墙构件加工，提高产品质量和工作效率的保障。在组建自动化门窗幕墙加工流水线时，应同时建立与下料设计、生产计划、产品检验和施工识别的网络对接系统，提高制造创新信息和人工智能的水平。

3.5 施工创新

在激光三维扫描和 AI 技术发展的推动下，未来门窗幕墙施工创新将向数字化和智能化发展。对于多维复杂曲面和空间结构幕墙，运用高精度的三维扫描数字化测量，结合大数据处理和云计算技术，以及 BIM 技术，可以呈现虚拟的真实工程现场与设计模型的实际误差，为门窗幕墙的深化设计，特别是精准下料、拼装和安装提供可靠的数据依据，可提高工程质量和管理效率，减少材料浪费，降低成本，缩短工期。大型门窗幕墙板块的吊装和安装具有相对的难度和挑战，随着装配化技术的发展，在AI技术的助力下，创新的施工工法和设备等方面将不断发展，安全、高效、高质的机械化、标准化、智能化施工，包括采用机器人等智能设备，将完成施工人员不可能完成的操作。

3.6 标准创新

标准是一切行业的制高点，要确保企业在行业中的领先地位，掌握新技术、新产品、新工艺来制定具有领先水平的工程标准是必不可少的先决条件。在标准创新的过程中，我们要注重行业发展和企业运营中遇到的难点、企业的需求和解决的方法，并以此作为标准研制和创新的基点，不断完善门窗幕墙行业的标准体系，为行业在经济转型和高质量发展提供技术引领和保障。

4 结语

面对我国经济转型和建筑市场的变化，建筑门窗幕墙行业只有在不断的努力和创新中寻找高质量发展的方向，企业在面对市场竞争时，唯有在创新中以管理、质量、技术和服务领先取胜求生存。在创新发展的过程中，行业还需不断完善市场管理机制，加强企业依法经营，遏制非法和恶劣的低价竞争。无底线的内卷，最终将导致行业技术进步的停滞、假冒低劣产品的猖獗、行业头部企业的消亡，这严重背离行业高质量发展的方向，对行业发展是极大的伤害。

参考文献

[1] 住房和城乡建设部标准定额研究所．建筑幕墙产品系列标准应用实施指南（2017）[M]．北京：中国建筑工业出版社，2017.

[2] 住房和城乡建设部标准定额研究所．建筑门窗系列标准应用实施指南（2019）[M]．北京：中国建筑工业出版社，2019.

[3] 包毅，窦铁波，杜继予．适应双碳目标的建筑门窗幕墙技术发展路线[C]//现代建筑门窗幕墙技术与应用：2022科源奖学术论文集．北京：中国建筑工业出版社，2022：3-10.

[4] 杜继予．既有建筑幕墙规范化管理和工程技术发展探讨[C]//现代建筑门窗幕墙技术与应用：2019科源奖学术论文集．北京：中国建筑工业出版社，2019：275-283.

第二部分
"双碳"及超低能耗相关技术研究

符合被动式超低能耗建筑的玻璃幕墙系统的应用

◎ 黄奕超

中国建筑西南设计研究院有限公司　广东深圳　518028

摘　要　本文从幕墙系统的结构形式选择、幕墙玻璃热工参数的确定以及幕墙节点的热工优化设计三个角度，探讨了符合被动式超低能耗建筑的玻璃幕墙系统的设计。

关键词　MQMC；被动式超低能耗建筑；在线低辐射镀膜（在线Low-E）；当量导热系数；无热桥处理

1　引言

被动式超低能耗建筑是指适应气候特征和自然条件，通过保温隔热性能和气密性能更高的围护结构，采用新风热回收技术，并利用可再生能源，提供舒适室内环境的建筑。"被动房"概念在1988年由瑞典隆德大学（Lund University）的阿达姆森教授（Bo Adamson）和德国的菲斯特博士（Wolfgang Feist）最先提出，理论上被动房是不用主动的采暖和空调系统就可以维持舒适室内热环境的建筑。指通过将自然通风、自然采光、太阳能辐射和室内非供暖热源取热等被动节能手段与建筑围护结构高效节能技术相结合，建造而成的低能耗房屋建筑。透明玻璃幕墙与外门窗是建筑围护结构中较为薄弱的环节，约50%的建筑围护结构的采暖、空调能耗都是由玻璃幕墙等透明围护结构散失的。因此，建筑透明玻璃幕墙和外门窗的节能是围护结构节能的重点和关键，也是被动式超低能耗建筑的重点。

铝合金玻璃幕墙系统经过三十多年的验证，以它独特的魅力得到广泛认可。可是用到被动式超低能耗建筑中，因为玻璃幕墙的框料铝合金的导热系数是201W/（m²·K），是热的良导体而广受质疑。本文通过充分论证、模拟及数据计算，来说明铝合金玻璃幕墙作为被动式超低能耗玻璃幕墙是可行的，并从多个角度分析如何设计铝合金玻璃幕墙系统，让该幕墙系统满足被动式超低能耗建筑的节能要求。

2　项目概况

邯郸市某体育馆项目，按照建筑热工分区，本项目属于寒冷地区，设计为一座三层综合训练馆建筑效果图（图1），总建筑面积15982.96m²，包括地下建筑面积3643.56m²，地上建筑面积12339.4m²，建筑高度29.5m，主体结构为钢框架结构，主要幕墙系统有被动式玻璃幕墙系统、铝板幕墙系统、穿孔铝板幕墙系统、石材幕墙系统等。建筑幕墙系统按照符合被动式超低能耗建筑设计，此文主要从幕墙系统设计、玻璃面板热工参数选择以及幕墙节点热工三个方向阐述本项目玻璃幕墙系统的设计思路。

根据建筑节能报告书（表1），本项目东南西北四个方向的透明幕墙传热系数均≤1.0W/（m²·K）。且根据河北省地方标准《被动式超低能耗公共建筑节能设计标准》[DB13（J）/T 263—2018] 中4.2.3可知，寒冷地区外门窗的传热系数K≤1.0W/（m²·K）。故本项目对透明幕墙传热系数的要求，满足

图 1 建筑效果图

当地节能标准。下面从透明幕墙系统结构形式的选择、幕墙玻璃的选择以及幕墙节点热工优化设计三个方面分别阐述本项目透明幕墙的系统设计。

表 1 建筑节能报告书

朝向	立面	面积（m²）	传热系数 K [W/（m²·K）]	综合太阳得热系数	窗墙比	标准要求	结论
南向	南-默认立面	533.00	1.00	0.30	0.27	K≤2.50W/（m²·K），SHGC≤0.48	满足
北向	北-默认立面	719.50	1.00	0.30	0.33	K≤2.00W/（m²·K），SHGC（不要求）	满足
东向	东-默认立面	491.19	1.00	0.30	0.30	K≤2.50W/（m²·K），SHGC≤0.48	满足
西向	西-默认立面	356.18	1.00	0.30	0.35	K≤2.00W/（m²·K），SHGC≤0.40	满足
综合平均		2099.87	1.00	0.30	0.31		
标准依据	《建筑节能与可再生能源利用通用规范》（GB 55015—2021）第 3.1.10 条							
标准要求	外窗传热系数和太阳得热系数满足 GB 55015—2021 中表 3.1.10-3 的要求							
结论	满足							

3 玻璃幕墙系统设计

3.1 玻璃幕墙系统的选择

本项目玻璃幕墙采用的是框架式玻璃幕墙，框架式玻璃幕墙按照结构分为全明框、半隐框和全隐框三种。全明框和半隐框的玻璃幕墙可以通过多种形状和造型的金属装饰条，达到不同的装饰效果；全隐框的玻璃幕墙则因为没有框料明露，形成大面积的全玻璃镜面。因其可以达到大面积全玻璃镜面的建筑效果，而广受建筑师的青睐。不同的结构形式决定了建筑立面的效果，故幕墙的结构形式一般由建筑师和业主共同决定，幕墙顾问在前期通过分析和计算给建筑师和业主提供专业意见，从而使玻璃幕墙系统在初步设计时就能符合热工计算的要求，以免后期反复修改。

首先，无论是非断热铝框还是断热铝框，明框幕墙的框传热系数普遍大于或远大于 1.0W/（m²·K），如幕墙立柱与横梁均采用明框的形式，那么整幅幕墙的传热系数将很难满足要求。其次，根据《住房城乡建设部 国家安全监管总局关于进一步加强玻璃幕墙安全防护工作的通知》（建标〔2015〕38 号），人员密集、流动性大的商业中心，交通枢纽、公共文化体育设施等场所，邻近道路、广场及下部位出入口、人员通道的建筑，严禁采用全隐框玻璃幕墙。所以，从上述两个角度考虑，采用半隐框是最优的幕墙结构形式，只要合理地处理幕墙框节点热工设计和玻璃热工参数选择，就可以使整幅幕墙满足节能设计的要求。

3.2 幕墙玻璃的选择

1）玻璃的热工参数选择

被动式超低能耗建筑对外围护玻璃幕墙的节能要求越来越高，本项目要求透明幕墙传热系数限值为 $1.0W/(m^2·K)$，无论是非断热铝框还是断热铝框，其传热系数普遍大于或远大于 $1.0W/(m^2·K)$，因此要求玻璃的传热系数应尽可能低，以保证整幅幕墙传热系数达到要求，控制在 $1.0W/(m^2·K)$ 以下。北方项目常规的三玻两腔充氩气双银Low-E中空玻璃，传热系数约为 $1.0\sim1.2W/(m^2·K)$，采用常规中空Low-E玻璃，无法满足整幅幕墙传热系数达到 $1.0W/(m^2·K)$ 的要求。如果组成三玻的三片玻璃均采用镀Low-E膜的工艺，会大大降低幕墙玻璃的传热系数。咨询玻璃厂家，厂家提供下述玻璃（图2）：第一和第二片玻璃采用离线双银镀膜工艺，第三片玻璃采用在线镀膜工艺，中空层充氩气，组成超级节能中空玻璃，该玻璃传热系数可降低至 $0.65W/(m^2·K)$。

2#、4#双银Low-E	2#、4#双银Low-E、6#在线Low-E	玻璃配置
0.71	0.65	6白玻双银Low-E (2#)+12Ar暖边条(氩气)+6白玻双银Low-E (4#)+16Ar+6YEA在线Low-E (6#)
0.89	0.802	6白玻双银Low-E (2#)+9Ar暖边条(氩气)+6白玻双银Low-E (4#)+9Ar+6YEA在线Low-E (6#)
0.71	0.652	6白玻双银Low-E (2#)+12Ar暖边条(氩气)+5白玻双银Low-E (4#)+16Ar+5YEA在线Low-E (6#)
0.82	0.736	6白玻双银Low-E (2#)+9Ar暖边条(氩气)+5白玻双银Low-E (4#)+9Ar+5YEA在线Low-E (6#)
0.73	0.67	6白玻双银Low-E (2#)+12Ar暖边条(氩气)+6白玻双银Low-E (4#)+12Ar+6YEA在线Low-E (6#)

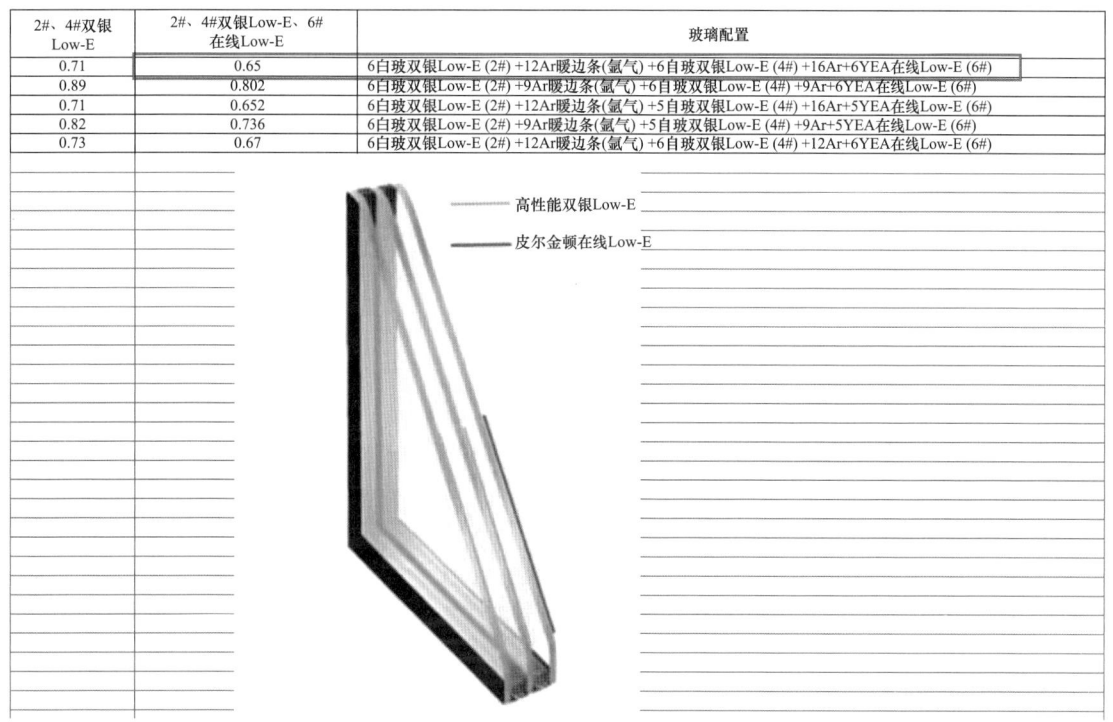

图2 厂家玻璃参数

2）超级节能中空玻璃构造说明

玻璃构造详图如图3所示。

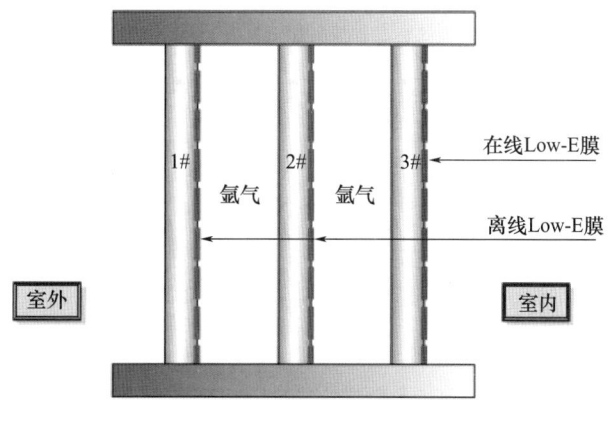

图3 玻璃构造详图

（1）玻璃1♯、玻璃2♯——离线Low-E（虚线表示镀膜面）

离线Low-E主要是指在浮法玻璃生产完毕后，用真空磁控溅射的方法，将辐射率极低的金属、合金金属和化合物均匀地镀在玻璃表面的成膜技术，其核心功能层一般为高纯金属银，因此也叫含银Low-E。由于银在空气中会缓慢氧化，因此离线Low-E膜必须合成中空使用，离线采用磁控溅射镀膜时，当银层达到一定厚度后，单独增加银层的厚度对降低辐射率作用不明显，反倒会提高可见光反射率，呈现很强的镜面效果。为了更有效地降低辐射率，必须把银层用其他介质层隔开，就产生了双银和三银。一般来说，银层越多辐射率就越低，单银辐射率小于0.15，双银辐射率小于0.05，三银辐射率小于0.02，但目前关于双银和三银并没有相应的标准规范约定。

（2）玻璃3♯——在线Low-E（虚线表示镀膜面）

在线Low-E是在浮法玻璃生产线锡槽部位玻璃的成型过程中采用CVD（化学气相沉积）技术进行镀膜，这时候玻璃处于近700℃的高温，保持新鲜状态，具有较强的反应活性，膜层同玻璃通过化学键连接，结构非常牢固。另外，膜层全部由半导体氧化物构成，具有很好的化学稳定性和热稳定性以及比玻璃本体还高的硬度，因此称为"硬镀膜"。在线Low-E玻璃采用的是二氧化锡（SnO_2）半导体膜层，但它的辐射率为0.17~0.25，严格来说已不能称之为Low-E玻璃（科学上把辐射率≤0.15的物体称为低辐射物体），二氧化锡半导体层具有良好的化学稳定性，所以即便在裸露的环境下依然可以保持稳定不变，不管是单片使用还是组成中空玻璃使用，膜层性能都能保证永不衰减。故当三玻两腔玻璃三片都需要镀膜时，前两片采用更低辐射率且必须中空使用的离线Low-E，第三片采用可以在裸露环境下使用的在线Low-E。

（3）空气层——氩气（惰性气体）

氩气是目前工业上应用很广泛的稀有气体，它的性质十分不活泼，既不能燃烧，又不助燃。氩气作为稀有气体，自身具有惰性，可以减慢中空玻璃内的热对流。它可以明显降低传热系数，有效阻止外片玻璃所吸收的热量向室内流入。同时可以降低玻璃两侧温度，减小冷凝和霉变的风险，提升室内舒适度（图4、图5）。它可以更大幅度地提高其隔声降噪效果，也可以使中空玻璃的保温、隔声效果更好。在使用低辐射Low-E玻璃或镀膜玻璃时，由于充入气体为不活泼稀有气体，可以保护膜层、降低氧化速度，延长镀膜玻璃的使用寿命。

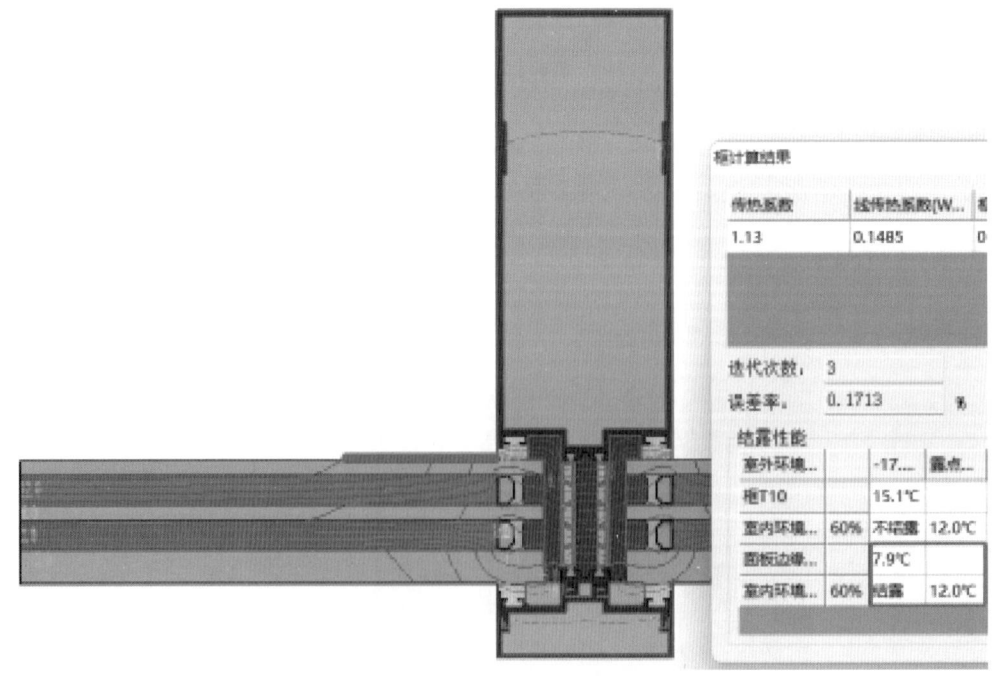

图4　充空气玻璃边缘结露区域

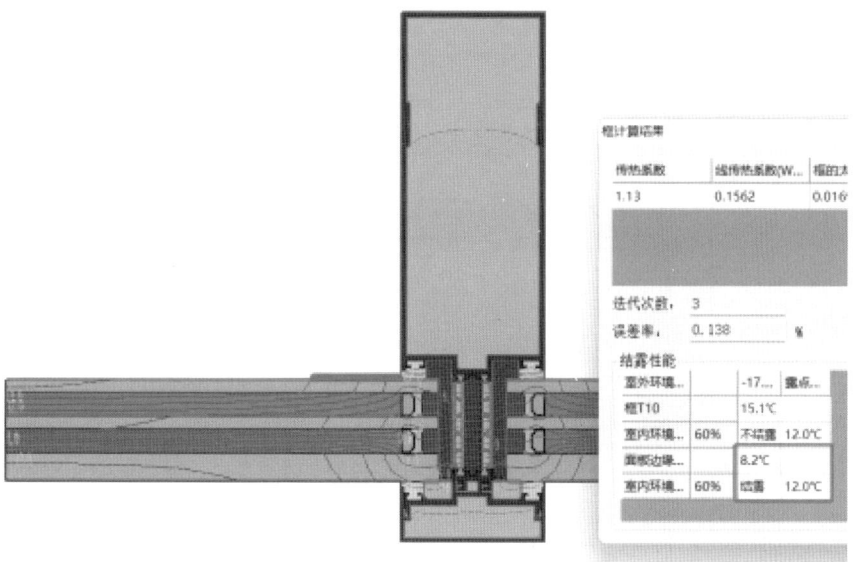

图 5　充氩气玻璃边缘结露区域

说明：采用相同的计算条件，仅改变玻璃气体层，通过 MQMC 软件模拟，幕墙室内侧结露区域明显减小，室内舒适度更高。

3）玻璃热工性能软件模拟

采用 MQMC 软件模拟三玻两腔充氩气双银 Low-E 中空玻璃（玻璃①）与厂家提供玻璃（玻璃②）传热系数（项目气候参数见图 6）。

图 6　项目气候参数

说明：在软件中使用中国玻璃库的玻璃，选择合适的膜层发射率来模拟离线双银与在线镀膜，离线双银膜的发射率为 0.03~0.04，在线镀膜的发射率为 0.1~0.2。辐射率越低，对远红外的反射作用越强。

玻璃①：6mmLow-E 离线双银＋12Ar＋6mm＋12Ar＋6mm，通过模拟，玻璃传热系数为 1.004W/（m²·K）（图 7）。

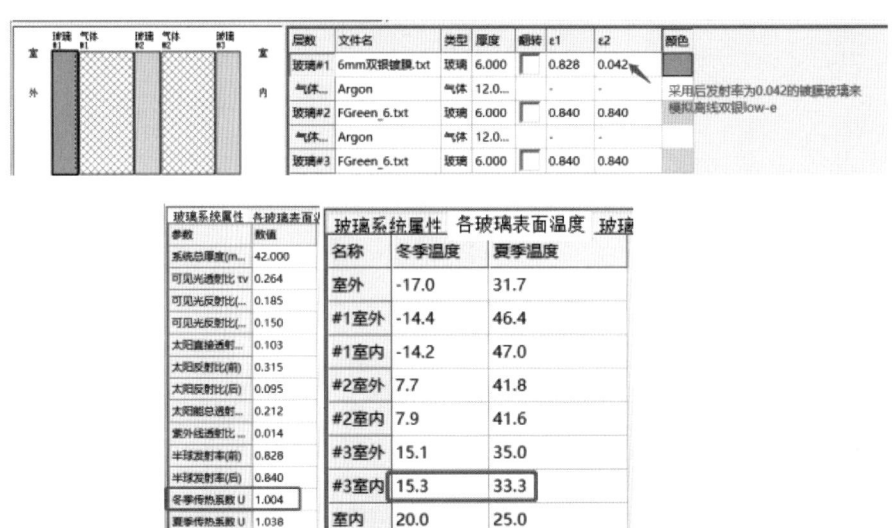

图 7 玻璃①软件模拟计算结果

玻璃②：6mmLow-E 离线双银＋12Ar＋6mmLow-E 离线双银＋12Ar＋6mm 在线镀膜，通过模拟，玻璃传热系数为 0.65W/（m²·K）（图 8）。

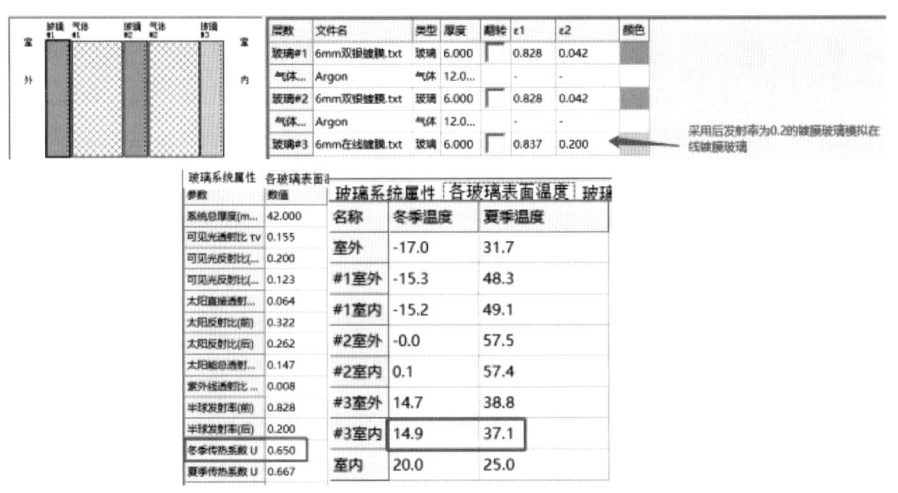

图 8 玻璃②软件模拟计算结果

根据软件模拟，玻璃①传热系数为 1.004W/（m²·K），玻璃②传热系数为 0.65W/(m²·K)，组成三玻的三片玻璃均采用镀 Low-E 膜的工艺，的确可以大大降低玻璃的传热系数。但是玻璃②的最内片玻璃，即玻璃 3♯室内侧夏季温度为 15.3℃＞14.9℃（玻璃①3♯室内侧夏季温度），玻璃②3♯室内侧冬季温度为 33.3℃＜37.1℃（玻璃①3♯室内侧冬季温度），这种情况会降低人体的舒适度。这是此种玻璃的一个缺陷，但是为了追求极致的超低传热系数，降低值在可接受范围内，是现阶段比较合适的方法。

3.3 幕墙节点热工优化设计

1）适度增加明框幕墙框节点隔热条长度

采用相同的计算条件，通过 MQMC 软件模拟计算立柱传热系数，当断热条长度为 35mm 时（图 9），立柱传热系数为 1.49W/(m²·K)，断热条长度增加至 50mm 时（图 10），立柱传热系数降低至 1.13W/(m²·K)，幕墙立柱传热系数明显降低。这说明在一定范围内增加断热条的长度，是降低幕墙传热系数的有效方法之一。此处之所以采用一定范围,是由于隔热条存在于立柱这个主要受力型材和压板中间,若超出一定范围,将影响其结构安全,故在保障安全和节能的双重前提下需要选择合适长度的隔热条。

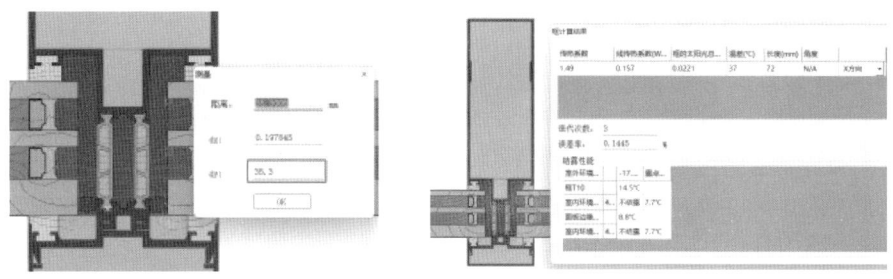

图 9　立柱传热系数（立柱采用 35mm 断热条）

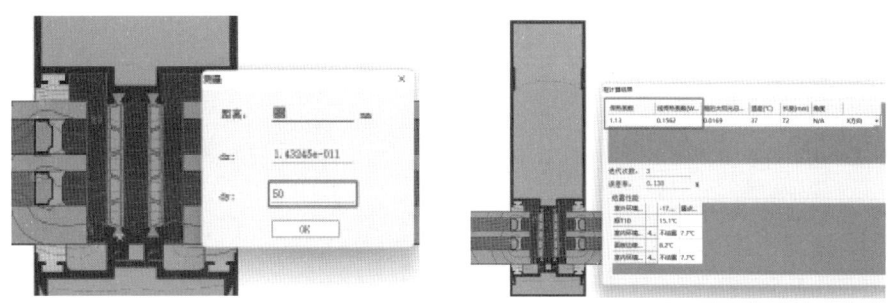

图 10　立柱传热系数（立柱采用 50mm 断热条）

2）减少框内封闭空腔的当量导热系数

在封闭静止状态下,空气的导热系数为 0.023W/(m·K),其热传导非常慢,绝大多数隔热条（垫）的隔热性能都不及封闭空气。常用的隔热条（垫）如尼龙 66+25%玻璃纤维导热系数为 0.3W/(m·K),硬质 PVC 导热系数为 0.17W/(m·K),浇注聚氨酯导热系数为 0.17W/(m·K)。但是气体属于流体,容易通过流动产生热对流,热对流的传热速率远远大于热传导,此时用封闭空气来达到保温的效果会大打折扣。所以计算框内封闭空腔的传热时,应将封闭空腔当作一种不透明的固体材料,其当量导热系数应考虑空腔内的辐射和对流换热,应按《建筑门窗玻璃幕墙热工计算规程》（JGJ/T 151—2008）中式（7.4.1-1）、式（7.4.1-2）计算:

$$\lambda_{\mathrm{eff}} = (h_\mathrm{c} + h_\mathrm{r}) \cdot d \qquad (7.4.1\text{-}1)$$

$$h_\mathrm{c} = Nu \frac{\lambda_{\mathrm{air}}}{d} \qquad (7.4.1\text{-}2)$$

式中　λ_{eff}——封闭空腔的当量导热系数 [W/(m·K)];

h_c——封闭空腔内空气对流换热系数 [W/(m²·K)],应根据努谢尔特数来计算,并应依据热流方向是朝上、朝下或水平分别考虑三种不同情况的努谢尔特数;

h_r——封闭空腔内辐射换热系数 [W/(m²·K)],应按本规程第 7.4.10 条的规定计算;

d——封闭空腔在热流方向的厚度 (m);

Nu——努谢尔特数;

λ_{air}——空气的导热系数 [W/(m·K)]。

由上述公式可知,封闭空腔的当量导热系数大小与其在热流方向的厚度成正比。为了降低其当量导热系数,应尽量减小热流方向较大厚度的封闭空腔,可采用保温发泡棉填充封闭空腔。保温发泡棉作为密实固体材料,通常可以认为通过这些材料的传热方式是导热过程。尽管在固体内部可能因细小空隙的存在而产生其他方式传热,但这部分所占的比例甚微,可以忽略。所以在使用软件采用二维稳态传热计算幕墙框的时候，固体材料的导热系数作为一个固定值，只有气体材料的导热系数会因为热流方向的厚度以及项目计算条件的不同而发生变化。

采用相同的计算条件，通过MQMC软件模拟幕墙立柱，当不对封闭空腔做任何处理时（图11），该区域封闭空腔的当量导热系数为0.2357W/(m·K)，约是静态封闭空气的10倍，此时幕墙立柱的传热系数为2.14W/(m²·K)。采用保温发泡棉填充封闭空腔（图12），保温发泡棉的导热系数为0.05W/(m·K)，此时幕墙立柱的传热系数为1.13W/(m²·K)，幕墙立柱传热系数明显降低。

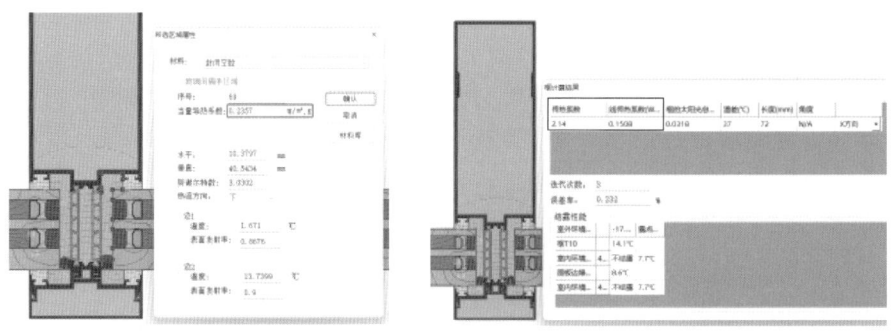

图11 立柱传热系数计算（封闭空腔）

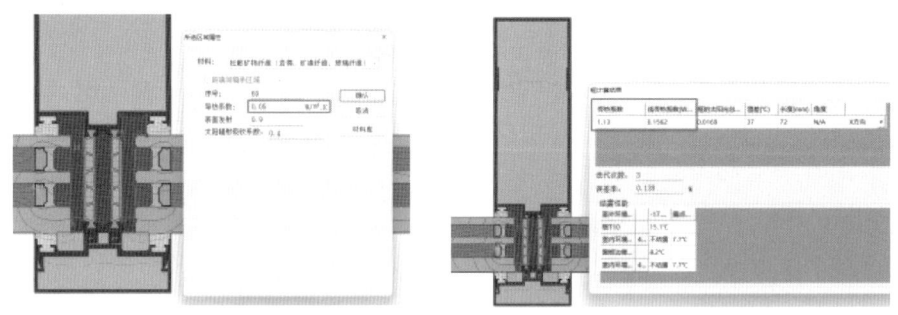

图12 立柱传热系数计算（保温发泡棉）

3）连接节点无热桥处理

数据统计资料显示，建筑能耗从2000年开始就占据社会总能耗的20%以上，近些年建筑能耗已攀升至总能耗的40%，而通过门窗流失的能耗约占建筑能耗的50%。可以看到，建筑外门窗性能对建筑节能起关键作用。在《被动式低能耗居住建筑节能设计标准》[DB13（J）/T 177—2015]中，寒冷地区外门窗传热系数被限定在1.0W/(m²·K)以下，因此高质量的幕墙和幕墙安装时的无热桥设计是实现被动式低能耗建筑的必要条件。

热桥是围护结构中热流强度显著增大的部位。欧盟标准EN ISO 10211-1中关于建筑热桥的定义如下：建筑围护结构热桥是由不同导热性能的材料贯穿或者结构厚度变化或者内外面积的不同（如墙、天花板和地板连接处）而引起的。热桥可以分为线热桥和点热桥，线热桥为沿一个方向具有相同截面的热桥，点热桥为可用一个点热桥系数表示的局部热桥。幕墙通过埋件与主体结构连接，会形成很多点热桥和线热桥，如果不加以控制，就会出现以下情况：一是增加了建筑能耗。热桥的存在，增加了单元墙体的平均传热系数，导致热流增大，能耗增加。二是冬季热桥处内表面温度较主断面低，处理不好可能导致墙体内侧结露甚至发霉，影响室内卫生状况。所以需要对幕墙与主体结构连接位置进行断热桥处理。

本项目主体结构为钢结构，幕墙连接件采用角钢转接件，采用20mm厚高强度聚氨酯隔热垫块（图13），作为两者之间的隔热垫，起到幕墙连接节点位置的断热桥处理作用。当然幕墙不能做到完全无热桥，需要控制有度。在实际设计节点时，还应配合考虑经济性和节点安装的难易程度，从多个角度来衡量一个节点的优劣。

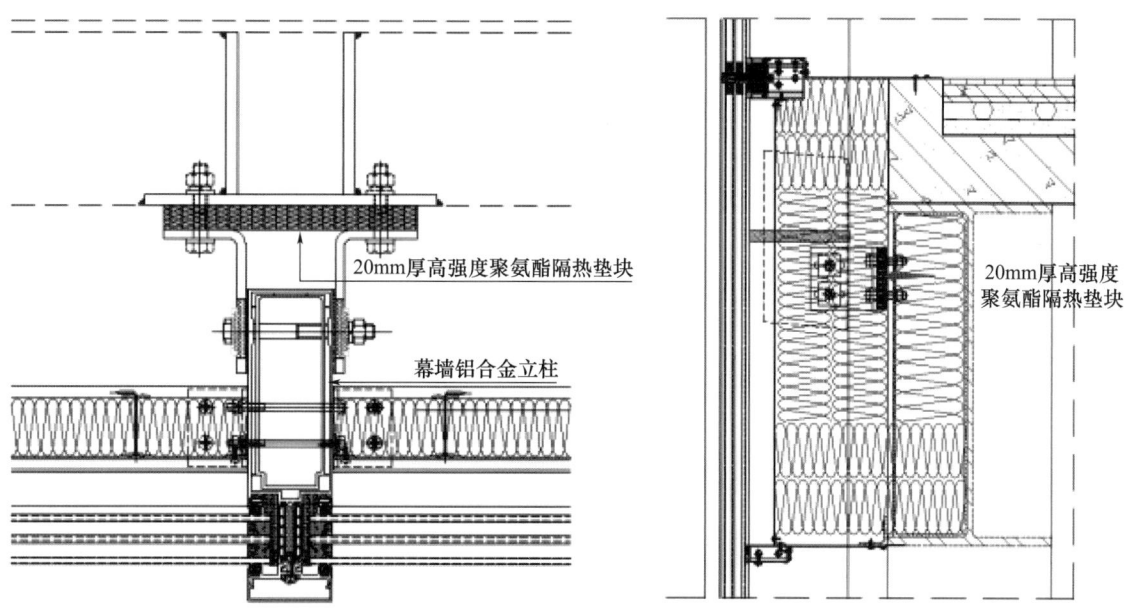

图 13　玻璃幕墙横竖剖节点断热桥处理

4　结论

根据上述分析，可以得出以下结论：
（1）当透明幕墙需要满足被动式超低能耗建筑的节能要求时，幕墙的结构形式采用半隐框是比较好的选择；
（2）幕墙玻璃最内侧采用在线 Low-E 镀膜，可以明显降低玻璃的传热系数；
（3）适度增加幕墙明框节点的断热条长度，可以明显降低框的传热系数；
（4）采用保温发泡棉填充框节点热流方向厚度大的封闭空腔，可以明显降低框的传热系数；
（5）幕墙和幕墙安装时的无热桥设计是实现被动式低能耗建筑的必要条件。

参考文献

[1] 柳孝图. 建筑物理 [M]. 北京：中国建筑工业出版社，2010.
[2] 潘伟. Low-E 中空玻璃节能原理的简述 [J]. 玻璃，2007，34（1）：4.
[3] 河北省住房和城乡建设厅. 被动式低能耗居住建筑节能设计标准：DB13（J）/T 177—2015 [S]. 北京：中国建筑工业出版社，2015.
[4] 中华人民共和国住房和城乡建设部. 建筑门窗玻璃幕墙热工计算规程：JGJ/T 151—2008 [S]. 北京：中国建筑工业出版社，2009.

浅析玻璃幕墙传热系数的影响因素

◎ 梁珍贵　陈雨伟　朱　俊

泰诺风保泰（苏州）隔热材料有限公司　江苏苏州　215024

摘　要　本文以门窗幕墙热工计算标准为依据，通过理论热工模拟分析，以典型框架式铝合金幕墙为例，逐一分析影响幕墙热工传热系数的主要因素，为幕墙从业人员进行幕墙热工设计提供依据。

关键词　传热系数；边界条件；隔热条；幕墙板块；暖边间隔条

1　前言

随着《建筑节能与可再生能源利用通用规范》（GB 55015—2021）的颁布实施，公共建筑节能的要求在 2016 年各地实施的建筑节能标准的基础上提升了 20% 以上，幕墙作为建筑围护结构中节能的关键部分，其热工性能的要求也有了很大提升。以甲类公共建筑为例，在玻璃幕墙窗墙面积比为 0.5~0.7 的情况下，寒冷地区的建筑玻璃幕墙整体 U_{cw} 值要求在 1.6~1.8W/（m²·K）范围内，而处于夏热冬冷地区的上海和浙江，玻璃幕墙 U_{cw} 值的地方标准要求也限制在 1.8W/（m²·K）以内。同时，在新建的公共建筑项目中，绿色建筑的比例越来越大，为了满足《绿色建筑评价标准》（GB/T 50378—2019）中规定的绿色建筑星级评价要求，一星级、二星级和三星级绿色建筑的玻璃幕墙 U_{cw} 值要在国家标准要求的基础上分别降低 5%、10% 和 20%。另外，在新建的超低能耗和近零能耗公共建筑项目中，玻璃幕墙的热工要求相比地方标准有更大提升。为满足以上建筑节能中的幕墙热工指标，应对幕墙节能构造设计提出更高的要求。笔者在与设计师沟通幕墙节能设计的过程中，经常出现幕墙初步设计方案满足不了项目节能要求的情况。如何实现幕墙的节能优化设计呢？这就需要了解影响幕墙热工性能的各种因素。

2　分析对象和计算标准

2.1　分析对象

本文采用横隐竖明的框架式玻璃幕墙系统作为分析对象，幕墙分格形式见图 1。幕墙配有外旋式幕墙开启扇，其中配有开启扇的板块分成上中下三格，开启扇居中。

在初始的幕墙配置中，立柱是配有 24mm 隔热条的穿条式隔热铝合金型材，中横梁为普铝型材构造，上下横梁为隐框形式，开启扇也采用隐框形式，各个节点的详细构造参照表 1。幕墙的玻璃配置为 6mm 三银 Low-E+1.52mmPVB+6mm+12Ar+10mm，玻璃传热系数 U_g 为 1.37W/（m²·K），使用铝间隔条。

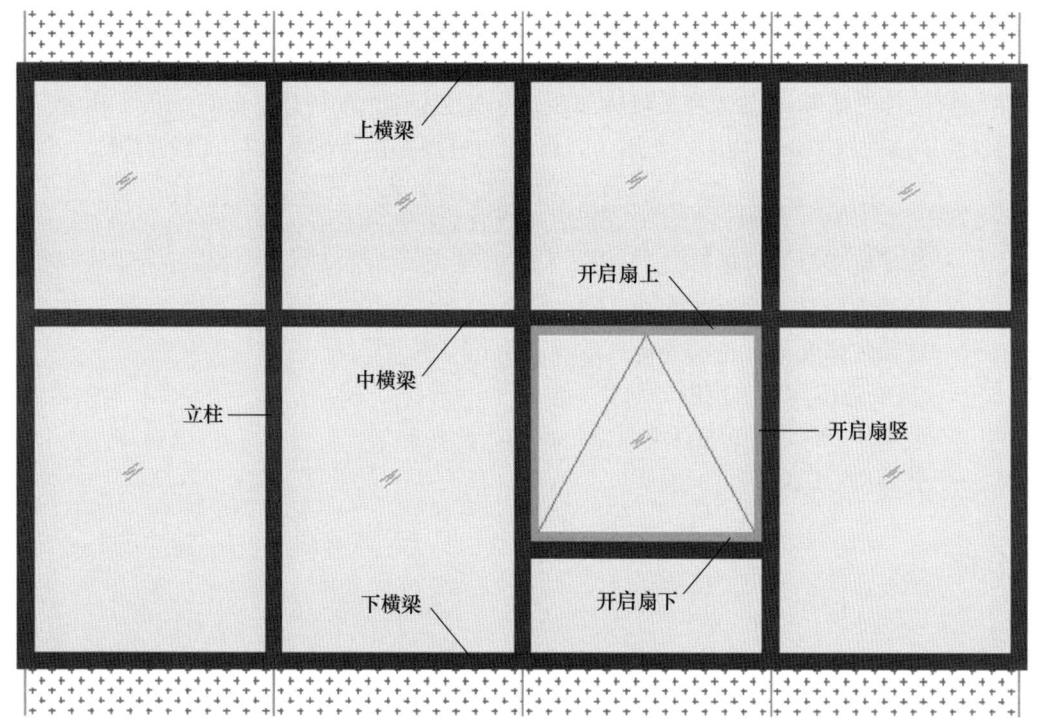

图 1　幕墙分格形式

表 1　幕墙节点构造

节点	立柱	下横梁	中横梁	上横梁	开启扇上	开启扇下	开启扇竖
说明	24mm隔热条	隐框横梁	普铝型材（非断桥）	隐框横梁	非隔热护边	非隔热护边	开启扇使用非隔热护边
节点图示							

2.2　计算标准

本文采用由美国劳伦斯伯克利国家实验室开发的 Window 6.3、Therm 6.3 热工软件进行计算，计算标准依据《建筑门窗幕墙热工计算规程》（JGJ/T 151—2008）中规定的门窗热工计算边界条件（表2），其中传热系数 U_g 值的计算采用冬天计算标准条件。

表 2　热工计算边界条件

冬天计算标准条件	夏天计算标准条件
室内空气温度 $T_{in}=20℃$	室内空气温度 $T_{in}=25℃$
室外空气温度 $T_{out}=-20℃$	室外空气温度 $T_{out}=30℃$
室内对流换热系数 $h_{c,in}=3.6W/(m^2·K)$	室内对流换热系数 $h_{c,in}=2.5W/(m^2·K)$
室外对流换热系数 $h_{c,out}=16W/(m^2·K)$	室外对流换热系数 $h_{c,out}=16W/(m^2·K)$
室内平均辐射温度 $T_{rm,in}=T_{in}$	室内平均辐射温度 $T_{rm,in}=T_{in}$
室外平均辐射温度 $T_{rm,out}=T_{out}$	室外平均辐射温度 $T_{rm,out}=T_{out}$
太阳辐射照度 $I_s=300W/m^2$	太阳辐射照度 $I_s=500W/m^2$

本文中热工计算采用 *Procedure for Determining Fenestration Product U-factors*（NFRC 100—2017）中规定的面积法。计算幕墙框型材的传热系数时，在计算模型中插入实际的玻璃构造，计算后得到幕墙框型材的传热系数 U_{frame} 值和玻璃边部 65mm 宽度范围内的传热系数 U_{edge} 值。幕墙整体传热系数 U_{cw} 值的计算采用面积加权平均法。使用式（1）进行幕墙整体传热系数 U_{cw} 值的计算。

$$U_{cw} = \frac{\sum(U_{frame} \times A_{frame}) + \sum(U_{edge} \times A_{edge}) + \sum(U_g \times A_g)}{\sum A_{frame} + \sum A_{edge} + \sum A_g} \tag{1}$$

式中　U_{frame}——幕墙框型材的传热系数 [W/m²·K]；

　　　A_{frame}——幕墙框型材的投影面积（m²）；

　　　U_{edge}——玻璃边部 65mm 范围的传热系数 [W/m²·K]；

　　　A_{edge}——玻璃边部 65mm 范围的面积（m²）；

　　　U_g——玻璃中心区域的传热系数 [W/m²·K]；

　　　A_g——玻璃中心区域的面积（m²）。

3　热工分析

3.1　幕墙框型材传热系数分析

对以上幕墙系统进行热工分析，得到如表 3 所示的计算结果，包括框型材 U_{frame} 值和玻璃边部 U_{edge} 值两部分。从计算结果可以看出，不同部位的框型材因热工构造设计的不同，型材传热系数 U_{frame} 值的差异也很大。对立柱型材，因有 24mm 隔热条的完整断热构造，型材传热系数 U_{frame} 值为 5.92W/（m²·K），在所有型材中最小；对于中横梁和带有开启扇的框型材，因构造中存在非断热的冷桥，型材传热系数 U_{frame} 值达 10W/（m²·K）以上；上横梁和下横梁虽为隐框构造，但 U_{frame} 值还是达到 9W/（m²·K）左右。对于中空玻璃边部 U_{edge} 值，因铝间隔条对玻璃边部的热量传递有很大帮助，玻璃边部 U_{edge} 值也达 2.0W/（m²·K）左右，比玻璃中心区域的 U_g 值 1.37W/（m²·K）高很多。

表 3　幕墙框型材传热系数　　　　　　　　　　W/（m²·K）

节点	立柱	下横梁	中横梁	上横梁	开启扇上	开启扇下	开启扇竖
型材 U_{frame}	5.92	9.38	12.05	8.82	10.49	10.49	9.49
玻璃边部 U_{edge}	2.17	2.04	2.09	2.03	1.84	1.84	1.94

3.2　幕墙整体传热系数分析

在实际建筑项目中，不同建筑的幕墙分格形式存在差异，在计算幕墙整体传热系数 U_{frame} 值时，为考虑不同立面分格对幕墙热工性能的影响，除了上面分析对象中提到的幕墙分格形式，现将幕墙分格形式作一定的扩展。从常用幕墙分格中提取如图 2 所示的板块 0、板块 1 和板块 2 三个不同的幕墙板块，用来分别代表 1 分格、2 分格和带有开启扇的 3 分格的三种基础板块。

接下来通过这三个基础板块的不同组合，形成如表 4 所示的 9 个常用的标准板块，下面以这 9 个标准板块代表玻璃幕墙立面的实际排布形式。表 4 中的"板块编号"是以基础板块编号组合而成的，其中各个基准板块自身也是一种组合形式。表 4 中的"实际板块排布图示"为多个标准板块重复排放形成的实际立面分格，其中的阴影部分即为从中提取的标准板块。

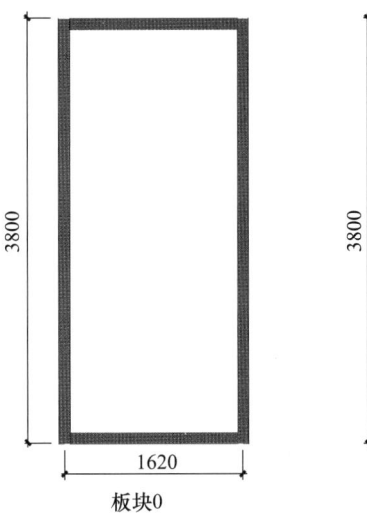
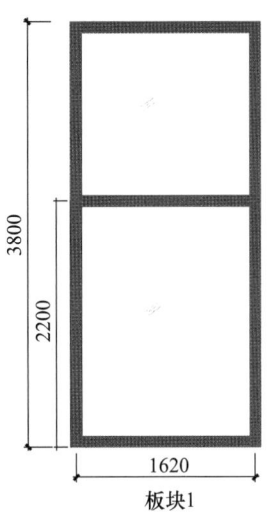
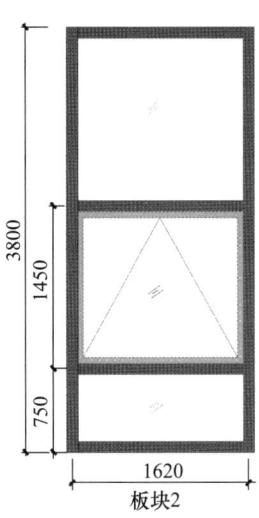

图 2 幕墙基础板块

表 4 不同幕墙分格的代表板块

NO	组合编号	代表板块	实际板块排布图示
A	0		
B	1		
C	2		
D	0-2		
E	1-2		
F	0-0-2		
G	1-1-2		

续表

NO	组合编号	代表板块	实际板块排布图示
H	0-0-0-2		
I	1-1-1-2		

我们将上面计算得到的 U_{frame} 和 U_{edge} 值，结合玻璃 U_g 值，使用式1分别计算不同标准板块的幕墙整体 U_{cw} 值，得到如图3所示的计算结果。

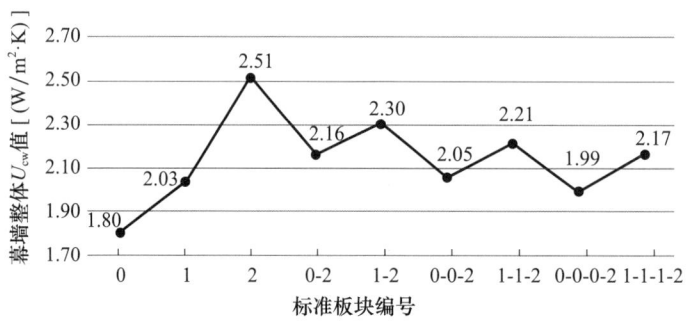

图 3 不同标准板块的幕墙整体 U_{cw} 值

从图3中可以看出不同标准板块的计算结果差异很大，结果分析如下：

1) 标准板块0的 U_{cw} 值为 1.80W/(m²·K)，在所有板块中最小；标准板块2的 U_{cw} 值为 2.51W/(m²·K)，在所有板块中最大；标准板块1介于前两者之间；其他组合标准板块的 U_{cw} 值也介于板块0和板块1之间，这主要是因为其他组合板块的 U_{cw} 值，相当于是通过板块0、板块1和板块2组合后求加权平均值得到的，因此数值会介于它们之间。

2) 不同板块的 U_{cw} 值与其玻框比有关，当型材投影面积占标准板块面积的比例越大时，U_{cw} 值也越大。这主要是因为型材 U_{frame} 值比 U_g 值大很多，当型材面积占比增加时，型材 U_{frame} 值对幕墙整体 U_{cw} 值的影响程度就增大，U_{cw} 值也就变大。

3) 带有开启扇的标准板块比不带开启扇的 U_{cw} 值大很多，这是因为开启扇型材 U_{frame} 值在所有型材中最高，对幕墙整体 U_{cw} 值的影响也更大。

由以上分析可以看出，幕墙的不同分格形式造成的玻框比的差异，是影响幕墙传热系数 U_{cw} 值大小的主要因素之一。

4 热工优化

4.1 幕墙框型材热工性能优化

通过以上幕墙 U_{cw} 值分析可以看出，型材传热系数 U_{frame} 值是影响幕墙 U_{cw} 值的关键因素，如何通过合理的型材构造设计降低 U_{frame} 值，是降低幕墙整体 U_{cw} 值的重要途径。

分析幕墙型材构造发现，中横梁和开启扇部位都存在非断热的冷桥，因此优化的关键就是冷桥热工性能优化。对于中横梁，通过两支C形24mm隔热条将原普铝构造型材做成隔热型材构造；对于开启扇部分，将原来的普铝扇型材通过PA66GF25隔热护边进行断热，开启扇上下节点中的固定侧则由O形14.8mm隔热条进行断热，竖向开启扇节点中的过渡型材由两支C形20mm隔热条进行断热。具体优化构造见表5。

表5 型材构造热工优化

项目	中横梁	开启扇上（下）	开启扇竖
优化前			
优化后			
优化措施	使用两支C形24mm隔热条	使用PA66GF25隔热护边和O形14.8mm隔热条	使用PA66GF25隔热护边和两支C形20mm隔热条

对优化后的型材进行热工分析，从表5中的热工模拟图可以看出，优化后的等温线由原来的断开状变成连续平滑状，形成了完善的断热构造。优化后的热工计算结果见表6。从计算结果可以看出，优化后的型材U_{frame}值较优化前都有大幅降低。其中中横梁的U_{frame}值由原来的12.05W/（m²·K）降低到5.43W/（m²·K），降低幅度达55%；开启扇上下节点的U_{frame}值由原来的10.49W/（m²·K）降低到6.38W/（m²·K），降低幅度为39%；开启扇竖向节点的U_{frame}值由原来的9.49W/（m²·K）降低到5.16W/（m²·K），降低幅度为46%。但是型材的优化对玻璃边部U_{edge}值的影响微乎其微，影响最大的部位在竖向开启扇，其U_{edge}值由原来的1.94W/（m²·K）降低到1.83W/（m²·K），降低幅度只有6%。

表6 型材优化前后的热工对比

	中横梁		开启扇上（下）		开启扇竖	
传热系数及降低比例	型材U_{frame}	玻璃边部U_{edge}	型材U_{frame}	玻璃边部U_{edge}	型材U_{frame}	玻璃边部U_{edge}
优化前[W/（m²·K）]	12.05	2.09	10.49	1.84	9.49	1.94
优化后[W/（m²·K）]	5.43	2.00	6.38	1.79	5.16	1.83
降低值[W/（m²·K）]	6.62	0.09	4.11	0.05	4.33	0.11
降低比例	55%	4%	39%	3%	46%	6%

使用优化后的U_{frame}值和U_{edge}值再次进行幕墙整体U_{cw}值计算，并与优化前结果进行对比，具体结果如图4所示。从对比结果可以看出，型材的优化对不同标准板块的U_{cw}值的改善程度不一样，带有开启扇的板块U_{cw}值降低幅度较大，板块2从优化前的2.51W/（m²·K）降低到2.14W/（m²·K），降低值为0.37W/（m²·K），降低值在所有板块中最大，其他几个带开启扇板块降低值在0.2W/（m²·K）左右。

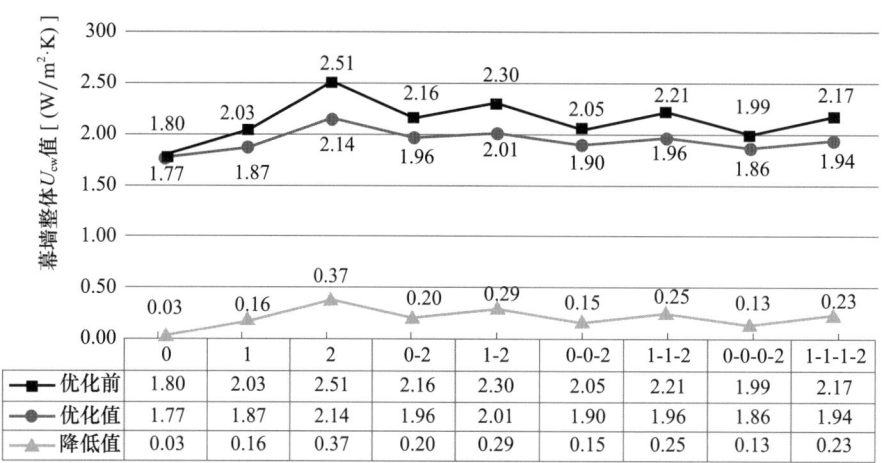

图 4　型材优化前后幕墙整体 U_{cw} 值对比

4.2　暖边间隔条对幕墙 U_{cw} 的影响

接下来分析空玻璃中用暖边间隔条替代铝间隔条对幕墙热工性能的影响。本次分析使用的是由聚丙烯和 0.1mm 不锈钢共挤成型的刚性暖边间隔条。从表 7 计算结果可以看出，使用暖边间隔条替代铝间隔条，型材 U_{frame} 值和玻璃边部 U_{edge} 值都有不同程度的降低，其中开启扇上下节点的 U_{frame} 值从 6.38W/（m²·K）降低到 5.45W/（m²·K），降低值达 0.93W/（m²·K）。相比型材构造的优化措施，使用暖边间隔条替代铝间隔条对玻璃边部 U_{edge} 值的降低效果更明显，其中上下开启扇部分的 U_{edge} 降低值达 0.24W/（m²·K）。

表 7　暖边间隔条替代铝间隔条对型材热工的影响　　　　　　　　W/（m²·K）

项目		立柱	下横梁	中横梁	上横梁	开启扇上	开启扇下	开启扇竖
型材 U_{frame}	铝间隔条	5.92	9.38	5.43	8.82	6.38	6.38	5.16
	暖边	5.29	9.10	4.68	8.53	5.45	5.45	4.63
	降低值	0.63	0.28	0.75	0.29	0.93	0.93	0.53
玻璃边部 U_{edge}	铝间隔条	2.17	2.04	2.00	2.03	1.79	1.79	1.83
	暖边	1.91	1.94	1.78	1.92	1.55	1.55	1.65
	降低值	0.26	0.10	0.22	0.11	0.24	0.24	0.18

进一步分析暖边间隔条替代铝间隔条对幕墙整体 U_{cw} 的影响，见图 5，可以看出，不同的幕墙板块的 U_{cw} 的降低值有差异，其中板块 2 的降低值达 0.11W/（m²·K），总体降低值在 0.1W/（m²·K）左右。这个差异也与不同板块的玻框比有关，框型材在幕墙中的面积占比越大，单位幕墙面积上的间隔条长度占比就大，使用暖边间隔条的对幕墙整体 U_{cw} 值降低值的影响也越大。

4.3　层间墙外装饰玻璃构造的影响

下面以与层间墙连接的上横梁型材构造为例，分析层间墙装饰面板分别使用单玻和中空玻璃对幕墙热工性能的差异。见表 8，从热工性能模拟图可以看出，使用单玻的节点中，玻璃与型材接触部位的等温线断开，这反映此处有明显的冷桥。使用中空玻璃后替代单玻后，等温线平滑连续，冷桥消失，热工性能得到改善。

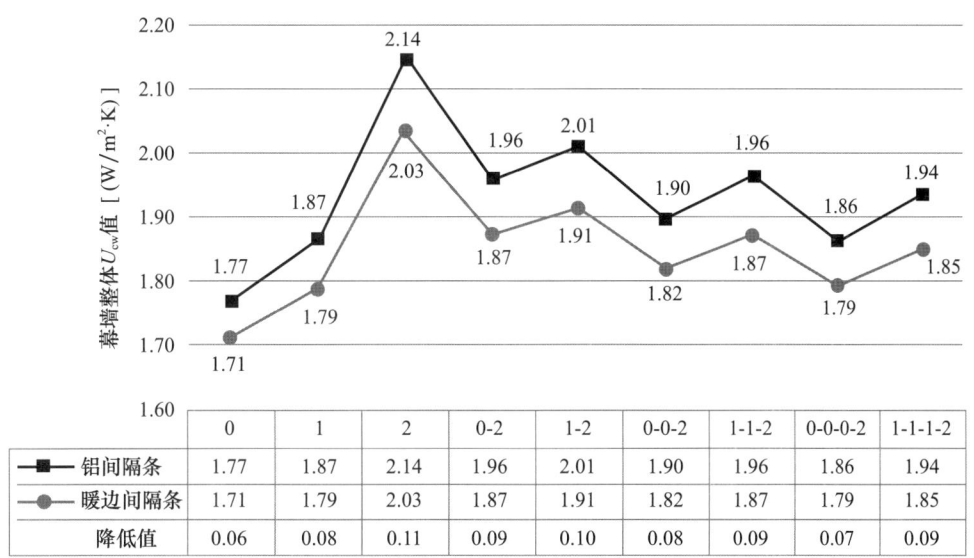

图 5 暖边间隔条替代铝间隔条对幕墙整体 U_{cw} 值的影响

表 8 层间墙装饰面的构造对比（单玻和中空玻璃）

项目	优化前	优化后
上横梁	单玻	中空玻璃

由表 9 可以看出，使用中空玻璃替代单玻后，上横梁的型材 U_{frame} 值从原来的 8.53W/（m²·K）降低到 5.53W/（m²·K），降低值为 3.0W/（m²·K），降低幅度为 35%。U_{edge} 值从原来的 1.92W/（m²·K）降低到 1.74W/（m²·K），降低值为 0.18W/（m²·K），降低幅度为 9.4%。

表 9 层间装饰面对上横梁型材的热工影响（单玻与中空玻璃）

项目	优化前	优化后	降低值	降低幅度
型材 U_{frame} [W/（m²·K）]	8.53	5.53	3.0	35%
玻璃边部 U_{edge} [W/（m²·K）]	1.92	1.74	0.18	9.4%

图 6 从幕墙整体 U_{cw} 值对比分析，由此可以看出，使用中空玻璃替代单玻能降低幕墙整体 U_{cw} 值在 0.06~0.08W/（m²·K）之间，不同的板块形式降低幅度差异不大。

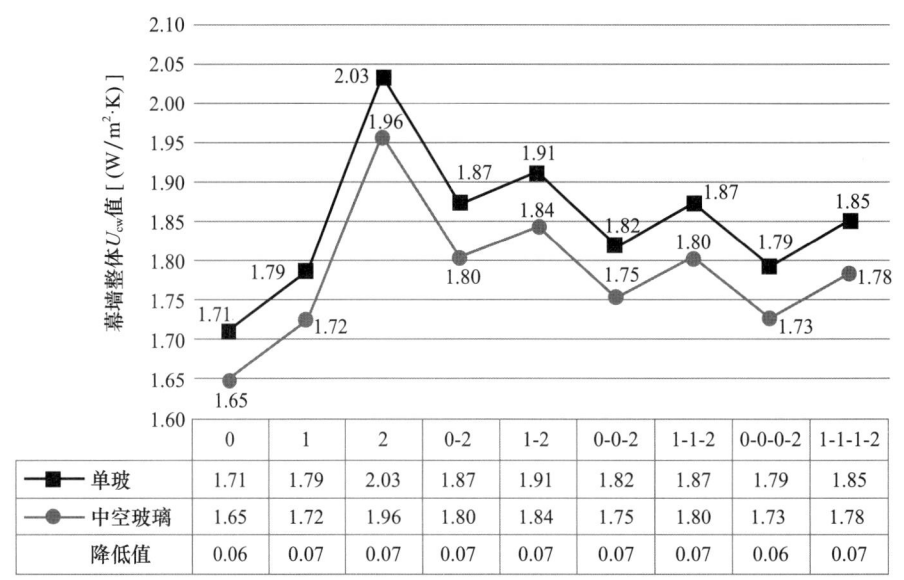

图 6　层间装饰面对幕墙整体 U_{cw} 值的影响（单玻与中空玻璃）

5　总结

对玻璃幕墙整体传热系数 U_{cw} 值的影响因素归纳如下：

（1）幕墙型材构造中应规避冷桥，可以通过使用相应规格的隔热条进行隔热优化设计；

（2）对于相同的幕墙系统配置，幕墙 U_{cw} 值在不同的幕墙立面形式中的结果也不一样，一般来说型材在幕墙中的面积比较大的立面 U_{cw} 值高；

（3）暖边间隔条替代铝间隔条能降低幕墙整体 U_{cw} 值 0.1W/（m²·K）左右；

（4）对于层间墙的装饰面板，使用中空玻璃替代单玻能降低幕墙整体 U_{cw} 值 0.07W/（m²·K）左右。

总之，在建筑节能日益受到人们关注的背景下，幕墙的热工性能是建筑节能设计中重要的一环。应根据建筑项目幕墙节能要求，在考虑材料性能、加工工艺和安装要求等前提下，通过选择合适的热工改善措施进行幕墙设计，以满足建筑幕墙的热工要求，并实现最优的性价比，提升幕墙项目的市场竞争力。

参考文献

[1] 中华人民共和国住房和城乡建设部．建筑节能与可再生能源利用通用规范：GB 55015—2021［S］．北京：中国建筑工业出版社，2022．

[2] 中华人民共和国住房和城乡建设部．绿色建筑评价标准：GB/T 50378—2019［S］．北京：中国建筑工业出版社，2019．

[3] 中华人民共和国住房和城乡建设部．近零能耗建筑技术标准：GB/T 51350—2019［S］．北京：中国建筑工业出版社，2019．

[4] 中华人民共和国住房和城乡建设部．建筑门窗玻璃幕墙热工计算规程：JGJ/T 151—2008［S］．北京：中国建筑工业出版社，2009．

碲化镉在 BIPV 项目上的应用与思考

◎ 何 敏 蔡广剑 罗杰良 杨秦川

深圳市三鑫科技发展有限公司 广东深圳 518054

摘 要 在实现"双碳"目标的过程中，BIPV（光伏建筑一体化）得到越来越多的政策支持和公众认可，但 BIPV 的行业规模及技术规范还处于起步阶段。本文浅析 BIPV 市场现状以及晶硅、薄膜路线的优缺点，介绍碲化镉电池组件的性能优势，通过三个 BIPV 具体项目的应用实践，形成一定的思考与总结，希望对未来 BIPV 的正向设计推进及技术规范推进起到一定的借鉴参考作用。

关键词 "双碳"目标；碲化镉；BIPV 正向设计；应用痛点；钙钛矿

1 引言

在我国"双碳"目标下，建筑领域减碳已成必然，目前从技术上分析最有效、可靠的手段就是可再生能源中的太阳能光伏技术，由此衍生的 BIPV（光伏建筑一体化）、光伏建材研发等是实现碳减排的重要技术手段。2022 年 4 月 1 日，国家正式实施的全文强制性规范《建筑节能与可再生能源利用通用规范》（GB 55015—2021）中规定：新建建筑必须安装太阳能系统。这意味着新建建筑在项目立项和设计阶段，必须考虑太阳能系统如何在项目中开展应用，从国家规范角度为太阳能市场正名，BIPV 发展引来市场曙光。为此，各地政府陆续发布各类政策、法规对 BIPV 进行补贴与推广，特别是公共资金主导的公共建筑开始了 BIPV 的建设热潮，这一点与十年前的 BIM（建筑信息模型）市场的发展相似。

2 BIPV 市场现状

2.1 BIPV 市场趋势

《"十四五"建筑节能与绿色建筑发展规划》提出，到 2025 年，新增建筑太阳能光伏装机容量 50GW（2023 年不到 7GW），BIPV 市场空间潜力巨大。依据国家能源局相关研究，2025 年我国 BIPV 装机容量在分布式光伏中的渗透率由 2021 年的 4.9% 增至 2025 年的 74.5%（图 1）。因此，未来 BIPV 装机容量将呈井喷趋势，特别是光伏薄膜碲化镉等技术，目前市场状态是方案阶段居多，实际实施项目偏少，与市场总体环境等的影响有关，但总体趋势一致。2020 年"双碳"目标公布以来，市场不断变化，当初不被重视的分布式电站突然之间成为市场"香饽饽"，而 BIPV 则被认为是下一个投资风口，拥有万亿级市场潜力。

2.2 光伏电池技术路线

BIPV 的技术核心在于光伏电池组件。而目前光伏电池技术路线主要有两大类，即晶硅路线和薄膜路线（图1）。晶硅组件进一步分为单晶硅和多晶硅，薄膜组件包括碲化镉（CdTe）、铜铟镓硒（CIGS）、砷化镓（GaAs）、钙钛矿等多种。晶硅电池依靠经济性和约23％的高转换效率优势占市场九成以上份额，处于行业主导地位。晶硅组件主要应用于分布式电站、BAPV（安装型光伏建一体化）电站等，也少量应用于BIPV市场，但补丁式的外观是影响其BIPV路线发展的技术壁垒。而薄膜电池由于色彩及透光率等优势更适用于BIPV建筑幕墙，其中碲化镉是目前为止市场占有率最高的薄膜组件类型，其量产发电效率最高可达16％左右。铜铟镓硒薄膜组件也有部分企业涉足，但与碲化镉不在一个量级上，因此本文主要介绍碲化镉电池组件及其应用。

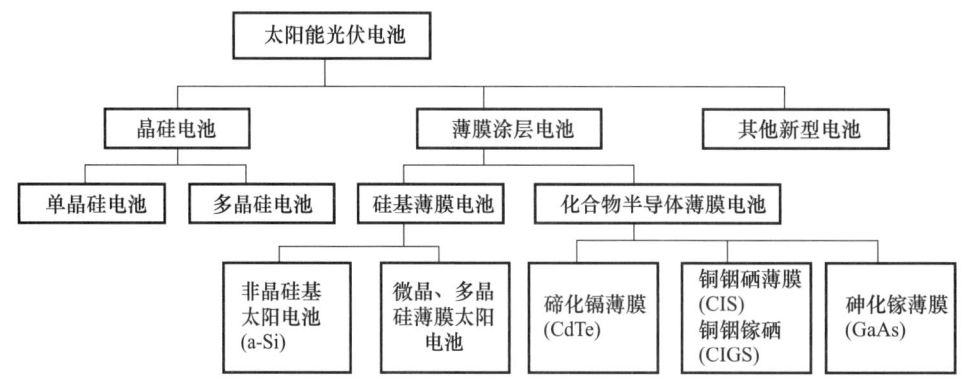

图1 光伏电池分类

晶硅与薄膜两种技术路线不是相互对立的，而更应该是一种补充。晶硅电池重在效率，用性价比来吸引电站投资。而薄膜电池胜在全面，具备建筑美观性，并且具有弱光性强、温度系数低、热斑效应弱等特点，因此，碲化镉的发展对晶硅并不是替代性竞争，而是应用市场的互补，通过不断的竞争与创新推动行业向前发展。

2.3 碲化镉（CdTe）薄膜电池组件

碲化镉（CdTe）是一种重要的半导体材料，形状呈黑色晶体颗粒或粉末状。碲（Te）是地壳中的稀缺元素，存量不多，但在我国储量丰富；镉（Cd）作为重金属是有毒的，而碲化镉作为化合物在常温下化学性质稳定，且不溶于水、弱酸。碲化镉吸收光能系数高，由此制成的碲化镉薄膜太阳能电池结构由五层组成，即玻璃衬底、透明导电氧化层（TCO层）、硫化镉（CdS）窗口层、碲化镉（CdTe）吸收层、背接触层和背电极，如图2所示。

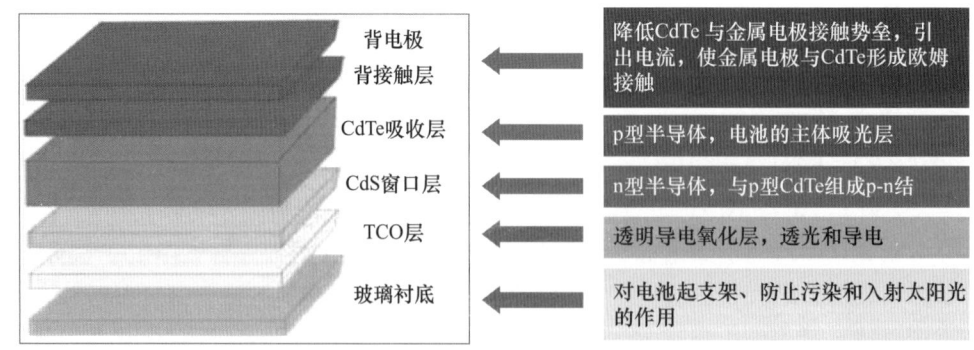

图2 碲化镉太阳能电池结构

碲化镉太阳能电池具备发电稳定性好、弱光性能好、温度系数低、抗遮蔽性强、外观一致性好等优点，在BIPV项目应用上通常以PVB夹胶玻璃为结构受力层，中间夹以3.2mmTCO导电玻璃，并通过中空、镀膜、彩釉等工艺形成各种图案与色彩（图3）。同时碲化镉薄膜本身是不透光的，通过激光刻蚀等工艺实现透光功能，可以实现各种颜色及图案的效果，但实际上是要损失发电功率的。

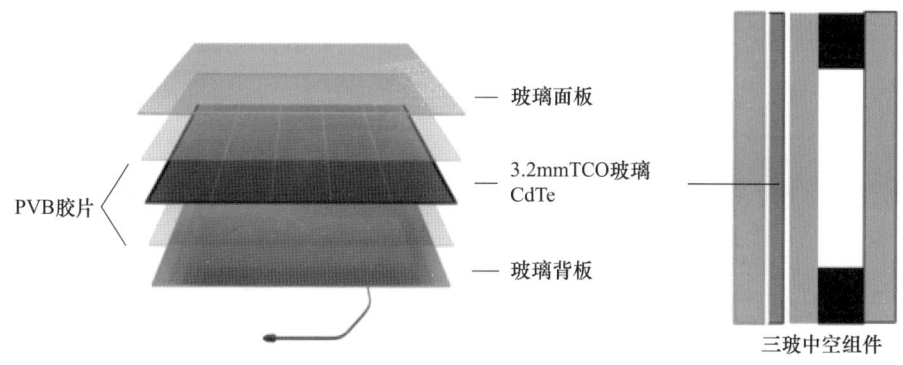

图 3　碲化镉玻璃组件构造

从碲化镉组件主流厂商来看，美国 First Solar 是全球第一大碲化镉厂商，占全球碲化镉产量的半壁江山。该公司专注于薄膜电池及地面电站业务。而国内碲化镉电池产业起步较晚，但随着国家政策的大力扶持，以及电池技术水平的提升，我国碲化镉电池行业发展势头强劲，目前形成碲化镉量产规模的主要企业包括成都中建材、杭州龙炎、中山瑞科等三家，主流标准的碲化镉组件尺寸只有两种——1200mm×600mm 及 1600mm×1200mm，非标尺寸因需要定制而影响产能供应与价格，因此碲化镉市场总体规模不大，距达到《"十四五"建筑节能与绿色建筑发展规划》中提到的新增 BIPV 建筑 50GW 的空间，还有很长的路要走。

3　碲化镉在 BIPV 项目的应用

碲化镉在 BIPV 项目的应用不是一个新鲜的案例，但目前来说总体体量都不大，能达到 1MW 级以上的很少，而且在 BIPV 正向设计方面差强人意，这也是我们行业需要努力的方向。下面介绍 3 个已实施案例。

3.1　华大基因项目

该项目位于深圳市盐田区大梅沙盐坝高速以北成坑地块，由 A、B、C 三栋建筑组成（图 4），其中 A 栋为宿舍楼，B、C 栋为生物科技研发楼。项目总幕墙面积大约 81000m²，其中 B 栋碲化镉光伏玻璃系统约有 6000m²，B 栋建筑高度为 45.5m。项目业主为深圳华大基因科技有限公司，由深圳三鑫公司进行设计与施工。

图 4　项目效果

BIPV 位于 B 栋屋面部位。光伏 BIPV 设计属于典型的 BIPV 正向设计范畴，从早期建筑方案的汉能 CIGS 及晶硅组件，到后期落地的碲化镉组件，经历了漫长的过程。项目屋面安装 7000 多块 75Wp 碲化镉薄膜太阳能电池组件（图 5），环形跑道遮阳棚区域安装 1300 多块 460Wp 高效单晶硅组件，碲化镉装机容量约 0.5MW，以下主要介绍碲化镉组件部分。

图 5　碲化镉组件照片

本项目碲化镉玻璃组件采用中山瑞科 1200mm×600mm 的标准组件，电池组件接线盒位置采用侧接线的方式，位于光伏玻璃组件侧面中部，约 10mm×10mm 构造尺寸（图 6）。该构造尺寸在电池组件设计及幕墙构造设计时须加以考虑，比较影响幕墙 BIPV 系统特别是单元式幕墙系统应用的是胶缝构造设计、防水、施工以及后期维护，本项目采用 20mm 胶缝设计满足此要求。

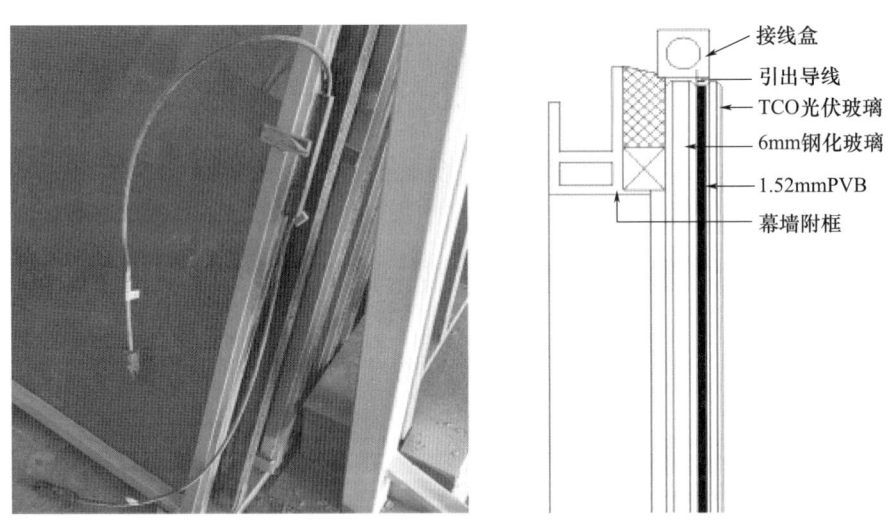

图 6　组件接线图

由于本项目 BIPV 系统设计早期介入，算得上是正向设计条件较好，碲化镉组件分格采用 1200mm×600mm 的玻璃（已考虑扣除 20mm 胶缝尺寸），组件利用率极高。玻璃配置采用 3.2mm+1.52mm PVB+6mm 钢化超白玻璃，3.2mmTCO 玻璃由于技术原因无法钢化，但夹胶玻璃配置属于安全玻璃范畴（图 7）。另外碲化镉组件 20% 的可见光透过率，安装完成后效果通透，地面上观察基本看不见激光刻蚀线，但组件存在一定的泛紫现象（图 8），该现象需要引起各方重视。幕墙设计构造上较为简便，采用常规的铝合金侧开扣盖方式进行走线，解决美观与维护问题。由于是室外侧，亦不存在散热等问题，电气接入采用"自发自用、余电上网"模式，接入设备采用组串式逆变器接入专用机房，低压入网，电站后期维护由业主自行管理。

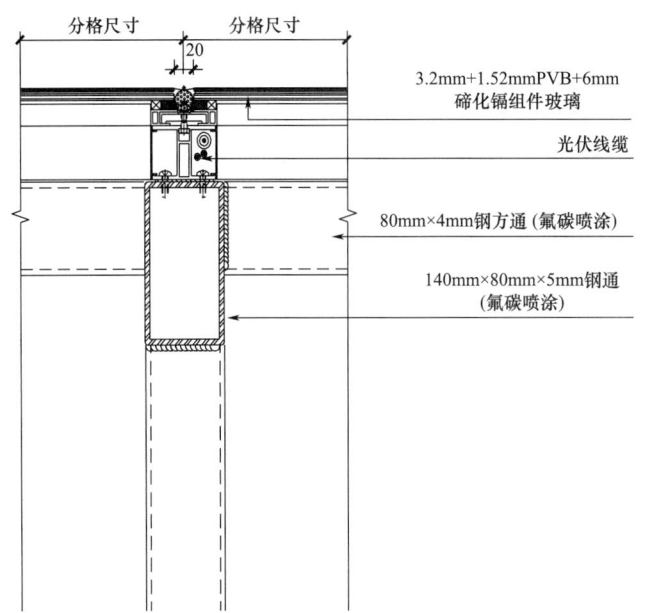
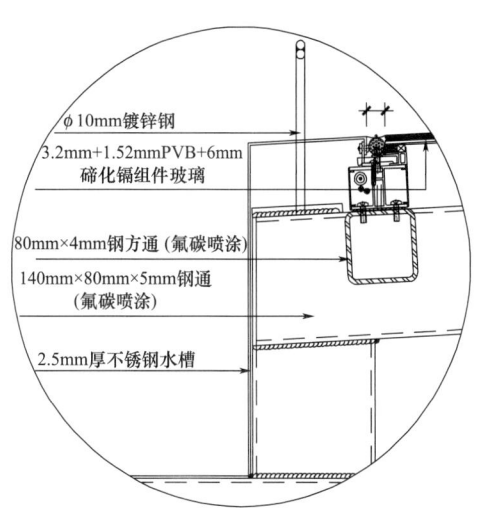

图 7　项目参考节点

图 8　实施照片

3.2　华为安托山总部改造项目

该项目位于深圳市福田区安托山片区，是华为斥巨资建设的新能源示范项目（图 9）。涉及改造 A、C 两座大楼，其中 A 座为研发大楼，地上 39 层，幕墙高度约 187m；C 座为综合楼 21 层，高度约 105m，幕墙面积约 60000m²，项目由广晟幕墙公司进行施工安装。

图 9　项目实景照片

BIPV 位于各主立面，光伏幕墙安装面积约 29000m²，年发电量超过 100 万 kW·h，并采用先进的"光储直柔"技术进行储能应用，是深圳市首批"近零碳排放园区"示范点。项目光伏设计属于常见的 BIPV 立面升级改造项目，在原有窗墙系统外设置碲化镉光伏幕墙，属于双层幕墙的范畴，通过在两层幕墙间形成通风空腔，底部为 400mm 高穿孔铝板，顶部设置通风横梁，既保证了幕墙的外观效果，又实现了内外新风的交互（图 10）。

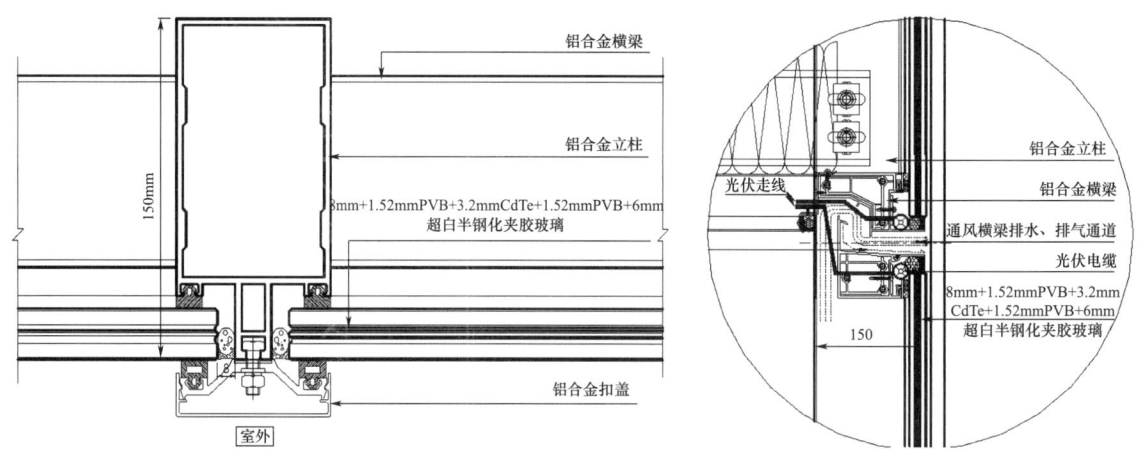

图 10　参考节点

项目属于外立面改造，碲化镉组件分格基本须遵循原立面风格，组件采用多种定制尺寸，原则上宽度尺寸控制在 1200mm 以下，4.5m 标准层高高度方向尺寸为 1100mm、3000mm 等尺寸，采用杭州龙炎的标准碲化镉组件进行裁切与拼接设计，组件利用率较高（图 11）。玻璃配置可视部位采用 8mm＋1.52mmPVB＋3.2mmCdTe＋1.52mmPVB＋6mm 超白半钢化夹胶玻璃，40％的可见光透过率，层间梁部位则采用不透光碲化镉组件设计。幕墙设计构造上采用铝合金通风横梁进行走线，解决美观、维护及散热等问题。

光伏组件性能参数

产品型号	碲化镉964×1084	碲化镉1088×1084	碲化镉964×2984	碲化镉1088×2984
电气性能				
最大功率(Wp)	108.1	122.3	223.7	253.2
最大功率点电压(V)	71.6	81	71.6	81
最大功率点电流(A)	1.51	1.51	3.12	3.12
开路电压(V)	96.4	109.1	96.4	109.1
短路电流(V)	1.80	1.80	3.72	3.72
温度系数				
最大功率温度系数(%/℃)	−0.214	−0.214	−0.214	−0.214
开路电压温度系数(%/℃)	−0.321	−0.321	−0.321	−0.321
短路电流温度系数(%/℃)	+0.060	+0.060	+0.060	+0.060
机械性能				
尺寸（长mm×宽mm×厚mm）	964×1084×22	1088×1084×22	964×2984×22	1088×2984×22

图 11　组件参数及走线

安装完成后整体效果较佳，但室外侧面观察有一定的泛紫现象，特别是层间梁与大面区域。室内远看效果通透，符合建筑设计效果要求，近距离动态观察存一定的视觉眩晕感（图 12）。该基地以"零碳建筑"为理念，致力于新兴能源技术研发、应用和回收，目前是国内面积最大的碲化镉 BIPV 光伏建筑案例。

图 12　室内外效果

3.3　深圳北站某改造项目

该项目位于深圳北站东、西广场的廊道雨篷位置，为深圳市首批"近零碳排放建筑"试点项目（图 13）。2023 年 9 月投入使用，电气接入采用"自发自用、余电上网"的模式。项目 BIPV 系统设计为典型的非正向设计的改造案例，简单拆除原雨篷点式玻璃，替换为透光碲化镉夹胶玻璃组件。组件采用成都中建材的 1600mm×1200mm 标准组件，组件功率 210W，玻璃配置采用 10mm＋1.52mmPVB＋3.2mmCdTe＋1.52mmPVB＋10mm 超白钢化夹胶玻璃，20% 的可见光透过率，组件采用外露背接式接线设计，电气接线管道外露（图 14）。幕墙系统原方案为点式雨篷构造，为适应光伏标准组件，用钢通进行现场焊接安装，雨篷主结构与光伏玻璃两者分格不对应，反衬出 BIPV 正向设计的重要性。

图 13　项目实景

图 14　碲化镉组件

4　碲化镉在 BIPV 项目应用的思考

自"双碳"目标提出以来，相关政策持续推进、光伏发电技术的进步及成本的降低，BIPV 项目应用将越来越多，对于 BIPV 正向设计的需求越来越迫切，碲化镉薄膜组件产品须升级换代的压力越来越大，BIPV 行业对技术规范制定的呼声也越来越高，而这些诉求需要行业的共同努力来推进。碲化镉 BIPV 项目应用的不足。

1）BIPV 技术现状：技术规范少、正向设计难

BIPV 市场潜力巨大，但目前体量不大，处于起步阶段，特别是行业技术规范较为缺失，没有针对 BIPV 设计及施工方面的技术规范，行业远未形成 BIPV 正向设计的共识。个人认为 BIPV 正向设计须与建筑设计同步规划，尽早介入并贯穿项目全过程，具体内容从光伏设计、组件设计、幕墙设计以及电气设计等四个方面展开。其中光伏设计解决绿建需求、光伏布置、朝向、发电效率等问题；组件设计则解决建筑发电组件本身的外观、构造、加工、组装、接线、功率等要求；幕墙设计则解决满足幕墙安全及各项物理性能、走线与后期维护等构造问题；电气设计则考虑电站组串方式、电气设备选用、电网接入、安装容量等问题，该部分内容技术规范层面相对成熟。

由于项目各种原因，现阶段全面实施正向设计难度很大，特别是既有建筑节能改造方面。上述三个案例中有两个属于非正向设计的改造项目，给项目的投资、运营及维护带来诸多不利因素。因此，推广 BIPV 正向设计能最大程度实现 BIPV 项目价值最大化。

2）碲化镉应用痛点：发电与透光的矛盾、建筑个性化与产品通用性的矛盾

碲化镉等薄膜电池在 BIPV 建筑立面上的应用更具优势，但是需要解决立面组件发电效率与透光率的矛盾，同时需要解决建筑个性化与光伏产品通用性的矛盾。关于发电与透光问题，屋面 BIPV 应用矛盾稍轻。我们知道，建筑立面需要透光，依据深圳市《公共建筑节能设计规范》（SJG 44—2018）和国家标准《公共建筑节能设计标准》（GB 50189—2015），建筑立面窗墙面积比大于等于 0.40 时，透光材料的可见光透射比不应小于 0.40（窗墙比小于 0.4 则可见光透射比不小于 0.6，不允许权衡）。该条文对碲化镉立面组件的要求是苛刻的，40% 的碲化镉电池组成中空玻璃组件后的透过率达不到要求，因此 BIPV 技术规范急需进行纠偏，解决行业痛点。

另外，市面上碲化镉标准尺寸仅有两种（1200mm×600mm 及 1600mm×1200mm），很多项目很难匹配上该标准尺寸，费钱费工的定制化成必经之路，严重制约着行业发展。上述三个案例中，华大基因项目由于 BIPV 正向设计介入很早，基本实现了标准尺寸应用；深圳北站项目强行采用中建材 1600mm×1200mm 碲化镉规格组件，项目的建筑设计效果不理想；而华为安托山项目则全部采用非标的定制尺寸实现。另外建筑立面多存在装饰条以及开启扇等构件，进一步影响碲化镉玻璃的发电效率与通用性。

3）碲化镉技术缺陷：颜色偏紫问题、激光接缝问题

碲化镉电池的优点这里不再赘述，上述三个项目的应用反映出现有产品的技术缺陷，需要进一步改进与升级。第一，碲化镉玻璃安装完成后通过不同角度观察，发现存在一定的色差问题，特别是不同透光率部分有偏绿、偏紫现象存在。比如上述华大基因及华为安托山项目均存在一定的偏紫现象，这可能与产品的生产工艺有关，目前尚无具体解决方案。第二，碲化镉玻璃通过激光刻蚀及接缝实现整体通透效果，近距离观察能明显发现该接缝，且各厂家标准不一，影响美观。同时，从室内稍远距离动态观察，存在一定的眩晕感，均需引起注意。第三，建筑设计经常采用弧形玻璃，而弯弧碲化镉玻璃技术尚未突破，建筑设计需要避免进一步色差。

4）安全及运维等问题：安全性标准、物业新需求

安全性问题是碲化镉 BIPV 项目应用的重中之重，其中结构安全及耐久性等方面安全性标准可依据相关幕墙技术规范进行系统设计，而关于 BIPV 组件在建筑材料方面的标准则很少。例如，华大基因项目中由于成本控制等原因而采用的 3.2mm+1.52mmPVB+6mm 钢化夹胶玻璃（其中 3.2mmTCO 玻璃是非钢化的），存在一定的安全隐患，增加了后期运营维护管理风险。同时 BIPV 经常需要采用夹胶玻璃，而光伏组件经常用到 EVA、POE 等材质胶膜，个人认为 BAPV 项目可以适当使用，但 BIPV 则必须使用 PVB 胶膜。

后期运行维护方面，由于 BIPV 电站装机容量一般不超过 6MW，基本上都属于分布式小型电站，日常运行维护应按照光伏电站的相关要求执行。我们知道光伏电站全生命周期运维是一个长期的过程，该工作对项目收益至关重要，需要确保电站设备的安全可靠，通过技术升级和预防性维护保证电站的稳定性，以确保电站能够长期稳定地运行和保证发电效益。但实际上各 BIPV 项目单独设立运维团队进行运维管理成本过大，这块通常是移交给物业公司进行管理，这就对物业管理提出新的需求，需要做好实际运维人员相关技能培训，编制运维制度，针对日常运行、巡查、清洁、维修等方面做出具体规定，积累经验进而提高 BIPV 电站的发电效率和运营管理水平。

5）碲化镉产业集中度高：战略合作、推进 BIPV 发展

综上可知，碲化镉光伏玻璃在 BIPV 应用中具有较为明显的产品优势，但由于技术壁垒很高，目前全球能够量产碲化镉电池的厂家屈指可数，产业集中度极高，国内形成规模化生产的仅有上述介绍的三家，而且很多项目招投标方案前期光伏组件品牌均已被指定，留给市场公平竞争的空间很小，不利于行业发展。

将建筑和光伏两个行业结合，对从业人员有更高的要求，但目前从业人员对这方面的认知相对薄弱，因此目前国内越来越多的幕墙公司选择与碲化镉厂家进行合作，签署战略合作协议，发挥各自产业优势，布局碲化镉 BIPV 市场，这对推动建筑光伏一体化产业意义重大。随着各地政策驱动不断深入，BIPV 项目需求如雨后春笋般出现，BIPV 迎来了前所未有的发展机遇，万亿级 BIPV 市场已被开启。

5　结语

回顾碲化镉电池行业这些年的发展，从实验室到生产线，从产品应用到厂房屋面、建筑幕墙，再到建筑光伏一体化的正向设计，充分体现了碲化镉行业顺应市场需求的发展趋势，伴随着行业规模和技术壁垒的不断突破将更加势不可挡。目前政策性驱动已全面启动，市场性驱动随着技术进步、成本

降低而不断发挥作用，相信在不久的将来，BIPV 的建设需求将逐渐由被动式政策驱动转为主动性市场投资需求。另外，钙钛矿薄膜电池作为光伏发电领域的明星材料，成为不少企业跨界光伏的落脚点。在未来，钙钛矿一旦实现规模化生产，很可能重磅介入 BIPV 薄膜电池领域，与碲化镉薄膜电池形成产业竞争格局，让我们拭目以待。

参考文献

[1] 中华人民共和国住房和城乡建设部．建筑节能与可再生能源利用通用规范：GB 55015—2021［S］．北京：中国建筑工业出版社，2022．

[2] 何敏，花定兴．双碳形势下门窗幕墙行业的现状与发展［C］//杜继予．现代建筑门窗幕墙技术与应用．2023 科源奖学术论文集．北京：中国建材工业出版社．2023．

[3] 中华人民共和国建设部．玻璃幕墙工程技术规范：JGJ 102—2003［S］．北京：中国建筑工业出版社，2003．

断桥铝合金型材隔热区填充材料对门窗热工性能的影响

◎ 周秀红

泰诺风保泰（苏州）隔热材料有限公司北京分公司　北京　100027

摘　要　本文将不同导热系数的发泡材料带入隔热断桥铝合金型材的隔热区中做模拟计算，通过模拟计算可以看出因发泡材料的导热系数不同而导致断桥铝合金型材的传热系数不同，从而影响整窗的传热系数，尤其是对于高节能指标要求的北京，填充材料的差异可以影响型材系列的选择，最终影响门窗方案的选择和成本的差异。

关键词　发泡材料；传热系数；导热系数；隔热区

引言

根据我国"十四五"规划的要求，严寒和寒冷区域居住建筑节能必须达到75%的节能，其他区域居住建筑节能标准要达到65%的节能。以北京为例，居住建筑节能标准要达到80%的节能即满足小于等于1.1W/(m²·K)的节能指标。面对国家对节能越来越高的要求，高节能门窗的热工方案决定了门窗节能指标能否满足地方标准的要求。对于隔热断桥铝合金型材而言，隔热区域填充对门窗的热工方案能否满足设计需求，是非常重要的。

1　引入填充的重要性

建筑门窗65%节能已经在京津冀执行很多年了，大家都知道对于隔热断桥铝合金型材大于65系列即隔热条宽度大于24mm的型材，需要在型材腔体里填充隔热材料。填充的原因主要是腔体大了以后对流的影响会加剧，如图1所示。

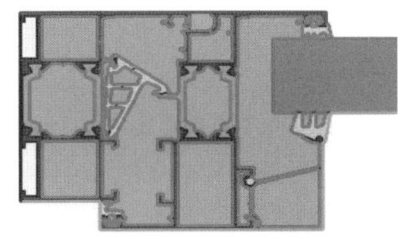
(a) 不填充 U_f=2.815W/(m²·K)

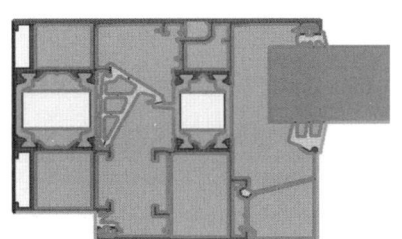
(B) 填充 U_f=2.518W/(m²·K)

图1　对流对型材传热系数的影响

填充发泡材料后型材的传热系数大概降低了0.3W/(m²·K)。假设其他部位设计不变，只改变隔热条的宽度，经过对不同宽度隔热条构成的隔热腔体，填充同一种隔热材料进行热工模拟汇总，计算结果如表 1 所示。

表 1 不同宽度隔热腔填充后的影响

隔热条宽度（mm）	隔热区填充发泡框传热系数降低 [W/(m²·K)]
24	−0.3
29	−0.4
34	−0.5
39	−0.6
44	−0.7

由表 1 可知，随着隔热腔体宽度越增加（隔热条宽度增加致使隔热腔体宽度增加），填充同一种发泡材料对框的传热系数影响越大，型材传热系数降低越多。所以我们经常会提及使用大于 24mm 隔热条的隔热腔体里一定要填充发泡材料来降低热对流造成的热量损失。否则如果不填充发泡材料，随着隔热条的增加，隔热型材的热工效果将大打折扣。

2 不同填充材料对不同节能指标的影响分析

其实同一个隔热腔体里填充不同的材料，对于型材的传热系数有不同的影响。我们取三种典型导热系数的发泡材料为例，如表 2 所示。

表 2 不同发泡材料的导热系数

方案	方案一	方案二	方案三
导热系数 [W/(m·K)]	0.05	0.04	0.03

2.1 北京 2.0W/(m²·k) 配置 65 系列 24mm 隔热条

整窗传热系数要求节能指标 $U=2.0W/(m^2·K)$，型材隔热腔里填充不同发泡材料的节点图如图 2 所示。

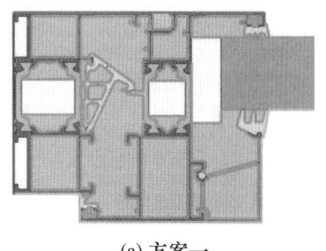
(a) 方案一

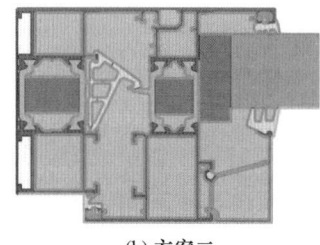
(b) 方案二

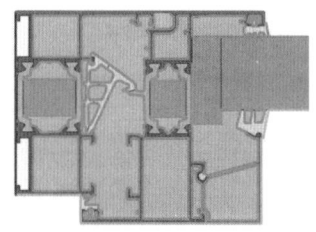
(c) 方案三

图 2 不同发泡材料填充型材隔热区节点图

对型材腔体填充不同发泡材料的节点进行热工模拟计算，从计算结果得出不同材料的导热系数导致框的传热系数不同，如表 3 所示。

表 3 不同发泡材料填充后框的传热系数

方案	方案一	方案二	方案三
导热系数 [W/(m·K)]	0.05	0.04	0.03
传热系数 U_f [W/(m²·K)]	2.316	2.261	2.199
差异	—	−0.055	−0.062

下面我们以常出现的几种玻框比为例，第一组框玻比 30%，第二组框玻比 28%，第三组框玻比

25%，假设使用导热系数为 0.04W/(m·K) 的材料进行填充，整窗传热系数刚好是 2.0W/(m²·K)，那么另外两组的整窗传热系数对比如图 3 所示。

图 3　不同框玻比下整窗传热系数差异图

由图 3 可以很明显看出，第一组导热系数 0.05W/(m·K) 的对照组整窗的传热系数约为 2.01W/(m²·K)，影响比例为 0.5%。由于北京的 75% 节能是可以权衡计算的，所以我们认为此结果四舍五入可以满足整窗传热系数≤2.0W/(m²·K) 的要求。而使用第三组导热系数为 0.03W/(m·K) 的对照组整窗传热系数约为 1.98W/(m²·K)，影响比例为 1%，满足整窗传热系数≤2.0W/(m²·K) 的要求。由此可见，型材隔热区填充不同导热系数的材料对整窗 2.0W/(m²·K) 的传热系数的影响可以忽略不计。

2.2　北京 1.1W/(m²·K) 配置 85 系列 44mm 隔热条

当整窗传热系数要求比较高时，如北京的节能指标 $U=1.1W/(m^2·K)$，对型材隔热腔里填充不同发泡材料的节点图如图 4 所示。

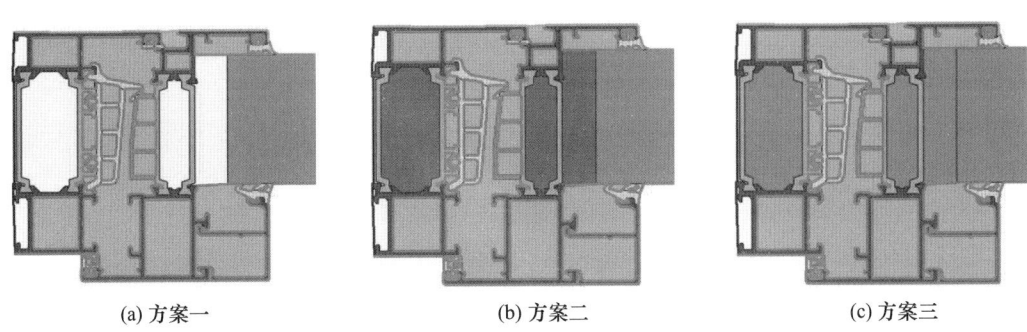

(a) 方案一　　　　　　(b) 方案二　　　　　　(c) 方案三

图 4　不同发泡材料填充型材隔热区节点图

我们对型材腔体填充不同发泡材料的节点进行热工模拟计算，从计算结果得出不同材料的导热系数导致框的传热系数不同，如表 4 所示。

表 4　不同发泡材料填充后框的传热系数

方案	方案一	方案二	方案三
导热系数 [W/(m·K)]	0.05	0.04	0.03
传热系数 U_f [W/(m²·K)]	1.444	1.385	1.323
差异	—	−0.059	−0.062

我们仍以常出现的几种框玻比为例，第一组框玻比 30%，第二组框玻比 28%，第三组框玻比

25%。假设使用导热系数为 0.04W/(m·K) 的材料进行填充，整窗刚好是 1.1W/(m²·K)，那么另外两组的整窗传热系数对比如图 5 所示。

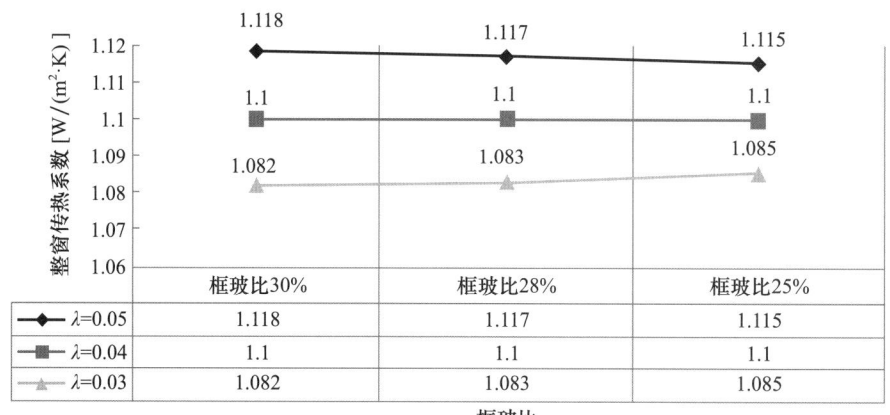

图 5　不同框玻比下整窗传热系数差异图

从图 5 可以很明显地看出，第一组导热率 0.05W/(m·K) 的对照组整窗的传热系数接近 1.12W/(m²·K)，影响比例为 1.8%。由于北京的 80% 节能是强制且不可以进行权衡计算的，所以我们通过模拟会发现此时整窗传热系数不满足整窗传热系数≤1.10W/(m²·K) 的要求。而使用第三组导热系数为 0.03W/(m·K) 的对照组整窗传热系数约为 1.08W/(m²·K)，满足整窗传热系数≤1.10W/(m²·K) 的要求（整窗传热系数保留两位小数），影响比例为 1.8%。由此可见，型材隔热区填充不同导热系数的材料对于整窗 1.1W/(m²·K) 的传热系数的影响不能忽略不计。使用不同的填充材料，不一定能使整窗方案满足设计要求，所以填充材料的选择对于整窗能否满足设计要求至关重要。

3　不同填充材料对不同节能指标的影响结论

以上我们通过对满足北京门窗 75% 节能指标 2.0W/(m²·K) 和满足北京门窗 80% 节能指标 1.1W/(m²·K) 分别做了模拟对照分析，大致结论如下：

1) 节能指标要求不同，不同填充材料影响结果就会有所不同。

2) 高节能指标使用填充材料对整窗热工性能的影响占比较大，所以不同导热系数材料的影响也会更加明显。

在 2.0 时代，我们对填充已经有了认识，填充常规材料基本都是可以满足设计要求的，这时我们会选择性价比较高的材料来填充。而在 1.1 时代，如果我们选择错了填充材料，可能会使整窗热工性能不满足设计要求。为此我们可能需要加大成本提高其他方面的设计来满足整窗的传热系数要求，为此得不偿失。所以我们最好在设计之初就选择好要填充的材料，而不是更改设计方案。当理论设计与实际应用的填充材料不匹配时，我们要严格进行验收。所以对于高节能要求的热工性能，填充材料的选择影响至关重要，建议增加对此的关注度。

本文仅以常见的填充材料导热系数举例，没有写明具体材料名称，具体材料导热系数可以咨询厂家确定。

参考文献

[1] 北京市规划和自然资源委员会，北京市市场监督管理局. 居住建筑节能设计标准：DB11/891—2020 [S].

[2] 中华人民共和国住房和城乡建设部. 建筑门窗玻璃幕墙热工计算规程：JGJ/T 151—2008 [S]. 北京：中国建筑工业出版社，2009.

近零能耗类建筑对幕墙门窗的要求

◎ 谢 冬[1] 谢士涛[2]

1 深圳市三鑫科技发展有限公司　广东深圳　518054
2 深圳市土木建筑学会建筑运营专业委员会　广东深圳　518038

摘　要　在国家"双碳"目标背景下，建筑行业为进一步降低建筑能耗，提出了超低能耗、近零能耗、零能耗建筑的概念，并于2019年发布实施了《近零能耗建筑技术标准》（GB/T 51350—2019），2021年深圳市住房和建设局结合深圳地区的建筑特点发布了《深圳市超低能耗建筑技术导则》。无一例外，相关标准均以室内舒适的环境参数为前提，以建筑能耗的控制为主线，从规划设计入手，提出了性能化设计、产品选型、建造关键点以及对运行的建筑全生命周期过程提出了新要求。建筑幕墙门窗专业应如何适应这一新的改变，笔者以自身学习和参加相关课题研究的经历思考，提出建议供相关人员参考。

关键词　超低能耗；近零能耗；幕墙门窗

1　前言

为贯彻执行《国务院关于印发"十三五"节能减排综合工作方案的通知》（国发〔2016〕74号），《建筑节能与绿色建筑发展"十三五"规划》和《广东省绿色建筑量质齐升三年行动方案（2018—2020）》（粤建节〔2018〕132号）中加快提高建筑节能标准及执行质量，积极开展超低能耗建筑、近零能耗建筑建设示范，鼓励开展零能耗建筑示范工程试点的目标要求，进一步提高建筑节能技术水平，建筑行业积极响应，全面开展超低能耗、近零能耗等技术和课题研究，2019年发布了《近零能耗建筑技术标准》（GB/T 51350—2019），2021年深圳市住房和建设局结合深圳地区的建筑特点编写并发布了《深圳市超低能耗建筑技术导则》。2021年10月24日，国务院印发了《中共中央 国务院关于完整准确全面贯彻新发展理念做好碳达峰碳中和工作的意见》，提出提升城乡建设绿色低碳发展质量，大力发展节能低碳建筑，持续提高新建建筑节能标准，加快推进超低能耗、近零能耗、低碳建筑规模化发展。

为响应号召，全国各地超低能耗建筑、近零能耗建筑、零能耗建筑（本文统称"近零能耗类建筑"）相关的标准和示范项目不断推出。作为建筑外立面的幕墙门窗专业，应如何积极面对，如何充分利用近零能耗类建筑的发展，推动外立面幕墙门窗技术的进步，需要幕墙门窗从业人员共同努力。

2　近零能耗类建筑的概念与理解

2.1　近零能耗类建筑的概念

近零能耗类建筑是适应当地气候特征和场地条件，通过被动式建筑设计最大幅度降低建筑供暖、空调、照明需求，通过主动技术措施最大幅度提高能源设备与系统能效，充分利用可再生能源，以最少的能源消耗提供舒适的室内环境，且室内环境参数和能效指标符合对应标准规定的建筑。

超低能耗、近零能耗、零能耗建筑的差异见表1。

表1 超低能耗、近零能耗、零能耗建筑的差异

类型	超低能耗建筑	近零能耗建筑	零能耗建筑
相互关系	近零能耗建筑的初级表现形式	—	近零能耗建筑的高级表现形式
室内环境参数	冬季：温度≥20℃，湿度≥30%。 夏季：温度≤26℃，湿度≤60%。 居住建筑：新风量≥30m³/(h·人)；白天噪声≤40dB（A），夜间噪声≤30dB（A）。 公共建筑：符合现行标准《民用建筑供暖通风与空气调节设计规范》（GB 50736）、《民用建筑隔声设计规范》（GB 50118）要求		
能效指标	居住建筑：建筑能耗综合值≤65kW·h/(m²·a)。 公共建筑：建筑综合节能率≥50%	居住建筑：建筑能耗综合值55kW·h/(m²·a)；可再生能源利用率≥10%。 公共建筑：建筑综合节能率≥60%；可再生能源利用率≥10%	居住建筑：建筑能耗综合值≤55kW·h/(m²·a)；本体与周边可再生能源产量≥建筑年终端能源消耗量。 公共建筑：建筑综合节能率≥60%；本体与周边可再生能源建筑年终端能源产量消耗量
建筑气密性（换气次数 N_{50}）	居住建筑（严寒寒冷地区）：≤0.6。 居住建筑（其他地区）：≤1.0。 公共建筑（严寒寒冷地区）：≤1.0。 公共建筑（其他地区）：不受限制		
能耗水平	较现行（2018年）的节能设计标准降低50%以上	较现行（2018年）的节能设计标准降低60%~75%甚至更高	

2.2 对近零能耗类建筑的理解

根据近零能耗类建筑的概念，该类型建筑设计有四个重点：一是以健康舒适的室内环境为目标去降低耗能；二是要因地制宜，尽可能采用被动设计技术，充分利用自然因素，减少能源需求；三是高效用能，选用效能高的设备，减少外部能源供给；四是充分利用可再生能源，达到用能的供需平衡。近零能耗建筑用能示意如图1所示。

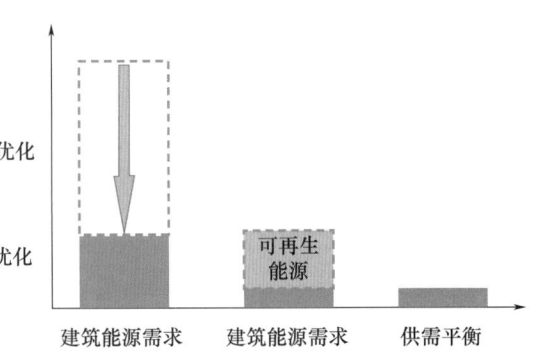

图1 近零能耗建筑用能示意

3 对幕墙门窗设计的要求

3.1 近零能耗类建筑标准对幕墙门窗的性能要求

基于近零能耗建筑对环境的适应性和能耗控制的要求，幕墙门窗应综合考虑夏季遮阳、冬季得热以及天然采光的需要。《近零能耗建筑技术标准》（GB/T 51350—2019），对幕墙门窗的热工性能提出了相关要求，见表2~表4。

表2 公共建筑非透明幕墙平均传热系数 K W/(m²·K)

严寒地区	寒冷地区	夏热冬冷地区	夏热冬暖地区	温和地区
0.10~0.25	0.10~0.30	0.15~0.40	0.30~0.80	0.20~0.80

表3 公共建筑透明幕墙传热系数 K 和太阳能得热系数（SHGC）值

性能参数		严寒地区	寒冷地区	夏热冬冷地区	夏热冬暖地区	温和地区
传热系数 K [W/(m²·K)]		≤1.2	≤1.5	≤2.2	≤2.8	≤2.2
太阳能得热系数（SHGC）	冬季	≥0.45	≥0.45	≥0.40	—	≥0.40
	夏季	≤0.30	≤0.30	≤0.15	≤0.15	≤0.30

表4 居住建筑外窗传热系数 K 和太阳能得热系数（SHGC）值

性能参数		严寒地区	寒冷地区	夏热冬冷地区	夏热冬暖地区	温和地区
传热系数 K [W/(m²·K)]		≤1.0	≤1.2	≤2.0	≤2.5	≤2.0
太阳能得热系数（SHGC）	冬季	≥0.45	≥0.45	≥0.40	—	≥0.40
	夏季	≤0.30	≤0.30	≤0.30	≤0.15	≤0.30

结合目前玻璃与铝材的热工性能，幕墙门窗产品均需要采用断热铝型材产品方能满足要求。另外，考虑到换气对能量的消耗，标准对幕墙门窗气密性的要求是外窗的气密性不低于8级，外门的气密性不低于6级。

3.2 幕墙门窗成为建筑设计的重要关注点

近零能耗类建筑的性能化设计方法与传统的指令性（规定性）设计有所不同（表5），近零能耗设计采用的是性能化设计，以终为始，即以建筑室内环境参数和能效指标为性能目标，利用建筑仿真模拟工具，结合建筑全寿命周期的经济效益分析，对设计方案进行技术措施和性能参数的优化，最终达到预定性目标要求的设计过程。

表5 性能化设计与指令性设计的差异

性能化设计	指令性设计
面向建筑性能，给出满足性能目标的参数和指标要求	直接从规范中选定设计参数
关注设计、建造及运行全过程	主要关注建筑设计
所提供的措施只要是能证明合适的就允许采用，为设计提供创造空间	原则上采用规范中所规定的方法或措施
强调建筑整体有机集成	重视细节，轻视整体

众所周知，建筑用能机电设备的能效在短期内有较大提升的可能性较低。因而近零能耗类建筑设计只能把重点放在可以减少用能的自然通风采光和提升围护结构的热工性能两个方面上来。幕墙门窗专业作为建筑外围护结构的重要组成部分，不可避免地会受到重点关注。

3.3 对幕墙门窗产品的新要求

从图2可以看出，建筑使用过程中的用能主要为通风空调制冷与采暖、照明、电梯和动力系统。为减少通风空调制冷、采暖和照明用能，采用自然采光通风和减少室外得热是最直接、最有效的减少建筑用能需求的办法。因而高透光、低得热、通风效率高、密封性能强以及保温性能好的幕墙门窗产品是近零能耗类建筑的首选。透光好、隔热强，通风好、密闭强的幕墙门窗产品受到青睐。

另外，可再生能源利用作为减少外部能源需求的举措，光伏幕墙和遮阳产品应用也是实现近零能耗建筑的有效途径。

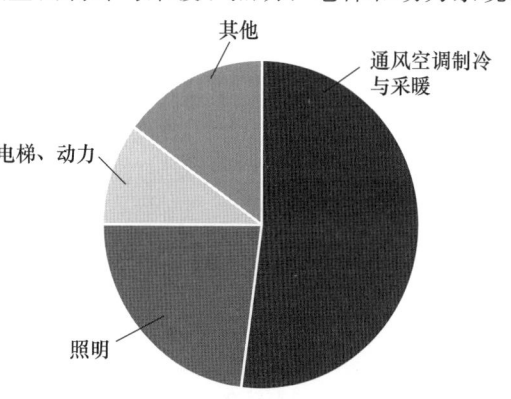

图2 常规公共建筑用能分布

4 对幕墙门窗施工的要求

4.1 热桥处理

近零能耗类建筑的能效要求，应特别重视对外围护构造中的局部热桥影响，外围护结构的整体性应趋于完美。因而必须对围护结构的局部热桥进行有效的设计处理。例如针对非透明幕墙特别是金属、石材、人造板幕墙等，需重点对连接、交叉等部位存在的热桥做精细化处理，确保外围护保温隔热层的完整性。

热桥处理有如下四项规则：

（1）避让规则：尽可能不破坏或穿透外围护结构。
（2）击穿规则：当管线需要穿过外围护结构时，应保证穿透处保温连续、密实无空洞。
（3）连接规则：在建筑部件连接处，保温层应连续无间隙。
（4）几何规则：避免几何结构的变化，减少散热面积。

常见幕墙门窗中的热桥处理的做法如图 3、图 4 所示，对易形成热桥的预埋部位增加隔热垫块。

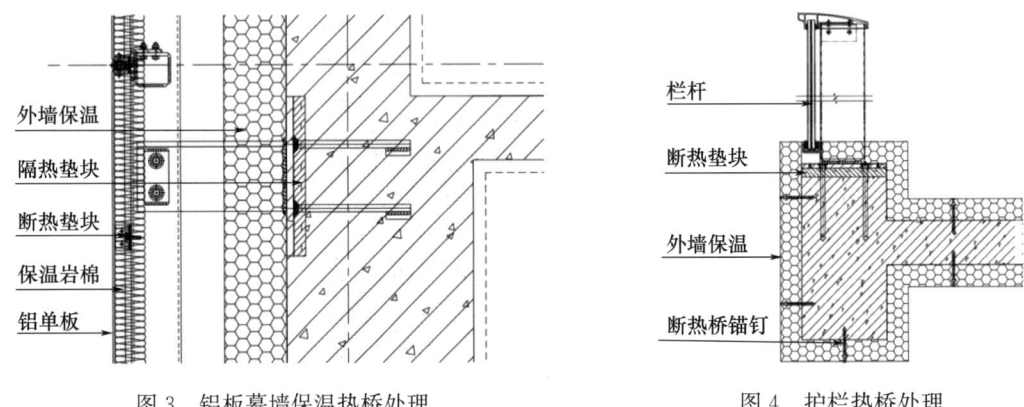

图 3　铝板幕墙保温热桥处理　　　　　　图 4　护栏热桥处理

4.2 气密性保障

建筑气密性是影响建筑供冷和采暖能耗的重要因素之一，近零能耗类极低的能效指标要求围护结构优秀的传热性能导致的能耗很小，气密性带来的热损失引起的能耗则显得相对突出。一般情况下，室内一侧的气密层会影响整体的气密性，因而需重视门窗与结构的连接收口和幕墙门窗的开启对气密性的影响。

外门窗安装时，应对外围护结构洞口部位、结构构件间缝隙等关键部位的气密性进行处理。施工过程中应尽量避免在外围护结构上开口，如必须开口，应尽量减少开口面积，并采取气密性保障措施。气密性保障措施中，常用的是在室内一侧增加防水隔气膜，以提升室内侧的气密性。室外一侧采用防水透气膜，以确保构造中水气得以向外排出，如图 5、图 6 所示。

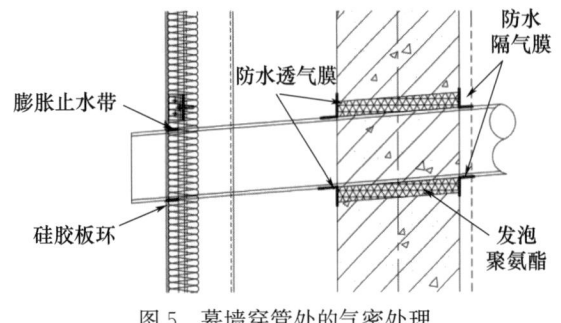
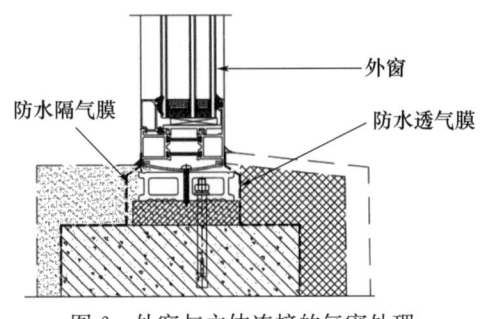

图 5　幕墙穿管处的气密处理　　　　　　图 6　外窗与主体连接的气密处理

4.3 专项技术交底与施工方案

近零能耗类建筑的非透明外围护结构保温、热桥控制、门窗幕墙安装、气密性保障等措施是实现低能耗建筑目标的关键环节，在设计和施工工艺上较普通节能建筑的做法有所不同或要求更高。考虑到相关专项技术措施的先进性和重要性，建筑设计单位需在建设方的组织下，与相关材料供应商、施工监理方一起做专项的技术交底，以便各方理解设计意图，把握质量控制的关键点。

施工单位特别是实际的施工人员很多是初次了解相关技术，为保证工程质量，施工单位的技术人员需按照设计技术交底的要求，结合现场和施工安排编制专项施工方案，指导施工和过程质量管控。特别是门窗、遮阳系统安装方式，门窗框与墙体结构缝的保温处理、框体周边防水和气密性处理，连接件与基层墙体断热桥措施等。

5 对幕墙门窗运行的要求

近零能耗类建筑是否成功，最终还是要看使用效果。标准规定，近零能耗建筑的评价贯穿设计、施工与运行全过程。幕墙门窗工程也不例外，设计、施工的评价以图纸、施工过程检查记录以及检测报告为基础。运行则首先是做好与施工的衔接，一般在施工的后期，运行管理方面就需要参与进来，全程参与项目的验收、交付和试运行工作。

为做好运行的配合，幕墙门窗施工方，应做到以下几点：一是在施工后期需做好设计、施工技术资料和交接清单、使用维护说明书、备品备件、培训等准备；二是根据项目情况，在验收前按照现行《建筑整体气密性检测及性能评价标准》（T/CECS 704）现场进行建筑气密性检测，不达标时即刻整改；三是运行一年后，参与相关的室内环境参数方面的检测评估。

6 结论与建议

在国家"双碳"目标背景下对绿色低碳转型的需求，2022年11月，深圳市住房和建设局印发了《深圳市绿色建筑高质量发展行动实施方案（2022—2025）》，提出全面推广超低能耗建筑，大力发展近零能耗建筑、零碳建筑，组织开展近零碳排放区试点项目建设。可见，近零能耗类建筑的发展应用将是大势所趋。为此，幕墙门窗行业需要顺应大势做好技术与企业发展转型。建议如下：

（1）幕墙门窗的设计要有全生命周期的理念。要积极参与到建筑方案设计中，选用热工性能好的低碳类型材料，构造设计既要考虑安全性，又要考虑气密断热性，还要考虑可维护更换。

（2）幕墙门窗的产品要有更优的热工性能和供能特性。近零能耗类建筑的外围护特点，需要大力发展超高热工性能、通风性能和气密性能的幕墙门窗产品。同时幕墙门窗的光伏建筑一体化作为建筑可再生能源的利用技术，也是符合发展需求的重要产品。

（3）幕墙门窗的施工要重视协同强化、工艺精细。近零能耗建筑的性能化设计的综合性要求施工各方的有效协同，幕墙门窗作为外围护的一部分需要照顾全局。同时，对于专项的技术要求要有专项方案，更加精细施工，如断桥、气密性措施等。

参考文献

[1] 深圳市住房和建设局. 深圳市超低能耗建筑技术导则［EB/OL］.［2021-8-17］. http：//zjj.sz.gov.cn/attachment/1/1397/139719/9065463.pdf.

[2] 中华人民共和国住房和城乡建设部. 近零能耗建筑技术标准：GB/T 51350—2019［S］. 北京：中国建筑工业出版社，2019.

光伏幕墙设计要点

◎ 艾 兵

深圳广晟幕墙科技有限公司　广东深圳　518029

摘　要　光伏幕墙与常见的玻璃幕墙在设计过程中有相似的地方，也有不同的点，碲化镉薄膜组件光伏幕墙在设计过程中需要注意的要点有建筑物上使用光伏幕墙的区域选择、光伏幕墙发电玻璃分格尺寸的选定、光伏幕墙发电玻璃透光率的选型、光伏幕墙发电玻璃电缆线接头的安装空间、光伏幕墙电缆线的走线连接、光伏幕墙发电玻璃的散热处理、光伏幕墙后期维护等，本文针对这几点进行简要的分析。

关键词　光伏幕墙；设计要点

1　引言

《住房和城乡建设部、国家发展改革委关于印发城乡建设领域碳达峰实施方案的通知》（建标〔2022〕53号）及《2030年前碳达峰行动方案》文件中提到，要推进建筑太阳能光伏一体化建设，强调到2025年，新建公共建筑、新建厂房屋顶光伏覆盖率力争达到50%，基本确定了光伏建筑未来在建筑行业中的重要发展地位，建筑与光伏结合应运而生。

建筑光伏一体化（Building Integrated Photovoltaic，BIPV）是将光伏发电产品融合到建筑材料和建筑构件上的应用技术。该技术是在建筑外围护结构的表面集成光伏组件，一方面，可通过光伏发电为建筑提供电力能源，另一方面，作为建筑结构的功能部分，可取代部分传统的建筑结构，如屋顶板、幕墙、窗户、遮阳棚等。安装式太阳能光伏建筑（Building Attached Photovoltaic，BAPV）主要以附属设施的形式实现光伏组件和房屋建筑的结合。相比而言，BIPV以建筑材料的形式出现，不仅具有发电功能，而且是建筑结构不可分割的组成部分，具有结构构件的使用功能。

目前市面上的光伏发电组件主要有晶硅组件与碲化镉薄膜组件。碲化镉薄膜组件有多种色彩可选、多种材料质感可配、透光率可调、弱光发电性能好、温度系数低、热斑效应小、定制化程度高等优点，被大量运用到光伏幕墙上。

2　光伏幕墙设计要点

2.1　建筑物上使用光伏幕墙的区域选择

初步预定建筑物上使用光伏幕墙的区域后，进行光伏幕墙的发电量预算，在多次调整使用区域来进行发电量预算后，当发电量预算结果满足建筑设计要求及业主使用要求及性价比在成本控制范围内，建筑物满足使用功能要求后，最终决定建筑物上光伏幕墙的使用区域。

光伏幕墙的发电量与发电玻璃的组合（发电玻璃块数及并联或串联）、建筑所处的地理位置（南方、北方）、季节（春、夏、秋、冬）、方向（东、南、西、北）、日照时长、日照角度、日照强度、建筑周边环境等有关。应避免由于朝向和遮挡对光伏发电造成不利影响，考虑上述因素、结合所设计的建筑，综合预算出建筑的发电量，考虑光伏幕墙发电量的年衰减，得出光伏装机容量、光伏系统总效率，判断是否满足建筑所需的绿建建筑要求、近零能耗建筑要求、零能耗建筑要求。

从建造成本角度分析，BIPV建筑成本是动态变化的，产品发电功率期可达25年以上，持续产生发电收益，节约建筑整体用电，随着时间的延续，成本靠发电收入越来越低，甚至在建筑全寿命周期内，出现零甚至负数，也就是在产生收益，而普通建筑只能靠折旧回收成本。因此，BIPV建筑成本最低。

2.2 光伏幕墙的发电玻璃分格尺寸的选定

发电玻璃是由 3.2mm 电池基板加上下的钢化玻璃通过夹胶片组合而成，电池基板的标准尺寸通常为 600mm×1200mm。在设计建筑外观时，光伏幕墙的发电玻璃分格尺寸分格模数与电池基板的标准尺寸相匹配为最好，光伏幕墙玻璃在宽度和高度的尺寸上，与电池基板的标准尺寸为倍数关系，就可以避免电池基板加工裁切、检测工序，提高电池基板的利用率，有效进行成本控制和质量控制。比如光伏幕墙的发电玻璃分格尺寸可设计为 1200mm×3600mm、1200mm×3000mm、1200mm×2400mm、1200mm×1800mm、1200mm×1200mm、1200mm×600mm 等。大于电池基板的标准尺寸的分格尺寸内部的电池基板由多块标准尺寸的电池基板组合而成，如图1所示。

发电玻璃常用规格：

夹胶（图2）：6mm+1.52mmPVB+3.2mmCdTe+1.52mmPVB+6mm，5mm+1.52mmPVB+3.2mmCdTe+1.52mmPVB+5mm。

中空（图3）：6mm+1.52mmPVB+3.2mmCdTe+1.52mmPVB+6mm+中空层+6mm（可Low-E）+1.52mmPVB+6mm；6mm+1.52mmPVB+3.2mmCdTe+1.52mmPVB+6mm+中空层+10mm。

图1 1200mm×3000mm玻璃板块实样照片（电池基板由6块拼接成3600mm长）

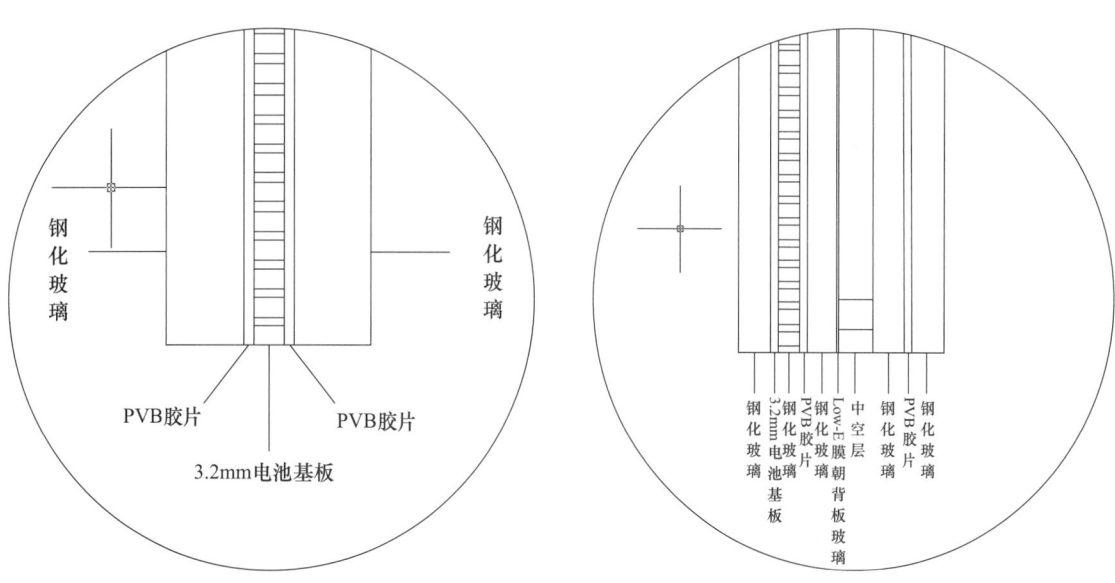

图2 发电玻璃组合（夹胶玻璃）　　　图3 发电玻璃组合（夹胶中空玻璃）

光伏幕墙的发电玻璃同普通玻璃幕墙用的玻璃一样,需满足各种规范要求,包括玻璃面积要求、受力要求等。

2.3 光伏幕墙发电玻璃透光率的选型

透光率是指太阳光照射到玻璃上能穿透薄膜的光面积占整个薄膜面积之比,即用激光刻蚀薄膜面积占整个薄膜面积的比例。透光率的数值可以任意选择;同一环境中,透光率越小,发电量越高,建筑整体外观越暗;透光率越大,发电量越小,建筑整体外观越亮。

光伏玻璃幕墙组件的类型、规格和安装位置应根据建筑设计和用户需求确定;光伏玻璃幕墙组件应与建筑外观相协调;应满足室内采光要求。

发电玻璃透光率的选型关系到建筑的发电量,比如楼层间的发电玻璃无采光需求,可选择0%~10%的透光率,发电量会较高;楼层中的可视区域有采光需求,可采用40%~60%的透光率发电玻璃,既满足发电功能需求,又满足建筑外观要求。

常用的发电玻璃透光率见图4。

图4 常用的发电玻璃透光率

2.4 光伏幕墙发电玻璃电缆线接头的安装空间

光伏幕墙的发电玻璃中有电池基板,外露有电缆线、笔式接线盒、笔式插接头;设计幕墙构造时需留意电缆线的长度尺寸、粗细尺寸、软硬度,笔式接线盒的长度、宽度、高度,笔式插接头的长度尺寸、粗细尺寸;设计过程中需注意玻璃周围胶缝的大小及模拟安装时的工况,包括电缆线的弯折、电缆线穿横梁或立柱走向室内的穿线过程等,预留足够的空间,避免安装时发生碰撞、电缆线过紧等影响幕墙性能的情况发生,如图5~图7所示。

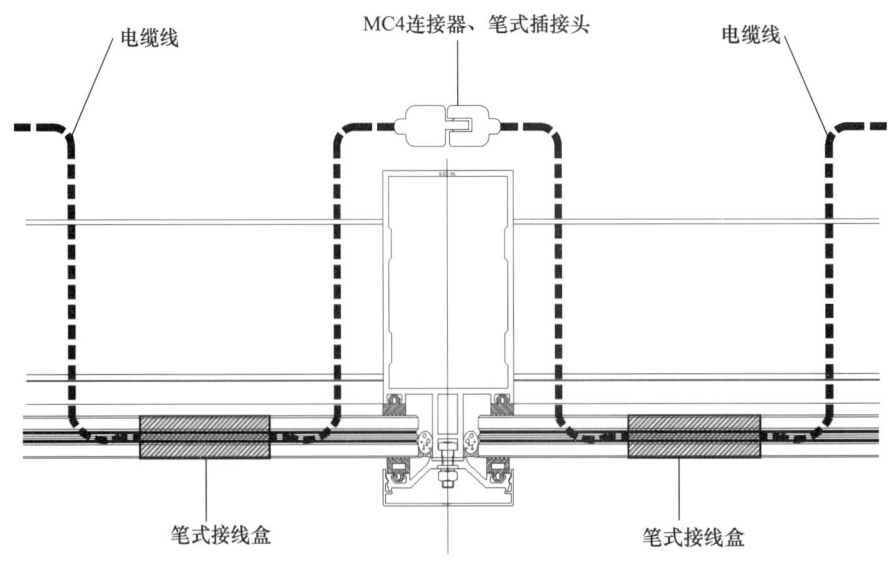

图5 光伏幕墙节点图

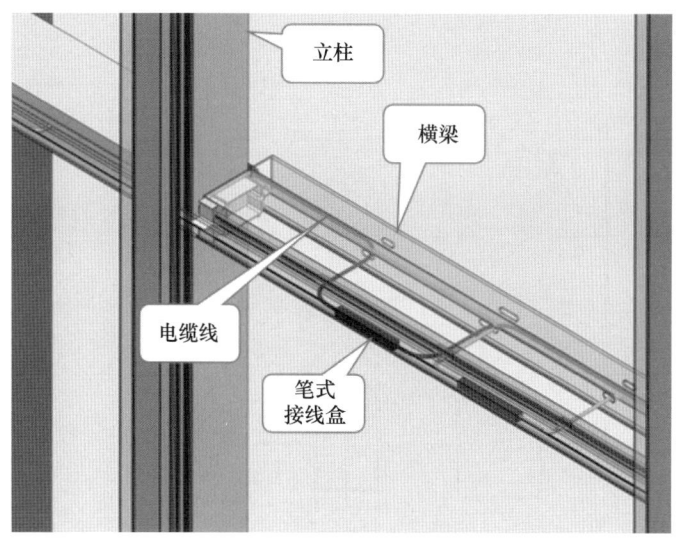

图 6　光伏幕墙三维图

图 7　光伏玻璃实体相片

2.5　光伏幕墙电缆线的走线连接

光伏幕墙的电缆线走线形式多种多样，需考虑设计出最经济、最适合本建筑的走线方案。

电缆线可以从玻璃处通过横梁穿入室内（图 8），也可以从玻璃处通过立柱穿入室内（图 9），还可以同时通过横梁与立柱相互配合的形式穿入室内。穿入室内后，连接到井网柜，通过逆变器进入交流汇变箱，再到配电柜输出使用或进入电网。并网光伏发电系统主要由光伏组件、逆变器、线缆和汇流箱、交流配电柜及监控系统等组成；并网是将光伏组件产生的直流电经过并网逆变器转换成符合市电电网要求的交流电之后接入公共电网，如图 10 所示。

光伏玻璃幕墙支承结构设计应满足电气布线的安全、隐蔽、美观、维护等要求；光伏玻璃幕墙支承结构宜设置一体化布线型腔。应便于排水、除雪、除尘，保证通风良好，并应确保光伏幕墙系统电气性能安全可靠；布线型腔的截面面积或孔径应根据电缆根数及电缆外径确定，并应满足布线要求。开口型腔应使用扣盖密封；在光伏玻璃幕墙支承结构上增加穿线孔时，应对支承结构进行结构安全校核。

光伏幕墙发电系统应编制电气工程施工方案。电缆线需套上 PVC 管等保护措施，不能直接穿入型材内，避免刮伤，影响电气线路。

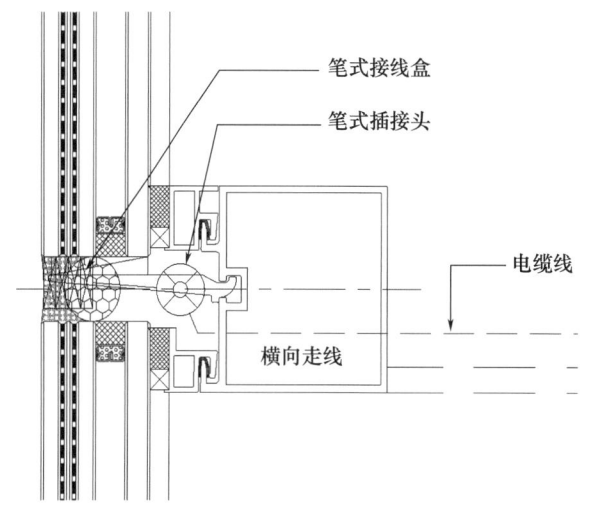

图 8　光伏幕墙节点（横向走线）

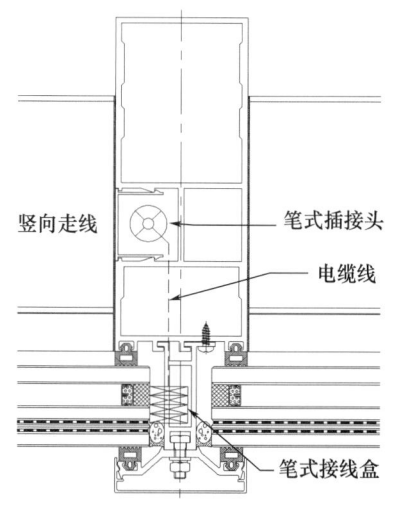

图 9　光伏幕墙节点（竖向走线）

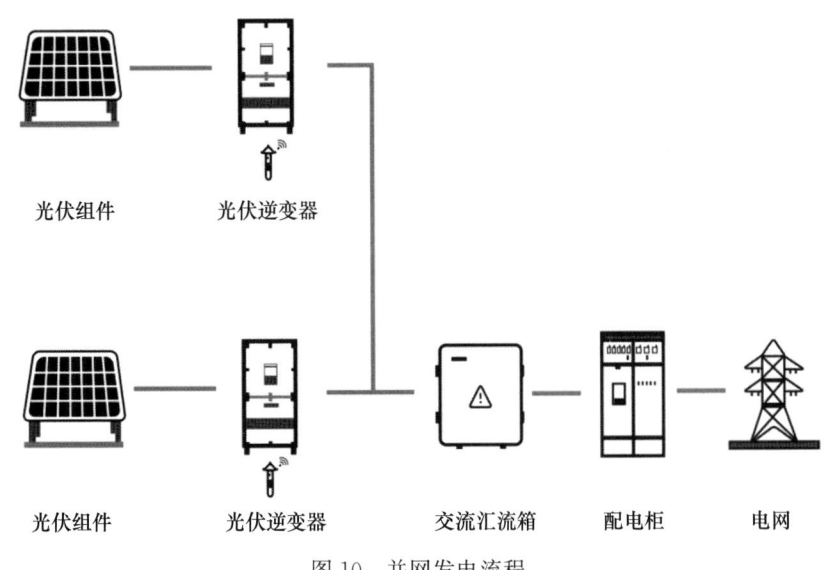

图 10 并网发电流程

2.6 光伏幕墙发电玻璃的散热处理

光伏发电玻璃升温产生的热能来源有两个方面：主要为光伏玻璃不能采用低辐射反射膜将太阳光反射回室外，而其本身物理性质决定其太阳能转化率相对较低，只有不到 15% 的太阳能转化为电能，其他均会转化为热量；光伏组件内有电流通过，即使是很微弱的电流也会带来相应的温度上升，加上可能存在光伏组件热斑效应带来的局部升温。因此要预留出散热孔来避免温度上升给光伏组件带来的损失。在幕墙龙骨框架上预留了进气孔和排气孔，可以用穿孔型材作为进气孔，然后预留了一个排风通道作为排气孔，来达到散热降温的效果。楼层间透光率低（透光率为 0%）的发电玻璃，产生的热量更多，将这部分热能通过自然风循环的方式排到室外，是建筑节能减排最理想的方式。一般通过横梁的造型变化，设计出一种独特的构造形式，能防水、能通风，不影响建筑外观效果，将发电玻璃产生的热能自然排到室外，如图 11、图 12 所示。

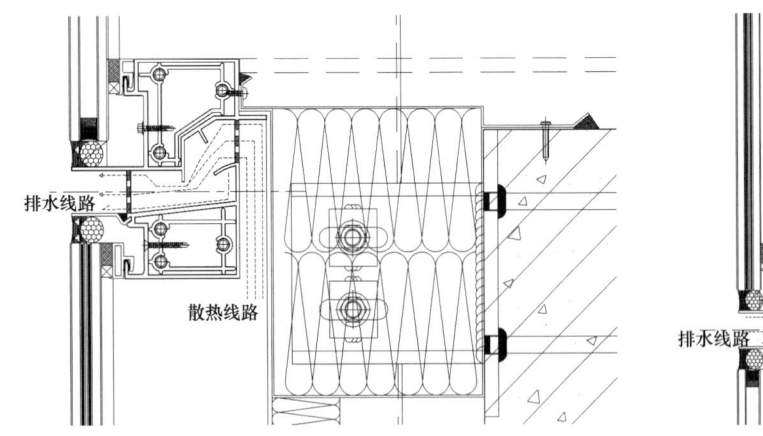
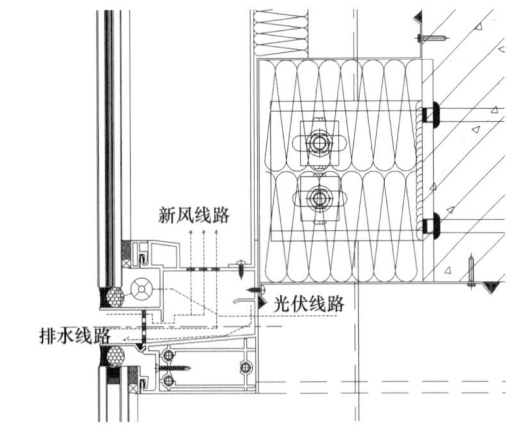

图 11 排水散热节点（层间幕墙上端）　　　图 12 排水散热节点（层间幕墙下端）

2.7 光伏幕墙后期维护

光伏幕墙与传统幕墙属于易于替换结构构件的建筑，根据《民用建筑设计统一标准》（GB 50352—

2019）第 3.2.1 规定易于替换结构构件的建筑，设计使用年限为 25 年。

设计时应考虑到便于光伏幕墙方阵和建筑相关部位的检修和维护，光伏采光顶宜预留检修通道。对于光伏幕墙，一般是遵循建筑设计或幕墙系统设计；对于设计检修通道，一般会设计在楼层有混凝土梁或柱的位置（具体看幕墙分格），既不影响室内效果，又不影响室外美观。玻璃如果有损坏、隐裂等，维修方法和普通幕墙的更换一样，仅多了线路的拆除和安装，一般是在幕墙的外侧拆除更换；如果是线路有问题，可以通过维修通道进行检修，线路检修一般放在室内进行。

光伏幕墙除应编制完成传统玻璃幕墙的运行维护方案内容外，还应完成光伏发电系统维护工作内容，包括光伏组件、设施等电气系统的维护。

3　结语

随着社会的进步，建筑幕墙的安全、美观、环保、节能越来越重要，光伏一体化在建筑环保、节能等方面起到非常重要的作用。本文具体在建筑物上使用光伏幕墙的区域选择、发电玻璃分格尺寸的选定、发电玻璃透光率的选型、发电玻璃电缆线接头的安装空间、电缆线走线连接、发电玻璃的散热处理及后期维护对光伏玻璃幕墙在设计中的注意事项进行了分析。在幕墙设计阶段，设计师可以据此设计过程，在确保满足国家规范的基础上，巧妙地、合理地发挥光伏幕墙的特性，并在已有的幕墙形式上进行创新改进，设计出更高效的新型绿建建筑、近零能耗建筑、零能耗建筑，为推动建筑幕墙的技术进步作出贡献。

参考文献

［1］中国人民共和国住房和城乡建设部．建筑节能与可再生能源利用通用规范：GB 55015—2021［S］．北京：中国建筑工业出版社，2021．

［2］中国人民共和国住房和城乡建设部．近零能耗建筑技术标准：GB/T 51350—2019［S］．北京：中国建筑工业出版社，2019．

［3］中国人民共和国住房和城乡建设部．绿色建筑评价标准：GB/T 50378—2019［S］．北京：中国建筑工业出版社，2019．

［4］中华人民共和国住房和城乡建设部．建筑用光伏构件通用技术要求：JG/T 492—2016［S］．北京：中国标准出版社，2016．

［5］中华人民共和国国家质量监督检验检疫总局，中国国家标准化管理委员会．光伏真空玻璃：GB/T 34337—2017［S］．北京：中国标准出版社，2017．

［6］中华人民共和国住房和城乡建设部．建筑玻璃应用技术规程：JGJ 113—2015［S］．北京：中国建筑工业出版社，2016．

第三部分
BIM 及数字化技术应用

深圳湾超级总部基地 C 塔项目玻璃冷弯设计研究

◎ 熊 凯　石大川　王 军　林广松

深圳市朋格幕墙设计咨询有限公司　广东深圳　518057

摘　要　本文以深圳湾超级总部基地 C 塔项目为背景，针对锯齿幕墙中的异型扭曲板块，采用边缘优化＋玻璃冷弯的设计方法，以尽可能贴合原始建筑曲面并满足建筑效果。本文通过制定复杂曲面幕墙玻璃冷弯的设计流程及控制要点，批量化分析了全部玻璃板块，并以玻璃应力利用率作为冷弯分析参数，借助 Rhino 可视化工具展示了项目所需平板、冷弯及热弯的玻璃面积，为后续指导冷弯试验、幕墙施工阶段深化设计及权衡项目经济化指标提供了量化参考。本文所用玻璃冷弯设计流程及方法，可为同类复杂曲面幕墙设计提供参考。

关键词　曲面幕墙；玻璃冷弯；冷弯应力；批量化分析

1　引言

由扎哈·哈迪德建筑事务所打造的深圳湾超级总部基地 C 塔项目位于深圳湾总部基地的核心区域，是深湾都市核心区三个超高层地标之一。作为中央绿轴和未来城脊组成的"超级十字"的中心节点，C 塔项目集商业、文化、办公、酒店、交通于一体。总用地面积 117 万 m^2，总建筑面积约 56 万 m^2。两座塔楼分别约 395m 和 330m（图 1）。

图 1　C 塔项目效果图

塔楼外侧为锯齿形单元幕墙，建筑形体的曲面过渡使得塔楼外侧涉及异型扭曲单元幕墙。塔楼结构体系为带伸臂、环带桁架加强层的框架-核心筒双塔连体结构。在东塔与西塔20~21层设置连体层，中间有大开洞，形成连接东、西塔的两个连桥。裙摆处为造型复杂的大跨度、大悬挑的曲面形体，结构体系为圆管桁架的主次梁结构。连体区及裙摆区造型复杂，存在多处非规则双曲面幕墙，这给幕墙系统设计带来了挑战。

2　玻璃冷弯背景

针对复杂曲面的幕墙设计，通常采用平板玻璃折线拟合、玻璃热弯成型以及玻璃冷弯来实现建筑的曲面效果，这几种方案的特点如下：

（1）平板玻璃折线拟合。平板玻璃采用特定板块形状来拟合建筑曲面，所形成的曲面并非真正的理想曲面，此方法经济性较好，但对于大曲率及涉及曲率突变的项目，尤其是涉及双曲异型的幕墙，还需将玻璃划分为多个三角形板块，因此实际效果并不理想。

（2）玻璃热弯成型。在工厂将玻璃高温热弯成所需的曲面形状，并配合支撑框架。此方法曲面流畅，过渡光滑，但玻璃热弯成本较高，加工难度较大，同时当包含Low-E膜或其他遮阳膜时，需采用特殊的可弯钢高性能膜玻璃，使成本大幅增加。

（3）玻璃冷弯。基于玻璃弹性可弯曲特点，施加外力使其变形，将玻璃固定到支撑框架，进而达到预期的曲面效果。玻璃冷弯工艺一般可分为现场冷弯、工厂冷弯及工厂＋现场冷弯三种模式。

① 现场冷弯。玻璃面板和固定框架制成平面或弧面，在现场安装时压弯成预期形状并固定在结构构件上。

② 工厂冷弯。玻璃面板和固定框架在工厂组装时，通过特定的工具挤压成预期形状并固定，然后将已冷弯成型的构件整体运至现场安装。

③ 工厂＋现场冷弯。玻璃面板和固定框架在工厂先预制成平面或者弧面，运至现场安装时根据预期形状进行二次弯曲调幅，从而达到预期的效果。

需要注意的是，玻璃冷弯后会产生永久性应力，此应力会长期存在于玻璃的各个工作阶段，因此相比非冷弯玻璃，在受力上有实质性区别。国内外针对玻璃冷弯已进行了较多的试验及数值模拟研究。

杨蓉对单向弯曲的单片钢化玻璃冷弯残余应力进行了数值模拟；张喜德等分别对单片钢化玻璃、中空玻璃及中空夹层玻璃在单项冷弯作用下的力学响应进行了荷载试验及有限元数值模拟研究；徐自林等采用光纤法对冷弯中空玻璃进行了应力分布试验研究；郝小涵等对点支单层玻璃进行了反双曲冷弯成型的稳定性研究；Galuppi等对双曲冷弯单片玻璃和夹层玻璃进行了数值模拟研究；Datsiou等通过双曲冷弯试验及数值模拟，对单片玻璃进行了边界条件、板的几何特征以及荷载位置对冷弯屈曲临界曲率影响的研究。

在项目实施上，孙坚和金志强针对苏州中心广场采光顶玻璃进行了冷弯玻璃可靠性及施工工艺研究；唐际宇等针对南宁吴圩国际机场新航站楼的双曲面玻璃进行了冷弯扭拧成型试验研究。

基于上述认识，针对玻璃冷弯总体上多基于理论的数值模拟及试验研究，在复杂曲面幕墙项目实践上，几乎未见到关于玻璃冷弯的相关设计分析研究。因此，本文结合曲面拟合方法，制定了复杂曲面幕墙的建筑形体贴合策略及玻璃冷弯设计分析的流程与控制要点，供其他类似项目参考。

3　建筑形体贴合策略

通过几何分析，按有无双曲面及有无剧烈突变，将建筑外表皮划分为标准、转换及造型3种区间（图2）。在此分区基础上，进行精细化幕墙单元分格划分，以确定各幕墙板块所属曲面类型。

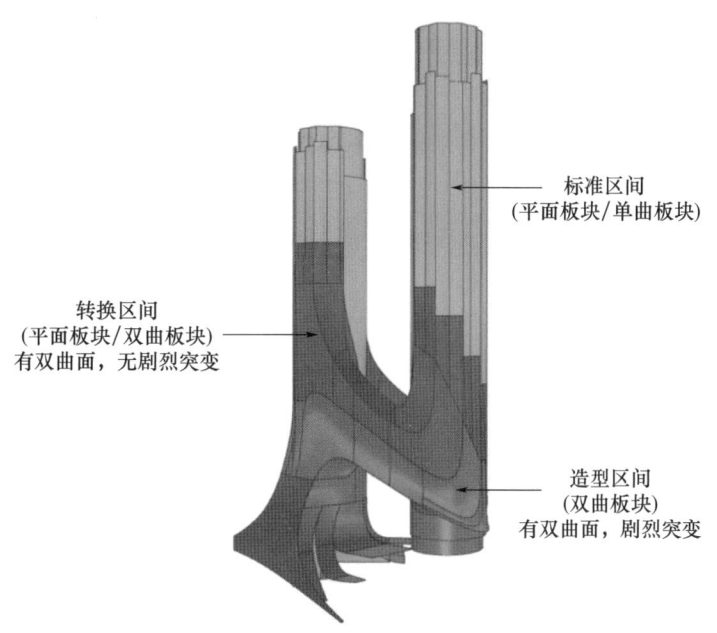

图 2 建筑表皮分区示意

考虑到单元幕墙的系统构造，为了便于单元板块间公母立柱的插接对位以及降低单元框加工难度，初设阶段按所有边框为直线进行表皮曲面贴合，原理见图 3：按全直线设定 P_4 角点偏移限值 x，获取曲面上 P'_4 点位置关于 P_1-P_2-P_3 点平面的偏移量，若角点偏移量≤限值 x，全部采用直线边框，采用平板玻璃，通过玻璃附框吸收叠差；若角点偏移量＞限值 x，全部采用直线边框，通过玻璃冷弯或热弯方式来匹配框架。按此原则优化的视觉效果见图 4。

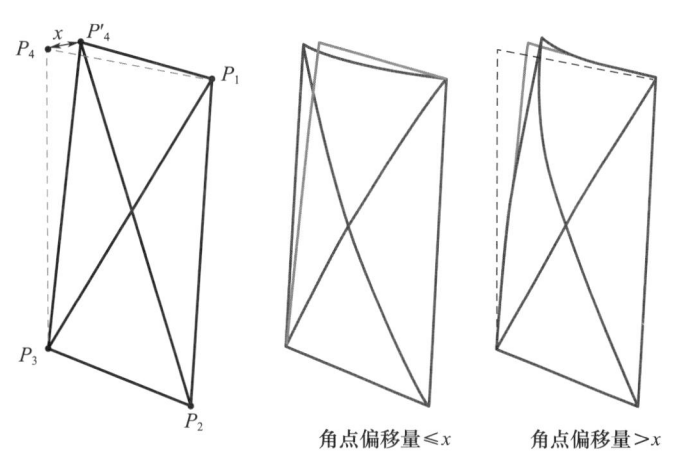

图 3 全部采用直线边框优化的原理示意

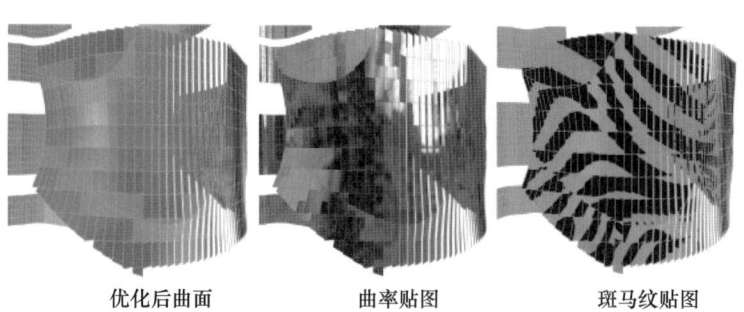

图 4 全部为直线边框优化后的视觉效果

从图 4 可以看出，全部采用直线边框的优化方案，其视觉效果并不理想，需进一步优化。

深化设计阶段，引入"拱高限值"参数 Y，分析各边拱高 WP_2、WP_4、WP_6、WP_8 与限值 Y 的关系。若立柱边拱高 WP_2 或 $WP_4 \leqslant Y$，此对边优化为直线；若立柱边拱高 WP_2 或 $WP_4 > Y$，此对边优化为标准弧；对横梁边拱高 WP_4 和 WP_8，原则上均按直线优化考虑。但针对连体区及裙摆区的扭转变化剧烈的板块，仍需将横梁边优化为标准弧，以满足建筑效果，原理见图 5。

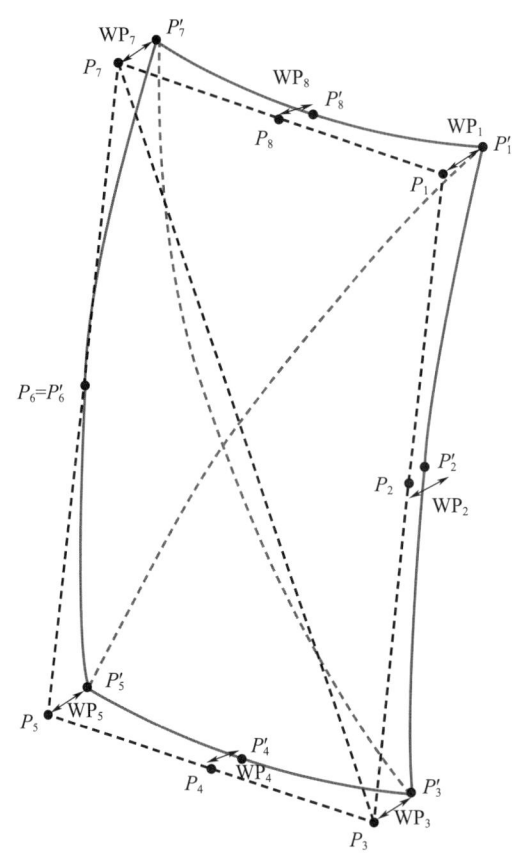

图 5　按拱高优化的原理示意

按此原则，优化方案衍生出 4 种优化板型（图 6），对应不同颜色予以区分。通过调整不同的拱高限值参数 Y，进行板块边缘形状优化，分析各类板块占比并进行空间分布对比（图 7），并核查不同的限值下板块边缘优化后的效果（图 8）。

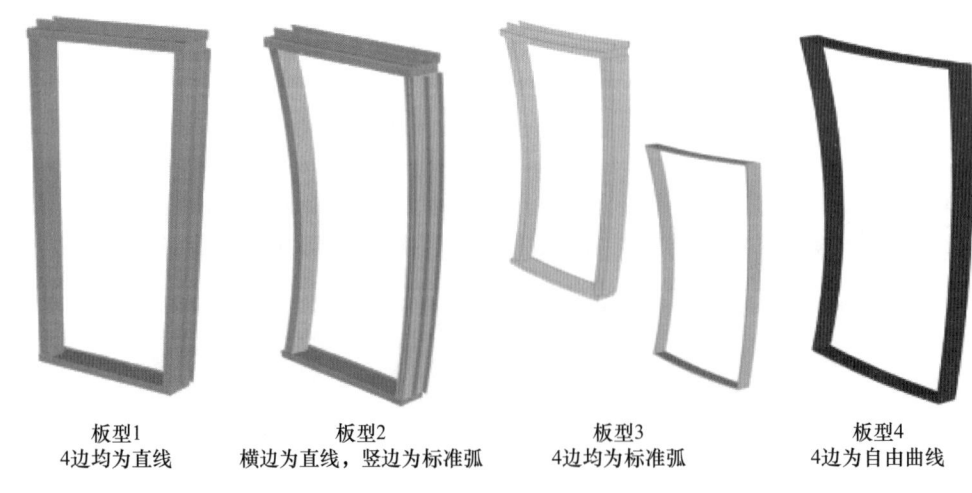

板型1　　　　　板型2　　　　　板型3　　　　　板型4
4边均为直线　　横边为直线，竖边为标准弧　　4边均为标准弧　　4边为自由曲线

图 6　按拱高优化的原理示意

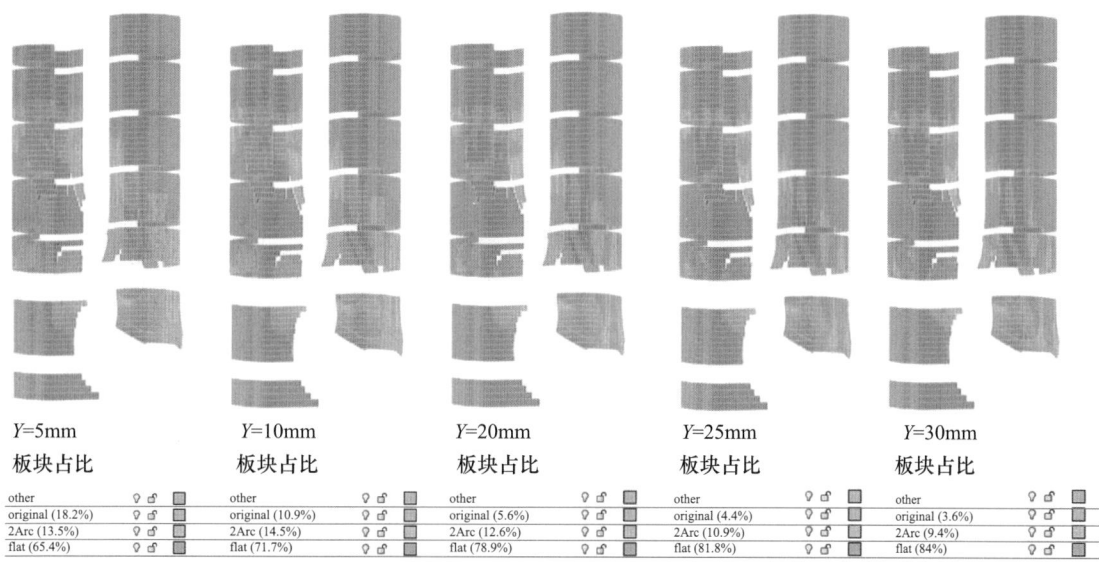

图 7　板块类型占比空间分布

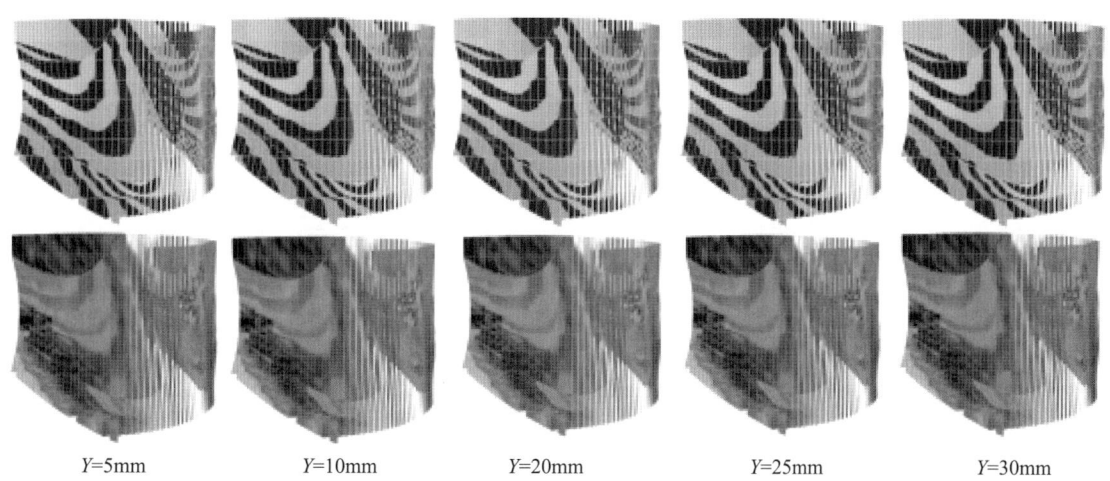

图 8　不同限值 Y 下的视觉效果对比

经多轮对比形成了 3 种较好的可贴合原始建筑曲面的优化方案：按幕墙系统类型划分；按人视点距离优化；按高度界限优化。各方案选定的优化参数见图 9。

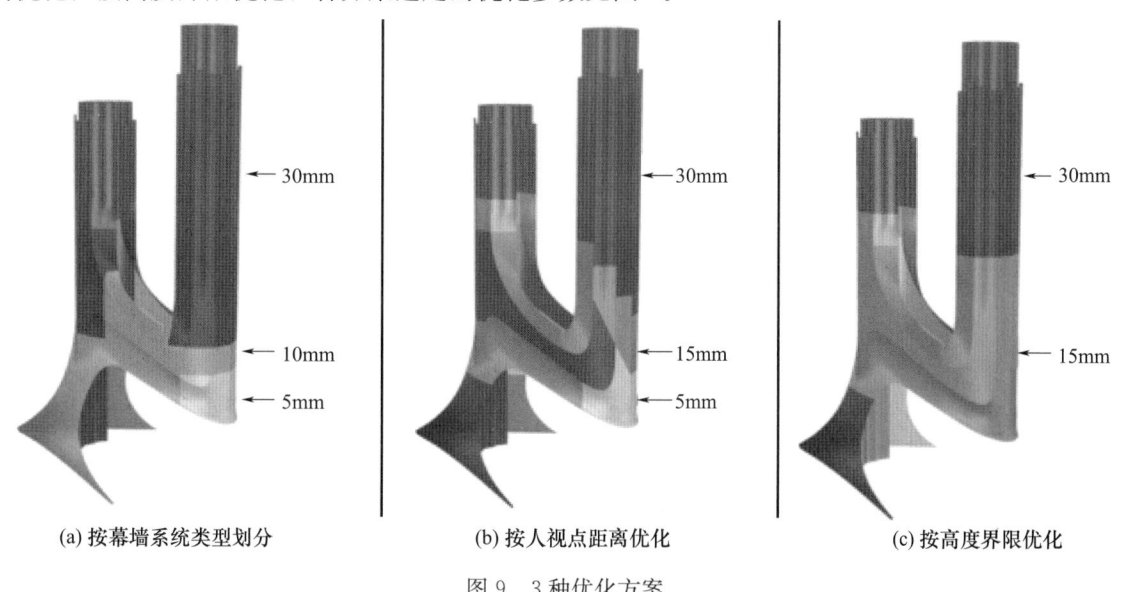

(a) 按幕墙系统类型划分　　(b) 按人视点距离优化　　(c) 按高度界限优化

图 9　3 种优化方案

多方面权衡，综合考虑幕墙系统做法、现场安装、工厂加工等因素，最终确定了以"人视点＋系统＋高度"相融合的优化方案（图10），所选方案斑马纹及环境贴图效果较好，视觉效果符合建筑预期。

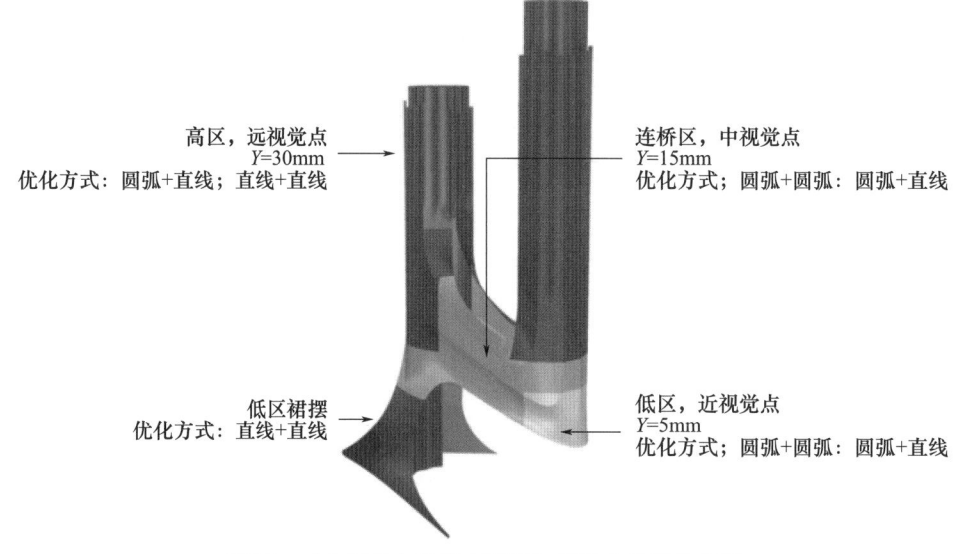

图10 "人视点＋系统＋高度"相融合的优化方案

4 玻璃冷弯分析

实际工程中，玻璃冷弯应力受玻璃板块尺寸、玻璃配置及厚度、冷弯方式、冷弯量大小等诸多因素影响，同时玻璃冷弯后，与其他荷载（风荷载、水平/倾斜玻璃板块自重等）的耦合作用可能使玻璃板块处于更不利的受力状态。受限于项目的形体造型及外部荷载环境条件，不同项目的玻璃冷弯控制标准难以趋同，考虑到上述因素，从可实施角度出发，制定适合本项目的玻璃冷弯设计流程，见图11。

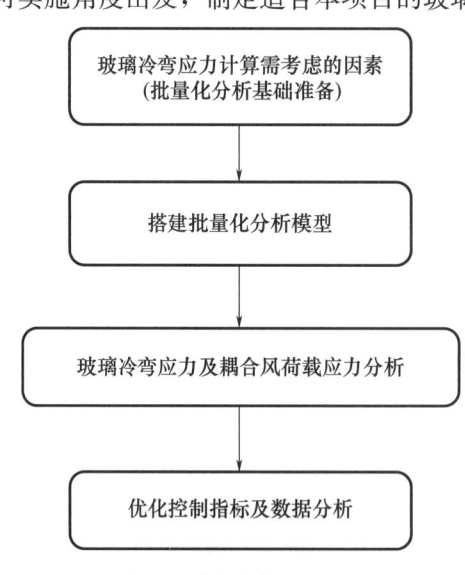

图11 玻璃冷弯设计流程

4.1 影响玻璃冷弯应力的因素

本项目玻璃以中空夹胶玻璃为主，因此玻璃冷弯应力分析应关注中空层及夹胶玻璃带来的影响。

1）中空层厚度的影响

由于中空层厚度对玻璃冷弯应力的影响很小，因此对中空夹胶玻璃的冷弯分析，可转化为对其单片玻璃及夹胶玻璃的分析。对于玻璃冷弯变形时造成的中空层间隔条错位问题，可采用柔性中空间隔条替代刚性硬质间隔条，也可降低玻璃破损风险，同时能提高密封耐久性能。

2）夹胶玻璃胶片的影响

《玻璃结构工程技术规程》（T/CECS 1099—2022）第5.1.9条规定："夹层玻璃在变形作用下，较大的面外弯曲刚度可以加大其所受作用效应，计算夹层玻璃在冷弯作用下的效应时，应考虑中间层剪力传递作用的不利影响。"夹层玻璃胶片的剪切模量与温度和荷载持续时间有关，本项目针对典型玻璃板块，考虑PVB胶片在20℃时的较高剪切模量，采用ANSYS软件SHELL181复合壳单元，计算了不同玻璃厚度、不同PVB剪切模量下的冷弯应力（表1），结果表明。冷弯应力随玻璃厚度的增厚而增大，由于玻璃冷弯应力属长久状态下应力，在20℃荷载持续时间1年时，夹胶玻璃的冷弯应力约为单片玻璃冷弯应力的1.3倍。从工程设计角度出发，考虑到后续批量化分析所有玻璃板块的高效性及便利性，可通过放大单片玻璃的冷弯应力来替代夹胶玻璃的冷弯应力。

表1 不同玻璃计算厚度、不同PVB剪切模量下的冷弯应力对比

玻璃尺寸 2800mm×1800mm		玻璃冷弯应力（MPa）						
		单片玻璃	夹胶玻璃 荷载=1天 G=0.508MPa		夹胶玻璃 荷载=1个月 G=0.372MPa		夹胶玻璃 荷载=1年 G=0.266MPa	
配置（mm）	冷弯量（mm）	S_1	S_2	S_2/S_1	S_3	S_3/S_1	S_4	S_4/S_1
8+1.52PVB+8	60	4.16	8.24	1.98	6.88	1.65	5.15	1.24
10+1.52PVB+10	60	4.82	9.28	1.92	7.95	1.65	6.04	1.25
8+1.52PVB+8	90	7.43	10.10	1.36	7.90	1.06	5.91	0.80
10+1.52PVB+10	90	8.38	11.79	1.41	9.07	1.08	6.85	0.82

3）玻璃冷弯最大应力位置

现有关于玻璃冷弯应力的试验研究表明，单向冷弯的最大冷弯应力发生于外凸面长边中点附近；双曲玻璃最大冷弯应力出现在冷弯角点处的短边附近。

本项目针对典型玻璃板块，采用单角点冷弯模型，对不同冷弯量进行了有限元分析（图12）。结果表明：有限元结果与文献试验研究结论趋同，玻璃最大冷弯应力位于玻璃边缘附近。需要说明的是，4边支撑玻璃风荷载作用下的最大应力位于玻璃中部，这使得玻璃冷弯后耦合风荷载作用时，两种作用的最大应力并非出现在同一位置，不能简单地按叠加考虑。

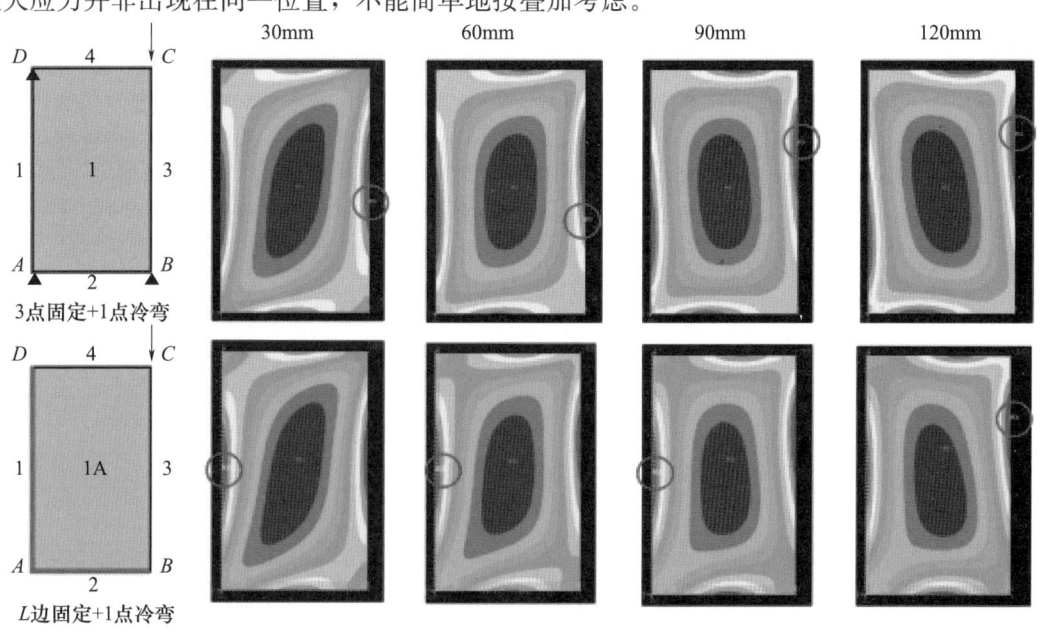

图12 单点玻璃冷弯最大应力位置

4.2 批量化分模型的搭建

基于Rhino分析的翘曲量进行的数值模拟计算，将是本工程分析玻璃冷弯及耦合风荷载作用的主要手段。为批量化分析所有玻璃板块的应力状态，计算模型在考虑玻璃冷弯翘曲量的基础上，结合风洞报告的空间分布输入了风荷载数据（图13）。针对玻璃的不同支撑条件及受力状态，参考《建筑玻璃应用技术规程》（JGJ 113—2015），制定了应力分析玻璃强度设计值的取用原则（表2）。

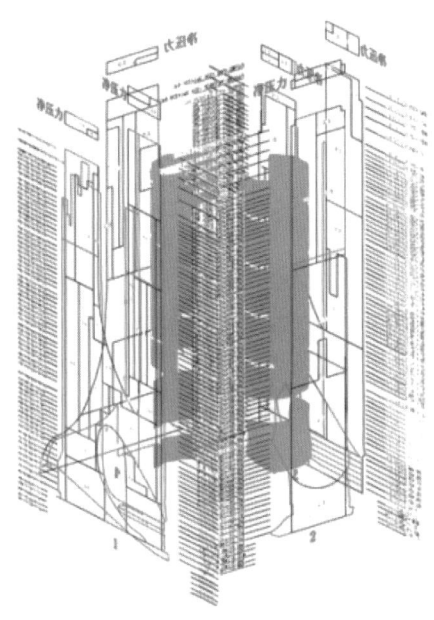

图13 模型风荷载数据的输入

表2 玻璃强度设计值取用原则

荷载	立面玻璃（与水平夹角≥75°）	采光顶玻璃（与水平夹角＜75°）
风荷载（短期荷载）	表4.1.9 取中部强度	表4.1.10 取中部强度
纯冷弯 （长期荷载）	表4.1.10 (1) 最大应力在中部，取中部强度 (2) 最大应力在边缘，取边缘强度 (3) 最大应力无规律，取边缘强度	表4.1.10 (1) 最大应力在中部，取中部强度 (2) 最大应力在边缘，取边缘强度 (3) 最大应力无规律，取边缘强度
风+冷弯 （风主控）	取表4.1.9 (1) 中部的叠加应力，取中部强度 (2) 边缘的叠加应力，取边缘强度	取表4.1.10 (1) 中部的叠加应力，取中部强度 (2) 边缘的叠加应力，取边缘强度
风+冷弯 （冷弯主控）	取表4.1.10 (1) 中部的叠加应力，取中部强度 (2) 边缘的叠加应力，取边缘强度	取表4.1.10 (1) 中部的叠加应力，取中部强度 (2) 边缘的叠加应力，取边缘强度

注：表4.1.9、表4.1.10为JGJ 113—2015中的对应表格。

4.3 批量化分析结果的验证

为验证Grasshopper插件批量化分析的准确性，分别采用Dlubal和Midas两种有限元软件进行了随机玻璃板块的冷弯应力结果对比，见表3和表4。从表中可以看出，3种软件得出的冷弯应力分布趋势相同，由于不同软件的单元网格划分尺度差异，计算结果虽略有不同，但差别不大，从工程设计角度看，属可接受范围。考虑到此点，后续的冷弯设计分析指标"应力利用率"并未临界限值，以预留适当的安全储备。

表3 随机玻璃板块1冷弯应力对比

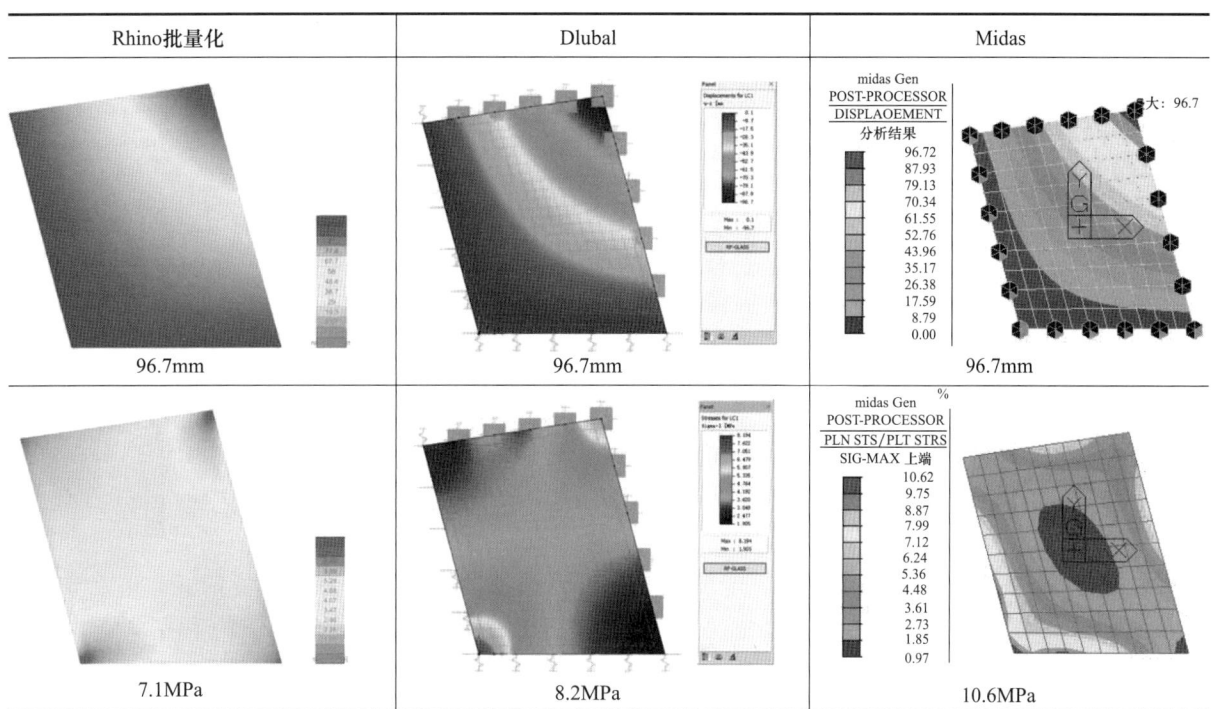

表4 随机玻璃板块2冷弯应力对比

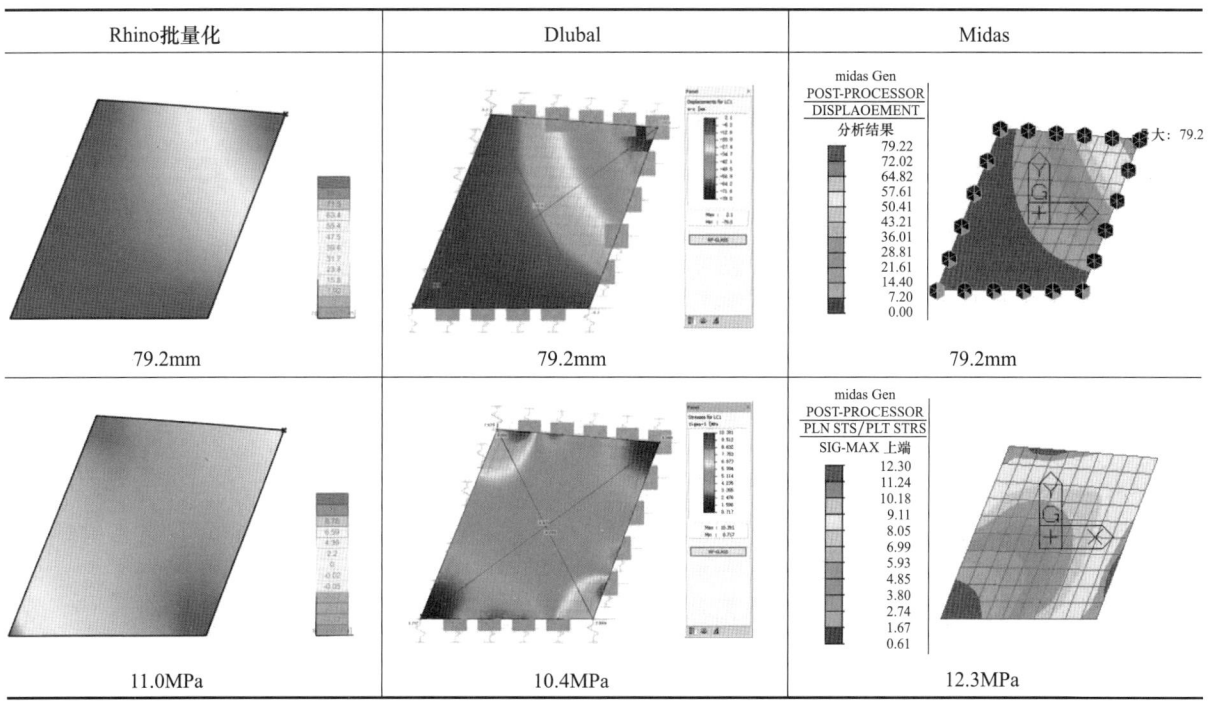

4.4 优化分析指标及分析数据

在满足建筑效果的前提下，为了权衡项目的经济性指标，采用了3种方案对所有玻璃板块进行批量化分析，以对比所需的冷弯玻璃、热弯玻璃及平板玻璃面积。

方案1：以长期荷载作用下边缘强度设计值的40%作为玻璃冷弯应力的分析指标，玻璃应力不超此限值时采用冷弯玻璃，否则采用热弯玻璃。图14展示了方案1的玻璃应力利用率空间分布情况。

图14　玻璃冷弯应力利用率空间分布云图（长期荷载边缘强度40%）

方案2：以长期荷载作用下边缘强度设计值的60%作为玻璃冷弯应力的分析指标，玻璃应力不超此限值时采用冷弯玻璃，否则采用热弯玻璃。图15展示了方案2的玻璃应力利用率空间分布情况。

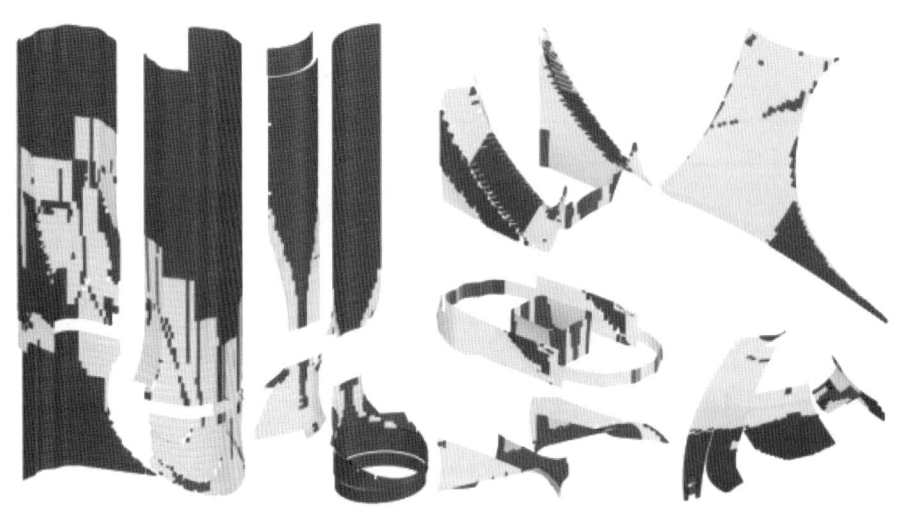

图15　玻璃冷弯应力利用率空间分布云图（长期荷载边缘强度60%）

方案3：考虑到本项目风压较大，风荷载为主控荷载，针对玻璃冷弯再耦合风荷载的受力状态，综合考虑两种分析指标作为玻璃类型划分界限。以长期荷载作用下边缘强度设计值的60%作为玻璃冷弯应力的分析指标，以短期荷载强度设计值的90%作为玻璃冷弯后耦合风荷载的分析指标。玻璃应力不超两种限值时采用冷弯玻璃，否则采用热弯玻璃。图16展示了方案3的玻璃应力利用率空间分布情况。

从图14～图16可以直观看出各方案玻璃应力利用率较大的分布位置，多存在于塔楼中部、连体区及裙摆位置，这为后续玻璃冷弯试验选取板块位置、尺寸及需考虑的荷载及约束条件，提供了参考依据。三种方案下各幕墙系统所需的冷弯、热弯及平板玻璃面积汇总于表5。三种方案所需的冷弯、热弯及平板玻璃面积的横向对比，见表6。

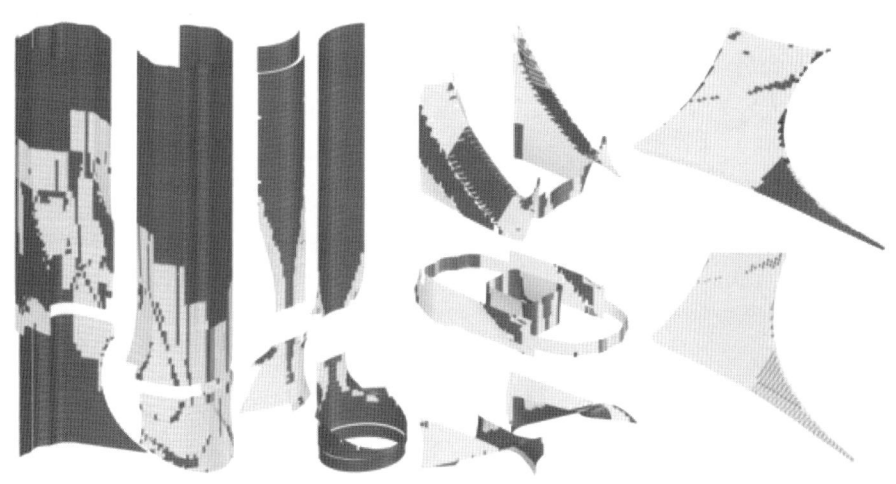

图 16 玻璃冷弯后耦合风荷载作用下的应力利用率空间分布

表 5 各幕墙系统玻璃类型面积汇总

项目	玻璃冷弯面积（m²）			热弯玻璃面积（m²）			平板玻璃面积（m²）		
系统号	方案1	方案2	方案3	方案1	方案2	方案3	方案1	方案2	方案3
110	22767	23628	23599	1291	431	460	52873	52873	52873
120	4563	5024	5014	1142	681	691	20474	20474	20474
126-129	3244	3392	3392	610	463	463	3409	3409	3409
130-131	5418	5440	5440	95	73	73	935	935	935
140-142	3606	4095	4095	897	402	402	2897	2897	2897
143-144	7092	7397	7235	1567	1262	1424	1571	1571	1571
145-146	2073	2716	2716	2427	1788	1788	277	277	277
150-154	0	0	0	0	0	0	14604	14604	14604
合计	48763	51692	51491	8029	5100	5301	97040	97040	97040

表 6 3种不同类型玻璃面积分布对比

方案	总面积（m²）	玻璃冷弯		热弯玻璃		平板玻璃	
		面积（m²）	占比（%）	面积（m²）	占比（%）	面积（m²）	占比（%）
1	153832	48763	31.7	8029	5.2	97040	63.1
2	153832	51692	33.6	5100	3.3	97040	63.1
3	153832	51491	33.5	5301	3.4	97040	63.1

从表6可以看出，当前分析指标下，玻璃冷弯面积约51491m²，占比33.5%；热弯玻璃面积约5301m²，占比3.4%；平板玻璃面积约97040m²，占比63.1%。该组数据将为项目经济性指标权衡提供参考。对比方案2和方案3可以看出，考虑风荷载耦合作用后，玻璃冷弯面积差别不多，这主要是因为，玻璃冷弯作用的应力极值位于玻璃边缘，而玻璃受风作用的应力极值位于玻璃中部，两者不在同一位置，因此玻璃冷弯再耦合风荷载，整体应力并未超限较多。

5 结语

（1）采用"人视点＋系统＋高度"的边缘优化方案，可得到较好的视觉效果，符合本项目建筑预期要求。

（2）搭建批量化冷弯分析程序并以玻璃应力作为玻璃冷弯分析指标，是应对复杂曲面项目玻璃冷弯分析的必要手段，可为后续指导冷弯试验、幕墙施工阶段设计及权衡项目经济化指标提供量化参考。

（3）本项目玻璃最大冷弯应力位于玻璃边缘，玻璃冷弯后再耦合风荷载作用，玻璃整体应力并未超限较多。

（4）结合幕墙专家论证建议，对冷弯玻璃采用均质钢化玻璃，并采用精磨抛光边处理，可进一步提升玻璃的安全储备。

（5）在以玻璃应力作为冷弯分析指标的基础上，是否有必要增加玻璃翘曲率控制参数，有待后续进一步研究。

参考文献

[1] 杨蓉. 冷弯技术在曲面玻璃幕墙中的应用 [J]. 门窗，2015（9）：14-15.

[2] 张喜德，蒙芷萩，熊伟君. 双曲冷弯钢化玻璃板的负向耦合承载性能试验研究 [J]. 工业建筑，2020（12）：93-97.

[3] 张喜德，梁金志，江佳霖. 中空玻璃板单向冷弯力学行为试验及数值研究 [J]. 华南理工大学学报（自然科学版），2022（50）：50-58.

[4] 张喜德，骆迪，李嘉文，等. 中空夹层玻璃板单向冷弯力学响应试验研究 [J/OL]. 工业建筑，2022：1-9.

[5] 徐自林，张二毛，张喜德，等. 光纤法测量冷弯中空玻璃板应力分布试验研究 [J]. 中国测试，2022（48）：29-34.

[6] 郝小涵，陈素文，陈志飞. 点支单层玻璃面板反双曲冷弯成形稳定性研究 [J/OL]. 工程力学，2023 [2023-8-11]. https://link.cnki.net/urlid/11.2595.O3.20230811.0941.004. DOI: 10.6052/j.issn.1000-4750.2023.03.0232.

[7] GALUPPI L, MASSIMIANI S, ROYER-CARFAGNI G. Buckling phenomena in double curved cold-bent glass [J]. International Journal of Non-Linear Mechanics, 2014（64）：70-84.

[8] GALUPPI L, ROYER-CARFAGNI G. Rheology of cold-lamination-bending for curved glazing [J]. Engineering structures, 2014（61）：140-152.

[9] GALUPPI L, ROYER-CARFAGNI G. Localized contacts, stress concentrations and transient states in bent-lamination with viscoelastic adhesion. An analytical study [J]. International Journal of Mechanical Sciences, 2015（103）：275-287.

[10] GALUPPI L, ROYER-CARFAGNI G. Optimal cold bending of laminated glass [J]. International Journal of Solids and Structures, 2015（67）：231-243.

[11] DATSIOU K G, OVEREND M. The mechanical response of cold bent monolithic glass plates during the bending process [J]. Engineering Structures, 2016（117）：575-590.

[12] 孙坚，金志强. 框支式冷弯玻璃可靠性研究与施工工艺 [J]. 施工技术，2019（48）：129-133.

[13] 唐际宇，戈祥林，黄业信，等. 南宁吴圩国际机场新航站楼框架式双曲面玻璃幕墙冷弯扭拧成型试验研究 [J]. 施工技术，2016（45）：13-19.

澳门新濠影汇异型钢结构安装工艺分析和应用

◎ 张同虎　周春海

深圳市三鑫科技发展有限公司　广东深圳　518054

摘　要　澳门新濠影汇项目是澳门本地集商业、游乐、办公于一体的特色商业项目,其棱次分明的奇特造型给该项目增添光彩。本文重点阐述澳门新濠影汇二期裙楼幕墙工程异型钢结构的生产和施工安装过程,尤其是鹅头异型钢结构的生产和安装工艺;针对复杂多角度的异型钢结构幕墙,总结出一套经济合理、施工安装方便的技术方案。

关键词　异型多角度钢结构;生产和施工安装技术;单体超重

1　引言

澳门新濠影汇二期裙楼项目,位于澳门特别行政区路氹填海区,裙楼总高度 55m,底层至 2 层为空中停车场,3 层以上为空中室内水上乐园。图 1 和图 2 是整体建筑裙楼效果图。

本工程业主单位是澳门新濠集团,总建筑单位是 LEIGH & ORANGE (HK) CO. LTD.,外观建筑单位是 Zaha Hadid Architects,结构单位是 AECOM,幕墙顾问是香港 INHABIT。本项目主要为构件式玻璃幕墙、构件式穿孔铝板幕墙、空间异型复杂铝板幕墙、玻璃采光顶、石材幕墙等;总幕墙面积 3.5 万 m^2、招标钢结构总量多达 2600t、涉及铝板面积多达 6 万 m^2。由于裙楼建筑多为棱次分明的三角形组成的空间不共面异型外观,加上各种材料的间接分布以及幕墙防水的要求,项目在施工方案设计、加工、安装等方面都受到很大的考验和挑战。

图 1　新濠影汇裙楼整体效果图(一)

图 2　新濠影汇裙楼整体效果图（二）

2　工程概况

新濠影汇屋檐鹅头外观主要表现为"凹凸折角"的铝板幕墙，整体外观棱角分明。尤其是屋檐檐口外观，超过 80% 的铝板不共面且空间异型，相邻铝板夹角在 86°～294° 之间变化，这导致所有的铝板、钢结构以及连接系统多种多样。同时，整个项目共分有 A、B、C、D、E、F、J、M 等 8 个 CO-COON 鹅头檐口及 1 个 Ride Tower 游乐园滑梯，其中单个 COCOON 建筑外观效果详见图 3，Ride Tower 外观效果图见图 4。鹅头钢构相邻波峰（或波谷），跨度 9m，内侧屋面到外侧立面跨度 7m 左右，仅单品钢构的吊装质量约 7.5t。

图 3　屋檐檐口一个 COCOON 外观效果图

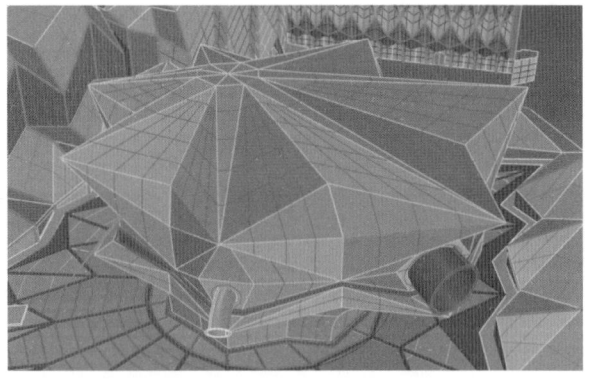

图 4　Ride Tower 外观效果图

3　异型钢结构施工方案、建模设计分析

3.1　屋檐鹅头施工节点图设计要点

在施工图方案设计阶段，铝板折边位置布置铝边框加强筋型材，顾问及建筑师对此有专门的设计要求，见图 5。由于相邻铝板夹角在 86°～294° 之间变化，节点通过一个可转动的 L 形铝连接件和边框

加强筋穿轴式配合，适应不同角度的变化，同时可左右滑动调节；用自攻自钻钉把铝折边固定到边框加强筋上，自攻自钻钉与铝连接件错位布置；铝材基座与钢构之间通过 12mm 钢板、M12 不锈钢螺栓固定连接，这样可适应由于多种角度变化而引起高低位的变化，具体铝板连接节点三维视图见图 6。

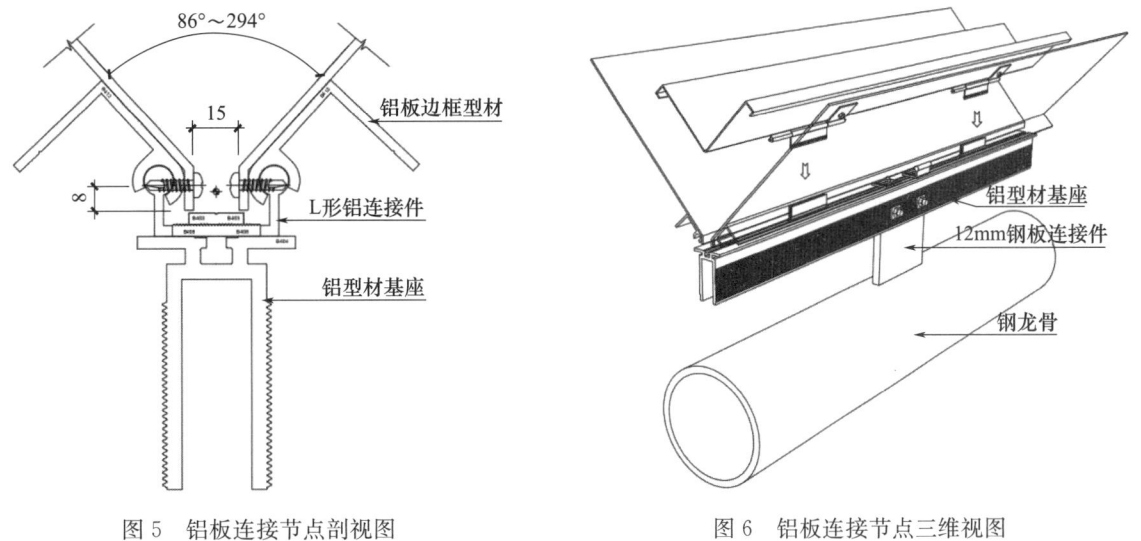

图 5　铝板连接节点剖视图　　　　　　　　　图 6　铝板连接节点三维视图

3.2　钢结构建模设计要点

由于铝板面的角度变化，钢龙骨的定位中心线由面板按节点偏移相应距离交集而形成，不同角度所形成的中心线到定位点的距离不同，为减少铝型材基座和 L 形铝连接件的开模种类，12mm 的连接钢板到圆管的距离是变化值。通过建模，提前把钢板焊接到主龙骨上，以减少现场的焊接工作量及安装偏差。

建模要点如下：

1）用 Rhino GH 偏移面板表皮 245mm 距离，相交得到主龙骨圆管钢通 $\phi 203 \times 10$ 的中心线，表皮偏移 143.5mm 相交得到 $100 \times 60 \times 5$ RHS、$160 \times 80 \times 10$ RHS、$120 \times 80 \times 5$ RHS 等次龙骨的上表皮定位线。

2）用得到的定位线，通过 Rhino GH 电池生成龙骨实体，再根据主龙骨、次龙边界条件贯通过电池生成 6mm 厚、间距 800mm 的 C 形钢，完成的单个 COCOON 钢构模型（图 7）。

3）原模型建完之后，开始通过 Inventor、Rhino GH 修剪，解决开孔、避位等问题，由于钢构异型，无法批量操作，只能单根单根选择深化模型。

4）由于 1 榀钢构跨度横向 9m，纵向 7m，还有近 2m 的拱高，因此，钢构需要按构件类型以此编号，$\phi 203 \times 10$ 圆管拼缝位置通过钢插芯、临时定位板连接固定。

5）所有模型建完及修剪完之后，通过 Navisworks 模型进行碰撞试验，所有超过 1mm 的碰撞都需再进行二次修改，直至所有模型碰撞小于 1mm 的精度；如果碰撞过大，将影响工厂的下料、后期的焊接精度、生产的进度等，因此，此步骤至关重要。

6）钢结构模型做完之后，由于角度变化，钢结构模型再和铝材、铝面板、铝连接件进行碰撞分析，直至修改无误后，导入 Tekla 模型，深化出加工图。

依据施工节点及上述创建 COCOON 鹅头钢构（图 7）的建模思路，创建 Ride Tower 的钢构犀牛模型，模型效果见图 8。

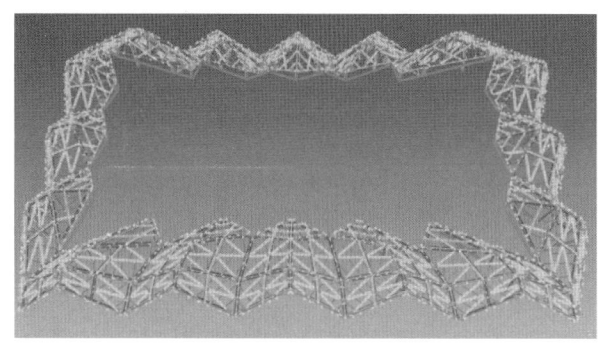
图 7　屋檐檐口鹅头钢结构犀牛模型

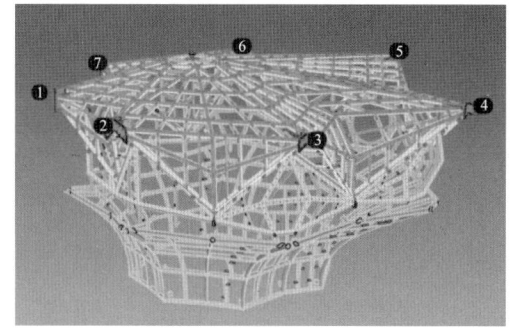
图 8　Ride Tower 钢结构犀牛模型

整个项目共分 A、B、C、D、E、F、J、M 等 8 个 COCOON 鹅头檐口及 1 个 Ride Tower 游乐园，Ride Tower 以 RT 开头命名，关于钢结构构件编号如下：

1）按照 E、W、S、N（东西南北）单独命名，可以命名 EW3-、EN3-、ES3-、EE3-。
2）每一榀算一个小单元，单元序列号为 1，2…16，见图 9。
3）构件种类分为三种：A 表示圆管构件形式，见图 10；B 表示方通构件形式，见图 11；C 表示散件形式，见图 12。

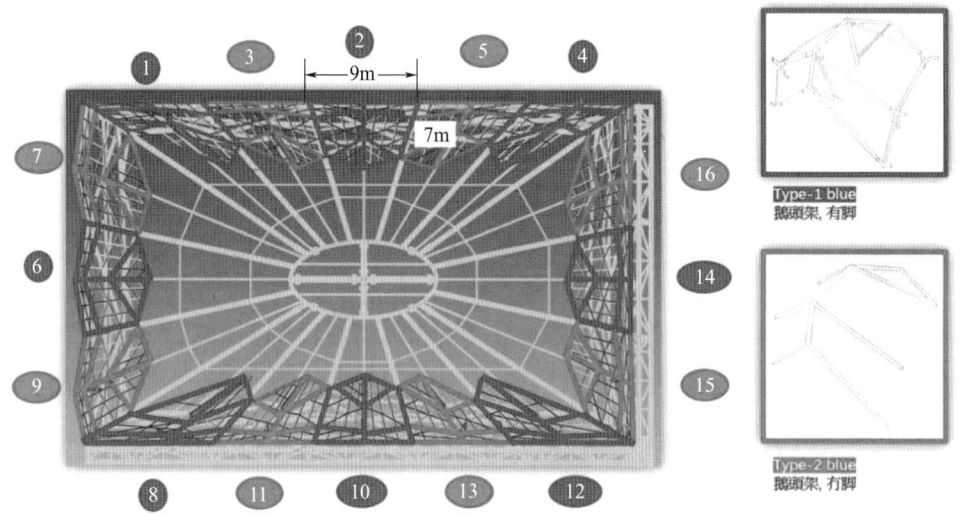
图 9　幕墙钢龙骨按"榀"分单元

图 10　A 类构件三维视图

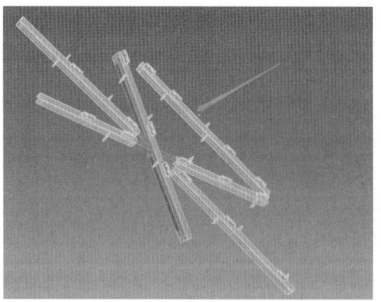
图 11　B 类构件三维视图

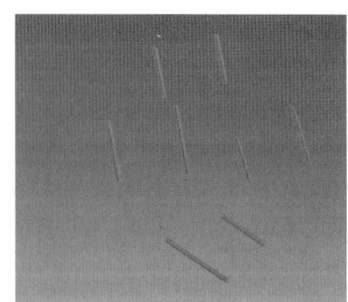
图 12　C 类构件三维视图

图 13 为"公"品所包含的钢构件范围；图 14 为"母"品所包含的钢构件范围，以公母插接的形式安装鹅头幕墙钢龙骨。

图 13 "公"品钢龙骨　　　　　　图 14 "母"品钢龙骨

4 异型钢结构加工图、工厂加工设计分析

4.1 加工图设计要点

新濠影汇鹅头钢结构建模、出图流程：Rhino GH 批量找定位线→Inventor 基础杆件→Rhino GH 细化→Tekla 钢结构出图，同时需要 Navisworks 三维软件辅助检查模型碰撞干涉的问题，利用 CAD 深化施工图节点及模型需要的基础资料。

在建模阶段利用 Inventor、Rhino GH、Navisworks 三个软件，模型处理及检查无误后，导入 TeKla 模型，出钢构加工生产图；因 A、B 两种类型的构件相对复杂，以 A 类构件加工出图作为案例，见图 15 和图 16 三维效果，可直观看到其复杂程度。

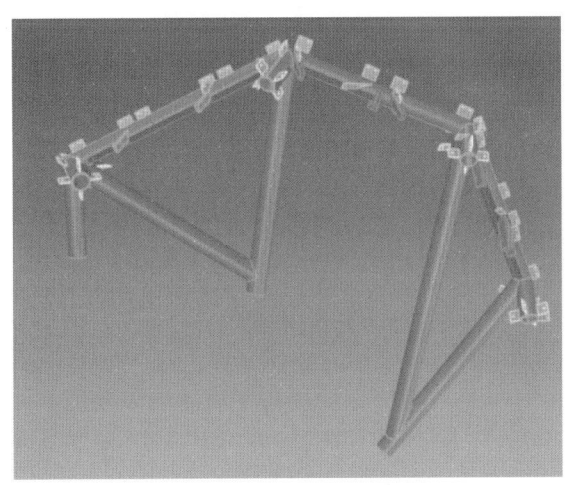

图 15 A 类构件三维效果图（一）　　　　　　图 16 A 类构件三维效果图（二）

例如，图 15、图 16 中的构件 ES3-10A-006，构件上附带的钢板、钢插芯、钢圆管不共面，角度非常多；如何解决各个钢圆管、钢插芯、钢板的定位准确问题，并将加工偏差控制在合理要求，是非常重要的；通过和钢构厂家技术人员的多次沟通，包括会议、工厂考察以及派驻厂技术指导人员等方式，

经过首样钢构的多次试样，找出一种可行的钢结构加工方法，构件最终成品图见图 17。

1）模型处理

（1）在 Tekla 模型中设置钢结构生产定位坐标基准点；

（2）由于圆管没有方向，因此在模型中，需提前在圆钢上设置标记点，标记点为明显的小凹坑或圆孔；

（3）模型中标记点到水平工作台用直径 2mm 圆柱表示，这样打印出来的图纸类似于一条标注的直线，不影响视图。

2）分清主次

（1）以圆管连接钢构为主，创建胎架加工图，见图 18。

（2）以钢板、钢插芯为次，参考圆管上的定位坐标，标注钢板、钢插芯的定位尺寸；因此，加工图包含异型钢构胎架定位图（图 18）、钢板及钢插芯定位图（图 19）两种。

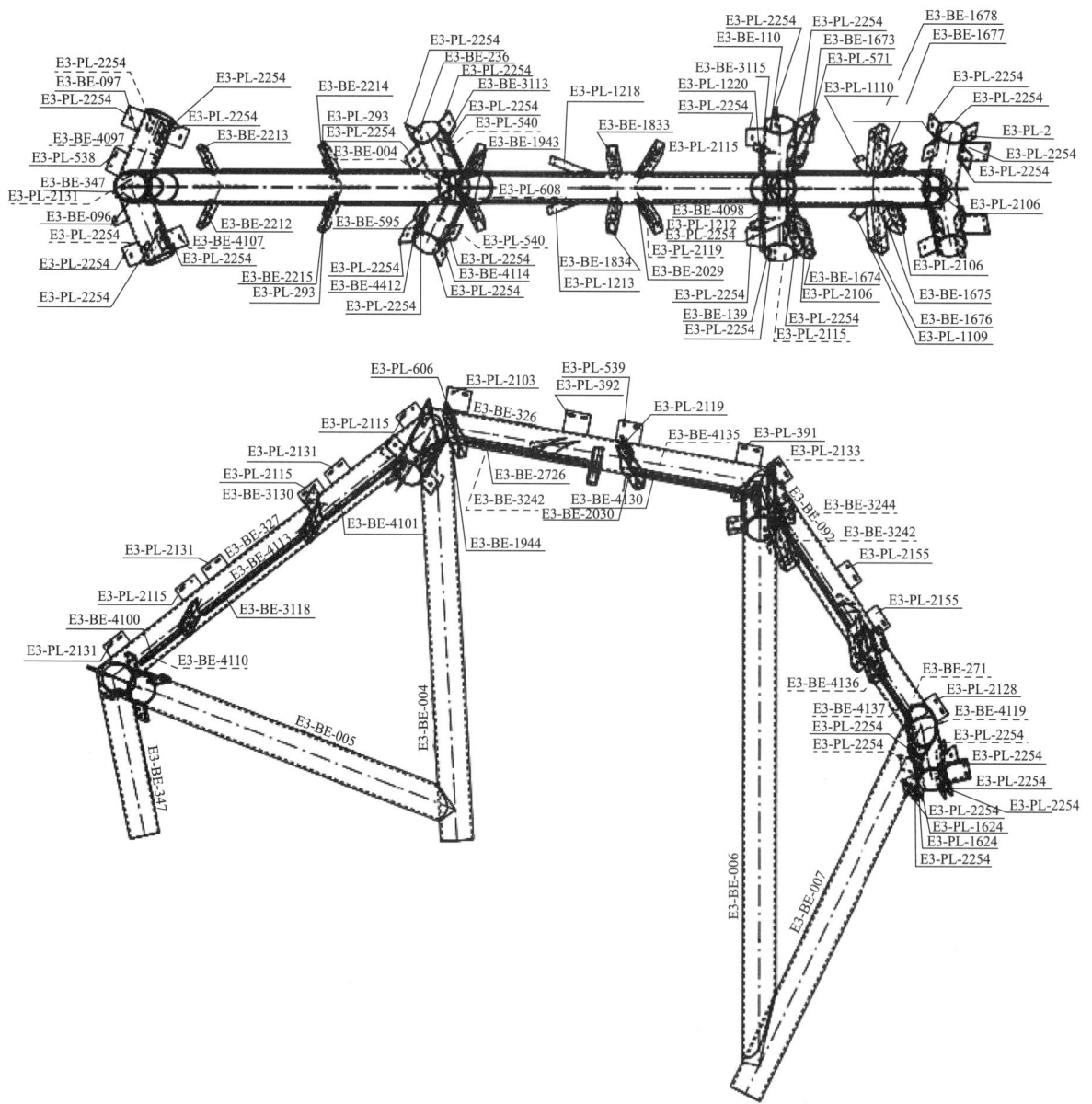

图 17　A 类异型钢构构件总装图

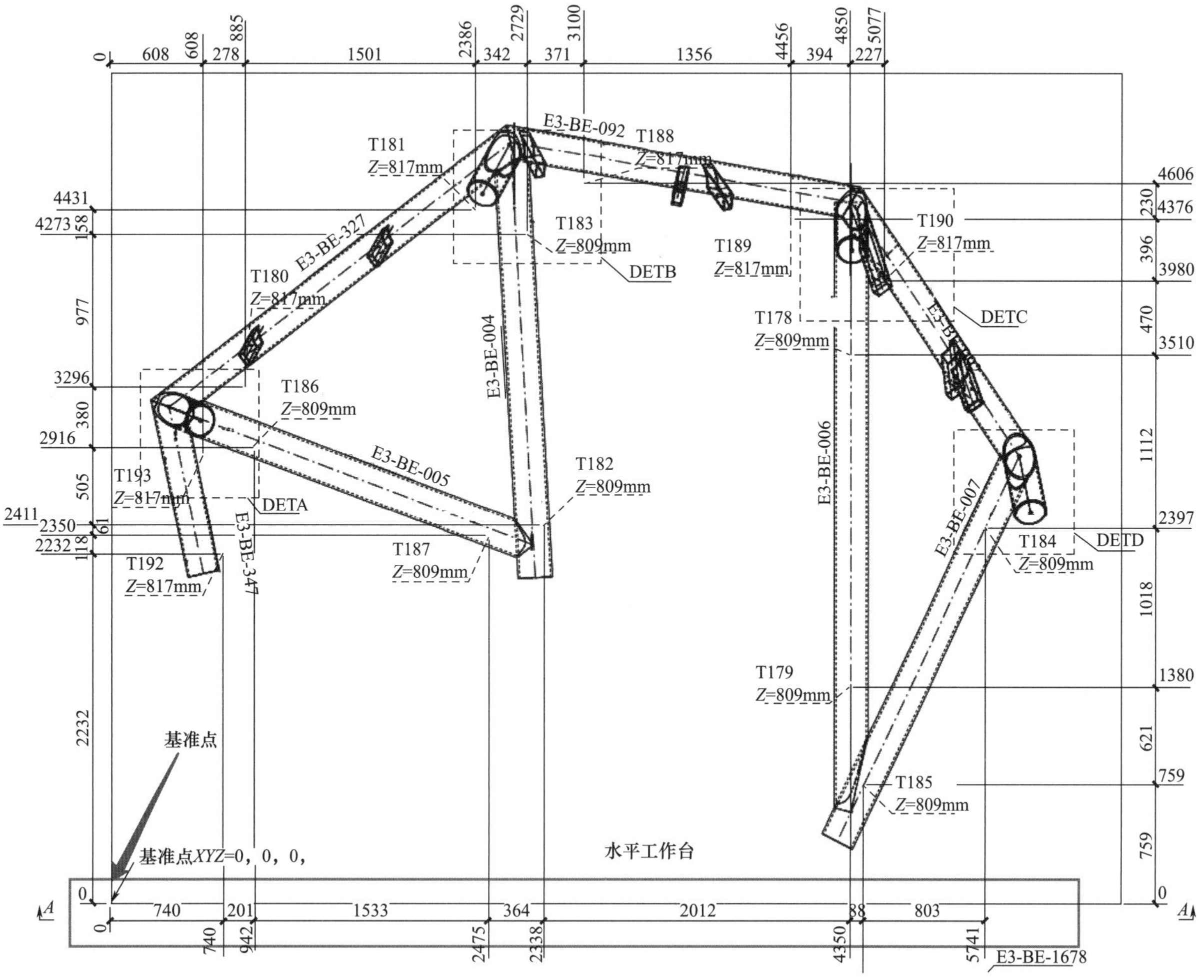

图 18 异型钢构胎架图

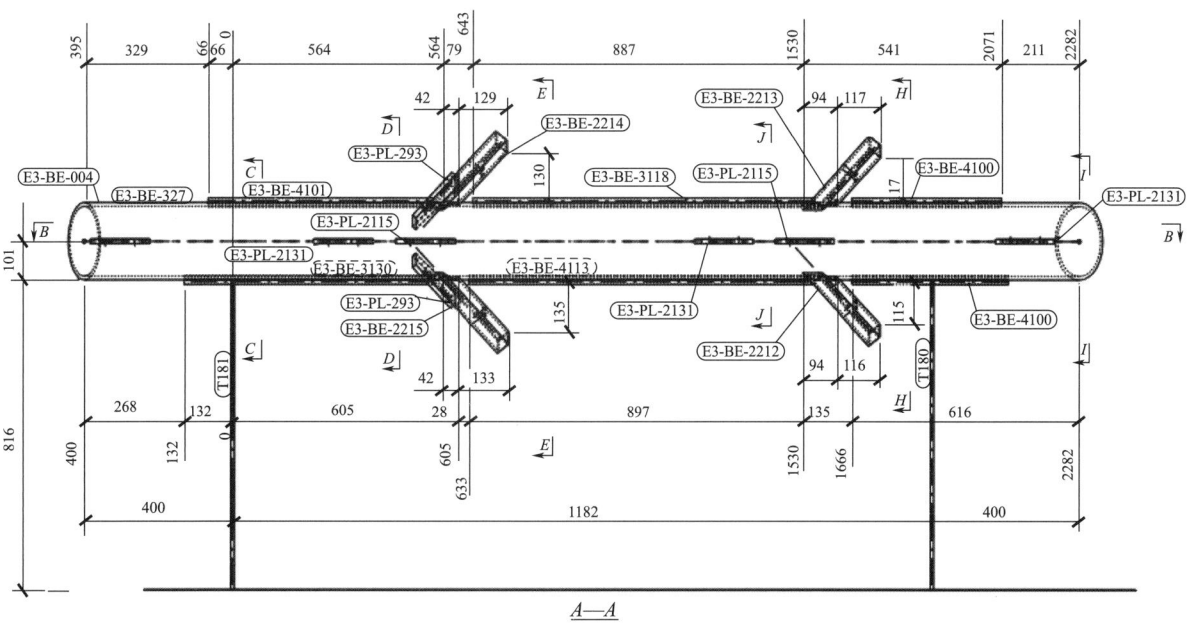

A—A

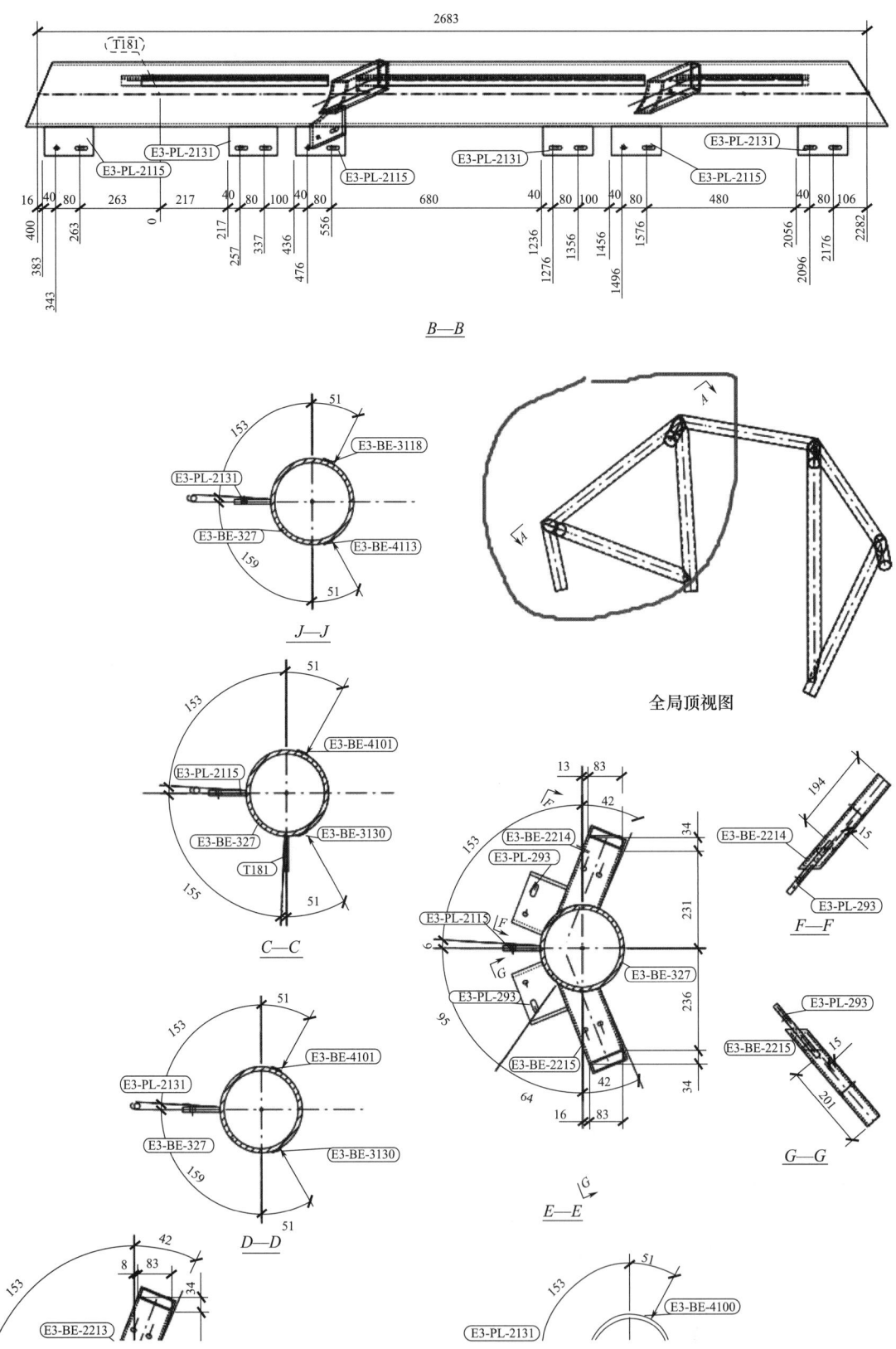

图 19 钢板、钢插芯定位图

首样出图阶段，跟工厂工人师傅多次交流，了解工厂在实际操作中会遇到什么问题，以及需要哪个定位尺寸，都要经过反复讨论和推敲，有针对性地解决问题。在此过程中，了解到工厂的实际痛点，为以后异型钢构加工提供了良好的借鉴意义，同时，设计师本人也学习到很实用的知识，理论联系实际，把工作做得更好，效率更高。

4.2 工厂加工要点

由于单个钢结构异常复杂，A类构件上最多有60多个零件，且零件布置毫无规律，空间角度很多不共面，这给加工带来极大的挑战和考验；钢结构的焊接精度与否，直接关系到现在的铝板能否正常安装，如果不能正常安装现场将出现大面积整改或工人窝工。钢结构工厂制作首样及调试，花费3~4个月的时间，工厂采用3D扫描技术，测量钢构上的点，以检测焊接精度，经过反复测试，总结出一套可行的加工方法：

1) 现场工人师傅首先依据胎架图在车间搭建焊接平台，定位出模型中的基准点，见图20。所谓基准点，就是基准平台；所有圆管定位尺寸，都是以平台为基准，用50mm×50mm×4mm的角钢做支撑胎架（图21和图22）。

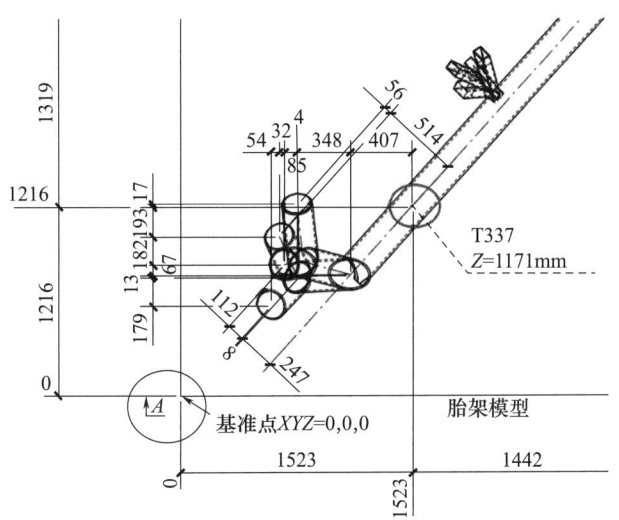

图20 基准点和圆钢方向标记点　　　　　图21 胎架用角钢支撑

2) 胎架图临时固定后，圆钢由于没有方向性且两端需切相贯线，为保证相贯线能够拼接，圆钢下侧需做预留标记点（图23）；同时用3D扫描仪测量点，误差超过2mm的及时调整，保证误差在2mm以内，方可进入下一道工序。

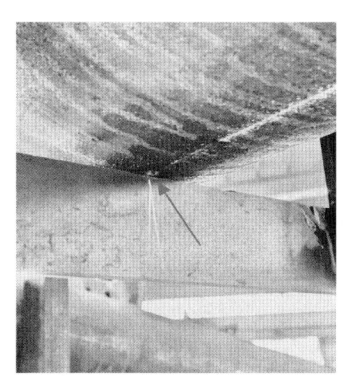

图22 胎架用角钢支撑　　　　　图23 建模和圆钢零件加工时预留标记点

3) 胎架焊接满足要求后,根据加工图分段定位出上面的钢板、钢插芯(图 19);同时,电焊固定,用 3D 扫描仪复测焊接精度,误差控制在 2mm 以内(图 24);由图 25 可知,现场有很多不同规格的钢板,增加了生产的难度。

图 24　用 3D 扫描仪复核加工图精度　　　　　　图 25　各种尺寸的钢板

4) 待整个构件上零件全部定位,并在允许公差内,方可对其进行满焊,见图 26。
5) 由于单个构件的跨度、拱高较大,无法镀锌处理,表面处理按照富锌底漆＋中间漆＋面漆(白色或其他颜色)处理,图 27 是做完表面处理的构件。

图 26　构件加工过程中　　　　　　　　　图 27　做完表面处理的构件

在整个过程中监督跟进,并记录加工精度,不合格的报告,通知厂家进行整改;整改后的产品复测无误后方可出货发往现场。

5　异型钢结构施工技术要点

钢构件运输到澳门现场后,项目部检查钢构质量,检查合格的构件开始为组装做准备,不合格的钢构件要求整改。具体组装如下:

1) 做临时工装:由于 A 系列单个构件质量最大的有近 2t,其他构件轻则上百千克;因此,构件需要临时支撑固定,防止意外发生,做好安全措施。
2) A 系列构件组装:A 系列为主要钢龙骨,把 1 榀钢构的 A 系列构件首先组装在一起,为方便现场构件与构件定位准确,在每个构件的邻近分缝位置,焊接两个临时定位板,通过螺栓把两个构件定死,见图 28 和图 29。
3) 把所有 A 系列靠定位板全部组装完成(图 30),用 3D 扫描仪扫描测量组装件,偏差较大的位置进行微调,在允许误差内,把焊缝满焊(图 31),打磨平整,做防腐处理。

4）安装B系列构件，B系列构件与A系列构件通过螺栓连接固定，一端圆孔一端长圆孔，以调整B系列构件位置（图32）。

5）整个A、B系列构件组装完，1榀钢构的质量大概在7t，做好安全措施，用塔式起重机直接吊起（图33）。主钢构上有预焊接的板凳支座，板凳支座有提前打点定位。将组装的构件支撑放在板凳支座上，进行调整；同时，利用3D扫描复测主要数据，偏差不满足安装误差的，直到调整到误差之内，再进行满焊。图34是工人在现场调整组装钢构。

图28 定位板图（一）

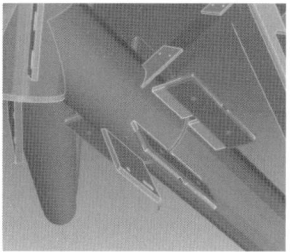
图29 定位板图（二）

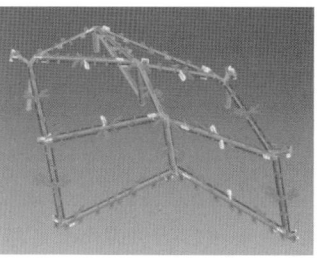
图30 A系列组装

图31 拼接位置焊接、打磨平整

图32 A、B系列构件组装

图33 塔式起重机吊装

图34 工人在现场调整组装钢构

6 结语

最近40年，随着中国经济实力的快速增长，越来越多有特色的高楼大厦拔地而起。澳门新濠影汇项目作为澳门有代表性的游乐商业办公中心，裙楼和塔楼建筑多为棱次分明三角形组成的空间不共面异型外观，加上各种材料的间接分布以及幕墙防水的要求，给项目设计和施工带来了很大的考验；异型钢结构从设计、加工、安装方案的解决，尤其是加工采用胎架的方案，安装采用定位工装，测量采用3D扫描技术等，大大提高了项目实施的效率；结合以往做异型幕墙的实践，此项目异型钢结构的加工具有技术先进、工装优良、安装定位准确等优点。

本项目针对异型钢结构加工、安装的特点，结合以往做异型幕墙案例，幕墙实施指导思想和设计原则以安全、经济、功能、美观、创新等方面综合分析为基调，把握工程的重难点，采用先进的技术措施解决复杂问题，成就令客户满意的精品项目，为人们呈现美观、高品质的优秀幕墙作品。

参考文献

[1] 中华人民共和国国家质量监督检验检疫总局，中国国家标准化管理委员会．建筑幕墙：GB/T 21086—2007 [S]．北京：中国标准出版社，2008．

[2] 中华人民共和国建设部．玻璃幕墙工程技术规范：JGJ 102—2003 [S]．北京：中国建筑工业出版社，2004．

[3] 中华人民共和国住房和城乡建设部，中华人民共和国国家质量监督检验检疫总局．建筑结构荷载规范：GB 50009—2012 [S]．北京：中国建筑工业出版社，2012．

单元式幕墙参数化加工工艺设计应用

◎ 姚国旺 罗球明 刘文杰

深圳广晟幕墙科技有限公司 广东深圳 518029

摘 要 现今建筑体量不断增大，外观造型不断变化，对加工工艺要求更高。幕墙加工工艺设计利用 Rhino（犀牛软件）及犀牛自身插件 Grasshopper 进行参数化建模和深化加工工艺图纸，从而提高幕墙分解加工工艺图纸效率及正确率。单元式幕墙参数化加工工艺设计是一种通过参数化设计方法来快速生成不同形态和尺寸幕墙的工艺设计方法。在这种方法中，首先建立幕墙的参数化数学模型，根据设计需求确定相关参数。然后利用参数化设计软件将参数应用到模型中生成幕墙的几何形态，并考虑幕墙的加工工艺要求对单元式幕墙进行优化设计。该方法能够提高幕墙设计效率和加工质量，实现幕墙的自动化加工，推动幕墙行业的发展。

关键词 参数化建模；参数化分析；参数化设计；幕墙加工工艺参数化

1 引言

随着建筑设计技术的不断进步与发展，幕墙作为一种现代建筑外墙的设计和装饰形式，已经成为建筑行业中的一种重要构件。在国家的政策指引下，BIM 技术在建筑业快速发展。建筑表面分格多变，形态变得越来越复杂，传统的建筑幕墙设计方法与设计工具已经不足以应对复杂形体的深化控制；参数化设计给复杂形态建筑幕墙设计带来了更高的自由度，正日益成为建筑设计的重要工具；参数化设计软件在异型多变复杂表面处理时，选择拥有强大的曲面编辑能力及可视化的编程软件 Rhino（犀牛软件）自身插件 Grasshopper。Grasshopper 在处理庞大数据、异型曲面的分析优化方面有着鲜明的优势。参数化设计技术的应用在单元式幕墙的参数化加工工艺设计中具有重要的意义。它不仅可以提供更加灵活和高效的工艺设计方案，而且可以通过参数精确控制幕墙构件的尺寸和形态，实现建筑外墙的独特性和个性化。参数化加工工艺设计的应用将成为未来幕墙设计与制造领域的重要发展方向。

2 参数化设计技术概述

参数化设计技术是指在设计过程中通过改变参数的数值来改变设计的形态和性能。其原理是将设计问题抽象成参数空间，通过参数的调整来寻找最优设计方案。参数化设计技术的优势在于可以减少人工设计的工作量，提高设计效率。通过参数化设计，可以快速生成多个设计方案，并进行优劣比较。同时，通过参数的变化，可以探索更多的设计可能性，寻找最优解决方案。参数化设计技术适用于各种领域的设计问题，特别是在复杂的产品设计中更能发挥作用。例如，在建筑设计中，可以通过调整建筑参数来满足不同的功能需求和空间利用需求；在机械设计中，可以通过调整零件的尺寸参数来满足不同的强度和刚度要求。

把幕墙的生产设计工作比作一个庞大的、复杂的、一系列的参数方程式。各参数通过一系列运算相互关联，相互约束牵制。任意一个参数的变动，均会使运算结果不一样，最终影响建筑幕墙的外部形态。无论是在建筑的扩初设计还是后期的加工及施工阶段，参数化设计都有举足轻重的地位。在初期，可以进行建筑类型研究和环境模拟，设计出最绿色环保且体现当地文化特色的建筑形态。在后期，初始条件参数的作用更加显而易见。修改一个参数，相关联的参数也会变更，不像传统的设计模式，变更后基本得重新开始，浪费人力、物力。若用CAD（计算机辅助设计）软件创建三维模型，用于设计生产加工等工作，如果方案设计变更了，比如单元分格宽度调整，往往要重新建模。而参数化就不会有设计变更所带来的麻烦，不必重复建模，在更改初始或部分控制参数后就能够及时体现联动变化。参数化的奥妙精髓就在于此。

3 参数化设计在单元式幕墙项目中的应用

本项目为公司在深圳承接的一个市重点项目，项目地点在深圳市南山区深湾一路与白石四道交会处东北侧。项目为商业服务业用地、城市道路用地、公园绿地，效果图见图1。本项目使用参数化建模来帮助分析幕墙分类及加工工艺设计重复性工作。

图1　项目效果图

4 参数化建模应用过程

4.1 建表皮模及分析幕墙类型

如果说生产加工阶段中需要运用参数化出图及相关工作，其设计初期必然也是运用参数化建模方式进行设计。下文将以深圳某项目为例阐述基本设计流程。深湾汇云中心5期幕墙主塔楼高358.7m，塔楼四个立面每个立面宽51.94m，每个立面均以立面中左右两边对称，单元体分格宽度为1.5m，立面中有两条竖向腰线，装饰线条从一层起到顶层，装饰线条位置在每层不断变化中，在43层时距边距离最大；在一层及顶层距边距离最小。

初期通过对本项目各楼层平面外轮廓分析、塔身纵剖面分析以及三维表皮模型分析可知，根据幕墙系统方案将幕墙分为四大典型类型（图2）：类型A为大面单元体，类型B为转角单元体，类型C为竖向线条背后铝板单元体，类型D为竖向线条单元体。通过参数化技术特点对轮廓的外表皮做出深化调整，限制不同的外轮廓距离，再通过这些轮廓线布置划分网格，还可以通过调整参数修改各种约束来实时调整幕墙的轮廓。

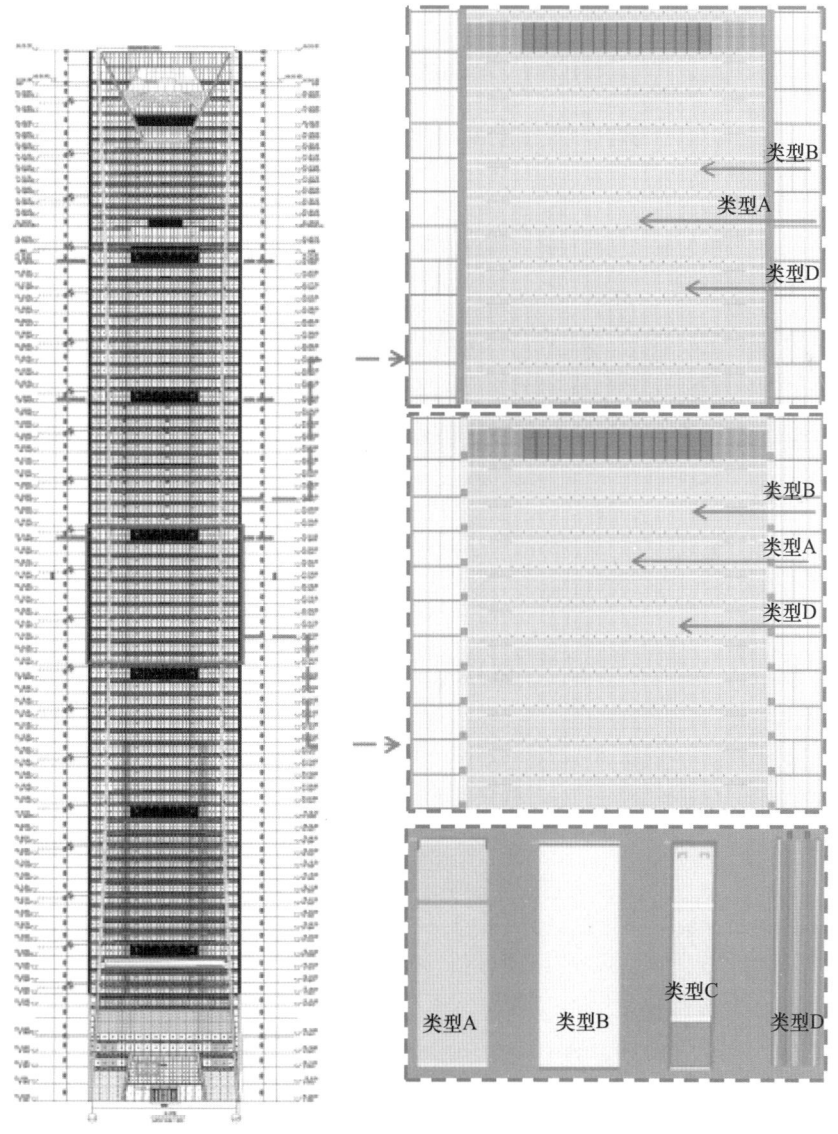

图2 幕墙类型

4.2 参数化生成单元体模型

使用模块化运算器构建型材特征（图3）、切割避位、开孔、铣缺（图4），采用各加工工艺特征堆叠的方式构建典型单元板块模型，转化为参数化模型（图5）；按立面图中分好的幕墙单元板块匹配到相应立面位置。

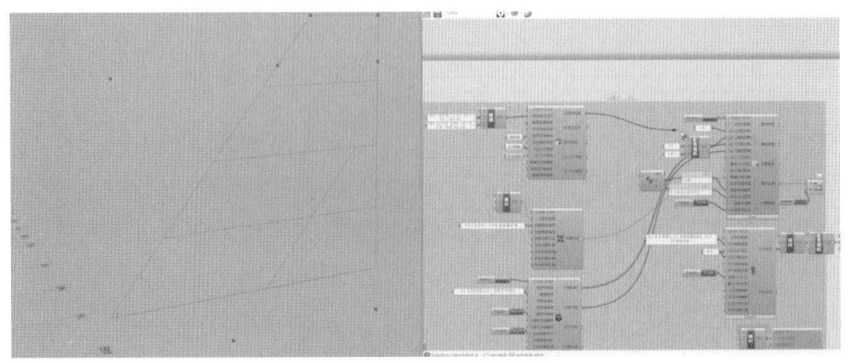

图3　使用运算器构建型材特征

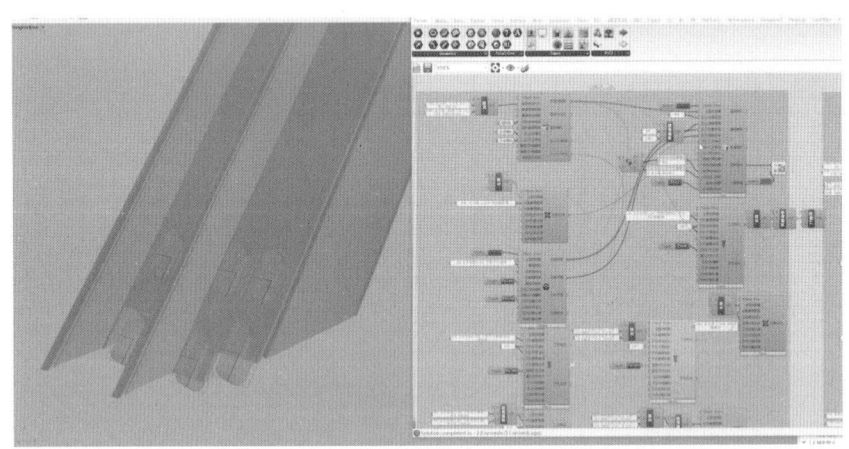

图4　使用运算器开孔、铣缺、避位

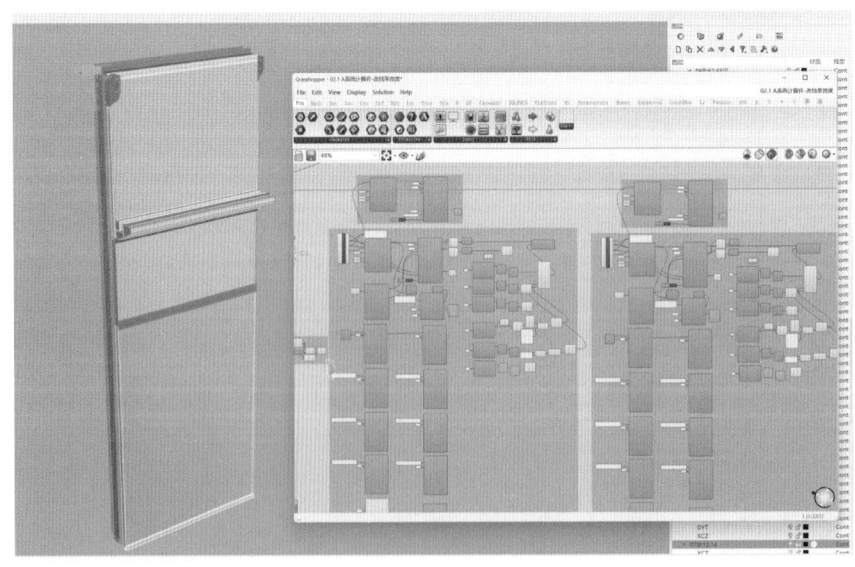

图5　面板、辅件逐个深化建模

4.3 参数化提取提料单数据

按施工批次建立单元体后,通过参数关联电池自动生成加工明细表及加工数据表,将数据生成套材及提料单(图6)。

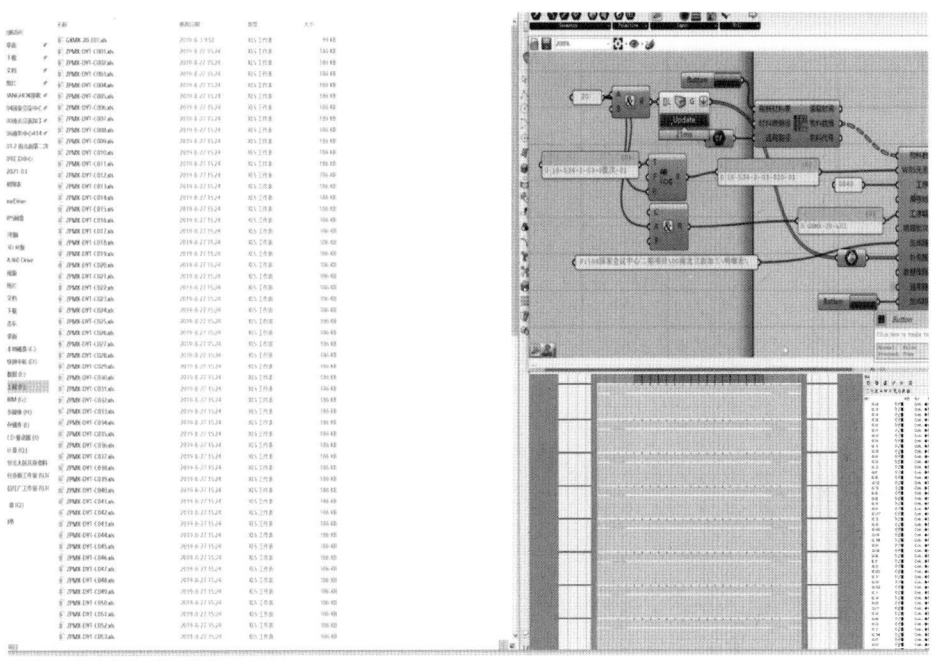

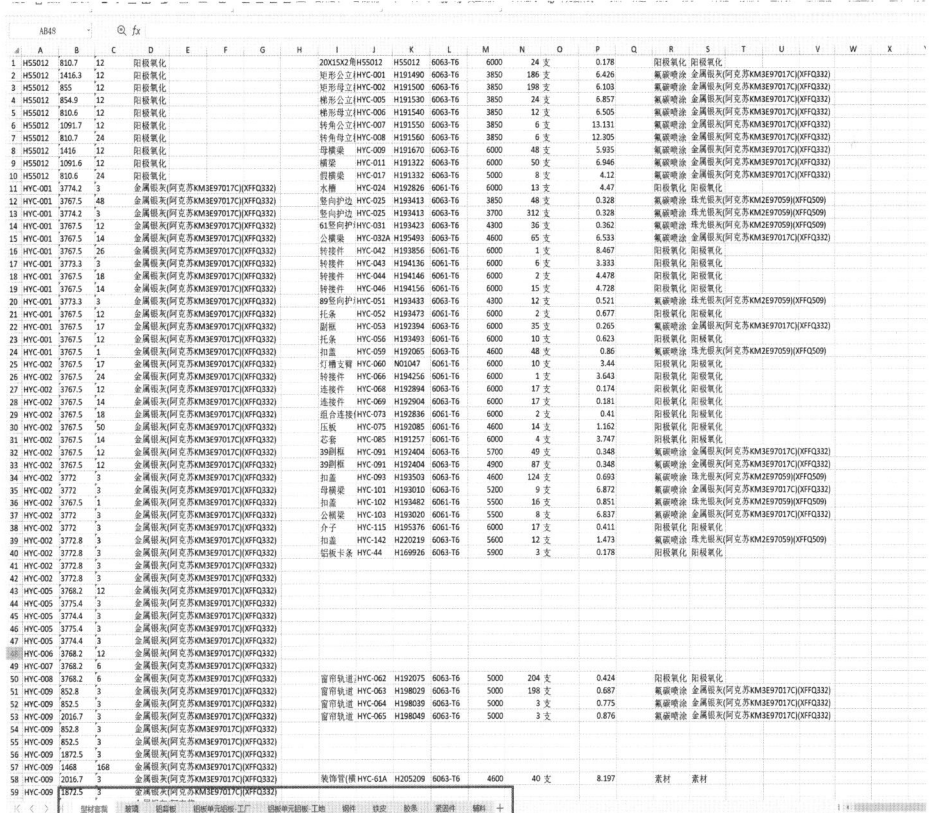

图6 将批次中的单元体提料数据相应导出

4.4 参数化提取工艺图纸

输出表格后，通过参数关联电池将加工图生成，使用 Grasshopper 将加工图及其他信息标注明确，并可使用先进的 CAM（计算机辅助制造）技术将数据输入机床电脑，将模型高精度转化为实际构件，车间精准组装，保证型材组装精度（图7）。

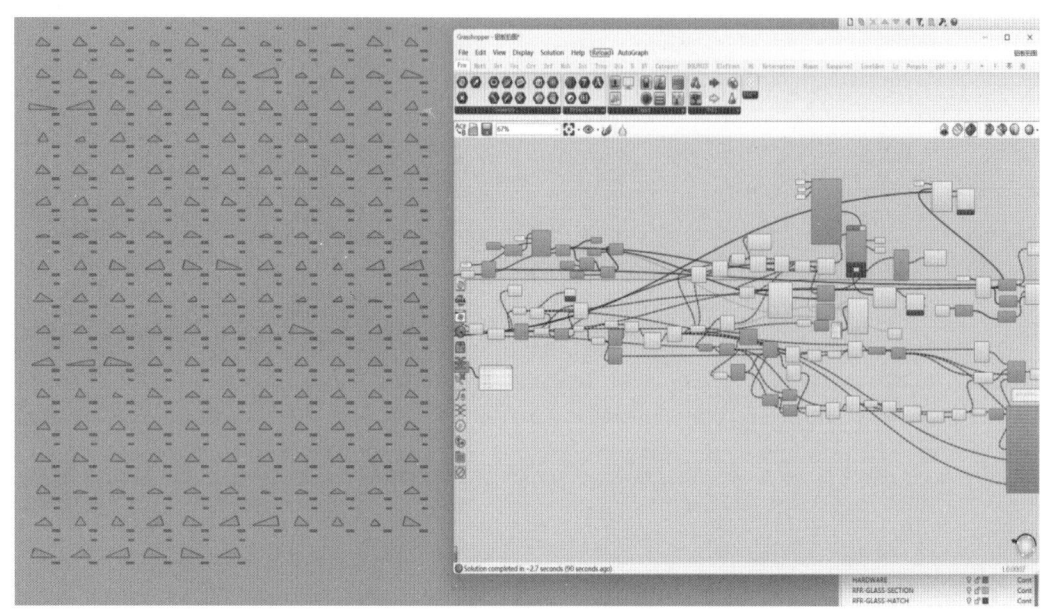

图7 参数关联电池生成加工图

5 参数化加工工艺设计的挑战与展望

首先，参数化加工工艺设计面临的挑战是建立准确的参数化模型。参数化模型是参数化加工工艺设计的基础，只有建立了准确的模型，才能进行有效的优化和设计。然而，对于复杂的加工工艺，建立准确的参数化模型是一项具有挑战性的任务，需要充分考虑材料的物性、刀具的特性以及加工过程中的各种影响因素。

其次，参数化加工工艺设计需要充分考虑加工成本和效率。在实际工程中，加工成本和效率往往是制约加工工艺设计的重要因素。因此，在参数化加工工艺设计中，需要综合考虑加工成本和效率，以便找到一个既能满足产品质量要求，又能降低加工成本和提高加工效率的最佳工艺参数组合。

此外，参数化加工工艺设计还需要充分考虑加工工艺的稳定性和可控性。在加工工艺中，稳定性和可控性是保证产品质量的重要因素。因此，在参数化加工工艺设计中，需要考虑如何使加工工艺更加稳定和可控，以确保产品质量的稳定和一致性。

随着科学技术的不断发展，参数化加工工艺设计将朝着更加智能化和自动化的方向发展。未来，参数化加工工艺设计将结合人工智能、大数据和云计算等技术，实现更加精确和高效的加工工艺设计。此外，参数化加工工艺设计还将与智能制造和工业物联网等领域相结合，实现加工工艺的全过程智能化管理和优化。

6 结语

在参数化加工工艺设计中，我们通过引入参数化建模和优化算法等技术手段，实现了工艺流程的自动化和优化。通过对加工工艺参数进行灵活调整和优化，可以提高工艺的效率和质量，降低成本和资源消耗。同时，参数化加工工艺设计还具有良好的可扩展性和适应性，能够适应不同的加工需求和复杂度。在未来的发展中，我们还可以进一步探索和研究新的参数化加工工艺设计方法和技术，以应对不断变化的加工需求和技术发展，推动制造业的智能化和可持续发展。

参考文献

[1] 曾旭东，王大川，陈辉. Rhinoceros Grasshopper 参数化建模［M］. 武汉：华中科技大学出版社，2011.

[2] 中国人民共和国国家质量监督检验检疫总局，中国国家标准化管理委员会. 建筑幕墙：GB/T 21086—2007［S］. 北京：中国建筑工业出版社，2008.

安邦财险深圳总部大厦设计浅析

◎ 刘琪杰　邓军华　王　斌

深圳市方大建科集团有限公司　广东深圳　518057

摘　要　系统设计时采用了直线板块模拟弧线轮廓的设计，本文主要介绍利用犀牛＋Grasshopper 软件分析设计曲面幕墙单元板块直线化处理的设计方案。
关键词　弧形轮廓；单曲板块直线化处理；幕墙表皮几何信息分析处理；幕墙十字缝设计；翘曲板块的处理

1　引言

建筑幕墙系统设计一般基于建筑立面外轮廓的几何造型、面板材料及幕墙功能的要求。在设计一些几何造型异型的建筑时，通常二维建筑图纸可以表达幕墙面板材料和功能要求，但无法完整、直观地表达外立面的几何信息，比如面板的曲率、弧长、拱高等，这时需要通过二维平面几何信息的放线、放样，在空间中建立三维模型。通过三维几何模型，设计师可以从多个角度、多个方案设计幕墙系统，在三维空间中直观表达建筑外表皮的几何信息，为幕墙设计前期提供重要的设计依据，也为设计信息的交流提供便捷的通道。本文主要以安邦财险深圳总部大厦 C12 塔楼为例，介绍利用犀牛＋Grasshopper 软件建立幕墙表皮曲面模型并对其进行几何分析，再通过分析结果对项目包含的约 5500 个单曲板块直线化处理的过程及一些设计思路进行介绍。

2　工程概况

安邦财险深圳总部大厦位于深圳市南山区后海中心区，项目致力于打造后海标志性建筑之一，是后海片区城市天际线的重要节点。本项目效果图及现场实景图见图 1、图 2。项目由 C-11、C-12、D-06 三个地块组成。C-11、C-12 东至中心路，西、南至海德二道，北至海德三道；D-06 地块东、北至工商银行总部大厦市政道路，西至中心路，南至海德二道。三个地块目前均为待建设的白地。所在片区外交通骨架都已建成，可通过滨海大道、后海大道、东滨隧道等通达深圳市内及周边各个地区，紧邻深圳湾口岸。C11 塔楼高度 99.6m，C12 塔楼高度 273m，C11 塔楼外观为圆柱形状，C12 塔楼外观为带有收腰造型的"细腰鼓"的造型（图 1）。主要幕墙系统有单元式玻璃幕墙、拉索幕墙、玻璃肋点式幕墙、框架式玻璃幕墙、铝板幕墙、玻璃栏板幕墙、玻璃雨篷、采光顶、铝合金百叶/格栅、入口门系统等。本项目幕墙系统塔楼造型新颖，为确保整个幕墙工程安全适用、技术先进和经济合理，必须从外观效果、建筑功能到细部构造均严谨而科学地进行设计。设计主要遵循的原则：结构安全可靠、功能完善实用、效果美观大方、系统节能环保、安装维护方便。

图 1 安邦财险总部大厦效果图

图 2 安邦财险总部大厦现场实景图

3 塔楼单元式幕墙的设计

3.1 幕墙表皮模型建立

本文以相对复杂的 C12 塔楼为例分析本项目塔楼单元式幕墙的设计方案。C12 塔楼平面的造型为椭圆形，以塔楼 12 层平面图几何构造图为例。该平面椭圆的几何构造由四条曲线构成[图 3（a）]，椭圆两个尖端曲线圆弧夹角为 96°，按照每个分隔 5.33°均分成 18 个分隔；中间两段曲线圆弧夹角 84°，按每个分隔 2.8°均分成 30 个分隔[图 3（b）]。

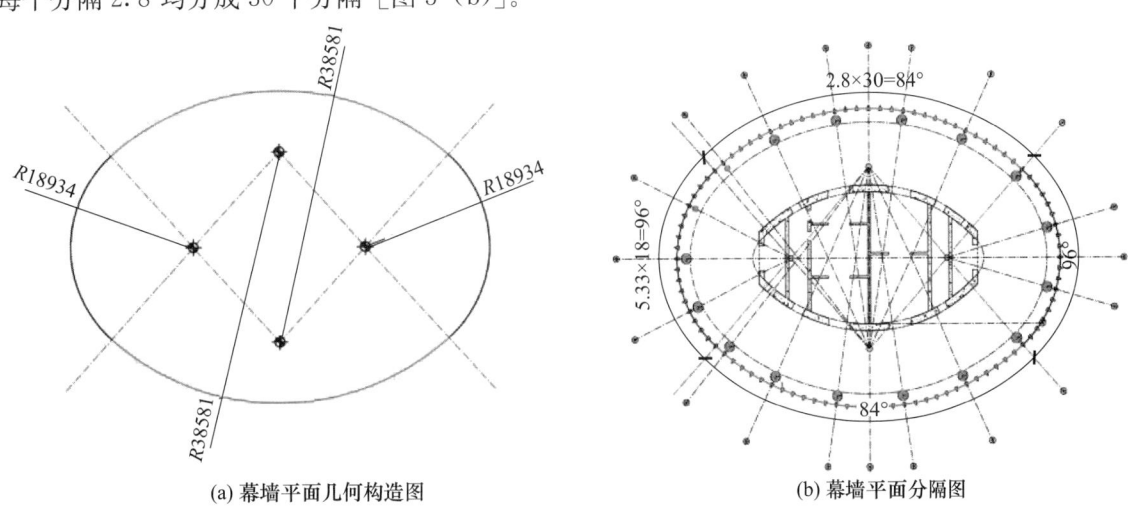

(a) 幕墙平面几何构造图　　　　(b) 幕墙平面分隔图

图 3 塔楼 12 层平面几何图

塔楼立面造型是一个"细腰鼓"的造型（图4），塔楼4层以上为单元式幕墙，从4～40层的单元板块向内倾斜，40层至屋面的单元板块向外倾斜，每层幕墙面板与水平面的夹角呈现一定规律的变化（图5）。

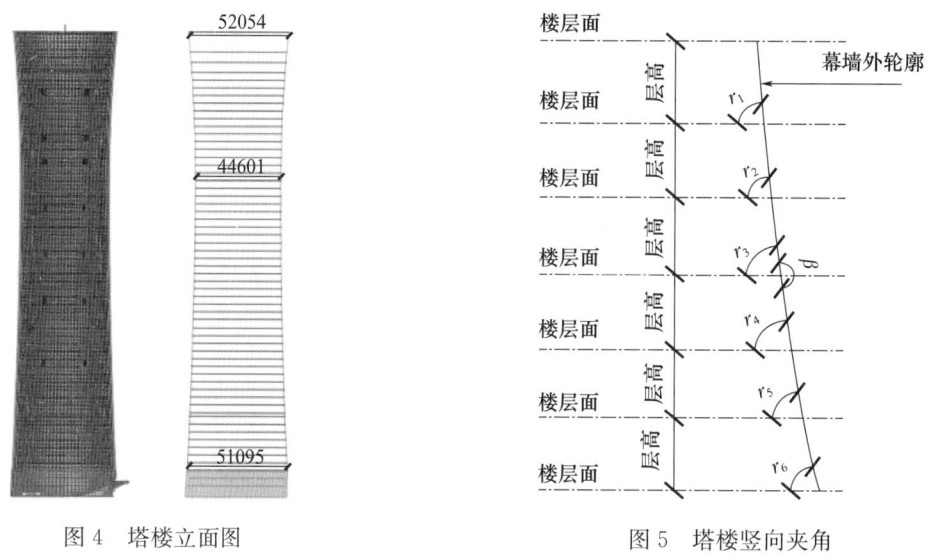

图4　塔楼立面图　　　　　　　　　　图5　塔楼竖向夹角

通过平面与立面的几何关系在犀牛软件中建立幕墙外轮廓线型模型［图6（a）］，再通过放样形成初步的整体外表皮模型［图6（b）］，最后按照建筑平面与立面的分隔将模型切割板块［图6（c）］。表皮模型的建立需要满足建筑外立面的几何要求和建筑平立面分隔的要求。

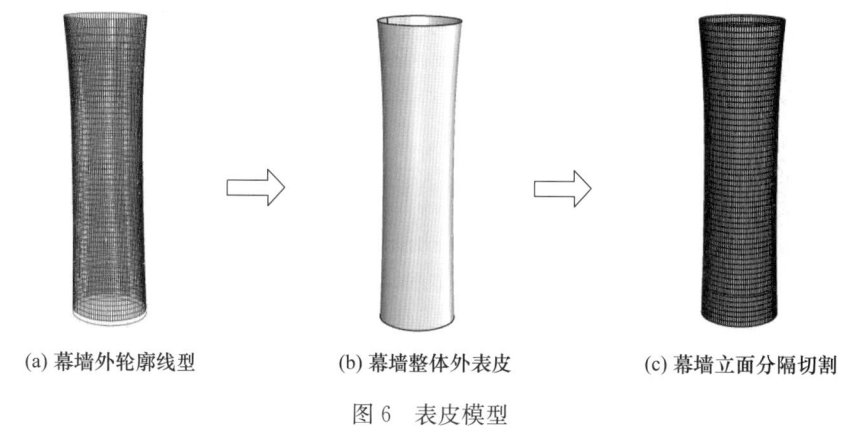

(a) 幕墙外轮廓线型　　　　(b) 幕墙整体外表皮　　　　(c) 幕墙立面分隔切割

图6　表皮模型

3.2　幕墙表皮模型的几何分析处理

3.2.1　几何信息的提取

取图3（b）中所示夹角84°圆弧所在曲面为例［图7（a）］，通过Grasshopper可以信息化处理幕墙的一些基本信息，快速而准确地判断出曲面的类型、数量、总面积等信息，所选曲面一共有1392个单曲板块，面积总和10952.5m²［图7（b）］。通过编辑程序分析提取曲面的几何特征信息，例如单曲板块的拱高、单曲板的边长等信息。单曲板的最小拱高为10.4mm，最大拱高是24.2mm［图7（c）］，板块长边4503mm［图7（d）］，板块短边种类较多，主要集中在1580～1920mm之间。在方案设计前期，Grasshopper信息化处理可以帮助我们快速、准确地掌握项目的关键信息，为设计方案的实行提供重要依据。

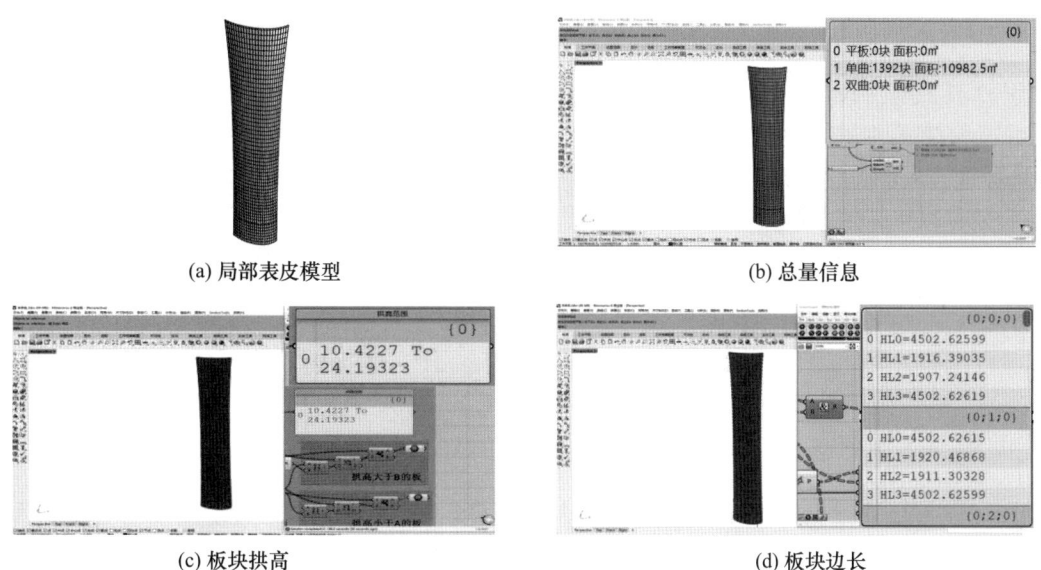

(a) 局部表皮模型　　　　　　　(b) 总量信息

(c) 板块拱高　　　　　　　　　(d) 板块边长

图 7　模型几何信息

通过对局部表皮的信息化分析可知曲面均为单曲板块，单元板块弯弧方向为横向弯曲，拱高在 10.54～24.2mm 之间，最短弧长 1580mm，竖向高度 4500mm。通过拱高与弧长之间的关系可以大致判断单曲板块直线化后对外立面的影响。取横向弧长最短的单元 [图 8（a）]，其拱高与弧长的比值 19.6/1581≈0.0124 [图 8（b）]。该比值反映单曲板块与直线板块之间的几何视觉差异，比值越小则差异越小，0.0124 属于比较小的值，在考虑经济性的前提下将单曲板块优化为直板是合理的设计方案。

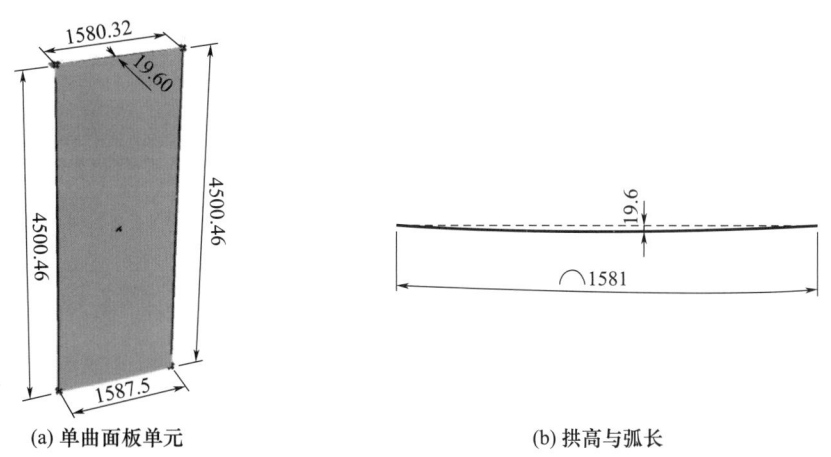

(a) 单曲面板单元　　　　　　　　　　　(b) 拱高与弧长

图 8　面板单元的几何信息

3.2.2　单曲板块直板化处理

将所需直板化的表皮模型导入到 Grasshopper 中对幕墙外表皮板块进行直线化处理 [图 9（a）]。通过编辑程序智能化处理模型可以大大提高曲面分析的效率与准确率，并能够快速创建所需要的幕墙直板表皮模型 [图 9（b）]，提供直观的视觉模型供设计师与业主参考，为幕墙设计师与建筑师、业主之间的信息交流提供了可靠的渠道与依据，也是前期幕墙信息化设计的一个重要环节。

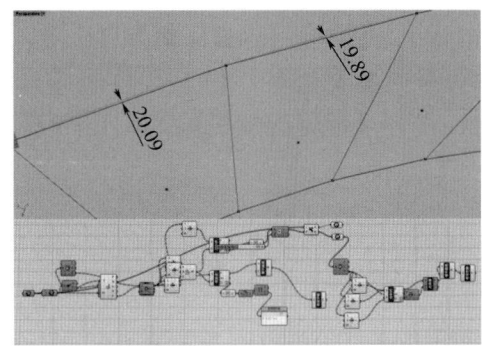 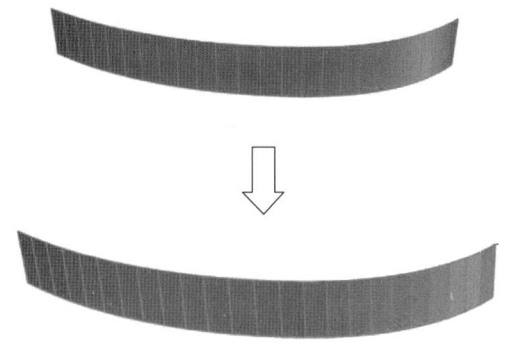

(a) 单曲直板化处理　　　　　　　　　　　　(b) 生成直板表皮模型

图 9　单曲直板化

3.3　幕墙设计方案要点

本项目单曲板块直板化设计过程中主要关注与解决三个问题：单元板块铝合金公母龙骨是否可以满足相邻板块之间插接的角度要求；板块翘曲的处理方法；幕墙十字缝防水的处理。

3.3.1　单元板块铝合金龙骨插接角度的设计

使用 Grasshopper 编辑相关电池组 [图 10（a）]，设计人员可以快速而准确地掌握幕墙节点设计中所需要的设计依据，大大提高设计效率。由分析可知竖向夹角区间为 179.7°～179.9° [图 10（b）]，横向夹角为 174.4°～177.4° [图 10（c）]。相邻板块之间的竖向夹角差异比较小，而横向夹角差异明显较大，针对横向夹角的变化，设计时需要考虑立柱模具的适用性。

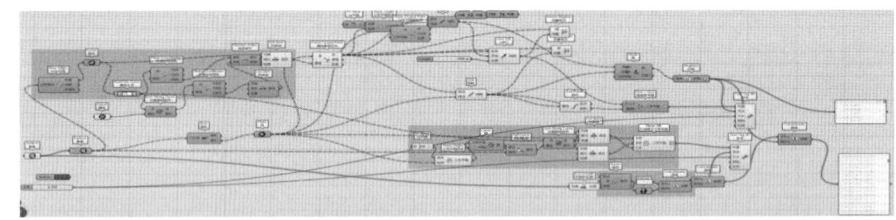

(a) 电池组

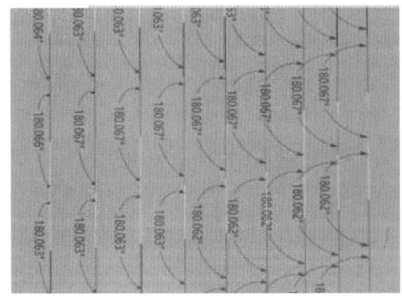 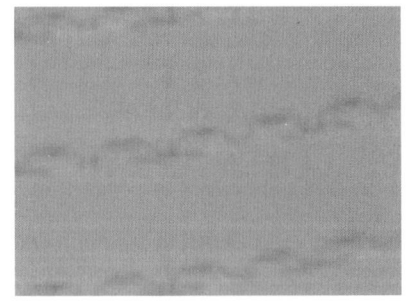

(b) 竖向夹角　　　　　　　　　　　　　(c) 横向夹角

图 10　面板夹角分析

图 11（a）为幕墙横剖节点图，由角度分析可知横向夹角的差值为 3°左右，设计立柱模具时考虑一套模具对角度变化的适应性为 1.5°，如表 1 所示铝合金立柱采用两套模具适应横向角度的变化，即横向夹角在 174.4°～175.9°的采用一套磨具 [图 11（b）]，横向夹角在＞175.9°～177.4°之间的采用另一套模具 [图 11（c）]。

表 1　模具适用夹角范围

第一组模具	夹角范围为 174.4°～175.9°
第二组模具	夹角范围为 175.9°～177.4°

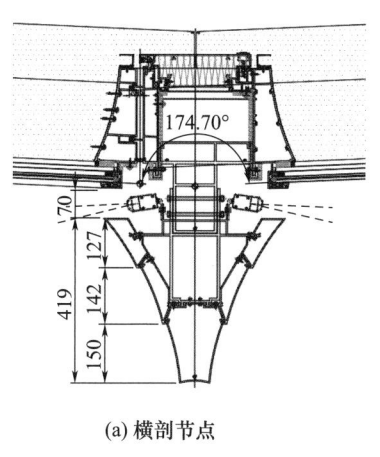 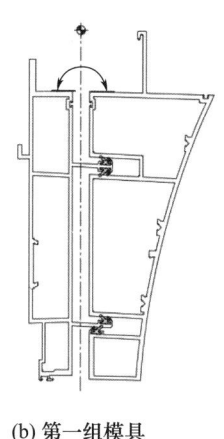 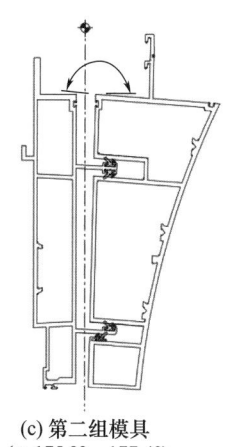

(a) 横剖节点　　　　　(b) 第一组模具　　　　(c) 第二组模具
　　　　　　　　　　　(174.4°~175.9°)　　　　(>175.9°~177.4°)

图 11　立柱磨具适用角度

相邻层之间的竖向板块之间夹角差值较小。如表 2 所示，上下相邻板块之间的差角小于 0.3°，一套公母横梁模具可以适应插接角度的变化。我们关注到的是幕墙板块与同层楼板水平面的直角差值较明显。统计此角度的数据（表 2）可知，4~40 层夹角在 87.6°~90°之间板块内倾，角度直角差最大 -2.4°，41 层到屋面在 90°~93.4°之间板块外倾，角度直角差最大 +3.4°，由于横梁设计成与玻璃面板垂直，由几何关系可知横梁与楼板存在与以上角度互余的角度。因此设计层间收口时考虑了一层找平的铝型材铁脚板，保证幕墙室内侧的外观效果（图 12）。

表 2　竖向板块夹角

板块的竖向夹角（板块与板块之间）		
位置	夹角	平角差
41 层以下	>179.9°	<0.1°
41~42 层	>179.8°	<0.2°
43 层以上	>179.7°	<0.3°
板块的竖向夹角（板块与地面之间）		
位置	夹角	直角差
4~40 层	87.6°~90°	-2.4°
41 层到层面	90°~93.4°	+3.4°

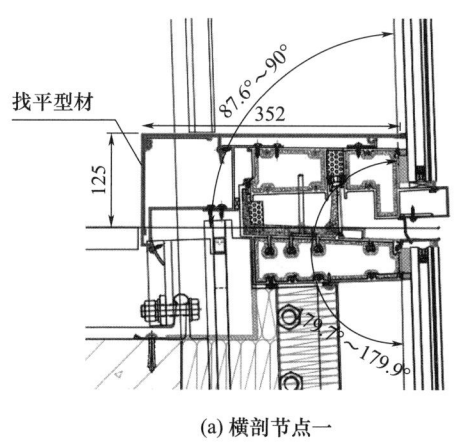 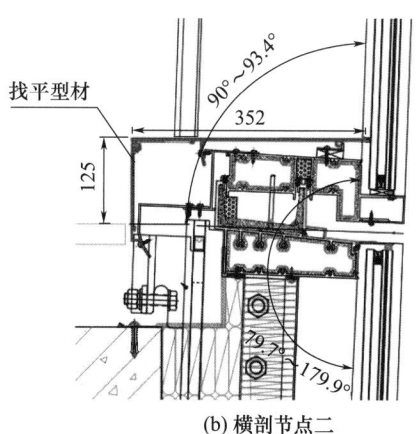

(a) 横剖节点一　　　　　　　　(b) 横剖节点二

图 12　层间节点设计方案

3.3.2 板块翘曲问题

板块翘曲指的是加工的板块几何图形为四个角点共面的矩形，但几何空间中一个平面的逻辑构造为三个点确定一个平面，由于曲面的特异性往往导致四个角点中有一个点与其他三个角点不共面[图13（a）]，因此需要用过冷弯的方式调整角点。由于加工技术的局限性，一般在加工厂通过人工冷弯的方式应对板块翘曲，通过施加位移荷载反推计算人工冷弯所需的力[图13（b）]，从而提供加工可能性的判断依据。

依然可以采用Grasshopper编程，通过相关电池组信息化分析本项目塔楼所有板块的最大翘曲值为1.44mm[图13（c）]，本项目玻璃面板厚度为8HS+1.52PVB+6HS+12A+12TP，通过计算可知大概需要30N的力将板块压弯，这是可以通过人工冷弯实现的。

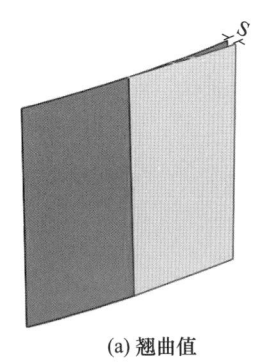
(a) 翘曲值

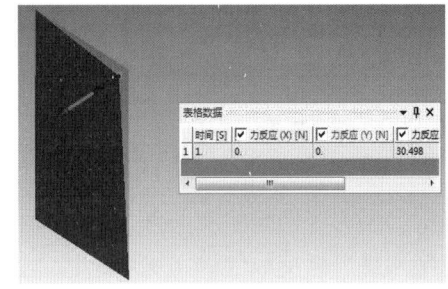
(b) 受力分析

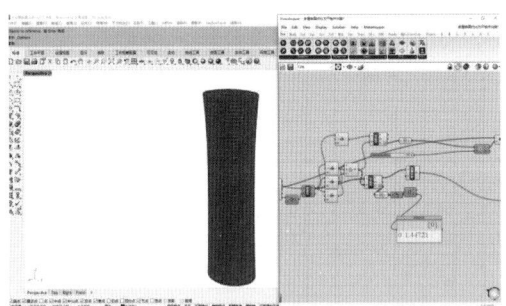
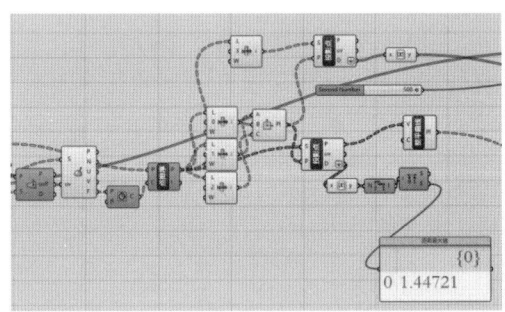
(c) Grasshopper翘曲分析

图13 板块翘曲分析

3.3.3 幕墙十字缝防水的处理

由于板块加工及施工的一些误差，单曲板板块直板化存在的问题：单元板块插接十字缝的位置会出现较大的错位阶差[图14（a）、图14（b）]；板块之间的角度使过桥型材不是直线通过十字缝，需要满足角度的变化。

针对第一个问题，设计时应该通过1：1放线确认错位阶差的位置和大小[图14（c）]，可知错位的横梁造成排水槽出现一些较大的缝隙，因此需要设计一个缝隙封堵的方案[图14（d）]。利用铝板封堵缝隙并用密封胶封堵，密封胶采用变形能力较强的高性能密封胶，主要是为了适应板块之间的变形引起的相对位移，高性能密封胶必须有足够的变形能力满足相对位移。

(a) 十字缝实物图（一）

(b) 十字缝实物图（二）

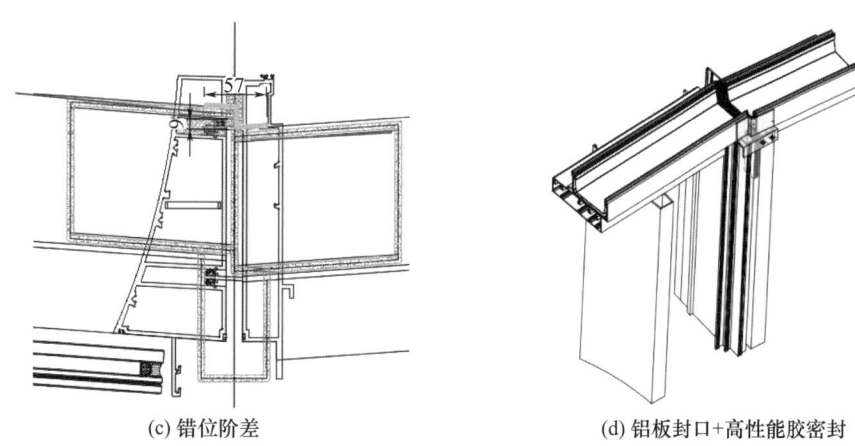

(c) 错位阶差　　　　　　　　　(d) 铝板封口+高性能胶密封

图 14　幕墙十字缝设计图

为了满足板块角度的要求以及施工安装的要求，将其分成两段拼接的方式［图 15（a）、图 15（b）］，在拼接成型后应用铝块将两段可靠连接，防止使用过程中分开，最后将缝隙打胶密封［图 15（c）、图 15（d）］。

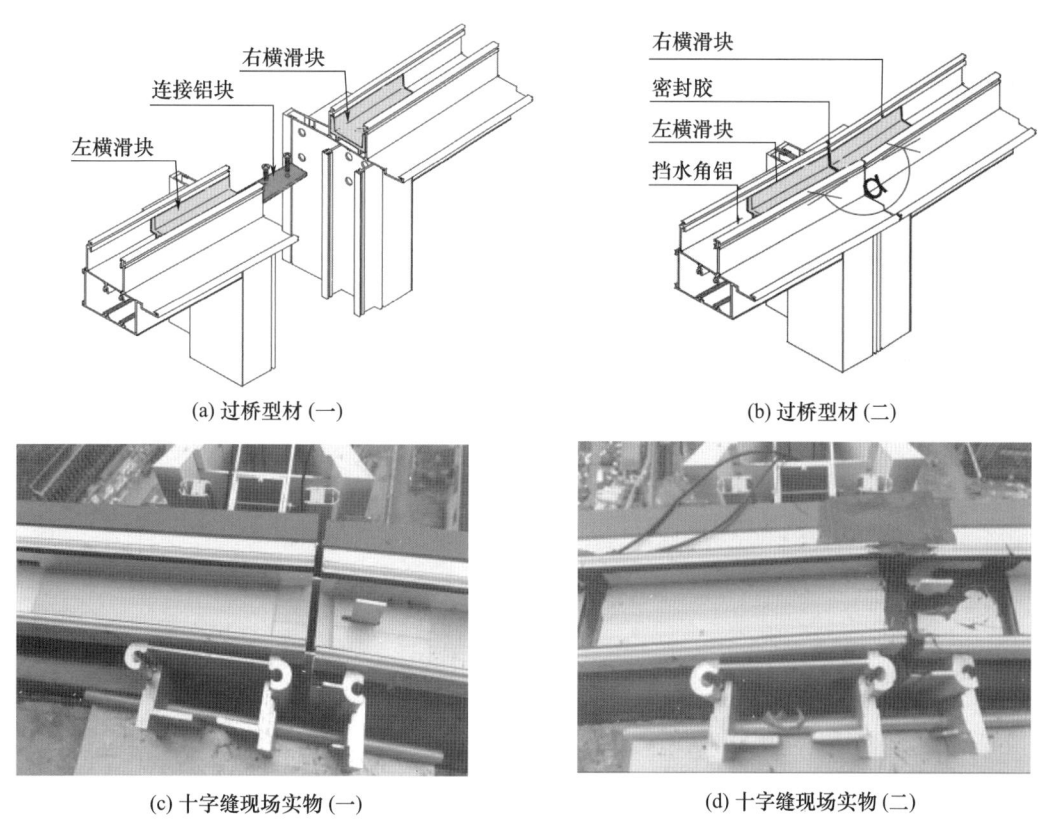

(a) 过桥型材（一）　　　　　　　(b) 过桥型材（二）

(c) 十字缝现场实物（一）　　　　(d) 十字缝现场实物（二）

图 15　过桥型材的处理

4　结语

以上是对安邦保险深圳总部大厦项目塔楼单元式幕墙设计的一些思路，其造型属于比较典型的圆弧状的构造。近年来国内越来越多的异型建筑络绎不绝地出现，说明市场对建筑幕墙从功能上的需求走向个性上的需求，每个建筑都充满了个性，而这些个性往往通过异型的幕墙形状、新型的材料、科学的环保功能等出现在社会上。为了应对这些不断拔高的需求，幕墙设计师应当掌握比以往更加科学、先进的方法，尤其对于异型幕墙的设计，应该从多角度、多方案对项目进行剖析，并通过直观的设计图纸和模型展现给业主与建筑师。本文采用Grasshopper编程的方式解决了项目设计中的几个要点问题，从设计初期的模型建立到单曲直板化分析再到幕墙系统的构造，过程中都能够快速、准确地提取所有的信息及数据，及时发现问题、反馈问题、解决问题，避免了很多由于信息差造成的不必要的碰撞。

参考文献

[1] 中华人民共和国建设部. 玻璃幕墙工程技术规范：JGJ 102—2003［S］. 北京：中国建筑工业出版社，2004.

[2] 中国建筑装饰协会. 建筑装饰装修工程 BIM 设计标准：T/CBDA 58—2022［S］. 北京：中国建筑工业出版社，2022.

[3] 白云生，高云河. Grasshopper 参数化非线性设计［M］. 武汉：华中科技大学出版社，2018.

BIM 技术在建筑幕墙算量及加工图中的应用

◎ 宋尚明

深圳广晟幕墙科技有限公司　广东深圳　518029

摘　要　BIM 技术在幕墙算量及加工图中的应用主要包括三维建模、智能算量、碰撞检测和加工图生成。通过 BIM 技术的三维建模，幕墙的构件、材料和连接方式等信息可以以数字化的方式呈现，便于设计师进行规划和设计。智能算量可以自动计算幕墙的材料用量和成本，提高算量的准确性和效率。利用 BIM 技术进行幕墙模型的碰撞检测，避免施工中的问题和风险。加工图生成通过 BIM 技术根据幕墙三维模型生成详细加工图，提供准确的制造指导。BIM 技术在幕墙算量及加工图中的应用可以提高效率，减少错误和风险，实现数字化施工过程，提高质量和效益。本文探讨了 BIM 技术在幕墙工程中的应用，通过 BIM 技术在 Revit 中进行可视化参数建模，建立三维设计模型，帮助幕墙设计师持续、高效、准确地修改图纸以及快速精确地进行工程量计算。

关键词　Revit；参数建模；工程量

1　引言

随着建筑业的快速发展，建筑幕墙以节能、美观、易维护等优势得到了广泛应用。设计是基础也是核心部分，无论是前期的工程算量、方案设计、施工图设计等，还是后期的下料清单、加工组装图等都贯穿项目的整个过程，工作量大、时间紧张、任务繁重是目前幕墙设计的常态。

传统的幕墙设计和制作流程通常耗时长、复杂，往往需要多个人员进行协作和沟通。同时，由于人工计算和绘图的不准确性，常常导致设计错误和误差的出现。此外，幕墙的复杂形状和大量构件的加工给施工带来了困难。随着 BIM（建筑信息模型）技术的出现和应用，实现了工程建设的数字化、模拟化和可视化。同时 BIM 技术还可以支持建筑信息的全生命周期管理，无论是工程算量、深化设计还是下料出图等工作，都可以通过 BIM 技术最大限度地提高效率，减轻设计师的工作强度以及提升完成质量。

综上所述，BIM 技术在幕墙算量及加工图中的应用，能给幕墙设计、制作和施工带来诸多优势，提高工作效率、减少错误和误差，提高建筑质量和施工效果。因此，BIM 技术在幕墙行业的应用前景广阔。

2　项目概况

某商业项目 A 地块 T1 组团幕墙工程（图1），位于广州市花都区三东大道以北，天贵北路以西，公益路以东，景天路以南。建筑计容面积 $86371m^2$，建筑最大高度 140m。T1 组团包含 T1 办公塔楼（高 140m，含附属商业裙楼 VT1）、V1（办公别墅，高 26m）、V2（办公别墅，高 26m）、公共连廊等（含 B 地块 B2 公共连廊）。该项目幕墙类型包含 FSA 系统-塔楼单元式幕墙、FSB 系统-塔楼单元式格栅幕墙、FSC系统-首层大跨度构件式幕墙、FSD系统-首层大跨度构件式幕墙、FSE系统-石材幕墙、FSF系统-铝板幕墙及格栅系统、P1系统-构件式幕墙、P2系统-构件式玻璃幕墙、P3系统-构件式玻璃幕墙、P4系统-玻璃栏板、P5系统-办公别墅铝板幕墙及格栅系统、P6系统-点爪式玻璃幕墙等12种。

工程量大、工期短、交接位置多、材料用量大、幕墙类型复杂繁多是本项目幕墙设计面临的难题。为了保证工程顺利进行，该项目引入BIM技术必不可少，在前期利用BIM技术的视觉性和协调性，直观地表达出项目工程中各方面的配合点、难点，可以提前规划、有效沟通；中期利用BIM技术的视觉性和优化性，多角度观察模型，对工程项目全方位改进，精细建模、化繁为简，可以提升设计效率、节省项目成本；后期利用视觉性和可出图性这一特点，达到快速出图。施工现场按模型施工，还可以减小返工风险。

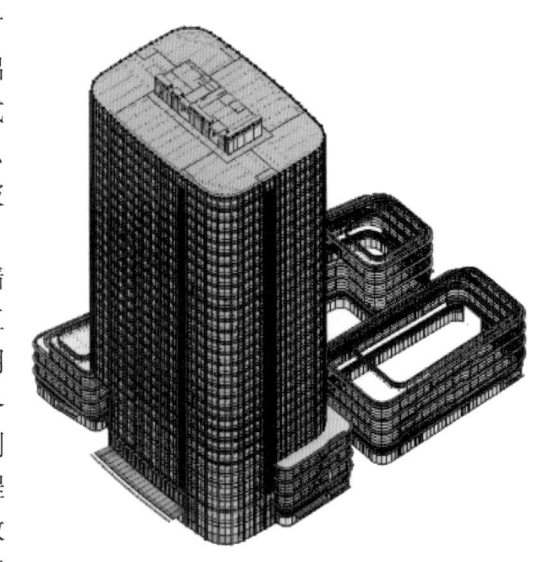

图1　T1组团项目

3　项目幕墙创建及算量思路

本幕墙工程的核心任务在于精细化单元体，准确、快速地统计出工程量，高效完成二维加工图的绘制。

采用Revit建模，通过创建参数化构件族的幕墙单元体（图2），并在项目中用明细表统计功能，提取出模型工程量（图3）；对幕墙单元体嵌套的子族单独出图（图4），简单、高效、明了地完成加工图的绘制。

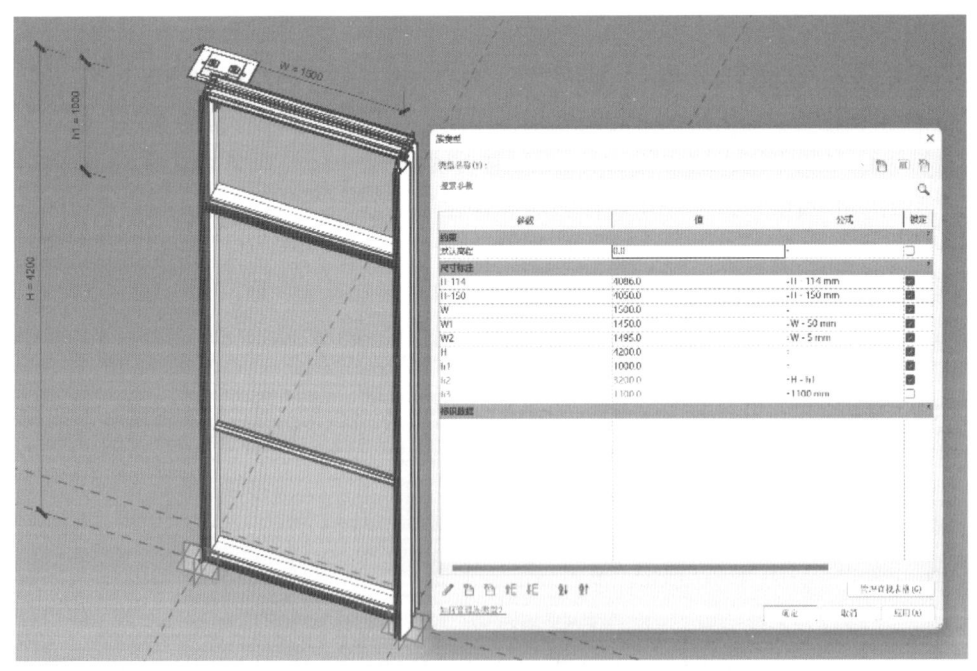

图2　参数化构件族

<幕墙单元体明细>				
A	B	C	D	E
族	族与类型	长度	宽度	合计
fs1+M1+KQS-0542	fs1+M1+KQS-0542:fs1+M1+KQS-0542	4200	500	440
fs1+M1+KQS-0542-ZX	fs1+M1+KQS-0542-ZX:fs1+M1+KQS-0542	4200	500	264
fs1+M1+KQS-0542-zx-Z	fs1+M1+KQS-0542-zx-Z:fs1+M1+KQS-05	4200	500	22
fs1+M1-0542	fs1+M1-0542:fs1+M1-0542	4200	500	352
fs1+M1-0542-ZX-Y	fs1+M1-0542-ZX-Y:fs1+M1-0542-ZX-Y	4200	500	44
fs1+M1-0542-ZX-Z	fs1+M1-0542-ZX-Z:fs1+M1-0542-ZX-Z	4200	500	22
fs1-1542-Y	fs1-1542-Y:fs1-1542-Y	4200	1500	902
fs1-1542-Z	fs1-1542-Z:fs1-1542-Z	4200	1500	682
fs1-1568-42-ZX-Y	fs1-1568-42-ZX-Y:fs1-1568-42-ZX-Y	4200	1568	264
fs1-1568-42-ZX-Z	fs1-1568-42-ZX-Z:fs1-1568-42-ZX-Z	4200	1568	264
fsb-1542-by-Z	fsb-1542-by-Z:fs1-1542-by-Z	4200	3000	88
总计：3344				3341

图 3　幕墙单元体明细

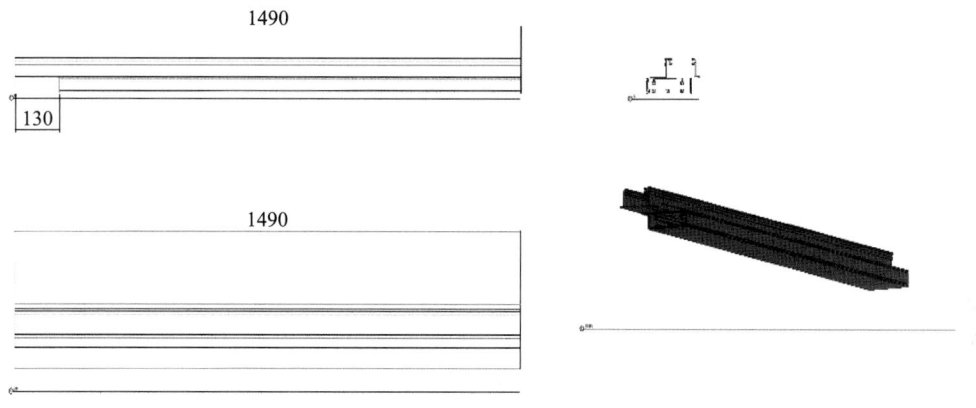

图 4　型材单独出图

4　项目 BIM 算量及加工的具体应用

4.1　创建参数化构件族

Revit 所拥有的强大的"族"功能，使设计师在幕墙设计中可以构件参数化，让构件不仅仅是构件，而且是数字信息，不仅直观表达，后续修改也只需调整参数、导入剖面等简单操作就能达到族的更新，与之相关的各处配合也会随着更新修改。

本幕墙工程用幕墙单元体来搭建模型，一块幕墙单元体包含立柱、横梁、装饰条、玻璃、扣盖、支座、挂件等，所有模型精细化背后都是根据需求用一个一个嵌套族堆砌而成的，每个嵌套族被参数约束，最后组装配合形成了可参数化的幕墙单元体（图 5）。

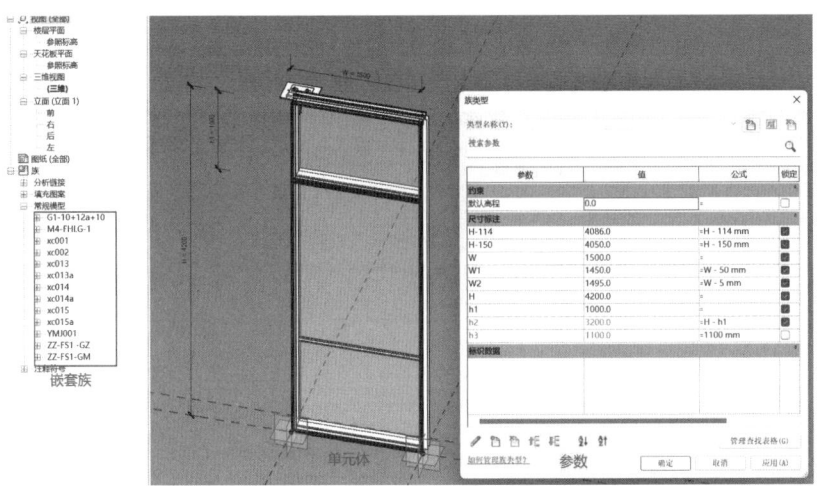

图 5　幕墙单元体的嵌套族

本项目模型的核心在于嵌套族的应用，项目初期在公制常规模型族样板（图 6）中将项目模型需要的嵌套族提前建模完成。在该嵌套族对应视图（如横梁就在左视图或者右视图）里单击、拉伸进入编辑模式，导入该嵌套族的 CAD 图纸，调整位置后保存更改并退出编辑模式来创建嵌套族（图 7），新建所需族参数后选择共享参数（族参数用共享参数才能在后续出工程量明细表时添加）并赋予对应数值（图 8），用族参数来定义嵌套族的长度（图 9）。至此，该嵌套族就创建完成，其他嵌套族也参考上述方法依次创建（图 10）。

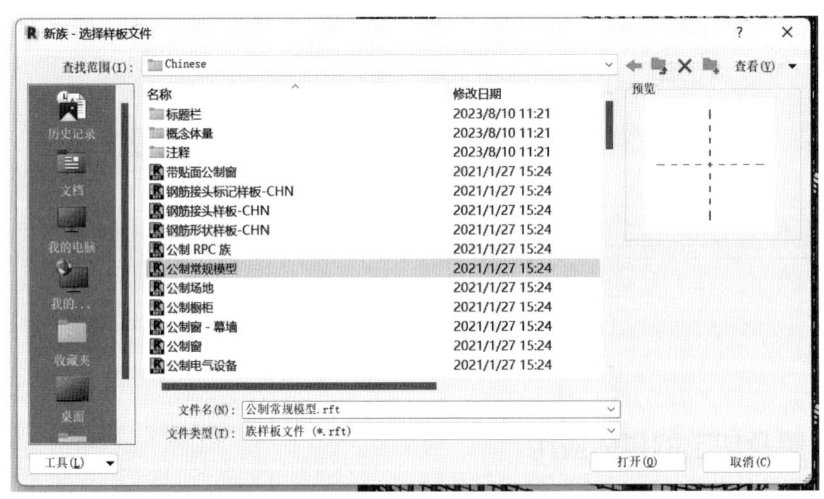

图 6　选择族样板

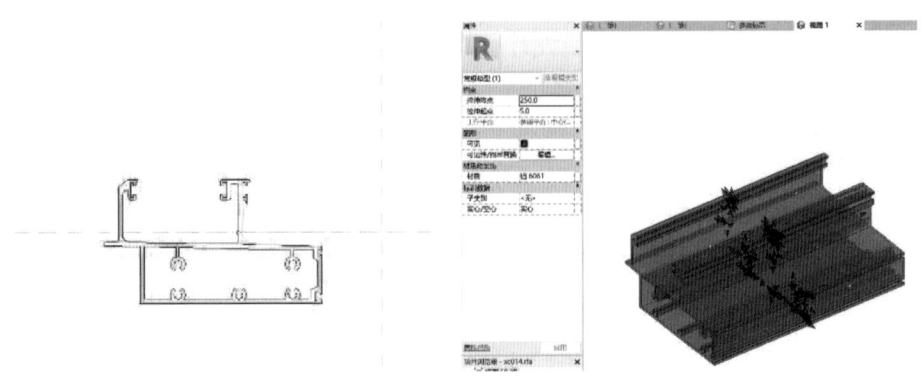

图 7　嵌套族的创建

图 8　创建嵌套族的参数

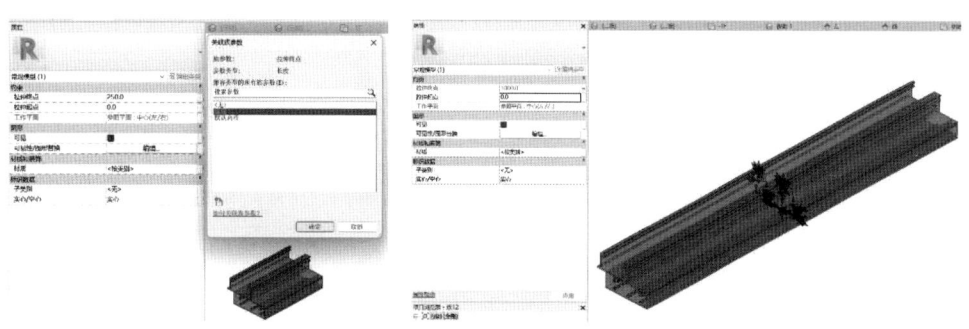

图 9　参数定义嵌套族长度前（左）后（右）

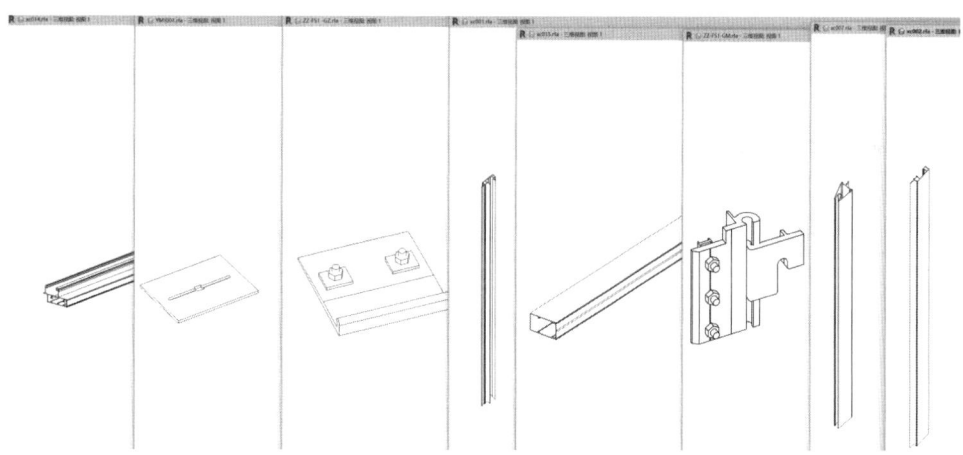

图 10　完成各类嵌套族

通过分析，本项目板块种类多，用常规的模型族样板创建幕墙单元体不能满足要求，根据项目特点选择自适应公制常规模型族样板来创建幕墙单元体，自适应公制常规模型族样板因其独有的自适应点，后期搭建模型时只需依次单击位置即可精准、快捷放置模型（图11）；而其他族样板载入位置固定，需通过旋转等命令调整（图12）。

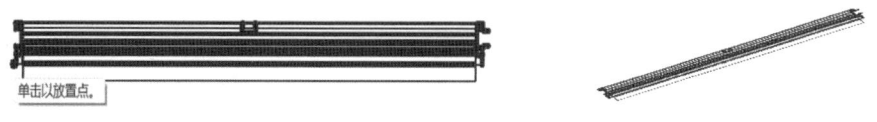

图 11　自适应族样板放置

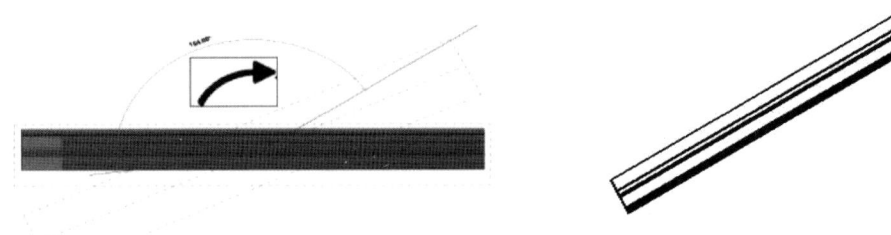

图 12　常规族样板放置

嵌套族载入到幕墙单元体的自适应族样板后,新建所需族参数选择共享参数(族参数用共享参数才能在后续出工程量明细表时候添加)并赋予对应数值(图 13),用族参数来约束嵌套族,将其参数化并调整至对应位置(图 14)。完成嵌套族的约束后,该参数化幕墙单元体也就创建成功,其他类型的幕墙单元体按此方法依次创建并编号(图 15)。

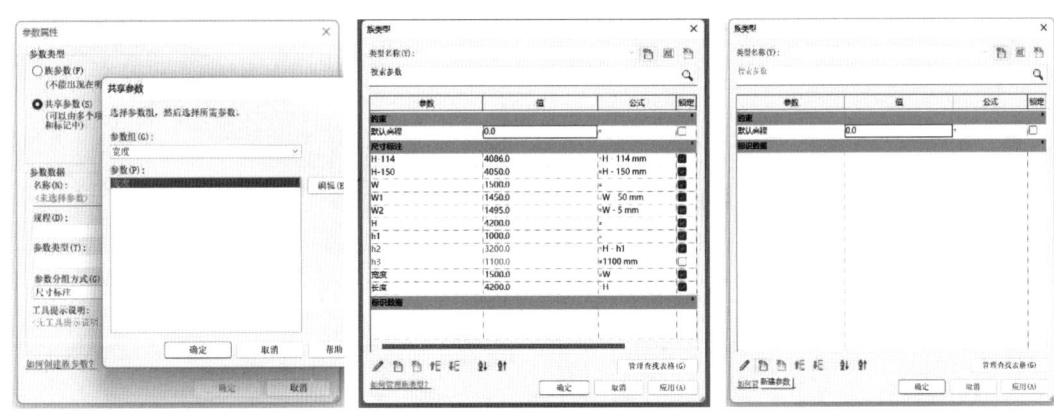

图 13　创建幕墙单元体所需参数

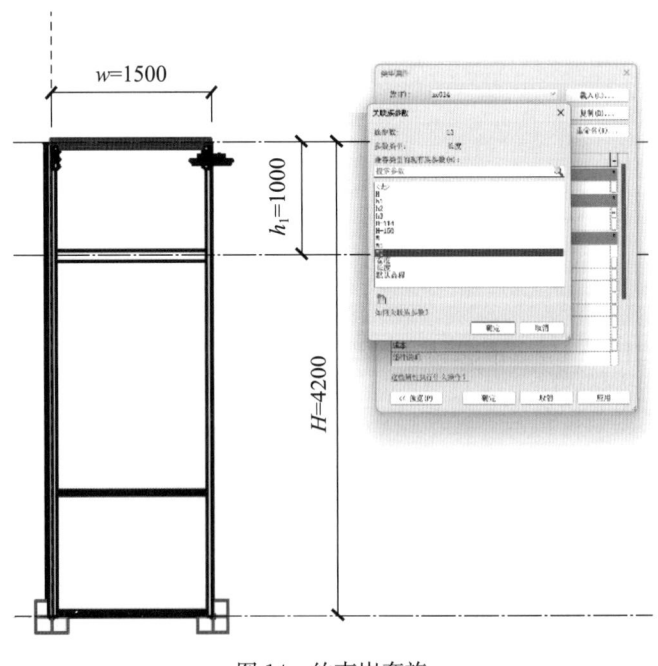

图 14　约束嵌套族

项目	序号	板块族编号	左边斜角	右边斜角	装饰线条	开启窗
玻璃单元板块	1	fs1–1542–Y				
	2	fs1–1542–Z			✓	
	3	fs1–1542–ZX–Y		✓		
	4	fs1–1542–ZX–Z	✓		✓	
	5	fs1–1568–42–ZX–Y		✓		
	6	fs1–1568–42–ZX–Z	✓		✓	
铝板单元板块	7	fs1+M1+KQS–0542				✓
	8	fs1+M1+KQS–0542–ZX	✓	✓		✓
	9	fs1+M1+KQS–0542–ZX–Y		✓		✓
	10	fs1+M1+KQS–0542–ZX–Z	✓			✓
	11	fs1+M1–0542				
	12	fs1+M1–0542–ZX	✓	✓		
	13	fs1+M1–0542–ZX–Y		✓		
	14	fs1+M1–0542–ZX–Z	✓			
铝合金百叶单元板块	15	fbs–1542–BY–Z				
	16	fsb–1542–BY–Y				

图 15　幕墙单元体编号分类

4.2　搭建模型

本幕墙工程建模时以楼层为单位，将楼层平面图导入到对应 Revit 的楼层平面中。在 Revit 的楼层平面内把创建的幕墙单元体族放入到对应的位置（依次对平面图内的基准点例如划分好的幕墙分格单击），成功创建该位置的幕墙单元体。其他种类的单元体也参考上述方法依次放置，将该楼层的模型搭建成功（图 16）。其他楼层也采用相同方法，最后进行模型汇总，搭建出整体模型（图 1）。

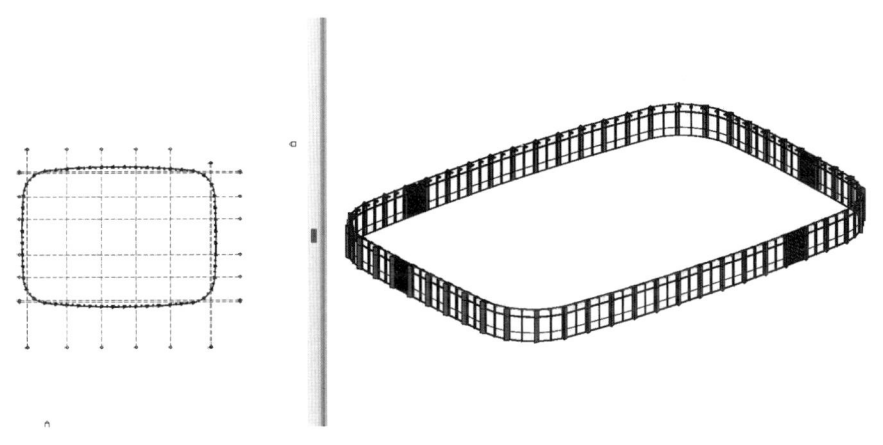

图 16　搭建对应楼层幕墙模型

4.3　修改模型

深化设计是指在建筑师初步设计的基础上，对建筑方案进行进一步完善和细化，其中方案细化是深化设计的最重要内容之一。常规的深化设计，都要花费大量时间去思考方案的可行性、验证方案、重新对图等。

用参数化构件族搭建模型后，能够很大程度上提高深化设计效率。例如平面图修改了玻璃分格，只需在 Revit 里修改该位置幕墙单元体族属性的玻璃分格数值。该幕墙单元体的各处配合也会随着更新修改（图 17）；修改了节点，也只需把该幕墙单元体里对应的嵌套族更新，此位置的模型实例也会修改成新节点的样式（图 18）。

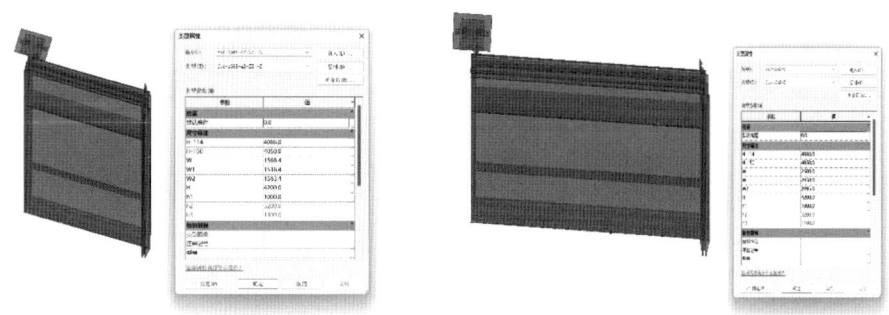

图 17 修改参数前（左）后（右）单元体变化

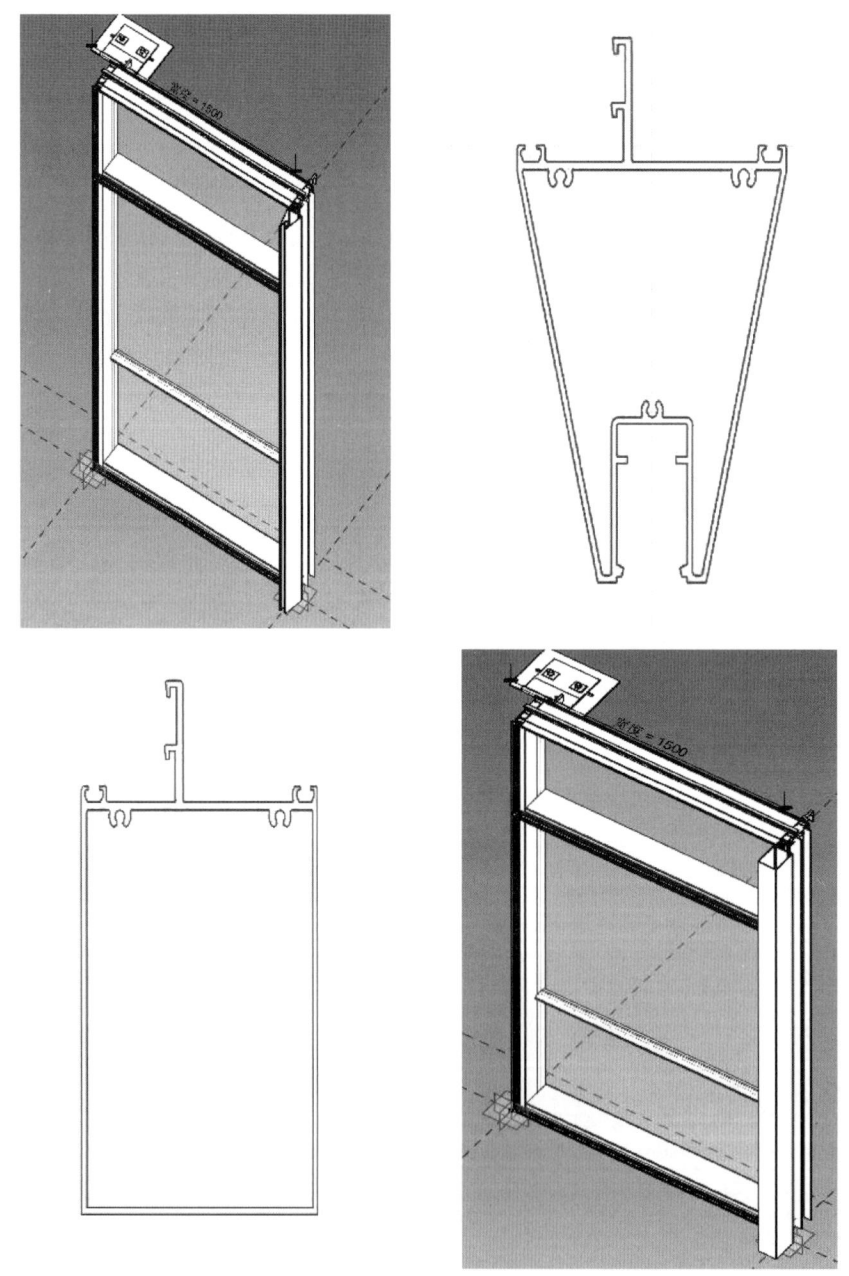

图 18 修改单元体嵌套族前（上）后（下）对比

通过修改数值、导入新节点等简单、快捷的操作就能达到可视化的幕墙深化设计，使设计人员从思考方案到大量繁琐的绘图、对图中解脱出来，进而提高效率、降低成本，最终提高幕墙工程的质量。

4.4 加工图出图

利用 Revit 搭建的模型，不仅能节省看图、绘图等步骤的时间，而且能准确、无误地完成加工图的绘制。模型出图操作简单，只需添加所需的视图即可生成对应的二维图纸，生成的图纸根据所需添加尺寸图框等就可以直接出图对接加工厂（图 19），可视化的特点加上出图简单、图纸准确，大大提高了设计师的工作效率，降低了设计师出图门槛。

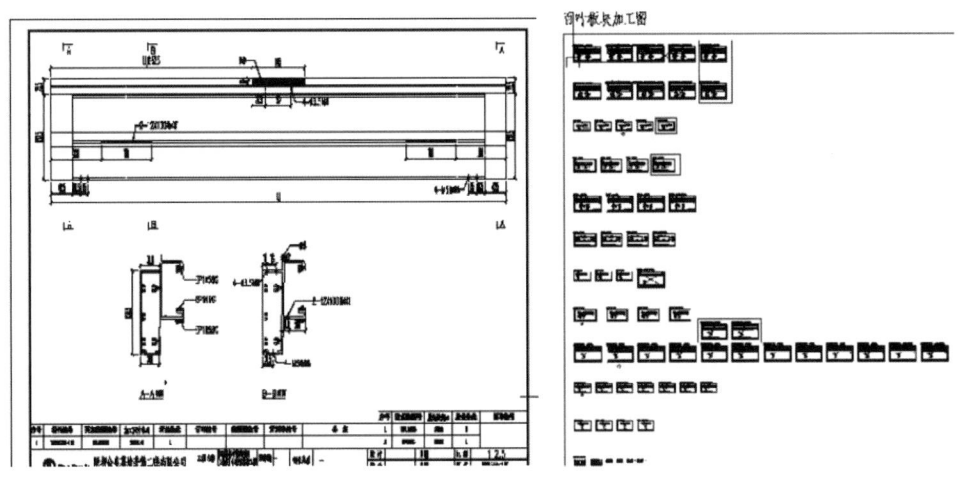

图 19　添加所需信息出图

4.5 工程算量

传统工程算量，需从图纸中逐一计算所需信息，然后分类统计在表格中，不仅容易出错，还不方便储存管理计算信息，每次更新图纸就得重新计算；而利用 BIM 技术，在 Revit 中新建明细表提取信息（图 20），本项目的参数化构件族里的族参数都是用共享参数创建，所以能被字段选取，再提取到明细表字段自动进行汇总统计得到材料明细（图 3），方便快捷、操作简单、计算准确，在方案优化更新时，也能即时更新工程量，提高工作效率，提高工作质量。

图 20　提取算量所需信息

5　结语

总体来说，BIM 技术在幕墙算量及加工图中的应用为幕墙设计和建造带来了巨大的改变和提升。采用 BIM 技术，可以实现幕墙的自动化算量，减少人工的参与，提高计算准确性和效率。同时，BIM 技术还可以将幕墙的设计、施工和运维等各个环节进行整合和协调，避免了信息沟通不畅和数据丢失的问题，提高了项目的整体管理水平。建筑行业的创新发展需要技术上的改革创新，BIM 技术的发展是必然趋势，BIM 技术的应用为幕墙行业带来了更高的产业化水平，幕墙设计由二维走向三维的可视化、减少烦琐枯燥的工程算量工作、加工出图的方便快捷等都是直观受益。本文就该项目进行参数化建族分析建模，希望对同行有所启发。

参考文献

[1] 赵红红．信息化建筑设计：Autodesk＋Revit［M］．北京：中国建筑工业出版社，2015．

[2] 李建成，王朔，杜嵘．Revit＋Building 建筑设计教程［M］．北京：中国建筑工业出版社，2013．

[3] 姜凤传，王学成．Revit 软件在工程量清单中的应用［J］．冶金丛刊，2020，005（22）：146-148．

幕墙产品的数字化生产实践

◎ 苟于情 莫子全

深圳中航幕墙工程有限公司　广东深圳　518109

摘　要　本文讨论了采用三维零件建模，通过CAM软件直接导出机代码用来驱动数控设备完成零件的自动加工。这种技术路线在幕墙生产制造中有着光明的未来，但目前存在不少瓶颈需要解决。

关键字　BIM技术；数字化生产

1　引言

随着科技的不断发展，BIM技术在建筑幕墙上的应用越来越广泛；同时也是逐渐应用在幕墙产品的生产中。幕墙产品传统的加工方式由操作加工中心的技术人员根据设计师绘制的二维加工图在机床电脑上二次描图，再导出对应的机加工代码驱动机床进行加工，这种加工方式若遇到零件加工工艺比较复杂的情况，在二次描图和检查上会花费大量时间，导致加工效率低下。所以BIM技术逐渐被应用在幕墙产品的生产过程，借此提高零件加工效率，但BIM技术应用在幕墙生产中时是存在一些挑战的。本文以某在建项目为例，通过绘制BIM模型导出三维零件加工图，再用CAM软件直接导出机代码来驱动数控设备完成零件自动加工，这种数字化加工方式与传统加工方式的加工效率和操作便捷程度相比较来验证数字化生产在幕墙生产中应用的可行性。

2　数字化生产的技术原理

（1）利用Revit或Archicad建筑三维软件建好工程的整体三维模型，赋予模型一些基本参数（板块楼层、位置、分格大小等）。这些基本参数将生成明细表，导出到Excel表中，形成参数化数据。

（2）在三维机械软件（Inventor）中，设定项目名称和配置可读写的资源库，采用衍生（部件→骨架→零件）的方式创建零件模型。另外，在创建零件的过程中，拉伸型材时需要给拉伸的长度一个参数值，达到利用参数化数据驱动此零件模型的目的。

（3）将三维零件导入CAM软件中，自动识别工件中所有的孔和各种形状的槽，并显示到用户界面，通过简单偏移设置使得工件图形原点与机床工件原点一致。此外设置好刀库参数，例如钻头、立铣刀等各种刀具对应的转速、进刀点、安全高度和工进速度等工艺参数，即可快速生成G代码，对接数控机床系统，实现高效率生产。

3　数字化生产的主要流程

3.1　建立三维模型和输出基本信息

此项目建筑高度93.4m，地上16层，主要幕墙系统为单元式玻璃幕墙系统、单元式铝板幕墙系统、层间大铝板挑檐系统、横向装饰格栅系统等。由于此工程幕墙主要是单元板块，所以采用幕墙嵌板族、嵌套族的方式建立相应板块。然后将板块的位置、楼层、编号、类别设置为共享参数赋予到嵌板族中，同时建族过程中设置好分格宽度和分格高度（采用报告参数的形式，才能用于从几何图形条件中提取值，出现在明细表中）。根据CAD节点图定位和约束好相应的型材，实现单元板块参数化；紧接着，根据CAD结构图纸、幕墙平立面图纸建立项目的结构和外立面。然后将建好的幕墙嵌板族插入到立面的对应位置，完成整个数据化模型的建立（图1）；最后将此模型的单元板块的位置、楼层、宽度和高度等参数导出到明细表中，实现基本数据的统计，达到三维模型的信息参数化的目的（图2）。根据图纸和明细表检查模型的信息，确保建的模型没有错误，为后续的BIM应用打下基础。

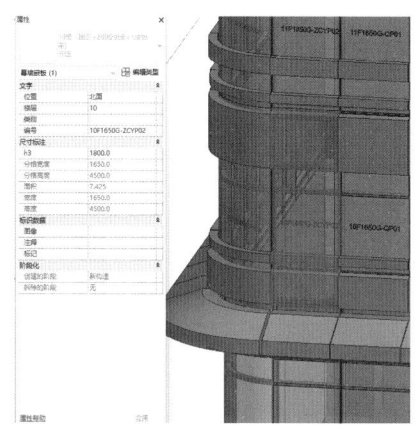 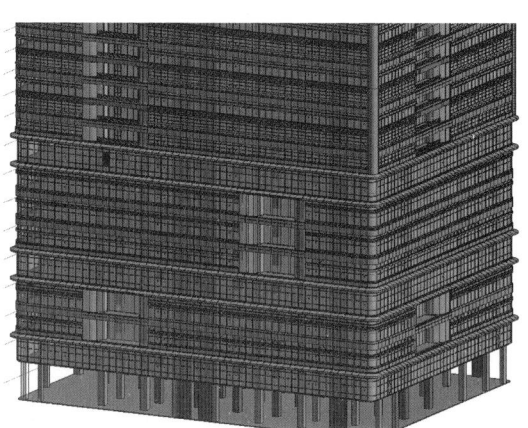

图1　三维模型的建立

图2　信息表的导出

3.2　深化三维模型

在三维零件软件Inventor中绘制单元板块，具体步骤如下：

（1）新建零件，创建二维草图，选择平面以创建草图。

（2）创建模型骨架，将 CAD 节点详图导入并定位到骨架（图 3）。定位基准为板块玻璃外表面。另外，CAD 节点中的各个部件需要做成块，注意 CAD 中不能有面域出现，整体导入 Inventor 之后用"草图医生"进行草图修复，这里需要修复多次，直至所有部件检验面域特性都满足要求。

（3）新建部件。分别将单元板块的公母立柱、上下横料、护边、开启窗框扇等建成零件。同时将衍生草图的 X、Y、Z 平面与原始坐标系 X、Y、Z 平面进行表面齐平的约束。

（4）将每个型材截面分别进行拉伸（选择基于面与面之间的拉伸）。拉伸完将型材的 X、Y、Z 平面与板块骨架坐标系 X、Y、Z 平面进行表面齐平的约束。同时将型材的长度定义为参数，后续可以生成参数化数据（图 4）。

（5）根据拉伸后的型材之间的干涉和 CAD 节点图对模型进行切割、开孔操作，完成 1∶1 建模（图 5）；最后导出零件加工图（图 6）及 STEP 格式的零件三维模型，为数字化生产测试做好准备。

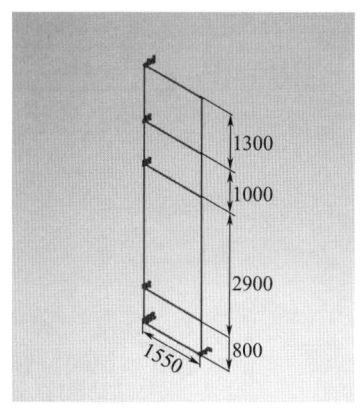

图 3　板块骨架

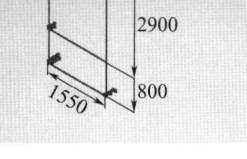

图 4　公横梁长度参数设置

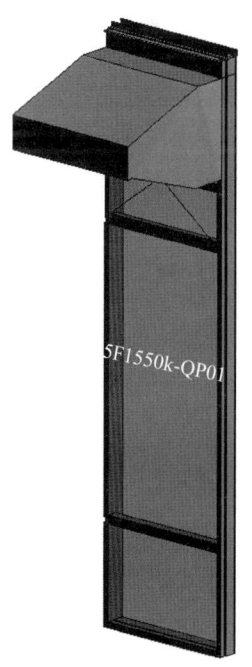

图 5　1∶1 建模

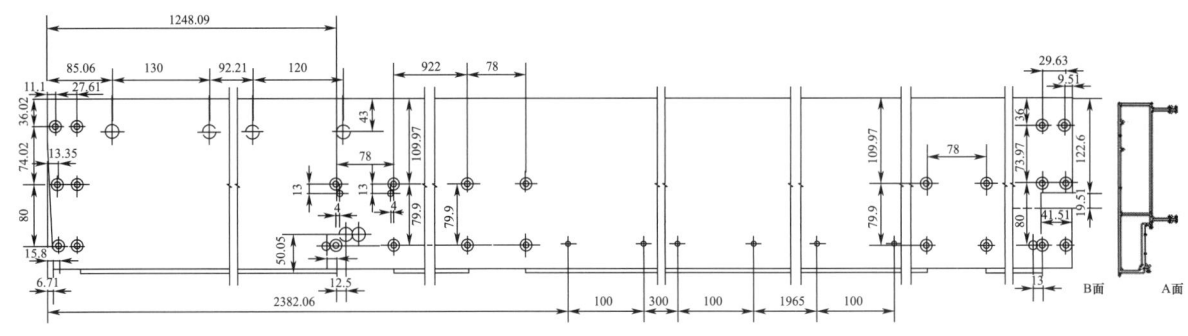

图 6 公立柱加工图

3.3 数字化生产

数字化生产的基本流程如图 7 所示。

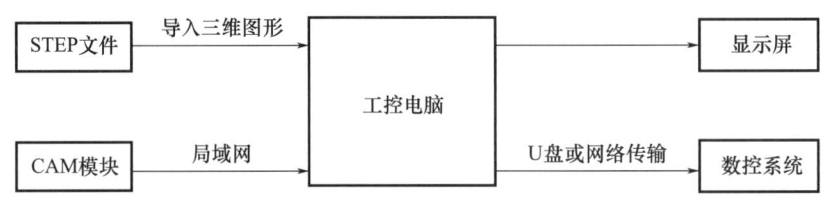

图 7 基本流程图

在电脑上安装下列软件：FreeCAD、Notepad。将电脑 IP 地址进行相应的更改，在断网的状态下，连接 CAM 模块（图 8）。打开芯衍数控软件，按照以下步骤操作：

（1）将公立柱的 STEP 格式三维图形导入到芯衍数控软件，软件自动识别工件中所有的孔和各种形状的槽，并显示到用户界面。

（2）通过简单偏移设置使得工件图形原点与机床工件原点一致，基本定位在模型的左下角。此步骤非常重要，必须精准定位坐标原点。

（3）选面加工，设置刀具为 6 的刀（加工选用的刀号）。在刀具补偿设定界面，设置钻头、立铣刀等各种刀具对应的转速为 10000r/min，主轴方向为正转（若逆转，加工出的孔毛刺较多），安全高度为 100mm，进刀高度为 70mm，工进速度为 1000r/min。另外，设置机床型号为通用机床，客户名称为满格。

（4）单击生成代码功能键，即可显示加工路径和模拟加工时间，生成 G 代码。将生成的 G 代码另存为 NC 格式的文件，整个过程时间花费 1min（图 9）。

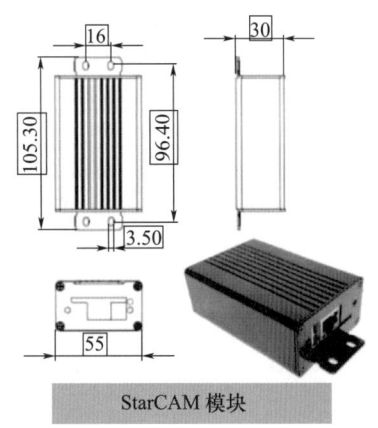

图 8 CAM 模块（加密狗）

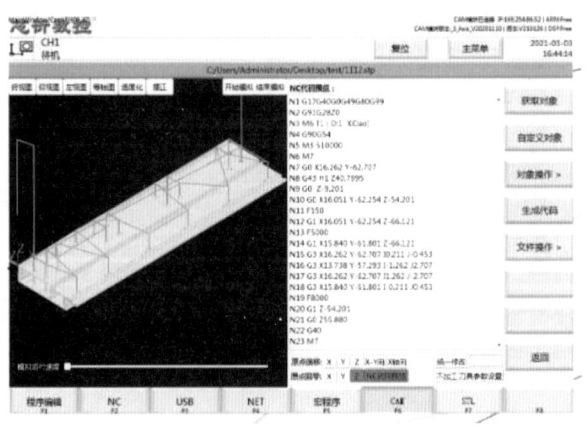

图 9 加工路径模拟

（5）机床上插入 U 盘，由操作加工中心的技术人员调整机床刀具参数，开始执行代码，完成第一次加工测试（图 10）。

图 10　第一次数字化加工测试

测试完后，我们发现加工出的孔位与模型的孔位有微小的偏差。询问加工中心的技术人员和软件商，得出的初步结论是夹具没有调整好。在三维图形中，铝合金立柱是完全呈水平直线放置的，然而铝合金立柱现实中会有一些不平整，这就造成夹具的位置偏位，对比图见图 11。

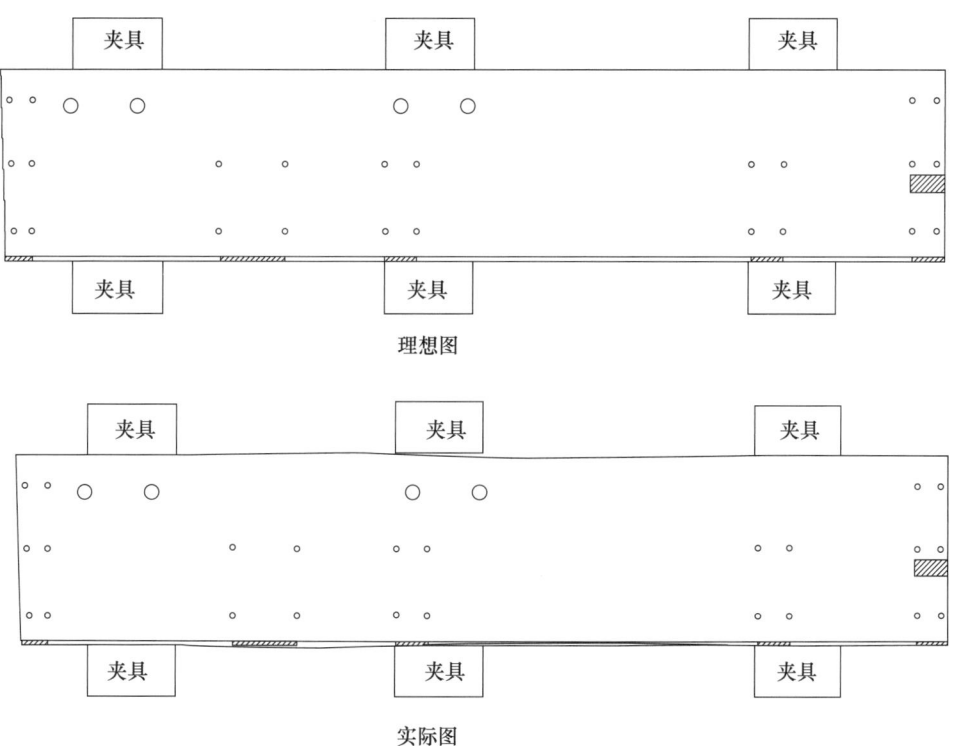

图 11　夹具的对比图

通过 CAM 软件导出的 G 代码是根据理想状态下的加工路径读取出来的，夹具不能自动适应，所以加工出来的孔位精度不高，需要让操作人员手动调整夹具位置。此外，机代码导出的行数多达几千行，机器读取时间变长，加工速度变慢。专业操作人员根据经验手动删除一些没必要的代码，精简了代码。我们将这次测试的问题和解决方法归纳汇总于表 1。

表 1　测试总结

测试问题	原因	解决办法
加工孔位精度不高	定位夹具不能移动	手工调整夹具位置
加工速度比较慢，机器较卡顿	代码过长，造成机器读取时间变长，机器运行变慢	手工优化

（6）将上述问题调整，同时开始进行第二次测试（图12）。

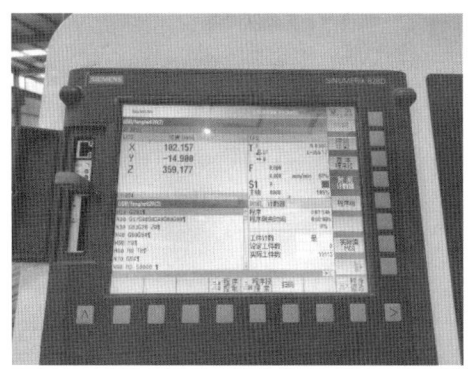

图 12　第二次数字化加工测试

测试结果：第二次数字化生产加工出的实物与手工模型完全一致。

（7）测试传统方式下的加工速度（图13）

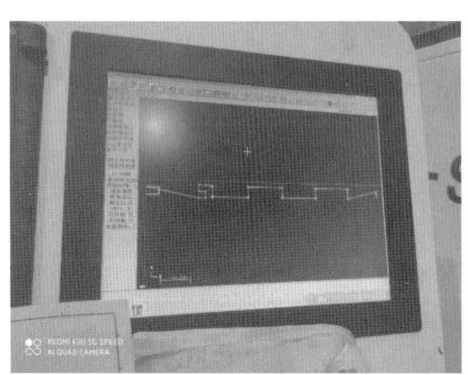

图 13　传统加工测试

两次测试数据见表2、表3。

表 2　第一次测试数据

项目	代码时间（min）	加工时间（min）	调整夹具时间（min）	加工成品情况
BIM 技术	1	1.34	1	与模型一致
传统方式	1	0.58	1	与加工图一致

表 3　第二次测试数据

项目	代码时间（min）	加工时间（min）	调整夹具时间（min）	加工成品情况
BIM 技术	10	5.56	1	与模型一致
传统方式	30	5	1	与加工图一致

4　数字化生产的结论与展望

BIM 模型通过 CAM 软件直接导出 G 代码。这种数字化生产方式更适用于单件类型的零件加工，尤其是在空间复杂曲面应用场景中，零件的规格种类很多，但同一种类型的批量很少。此外，三维模型相比二维平面更直观，可以确保加工的正确率。但这项技术不适用于简单、数量较少的型材加工，主要是 CAM 软件导出的机代码比传统模式下的代码长，加工运行时间变长。此外，工件的内嵌铣削有时候不是在数控机床上完成的。但软件自动识别出铣口，延长代码导出时间，需要人工去干预选择，这也是目前需要解决的问题。

目前，这项 BIM 数字化生产技术还需不断发展与改进，特别是通过软件导出的 G 代码过长，需要进一步简化代码，减少运行的时间。相信在不久的将来，幕墙数字化生产技术会更完善，产品的加工会越来越高效化、数据化、准确化。

参考文献

[1] 清华大学 BIM 课题组．中国建筑信息模型标准框架研究［M］．北京：中国建筑工业出版社，2011．
[2] 曾晓武．基于 BIM 技术的建筑幕墙设计下料［C］//杜继予．现代建筑门窗幕墙技术与应用：2018 科源奖学术论文集．北京：中国建筑工业出版社，2018：3-9．

成都独角兽 N6 幕墙工程设计与施工解析

◎ 张小红　谢泽鑫　肖龙锋

深圳市华辉装饰工程有限公司　广东深圳　518023

摘　要　成都独角兽 N6 大面由玻璃幕墙组成，幕墙外飘带采用双曲铝板单元，整个建筑外观造型为椭圆形建筑，分内外圈幕墙，外圈幕墙为玻璃幕墙，内圈幕墙为铝板幕墙。为保证建筑立面效果以及幕墙优异的物理性能，先进行常规构件式玻璃幕墙的功能封闭，并在对应龙骨的位置预装挂件，再进行异型铝板飘带单元整体吊装、调整和固定。本文重点阐述外幕墙铝板飘带的设计施工。

关键词　构件式幕墙；BIM 参数化建模；双曲面铝板飘带单元

1　工程概况

独角兽 N6 由成都市天投鹿溪智谷园区建设有限公司开发，建筑方案图由 zaha hadid 建筑设计有限公司设计，建筑施工图由中国建筑西南设计研究院有限公司出具。整个建筑楼高为 77.85m，共 21 层，位于科学城片区兴隆湖东侧。

从三维模型图和工程照片可以看到塔楼为椭圆形建筑，曲率比较大。南北大面为大圆弧，东西面也为圆弧形，整个建筑呈椭圆形。为节约成本，本工程玻璃幕墙分格全部按折线设计施工；飘带铝板单元按双曲面设计施工。主立面幕墙为横明竖隐幕墙，层间梁位置是飘带铝板单元。详见图 1～图 4。

图 1　南立面 BIM 模型图（南面）

图 2　北立面 BIM 模型图

图 3　立面现场照片

图 4　飘带单元现场照片

2　塔楼构件式玻璃幕墙系统分析

基本构造（图 5）：塔楼采用构件式幕墙系统，幕墙板块标准分格为 1100mm 左右，高度为 3500mm，高度分成四个分格，最上面 800mm 高为层间梁位，此位置梁位是 3mm 铝单板，铝单板外为双曲铝板飘带单元，接下来是 250mm 通风百叶，百叶下面是 1400mm 高的开启扇，最下面 1050mm 为固定玻璃位置。站在室内侧，视野开阔通透无遮挡。所有玻璃与立柱相接部位采用硅酮耐候胶密封，压板外采用 EPDM（三元乙丙橡胶）胶条，为保证外观效果及环保施工，所有打胶均在装饰盖内打胶。现场立面见图 6。

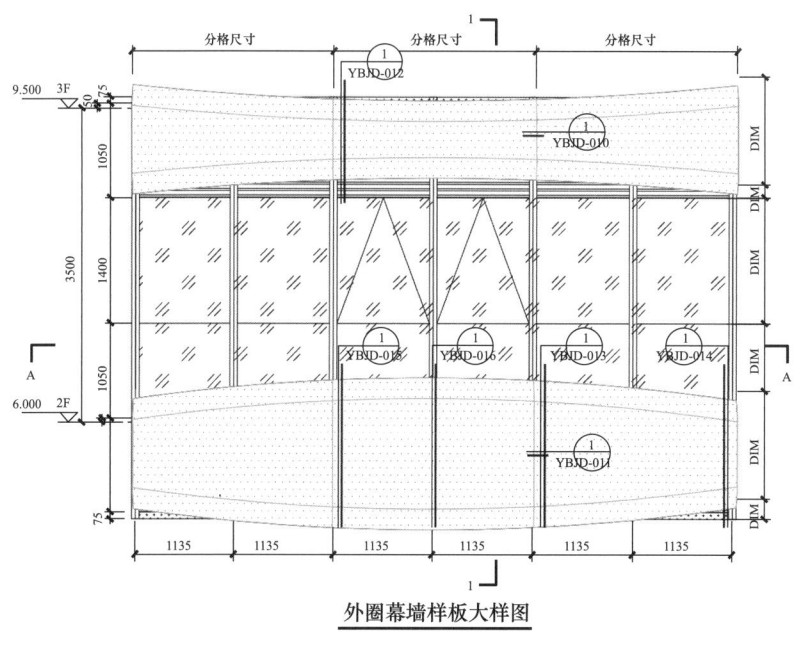
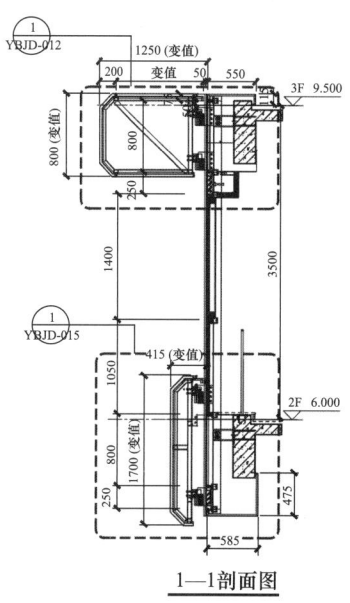

图 5　局部分格大样图

图 6　现场视觉样板照片

面板材料：（1）1125mm×1400mm，分格面积为 1.57m²，采用 6mm（双银 Low-E）+12mmAr（氩气）+6mm 中空钢化全超白玻璃；

（2）开启窗分格为 1125mm×1400mm，面积为 1.57m²，采用 6mm（双银 Low-E）+12mmAr（氩气）+6mm 中空钢化全超白玻璃；

（3）层间位置为 3mm 铝单板，外面为双曲面铝板单元，最大外挑宽度为 1200mm，最小为 600mm。

2.1　构件式幕墙节点设计与施工

标准构件式幕墙节点详见图 7、图 8。

本项目标准构件式立柱采用常规构造，通过钢角码固定在主体上，幕墙横梁采用闭腔横梁，横梁采用拔销式连接构造，保持每个横梁与立柱接缝处都能严丝合缝，后期施工放样时全部采用 BIM 建模，BIM 下料，项目做完后构造细节完全达到预想效果。

本工程内外均为椰圆形建筑，转角部位圆弧半径较小，考虑横梁插芯为直线，而横梁为折线形。对型材的断面要求较高，通过放样发现销钉与孔位偏差控制在 1mm 以内完全能装进去。横梁连接局部节点详见图 9，现场施工照片详见图 10、图 11，层间梁位置为铝板飘带，单元做法详见图 12。

图 7　框架式幕墙横向插接构造示意图

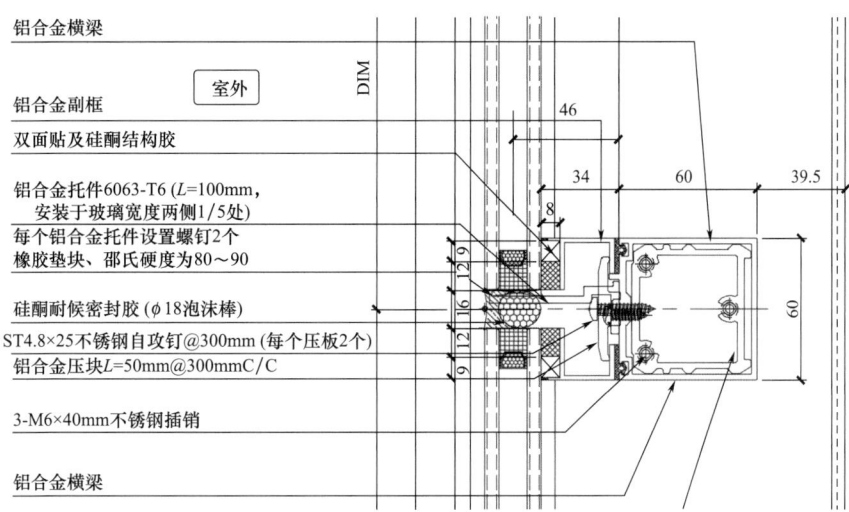

图 8　框架式幕墙竖向插接构造示意图

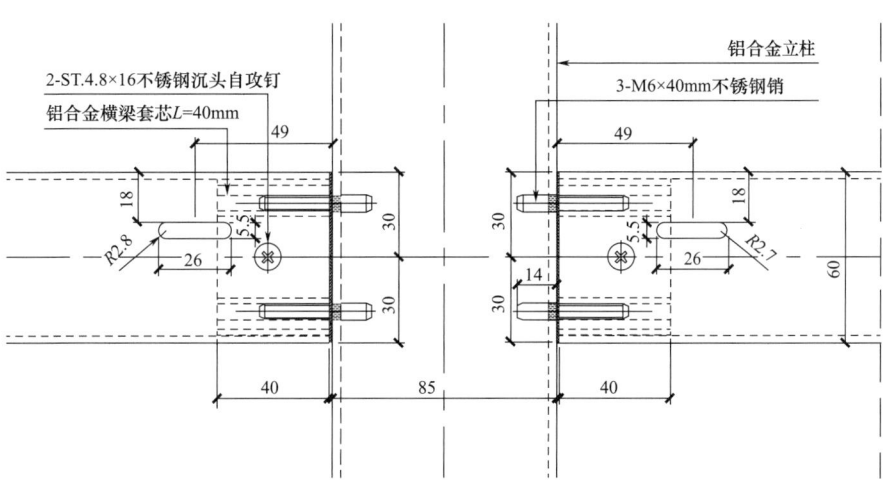

图 9　框架式幕墙横梁构造示意图（圆弧）

图 10　框架式幕墙横梁端部连接件

图 11　构架式幕墙龙骨构造示意图

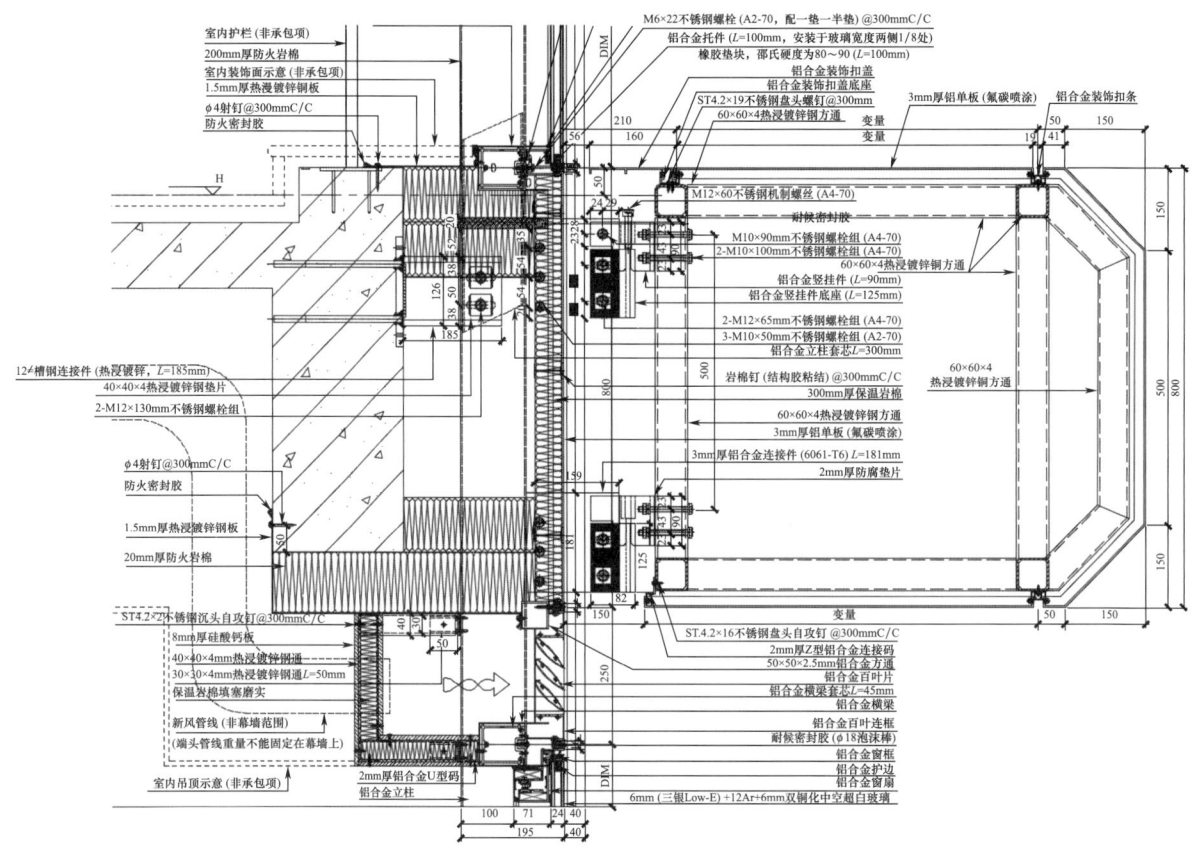

图 12 铝板飘带单元剖面节点示意图

2.2 双曲面铝板飘带单元设计重难点分析

层间梁位置铝板飘带单元造型为本工程的重点，由于整个造型均为双曲面铝板，每一块铝板的造型均不一样，为了后期施工方便，把异型铝板与骨架连接成一个整体，并且均在工厂预组装好之后才拉到工地往上安装，详图 13、图 14；考虑到现场安装施工方便以及飘带的连续效果，每两个分格为一个铝板单元，铝板通过三维可调挂件固定在铝合金立柱上。

图 13 骨架与铝板在工厂地面预拼装

图 14 挂装后飘带单元的现场照片

（1）铝板飘带单元构造设计

主要受力件采用 60mm×60mm×4mm 的钢通，钢材表面采用氟碳漆；龙骨未采用铝型材，原因是铝板飘带单元连接点跨度大、有悬挑，造型是异型的特点，采用钢材容易焊接成为一体，力学性能优越，易成型，后期施工方便；骨架外包铝板形成飘带单元，通过绝缘垫和机制钉与钢龙骨连接。

（2）安装步骤：

① 安装构件式幕墙龙骨（包括横梁立柱）。

② 安装层间梁铝单板及飘带连接支座。

③ 铝板与骨架先在工厂拼装成型，把三维可调系统固定在成品飘带单元上，如图15所示。

④ 通过三维可调系统把铝板飘带单元固定到立柱正面的铝合金挂件上，如图16所示。

图15 三维可调件支座系统　　　　　　　图16 现场组装好后成品

3　BIM 参数化运用介绍

考虑到本项目是椭圆形项目，从放线开始就全过程运用BIM参数化建模，通过三维建模导出每一根龙骨的三维定位尺寸，所有立柱及横龙骨都在加工厂加工制作完成后按放样对应的编号进行施工安装，详见图17～图19。

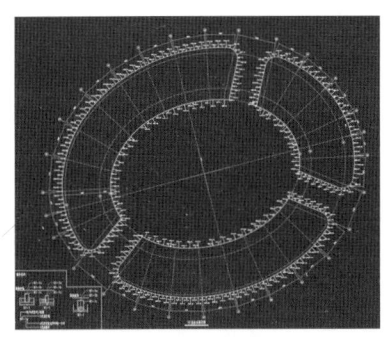 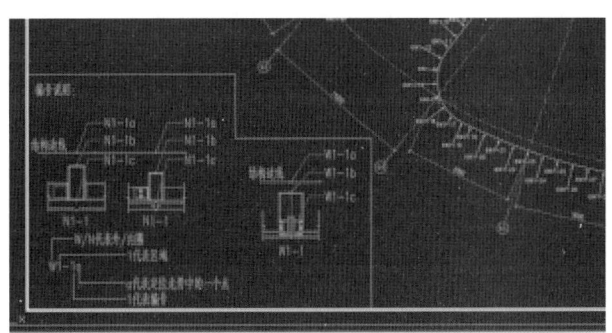

图17 龙骨参数化放样　　　　　　　图18 龙骨放样编号图定位图

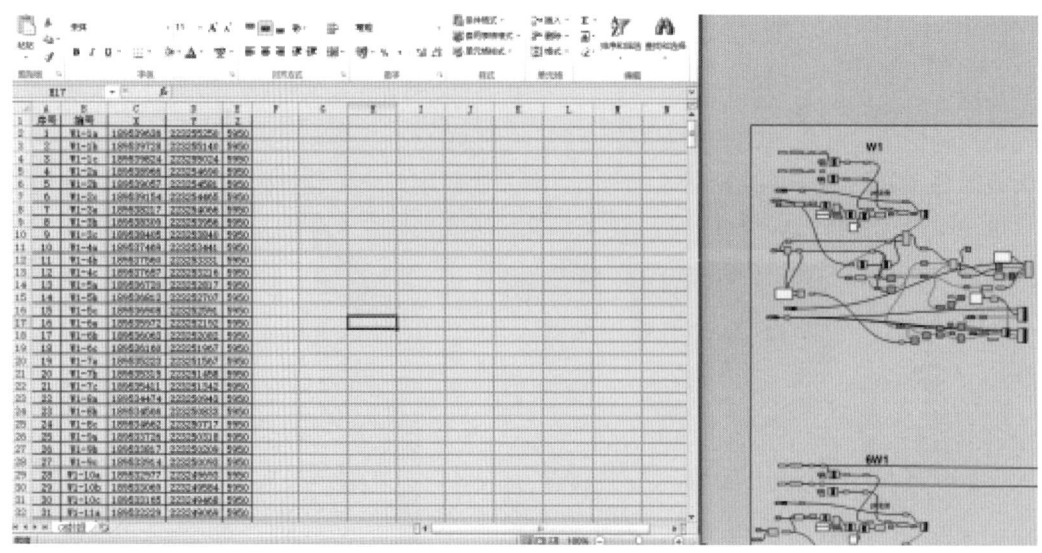

图 19　BIM 参数化编程

（1）曲面铝板飘带单元加工制作过程：铝板飘带单元每一个零部件均通过 BIM 三维建模软件建出三维模型，通过参数化编程将每根龙骨建模、开孔及尺寸标注全部自动导成机械零件的三视图。

（2）设计过程：

①龙骨定位图，导出三维坐标数据，如图 17、图 18 所示。

②龙骨加工图，龙骨通过 BIM 建模后，统一通过犀牛 Grasshopper 参数编程进行开孔定位，自动导出立柱横梁加工图，如图 19～图 21 所示。

③玻璃分格建模，犀牛 Grasshopper 参数化自动导出玻璃板块尺寸，参数化出加工图，如图 22、图 23 所示。

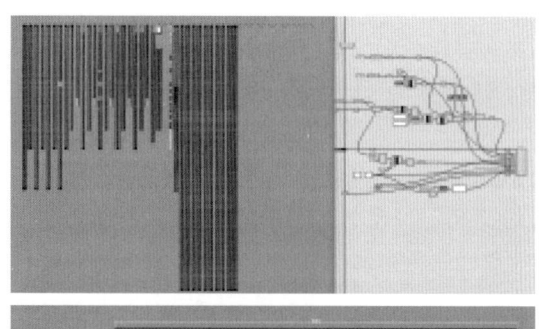
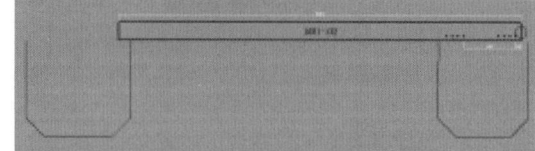

图 20　龙骨参数化放样图　　　　　　图 21　龙骨放样编号图定位图

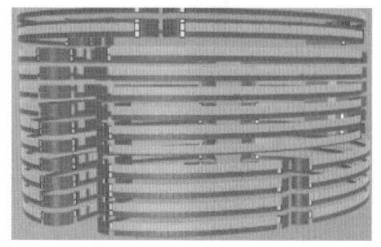
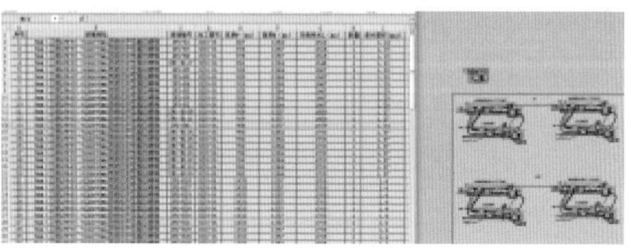

图 22　玻璃参数化放样　　　　　　图 23　玻璃参数化放样加工图

④双曲铝板钢架单元（图24）及铝板单元（图25）均采用犀牛Grasshopper参数化编程导出相应加工图。

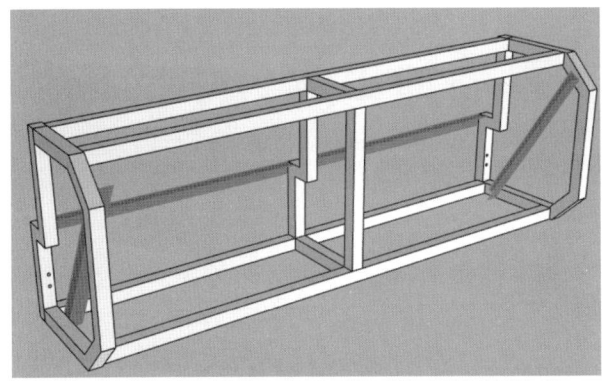

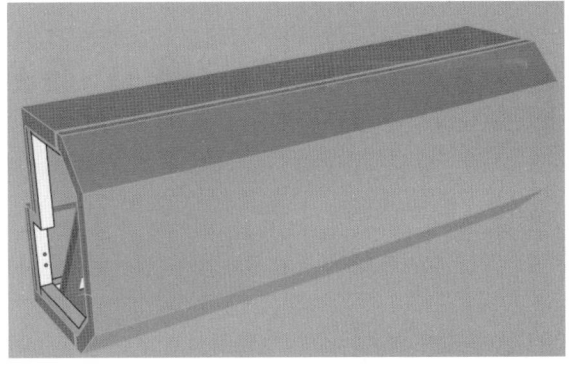

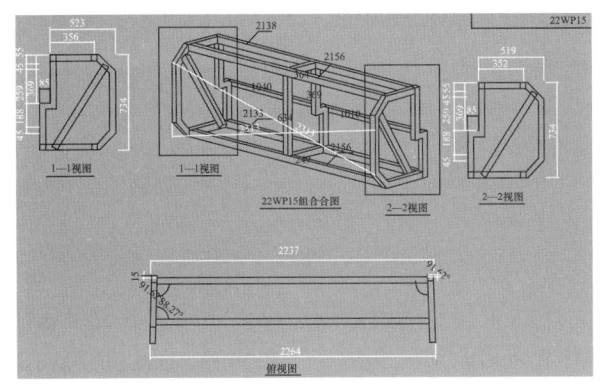

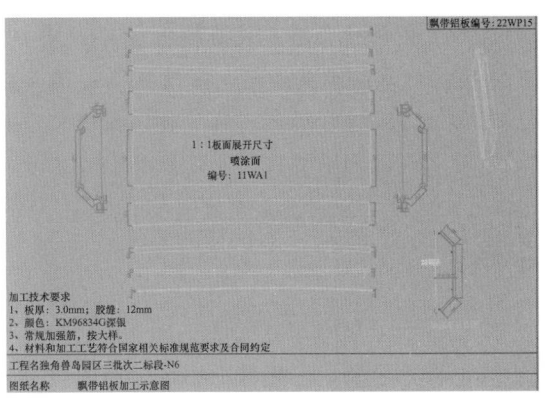

图24　钢架单元参数化放样加工图　　　　　　图25　玻璃参数化放样加工图

4　结语

现代建筑外观设计不再局限于呆板单调的立面造型，为了体现建筑个性，外观造型异彩纷呈，给幕墙设计与施工带来更多挑战。本文通过双曲飘带单元造型的设计施工过程，把双曲飘带单元的加工和制作过程呈现出来，运用BIM软件，大大减少了设计出图时间，提高了工作效率，并且能保持各种加工件准确率的同时保证施工进度，最终实现独特的建筑外观效果。

参考文献

[1] 中华人民共和国建设部. 玻璃幕墙工程技术规范：JGJ 102—2003 [S]. 北京：中国建筑工业出版社，2004.

浅谈数据化下单在幕墙加工设计中的应用

◎ 陈龙辉　包　浪

深圳市三鑫科技发展有限公司　广东深圳　518054

摘　要　加工设计作为单元式幕墙出成品的重要环节，其细致性不言而喻，本文以上海前滩 21-03 地块 T2 塔楼单元幕墙工程为例，探讨数据化下单在超高层复杂单元幕墙加工设计中的应用，并与传统幕墙加工设计方法流程进行对比，体现数据化下单在单元幕墙加工设计中的优势。

关键词　加工设计；数据化下单；Excel；Rhino

1　引言

在建筑幕墙项目中，有大量的工作是在出图下料，下料工作量的占比还会随着项目复杂程度的增加而提高，特别是遇上深化改图后，会造成改动部分需重新修改加工图纸、下料单等，而且现有的工作流程各式各样，大多以完成实际项目为唯一目标，效果难以量化。本文围绕数据化下单在单元式幕墙加工设计中的应用展开研究，测试并总结了一套基于 Excel 和 Rhino 软件的出图下料技术流程，希望能帮助广大幕墙设计师了解和利用数据化下单，解决幕墙出图下料阶段的效率问题。

2　单元幕墙加工设计的问题

在单元幕墙的加工设计中，通常会遇到下列问题：
（1）单元板块组装复杂及要求精度高，型材的开孔和避位等需做好配合，所以需加工精准。
（2）单元板块组装图和加工图复杂，绘制过程中无论图纸质量还是图纸数量，任务都非常重。
（3）明细表填写的内容多，容易出现遗漏和错误，设计师处理过程中需非常细心。
（4）幕墙施工设计变更或加工设计自身错误，对加工设计的影响很大，由于设计过程环环相扣，导致前端改动部分，后端一系列动作都要重新做一遍，造成工作量增加。

3　加工设计常用的技术路线介绍

（1）按项目特点不同，我们常使用以下三种方式进行加工设计：
① 基于传统放样进行加工设计。根据平立面图、大样图和节点图对不同类型、不同分格的单元板块进行放样出图，基本上一个板块编号进行一次放样，过程处理复杂，图纸量大，导致效率极低，且填写数据的过程中很容易出错。
② 通过各平台建模软件参数化建模进行加工设计。以 Rhino/Grasshoper 为例，根据平立面图、大样图和节点图，建立参数化幕墙单元板块模型，导出图纸和 BOM 表用于下单，但需建立幕墙表皮，且前期准备较多，需整理型材模图，进行程序编写和验证。

③ Excel 数据化出图下料。利用编号锁定单元板块特征，然后编写 Excel 公式，以编号中的字符读取相关型材模号、杆件长度和编写杆件编号，然后利用数据处理软件导出材料汇总表，再粘贴到加工组装图模板。

（2）本着高效、精准的目的，使用 Excel 和 Rhino/Grasshoper 软件结合的数据化下单方式（Excel 用于填写板块明细表，加工目录和加工图明细，Rhino/Grasshoper 用于面板下单），主要有以下优势：

①化繁为简，将传统重复的放样填写数据的过程简化，利用其底层逻辑，通过公式编写。

②公式中利用编号分类整理，过程中可批量管理，可操作性强；一个类型做一个模板，不用重复放样，重复多位置填写明细表。

③Excel 的使用相较于建模，运用起来更方便快捷，前期不需要花过多的时间学习软件的应用。

④Rhino/Grasshoper 用于面板下单，精确快速，尺寸、编号体现直观，校核方便。

4　Excel 和 Rhino/Grasshoper 软件结合的数据化下单技术流程

依据项目的建筑幕墙平立面图、大样图、节点图及表皮模型，通过熟悉图纸掌握其底层逻辑，将板块类型、横竖分格大小、装饰线类型、消防、灯光和开启等特点分类，以字母或数字的形式对应来对项目单元板块定好编号原则（图 1、图 2）。

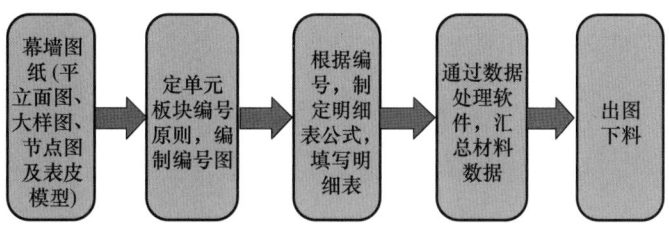

图 1　EXCEL 数据化下单技术流程

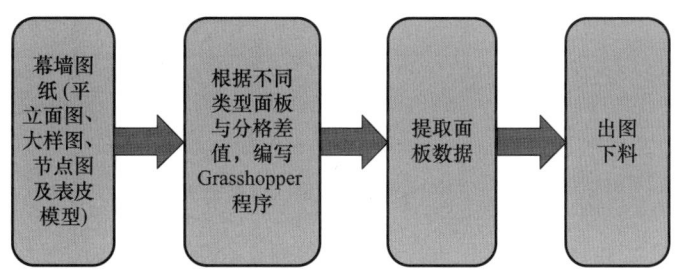

图 2　Rhino/Grasshoper 数据化下单面板技术流程

5　Excel 和 Rhino/Grasshoper 软件结合的数据化下单在加工设计中的全过程

5.1　上海前滩 21-03 地块 T2 塔楼幕墙项目的特点

本文以上海前滩 21-03 地块 T2 塔楼幕墙项目为例，对加工设计数据化下单的全过程进行介绍。熟悉幕墙平立面图、大样图和节点图。此项目的平面图如图 3 所示，单元板块的主要特点如下：

（1）单元板块类型少，但分格变化大。

（2）平面主要以直代曲和弯弧分布，同类型板块，立柱模号存在多种。

（3）装饰线按区分布罗马柱、单花瓣/双花瓣/三花瓣罗马柱，其中规律间隔分布小装饰线，且小装饰线随弧度变化。

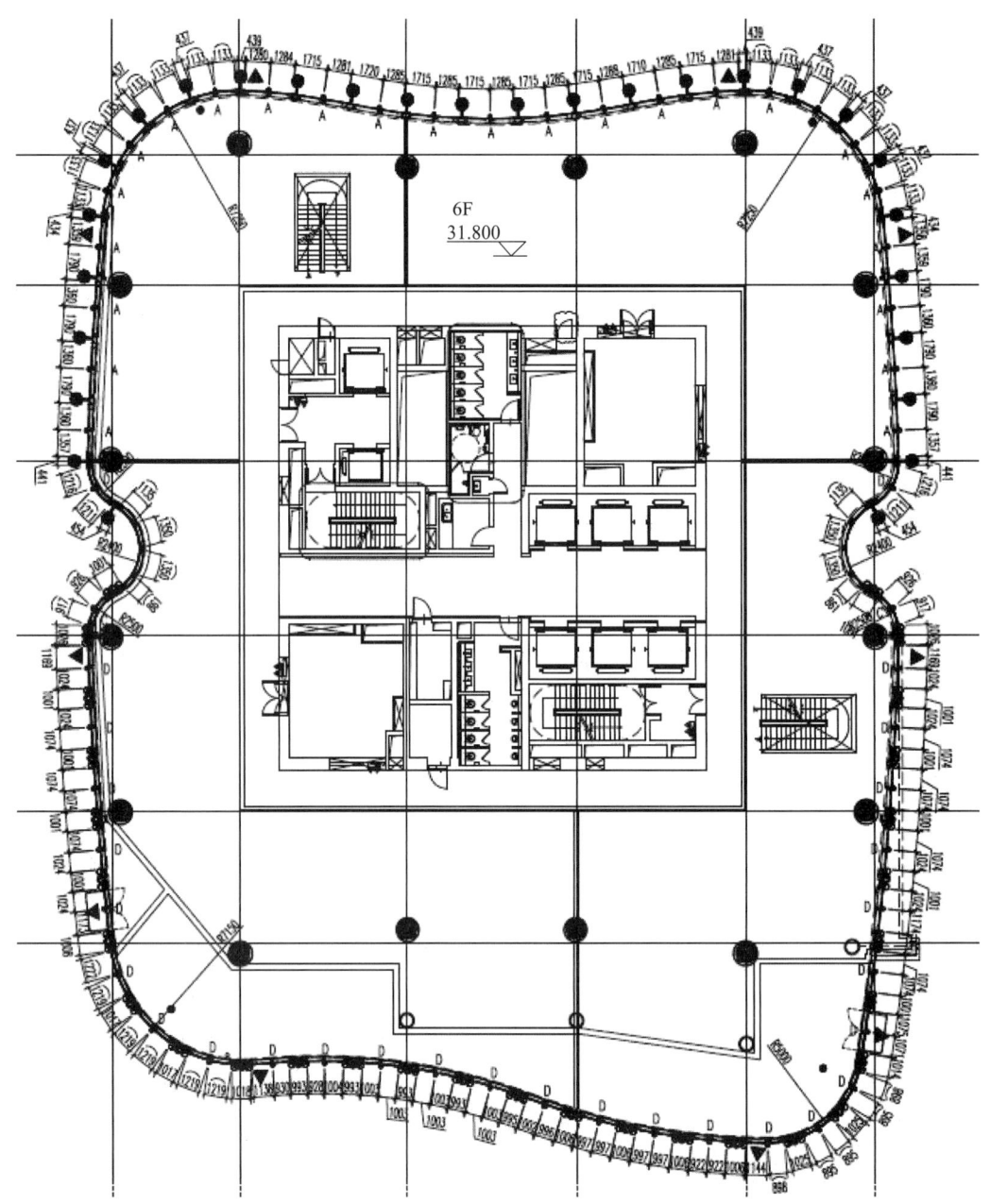

图 3　上海前滩 21-03 地块 T2 塔楼幕墙项目平面图

5.2　定单元板块编号原则，编制单元板块编号图

(1) 根据系统划分板块类型，主要的编号原则见表 1。
(2) 对小装饰线模号及带开启扇用字母区分。
(3) 根据立柱角度变化用数字组合表示。
(4) 由于横向分格变化较多，为方便 Excel 公式查找，计算横向杆件长度，也进行数字组合区分。
(5) 竖向分格，此项目层高较统一，因此不做区分，特殊楼层在板块编号前加上楼层号即可。

表 1　编号原则

E：玻璃板块		立柱区分		E 板块横向分格
A：1 系统罗马柱板块		11	直面板块（170.6°母立柱＋170.6°公立柱）	01　1353
B：2 系统单花瓣罗马柱板块	双分格增	12	直面板块（170.6°母立柱＋175°公立柱）	02　1358
C：3 系统双花瓣罗马柱板块	加 M 区分	13	直面板块（170.6°母立柱＋177.6°公立柱）	03　1356
D：4 系统三花瓣罗马柱板块		14	直面板块（170.6°母立柱＋180°公立柱）	04　1271
		15	直面板块（170.6°母立柱＋182.4°公立柱）	05　1275
E 板块小装饰线区分		16	直面板块（170.6°母立柱＋185.5°公立柱）	06　1294
Z　15 度装饰条（QTXC-26）				07　1161
Y　内 5 度装饰条（QTXC-27）		21	直面板块（175°母立柱＋170.6°公立柱）	08　1023
T　5 度装饰条（QTXC-28）		22	直面板块（175°母立柱＋175°公立柱）	09　1073
R　外 25 度装饰条（QTXC-29）		23	直面板块（175°母立柱＋177.6°公立柱）	10　1070
		24	直面板块（175°母立柱＋180°公立柱）	11　1130
K　带开启扇		25	直面板块（175°母立柱＋182.4°公立柱）	12　935
		26	直面板块（175°母立柱＋185.5°公立柱）	13　1011

5.3　根据单元板块编号，制定明细表公式，填写明细表

（1）由 Rhino/Grasshoper 提取出来下单的数据，通过数据处理软件识别面板编号，然后填写；

（2）铝型材以表头信息通过公式填写，包括构件编号、长度 L 和加工图号：

① 立柱通过 VLOOKUP 函数对指定单元格内容里的字符查找对应范围的数据表匹配立柱模号，如单元板块编号 A54M82K（所在 Excel 单元格 I2）的母立柱构件编号填写：

公式：

＝"QT"&VLOOKUP（MID（I2，FIND（"A"，I2，1）＋1，1），O21：S26，2，0）&"-01"

得出结果 QT22-01。

② 顶横梁构件编号填写，用 MID 函数和 FIND 函数填写：

公式：

＝MID（I2，FIND（"A"，I2，1）＋1，2）&"-QT08-"&MID（I2，FIND（"A"，I2，1）＋3，3）

得出结果 54-QT08-M82；

这两个构件编号均由"I2"单元格的单元板块编号"A54M82K"经过公式计算得出。

（3）紧固件数量、胶条长度和辅材用量通过表头分格信息做成公式在单元格计算。

（4）装饰线在同一系统中基本没有变化，因此属于固定信息，在其他类体现，另外出装饰线的明细表（图 4）。

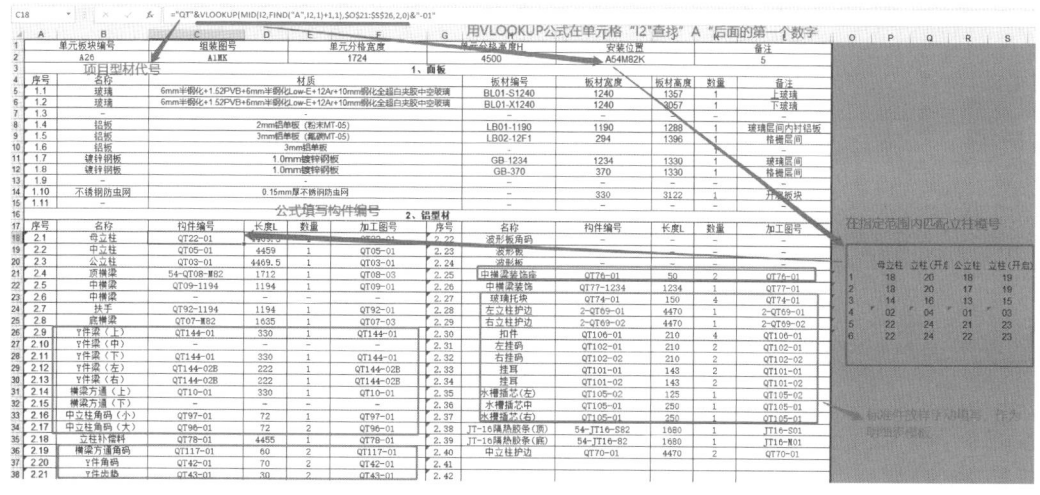

图 4　明细表公式

通过其底层逻辑，编写此明细表模板，而后同类型的单元板块只需填写单元板块编号及确认分格即可完成明细表填写，准确且提高加工设计过程的效率。

5.4 经过数据处理软件汇总材料数据（图5）

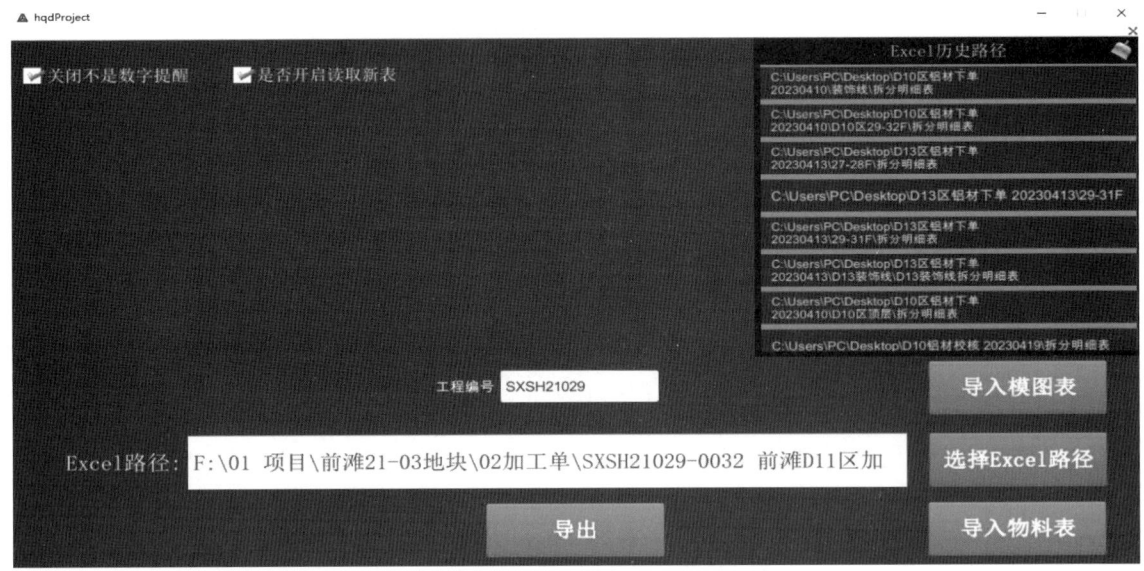

图5 数据处理软件界面

（1）经过数据处理软件得出的铝型材加工目录用于铝材套裁下料做单（表2）。

表2 D11板块铝材加工目录　　　　　　第1页 共12页

序号	名称	购方编号	厂家编号	构件编号	下料尺寸（L）(mm)	加工数量（支）	加工图号	物料名称	备注
1	A1 公立柱 180°	QTXC-01	QT21-01	31-QT01-01	4969.5	1	31-QT01-01	公立柱铝型材	
2	A1 公立柱 180°	QTXC-01	QT21-01	31-QT01-02	4969.5	9	31-QT01-02	公立柱铝型材	
3	A1 公立柱 180°	QTXC-01	QT21-01	QT01-01	4469.5	11	QT01-01	公立柱铝型材	
4	A1 公立柱 180°	QTXC-01	QT21-01	QT01-02	4469.5	45	QT01-02	公立柱铝型材	
5	A2 母立柱 180°	QTXC-02	QT21-02	31-QT02-01	4969.5	13	31-QT02-01	母立柱铝型材	
6	A2 母立柱 180°	QTXC-02	QT21-02	31-QT02-03	4969.5	1	31-QT02-03	母立柱铝型材	
7	A2 母立柱 180°	QTXC-02	QT21-02	QT02-01	4469.5	74	QT02-01	母立柱铝型材	
8	A2 母立柱 180°	QTXC-02	QT21-02	QT02-03	4469.5	5	QT02-03	母立柱铝型材	
9	A3 公立柱 180°（开）	QTXC-03	QT21-03	31-QT03-01	4969.5	5	31-QT03-01	窗边公立柱铝型材	

（2）经过数据处理软件得出的材料汇总表用于各材料汇总下单（表3）。

① 在套切用表中筛选图号即可做成杆件数据表粘贴在加工图中，以数据的形式方便快捷地处理杆件加工图，如图6所示。

② 铝材套切。简化流程，节省成本。数据处理软件除了常规设置料头和刀缝大小外，还可设置定尺区间，以及在保证利用率的前提下设置不同定尺取值之间的差值大小，然后一键生成铝材下料单及套裁单（图7）。

表3 导出材料汇总表

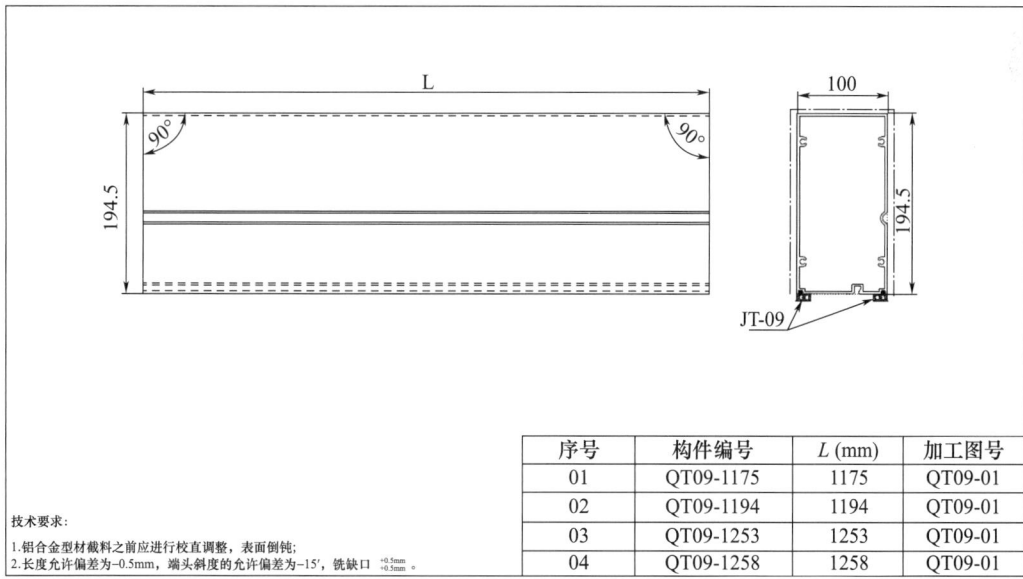

图6 杆件加工图

序号	构件编号	L (mm)	加工图号
01	QT09-1175	1175	QT09-01
02	QT09-1194	1194	QT09-01
03	QT09-1253	1253	QT09-01
04	QT09-1258	1258	QT09-01

技术要求：
1. 铝合金型材截料之前应进行校直调整，表面倒钝；
2. 长度允许偏差为-0.5mm，端头斜度的允许偏差为-15'，铣缺口 $^{+0.5mm}_{-0.5mm}$。

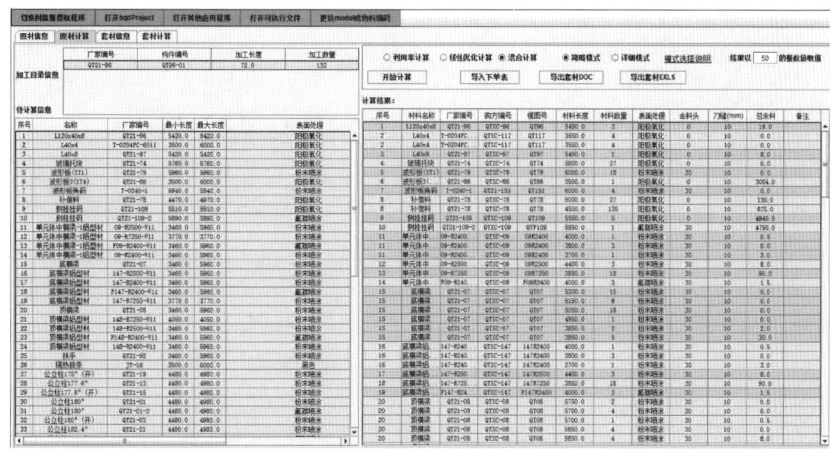

图7 铝材套切操作界面

至此，除了面板类，各材料下料单已准备完毕，导入下单系统即可完成下单操作；加工单打印加工组装图、明细表、加工目录和套裁单即可上传系统。

5.5 面板类材料下单使用 Rhino/Grasshoper 提取

（1）使用 Grasshoper 程序在 Rhino 中生成面板模型并按照编号原则赋予面板编号（图8、图9）。

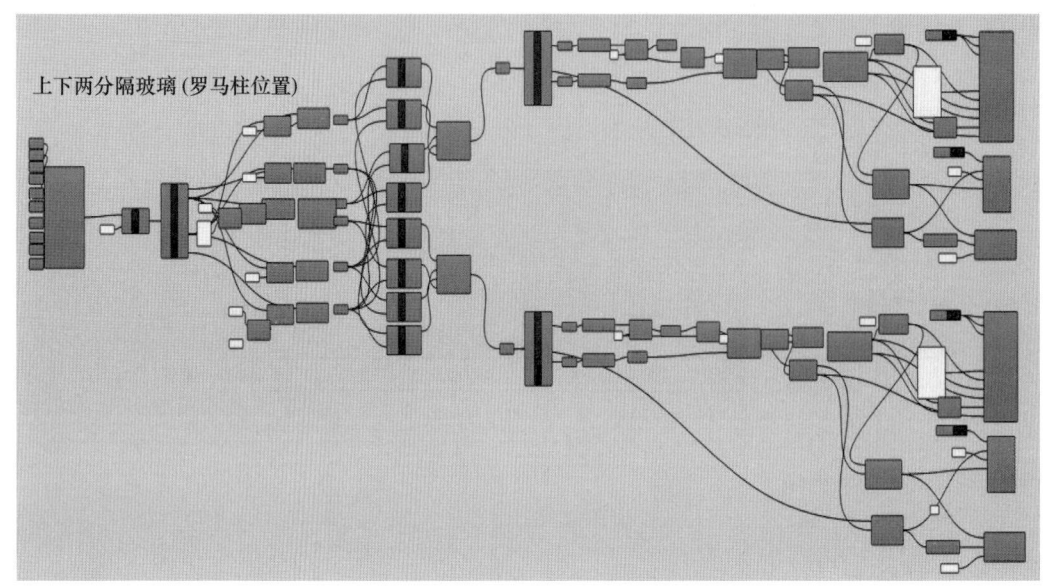

图 8　面板数据提取 Grasshoper 程序

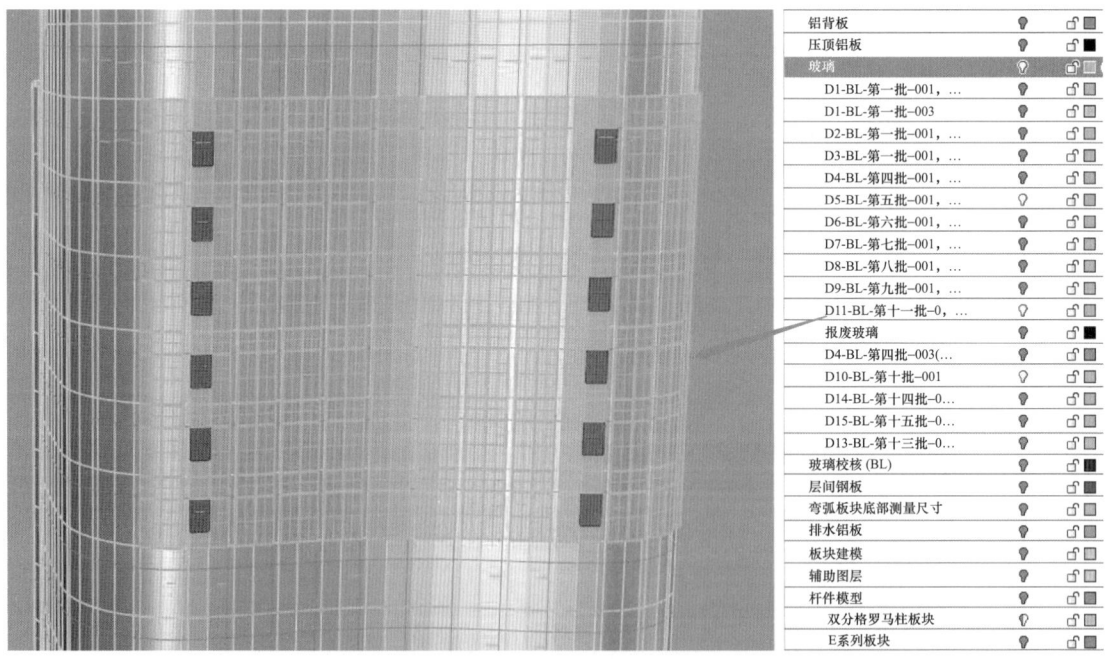

图 9　Grasshoper 程序生成的面板

（2）将数据导出至 Excel 表格整理即可粘贴到加工图用于下单。

6 结语

通过上海前滩 21-03 地块 T2 塔楼幕墙项目单元板块的加工设计,可以鲜明地发现 Excel 和 Rhino/Grasshoper 软件结合的数据化下单比传统加工设计的方式更精确,不仅可以缩短加工设计的时间周期,还能通过减少工作量来减少项目人员的配置,很大程度上降低项目成本,加快项目进度。

在技术日益更新的今天,尤其是 BIM 技术的应用,Excel 和 Rhino/Grasshoper 软件结合的数据化下单在适合的项目中应用,也不失为一个很好的选择。

参考文献

[1] 陈炳任,邱继衡. BIM 融合工业数字化的创新技术在幕墙出图下料中的应用 [J]. 土木建筑工程信息技术,2019,11(3):81-88.
[2] 曾晓武. 基于 BIM 技术的建筑幕墙设计下料 [C] // 杜继予. 建筑门窗幕墙技术与应用:2018 科源奖学术论文集. 北京:中国建材工业出版社,2018:3-9.

第四部分
建筑模块化及装配式技术应用

超高层超大幕墙窗系统的装配式设计分析

◎ 张忠明　杨友富　欧阳林波　刘　振

中建深圳装饰有限公司　广东深圳　518003

摘　要　新时代，引领建筑新高度。纵览世界各地标志性的建筑，大多数均以高度为特色，以高度为焦点，吸引着世人的目光。随着各类型建筑高度不断刷新，为了给这些超高层建筑的外立面设计合适并能如期为它穿上美丽的"外衣"，幕墙设计师迎来了全新的挑战，超高层幕墙系统的设计成为建筑领域广受关注的重要课题。本文将以深业世纪山谷花园（二期）幕墙及门窗工程项目为例，对超高层超大幕墙窗系统的设计进行深入分析和探讨。

关键词　超高层建筑；超大幕墙窗；装配式幕墙；快速建造

1　引言

深业世纪山谷花园（二期）幕墙及门窗工程项目位于华侨城片区，毗邻大沙河人文景观带，地理位置绝佳。建筑设计充分考虑了周边景观资源的利用与景观视线的重要性，其北望塘朗山山景，南眺深圳湾海景，西邻名商高尔夫球场，东望波托菲诺别墅区。塔楼采用 Y 形平面设计，使每户都能充分利用生态景观资源，尽享开阔视野。图 1 所示为项目整体效果图，项目总建筑面积约 16.87 万 m^2，包括西边 02-01 地块正负零以上部分、3A 栋 69 层（252.45m）超高层住宅、3B 栋 69 层（252.45m）超高层住宅。

图 1　深业世纪山谷花园（二期）幕墙及门窗工程项目整体效果图

本工程幕墙系统主要包含六大系统，主要系统分布如图 2～图 4 所示，总幕墙面积 15.48 万 m²，各系统体量如表 1 所示，其中幕墙窗系统约占总体体量的 1/3，是整个工程最为核心的一部分。

图 2 主要系统分布图（一）

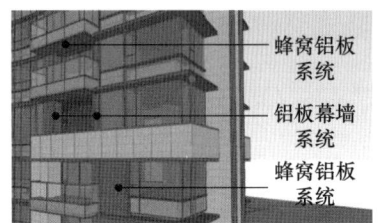

图 3 主要系统分布图（二）

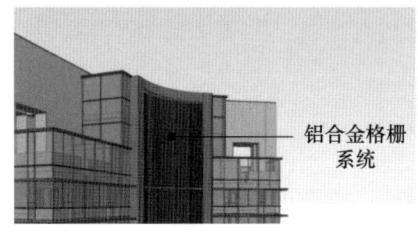

图 4 主要系统分布图（三）

表 1 深业世纪山谷花园二期幕墙及门窗主要系统体量表

序号	名称	部位	体量
1	系统一：幕墙窗系统	3AB 塔楼	约 5.1 万 m²
2	系统二：陶土板系统	3AB 塔楼、3AB 裙房	约 2.9 万 m²
3	系统三：蜂窝铝板系统	3AB 塔楼、3AB 裙房	约 0.9 万 m²
4	系统四：铝板幕墙系统	3AB 塔楼、3AB 裙房	约 2.1 万 m²
5	系统五：铝合金格栅系统	3AB 塔楼及屋面、3AB 裙房	约 0.7 万 m²
6	系统六：玻璃栏杆系统	3AB 塔楼、3AB 裙房	约 0.5 万 m²

幕墙窗最大规格为（5220mm+13150mm）×3190mm 转角窗。大面玻璃及开启扇玻璃均选用超白半钢化夹胶中空 Low-E 玻璃，层间则采用超白钢化夹胶彩釉镀膜玻璃，详细配置如表 2 所示。

表 2 深业世纪山谷花园二期幕墙及门窗配置表

序号	位置	最大尺寸	最大面积	单块质量	玻璃规格
1	大面	2980mm×2450mm	约 7.3m²	584.08kg	HS10mm+1.9mmPVB+HS10mm（Low-E）+12mmA+TP12mm 超白半钢化夹胶中空钢化玻璃
2	层间	3010mm×1040mm	约 3.2m²	125.22kg	TP8mm+1.52mmPVB+TP8mm 超白钢化夹胶彩釉镀膜玻璃

由于本工程楼层高、幕墙窗板块大等特点，幕墙窗的各项性能指标要求远超一般门窗，整个项目幕墙品质要求高、工期紧、施工难度大，给整个项目的设计和施工带来了严峻的挑战。下面将从本工程的幕墙招标方案着手，结合相关问题分析及深化思路、解决方案进行论述。

2 幕墙窗系统原方案分析

本工程标准层层高为3500mm，幕墙窗高3190mm，分为大面和层间两个部分，其中大面部分又可以分为可视部位和结构墙部位两个部分，标准大样如图5所示。

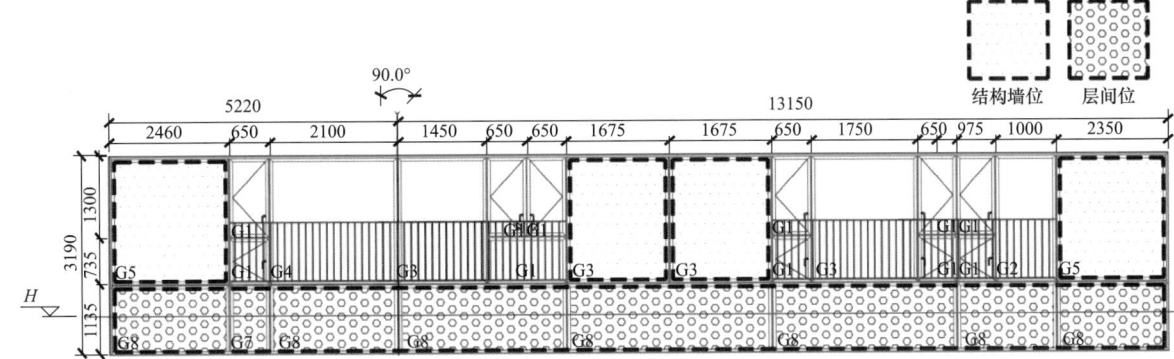

图5 幕墙窗大样图

大面可视部位由固定窗和系统塞窗组成，玻璃配置均为超白半钢化夹胶中空钢化玻璃；大面结构墙位置为固定窗，面板配置为超白半钢化夹胶中空钢化玻璃＋2mm铝背板；层间位置为固定窗，面板配置为超白钢化夹胶彩釉镀膜玻璃＋2mm铝背板。

下面将分别对这几个位置的幕墙窗方案进行深入分析。

2.1 大面方案分析

2.1.1 可视位置方案分析

图6、图7所示为可视位置玻璃幕墙窗横剖及竖剖节点图。原方案整体为玻璃外装的设计思路。其主要施工工序为：①窗立柱横梁安装；②玻璃附框安装；③玻璃室外安装；④扣线组装安装；⑤打胶、养护清理。

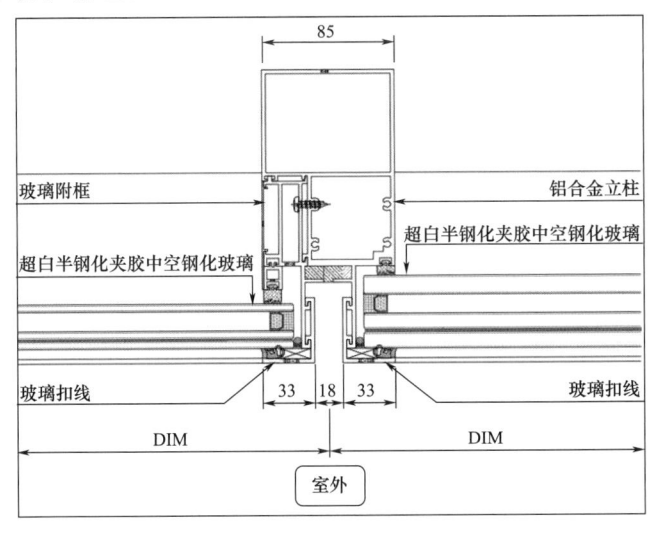

图6 可视部位横剖节点图

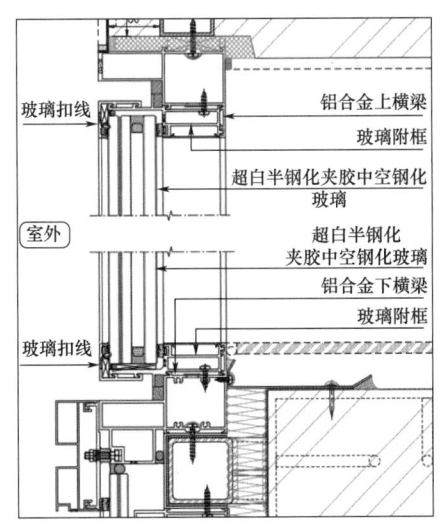

图7 可视部位竖剖节点示意图

2.1.2 结构墙位置方案分析

图8、图9所示为结构墙位置玻璃幕墙窗横剖及竖剖节点图。与可视部位相比，结构墙位置立柱后端增加了1.5mm防火镀锌钢板＋防火棉形成防火隔断，玻璃后方增加2mm的铝背板。结构墙位施

工工艺与可视部位基本一致。

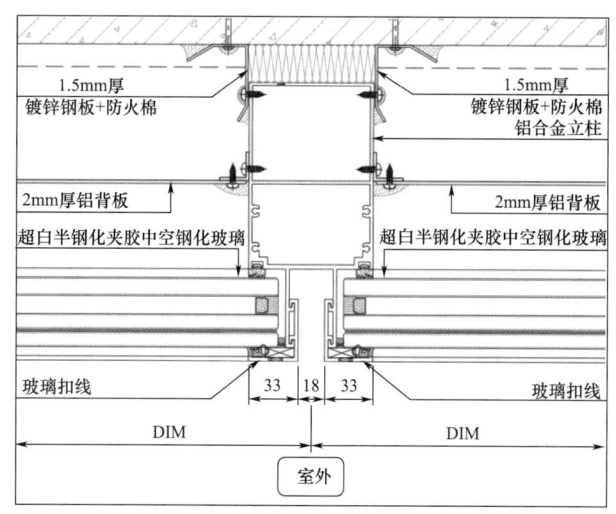

图 8　幕墙窗大面结构墙位横剖节点

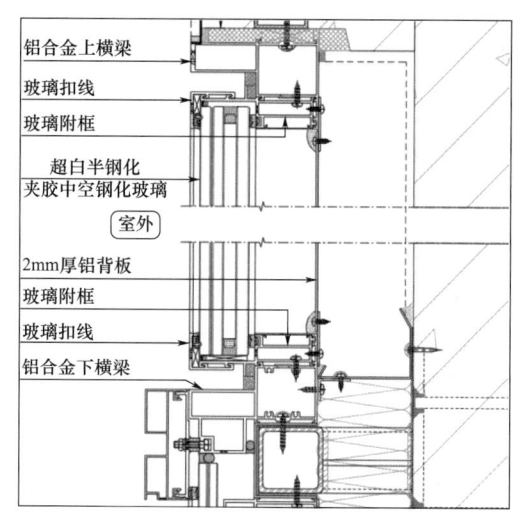

图 9　幕墙窗大面结构墙位竖剖节点

2.2　层间方案分析

图 10、图 11 所示为层间玻璃幕墙窗系统横剖及竖剖节点图。原方案层间板块整体设计思路为：铝合金附框、扣盖、玻璃、扣线等材料均为现场散件安装。其主要施工工序为：①窗底部钢支座焊接安装；②层间窗立柱安装；③层间玻璃附框/扣盖安装；④铝背板安装；⑤玻璃室外安装；⑥扣线组装安装；⑦层间装饰线条安装；⑧打胶、养护清理。

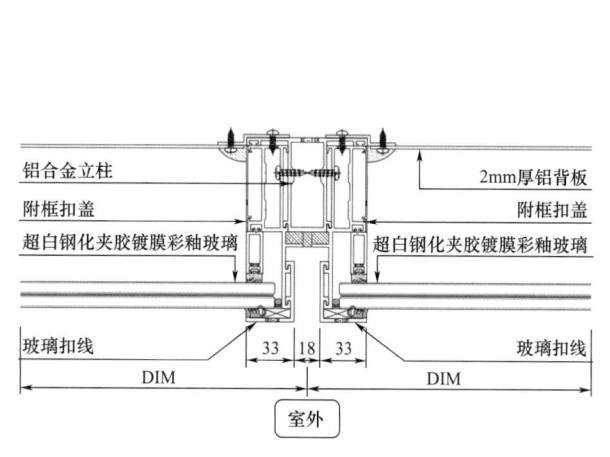

图 10　层间横剖节点图

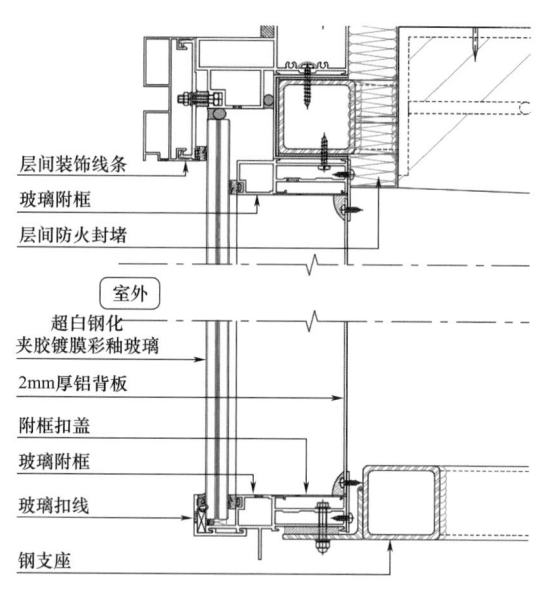

图 11　层间竖剖节点图

2.3　施工难点分析

通过对大面及层间方案的理论分析，结合施工样板及现场实际情况分析，本项目主要存在以下设计施工难点：

（1）如表 3 所示，本工程幕墙窗的各项性能指标要求远超一般门窗。整个项目幕墙品质要求高、工期紧，设计和施工难度均大。

表3 深业世纪山谷花园二期幕墙及门窗性能指标表

序号	物理性能	3栋A座、B座塔楼幕墙系统	3栋A座、B座塔楼门窗系统
1	抗风压性能	9级/5600Pa	9级/5600Pa
2	气密性能	3级	7级
3	平面内变形性能	X轴变形性能分级为2级 Y轴变形性能分级为2级 Z轴变形性能分级为3级	/
4	水密性能	5级/2025Pa	6级/843.8Pa

（2）本工程楼层高（$H=252.45\text{m}$）、幕墙窗板块大［最大规格（5220mm＋13150mm）×3190mm］，超高层材料室外安装施工难度大，施工安全难以保证，幕墙窗板块大、材料多，现场材料组织困难度大。

（3）剪力墙部位幕墙窗施工安装困难，拼樘窗框玻璃配置要求高、尺寸大，措施受限，室内区域无法进行辅助安装。

本项目立面剪力墙、结构柱位置存在大量中空夹胶玻璃，且配有2mm厚背衬铝板。每层均有剪力墙区域大玻璃22块，数量较多，施工难度大。

（4）现场散件安装较多，材料组织及施工质量难以保证。

原方案尤其是层间位置存在大量散件需现场高空安装，现场材料组织及施工作业难度较大，施工效率较低。玻璃扣线45°现场散装拼接。图12所示为某项目现场拼接扣线外观效果，拼接质量及外观效果难以保证。

（5）幕墙防水均为现场高空作业，施工效率较低，施工质量难以管控。

如图13所示，幕墙窗的两道防水均为现场高空室外施工，玻璃受力垫块现场高空安装，施工效率较低，且扣线安装后难以检测垫块是否安装，施工质量难以保证。

如图14所示，幕墙玻璃附框与竖梃之间的防水密封胶施工难度大，施工质量难以管控。

图12 玻璃扣线45°拼接示意图

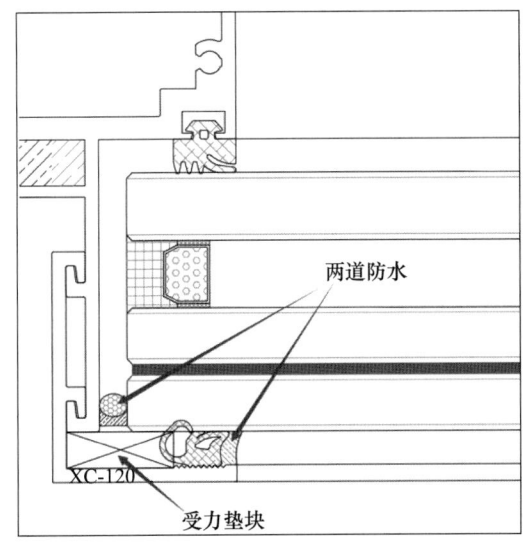

图13 幕墙窗防水示意图

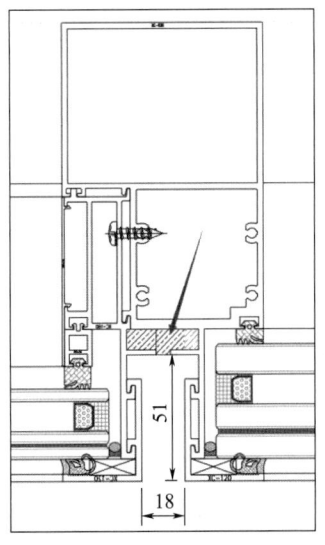

图14 附框与竖梃防水示意图

3 幕墙窗系统深化方案

针对原方案存在的问题，结合项目现场实际施工情况，我们提出了幕墙窗装配式方案，对大面可视部位、大面结构墙位置以及层间位置方案分别进行深化，深化方案保持以下三点原则：

(1) 不改变原设计方案的外形外观，满足建筑方案要求。
(2) 不降低档次和品质，保证质量和安全。
(3) 不增加项目总体造价。

下面将对幕墙窗深化方案进行详细分析。

3.1 合理分榀，化整为零

如图 15、图 16 所示，针对单个幕墙窗板块大的问题，结合幕墙窗位置特性及项目现场措施实际情况，将单个幕墙窗化整为零，合理拆分为多个宽度小于 6m 的窗板块。

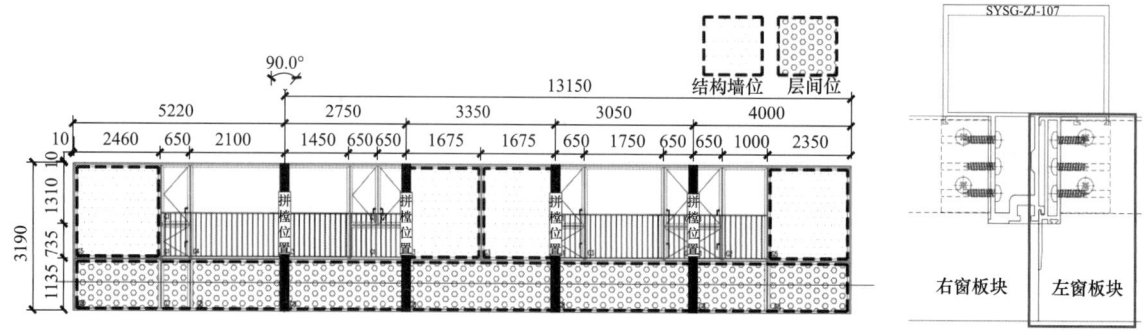

图 15　幕墙窗分榀示意图　　　　图 16　拼榀节点示意图

图 17 所示为窗框现场吊装图，窗框吊装前根据对应尺寸制定可调节式胎架，确保窗框在吊装过程中不会受到吊点的束缚而变形。各类型窗框按照拼榀要求在工厂组框打包后发往现场，拼榀窗框质量及玻璃吊装数量需满足吊装要求，通过卷扬机单榀吊装至对应部位，在空中进行换钩，通过电动葫芦水平运输，配合环形轨道吊篮拼榀安装。

图 17　幕墙窗框现场吊装

3.2 全面推行装配式方案，合零为整

3.2.1 可视位置装配式深化方案

图 18 及图 19 所示为可视位置装配式方案横剖、竖剖节点。为实现大面可视位置玻璃室内安装，

我们将原方案的一体式立柱拆分为立柱＋立柱扣盖的组合，将玻璃扣线与附框做成一个 L 形整体，确保立柱与玻璃附框安装之后室内侧空间大于玻璃尺寸，从而实现大面玻璃室内安装。

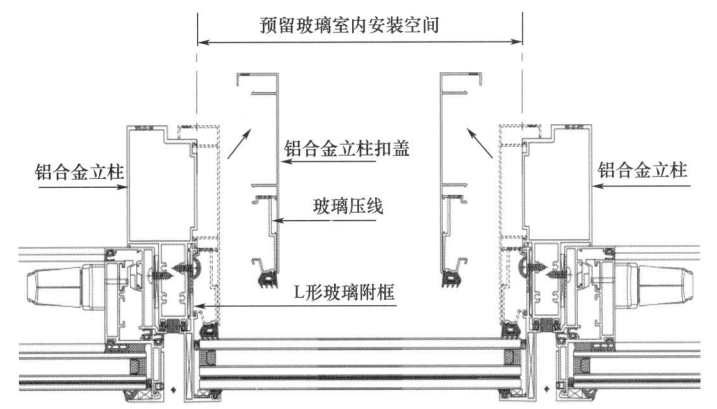

图 18　可视位置方案横剖节点

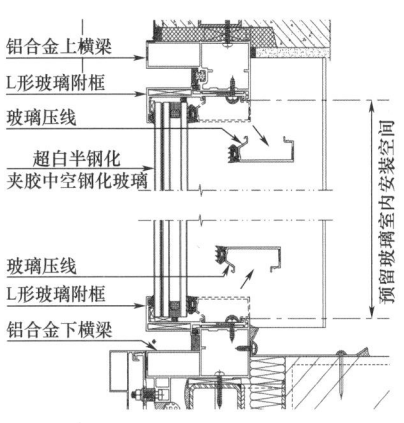

图 19　可视位置方案竖剖节点

如图 20 所示，玻璃附框前端设置有组角腔体及组角片卡槽，施工时玻璃附框在工厂 45°拼角组成四边框，组角处设置专用组角码以及不锈钢组角片，从而保证附框扣线的组角外观效果。

如图 21 所示，铝合金立柱与边框在工厂组合为整体框架，L 形铝合金玻璃附框以及系统塞窗窗框组框后固定在立柱和边框的整体框架上，随后完成立柱中间凹槽处四周防水胶工艺，养护后整框发往现场安装。幕墙窗的组装及外部防水工艺部分均由工厂完成，极大地提高了项目施工质量及效率。

图 20　附框 45°组角实物图

图 21　窗边框工厂组框实物图

深化后大面可视位置幕墙窗整体采用装配式施工、玻璃室内安装方案。现场主要施工工序为：①窗框架整体安装；②玻璃室内安装（图 22）；③玻璃压线安装（图 23）；④立柱扣盖安装（图 24）；⑤窗框四周塞缝打胶、养护清理。

此方案采用玻璃等材料室内安装的方式，极大地减少了项目施工过程中高空作业的工序，降低现场施工难度与安全隐患。

通过将窗型材组框及大部分防水注胶工序转移到工厂加工，确保幕墙窗的质量与性能。

利用装配式的施工方案，实现快速建造，提高现场的施工效率，降低人工成本，较好地控制了施工成本。

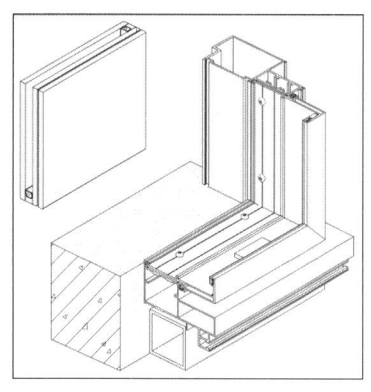　　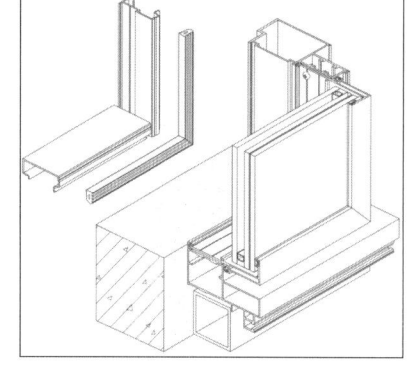　　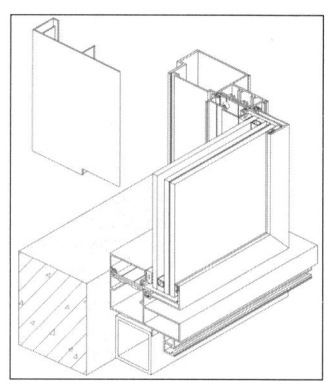

图 22　玻璃室内安装三维示意　　图 23　压线安装三维示意　　图 24　立柱扣盖安装三维示意

3.2.2　结构墙位置装配式深化方案

图 25 及图 26 所示为结构墙位置装配式深化方案横剖、竖剖节点，整体采用小单元板块安装思路设计。

通过玻璃四边框注胶组框设计，将玻璃、背板与四周边框及玻璃扣线在工厂组装为一个整体玻璃板块，现场将玻璃板块整体安装后利用铝合金压块固定好后打胶清理即可。

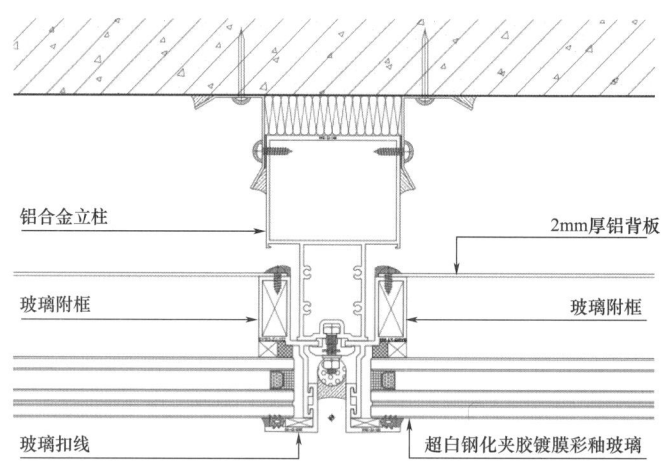

图 25　结构墙位置方案横剖节点

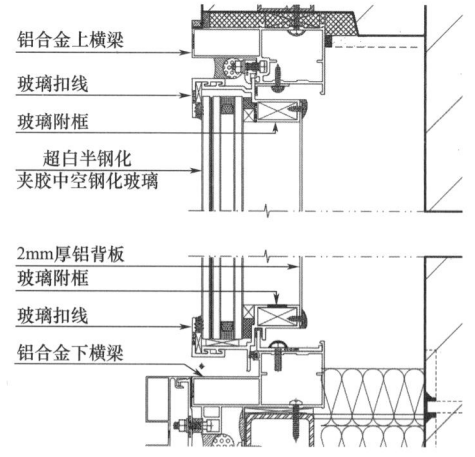

图 26　结构墙位置方案竖剖节点

如图 27 所示，此方案除铝合金压块外，现场基本无散件安装，极大地提高了现场施工效率。

图 27　结构墙位置现场安装实况图

3.2.3　层间装配式深化方案

图 28、图 29 所示为层间位置方案横竖剖节点，同大面结构墙位置一样，整体采用小单元板块安装思路设计。通过玻璃四边框注胶组框设计，将玻璃、背板与四周边框及玻璃扣线在工厂组装为一个整体板块，现场玻璃板块整体安装，玻璃板块通过底部插接、顶部打钉实现双边固定，随后安装层间横向装饰线条打胶清理即可。

如图 30 所示，采用装配式小单元施工方案设计与原方案对比，极大地减少了现场施工工序与散件数量，提高了现场施工效率。

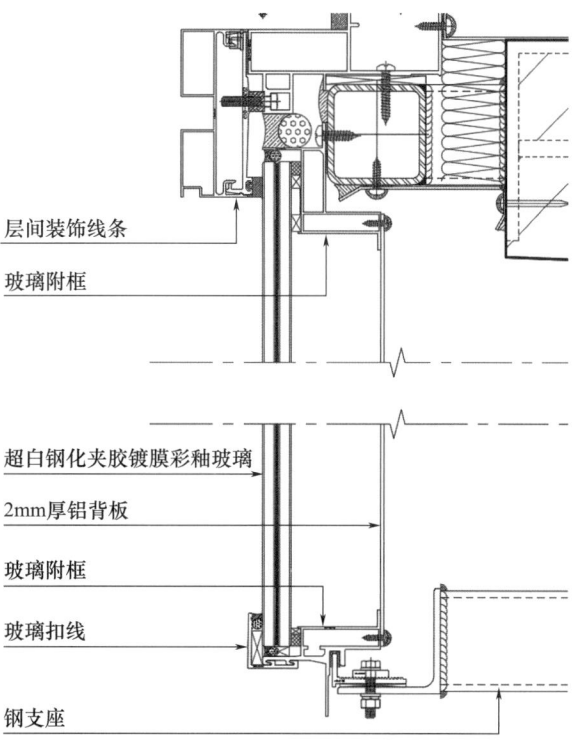

图 28　层间位置方案竖剖节点

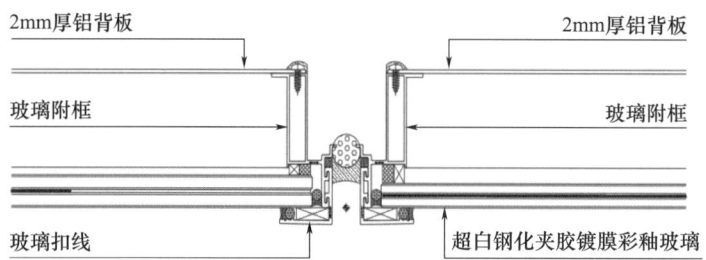

图 29 层间位置方案横剖节点

图 30 层间位置现场施工实况图

3.3 幕墙窗防水强化措施

以设计思路为导向，从图纸方案到幕墙窗体系多重断水处理，具体防水措施如下：

第一道防水：幕墙窗洞口结构设计有 20mm 企口（图 31）。

第二道防水：聚合物防水砂浆塞缝，水泥砂浆采用二次填缝处理（图 32）。

技术要求：（1）砂浆抗渗等级不低于 P6，干密度为 1000～1300kg/m³，强度要求 10～15MPa；（2）采用水泥填缝枪施工，砂浆随拌随用，按说明书配比调整拌和。

为保证塞缝密实，确保不空鼓、不渗水，全部外墙窗采用二次塞缝法（图 33）。即先将窗框型材槽内嵌填约 2/3 的防水砂浆，再进行外侧第二次塞缝；砂浆填充前保护膜不要压到砂浆里；砂浆应填嵌饱满，不得卷边、脱槽，表面不得有裂纹、空鼓现象；砂浆填充后用平铲刮平，不可留圆角（图 34），后工序需要施打密封胶；防水砂浆填入后，72h 内不得碰撞振动，并不许在窗格内放置脚手架等重物。

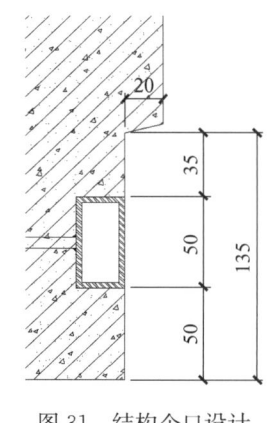 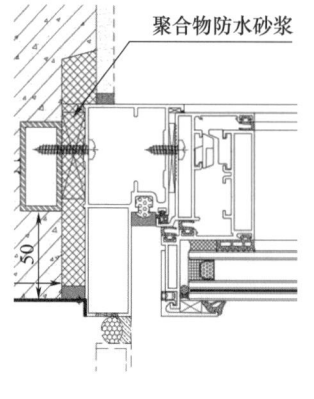  

图 31 结构企口设计　　图 32 防水砂浆塞缝　　图 33 塞缝施工实况　　图 34 塞缝效果图

第三道防水：涂刷JS复合防水涂料（图35）。

第四道防水：硅酮耐候防水密封胶密封（图36）。

技术要求：（1）采用JS复合防水涂料（干膜厚大于等于1.5mm，窗洞口四周涂抹宽度100mm）；（2）嵌缝材料采用硅酮耐候密封胶，15mm×6mm，表面应连续、顺直，无裂纹。

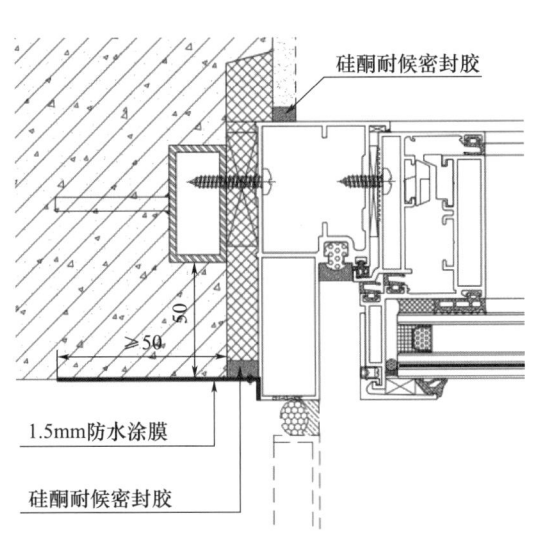

图35 防水涂料及密封胶防水节点

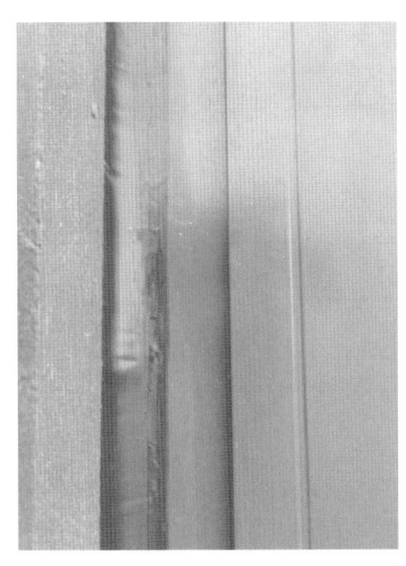

图36 密封胶施工实况图

3.4 幕墙窗抗风压性能强化措施

3.4.1 可靠的型材截面设计

通过严格的结构计算设计出复合项目性能要求的窗型材截面，图37所示为门窗立柱强度校核，均满足项目受力要求。

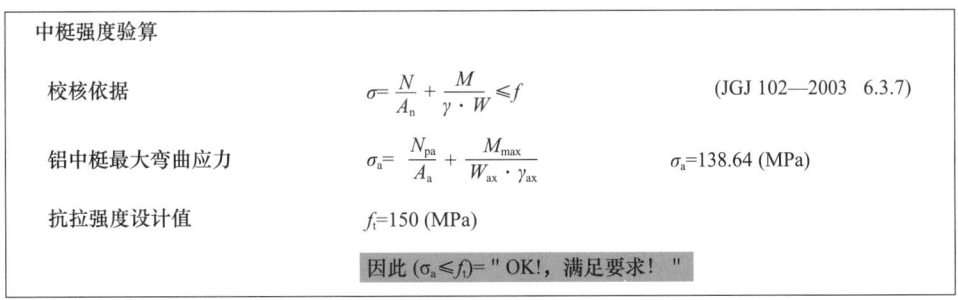

图37 窗立柱强度校核

3.4.2 更强的连接设计

（1）如图38所示，幕墙窗结构四周企口内预埋50mm×25mm×4mm钢副框，幕墙窗边框与钢副框均采用ST6.3×32mm不锈钢十字盘头自攻钉固定，间距300mm布置，窗框与钢副框之间空隙设置硬质橡胶垫块。

（2）玻璃附框与窗边框采用ST5.5mm×32mm不锈钢十字盘头自攻钉固定，间距300mm。

（3）窗边框中梃连接处打钉加密强化连接（图39）。

3.4.3 更严格的质量控制

（1）工厂加工管控

① 提前制定幕墙窗加工质量控制手册，做好技术交底，将问题解决在萌芽阶段。

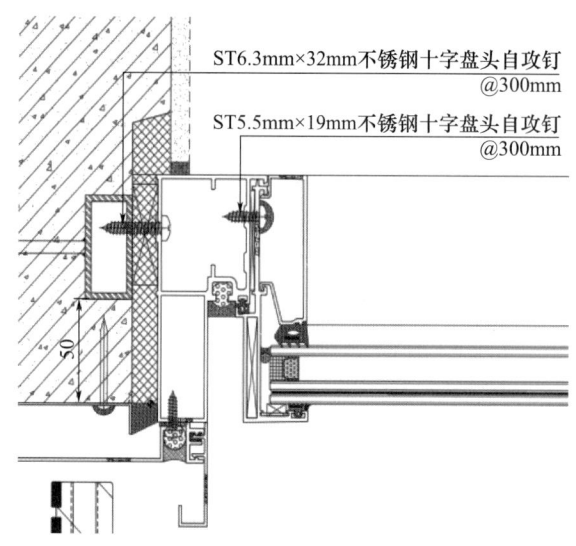
图 38　窗框连接节点

图 39　中梃加强连接实况图

② 派遣专人驻场检查，按批次抽检出货。
③ 协同工厂制定针对本项目的工艺流程。
④ 对进场材料进行严格的质量检查，对不符合要求的产品坚决退回。

（2）现场安装质量把控

① 严格控制四周钢副框安装时进出尺寸 95mm，操作时可以用自攻钉固定在总包铝模上，从企口定位反尺 15mm，能够很好地控制钢副框进出尺寸（图 40）。

② 窗框安装前弹线找正，照线立框，正式固定前，检验幕墙窗框是否垂直；窗框安装后，用水平仪检查边框左、右角下侧水平标高（图 41），同时检查窗边框和中梃框倾斜度和垂直度（图 42、图 43）。

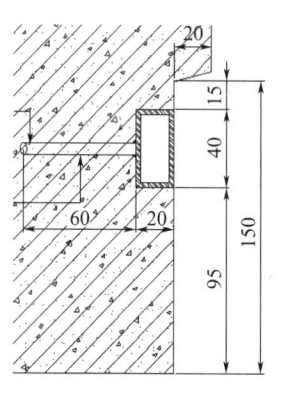
图 40　钢框预埋节点图

图 41　调整两侧标高

图 42　调整边框垂直度

图 43　调整中梃垂直度

③ 窗框固定钉工艺孔在加工厂加工好，工艺孔位置不能漏钉；自攻钉安装后不可倾斜；要保证自攻钉安装后伸到钢副框里侧，漏出丝 2～3mm；边框采用 ST6.3mm×32mm 不锈钢自攻钉安装，间距 300mm，中梃连接处加强布置。

4　现场淋水试验验证幕墙窗防水密封性

通过一系列理论设计和现场第一施工段大面施工完成后，深业世纪山谷花园（二期）幕墙及门窗工程项目顺利进入淋水试验检测阶段（图 44）进行检测，幕墙窗未出现明显漏水点，满足项目防水设计要求。

图 44　幕墙窗系统现场淋水试验

5　美标四性试验检验幕墙窗系统性能可靠性

通过一系列理论设计和结构结算验证后，深业世纪山谷花园（二期）幕墙及门窗工程项目幕墙窗顺利进入四性试验检测阶段。按业主要求该系统将进行最高标准的美标试验。四性试验通过了气密性、水密性、抗风压、平面变形等 20 余项的性能检测（图 45）。本项目幕墙窗系统设计风压高达 ± 5.60 kPa。通过试验检测，幕墙窗在抗风压性能检测值为 ± 5.60 kPa 及 1.5 倍风压 ± 8.40 kPa 的检测中满足变形受力要求，符合理论设计计算的结果。

图 45　幕墙窗四性试验现场图

6　结语

随着超高层建筑的不断涌现，它的外立面幕墙设计、施工也成为我们幕墙设计师们的新挑战。本文主要是从设计和施工的角度以深业世纪山谷花园（二期）幕墙及门窗工程项目为案例的形式，简述了对超高层超大窗幕墙系统的设计及安装的一些思路和方法，旨在对类似工程提供一些借鉴和帮助。

参考文献

［1］中华人民共和国国家质量监督检验检疫总局，中国国家标准化管理委员会. 建筑幕墙：GB/T 21086—2007［S］. 北京：中国标准出版社，2008.

［2］中华人民共和国建设部. 玻璃幕墙工程技术标准：JGJ 102—2003［S］. 北京：中国建筑工业出版社，2003.

［3］中华人民共和国住房和城乡建设部. 建筑玻璃应用技术规程：JGJ 113—2015［S］. 北京：中国建筑工业出版社，2015.

装配式瓷板幕墙的开发与应用

◎ 王继惠　唐喜虎

深圳市三鑫科技发展有限公司　广东深圳　518054

摘　要　本文对天津星悦中心电子城万达广场装配式瓷板幕墙的设计与安装进行了介绍，对各种重难点技术和新材料进行了相关分析，并提出了切合实际的施工工艺和解决办法。
关键词　装配式瓷板幕墙；BIM；新工艺

1　工程概况

天津星悦中心电子城万达广场（以下简称"星悦中心"），位于天津市西青区开发区津港路与兴华道交叉口北侧，属天津市重点工程。建筑主体结构形式为装配式框架-剪力墙结构，最大高度36.62m。其中玻璃幕墙12000m²，单元式瓷板幕墙19000m²，玻璃采光顶1100m²，其他幕墙约2900m²。本工程是在充分考虑其安全性能、热工性能、声学性能、光学性能基础上，利用各种幕墙技术、材料、方法、工艺实现的综合体（图1）。

图1　整体立面效果图

2　装配式瓷板幕墙的设计与应用

2.1　瓷板（人造石材）的优势

（1）幕墙结构体系人造石材具有轻质、高强、耐污染、多品种、生产工艺简单和易施工等特点，其经济性、选择性等均优于天然石材。

（2）相比于天然石材，人造石材更耐磨、耐酸、耐高温，抗冲、抗压、抗折、抗渗透等功能也很强；其表面没有孔隙，油污、水渍不易渗入其中，因此抗污力强。

（3）人造石材制造工艺更加环保，符合国家绿水青山就是金山银山的发展理念。瓷板与石材及陶板性能对比见表1。

表 1 瓷板性能对比

指标	瓷板	石材	陶板
生成条件	7200t 压机压制、1250℃高温烧制	自然条件下生成	挤压烧制
板材厚度	≥12mm	25mm 以上	15～60mm
断裂模数	平均 30MPa，最小值≥27MPa	8MPa	平均≥9MPa，最小值≥8MPa
吸水率	≤0.3％	1％～7％	3％～10％
色差	同批板材目视无色差	有明显色差	同批板材目视局部色差
板材质量	28kg/m²	60～80kg/m²	30～60kg/m²
防火性能	A_1	A_1	A_1
耐酸碱性能	UA 级	花岗岩耐酸是 B 级但不耐碱 大理石耐碱是 B 级但不耐酸	UA 级
放射性	A 级	外装要求 C 级	A 级
耐渗透性	板面不渗透、不泛碱、不变色	易渗透、泛碱引起板面变色	易渗透、泛碱引起板面变色
花色种类	花色可人为控制形成 瓷板幕墙的色彩丰富	主色调红、灰、黑、 花色受自然成因限制	只有纯色

2.2 选用装配式瓷板幕墙的原因

（1）星悦中心项目外饰面大约 95％是瓷板幕墙，建筑效果要求有 16 种底图图案并且有规则排序（图 2），模拟天然石材的观感。瓷板板材属于人造石材范畴，批量生产时出厂尺寸只能是定尺。本项目采用的瓷板标准尺寸为 1200mm×600mm（高×宽），整个外饰面需要约 2.1 万块瓷板拼接，而且具有特定的排布方式。如果采用传统的框架式幕墙，现场工人安装过程中将大幅增加底涂图案拼接出错的概率，同时存在施工现场占地面积大、工期长、品质难以把控等缺点。

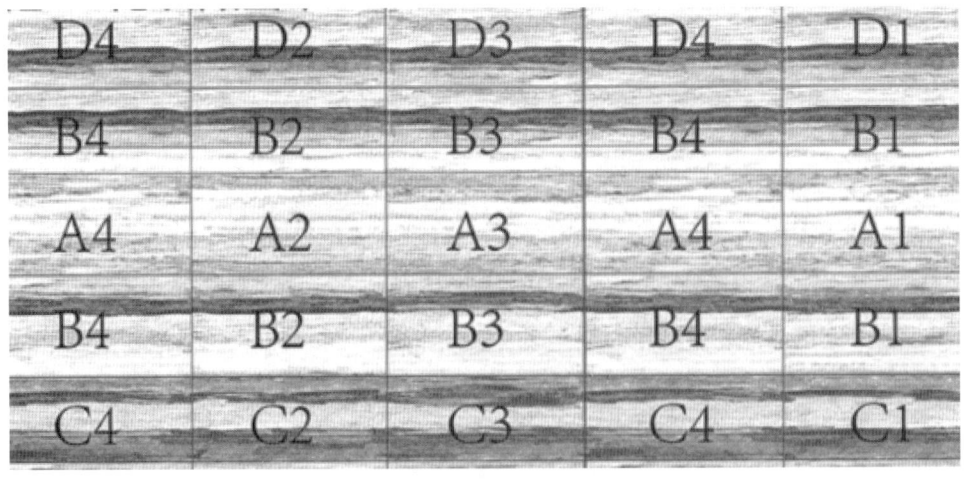

图 2 瓷板底涂图案

（2）本项目建筑外形复杂，异型部位繁多。受到瓷板标准尺寸的限制，造成收边收口位置异型板非常多，甚至会出现比较小的板块（图3）。这些微小的异型板块挂点少，需要与相邻大板通过特殊的连接件连接固定。现场高空作业施工质量难以控制，脱落风险高。而装配式瓷板幕墙在加工厂内流水组装瓷板，出厂严格执行质量检查流程，最大限度保证微小板块的安装质量，从而保证产品的安全可靠。

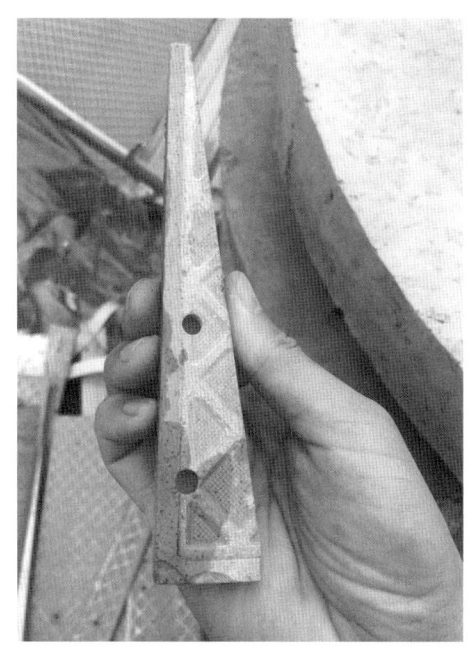 

图3　微小瓷板照片

（3）本项目外饰面呈现独特的钻石面效果，幕墙完成面与水平面形成一定角度并不断变化，不同面相互衔接过渡，装配式瓷板幕墙工厂化生产，极大地提高了项目品质；本项目施工现场面积有限，加之疫情影响工期紧张，为实现项目"一体化"施工不留死角，必须将相关工作前置，减小施工现场的压力。

综上所述，传统的框架式幕墙无法满足项目需求，必须将瓷板幕墙"模块化""工厂化"，因此将"装配式瓷板幕墙"的设计理念运用到本项目。

2.3　装配式瓷板幕墙的设计

（1）通过对最不利位置的龙骨受力分析，采用Midasgen计算结构受力，竖向龙骨采用140mm×80mm×4mm钢通，横向龙骨上下两侧用60mm×60mm×4mm钢通，中间龙骨采用50mm×50mm×4mm钢通，龙骨间连接采用三级角焊缝焊接，其强度及变形均满足设计要求（图4）。

（2）根据瓷板底涂图案的排序，同时结合项目外饰面分格的模数划分原则，以及宽窄胶缝的分布规律，最终确定瓷板板块标准尺寸为5100mm×3624mm（高×宽），每个板块27块瓷板，大约18.4m^2（图5）。整个项目约有1155樘瓷板板块，异型瓷板板块占比约50%，其中异型瓷板占瓷板总量约25%，图5中12mm和6mm分别代表瓷板间的缝隙。

由于瓷板数量和板块数量巨大，设计团队结合项目要求将整个外饰面按照一定规律分成若干区域，分区段组织瓷板单元的设计、加工、组装等环节，对台账进行动态管理（图6）。

（3）借鉴单元式幕墙的构造形式结合瓷板板块的特点，选用M16mm×70mm的六角头不锈钢螺栓调节进出及上下，通过变化挂耳和挂座的相对位置调节左右，微调完成后安装限位装置，三向调节均可在20mm以上（图7）。

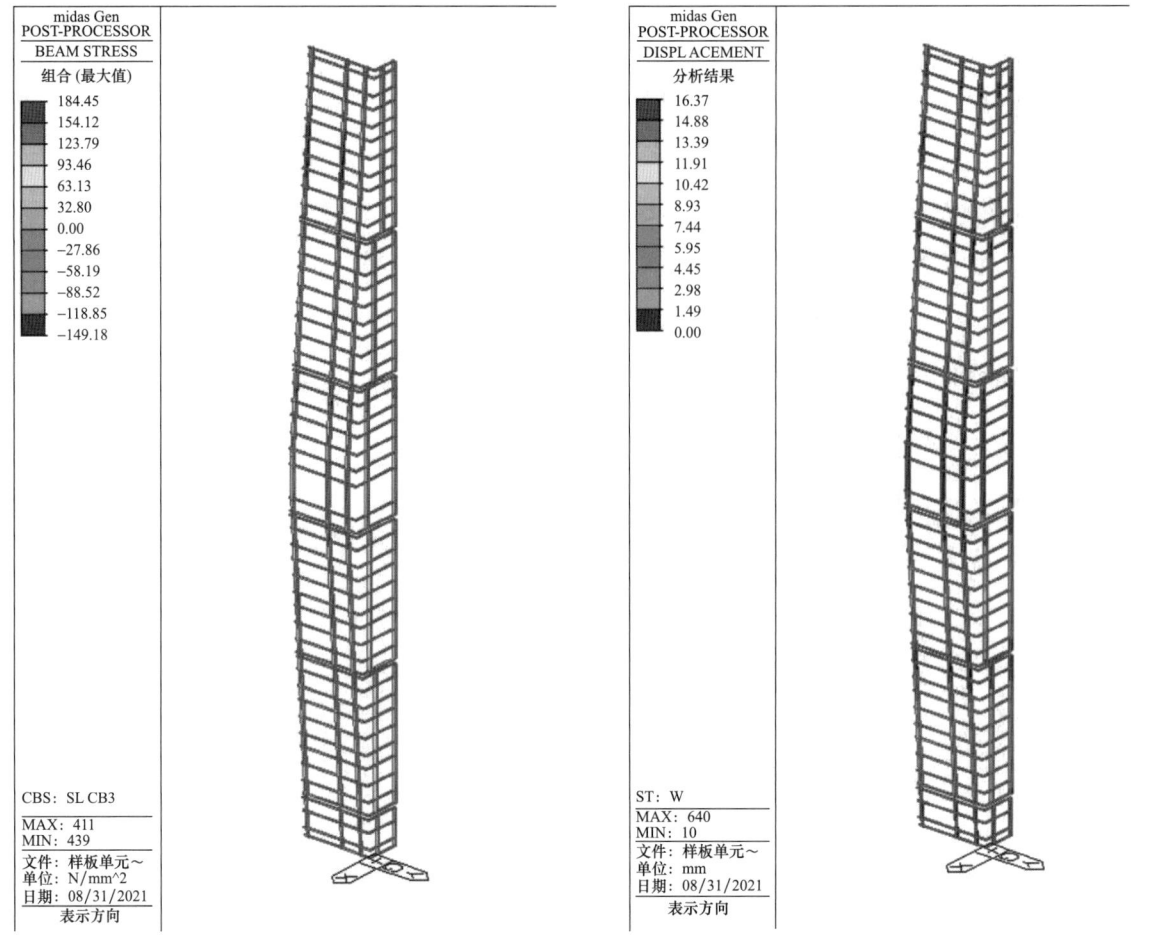

龙骨最大应力186MPa，215MPa，强度满足要求 　　　　龙骨最大变形16.4mm，5000mm/250=20mm，挠度满足要求

图 4　结构计算模型

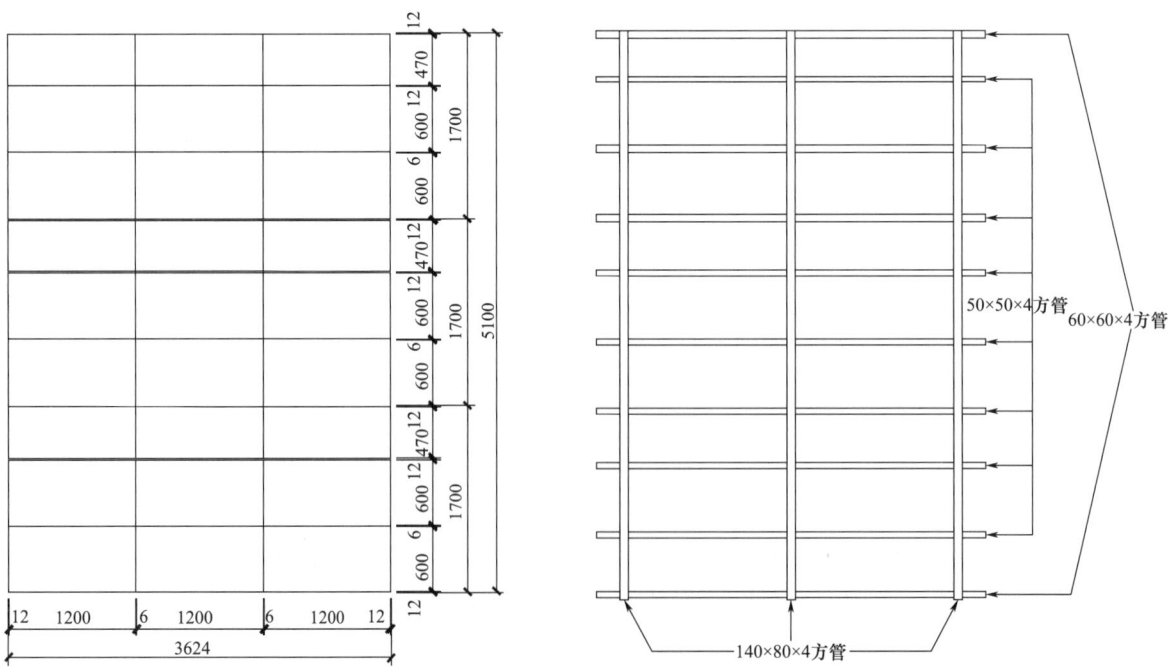

图 5　瓷板单元划分原则

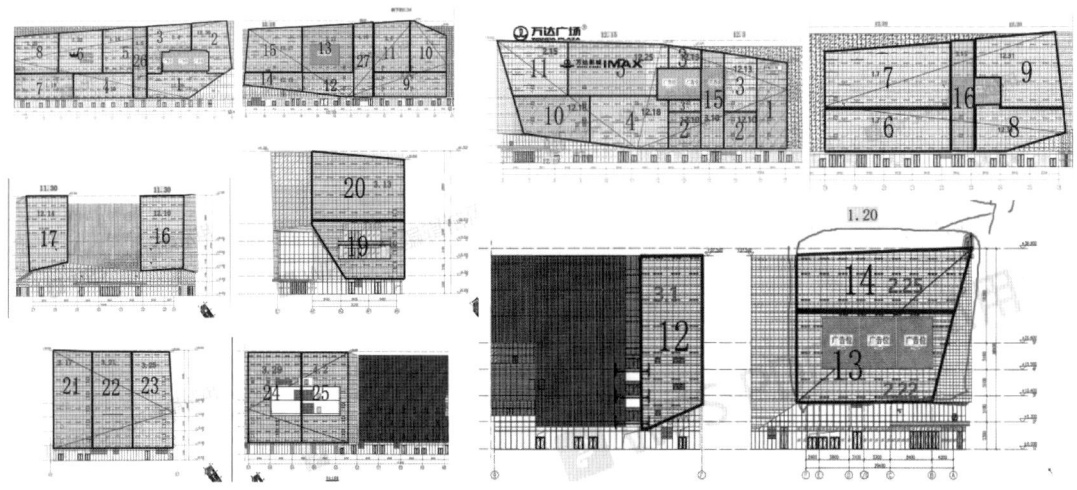

图 6　瓷板单元划分施工区域

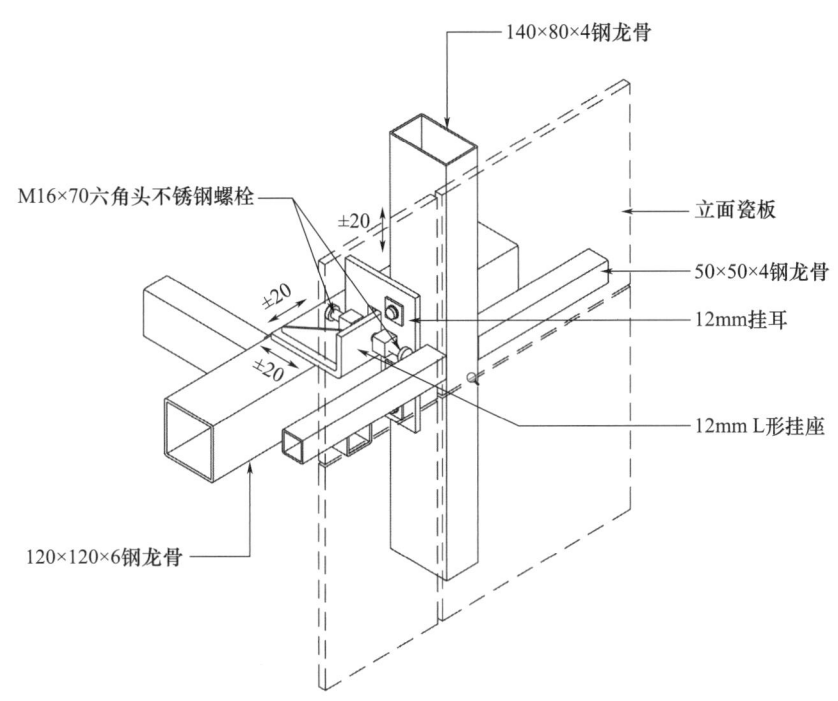

图 7　瓷板板块三向调节示意

（4）本项目选用 M6mm×32mm 旋进式背栓，按照人造石材的相关参数进行理论计算并满足要求，然而背栓与 16mm 厚瓷板的连接是否满足受力要求尚无工程案例佐证，所以在项目初期做了大量的背栓抗拉拔试验，结果显示抗拉拔检测数据为 3~5kN（图 8），满足受力要求。

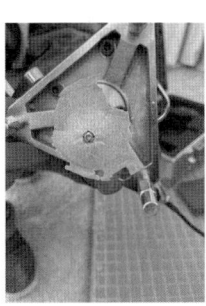

图 8　背栓抗拉拔检测照片

经过大量的分析和深化工作，确定装配式瓷板幕墙的标准节点（图9、图10）。

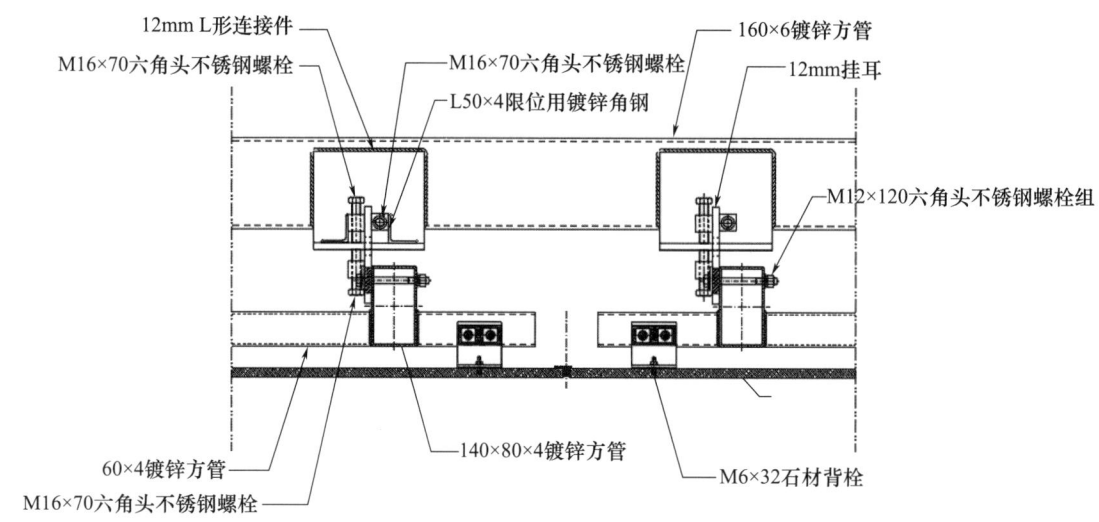

图9 标准横剖节点

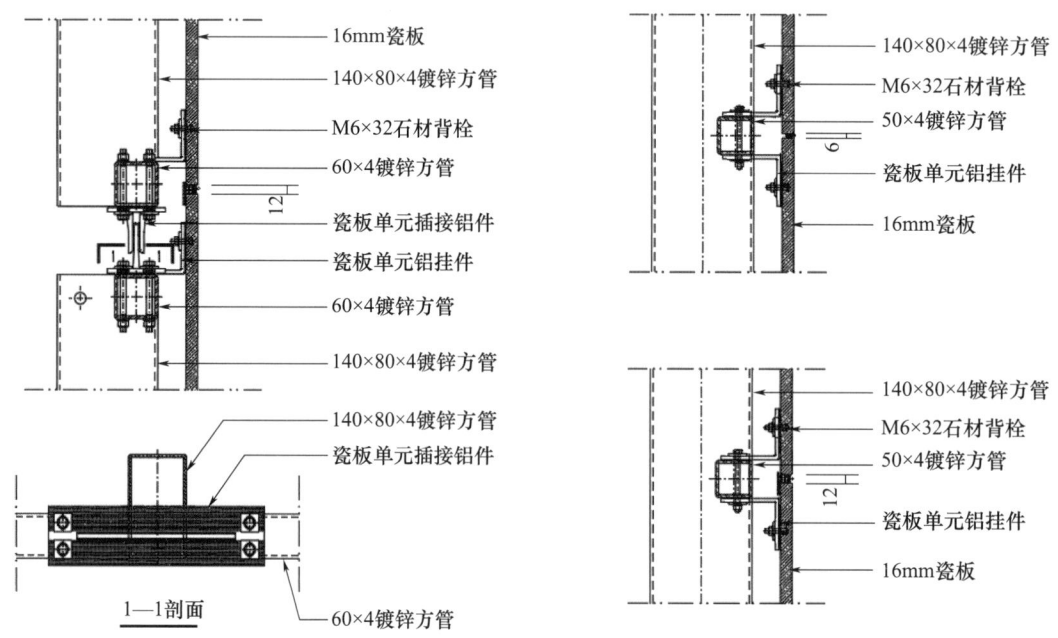

图10 标准竖剖节点

2.4 装配式瓷板幕墙的加工组装

（1）钢架加工。上文已述本项目独特的钻石面造型，导致几乎每樘瓷板板块都不相同，为了满足项目工期需求，同时降低出错概率，减少重复性的平面标注工作，设计团队运用BIM技术将整个外饰面瓷板幕墙进行三维建模，提取出独立的板块龙骨模型用于生产加工（图11），配合专业厂家的钢结构深化及加工技术保证每一个板块的加工精度满足要求，同时最大限度地提高加工图阶段的图纸深化效率，缩短了工期。

按照规范要求结合项目实际情况制定了切实可行的钢结构精度控制标准，标准瓷板钢架尺寸允许偏差为边长±5mm，对角线±5mm，平面平整度需要≤5mm。

实际加工过程中，由于焊接时产生的温度应力影响，钢架焊接尺寸偏差比较大，平整度达不到要

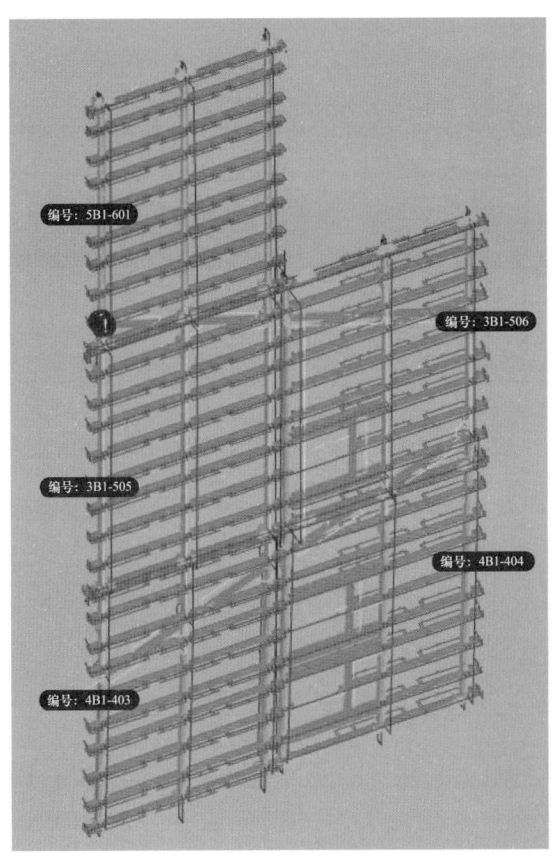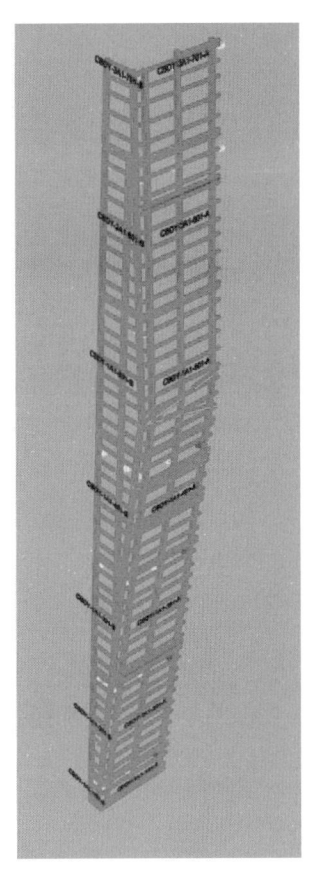

图 11　瓷板板块龙骨模型

求。为此根据项目的特点定制了特殊的胎架，所有的焊接工作都在胎架上完成，四角用夹具固定，焊接完成后释放应力，可以保证变形在尺寸偏差范围内（图 12）。

图 12　特制胎架照片

异型瓷板钢架在此基础上增加了对角线控制标准，并提供拱高 $H<±2.5mm$（拱高 H 起始位置为立柱折角外侧到立柱外侧两端连线的垂直距离）参数，保证异型板块的空间夹角精度满足要求（图 13）。

为了进一步降低出错概率，设计团队第一次将 3D PDF 软件应用到瓷板单元钢架加工环节。结合 BIM 模型将每樘瓷板单元钢架进行分类汇总及编号梳理，专人进行技术交底，确保每个一线工人都理解设计意图。

（2）瓷板加工。标准瓷板尺寸为 1200mm×600mm，每块瓷板打 4 个背栓孔；异型瓷板尽可能保证不少于两个背栓孔。对于微小异型瓷板要保证至少一个背栓孔，在其背面用不锈钢连接件与大板连接（图 14、图 15），并且在合适位置的侧边开槽，采用特制不锈钢连接件与大块瓷板连接，缝隙内充分注石材胶，100% 检验合格后方可进入下一道工序。

图 13　异型板块对角线精度控制

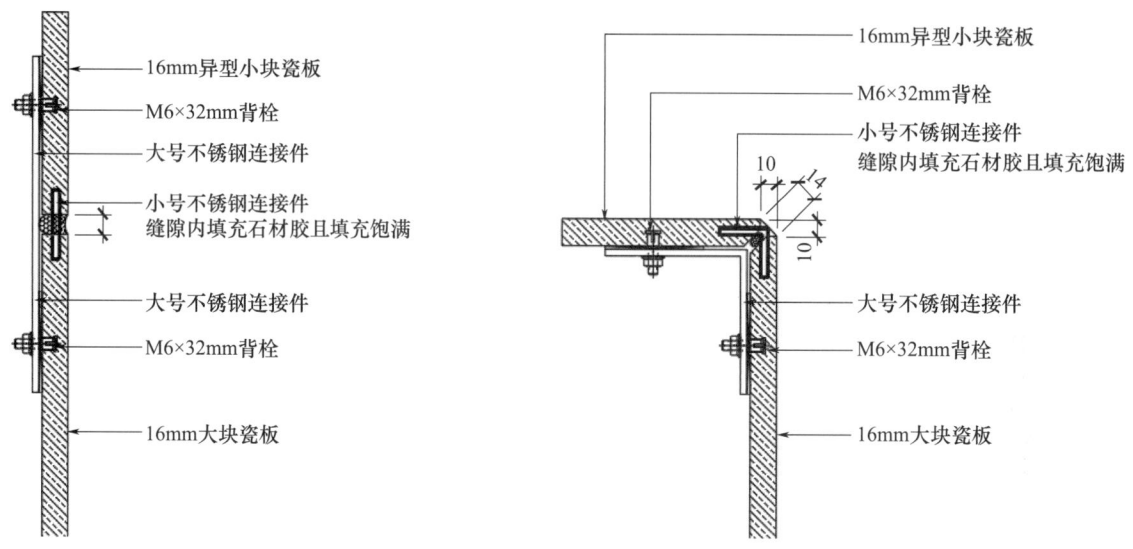

图 14　微小异型瓷板连接节点

图 15　微小异型瓷板连接照片

（3）装配式瓷板板块组装。

①挂耳组装。装配式瓷板单元吊装与单元式幕墙相同，现场挂座与水平面为垂直关系。由于本项

目瓷板幕墙与水平面有夹角,所以挂耳与钢架的定位组装尤其关键,加工图中标明 H 和 H_1 的理论值),严格控制组装精度,允许偏差±2mm(图16)。

②瓷板组装。由于钢架难免存在一定的变形,所以在安装瓷板时需要微调,设计通过齿形垫片调节,最后用自攻自钻钉限位(图17)。组装瓷板应在钢架无应力集中状态下进行,完成面的平整度必须满足精度要求,检查合格后进行打胶工序。

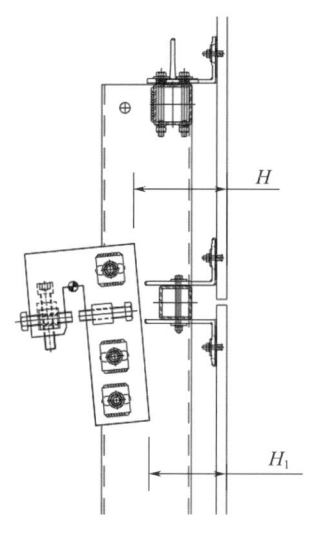

图16 挂耳定位示意

图17 瓷板微调定位照片

2.5 装配式瓷板幕墙的吊装

瓷板板块吊装前,应保证挂座已经安装到位并质检合格,各种安装工具(吊具、撬棍、三向调节螺栓、吊装带、铁葫芦等)齐全。吊装时,应用专门定制的吊具吊装瓷板板块,确保异型板块重心平稳,钢架主龙骨同时受力,板块下端保持水平(图18)。

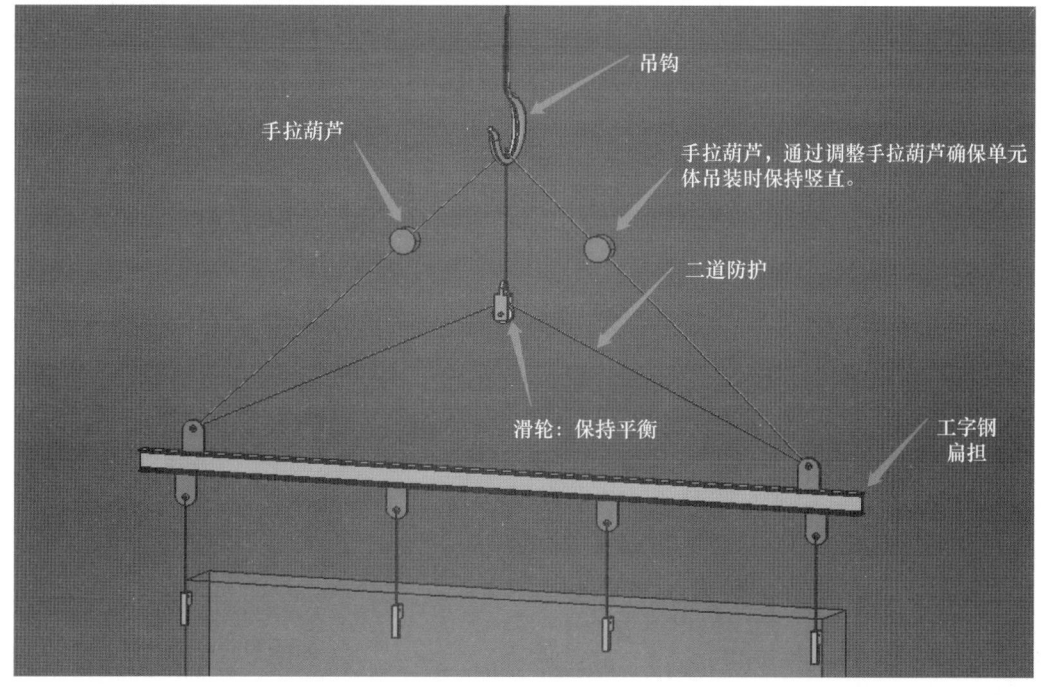

图18 吊具示意

板块吊装落位后应检查相邻板块的插接配合,测量相邻板块的平整度,检查合格后完成吊装作业,对板块接缝位置进行打胶处理(图19)。

图19 现场吊装照片

3 结语

星悦中心外饰面瓷板幕墙钻石面造型复杂,设计施工中采用了众多新工艺、新方法、新技术、新理念。对装配式瓷板的使用等课题进行了比较深入的探索与研究。采用装配式瓷板幕墙不仅在安装效率、品质提升等方面表现优异,同时缩短了工期,降低了整体成本,为"装配式"设计理念在类似项目中的运用提供了有利的工程案例支撑(图20)。

图20 现场照片

参考文献

[1] 中华人民共和国住房和城乡建设部. 人造板材幕墙工程技术规范:JGJ 336—2016 [S]. 北京:中国建筑工业出版社,2016.

[2] 中华人民共和国住房和城乡建设部. 钢结构设计标准:GB 50017—2017 [S]. 北京:中国建筑工业出版社,2017.

[3] 中华人民共和国建设部. 玻璃幕墙工程技术规范:JGJ 102—2003 [S]. 北京:中国建筑工业出版社,2003.

大跨度波浪造型铝板的装配式技术应用

◎ 万　飞　陈伟煌　阮树伟　孙鹏飞

中建深圳装饰有限公司　广东深圳　518019

摘　要　随着人口红利的消失以及环保要求越来越严格，施工周期越缩越短，装配式施工相应得到越来越广泛的应用。装配式施工就是将多道工序压缩至一次施工完成。本文从实践出发，以深圳某项目为基础，阐述大跨度波浪造型铝板的装配式技术应用，以供同行参考指正。

关键词　装配式；大跨度；波浪造型

1　引言

随着我国经济的高速发展，造型独特的异型建筑层出不穷，建筑外墙装饰多使用铝板幕墙来满足建筑外观要求。铝板幕墙具有刚性好、质量轻、强度高、耐腐蚀性能好等优良的品质，受到业主的青睐。常规铝板幕墙的施工工艺及步骤为测量放线→支座施工→龙骨安装→防腐处理→隐蔽验收→面材安装→打胶密封→表面清理→成品验收。其中龙骨安装的好坏会直接影响整个幕墙装饰质量的优劣，龙骨安装的速度直接影响到整个项目的施工周期。因此，对于大跨度波浪造型铝板幕墙，优先考虑选用龙骨装配式的施工技术来解决施工难度大、周期长、高空作业多、安全风险高的难题。

2　工程概况

本项目为深圳某工业园，是集厂房、办公楼、食堂于一体的建筑群，食堂共4层，建筑高度26.3m。主要系统包括单元体玻璃幕墙系统、框架玻璃幕墙系统、屋面铝板系统、屋面格栅系统、采光顶玻璃幕墙系统、挑檐铝板系统、GRC系统、铝合金线条等（图1）。其中屋面铝板、格栅、采光顶系统的造型均为波浪形，圆弧半径及拱高基本一致，施工做法相对统一。屋面铝板共计5780m²。

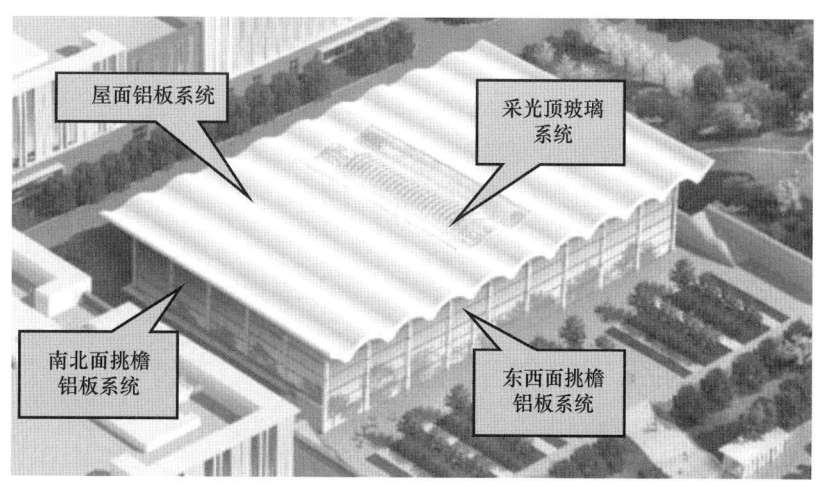

图1　食堂效果图

3 大跨度铝板幕墙重难点及龙骨装配式设计分析

3.1 重难点分析

屋面部分主体结构主要为钢结构（图2），局部位置为混凝土结构，铝板幕墙与主体钢结构之间先设置一层钢龙骨来支撑整个幕墙系统（图3），然后在基层钢龙骨上设置一层波浪造型的面层钢龙骨来安装铝单板（图4）。

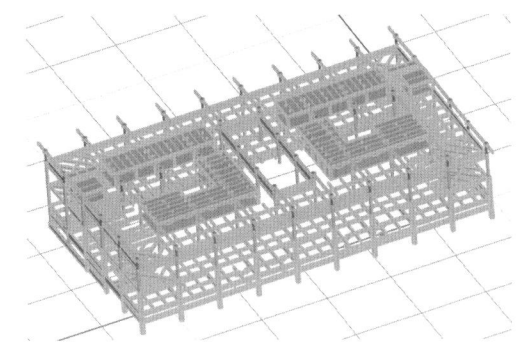

图 2　屋面主体钢结构

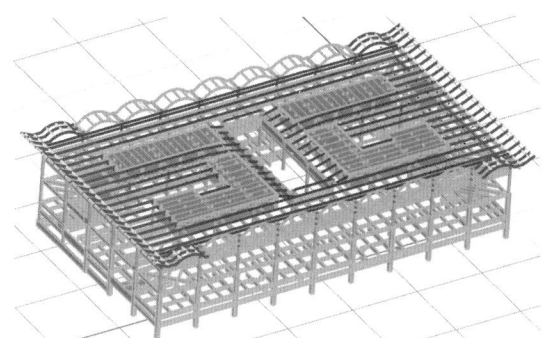

图 3　屋面铝板幕墙基层钢龙骨

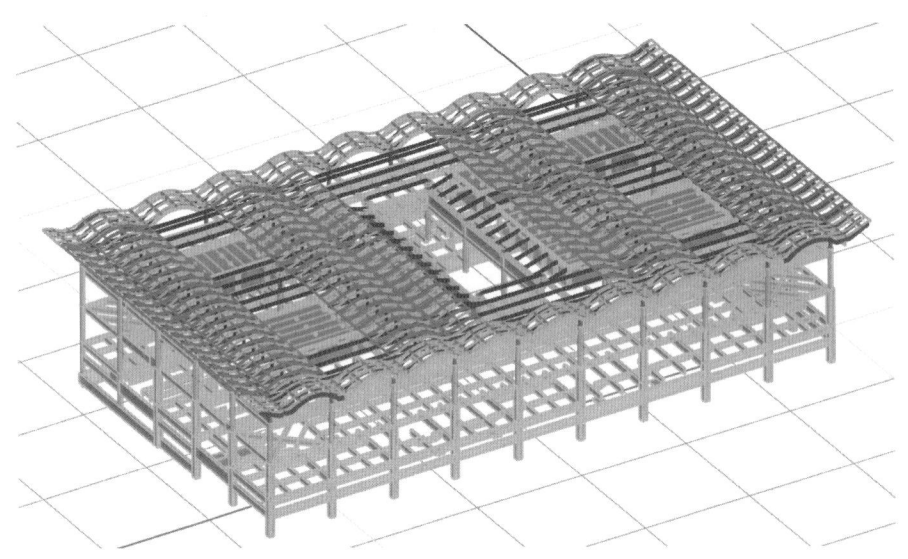

图 4　屋面铝板幕墙面层钢龙骨

整个屋面沿东西面（波浪线方向）的纵向尺寸达到108m，每一个标准的波浪分格跨度为12m，包含11个波峰，10个波谷（图5）。铝板幕墙完成面波峰标高20.3m，波谷标高18.8m，净高为1.5m。基层钢龙骨距离屋面楼板4.45m，面层龙骨距离基层龙骨最大距离2.2m。南北面挑檐的最大悬挑尺寸为4.5米（图6）。

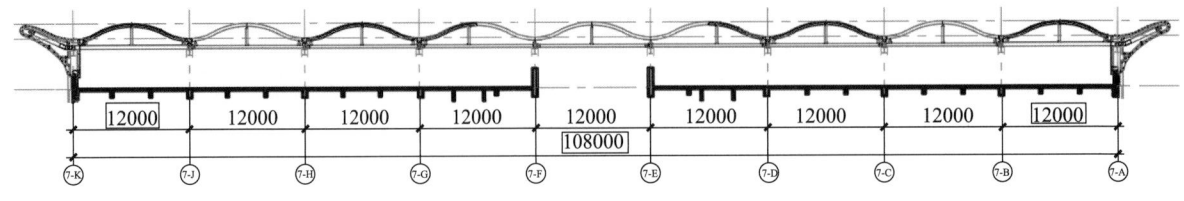

图 5　屋面沿东西面纵向剖视图

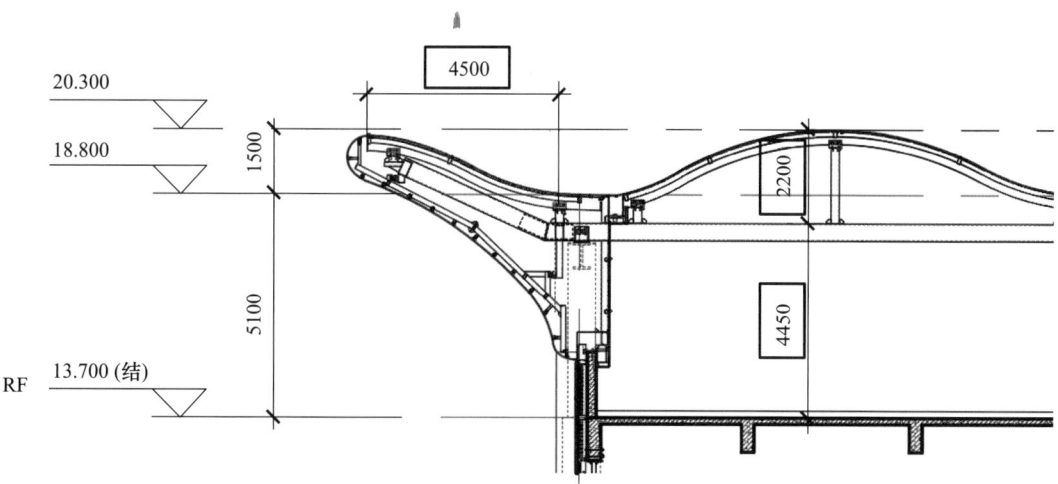

图 6 屋面南北面挑檐局部视图

屋面东西面挑檐为拱形钢结构，最大拱高为 2.35m，横向跨度为 12m。主体钢梁的最大悬挑尺寸为 4.75m。挑檐钢结构顶部安装波浪形铝板，底部安装曲面 GRC 装饰板，因此挑檐钢结构除了作为铝板幕墙的基层钢龙骨以外，还得兼作 GRC 的支座使用。同时为了符合屋面排水的要求，设计了 3% 的内排水坡度（图 7）。

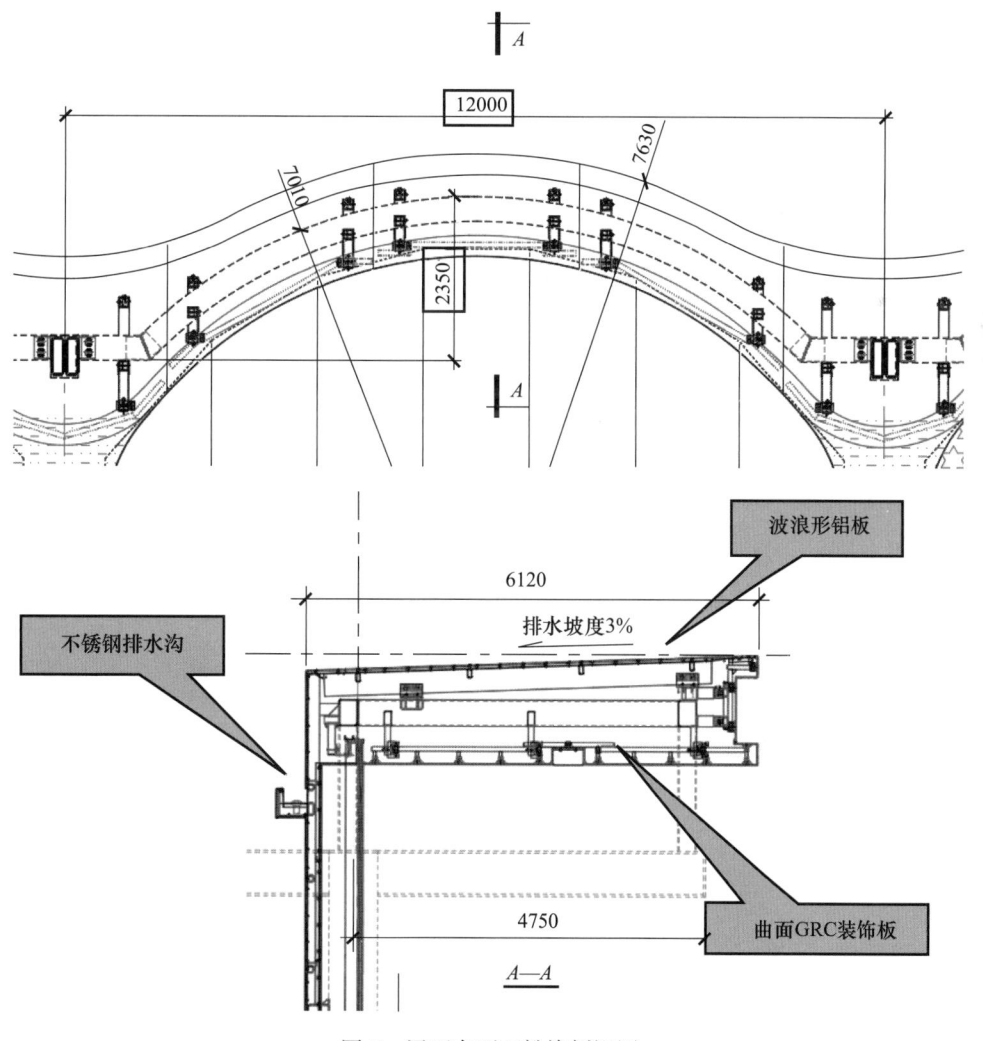

图 7 屋面东西面挑檐剖视图

总结本项目存在以下重难点：（1）铝板幕墙施工作业面距离屋面楼板较远，在钢结构上层，操作较为不便；（2）屋面场地较小，难以堆放大量的材料；（3）波浪造型铝板幕墙龙骨跨度较大导致现场焊接量大，焊接质量要求高。采用传统的散装施工工艺已经无法满足现有的工期计划，而且大量的高空焊接作业导致安全隐患巨大，需要花费大量的人力来巡检、监督，增加了劳动力的投入。借鉴公司以往金属铝单板幕墙项目，单从整体组装吊装这一方面来说，技术相对成熟，完全可以做到装配式施工。装配式施工具有缩短施工周期、减少措施设施投入、提高施工质量、减少建筑材料浪费等优点，非常适合本工程。

3.2 大跨度铝板幕墙龙骨装配式设计分析

从屋顶层平面图可以看出屋面各个幕墙系统的具体分布情况（图8）。屋面铝板系统被挑檐铝板系统、屋面格栅系统、玻璃采光顶系统有规律地断开，断开位置设置排水沟，整体呈现出完全对称的布局状态。为简化设计方案，提高后期批量化生产加工及安装的效率，龙骨分楹设计时尽量使每楹钢架规整统一，集中加工，减少测量定位工作量。

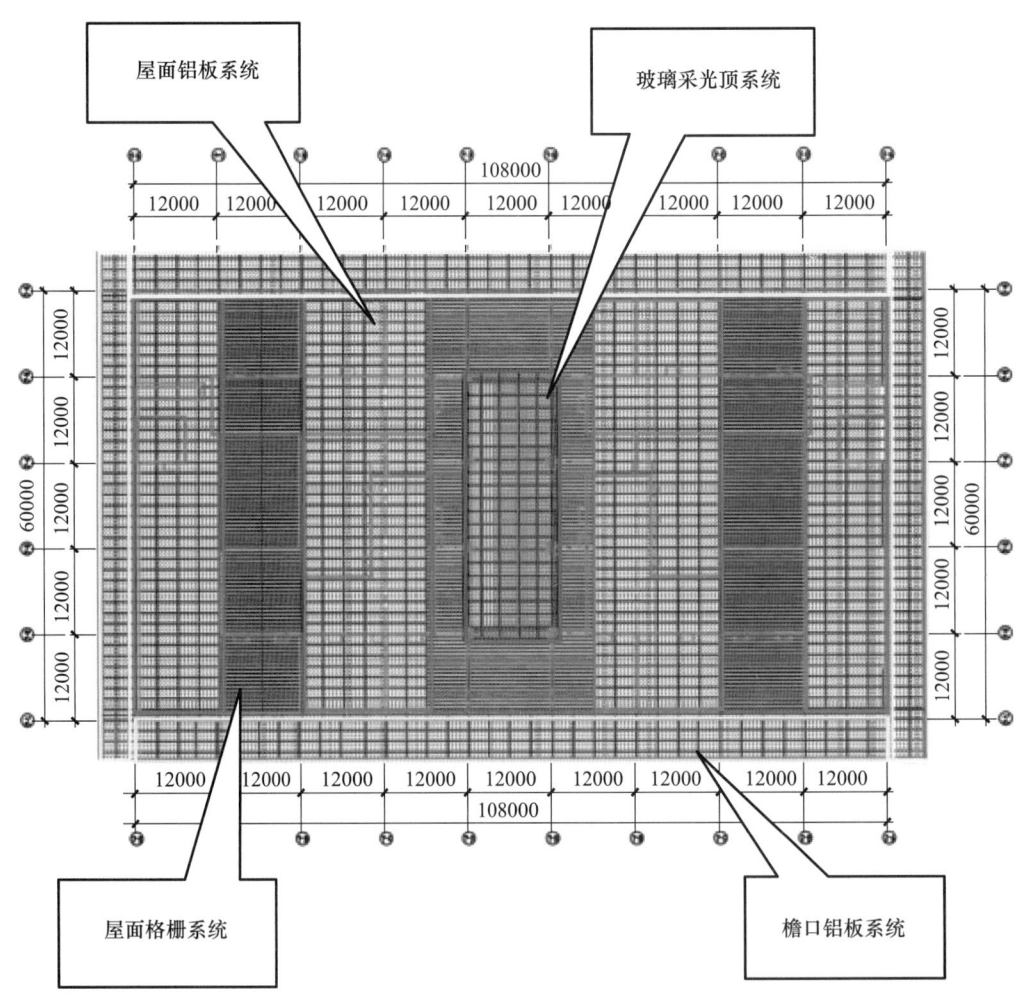

图 8 屋顶层平面布置图

为了方便后期的钢架安装定位，选取一段完整的波浪段为标准板块，即选取坐标轴位置 12m 跨度为一楹钢架的标准分格来划分整个屋面铝板幕墙钢龙骨，由此思路得到屋面龙骨分楹钢架板块布置图（图9）。

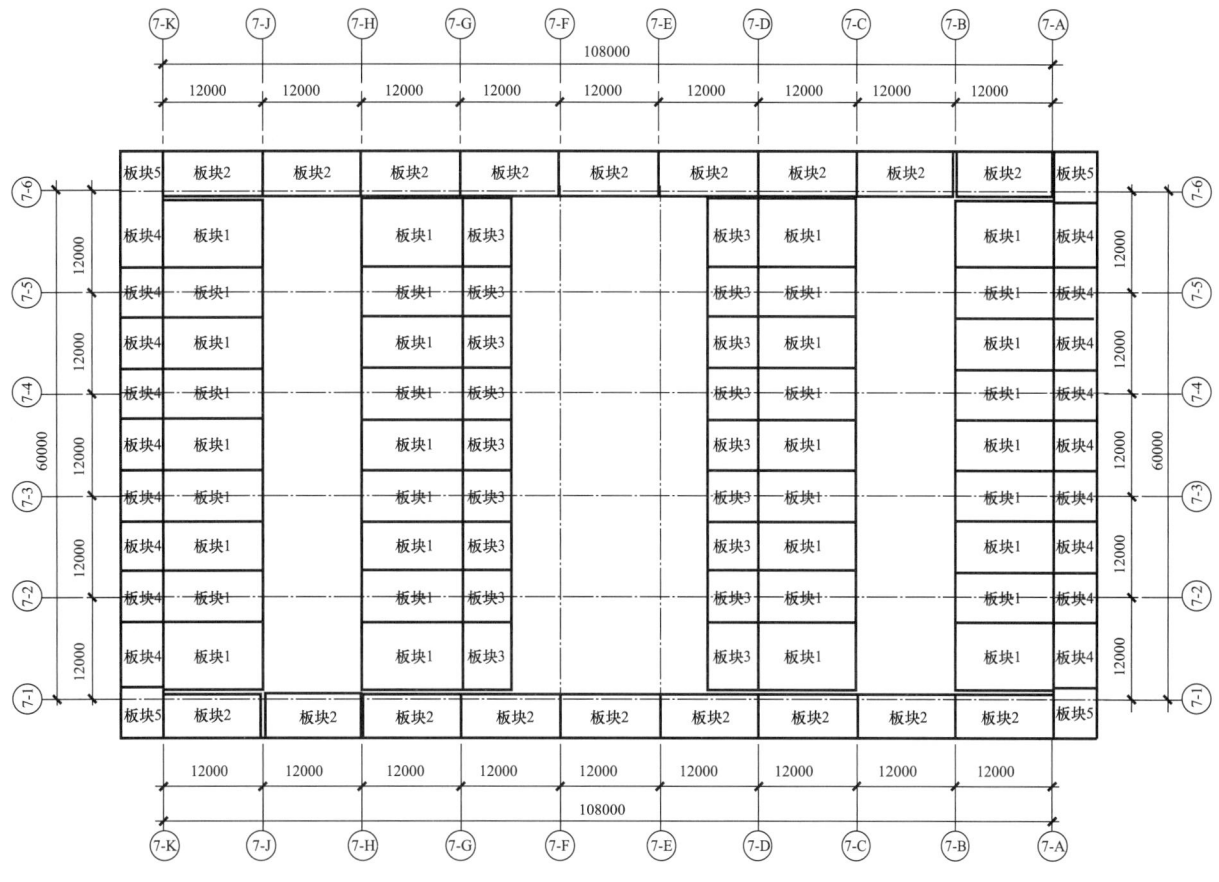

图 9 屋面龙骨分榀钢架板块布置图

- 板块 1：分格尺寸为 6000mm×12000mm，共计 36 榀。
- 板块 2：分格尺寸为 5000mm×12000mm，共计 18 榀。
- 板块 3：分格尺寸为 6000mm×6000mm，共计 18 榀。
- 板块 4：分格尺寸为 5000mm×6000mm，共计 18 榀。
- 板块 5：分格尺寸为 6000mm×5000mm，共计 4 榀。

在结构验算时，将屋面铝板幕墙的基层钢龙骨、面层钢龙骨与主体钢结构整体建模，更能真实地反映主体结构构件与幕墙结构杆件之间的受力情况及变形情况。对于屋顶钢架结构荷载计算时，除了分别计算风荷载、自重荷载、均布活荷载以外，还考虑了屋顶荷载的组合情况。

- 屋顶荷载组合标准值

组合 SLS1：1.0 屋面迎面风（负风）+1.0 屋面背面风+1.0 重力。

组合 SLS2：1.0 屋面迎面风（正风）+1.0 屋面背面风+1.0 重力+1.0×0.7 均布活荷载。

- 屋顶荷载组合设计值

组合 ULS1：1.5 屋面迎面风（负风）+1.5 屋面背面风+1.0 重力。

组合 ULS2：1.5 屋面迎面风（正风）+1.5 屋面背面风+1.3 重力+1.5×0.7 均布活荷载。

- 变形限值

挠度：钢架跨中挠度限制 $[L/250]$，L 为钢架跨度。

悬挑端最大弹性位移角为 $[l/125]$，l 为悬挑长度。

- 构件设计

杆件长细比：重要构件长细比限值为 120，其余构件长细比限值为 150。

杆件应力比：不大于 $0.9f$（f 为强度设计值）。

（1）南北面支臂挑檐和屋面钢架整体建模计算，主要构件如下（图10）。

南北挑檐钢通1：300mm×100mm×6mm（Q235b）。

南北挑檐钢通2：200mm×100mm×6mm（Q235b）。

南北挑檐钢通3：140mm×80mm×5mm（Q235b）。

南北挑檐钢通4：120mm×60mm×5mm（Q235b）。

南北挑檐钢通5：300mm×150mm×8mm（Q235b）。

南北挑檐钢通6：400mm×200mm×14mm（Q235b）。

南北挑檐钢通7：350mm×200mm×8mm（Q235b）。

计算得出最大应力比 0.819＜1（图11），最大挠度 38.584mm＜d_f＝40mm（图12），均满足规范要求。

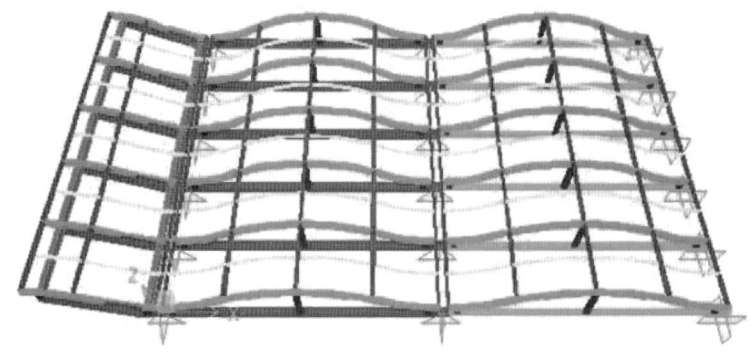

图10　南北面支臂挑檐钢架 SAP 计算模型

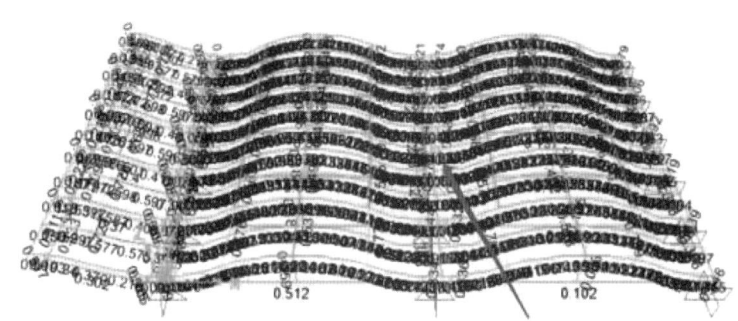

图11　南北面支臂挑檐钢架强度应力情况

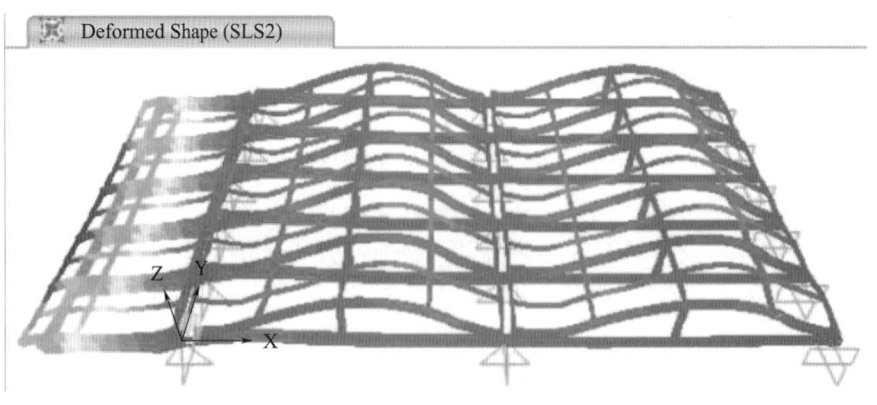

图12　南北面支臂挑檐钢架挠度变形情况

（2）东西面拱形挑檐钢架整体建模计算，主要构件如下（图13）。

东西挑檐钢通1：350mm×250mm×8mm（Q235b）。

东西挑檐钢通2：200mm×100mm×5mm（Q235b）。

东西挑檐钢通3：300mm×100mm×6mm（Q235b）。

东西挑檐钢通4：120mm×60mm×5mm（Q235b）。

东西挑檐钢通5：150mm×150mm×6mm（Q235b）。

计算得出最大应力比0.849<1（图14），最大挠度32.55mm<d_f=48mm（图15），均满足规范要求。

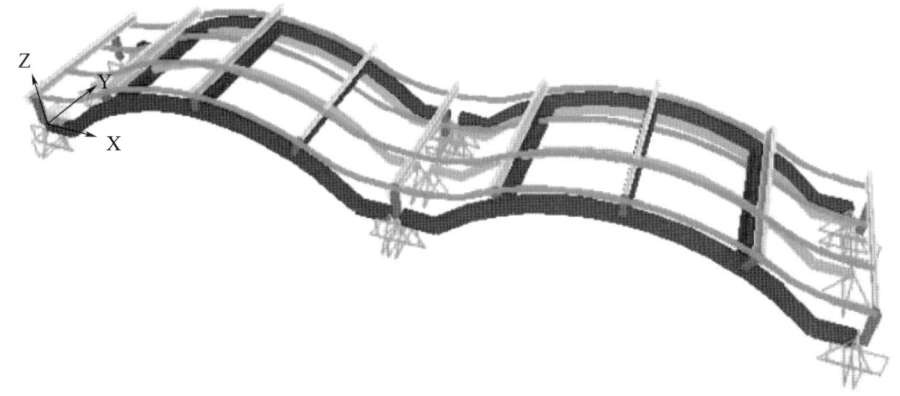

图13 东西面拱形挑檐钢架SAP计算模型

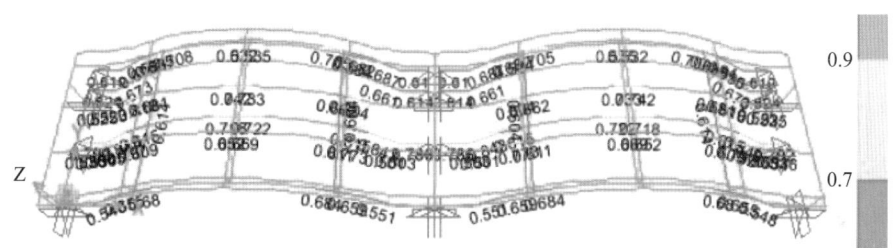

图14 东西面拱形挑檐钢架强度应力情况

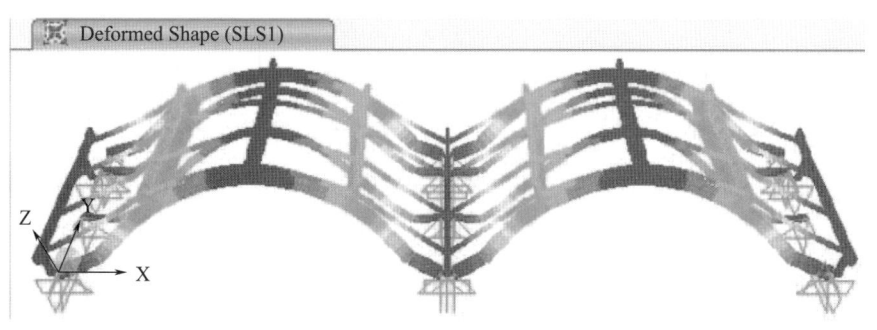

图15 东西面拱形挑檐钢架挠度变形情况

4 大跨度铝板幕墙装配式龙骨的加工及安装

4.1 装配式钢龙骨的加工组装

屋面铝板幕墙钢龙骨在深化下料前，考虑到基层钢龙骨截面都较大（最大截面400mm×200mm），杆件长度也较长（最长13200mm），面层钢龙骨为了实现波浪的造型，主次龙骨均需要拉弯处理（最长弧长11125mm），如果使用常规的6m钢线材，后期需要大量的切割、对接焊等工作，而且对接焊缝质量要求较高，费工费时。因此，在订购钢龙骨线材时，每种规格钢通都按实际放样的长度定尺下单，减少拼接点，提高施工效率。

钢龙骨在深化加工时，运用BIM技术整体建模，并通过BIM模拟检查碰撞问题，避免传统多图纸的错漏干涉等问题，也可以提高设计师对图纸的理解程度。根据之前划分的分榀钢架板块编号，借助BIM下单及生产加工（图16）。同时和现场施工班组一起协调简化出图方式，提高安装效率。现场按加工完的成品龙骨编号，先在地面组装成榀，然后转运至集中堆放区域（图17），等待后续集中吊装上楼，提高施工机具的台班利用率。

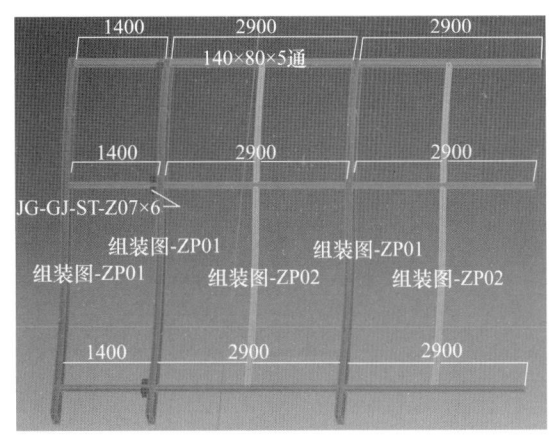 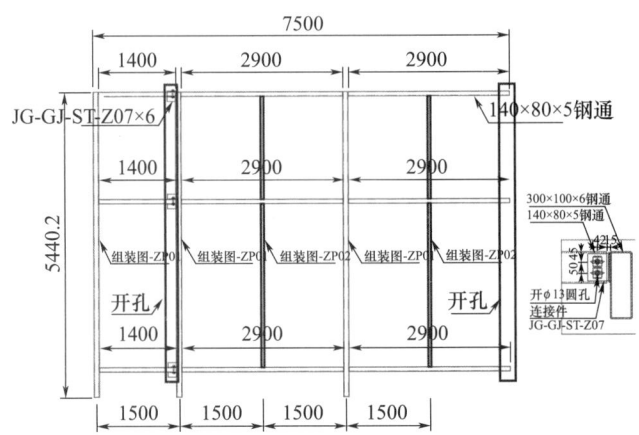

图16　屋面钢架单榀组装及加工示意图

图17　屋面钢架在地面组装成榀

4.2　装配式钢龙骨的安装

本项目塔式起重机的位置比较有利，可以利用总包塔式起重机完成屋面80%的钢架吊装工作，局部位置借助汽车、高空车辅助安装，组装效率大大提升，现场的施工进度得到保证（图18）。每榀钢架起吊前，对钢架自身的起吊强度和挠度进行校验，并敷设安全网、拉安全绳保护。

图18　屋面钢架分榀吊装

钢架起吊后,根据BIM模型的点坐标,通过全站仪测量定位点,每榀钢架需通过三个点坐标来控制钢架定位,吊装至指定位置后先采取临时固定的方式固定钢架,支座设计采用三维可调的形式来适应主体结构的偏差,调节到位后对支座点进行满焊,并及时紧固螺栓(图19)。

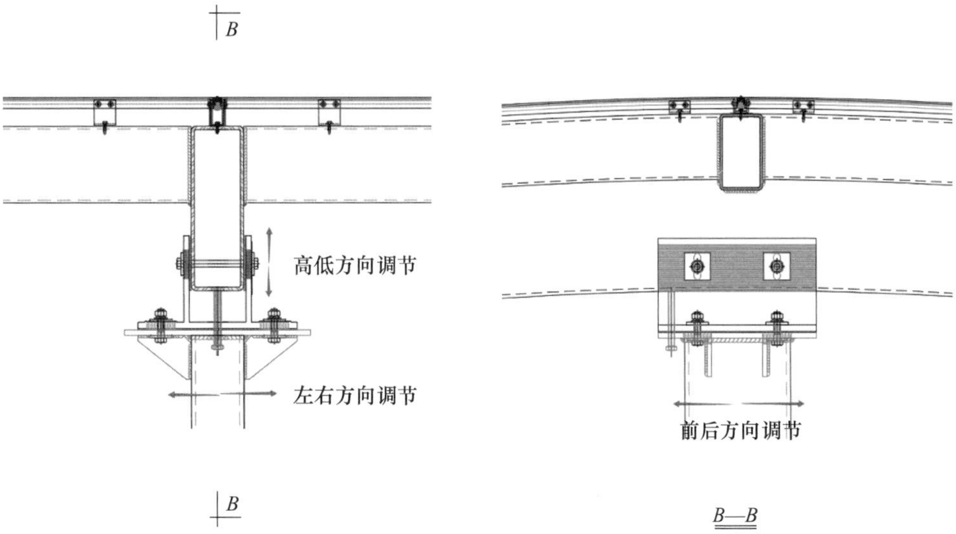

图19 三维可调支座节点

待第二榀钢架调节到指定点位后,相邻两榀钢架之间通过"两边夹"的角钢转接件组成一体(图20)。为了避免焊接变形及方便施工,选用螺栓连接更合理。全部钢架安装完经复测无误后,进行防腐处理、监理验收。整体钢架施工偏差控制在20mm以内,以保证铝面板的安装精度(图21)。

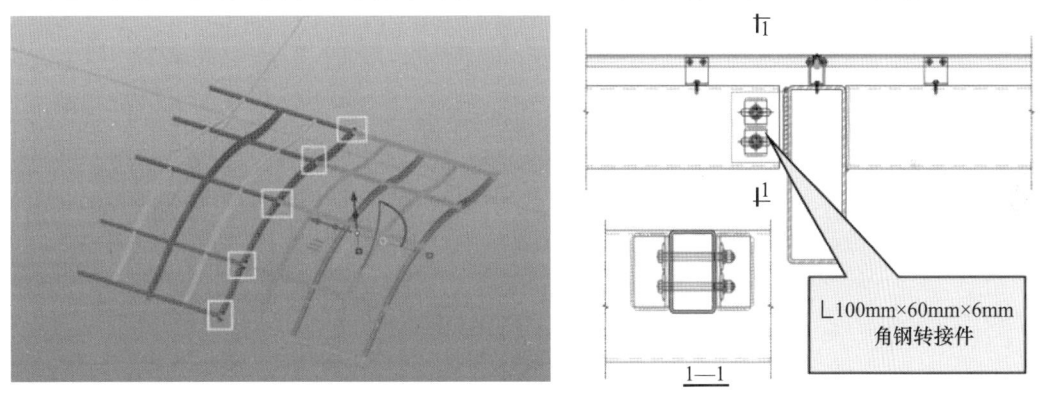

图20 相邻钢架之间连接节点

图21 屋面波浪形铝板幕墙完工图

5　结语

  装配式施工往往需要设计工作的前置，其下单时间需远远早于常规施工，以此方能确保基层龙骨与面层材料同时到场、同时施工。在规划加工区域的时候，一定要根据施工位置及施工措施跟外单位做好场地协调，避免大量的成品组装板块倒运。未来的建筑行业装配式生产比例一定是急速上升的，因为它的各项优势都与这个时代的建筑特点紧密相连，无论是快速生产要求还是高质量要求都如此。正如前面所说的，其实装配式生产的未来更多的可能在于加工厂，现场的场地空间以及加工精度更不可控，因此工厂车间的标准化批量生产将为装配式生产注入新的动力。

折线铝板幕墙装配式和 BIM 应用设计分析

◎ 温华庭　杨友富　刘思扬　张红军

中建深圳装饰有限公司　深圳　518003

摘　要　随着社会经济的迅猛发展，我国的建筑业现场制作的情况较多，导致生产效率相对较低。要实现建筑工业化，大力发展装配式建筑已成必然的趋势。当然装配式的设计合理性，在一定程度会影响到建筑的施工效率、安装质量、建筑外观效果以及后续的施工维护。现就工程中遇到的几个关键问题进行总结分析。

关键词　BIM 应用；铝拉网幕墙；装配式方案

1　引言

在现代的建筑幕墙中，幕墙装配式的应用越来越普遍，相对于传统的"构件式幕墙"的定义来说，装配式幕墙就是将面板和金属骨架（钢立柱、横梁以及铝合金立柱、横梁等）在工地或者工厂组装成整体，在现场完成整体的吊装施工，装配式板块通常是一个楼层或者几个分格一起组装为一个板块，它具有工厂化程度高、施工周期短以及板块的整体质量高等优点。装配式幕墙板块安装到主体结构上，主要是依靠装配式幕墙的支座以及挂件的形式来实现的。本文探讨了某工程的折现铝板幕墙（图 1）板块装配式幕墙设计和 BIM 的应用分析，并就工程中遇到的几个关键问题进行总结分析，旨在对类似工程提供一些借鉴和帮助。

图 1　项目折现铝板幕墙犀牛模型图

2　折线幕墙方案的设计

2.1　原施工图方案折线穿孔铝板的设计总结分析

由于三根控制线角度有差别，故立面造型是一个渐变的三段折线的效果，从左至右每一段具体的斜率都会不一样（图2、图3），故每一列穿孔板的骨架及面板的尺寸、加工图等都不一样。以F栋C区为例，C区一共99块面板，其对应的面板加工尺寸均不一样，因此不仅铝板加工厂的加工难度大，现场板块安装的工序也比较繁杂。

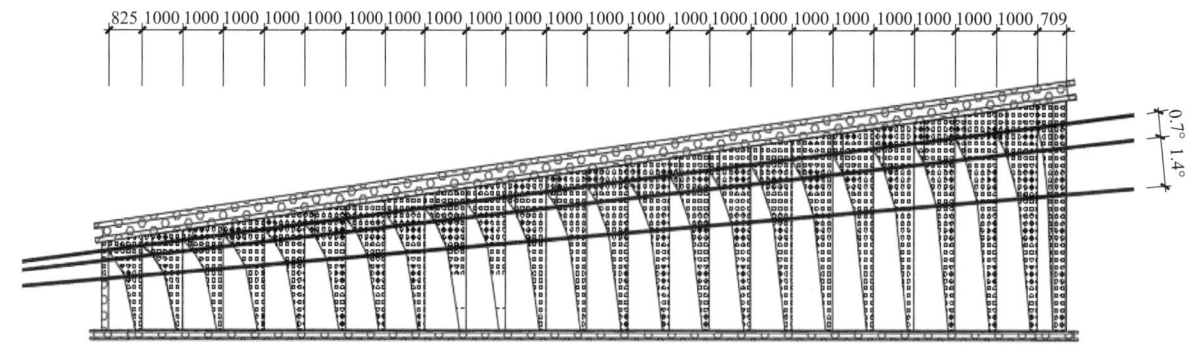

图2 折线幕墙立面图

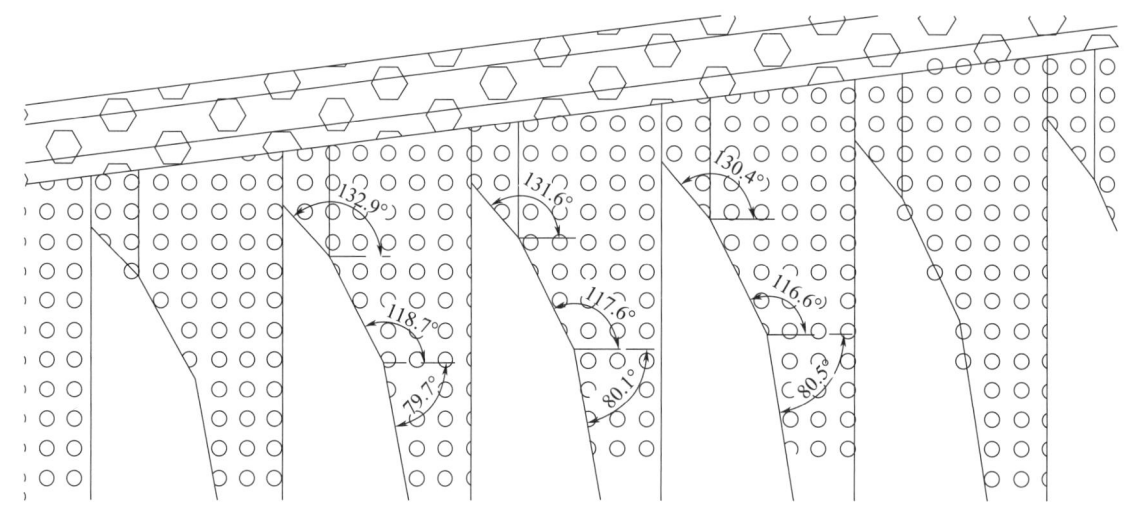

图3 折线幕墙立面图

2.2 原施工图方案折线钢架的设计总结分析

上述所分析的原始面板分格与斜率一致，并不是水平的，这就导致我们的横向龙骨其实并不是一个水平的（图4），整个主体骨架除了竖向大立柱垂直于地面以外，其他的所有龙骨都是有角度（非水平垂直）的，而且由于上面说到的面板的斜率都不一样，所以龙骨切割的角度也都不一样。其加工难度非常大，加工精度无法保证，工艺要求也高。

综合所分析的情况，主要有两个难点：

（1）穿孔铝板的加工种类多，工厂加工难度增加，同时现场安装难度也会相应加大。

（2）穿孔铝板的次龙骨都是有角度的，穿孔幕墙的面积大，大面积的角度加工对龙骨的精度控制提出了挑战，加工质量暗孔控制难度会进一步提高。

优化次龙骨的思路如下：

将分格调整为水平，保证主体方便焊接定位。齐口龙骨垂直立柱肯定比斜口好定位，若保证了定位点准确，整个骨架的拼接就顺利了。但横向龙骨（图5）交接位仍有斜口需要适应整体斜率的变化。故如果面板斜率仍旧是渐变的话，每一根龙骨还是不一样，加工难度依旧很大，所以突破口在统一斜率上。

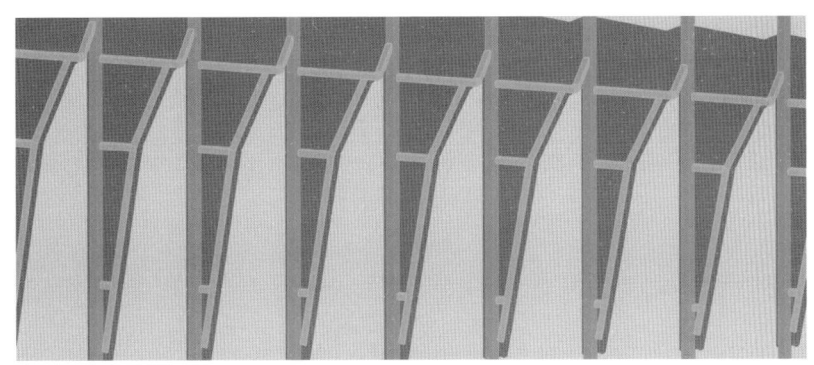

图 4 折线幕墙龙骨模型图

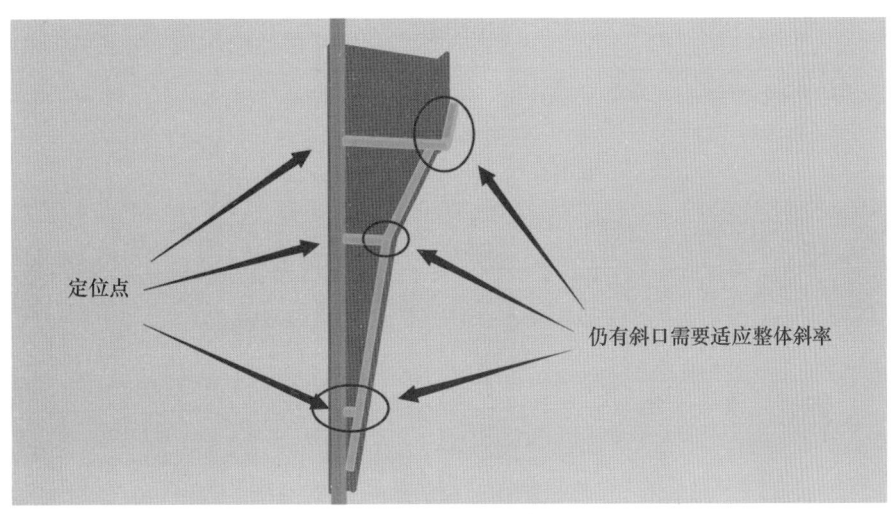

图 5 折线幕墙龙骨模型图

如果将三根斜率控制线平行，那么就会得到一个统一的近似解。

方案 1：统一上半段斜率。其明显优势是上半段次龙骨尺寸统一，切割角度统一。其明显劣势是牺牲了部分立面视觉效果。

方案 2：将下半段斜率统一。下半段次龙骨切割角度统一，相邻几个板块的次龙骨长度统一，相邻几个板块的组装图可以统一。其明显劣势是底部宽度视觉效果不一致。

折线幕墙立面图如图 6～图 8 所示。

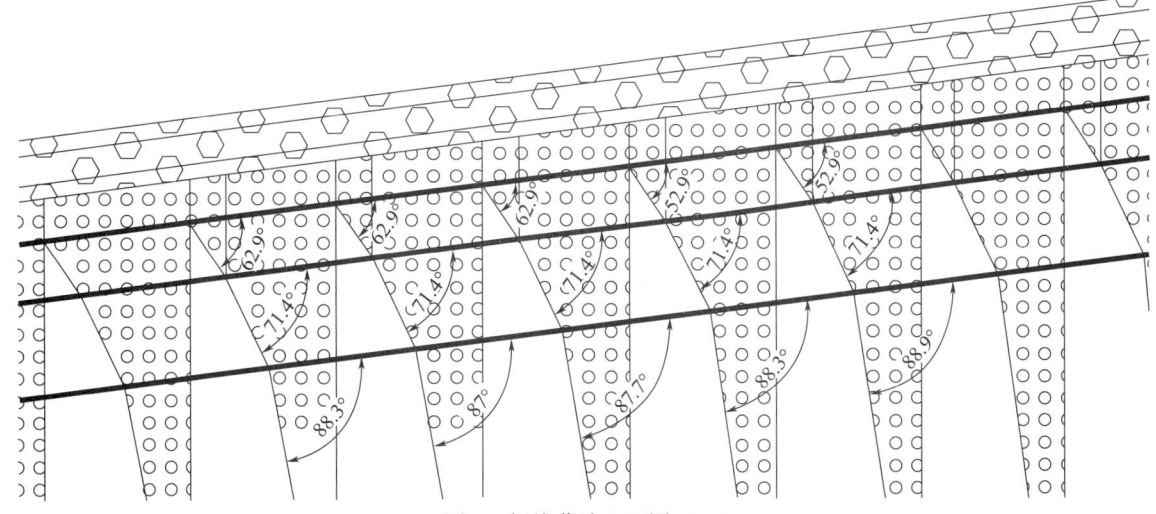

图 6 折线幕墙立面图（一）

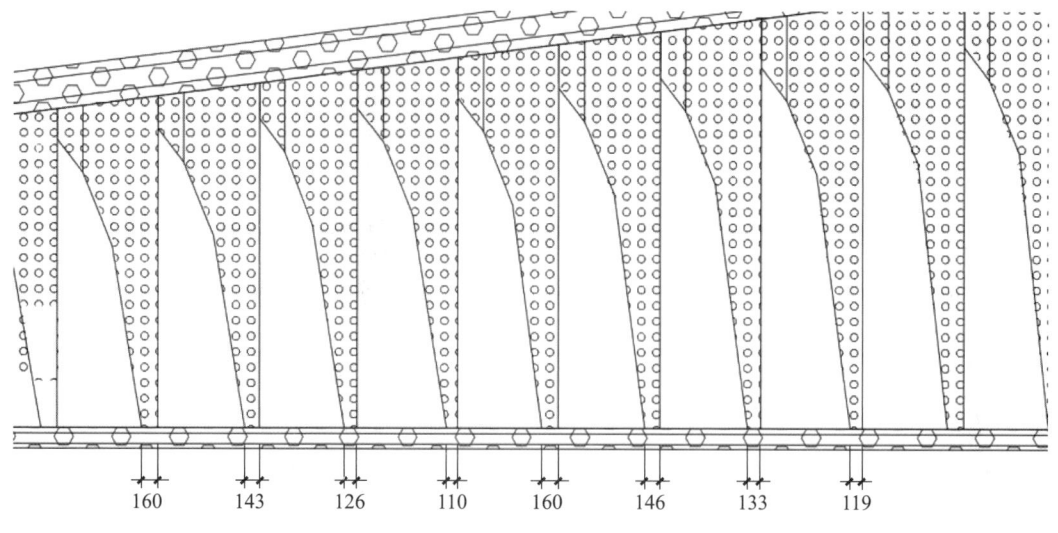

图 7 折线幕墙立面图（二）

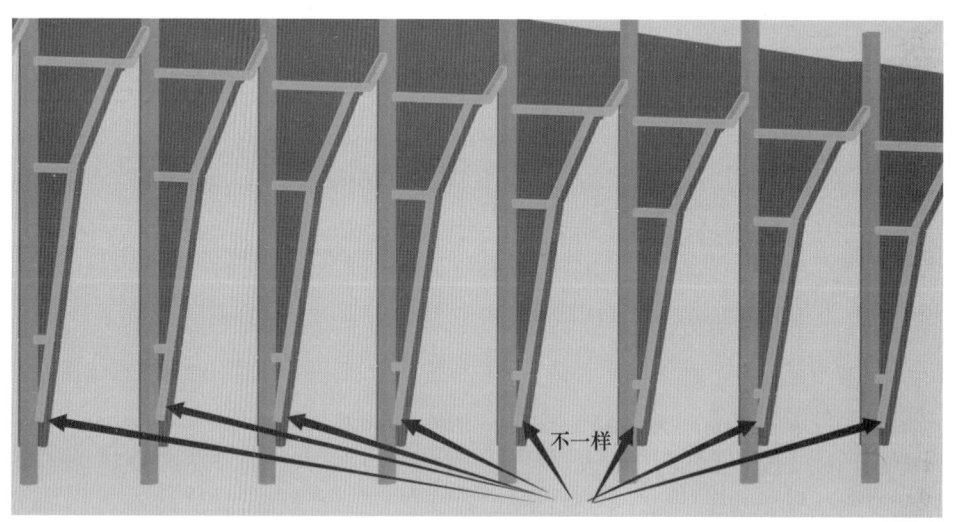

图 8 折线幕墙立面图（三）

以上优化思路均为优化龙骨组装。

两种龙骨方案对应的面板加工和效果也是关联的。

上述方案 1 以原来立面的中间控制线为基准做平行的三根控制线，调整最左侧六个分格的控制线，使效果优化立面（图 9）非常贴近原始立面（图 10）。

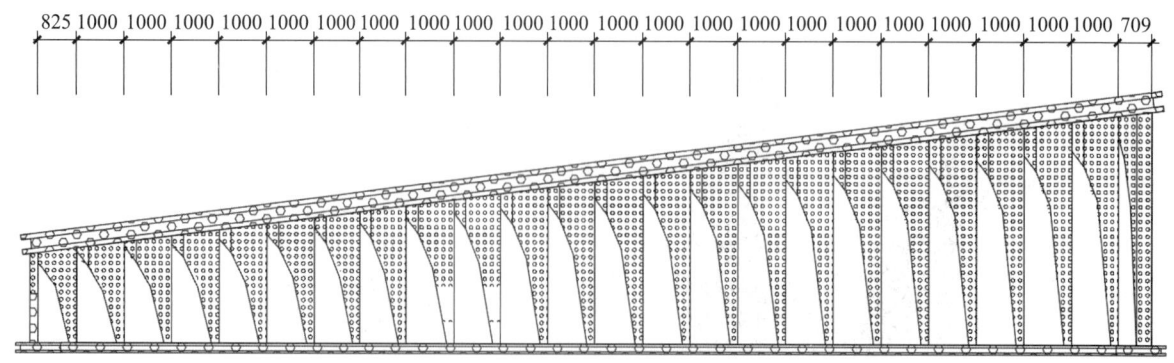

图 9 优化后折线幕墙立面图（方案 1）

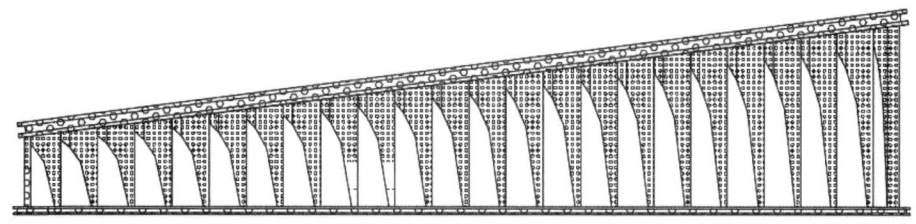

图 10　原始立面图

方案 1 优点：视觉效果与原来立面极为接近，相邻 3～4 板块骨架组装图统一，次龙骨加工尺寸和切角统一。其缺点是面板全都不一样。

方案 2 以原来立面的顶部斜率为基准做平行的三根控制线，调整最左侧六个分格的控制线后的立面使效果（图 11）大部分贴近原始立面（图 10）。

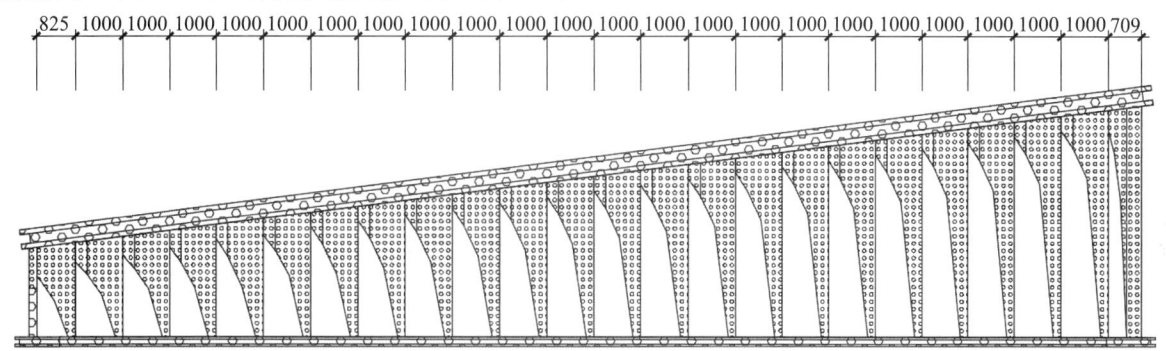

图 11　优化后折线幕墙立面图（方案 2）

其优点：相邻 3～4 板块骨架组装图统一，次龙骨加工尺寸和切角统一。上半段穿孔板尺寸及加工图统一。其缺点：视觉效果与原来立面有局部出入。

针对以上各方评审总结出的意见，最终我们采取了方案 2 的效果来施工推进。

方案 2 有如下优点：

(1) 统一了大部分的龙骨组装图，同时次龙骨的加工尺寸和角度尽可能地统一了。

(2) 穿孔铝板的大部分尺寸和加工图统一，对设计下单的效率有进一步的提升。

(3) 龙骨组装图的大面积统一和铝板尺寸编号的大面积统一也极大地提高了现场的安装工效。

2.3　施工方案的设计分析

原招标方案采用的是常规框架式幕墙安装方法，经过分析有如下几个缺点：

首先，从招标方案竖剖节点中可以看出，折线穿孔铝板幕墙的安装顺序是先焊接 12 号槽钢支座，其次安装折线穿孔铝板的主龙骨再焊接横梁，最后安装面板。此铝拉网吊顶系统不管是支座和主体的连接，还是主龙骨与横梁的连接都是通过焊接实现的。不管是这种零散的施工工序，还是大面积的空中焊接，难易程度都是非常大的。

其次，此部分建筑标高分别为 150m，全部是临边作业。

综上所述，此折现铝板幕墙框架系统对现场的安装加工来说是非常烦琐复杂的；

为保证加工精度、安装质量、节约工期，最终确认主龙骨散装、次龙骨装配的施工方案。

3　折线幕墙装配式和 BIM 结合应用施工安装

我们通过犀牛软件将穿孔的钢架和面板按 1∶1 比例还原上述分析的方案 2 情况。最终业主和设计院确认此位置方案。

3.1 方案建模

根据施工平面图对主次龙骨平立面进行放样，见图 12，保证主龙骨位置和完成面的准确性。在犀牛软件中根据确定的完成面、主龙骨位置以及大面斜率控制线，用 Grasshoper 通过编程手段快速建模，其中每一个构件都能够实现根据控制物件的变动而调整，实现了 CAD 改图联动模型实时变化，实时输出可供直观参考的模型，见图 13，对整体方案的调整以及优化节省了极大的精力及时间成本。

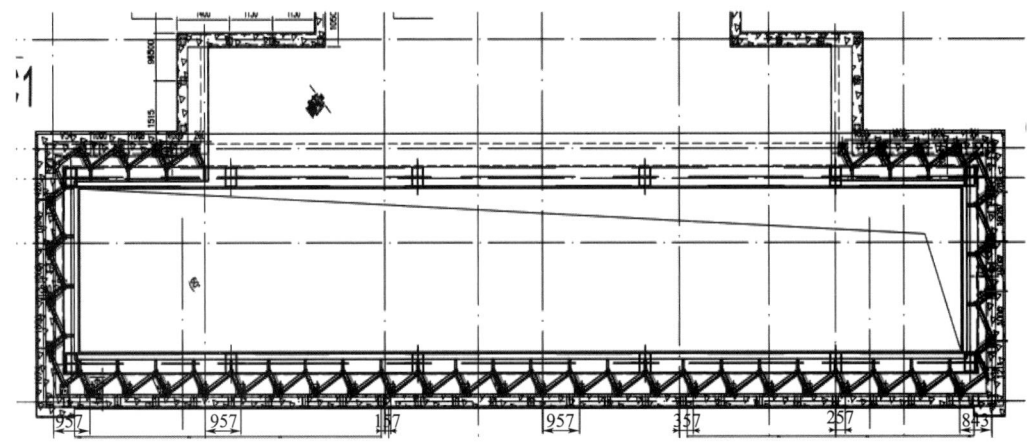

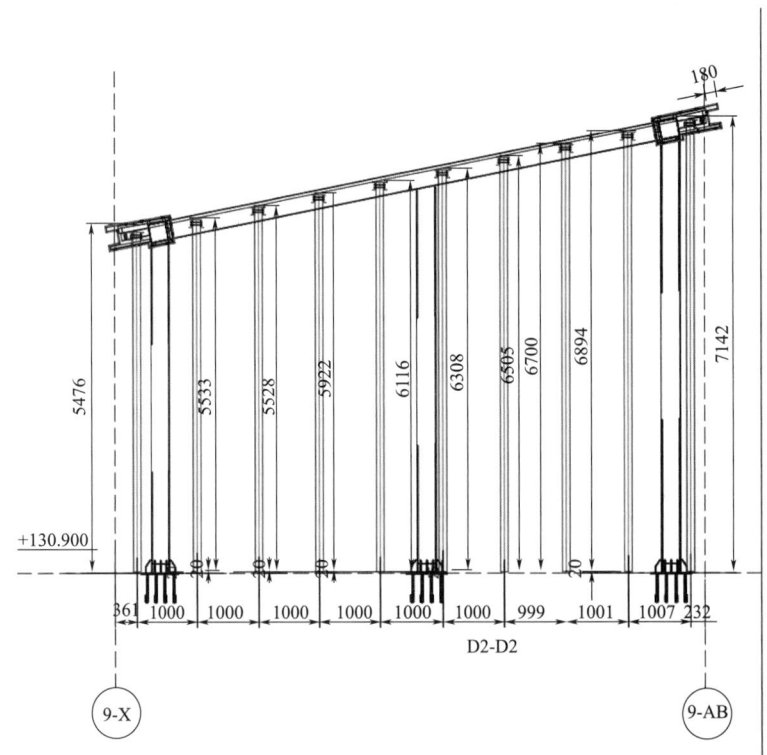

图 12 主次龙骨平立面放样图

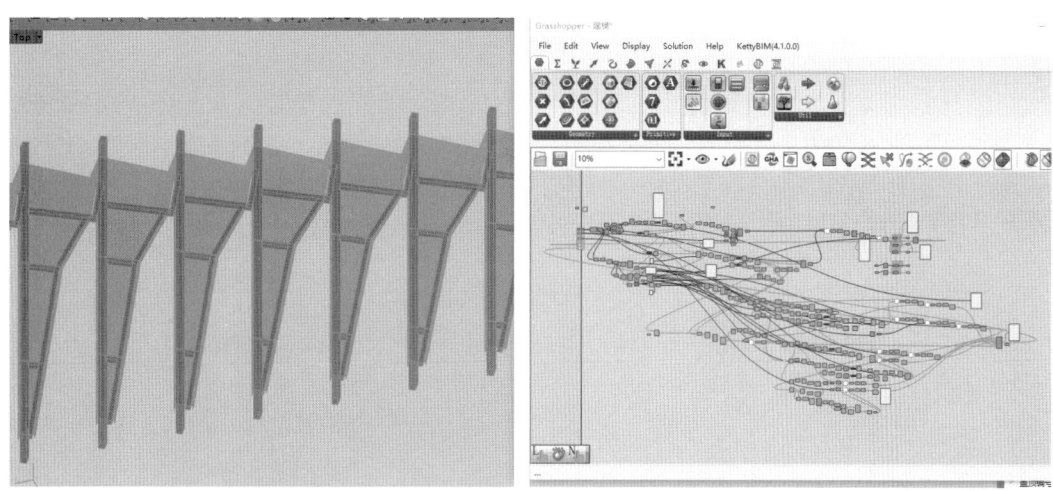

图 13　Grasshopper 快速建模示意图

依此方法每次只能得到一个面的模型，当业主确定方案通过后，用同样的方法将所有模型建立出来并整合到一起，见图 14，研究转角板块可能存在的一些冲突及问题。

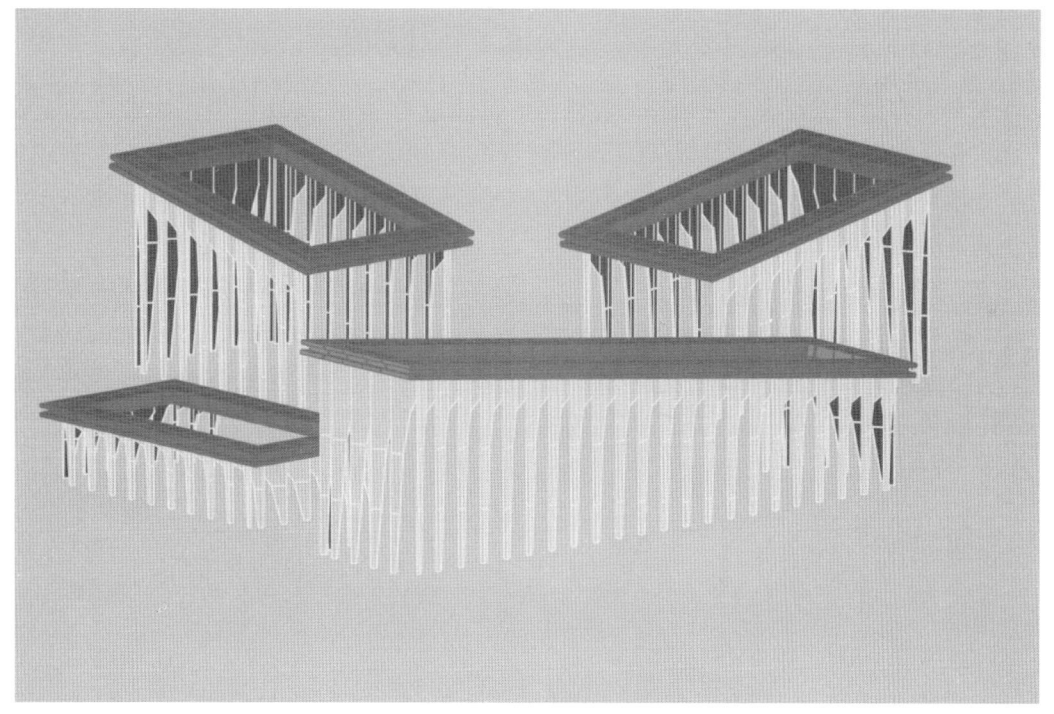

图 14　F 栋整体铝板造型图

3.2　BIM 碰撞检测分析

为了得到幕墙与结构可能存在的碰撞数据，我们根据总包结构图及钢结构图以及现场反尺得到现场实际情况的模型。现场钢结构因为长度过长出现中间明显重力形变。为了保证效果，我们决定扩大间隙容差来适应形变。通过 Grasshopper 分析包梁铝板与结构内空间隙数据（图 15），优化节点做法，确保现场安装不会出现问题。

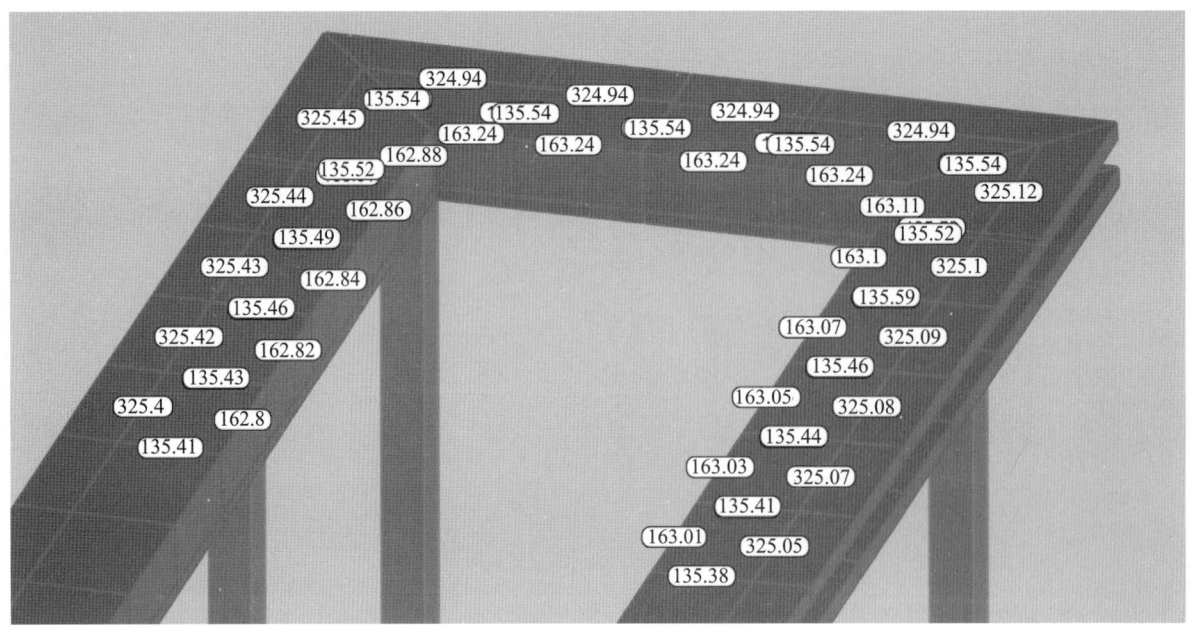

图 15　包梁铝板 Grasshopper 分析示意图

3.3　运用 Grasshopper 电池将次龙骨组装图导出 CAD

预先在模型内将装配式次龙骨分组编号整理好，再通过 Grasshopper 电池一次性将次龙骨加工组装图制作出来，极大地提高了出图效率（图 16～图 18）。

预先将相关内容在模型内标注清楚，然后导为 CAD 格式输出成布置图，如图 18 所示，现场根据上述图纸加工安装，如图 19 所示。

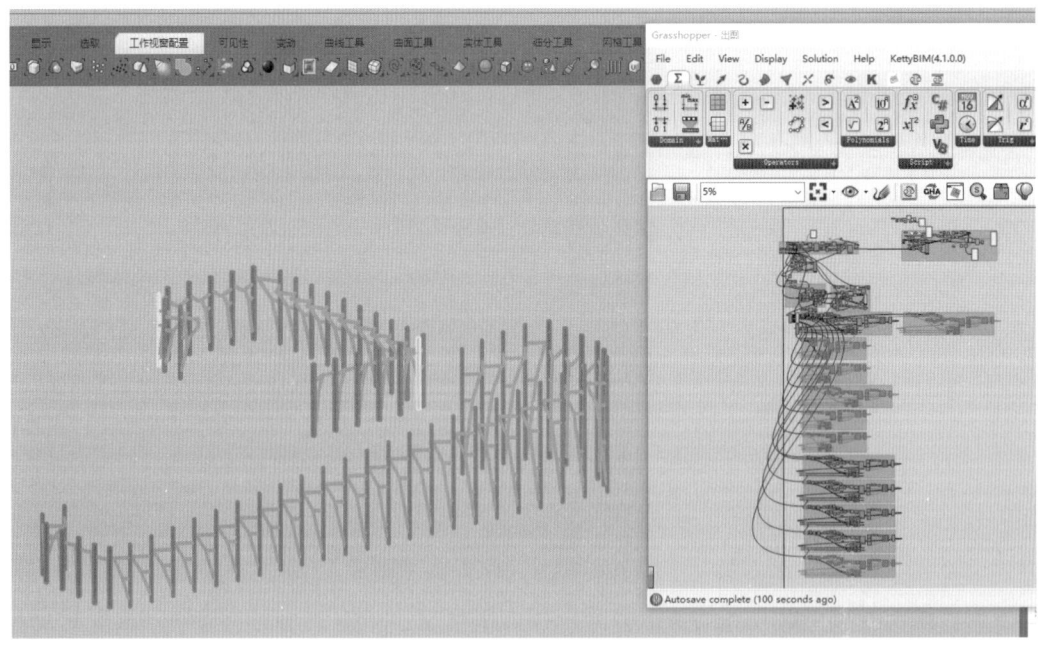

图 16　次龙骨 Grasshopper 出图

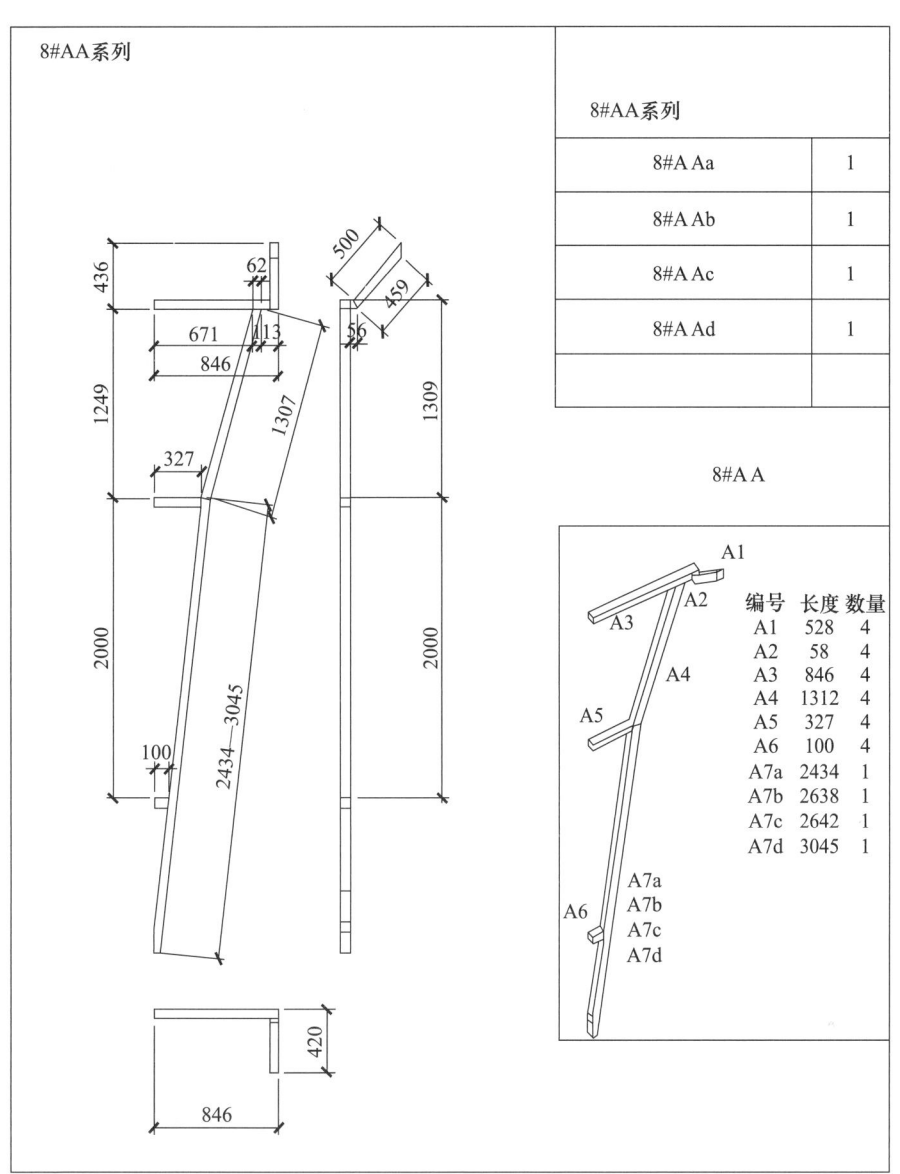

图 17　单品装配式骨架 Grasshopper 出图

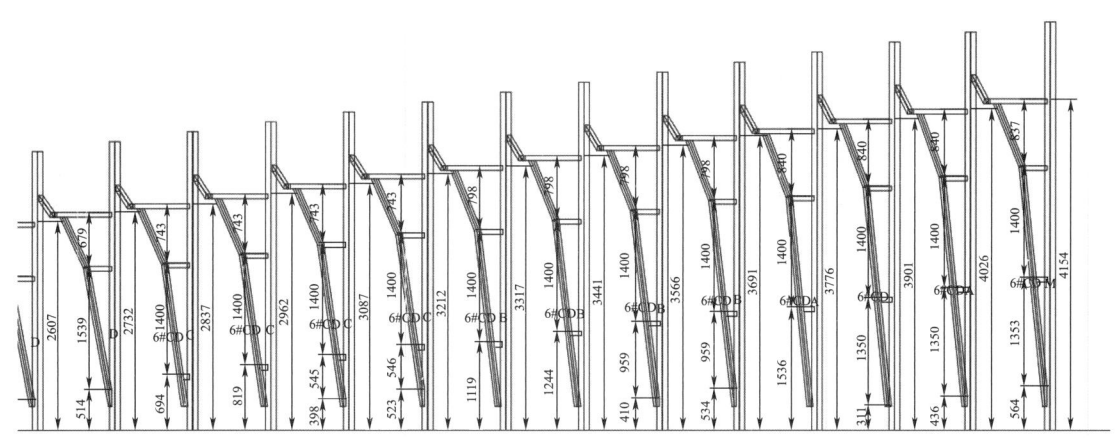

图 18　局部龙骨定位布置图立面

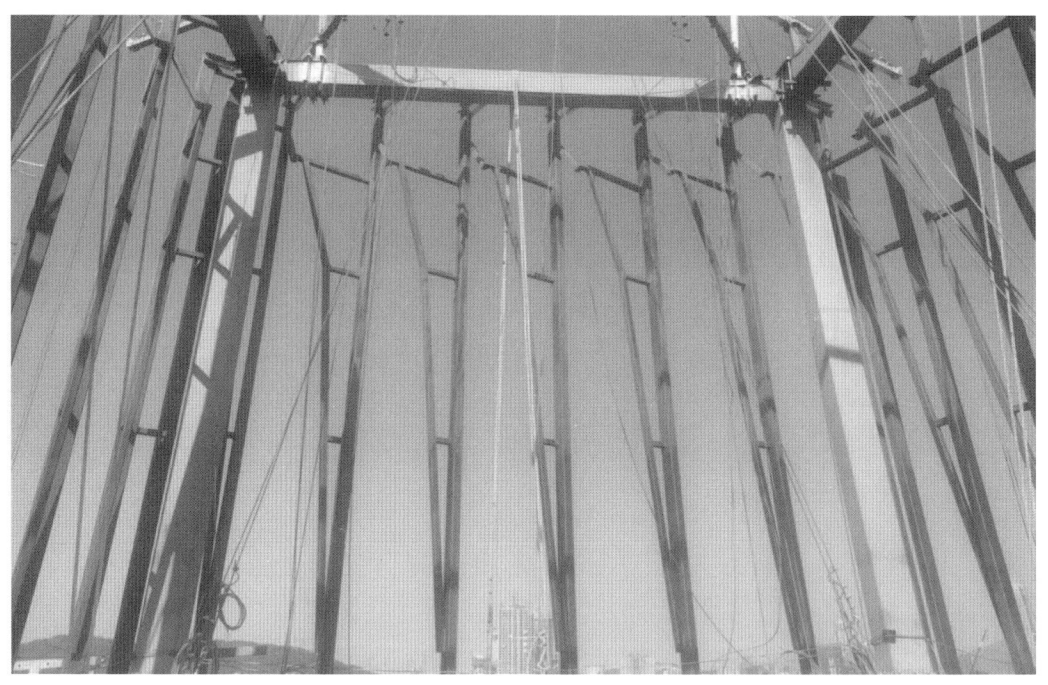

图 19　现场龙骨安装

3.4　运用 Grasshopper 电池将铝板加工图和布置图导出 CAD

预先在模型内将穿孔铝板分组编号整理好（图 20），然后将标准加工图制作出来（图 21），再通过 Grasshopper 电池一次性将穿孔铝板展开图制作出来（图 22），然后将标准板块的加工工艺加入到每个板块中，极大地提高了出图效率，班组再按此铝板进行安装（图 23、图 24）。

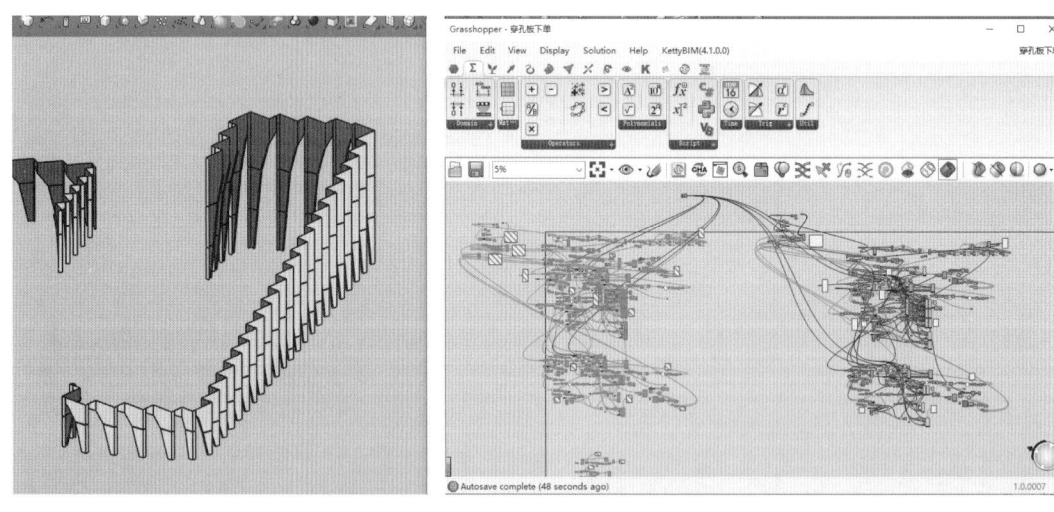

图 20　穿孔铝板 Grasshopper 出图

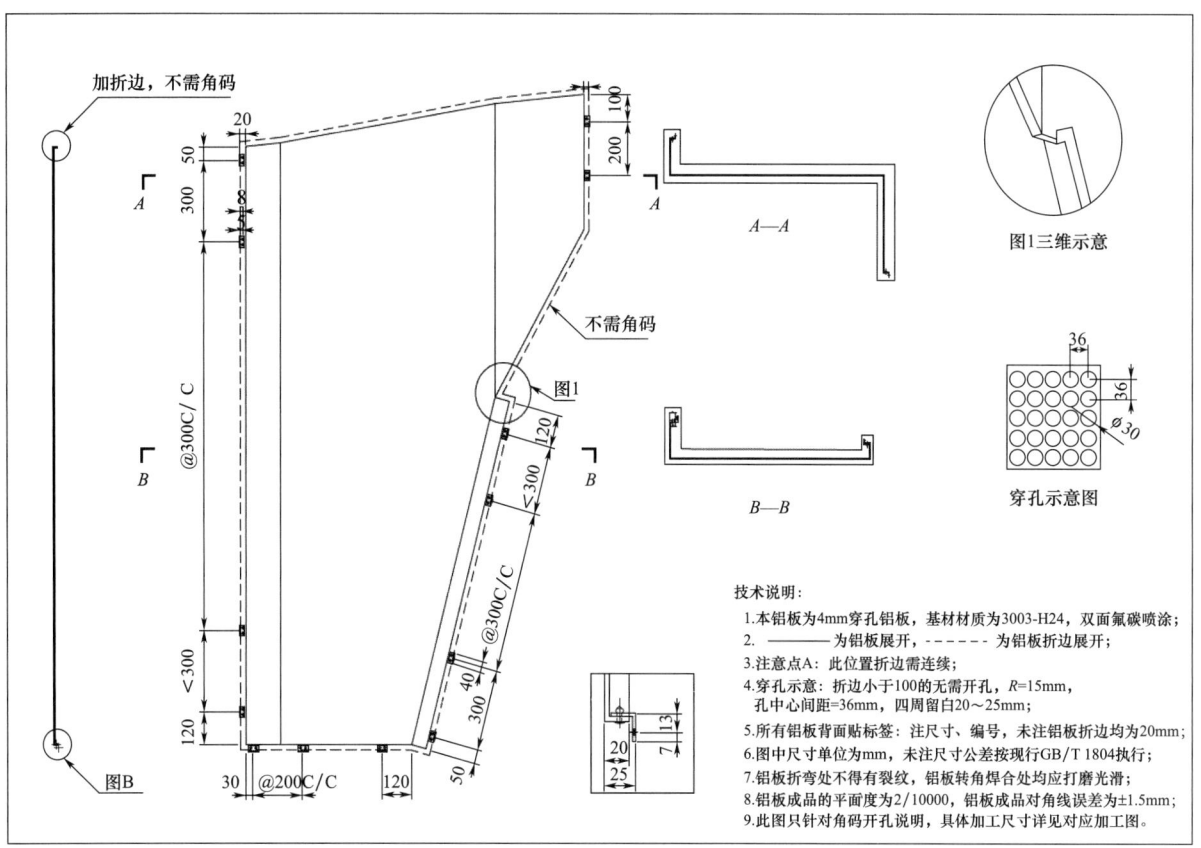

图 21 穿孔铝板标准加工图

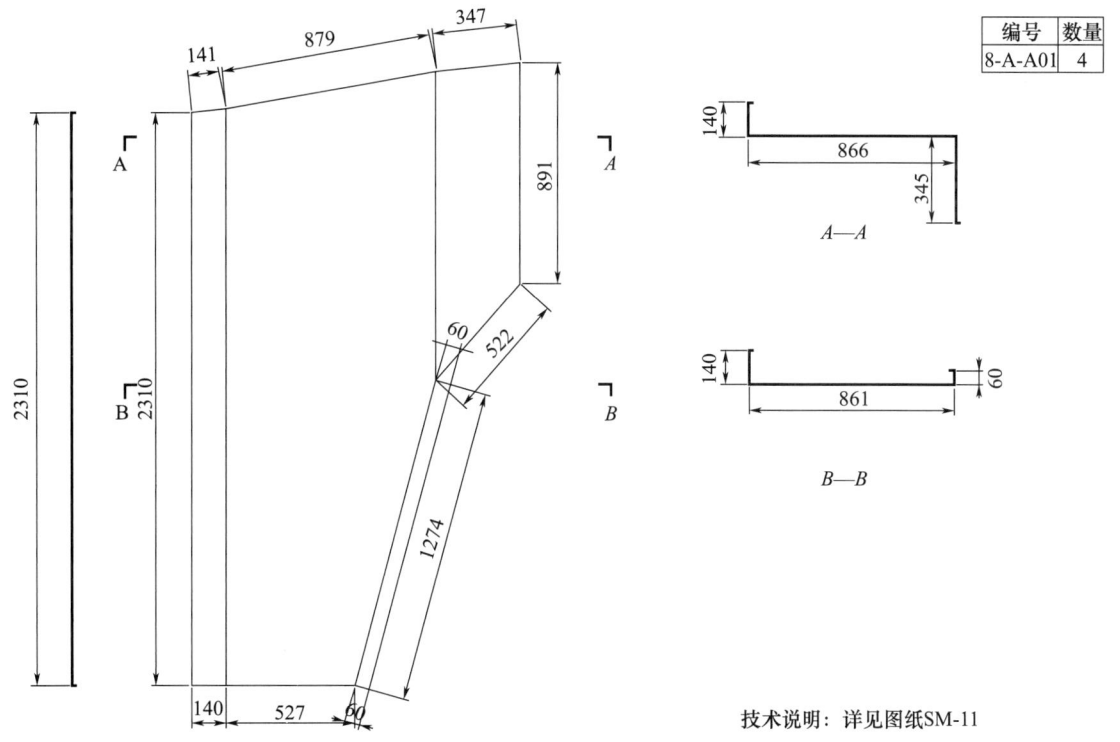

图 22 Grasshopper 批生产加工图

图 23　现场整体铝板安装

图 24　现场整体铝板安装

4　结语

采用装配式的施工设计方案已是社会发展的必选方案，相对于传统的"构件式幕墙"的定义来说，装配式幕墙就是将面板和金属骨架（钢立柱、横梁以及铝合金立柱、横梁等）在工地或者工厂组装成整体，在现场完成整体的吊装施工。装配式板块通常是一个楼层或者几个分格一起组装为一个板块，具有工厂化程度高、施工周期短以及板块的整体质量等高优点。

BIM 技术对于方案设计、材料加工及施工定位布置等工作内容有显著作用。从方案设计上可以通过实时调节快速生成方案模型以供业主确认效果，直观地加强了设计端的沟通，但同时要从整体来考虑整个方案内容的可实施性，提前将后续加工及施工等方面内容考虑在内来推动方案的整体策划。从材料加工上通过运用 Grasshopper 插件将尺寸、角度各异的构件分别编组、编号再一次性生成加工图、组装图，提高了出图效率和准确率。从施工定位布置上通过软件之间格式传输将三维模型及编号信息等内容输出成 CAD 以供现场施工，检查模型即是检查实际现场情况，保证模型准确即是保证现场安装准确。BIM 技术对于施工端来说是从设计到施工全周期都有很大帮助的技术。

第五部分
理论研究与技术分析

硅酮结构密封胶许用应力的发展演进与展望

◎ 高新来　胡亚飞　段亚冰　李延鑫*

广州集泰化工股份有限公司　广东广州　510670

摘　要　以ASTM的STP专刊文献为主，综述了硅酮结构密封胶许用应力σ从早期10PSI到目前取值20PSI的演进过程，并结合深圳市建筑门窗幕墙学会相关课题的机械疲劳测试数据，展望研讨提高σ的可行性及胶缝设计优化调整策略。

关键词　硅酮结构密封胶；许用应力；结构黏结装配

1　引言

建筑幕墙在全球各地主要城市得到了广泛的建造和持续更新的发展。与幕墙发展相辅相成的一个重要技术进程，是硅酮结构密封胶材料科技和玻璃结构黏结装配应用的发展和演进过程。本文以美国材料与试验协会（ASTM）特别技术出版物（STP）系列专刊英文文献为主，另结合相关国内外其他文献进行综述，回顾硅酮结构密封胶许用应力的取值演进情况。结合深圳市建筑门窗幕墙学会"高强度硅酮结构密封胶应用于超高层建筑幕墙的技术研究"有关课题，展望研讨提高国内目前硅酮结构密封胶许用应力的可行性及胶缝设计优化调整策略。

2　回顾

早期，风载荷下，硅酮结构密封胶许用应力取值σ＝10PSI≈0.07MPa 单位换算，1PSI（磅/平方英寸）≈0.007MPa。

1959年，ASTM专门负责建筑密封与密封胶的C-24技术委员会创立，C-24引领了密封胶有关的试验方法、材料和性能评价研究与ASTM标准的制定及版本升级，有关密封胶的技术研究文献在STP专刊上汇集，形成了系统丰富的研究数据资料。1960年以后开始出现硅酮胶用于玻璃的黏结装配。1977年，Hilliard（胶制造商）、Parise（建筑师）和Peterson（玻璃制造商）联合撰文在STP 638专刊系统性地提出了"胶接密封结构装配 sealant structural glazing"概念：结构装配用的密封胶，主要功能是把面板风载荷传递到周边支撑系统抗风，次要的功能是耐候密封防水。

1960—1980年，基于"硅"的两类材料，一个是无机硅酸盐浮法制造建筑平板玻璃在美国得到规模化发展；另一个是有机硅材料，由此发展出常温湿气固化的硅酮类黏结密封硅酮胶用于结构黏结和填缝，相当于后期的硅酮结构密封胶和耐候胶（但此时还没有建立起硅酮结构胶的标准）。为满足并实现玻璃在建筑上的大量装配应用，开始运用硅酮胶材料实现胶接玻璃的结构黏结密封。

1971年的建筑实例——美国密西根州底特律Smith, Hinchman & Grylls大楼，幕墙采用全隐框

---

* 通信作者，电子邮箱 jishu020@jointas.com。

设计，其胶缝抗风载荷的设计值，硅酮胶的许用应力 $\sigma=10$PSI，根据给出的建筑节点图，采用的是单片玻璃，玻璃厚度6.35mm（1/4英寸），硅酮结构密封胶缝尺寸为黏结宽度17.46mm×胶厚4.76mm（11/16英寸×3/16英寸）。

这个时期，使用的硅酮胶主要是单组分脱醋酸型，颜色主要是半透明和黑色，黑色有利于屏蔽日光的紫外线照射黏结的界面，有利于抗老化。1976年，脱醇型低模量硅胶（灰色）也用于建筑实例——芝加哥艺术学校建筑的玻璃结构黏结装配。这些20世纪70年代的众多建筑工程一直存在并正常使用，成为既有幕墙龄期长、示范效应的工程实例，并在后期不断被作为密封胶实时自然气候条件下老化的案例，进行取样研究密封胶的耐久可靠性能。

这个时期，幕墙胶接装配技术正在发展，有大量的个案工程设计建造实践，知识经验积累，但此时还未有系统完整的幕墙设计计算、理论分析，未有硅酮结构密封胶行业标准规范的情况，工程实践走在了教科书前面。胶接装配的安全历经50年至今还耐久牢靠，除了当时的材料技术水平，决定性成功要素得益于相对保守的幕墙设计，玻璃一般是单片6mm厚度，玻璃尺寸相对小，一般不超过1.0m×1.5m，聚焦到硅酮胶的黏结抗风压载荷上来说，黏结耐久可靠得益于将硅酮结构胶的应用状态设定为处于较低的应用水平（$\sigma=10$PSI≈0.07MPa）。

3 现状

从1980年至今，风载荷下，硅酮结构密封胶许用应力的取值，$\sigma=20$PSI≈0.14MPa。

3.1 密封胶与幕墙设计的标准规范建立、发展与应用

3.1.1 美国建筑密封胶有关的测试方法和标准

ASTM C24组织编制了密封胶的系列测试方法标准，持续发展并形成ASTM密封胶标准系列。里程碑的节点有：《通用型建筑密封胶的技术规范》（ASTM C920—1979）发布，适用于硅酮结构密封胶H型样件测试的《拉伸粘接性的试验方法》（ASTM C1135—1990）发布，全球首个《硅酮结构密封胶技术标准》（ASTM C1184—1991）发布。C1184给出了H黏结样件拉伸破坏强度>50PSI（0.345MPa）的力学指标要求，但没有给出许用应力σ取值，没有往复拉伸压缩机械疲劳测试方法和数值要求。

《幕墙玻璃结构装配的标准指南》（ASTM C1401—1998）发布。ASTM C1401中明确了风载荷和其他活动载荷下，硅酮胶的许用应力σ取值20PSI，玻璃自重等因素的长期载荷下，硅酮胶的许用应力σ取值1PSI。

3.1.2 中国硅酮结构密封胶国家强制标准《建筑用硅酮结构密封胶》（GB 16776—1997）与《玻璃幕墙工程技术规范》（JGJ 102—1996）的σ取值

《建筑用硅酮结构密封胶》（GB 16776—1997），是在ASTM C1184—1995版本基础上进行非等效采用。《玻璃幕墙工程技术规范》（JGJ 102—1996）在第5.6部分硅酮结构密封胶的强度验算里，f_1取0.14MPa，f_2取0.007MPa，与ASTM C1401设计取值基本一致。

《玻璃幕墙工程技术规范》JGJ 102从1996版本升级到《玻璃幕墙工程技术规范》JGJ 102—2003版本，第5.6.2条，f_1取值时修改调整为0.2MPa，在计算公式5.6.3-1黏结宽度$C_s=[(W\times a)/2000\times f_1]$，公式中风载荷取设计值$W$，$W=r_w\times W_k=1.4\times W_k$（$W_k$为风载荷标准值），《玻璃幕墙工程技术规范》（JGJ 102—2003）第5.4.2条给定风载荷分项系数r_w取1.4；以风载荷标准值W_k为基准，实际的胶的许用应力$\sigma=f_1/1.4=0.2$MPa$/1.4\approx0.14$MPa。比较《玻璃幕墙工程技术规范》（JGJ 102—2003）与《玻璃幕墙工程技术规范》（JGJ 102—1996），硅酮胶的许用应力σ取值是基本一致的，与ASTM C1401取值是基本一致的。

3.1.3 欧盟《结构密封胶装配体系欧盟技术认证指南》ETAG002标准与σ取值

ETAG002《结构密封胶装配体系欧盟技术认证指南》1999首版，在附录A2.1部分明确σ取值按

$\sigma=R_{u,5}/6$,不是确定值[$R_{u,5}$为实际测试拉伸强度统计修正值（强度特征值）概率统计意义上置信度75%测试样品95%概率大于该值]。ETAG002在5.1.4.6.5部分设置了机械疲劳测试，只有拉伸方式的疲劳，没有压缩疲劳。疲劳采用拉伸应力梯形载荷，8s内完成1次循环，在设定载荷下延时维持2s。总体测试程序为：(1) 在（0.1～1.0）σ，测试100个循环；(2) 在（0.1～0.8）σ下测试250个循环；(3) 在（0.1～0.6）σ下，测试5000个循环。

行业标准《建筑幕墙用硅酮结构密封胶》(JG/T 475—2015) 参照ETAG002的测试要求，但没有给出σ取值。

3.2 硅酮结构密封胶的化学性质

随着玻璃科技的发展，镀膜玻璃和中空玻璃的使用，胶与玻璃的相容性和适配得到经验反馈，单组分潮湿固化脱酸型硅酮胶对镀膜玻璃的镀膜有腐蚀不相容不适用，开始发展出硅酮密封胶新技术新化学体系——中性单组分脱醇和脱肟型硅酮胶，为了满足中空玻璃的合片黏结和幕墙玻璃结构装配胶缝注胶的快速深层内部固化，发展出双组分A/B中性脱醇缩合型硅酮胶产品技术，发展出结构黏结装配的车间注胶技术工艺和规程。

在名称相同的"硅酮结构密封胶"下，按固化方式分为单组分潮气固化类型和双组分A/B混合反应固化类型；按反应产物分为脱酸型、中性单组分脱甲醇、脱酮肟型、中性双组分脱醇（乙醇、丙醇）不同化学类型；按应用场景分为中空玻璃第2道结构黏结密封的硅酮结构密封胶（IGS），和铝型材上黏结玻璃面板的硅酮结构密封胶（SSG）。硅酮结构密封胶已经不是单一的产品，而是多种化学类型的产品族。

3.3 硅酮结构密封胶固化后的橡胶物理应力和应变特性

硅酮结构密封胶作为结构连接材料，承担面板的活动载荷（liveload，主要是风载荷）和长期载荷（deadload，比如面板自重）并适应一定形变（拉伸形变和剪切形变，以及两者的组合形变），在满足与面板玻璃和框架基材黏结牢固的情况下，硅酮结构密封胶固化后形成的固体硅橡胶要担负类似"橡胶弹簧"一样的功能，其应力和应变特性非常重要，实现耐久的结构黏结，要使"橡胶弹簧"在受控的"行程"应变范围内工作。超出弹性范围的机械疲劳受力和持久的受力，导致黏结特性的高分子橡胶会产生材料的蠕变和不可弹性恢复的损伤导致材料本体内聚破坏或者与基材的界面黏结破坏。因此，确定合适的应力和应变使用边界条件，对硅酮结构密封胶的黏结耐久疲劳寿命至关重要。

3.4 风载荷下$\sigma=20$PSI取值的重要技术支持文献及数据

3.4.1 风载荷下，硅酮结构密封胶黏结宽度（bite）的数学算法

1989年，Haugsby M. H.等发布了经典的力学计算公式-梯形载荷分布理论，用来计算风载荷下硅酮结构密封胶黏结宽度（bite）的算法。以常见的图1所示的矩形玻璃面板为例，黏结宽度计算公式为：

$$\text{硅酮结构胶黏结宽度 bite (mm)} = \frac{1}{2} \times \frac{\text{风压标准值}W_k\text{(kPa)} \times \text{最大短边长（mm）}}{\text{硅酮结构胶允许应力}\sigma\text{(kPa)}}$$

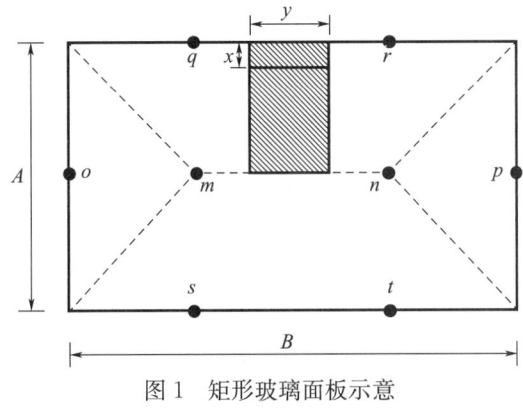

图1 矩形玻璃面板示意

除矩形胶缝外，也给出形状为三角形、规则多边形、不规则多边形的玻璃面板的胶缝黏结宽度的计算公式，以及长期载荷下，玻璃自重因素对硅酮结构胶黏结宽度的计算公式。该研究成果被写入 ASTM C1401 的第 30 节硅酮结构密封胶的节点计算。

《玻璃幕墙工程技术规范》（JGJ 102—2003）规范相应计算公式黏结宽度 C_s 遵循相同的原理公式。

欧盟 ETAG002 在附录 2 ANNEX2 部分的计算公式 $h_c \geqslant (a \times w)/2\sigma$ 也遵循相同的原理公式。

计算公式中，黏结宽度 bite 计算值是与 σ 成反比。以 σ 取值 10PSI 与取值 20PSI 两种取值设计条件相比，bite 的胶宽（数值单位为 mm）将相差一倍。

3.4.2 硅酮结构密封胶蠕变破裂与疲劳的耐久性试验研究、数值模型

1990 年，Sandberg、Rintala 进行了"硅酮结构密封胶蠕变破裂与疲劳的耐久性"试验研究和数值分析，以 3 个类别（单组分酸性、单组分中性、双组分中空硅酮结构密封胶），三种形式的黏结试样，三种载荷加载方式，组合条件进行了表 1 所示共五组测试。

表 1　试验数据

试验组别	试验类型	硅酮结构胶类型	试样形式	加载方式
1	拉伸蠕变	1 组分，脱酸	H 型拉伸样件	恒载
2		1 组分，脱酸		阶梯增加载荷
3	机械疲劳：拉伸压缩	1 组分，中性	中空合片样件	正弦波
4		2 组分，中性		
5	机械疲劳：剪切	1 组分，脱酸	搭接剪切样件	

进行了数据回归和数值分析和模型预测，图 2 为试验组 3 的中性胶正弦波机械拉压疲劳应力-失效次数对数，图 3 为疲劳应力-失效循环次数（千次）的寿命测试曲线。综合试验用的几种胶的测试数据，活动载荷取 140kPa，具有较高的疲劳周期数值。

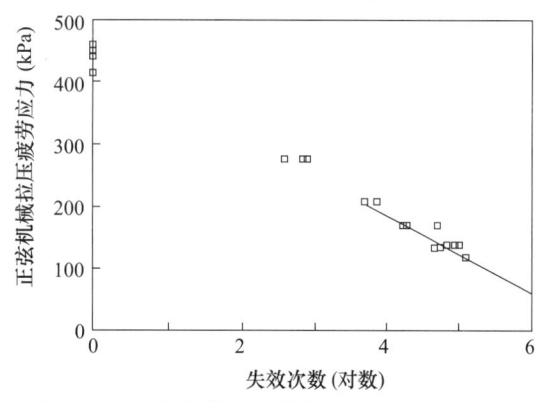

图 2　正弦波机械拉压疲劳应力-失效次数（对数）

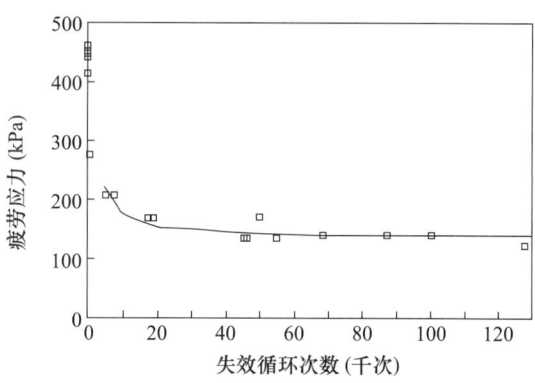

图 3　疲劳应力-失效循环次数（千次）

3.4.3 硅酮结构密封胶的机械疲劳试验研究

该验证试验由美国国家科学基金风工程项目资助，德克萨斯理工大学（Texas Tech University）风工程研究中心和玻璃研究与测试实验室支持，由研究生 Darrel Lewis Sheridan 于 1992 年进行。该研究项目先进行了疲劳试验设备的设计加工和校准，运用该疲劳试验设备进行了 22 个试件的疲劳试验。试验条件：采用正弦波加载，拉伸压缩往复式机械疲劳测试，常温，拉伸压缩疲劳试验频率 1Hz（图 4），测试胶为 SSG4000 单组分硅酮结构密

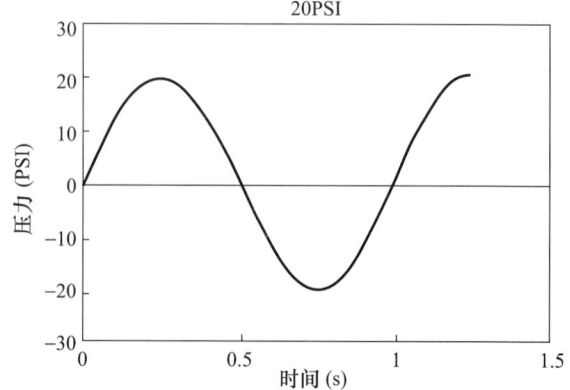

图 4　频率 1Hz，正弦波型，20PSI 拉伸压缩

封胶，黏结试件采用 ASTM C1135 拉伸黏结件（胶体尺寸接近《建筑用硅酮结构密封胶》（GB 16776—2005）的 H 黏结样件），50mm 长×12mm 黏结宽度（bite）×12mm（胶厚），黏结试样为玻璃和铝材。疲劳应力（20PSI，28PSI，30PSI，40PSI）和疲劳破坏次数的比较试验数据见表 2。

表 2　疲劳试验编号、应力条件、疲劳破坏次数 SSG 试验结果

试验编号	试验压力（PSI）	疲劳破坏次数（次）
SSG-6	30	33500
SSG-7	40	28238
SSG-8	40	26100
SSG-9	30	37044
SSG-10	30	45486
SSG-11	40	30880
SSG-12	20	687600
SSG-13	20	392543
SSG-14	28	72448
SSG-15	25	
SSG-16	40	11536
SSG-17	28	80339
SSG-18	40	49962
SSG-19	40	50120
SSG-20	40	33271
SSG-21	30	95901
SSG-22	30	13641
SSG-23	28	117810
SSG-24	28	92011
SSG-25	20	892067
SSG-26	20	216774
SSG-27	20	419832

通过在 20PSI、28PSI、30PSI、40PSI 几个应力条件下进行机械疲劳试验验证后进行统计分析比对后，取定 20PSI 的应力水平，疲劳次数数值最大，抗疲劳更优。

3.4.4　硅酮胶模量类型与风压变形的相关性研究

1989 年，Christine M. Schmidt 和 Willam J. 等人进行了小尺寸（1.5m×1.8m）矩形玻璃四边打胶全隐框玻璃幕墙单元的硅酮结构胶黏结装配试验，单片钢化玻璃厚度 6.4mm，幕墙组件制作了 31 组，采用了高模量、中模量、低模量 3 个种类的硅酮结构密封胶，与透明玻璃、反射玻璃进行搭配。设计风压 60PSF（磅/平方英尺）=2.868kPa，硅酮结构胶许用应力按 σ=20PSI 取，胶缝黏结宽度（bite）16mm（5/8 英寸），胶厚 6.4mm（1/4 英寸），见图 5。

在玻璃的边缘按图 6 的位置布置了位移传感器，把组件单元安装在可以内侧施加气压的加压箱体来向室外侧加压，模拟户外负风压下玻璃外移的情况，试验的加压条件分别采用 30PSF（磅/平方英尺）=1.434kPa（0.5 倍设计风压）、60PSF=2.868Pa（1.0 倍设计风压）、90PSF=4.302 kPa（1.5 倍设计风压）进行。

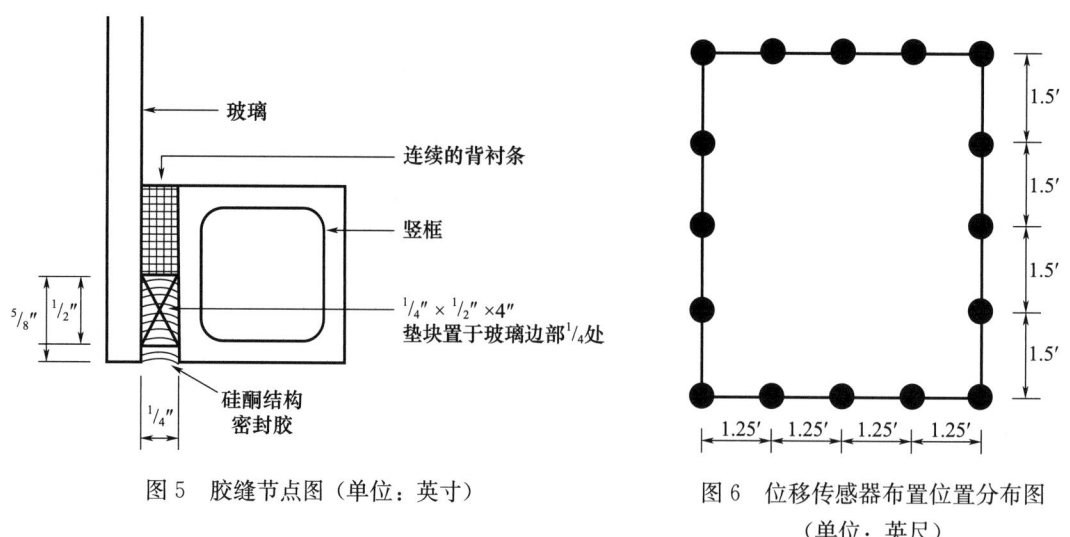

图 5 胶缝节点图（单位：英寸）　　　　图 6 位移传感器布置位置分布图
　　　　　　　　　　　　　　　　　　　　　　　（单位：英尺）

试验结果（表 3）表明，透明玻璃和反射玻璃（有遮阳作用），对应新制作和硅酮胶固化养护 2 年再测试，高模量硅酮胶 2 年后模量略微增高，受风压下玻璃的形变量稍变小；中模量类型的硅酮结构胶没有明显的影响，高模量和中模量在设计风压 60PSF（胶的应力 20PSI）下都通过了测试。低模量类型的硅酮胶在设计风压 60PSF（胶的应力 20PSI）下，布置在玻璃边部的监测位移数值表现出较大位移量（图 7）。

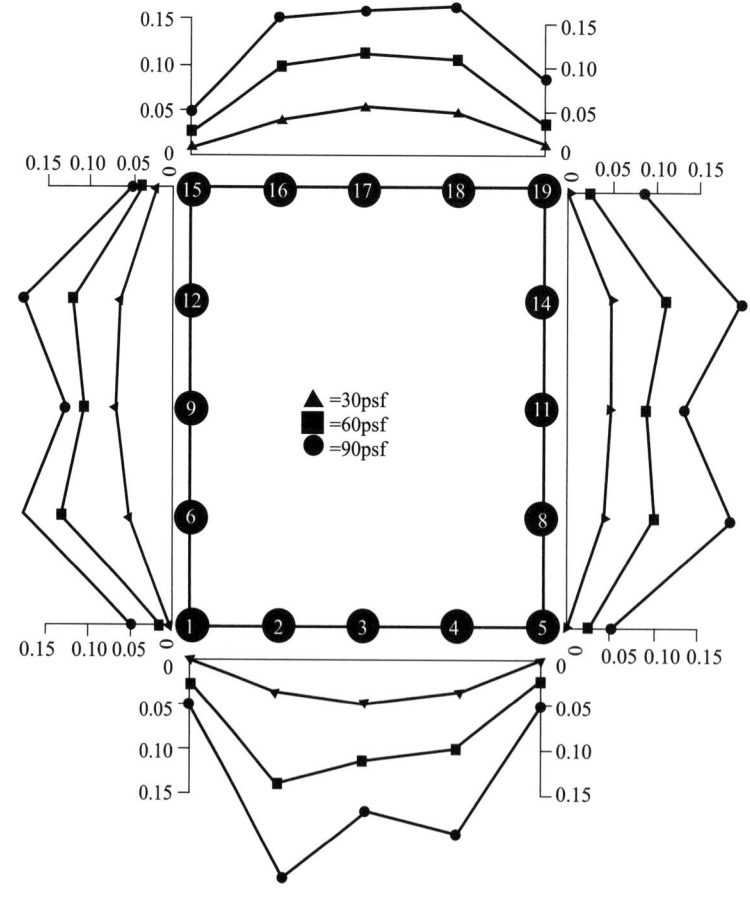

图 7 低模量类型胶在 3 个风压下，面板边部变形量分布图（英寸）

表 3　高模量胶（透明、反射玻璃）、中低模量玻璃面板边部变形量数据表（英寸）

磅/平方英尺	测试年份 1981					测试年份 1983				
	密封胶：高模量类型　玻璃：透明玻璃									
	1	2	3	4	5	1	2	3	4	5
30	0.01	0.07	0.07	0.04	0.01	0.00	0.04	0.06	0.04	0.00
60	0.03	0.13	0.12	0.09	0.02	0.01	0.08	0.10	0.08	0.02
90	0.05	0.19	0.17	0.15	0.04	0.04	0.13	0.15	0.14	0.04
	密封胶：高模量类型　玻璃：反射玻璃									
	1	2	3	4	5	1	2	3	4	5
30	0.00	0.06	0.07	0.06	0.01	0.00	0.05	0.05	0.04	0.00
60	0.01	0.13	0.12	0.12	0.01	0.02	0.09	0.09	0.09	0.01
90	0.03	0.19	0.17	0.18	0.02	0.04	0.15	0.14	0.14	0.02
	密封胶：中模量类型　玻璃：反射玻璃									
	1	2	3	4	5	1	2	3	4	5
30	0.00	0.04	0.06	0.05	0.00	0.00	0.05	0.06	0.05	0.01
60	0.01	0.09	0.11	0.11	0.01	0.01	0.11	0.11	0.09	0.02
90	0.02	0.14	0.16	0.16	0.03	0.04	0.16	0.16	0.15	0.03
	密封胶：低模量类型　玻璃：反射玻璃									
	1	2	3	4	5	1	2	3	4	5
30	0.00	0.07	0.09	0.07	0.01	0.00	0.05	0.06	0.03	0.00
60	0.01	0.14	0.16	0.15	0.02	0.02	0.14	0.12	0.10	0.02
90	0.03	0.22	0.24	0.32	0.06	0.05	0.25	0.17	0.20	0.05

该比对测试表明，在 20PSI 的许用应力下，低模量硅酮密封胶不适合作为硅酮结构密封胶来使用，负风压下玻璃变形的幅度会外移，超出玻璃下方承重垫块的托底的限位而下坠卡住，导致不能复位。

幕墙设计关于胶缝的算法，硅酮结构密封胶强制国标和应用技术规程规范已经制定实施多年，建筑硅酮结构密封胶被量产制造和广泛的幕墙门窗工程实践应用，2000 年前后建造的幕墙已经接近 25 年的设计使用年限，抗风载荷设计硅酮结构胶的许用应力取值 $\sigma=20\text{PSI}$ 满足了绝大部分幕墙设计施工要求。硅酮结构密封胶缝的胶厚最小 6mm，最大 12mm；胶缝的黏结宽度 bite 一般不超过 3 倍胶厚（36mm），出现大于 36mm 宽的胶缝，一般会采用分成两个胶缝的做法。

遇到幕墙工程硅酮结构胶胶缝尺寸超常规范围（胶宽>48mm，胶厚>12mm）和采用 $\sigma>20\text{PSI}$ 设计值时，一般要求进行审查验算论证。

4　未来

硅酮结构密封胶许用应力 $\sigma>20\text{PSI}$ 的可行性探讨

4.1　有限元模拟提高许用应力和 Mock-up 样件的风压测试的相关研究

2015 年，Jon Kimberlain 和 John A. Knowles 发表了研究报道，用有限元分析法研究硅酮结构胶的应力分布情况。建模条件：单片钢化玻璃，尺寸 1524mm×2540mm，用 2 个玻璃厚度（6mm、12mm），2 个金属型材框架的变形比（1/175 和 1/1000）和 3 个硅酮结构胶许用应力 σ 分别取 20PSI（0.14MPa，常用许用应力值），33PSI（0.23MPa，1.5 倍许用应力值），50PSI（0.34MPa，相当于 C1184 标准要求的硅酮结构胶的拉断强度值），进行条件组合，分析胶缝应力分布的不均匀程度情况。数据见表 4。

表 4 胶缝许用应力和峰值应力分布比对数据表

玻璃厚度（mm）	风载荷（kPa）	框架变形比	胶的许用应力计算值（kPa）	有限元模拟应力峰值（kPa）
6	2.3	1/1000	0.14	0.42
	3.8		0.23	0.68
	5.7		0.34	0.02
	2.3	1/175	0.14	0.42
	3.8		0.23	0.68
	5.7		0.34	1.02
12	2.3	1/1000	0.14	0.24
	3.8		0.23	0.4
	5.7		0.34	0.6
	2.3	1/175	0.14	0.27
	3.8		0.23	0.42
	5.7		0.34	0.52

有限元模拟分析数据（表 4）表明，玻璃厚度（在不同风压下玻璃挠曲变形）对胶的峰值应力有显著影响，玻璃厚度 6mm 下，胶的许用应力从 0.14MPa（20PSI）提高到 0.23MPa（33PSI）、0.34MPa（50PSI），胶层应力的峰值迅速加大；同比玻璃厚度为 12mm 条件，胶的许用应力从 0.14MPa 提高到 0.23MPs、0.34MPa，胶层应力峰值要比玻璃厚度 6mm 的数据低。峰值应力的分布示意图如图 8 所示。

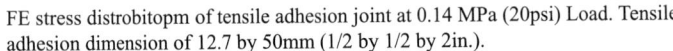

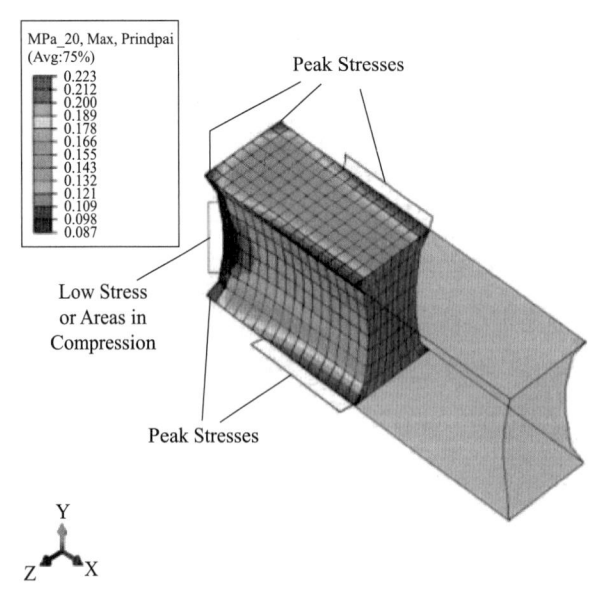

图 8 有限元分析的胶缝应力峰值分布图

为了进一步验证有限元分析的数据，进行了 1.524m×2.540m 矩形玻璃四边打胶全隐框玻璃幕墙单元的硅酮结构胶黏结装配试验，制作了两个样件。样件 1 采用 6mm 厚的单片钢化玻璃，设计风压 2.3kPa，胶的许用应力 0.14MPa，胶的黏结宽度 bite＝12.7mm；样件 2 采用 12mm 厚单片钢化玻璃，胶的许用应力 0.23MPa（33PSI），胶的黏结宽度 bite＝12.7mm。测试比对情况见表 5。

表 5　胶的设计应力与 150％测试条件下的表现

试样	玻璃厚度（mm）	设计风压（kPa）	胶的许用应力（kPa）	测试条件设计风压倍率	测试条件下胶的应力（MPa）	ASTM E330 正负风压测试
样件 1	6	2.3	0.14	1.0	0.14	通过
				1.5	0.23	通过
样件 2	12	3.8	0.23	0.6	0.14	通过
				1.0	0.23	通过
				1.5	0.34	通过

ASTM E330 测试中，采用了美国佛罗里达州建筑法规 TAS 203-94，用于测评高速飓风气候下的风荷载测试，见表 6。测试条件：样件 1，玻璃厚度 6mm，设计风压 2.3kPa。

表 6　TAS 203-94 测试循环条件参数

设计风压 P 系数	风压循环类型 正风压/负风压	循环次数（次）	平均循环时长（s）	测评结果 有无破坏
0.2～0.5	正风压	3500	1.64	无破坏
0～0.6	正风压	300	2.63	无破坏
0.5～0.8	正风压	600	1.75	无破坏
0.3～1.0	正风压	100	2.25	无破坏
0.3～1.0	负风压	50	2.54	无破坏
0.5～0.8	负风压	1050	1.81	无破坏
0～0.6	负风压	50	2.29	无破坏
0.2～0.5	负风压	3350	1.81	无破坏
合计		9000		

4.2　新的胶缝截面构造设计——降低胶缝应力峰值的梯形截面胶缝

专利 WO2012103102A1 structural glazing with trapezoidal joint design，公布了区别于传统矩形截面的胶缝，梯形截面胶缝的设计，见图 9、图 10。

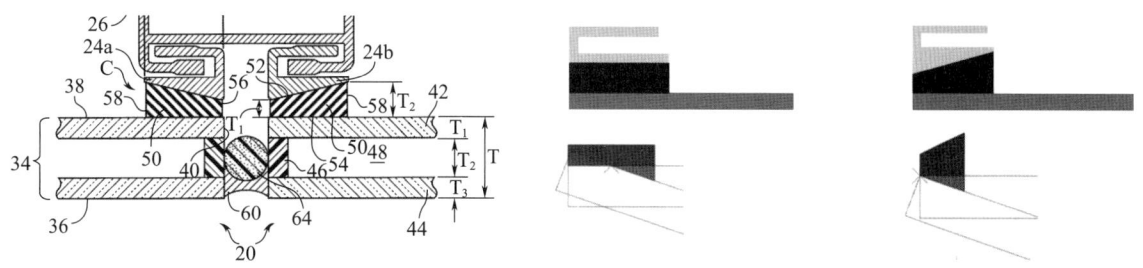

图 9　58 号是梯形截面硅酮结构密封胶胶缝　　　图 10　矩形、梯形截面胶缝与玻璃面板变形的关系

根据玻璃面板的变形特性，梯形截面胶缝胶厚度方面由 6mm 过渡到 12mm，来减小应力峰值的分布。

4.3　硅酮结构密封胶机械疲劳-定应变的有关研究

2017 年，李步春等采用动静态疲劳试验机，对硅酮结构胶《建筑用硅酮结构密封胶》（GB

16776—2005)的黏结 H 试样进行了 1Hz 频率下，拉伸压缩±12.5%、±20%、±25% 共 3 个幅度下的疲劳测试，比对测试结果表明拉伸强度保持在 0.60MPa 时对应的疲劳次数：±12.5% 条件下 195 万次、±20% 下 17 万次、±25% 下 6 万次。疲劳前，H 样件的拉伸黏结为内聚破坏；疲劳后，H 样件的拉伸黏结出现 21% 占比的黏结破坏。

4.4 硅酮结构密封胶机械疲劳-定应力的试验研究与探索

2023 年，本文作者所在课题组以经过广东自然暴晒场露天老化 3 年后 H 样件 2 号试样［单组分硅酮结构密封胶，满足《建筑用硅酮结构密封胶》（GB 16776—2005）标准，老化合同号 G17090041］为试验对象，采用 INSTRON 的 E1000 和 E3000 型电驱动的动静态疲劳试验机，在 5Hz 频率下进行了应力±0.21MPa（±30PSI）和±0.28MPa（40PSI）应力条件下的拉伸压缩机械疲劳测试。测试结果如下：

2 号试样，在 0.21MPa（30PSI）下拉伸应变初期为 6.88%，−0.21MPa 拉伸应变为−6.05%，疲劳次数累计 1000 万次，样件监测应力曲线和应变曲线趋势稳定（图 11），黏结样件胶体无破坏（图 12）。

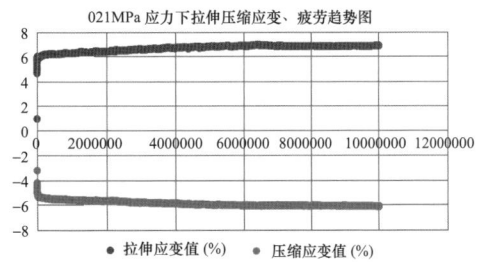 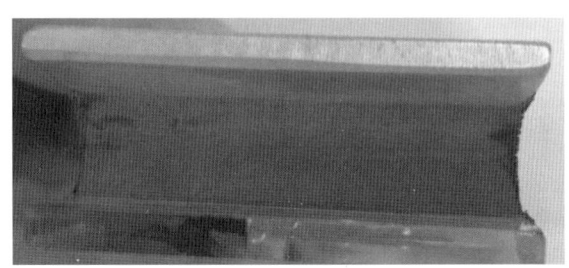

图 11　±0.21MPa（±30PSI）拉伸压缩 1000 万次后应变状态趋势稳定　　图 12　±0.21MPa（±30PSI）拉伸压缩 1000 万次后，胶体无破坏

2 号试样，在＋0.28MPa（40PSI）下初始阶段拉伸应变为＋9.19%，−0.28MPa 拉伸应变为−7.44%，随疲劳次数累积，拉伸应变出现逐渐蠕变的趋势，循环到 100 次拉伸应变为＋13.1%，压缩应变变化不明显，拉伸压缩疲劳累计进行到 253 万次，样件监测应力曲线和应变曲线出现快速变化，拉伸应变为＋17.1%，到 269 万次，拉伸应变为＋24.9%（图 13），样件胶体在接近铝板和玻璃板的胶层已经出现开裂破坏（图 14）。

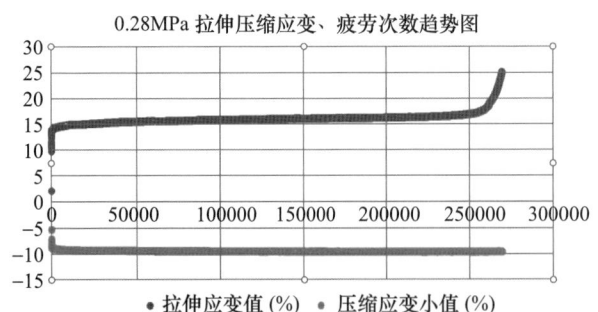 

图 13　±0.28MPa（±40PSI）拉伸压缩 269 万次后，出现疲劳破坏　　图 14　±0.28MPa（±40PSI）拉伸压缩 269 万次后，胶体破坏

4.5 定应力下机械疲劳耐久性比对分析

本文 3.4.3 部分美国德克萨斯理工大学 1992 年的研究，与本文 4.4 部分 2023 年的研究进行比对，见表 7。

表 7 研究比对

项目	应力	德克萨斯理工大学	本课题组
测试年份		1992 年	2023 年
设备		自制	精密电驱和数据采集
载荷波形		正弦波	正弦波
测试频率		1Hz	5Hz
测试胶样		SSG 4000	安泰 169
胶执行标准		ASTM C1184	GB 16776—2005
样品状态		未户外老化过	户外老化暴晒 3 年后
疲劳次数	±30PSI	SSG-21，9.6 万次破坏	1000 万次，未破坏
	±40PSI	SSG-19，5.0 万次破坏	269 万次，破坏

对比 1992 年德克萨斯理工大学的试验研究，20 年后我们运用更精密的伺服电驱和数据采集的机械疲劳试验机 E3000 设备，采用了相同的正弦波加载方式，采用了比 1992 年的 1Hz 挑战度更高的疲劳频率 5Hz，采用了户外自然暴晒老化 3 年后的样件，在 30PSI 和 40PSI 下得到的耐疲劳数据远大于 1992 年德克萨斯理工大学的试样数据。这个比对表明，符合中国《建筑用硅酮结构密封胶》（GB 16776—2005）标准的硅酮结构密封胶达到优异的耐久疲劳周次水平。远超过 ETAG002 规定的不到 6000 次（只有拉伸，没有压缩）的疲劳累计次数要求，也远超过幕墙试验佛罗里达州建筑法规 TAS 203-94 规定的 9000 次风压测试。

4.6 "高强度"硅酮结构密封胶的概念与异议

国内出现了《建筑用高性能硅酮结构密封胶》（T/FS 1033—2019）团体标准，制造商高强度硅酮结构密封胶的企业标准，强度指标主要是在 H 黏结件的单次拉伸黏结强度上追求更高的拉伸破坏强度值达到 0.9MPa，甚至超过 1.2MPa（国家标准《建筑用硅酮结构密封胶》（GB 16776—2005）要求不低于 0.60MPa，ASTM C1184 要求不低于 0.345MPa）。

但是，事实上，放眼全世界同行业并没有"高强度"硅酮结构密封胶的定义和数值，没有确定达到多高的拉伸破坏强度才是高强度。

如果"高强度"对于幕墙应用的实际效用是许用应力值 σ 更高，那么单次拉伸破坏强度提高到 0.9MPa，甚至 1.2MPa，与提高许用应力值 σ [σ 可以提高到多大值？提高到 σ = 30PSI 相当于《玻璃幕墙工程技术规范》（JGJ 102—2003）里的 f_1 = 0.3MPa？还是提高到 σ = 40PSI，f_1 = 0.4MPa？]之间的相关性和耐机械疲劳寿命的相关性验证仍然缺乏，没有充分数据支持，目前没有行业共同认可的技术标准。需要进行实验室样件的机械疲劳验证，数值模拟计算分析和幕墙工程结构黏结件（MOCK-UP）进行抗动态风载荷疲劳验证。

若提高许用应力值 σ 到更高值（f_1 值），那么也要确定在此 f_1 值下，之相应的 f_2，结构胶的变位 δ 值等一系列数值为胶缝计算提供配套的数据。不能仅仅单独提高 σ 到更高值（f_1 值），忽略计算胶缝的其他参数。

5 展望

提高硅酮结构密封胶的许用应力值 σ（>20PSI）的策略建议：

（1）提高幕墙设计硅酮结构密封胶的许用应力值 σ，带来的效应就是玻璃面板边部的翘起式变形趋势加大，硅酮结构胶胶缝的应力分布会出现峰值（峰值远大于 σ），对胶缝的耐拉伸压缩的疲劳寿命有负面影响。幕墙材料配置要考虑提高 σ 后玻璃或者其他面板材料的挠曲变形量变大的不利因素，通过适配玻璃厚度控制面板刚度和挠曲变形程度使胶缝处于受力更均衡耐久的条件，幕墙设计要进行相应的调整。

（2）许用应力值 σ 提高到多大合适？按胶缝计算公式，在同等条件下 σ 由 0.14MPa 提高到 0.21MPa（1.5 倍），黏结胶宽（bite）由倍率 1.0 缩减至 0.67，当提高到 0.28MPa，黏结胶宽（bite）由倍率 1.0 缩减至 0.5，根据目前的机械疲劳可靠性验证测试结果更倾向于支持提高到 0.21MPa，换算成《玻璃幕墙工程技术规范》（JGJ 102—2003）的 $f_1=0.3$MPa。与 $f_1=0.3$MPa 相匹配对应，建议 $f_2=0.01$MPa 不变，建议结构胶的变位 δ 值保持为 12.5%。

（3）胶缝变形量/胶厚＝胶的应变，在矩形截面胶缝不变的情况下，σ 取 0.14MPa 时胶缝厚度一般取最小 6mm 或者取 8mm、10mm，最大取 12mm；若提高 σ 到 0.21MPa（$f_1=0.3$MPa），建议胶缝厚度舍弃 6mm，最小取 8mm 或者 10mm，最大取 12mm，有利于改善胶缝内应力分布均匀程度，提高预期疲劳寿命。

（4）在当前《建筑用硅酮结构密封胶》（GB 16776—2015）和《建筑幕墙用硅酮结构密封胶》（JG/T 475—2008）硅酮结构密封胶测试标准的内容上，如何设定机械疲劳测试验证的条件和试验方法，兼顾测试周期和费用，来筛选满足 σ 取 0.21MPa 的硅酮结构密封胶，是有待解决的技术课题。

参考文献

[1] O'CONNOR T F. Overview [G]//Buildings sealants: materials, properties, and performance: ASTM STP 1069—1990. Baltimore, MD: ASTM, 1990: 1-6.

[2] HILLIARD J R, PARISE C J, PETERSON C O. Structural sealant glazing [G]//Sealant technology in glazing systems: ASTM STP 638—1977. Moorestown, NJ: ASTM, 1977: 67-99.

[3] BULL E D, DOORS P W. A Review of structural glazing installations from the 1970s and 1980s [G]//Durability of building and construction sealants and adhesives: 6th volume: ASTM STP 1604—2018. Mayfield, PA: ASTM, 2018: 1-27.

[4] O'CONNOR T F. Design considerations in structural sealant glazing [G]//Science and technology of glazing systems: ASTM STP 1054—1990. Baltimore, MD: ASTM, 1990: 5-21.

[6] Standard specification for structural silicone sealants: ASTM C1184-91 [S]. West Conshohocken: ASTM International, 1991.

[7] Standard guide for structural sealant glazing: ASTM C1401-98 [S]. West Conshohocken: ASTM International, 1998.

[8] 国家技术监督局. 建筑用硅酮结构密封胶: GB 16776—1997 [S]. 北京: 中国标准出版社, 1997.

[9] 中华人民共和国建设部. 玻璃幕墙工程技术规范: JGJ 102—2003 [S]. 北京: 中国建筑工业出版社, 2003.

[10] Guideline for european technical approval for structural sealant glazing systems (SSGS): ETAG 002—1999 [S]. Kunstlaan: EOTA, 1999.

[11] HAUGSBY M H, SCHOENHERR W J, CARBARY L D, et al. Methods for calculating structural silicone sealant joint dimensions [G]//Science and technology of glazing systems: ASTM STP 1054—1990. Baltimore, MD: ASTM, 1990: 46-57.

[12] SANDBERG L B, RINTALA A E. Resistance of structural silicones to creep rupture and fatigue [G]//Science and technology of glazing systems: ASTM STP 1069—1990. Baltimore, MD: ASTM, 1990: 7-21.

[13] SHERIDAN D L. Fatigue behavior of structural silicone sealant [D]. Lubbock: Texas Tech University, 1992.

[14] SCHMIDT C M, SCHOENHERR W J, CARBARY L D, et al. Performance. Properties of silicone structural adhesives [G]//Science and technology of glazing systems: ASTM STP 1054—1990. Baltimore, MD: ASTM, 1990: 22-45.

[15] KIMBERLAIN J, KNOWLES J A. Investigation of the impact of increasing design loads of a conventional structural silicone joint using finite element analysis and hyperelastic material properties [G]//Durability of building and construction sealants and adhesives: 5th volume: ASTM STP 1583—2015. Bay Shore, NY: ASTM, 2015: 217-234.

[16] DONALD C L, Clift Charles Dunaway. Assemblies for a structure: WO2012103102A1 [P]. 2012.08.02.

[17] 李步春,王小会,庞坤海,等.机械疲劳对单组分有机硅结构密封胶力学性能的影响[J].有机硅材料,2018,32(3):196-200.
[18] 定应力条件下硅酮结构密封胶的拉伸压缩载荷下机械疲劳耐久测试(2023集泰公司研究课题)[R].广州:广州集泰化工股份有限公司,2023.
[19] 中国氟硅有机材料工业协会.建筑用高性能硅酮耐候密封胶:T/FSI 034—2019[S].北京:中国氟硅有机材料工业协会,2019.

建筑幕墙中若干问题的探讨

◎ 曾晓武

深圳市建筑门窗幕墙学会　广东深圳　518028

摘　要　近年来，在幕墙设计中遇到了一些新问题，有些是标准中没解释清楚的，有些是工程案例中出现的，还有待于进一步探讨。本文就其中若干问题提出了个人的理解和观点，供幕墙业内人士参考。

关键词　幕墙设计；问题探讨

1　前言

随着幕墙技术的不断发展，相关标准和规范不断完善，在幕墙设计过程中，也常常会遇到一些新问题，这些问题中，有些可能是相关标准或规范中没有解释清楚，有些还需要进一步探讨和研究，这些新问题主要归纳如下：

（1）不锈钢与碳钢或低合金钢的焊接。
（2）夏热冬暖地区传热系数 K 值要求。
（3）幕墙防火构件隔热性要求。
（4）按荷载规范计算值与风洞试验值的比对。
（5）玻璃幕墙面板耐撞击性能检测。
（6）强度提高的硅酮结构密封胶应用探讨。

本文仅就以上若干问题提出个人的见解，供业内人员参考。

2　不锈钢与碳钢或低合金钢焊接

幕墙设计中经常会遇到不锈钢需与碳钢或低合金钢的焊接问题，比如不锈钢玻璃栏杆系统的立柱能否与碳钢预埋件焊接、幕墙配件或附件中局部异种钢焊接等。有人认为不能焊接，依据是国家全文强制标准《钢结构通用规范》（GB 55006—2021）中第 4.3.3 条"不锈钢构件不应与碳素钢及低合金钢构件进行焊接"。本人认为不妥，主要有以下原因：

（1）钢结构设计中所涉及的构件通常需承受的荷载很大、跨度也很大，直接关系到主体结构的安全；而幕墙设计中的构件一般荷载较小、跨度不大，比如阳台栏杆立柱等。

（2）幕墙设计中不锈钢构件与碳钢构件的焊接一般属于小受力构件，在满足设计要求的前提下，现有焊接工艺完全能够满足异种钢材间的焊缝强度受力要求。

（3）几十年来幕墙工程一直都在采用不锈钢与碳钢直接焊接的工艺。

所以，将钢结构的设计规范一刀切地套用到幕墙小构件的设计中不合理。作为受力荷载较小的幕墙构件时，不锈钢与碳钢等异种钢材可进行焊接，但应采用不锈钢焊条，常用的焊条如 A302、A312 等能够满足幕墙结构计算要求，当然，采用幕墙构件作为结构主体受力构件即幕墙结构一体化设计时应严格按《钢结构通用规范》(GB 55006) 的相关规定执行。

3 夏热冬暖地区传热系数 K 值要求

国家全文强制标准《建筑节能与可再生能源利用通用规范》(GB 55015—2021) 表 3.1.10-5 规定了夏热冬暖地区的传热系数和太阳得热系数，具体见表 1。

表 1 夏热冬暖地区甲类公共建筑围护结构热工性能限值

围护结构部位		传热系数 K [W/(m^2·K)]	太阳得热系数 SHGC (东、南、西向/北向)
单一立面外窗 (包括透光幕墙)	窗墙面积比≤0.20	≤4.00	≤0.40
	0.20＜窗墙面积比≤0.30	≤3.00	≤0.35/0.40
	0.30＜窗墙面积比≤0.40	≤2.50	≤0.30/0.35
	0.40＜窗墙面积比≤0.50	≤2.50	≤0.25/0.30
	0.50＜窗墙面积比≤0.60	≤2.40	≤0.20/0.25
	0.60＜窗墙面积比≤0.70	≤2.40	≤0.20/0.25
	0.70＜窗墙面积比≤0.80	≤2.40	≤0.18/0.24
	窗墙面积比＞0.80	≤2.00	≤0.18

从表 1 可以看出，当窗墙面积比大于 0.3 时，传热系数不应大于 2.5 [W/(m^2·K)]，太阳得热系数应小于 0.35/0.40，其中传导和对流部分传递的热量是通过传热系数实现的，而太阳辐射传递的热量是通过太阳得热系数实现的。根据幕墙节能计算软件结果可以得出，未采取隔热措施的铝合金型材幕墙的传热系数一般大于 2.8 W/(m^2·K)，所以，只能采用铝合金隔热型材才能满足节能计算要求，有些幕墙工程甚至采用三玻两腔三银的暖边中空玻璃，但实际上，夏热冬暖地区并不应该重点考虑传热系数。

根据玻璃传递热量的简化计算公式（以深圳地区为例）

$$Q = K \times (T_w - T_n) + SHGC \times I_0$$

式中 Q——透过玻璃传递的总热量（W/m^2）；

K——玻璃传热系数，取 1.6 W/(m^2·K)；

T_w——室外计算温度，取 38℃；

T_n——室内计算温度，取 24℃；

$SHGC$——玻璃遮阳系数，按遮阳型 Low-E 玻璃取 0.26；

I_0——深圳夏季平均太阳辐射强度，取 1000（W/m^2）。

$$\begin{aligned} Q &= K \times (T_w - T_n) + SHGC \times I_0 \\ &= 1.6 \times (38-24) + 0.26 \times 1000 \\ &= 22 + 260 \\ &= 282 \text{（W/}m^2\text{）} \end{aligned}$$

从上述计算公式中可以看出，透过玻璃传递的热量中，传导部分传递的热量为 22W/m^2，太阳辐射部分传递的热量为 260W/m^2，即玻璃传热系数 K 值在透过玻璃的总传递热量中仅占不到 8%，太阳辐射传递的热量占 92%。深圳地区的节能设计应重点控制太阳辐射产生的热量，而不是去控制玻璃的传热系数，如尽可能降低玻璃的遮阳系数或太阳得热系数、采用外遮阳系统更佳的遮阳效果等，当然，一味地降低幕墙综合遮阳系数，导致增加室内采光用电，又反而不利于节能了。

另外，采用超级节能玻璃配置的幕墙工程往往是为了绿色建筑评级，《绿色建筑评价标准》(GB/T 50378—2019) 表 3.2.8 规定三星绿色建筑围护结构的热工性能应提高 20%，这个要求被许多设计人员片面地理解为只提高传热系数要求，而不是传热系数和太阳得热系数的综合热工性能提高，结果导致在深圳地区居然出现了三玻两腔且带暖边的中空玻璃配置，其实，在保持原有传热系数的前提下，只需在占90％多的太阳得热系数中做一些提高，就完全能够满足建筑幕墙的节能要求，同时也显著地降低了玻璃成本。

综上所述，夏热冬暖地区建筑幕墙限定传热系数不合理。同时，也不能过多地降低太阳得热系数却又增加了室内照明，这样的话反而是在浪费资源，与建筑节能的初衷背道而驰。

4 幕墙防火构件隔热性要求

《建筑设计防火规范》（GB 50016—2014）（2018年版）第6.2.5规定，耐火等级为一级的建筑幕墙上、下层开口之间最少应设置高度不小于0.8m的不燃性实体墙，且实体墙的耐火极限不应低于相应耐火等级中非承重外墙的要求，即耐火极限为1.00h。

当主体结构不燃性实墙体高度小于0.8m时，幕墙防火层底部至结构顶面的有效高度不应小于0.8m，详见图1。同时，为达到主体结构（钢筋混凝土梁）相同的耐火极限，应增设幕墙防火层构件系统，防火构件的耐火隔热性同样也不应小于1.00h，并独立支承在主体结构上。幕墙防火构件可采用国家标准《建筑设计防火规范》（GB 50016—2014）附录中的附表1"各类非木结构构件的燃烧性能和耐火极限"非承重墙部分提供的构件，如采用两块8mm厚硅酸钙板中间填厚度为75mm以上、密度为100kg/m³的岩棉等，也可采用经国家级相关权威机构认可的其他防火构件。

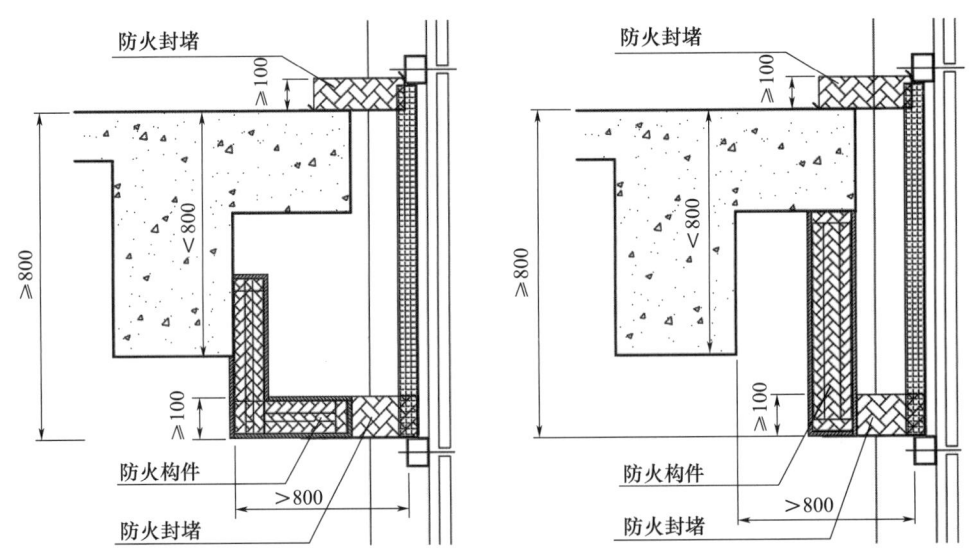

图1 实体墙高度小于0.8m时幕墙防火层示意图

但实际幕墙工程中，该部位往往只是采用1.5mm厚镀锌钢板＋防火岩棉的防火构造措施，来替代图1中的防火构件，但该防火构件系统只能满足1.00h的耐火完整性要求，无法满足1.00h的耐火隔热性要求，可能存在安全隐患，具体如图2所示。

当主体结构梁高度远小于规范0.8m的要求时，由于未达到建筑防火的防火高度要求，且该防火构件仅有耐火完整性要求，所以，一旦遭受火灾，箭头位置的温度可能超过500℃，甚至达到上千度，从而通过楼面层的防火封堵将热能传递到上一楼层，而引燃上一楼层的可燃物，造成火灾进一步蔓延。采用不小于1.00h的耐火隔热性要求的防火构件，能有效地将箭头位置的温度控制在200℃以内，并有效阻止热能进一步向上传递。

公安部《关于印发〈建筑高度大于250米民用建筑防火设计加强性技术要求（试行）〉的通知》（公消〔2018〕57号）第九条规定，"在建筑外墙上、下层开口之间应设置高度不小于1.5m的不燃性

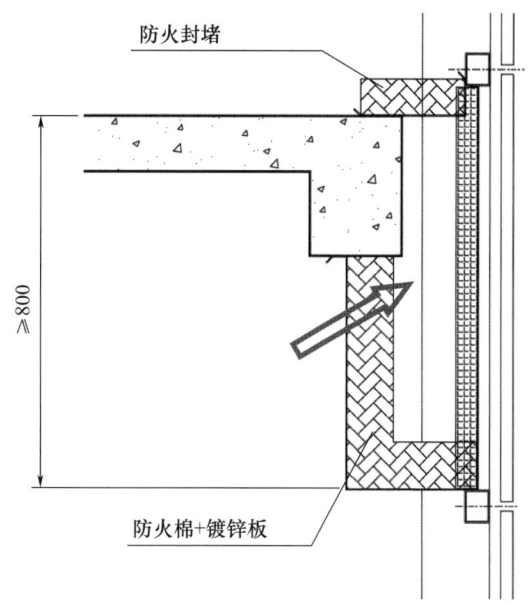

图 2　幕墙防火层设计不合理构造示意图

实体墙，且在楼板上的高度不应小于 0.6m"，其中在楼板上不燃性实体墙的高度小于 0.6m 时，也同样应采取不小于 1.00h 的耐火隔热性要求的防火构件以替代原主体结构的不燃性实体墙，而不能只有耐火完整性要求。

5　按荷载规范计算值与风洞试验值的比对

风荷载计算是建筑幕墙结构设计中保障安全性的关键点，主要是依据现行国家标准《建筑结构荷载规范》（GB 50009）的相关规定执行，当建筑幕墙做了风洞试验时，保守一些的幕墙设计单位通常取两者间最大值，而激进一些的幕墙设计单位通常直接采用风洞试验值，本人认为两种方案均不合适。

荷载计算值与风洞试验值主要有以下三种情况：

（1）风荷载计算值远大于风洞试验值时

可按《建筑工程风洞试验方法标准》（JGJ/T 338—2014）第 3.4.9 条规定"1　无独立的对比试验时，风荷载取值不应低于国标 GB 50009 规定值的 90%；2　有独立的对比试验结果时，应按两次试验结果中的较高值取用，且不应低于 GB 50009 规定值的 80%"的相关规定执行，即风荷载计算值可适当降低，但必须以荷载计算值的 80% 或 90% 兜底，不应直接采用风洞试验值进行幕墙结构计算。

（2）风荷载计算值与风洞试验值接近时

由于两值相差不大，可取两者间的最大值。

（3）风荷载计算值远小于风洞试验值时

以风洞试验值为准。鉴于不同风洞实验室试验得出的风荷载标准值可能相差很大，有些可能相差几倍，特别是建筑外立面造型比较复杂的区域。在这种情况下，宜增加另一家风洞实验室进行风洞试验值对比，以确定原风洞试验值是否准确，是否存在较大的系统偏差等。

另外，当两家独立的风洞实验室对比试验的结果差别较大时，可请两家风洞实验室相互间先沟通和比对，再经专门论证确定合理的试验取值。

6　玻璃幕墙面板耐撞击性能检测

业主和建筑师往往对玻璃幕墙楼面透明部分设置室内安全护栏难以接受，会影响室内效果，希望能够取消，而取消的前提就需要进行幕墙玻璃面板的耐撞击性能检测，所以，玻璃幕墙耐撞击性能检测广泛用于不设置建筑幕墙室内安全护栏时的超限专项方案论证，耐撞击性能检测方法主要依据现行《建筑幕墙耐撞击性能分级及检测方法》（GB/T 38264）和《建筑幕墙》（GB/T 21086）这两个标准。

目前，玻璃幕墙性能第三方检测机构通常以受撞击检测的玻璃被撞击后是否脱落、破碎作为判定玻璃耐撞击性能是否合格的标准，本人认为不妥。

（1）人体可撞击部位的幕墙玻璃面板配置通常都是中空玻璃或中空夹层玻璃，均是由数层单片玻璃构件组成的玻璃组件制品，单片受撞击检测的玻璃破碎并不能代表整个玻璃制品的安全防护失效，只有当整个玻璃面板制品出现脱落、破碎或开裂，如中空玻璃内外两片玻璃都破碎时，才应判定为幕墙玻璃面板耐撞击性能不合格。

（2）采用中空夹层幕墙时，当夹层玻璃设置在室内侧，在进行耐撞击试验时，如夹层玻璃中两片玻璃的内片出现破碎，但另一片玻璃未破碎时，通常判定为合格，考虑的就是夹层玻璃是一个组合制品，但为何作为整个玻璃组件制品的中空夹层玻璃却又将单片玻璃和夹层玻璃分开考虑呢？

（3）采用中空夹层玻璃的，如从玻璃面板的耐撞击性能角度来说，夹层玻璃设置在室内侧的功能均相同。作为一个玻璃组件制品，中空夹层玻璃出现整个玻璃面板在耐撞击性能检测时失效的概率极低。但如从高空坠落的安全角度出发，夹层玻璃应设置在室外侧，尽可能减小单片钢化玻璃破碎后坠落的风险。

最后，我想强调的是，从目前国内标准来看，玻璃幕墙应在室内设置安全护栏的要求没有相关的标准依据。另外，玻璃幕墙人体可碰撞部位的玻璃通常都是双层甚至三层玻璃，即使撞碎室内侧单片钢化玻璃，双层或三层玻璃组件制品全部撞碎的概率极低，发生玻璃碎片高空坠落的概率也极低。幕墙行业发展这么多年来，也只有在电影上能看到玻璃被撞碎后人体从高空坠落的情景，所以，玻璃幕墙必须采用安全护栏是不合理的，国内非常多的标志性建筑均未设置室内安全护栏。当然，可能发生人体碰撞冲击的玻璃宜按现行《建筑玻璃应用技术规程》JGJ 113 第 7 章"建筑玻璃防人体冲击规定"中安全玻璃最大许用面积的相关规定执行。

7 强度提高的硅酮结构密封胶应用探讨

地处台风或强风易发多发地区在进行超高层玻璃幕墙设计时，风荷载设计值往往很大，可达 7.0MPa 以上，再加上业主和建筑师越来越偏向于大玻璃分格，导致在进行结构胶计算时，结构胶宽度可达 50mm 以上，受结构胶宽厚比的限制，只能进行分段打胶，但有些工程即使分段打胶，也可能不满足结构胶宽厚比的要求。

现行《玻璃幕墙工程技术规范》（JGJ 102）规定硅酮结构密封胶在短期荷载作用下拉应力强度设计值不应大于 0.2MPa，那能不能进一步提高硅酮结构密封胶设计值呢？比如将承受短期荷载作用的抗拉强度设计值由 0.2MPa 提高到 0.3MPa，从而减小结构胶的计算宽度？这首先需要考虑以下几个方面：

（1）适度提高硅酮结构胶拉伸黏结强度。结构胶 23℃拉伸黏结强度标准度宜在 1.0～1.2MPa 之间，与相关标准相比，材料安全分项系数有所提高，同样具有较高的安全富余，但又不能片面提高强度而影响到其他力学性能参数，比如伸长率、老化性能等，所以一定要适度。

（2）现行《建筑幕墙用硅酮结构密封胶》（JG/T 475）要求硅酮结构胶的设计使用年限不应低于 25 年，为确保安全可靠，提高抗拉强度标准值后的结构胶应以满足此标准的要求为底线。

（3）在抗拉强度满足要求的前提下，硅酮结构胶的耐老化性和耐久性是另外两项非常关键的指标。其中耐老化性指标主要是通过水-紫外线人工加速老化和自然暴晒两种试验方法进行检测；而耐久性指标主要是通过抗疲劳循环试验进行检测。

① 水-紫外线人工加速老化试验。根据《建筑幕墙用硅酮结构密封胶》（JG/T 475）要求，结构胶在放入水-紫外线试验箱后应进行 1008h 浸水辐照试验，拉伸黏结强度保持率应大于 75%。经大量试验

验证可知，1008h 偏低，结构胶基本上都能满足，如对提高强度的结构胶进行相关检测，应大幅提高到 3000h 以上，才有可能区分出水-紫外线光照加速老化性能更强的结构胶。

② 自然暴晒试验是综合考核结构胶自然老化性能的关键因素。经试验验证，经过 3 年以上暴晒后，不同品质的结构胶会出现明显的差距，质量差的结构胶拉伸强度、最大强度伸长率等出现明显的降低，通过自然暴晒这块"试金石"，能够有效地检测出结构胶自然老化性能的优劣，当然，如果暴晒时间更长，比如 7～10 年，应该更能说明问题。

③ 考核耐久性指标主要依靠抗疲劳循环试验。但《建筑幕墙用硅酮结构密封胶》（JG/T 475）中的疲劳循环试验（图 3）条件以 8s 为一周期，且仅做反复拉伸，最大循环次数也仅为 5000 次，指标要求严重偏低，与玻璃幕墙实际受力工况相差甚远，所以，需根据玻璃幕墙的实际工况，比如反复拉压工况等，重新编写结构胶抗疲劳循环试验方法标准。

图 3　硅酮结构胶抗疲劳循环试验

（4）现有规范中硅酮结构胶计算公式不能完全适用。当玻璃尺寸过大时，由于风荷载的偏心作用，很可能导致结构胶在宽度方向上两侧受力不均匀，受拉面积很可能明显减小，已不是结构胶全部的黏结面积，此时，再用《玻璃幕墙工程技术规范》（JGJ 102）中的轴心抗拉强度计算公式进行计算可能存在安全隐患，所以，可通过有限元分析软件进行结构胶受力计算，并根据计算结果进行相应的结构胶构造设计，以确保结构胶计算的准确性和安全性。

总之，要提高结构胶抗拉强度设计值，应进行大量的相关试验，耗费大量财力和时间（时间最少要 3 年），只有建立在充分试验的基础上，才能通过大数据分析得出一些基本结论，所以，当结构胶提高拉伸强度值时，一定要慎之又慎，不能随便"拍脑袋"。

如何解决目前台风或强风地区硅酮结构胶计算过宽的问题呢？也许采用"笨办法"更为可靠。

（1）控制建筑分格和玻璃面积，减少玻璃分格尺寸，从而减小结构胶宽度。

（2）尽可能采用全明框幕墙形式，避免硅酮结构胶直接受力，也更安全、更可靠。

（3）分段打结构胶，控制结构胶宽厚比，且必须按结构胶打胶工艺严格执行。

8 结语

随着幕墙技术的不断发展以及标准规范的不断修订，必然会出现一些新问题，对待新问题，只能以客观、务实的态度，以及幕墙行业已积累的丰富经验来正确对待和解决，而不宜唯标准论、唯教条论。以上所述的问题还具有较多的争议，有些个人见解已经与相关的标准规范的要求相左，这里仅代表个人观点。

参考文献

[1] 潘成，王有治，庞坤海，等．加速老化试验对建筑用有机硅结构胶拉伸粘接性能的影响［J］．有机硅材料，2018，32（2）：118-123.

[2] 罗银，张宇旋，蒋金博，等．硅酮结构胶自然曝晒老化试样表征方法研究［J］．中国胶粘剂，2022，31（12）：48-53.

单元式幕墙侧挂 π 形支座受力分析与设计要点

◎ 周赛虎

深圳广晟幕墙科技有限公司　广东深圳　518029

摘　要　工程设计成本的控制是技术和经济的结合，实际工程中，保证结构安全的前提下，用科学的方法进行精细化设计，达到经济的最优化，对现代幕墙成本优化设计具有深远的意义。本文围绕单元式玻璃幕墙侧挂 π 形支座壁厚设计进行较为深入的受力分析，探讨对局部某些区域壁厚予以优化，并结合实际算例，给工程技术人员在进行 π 形支座壁厚设计时提供一种可以借鉴的设计思路与思考方法。

关键词　幕墙结构；π 形支座；优化设计

1 引言

目前，幕墙行业的竞争日趋白热化，市场竞争的加剧，客观上要求企业不断地提升自身的综合实力，其中通过精细化设计降低工程成本是提升企业综合实力重要的途径之一。随着幕墙行业规范标准的日益健全以及技术手段的不断进步，精细化设计突显出其必要性和现实意义。

π 形支座是单元式幕墙常见的侧挂支座形式之一，当幕墙完成面与主体结构距离足够时，π 形支座以其受力可靠、施工操作方便等优点成为幕墙设计师的倾向性选择。笔者梳理了本单位几个用到 π 形支座的实际工程案例，归纳和总结发现 π 形支座型材模图在不同肢板相对壁厚的设计上各不相同。同时意识到如果 π 形支座没有基于科学受力分析形成精细化的设计思路而忽视以下几点，不利于成本控制和结构受力安全综合把控。

（1）π 形支座受拉时，忽视 π 形件肢板与受压混凝土的挤压作用。

（2）简单计算按 T 形螺栓拉力等于板块支反力除以 T 形螺栓个数，即 $T_s=T=\dfrac{R_x}{n}$、弯矩 $M=T_s\times a$，忽视各分肢壁厚的变化对 T 形螺栓拉和控制截面弯矩的影响。

π 形件壁厚的控制是受力分析的结果，进行合理的受力分析以控制 π 形件支座不同分肢壁厚，既可以优化节省材料，又可以确保结构安全，这种用科学的方法进行精细化的受力分析，并运用于实际工程中显得非常有意义。

2 设计背景

本文选取常规的 100mm 宽度单元立柱配套的 π 形支座（图1），支座反力设定为水平拉力 60kN，单个挂点拉力 30kN（图2），各不同分肢板件 S1、S2、S3 板厚（图3、图4）可调整，按线元模型建模分析，采用控制单一变量原则，对比分析各分肢壁厚变化对 π 形件控制截面弯矩及 T 形螺栓拉力影响，通过实际数据形成趋势图，反映各分肢板件壁厚调整对 π 形件设计的影响，从全局的角度，为以后实际工程中 π 形支座壁厚优化设计提供一种可以借鉴的设计思路和思考方法。

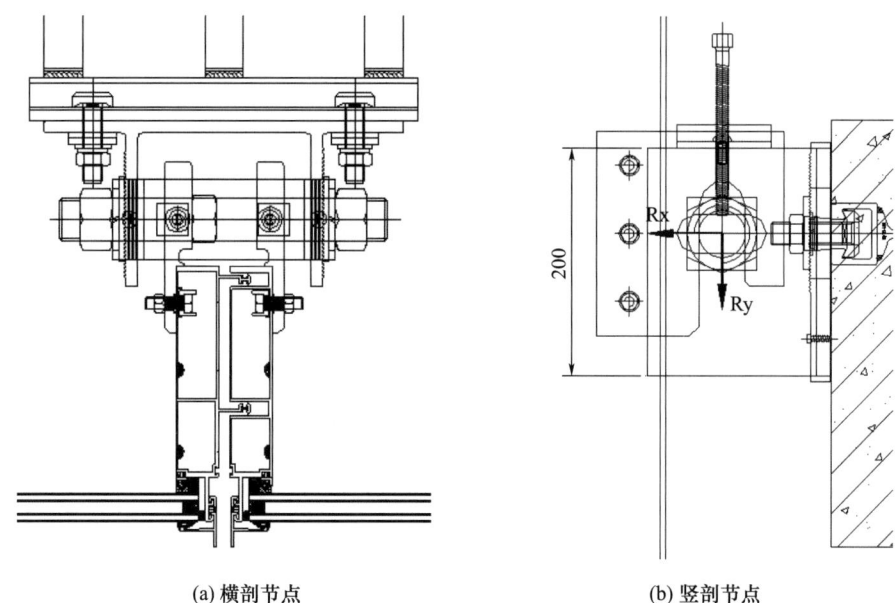

(a) 横剖节点　　　　　　　　(b) 竖剖节点

图 1　支座节点图

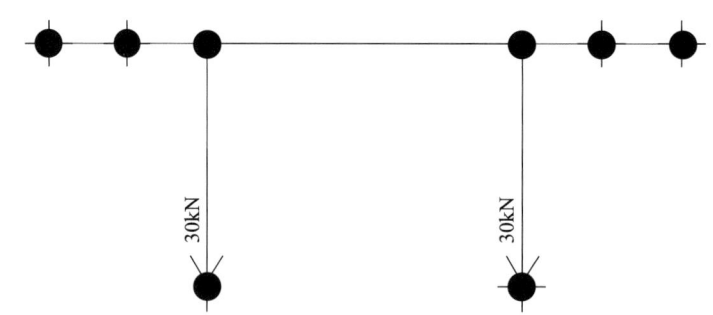

图 2　受力简图

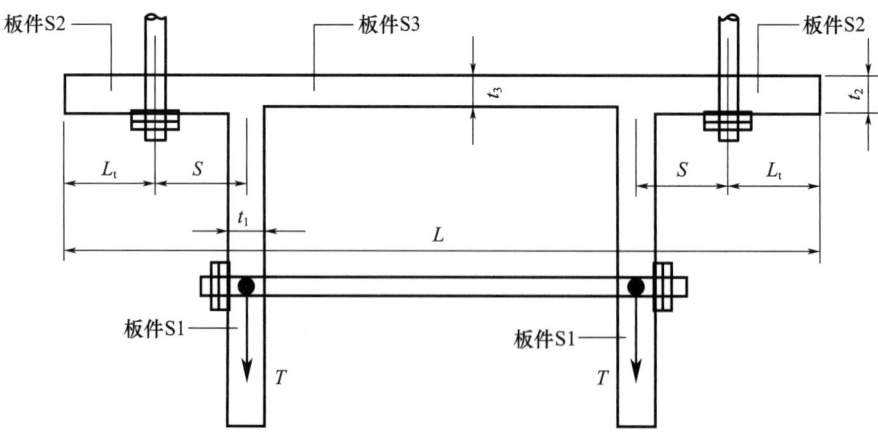

图 3　支座详图

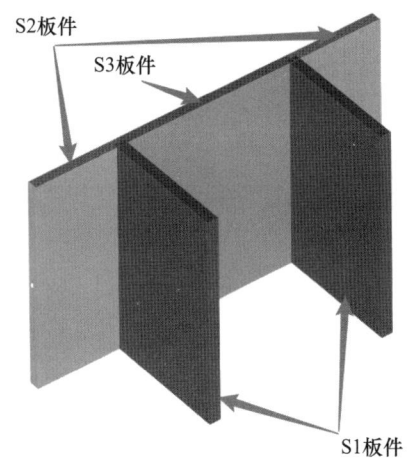

图 4　三维实体

3　π形支座板件优化设计与受力对比分析

3.1　计算模型及其假定条件

π形件受水平力和竖向力,竖向力由板块自重产生,通常情况下反力值不大,且由自重产生的偏心弯矩由π形件截面强轴抵抗,对π形支座设计影响有限,因此,本文忽略竖向自重力,专门研究π形支座受水平拉力时,板件相对壁厚对T形螺栓拉力和控制截面弯矩的影响。

π形支座受水平拉力作用,分肢板件S2(图3)远端受T形螺栓约束,整体产生撬拔,板件S2发生变形,挤压混凝土,在受压合力点形成支撑,同时,S1板件(图3、图4)有往两侧张开的趋势,由于其受螺杆约束时,形成限制其产生位移的支座[图5(a)],整体受力模型为多次超静定结构,受力简图见图5(b),各分肢内力图及支点反力图见图5(c)、图5(d)、图5(e)、图5(f)。从内力图和反力图不难发现:对称的结构在对称荷载作用下,轴力图、弯矩图、反力图正对称,剪力图反对称。

T形螺栓位置弯矩[图5(e)]最大(控制截面弯矩),T形螺栓拉力见图5(a),$T_S = T + T_C$(其中 $T = 30\text{kN}$),受压合力 T_C [图5(a)]计算参见钢柱脚设计。混凝土受压区反力的存在导致T形螺栓拉力增大,不合理的设计会导致T形螺栓的拉力远远大于板块支反力 $\left(T = \dfrac{R_x}{n}\right)$。单元式幕墙通常与槽式埋件配合使用,实现装配式施工,但槽式埋件T形螺栓拉力过大,对槽式埋件产生如下影响:

(1) T形螺栓位置槽口卷边破坏;
(2) 临近T形螺栓对应位置锚筋发生断裂破坏;
(3) T形螺栓对应位置锚筋周边区域混凝土发生锥体破坏。

因此,减小T形螺栓拉力和控制截面弯矩,是π形支座设计过程中的关键控制点。通过控制各分肢板件厚度来控制肢板受压区反力 T_C,从而减小T形螺栓拉力。由于支座底板与混凝土受压区范围会随着拉力 T 的不同发生变化,因此,为便于研究,固定拉力值,此时受压区合力点距T形螺栓距离 b [图5(b)]为定值,通过改变各分肢板件厚度来研究T形螺栓拉力和控制截面弯矩的变化趋势。

3.2　仅S1板件(图3)厚度调整,T形螺栓反力及π形件控制截面弯矩变化

前提条件:采用控制单一变量原则,S2板件12mm,S3板件12mm,仅S1板件(图3)厚度发生变化(表1)。

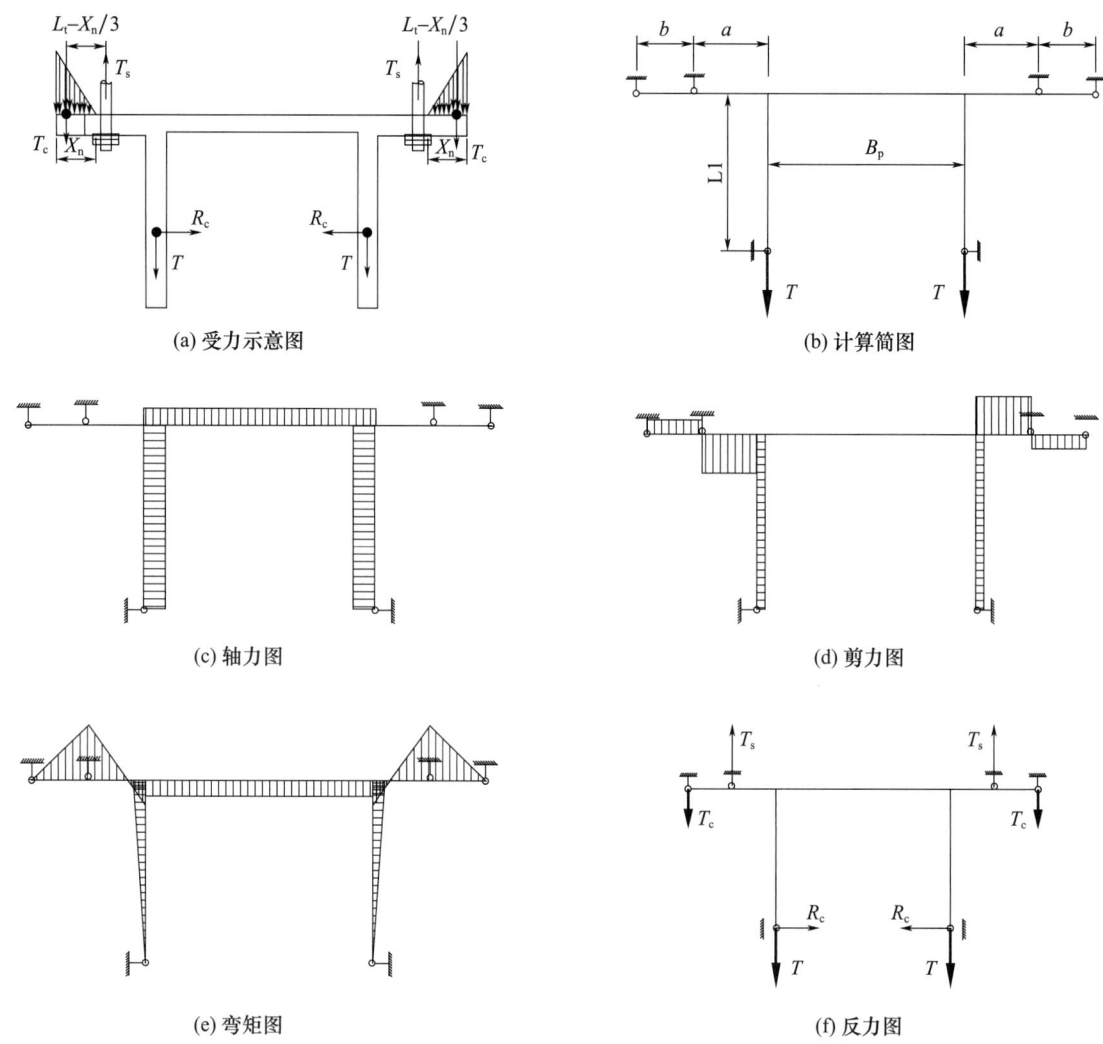

(a) 受力示意图 (b) 计算简图
(c) 轴力图 (d) 剪力图
(e) 弯矩图 (f) 反力图

图 5 支座受力分析图

表 1 T 形螺栓反力及 π 形件最大弯矩随 S1 板厚增加变化

S1 板厚（mm）	S2 板厚（mm）	S3 板厚（mm）	T 形螺栓反力（kN）	π 形件最大弯矩（kN·m）
6	12	12	51.37	1.07
7	12	12	50.85	1.04
8	12	12	50.23	1.01
9	12	12	49.55	0.98
10	12	12	48.83	0.94
11	12	12	48.10	0.90
12	12	12	47.39	0.87
13	12	12	46.72	0.84
14	12	12	46.10	0.80
15	12	12	45.53	0.78
16	12	12	45.03	0.75

分析结论：当 S1 板件（图 3）由 6mm 到 16mm 变化，即由薄变厚，T 形螺栓反力［图 6（a）］及 π 形件控制截面弯矩［图 6（b）］线性减小。增加 S1 板件（图 3）厚度对减小 T 形螺栓反力和 π 形件控制截面弯矩有利。

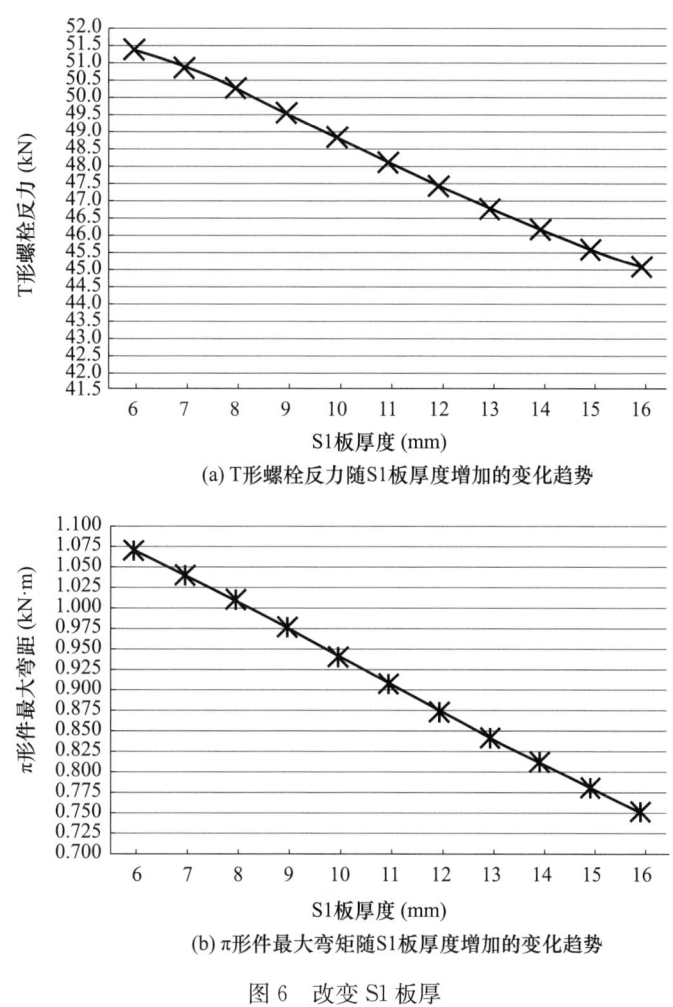

(a) T形螺栓反力随S1板厚度增加的变化趋势

(b) π形件最大弯矩随S1板厚度增加的变化趋势

图 6 改变 S1 板厚

3.3 仅 S2 板件（图 2）厚度调整，T 形螺栓反力及 π 形件最大弯矩变化

前提条件：采用控制单一变量原则，S1 板件（图 3）控制在 12mm，S3 板件（图 3）控制在 12mm，仅 S2 板件（图 3）厚度发生变化（表 2）。

表 2 T 形螺栓反力及 π 形件最大弯矩随 S2 板厚增加变化

S1 板厚（mm）	S2 板厚（mm）	S3 板厚（mm）	T 型螺栓反力（kN）	π形件最大弯矩（kN·m）
12	12	12	47.39	0.87
12	13	12	48.41	0.92
12	14	12	49.4	0.97
12	15	12	50.35	1.02
12	16	12	51.24	1.06
12	17	12	52.07	1.1
12	18	12	52.83	1.14
12	19	12	53.51	1.18
12	20	12	54.13	1.21

分析结论：当 S2 板件（图 3）由 12mm 到 20mm 变化，即由薄变厚，T 形螺栓反力 [图 7（a）] 及 π 形件控制截面弯矩 [图 7（b）] 线性增大。增加 S2 板件（图 3）厚度对减小 T 形螺栓反力和 π 形

件控制截面弯矩不利，S2 板件厚度宜减薄。由于 π 形件控制截面弯矩出现在分肢 S2（图 3）板件上，S2 板件（图 3）设计厚度应能满足截面抗弯最低要求，厚度优化底线以满足其抗弯要求为准。

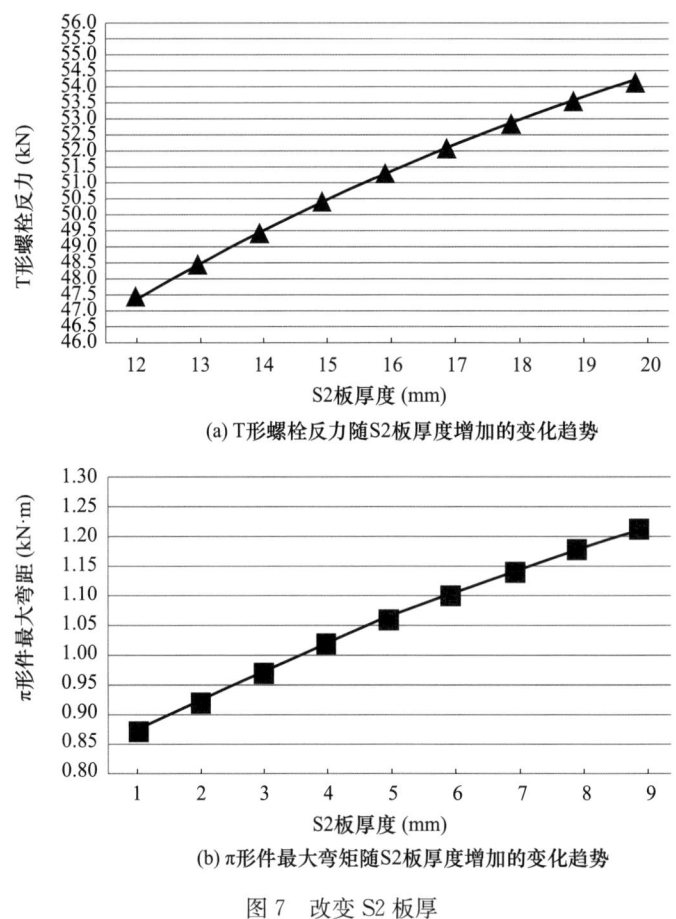

图 7 改变 S2 板厚

3.4 仅 S3 板件（图 2）厚度调整，T 形螺栓反力及 π 形件最大弯矩变化

前提条件：采用控制单一变量原则，S1 板件 12mm，S2 板件 12mm，仅 S3 板件（图 3）厚度发生变化（表 3）。

表 3 T 形螺栓反力及 π 形件最大弯矩随 S3 板厚度增加变化

S1 板厚（mm）	S2 板厚（mm）	S3 板厚（mm）	T 形螺栓反力（kN）	π 形件最大弯矩（kN·m）
12	12	2	49.20	0.96
12	12	3	49.17	0.96
12	12	4	49.12	0.96
12	12	5	49.03	0.95
12	12	6	48.91	0.95
12	12	7	48.75	0.94
12	12	8	48.56	0.93
12	12	9	48.32	0.92
12	12	10	48.04	0.90
12	12	11	47.73	0.89
12	12	12	47.39	0.87

续表

S1 板厚（mm）	S2 板厚（mm）	S3 板厚（mm）	T 形螺栓反力（kN）	π 形件最大弯矩（kN·m）
12	12	13	47.03	0.85
12	12	14	46.66	0.83
12	12	15	46.29	0.81
12	12	16	45.92	0.80
12	12	17	45.56	0.78
12	12	18	45.21	0.76
12	12	19	44.89	0.74
12	12	20	44.58	0.73

分析结论：当 S3 板件（图 3）由 2mm 到 20mm 变化，即由薄变厚，T 形螺栓反力［图 8（a）］及 π 形件控制截面弯矩［图 8（b）］呈增大趋势，当 S3 厚度小于 12mm 时，T 形螺栓反力［图 8（a）］及 π 形件控制截面弯矩非线性增大，当 S3 厚度大于 12mm 时，T 形螺栓反力［图 8（a）］及 π 形件控制截面弯矩线性增大。即增加 S3 板件（图 3）厚度对减小 T 形螺栓反力和 π 形件最大弯矩［图 8（b）］有利，S3 板件（图 3）厚度不宜太薄，当 S3 板（图 3）厚度趋于 0 时，π 形件退化为两只 L 形件，此时偏心力对 T 形螺栓"撬"拔效应最明显，T 形螺栓反力及 π 形件控制截面弯矩均达到最不利状态。

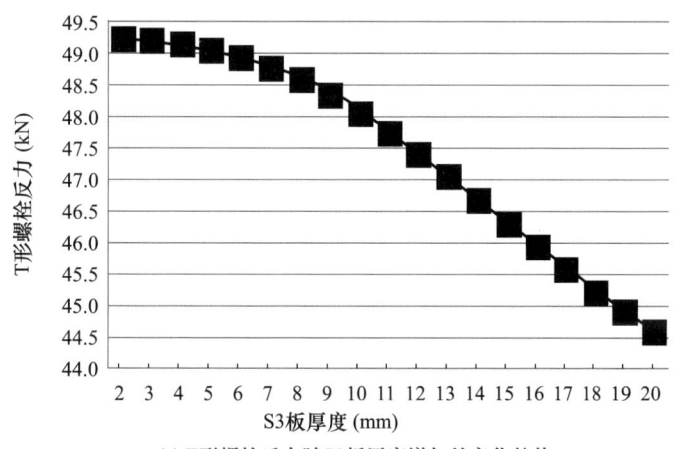

(a) T 形螺栓反力随 S3 板厚度增加的变化趋势

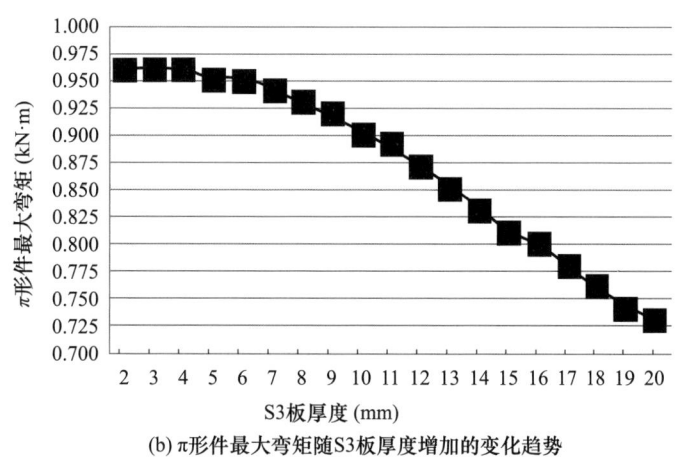

(b) π 形件最大弯矩随 S3 板厚度增加的变化趋势

图 8　改变 S3 板厚

3.5 S1、S2、S3 板件（图3）同厚度，壁厚 t 做相同调整，T形螺栓反力及 π 形件控制截面弯矩变化

前提条件：当分肢板件 S1、S2、S3 同厚度（图3），其壁厚均按 Δt 增加。

分析结论：T形螺栓拉力（表4）及 π 形件控制截面弯矩（表4）均无变化，超静定结构，板件厚度同步变化时，各分肢相对线刚度 $\left(\alpha \dfrac{EI}{L}\right)$ 不变，因此 T 形螺栓反力及 π 形件弯矩按刚度分配基本不变。

表4 T形螺栓反力及 π 形件最大弯矩随 S1、S2、S3 板厚同步增加变化

S1 板厚 (mm)	S2 板厚 (mm)	S3 板厚 (mm)	T形螺栓反力 (kN)	π 形件最大弯矩 (kN·m)
12	12	12	47.39	0.87
13	13	13	47.37	0.87
14	14	14	47.35	0.87
15	15	15	47.32	0.87
16	16	16	47.30	0.86

3.6 T形螺栓到 S2 悬臂端距离 a [图5（a）、图5（b）] 增大，T形螺栓反力及 π 形件控制截面弯矩变化

前提条件：采用控制单一变量原则，仅 T 形螺栓到 S2 悬臂端距离 a [图5（a）、图5（b）] 发生变化（表5）。

表5 T形螺栓反力及 π 形件最大弯矩随距离 a 增加而变化

S1、S2、S3 板厚 (mm)	距离 a (mm)	b (mm)	T形螺栓反力 (kN)	板件最大弯矩 (kN·m)
16	50	50	47.3	0.86
16	55	50	48.91	0.95
16	60	50	50.51	1.03
16	65	50	52.11	1.11
16	70	50	53.69	1.18
16	75	50	55.27	1.26

分析结论：当距离 a [图5（a）、图5（b）] 由 50mm 到 75mm 变化，即由小变大，T形螺栓反力 [图9（a）] 及 π 形件控制截面弯矩 [图9（b）] 近似呈线性增大。增加距离 a [图5（a）、图5（b）] 对减小 T 形螺栓反力和 π 形件控制截面弯矩不利，因此 π 形件设计时，在满足构造的前提下，尽可能减小距离 a [图5（a）、图5（b）]。

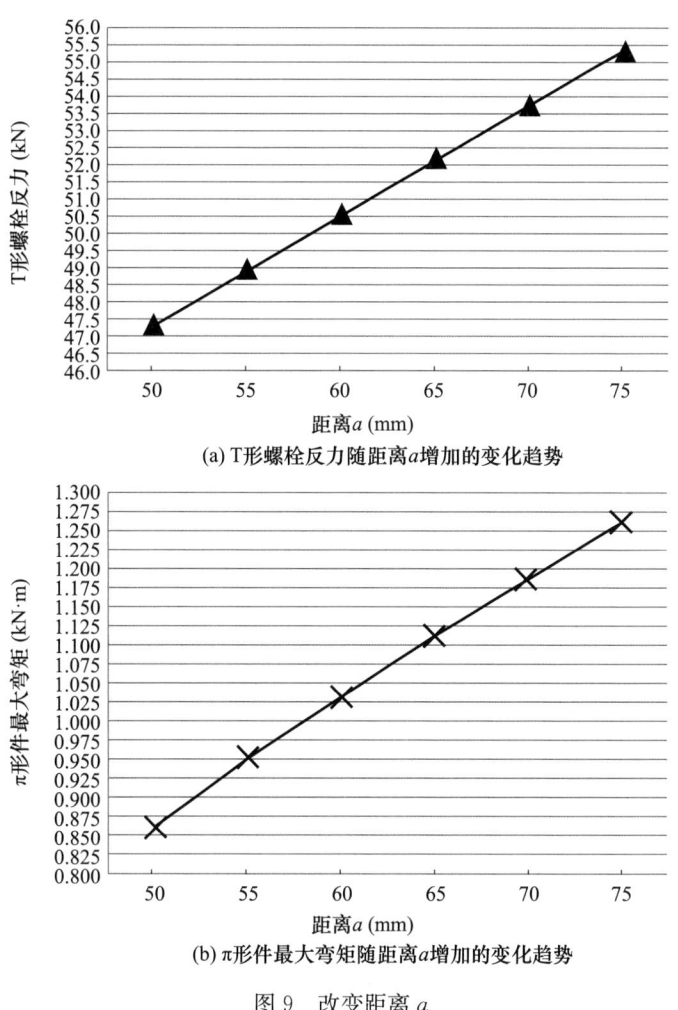

(a) T形螺栓反力随距离a增加的变化趋势

(b) π形件最大弯矩随距离a增加的变化趋势

图 9　改变距离 a

3.7　T形螺栓到受压合力点距离 b［图 5（a）、图 5（b）］增大，T形螺栓反力及 π 形件控制截面弯矩变化

前提条件：采用控制单一变量原则，仅 T 形螺栓到受压合力点距离 b［图 5（a）、图 5（b）］变化（表 6）。

表 6　T形螺栓反力及 π 形件最大弯矩随距离 b 增加变化

S1、S2、S3 板厚 (mm)	距离 a (mm)	距离 b (mm)	T形螺栓反力 (kN)	π 形件最大弯矩 (kN·m)
16	50	50	47.30	0.86
16	50	55	45.49	0.85
16	50	60	43.99	0.84
16	50	65	42.72	0.83
16	50	70	41.64	0.81
16	50	75	40.70	0.80

分析结论：当距离 b［图 5（a）、图 5（b）］由 50mm 到 75mm 变化，即由小变大，T形螺栓反力［图 10（a）］及 π 形件控制截面弯矩［图 10（b）］呈线性减小。增加距离 b［图 5（a）、图 5（b）］对减小 T 形螺栓反力和 π 形件最大弯矩有利，因此 π 形件设计时，尽可能增大 T 形螺栓到受压合力点距

离 b［图 5（a）、图 5（b）］。

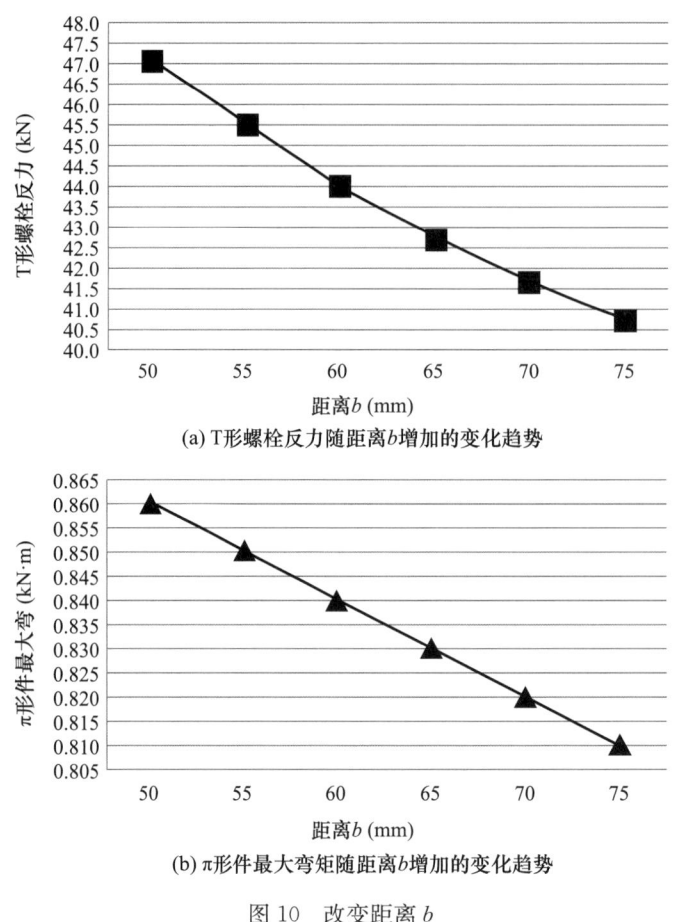

图 10　改变距离 b

4　总结

综上所述，π 形支座受力应综合考虑"撬拔"时混凝土对 T 形螺栓拉力的增大效应，不能简单地用单元板块支点反力除以 T 形螺栓个数，即 $T=\dfrac{R_x}{n}$［图 1（a）、图 5（a）］，并以此作为 T 形螺栓拉力 T_s 来校核槽式埋件受力。由上文实例分析可以知，不合理的设计会导致 T 形螺栓拉力 T_s 远远大于板块支反力 $\left(T=\dfrac{R_x}{n}\right)$［图 1（a）、图 5（a）］，此时倘若依旧错误地按照 T 形螺栓拉力 T_s 等于 $\left(T=\dfrac{R_x}{n}\right)$［图 1（a）、图 5（a）］来校核槽式埋件卷边槽口及锚筋受力，就会给实际留下安全隐患。

π 形件各肢板板厚的设计应综合考虑各分肢相对线刚度 $\left(\alpha=\dfrac{EI}{L}\right)$ 的影响，根据前文分析，形成如下结论：

（1）S2 板（图 3）厚由控制弯矩按钢柱脚 $t_2 \geqslant \sqrt{\dfrac{6M_{max}}{Bf}}$ 计算确定，其余板件厚度按不低于 S2（图 3）设计，合理的肢板板厚由小到大排序为 S2≤S1≤S3。

（2）在支反力水平拉力 T 作用下，S3 板件（图 3）厚度在 S2（图 3）基础上应适当加厚，目的是增加其相对线刚度，减小 S2（图 3）肢板"撬拔"变形对混凝土的挤压，减小肢端与混凝土之间的挤压力 T_c，达到减小了 T 形螺栓的拉力（$T_s = T + T_c$）的目的。

（3）如果条件允许，尽可能减小距离 a ［图 5（a）、图 5（b）］或增加距离 b ［图 5（a）、图 5（b）］，这样有利于减小 T 形螺栓拉力和 π 形件控制截面弯矩。

本文通过研究典型设计方案中（只有两颗 T 形螺栓，仅在水平拉力作用下），S1、S2、S3（图 3、图 4）壁厚变化对控制截面弯矩 ［图 5（e）］和 T 形螺栓拉力 ［图 5（f）］的影响，总结其变化规律和趋势，为实际工程 π 形支座型材壁厚设计提供了一定可以借鉴的思路。当然，在实际工程中，板块的支反力存在复杂性和多样性。例如，自重以及有竖向装饰条的侧向支反力对支座不同部位产生的拉、剪、弯、扭作用，导致 π 形支座受力更加复杂，都会转化成为 T 形螺栓的拉力以及支座不同部位的弯矩或扭矩，更需要针对不同的情况进行综合分析。

综上所述，单元式幕墙侧挂支座的受力分析与设计要点主要包括支座的承载能力、受力分析、设计荷载、材料选择、连接方式和安装要求等。这些要点需要综合考虑，确保支座与幕墙单元的连接牢固可靠，满足建筑结构的要求。

参考文献

[1] 李星荣，魏才昂，秦斌. 钢结构连接节点设计手册［M］. 北京：中国建筑工业出版社，2014.
[2]《建筑结构静力计算手册》编写组. 建筑结构静力计算手册［M］. 2 版. 北京：中国建筑工业出版社，1998.
[3] 中国土木工程学会. 槽式预埋件系统设计标准：T/CCES 29—2022［S］. 北京：中国建筑工业出版社，2022.
[4] 龙驭球，包世华，袁驷. 结构力学［M］. 4 版. 北京：高等教育出版社，2018.

中美玻璃规范计算原理比较与案例对比分析

◎ 杨志鹏　范建磊　董彪　张瑜

中国建筑西南设计研究院有限公司　广东深圳　518028

摘　要　本文就中美两国规范中，关于玻璃幕墙工程常用的钢化玻璃强度计算、变形计算、夹胶玻璃计算、中空玻璃计算进行了详细的分析，并和有限元计算结果对比。结果表明，美国规范计算的结果稍大于中国规范计算的结果，美国规范对各种类型的钢化玻璃的计算规定更为细致。

关键词　中美规范；玻璃厚度；玻璃强度；玻璃挠度；夹胶玻璃；中空玻璃

1　引言

近年来，中国的许多建筑企业积极参与国外项目的建设，这显示了中国建筑行业的快速发展和国际竞争力的提升。在对外承包的工程项目中，大部分工程使用的是美国标准。美国标准通常采用ASTM E1300（美国材料与试验协会发布的标准），用于评估玻璃的抗风压、抗震、抗冲击等性能。而中国根据《建筑用安全玻璃》(GB/T 15763)、《建筑玻璃应用技术规程》(JGJ 113)等标准，规定了玻璃的应力、变形、抗风压等安全性能要求。中美两国在玻璃设计规范方面存在较大的差异，因此有必要对两国规范的差异进行比较和归纳总结。本文以在建工程项目伊拉克纳西里耶机场项目为背景，对玻璃幕墙工程中常见的钢化玻璃计算进行对比分析，以便于工程设计人员正确理解并合理应用。

2　荷载

中国规范和美国规范中都规定玻璃的强度值与荷载持续时间有关系。

美国标准 ASTM E1300-16 中将荷载持续时间约 30d 定义为长期荷载，荷载持续时间不大于 3s 定义为短期荷载。对于不在此范围内的荷载，需考虑不同荷载持续时间下的影响系数，即基于 3s 的玻璃强度值乘以表格中的系数。对于持续时间不大于 3s 的荷载，该系数取为 1.0。若荷载持续时间大于 3s，该系数小于 1.0 且荷载持续时间越长，该系数值越小。美国标准荷载规范 ASCE 中将基本风速定义为 3s 内的年平均最大风速，通过基本风速可计算得出风荷载。

中国规范未对长期荷载和短期荷载做明确的规定，但在《建筑玻璃应用技术规程》(JGJ 113—2015)第 4.1.7 条文解释中将风荷载和地震作用定义为短期荷载，重力荷载和水荷载定义为长期荷载。短期荷载对玻璃强度没有影响，而长期荷载使玻璃强度下降。

中国规范中关于荷载持续时间的定义与美国规范如出一辙，只不过国标中未给定具体荷载持续时间的具体量值。对于风荷载，两本规范中都定义为短期荷载，而重力荷载在两本规范中都被定义为长期荷载。即在计算风荷载对玻璃强度的影响时，玻璃强度取短期荷载下的强度值；计算重力荷载对玻璃强度的影响时，玻璃强度取长期荷载下的强度值。

3 玻璃厚度

中国规范中对于单片玻璃的厚度取名义厚度，夹胶玻璃的厚度取等效厚度，详见《建筑玻璃应用技术规程》（JGJ 113—2015）第 7 章和《玻璃幕墙工程技术规范》（JGJ 102—2003）第 6 章。美国规范中关于单片玻璃厚度的定义与中国标准有所区别。ASTM E1300—16 规定，单片玻璃的厚度取其最小厚度。夹胶玻璃的厚度取两片玻璃的最小厚度与夹胶片的名义厚度之和。应特别注意的是：6mm+0.38mmPVB+6mm 和 6mm+0.76mmPVB+6mm 的夹胶玻璃厚度应为 12mm，2.5mm+1.52mmPVB+2.5mm 的夹胶玻璃厚度应为 5mm，4+任意厚度夹胶片+4mm 的夹角玻璃厚度应为 8mm。常见玻璃的最小厚度与名义厚度见表 1。荷载系数见表 2。

表 1 玻璃名义厚度与最小厚度对照表

名义厚度（mm）	最小厚度（mm）
6	5.56
8	7.42
10	9.02
12	11.91

表 2 钢化单层玻璃/夹胶玻璃的荷载种类系数

玻璃种类	玻璃种类系数 GTF	
钢化玻璃/夹胶玻璃	短期荷载	长期荷载
	4.0	3.0

4 强度计算

4.1 美国规范强度计算公式

美国规范 ASTM E1300-16 中关于单层玻璃和夹胶玻璃的强度指标主要由两个因素构成——玻璃种类系数（GTF）和非系数荷载（NFL），将两者的乘积作为玻璃的强度。玻璃种类系数（GTF）通过查表 2 可得，非系数荷载（NFL）可通过查 ASTM E1300-16 附录可得，也可通过公式计算求得。ASTM E1300-16 附录 X6 中的玻璃表面最大允许应力公式即为非系数荷载（NFL）的算术表达式，见式 1。

$$\sigma_{allowable} = \left(\frac{P_b}{k(d/3)^{7/n} \times A} \right)^{1/7} \quad (1)$$

式中 $\sigma_{allowable}$——表面最大允许应力，对于钢化玻璃的强度允许值不超过 93.1MPa；

P_b——破坏概率；

k——缺陷参数，$k=2.86\times10^{-53}\mathrm{N}^{-7}\mathrm{m}^{12}$；

d——荷载持续时间；

A——玻璃表面积；

n——取为 16。

其中，破坏概率 P_b 与荷载持续时间、玻璃板块大小、玻璃厚度等因素相关，其表达式见式（2）~式（5）。

$$P_b = 1 - e^{-B} \quad (2)$$

$$B = k \cdot \sum_{i=1}^{N} \left\{ \left[c_i \cdot \left(\frac{t_d}{60s} \right)^{1/n} \cdot (\sigma_{maxi} - \mathrm{RCSS}) \right]^m \cdot A_i \right\} \quad (3)$$

$$c_i = -0.005 \cdot r_i^6 + 0.022 \cdot r_i^5 + 0.055 \cdot r_i^4 + 0.039 \cdot r_i^3 + 0.031 \cdot r_i^2 + 0.06 \cdot r_i + 0.8 \quad (4)$$

$$r_i = \frac{\sigma_{\text{mini}} - \text{RCSS}}{\sigma_{\text{maxi}} - \text{RCSS}} \tag{5}$$

式中　k——缺陷参数，$k = 2.86 \times 10^{-53} \text{N}^{-7} \text{m}^{12}$；

　　　m——缺陷参数，取 $m = 7$；

　　　N——应力值个数；

　　　t_d——荷载持续时间；

　　　n——取为 16；

　　　σ_{maxi}——最大主应力；

　　　σ_{mini}——最小主应力；

　　　RCSS——残余表面压应力，对于钢化玻璃，RCSS = 69MPa；

　　　A_i——主应力对应的截面面积。

由式（1）定性分析可知，玻璃表面最大允许应力与破坏概率 P_b 成正比，与玻璃的表面积成反比。破坏概率 P_b 的表达式较为复杂，不便于工程应用，为了使用方便，美国规范 ASTM E1300-16 建议 $P_b = 0.008$。因此，式（1）可简化为式（6）。

$$\sigma_{\text{allowable}} = \left(\frac{0.008}{k (d/3)^{7/16} \times A} \right)^{1/7} \tag{6}$$

对于短期荷载（<3s），式（5）可进一步简化为

$$\sigma_{\text{allowable}} = \left(\frac{0.008}{k \times A} \right)^{1/7} \tag{7}$$

笔者列出了常见尺寸的玻璃表面最大允许应力，见图1。

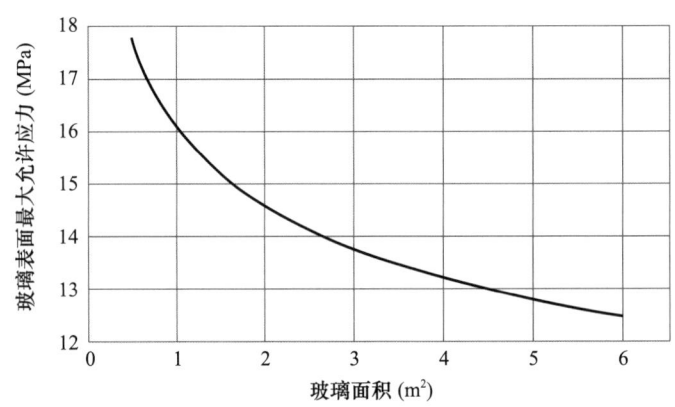

图1　玻璃表面最大允许应力与玻璃面积的关系

将表2中的玻璃种类系数（GTF）乘以玻璃表面最大允许应力 $\sigma_{\text{allowable}}$，得到玻璃强度值。以上分析均为玻璃大面中心点的强度值。对于钢化玻璃的端面强度，美标 ASTM E1300-16 中统一取为 73MPa，不再区分玻璃面积，最终汇总得到美国规范中计算得到的钢化玻璃的强度取值，见表3。

表3　美国标准中的玻璃强度允许值

玻璃表面积 (m²)	中间玻璃强度（MPa）		端面玻璃强度（MPa）	
	短期荷载	长期荷载	短期荷载	长期荷载
1	64.4	48.3	73	54.75
2	58.3	43.7	73	54.75
3	55.0	41.3	73	54.75
4	52.8	39.6	73	54.75
5	51.2	38.4	73	54.75
6	49.8	37.4	73	54.75

以上公式均为钢化玻璃的强度限值计算公式,对于玻璃表面应力的计算,见式(8)。

$$\sigma_q = \frac{6qb^2}{t_{\min}^2} \tag{8}$$

式中 $t_{\min}$——玻璃的最小厚度。

4.2 中国规范强度计算公式

中国标准《建筑玻璃应用技术规程》(JGJ 113—2015)关于玻璃强度设计值可按式(9)计算。

$$f_g = c_1 c_2 c_3 c_4 f_0 \tag{9}$$

式中 c_1——玻璃种类系数,对于钢化玻璃取为 2.5~3.0;
c_2——玻璃强度位置系数,中部强度取 1.0,边缘强度为 0.8,端面强度为 0.7;
c_3——荷载类型系数,长期荷载取为 0.5,短期荷载取为 1.0;
c_4——玻璃厚度系数,4~12mm 时取 1.0,15~19mm 时取 0.85,≥20mm 时取 0.7;
f_0——短期荷载作用下,平板玻璃中部强度设计值,取为 28MPa。

最终总结得到的钢化玻璃的强度设计值如表 4 所示。

表 4 中国标准钢化玻璃强度设计值

荷载种类	厚度(mm)	中部强度(MPa)	边缘强度(MPa)	端面强度(MPa)
短期荷载	4~12	84	67	59
	15~19	72	58	51
	≥20	59	47	42
长期荷载	4~12	42	34	30
	15~19	36	29	26
	≥20	30	24	21

此外,中国规范《玻璃幕墙工程技术规范》(JGJ 102—2003)规定,单片玻璃在垂直于玻璃幕墙平面荷载下的最大应力可按考虑几何非线性的有限元方法计算,也可以按式(10)计算。

$$\sigma_q = \frac{6mqb^2}{t^2}\eta \tag{10}$$

式中 m——弯矩系数;
η——折减系数;
q——荷载;
b——玻璃短边边长;
t——玻璃厚度。

4.3 两国规范强度计算式分析对比

由以上分析可知,两本规范相同点是定义玻璃的强度都与荷载的持续时间成反比;不同点在于,美国规范玻璃的强度与玻璃面积有关且与玻璃面积成反比,中国规范玻璃的强度与玻璃的厚度有关且与玻璃厚度成正比。需要注意的是,美国规范给定的玻璃强度是允许值,中国规范给定的玻璃强度为设计值。

5 挠度计算

5.1 美国规范挠度计算公式

美国规范 ASTM E-1300-16 中计算玻璃中心点变形的公式见式(11)~式(15)。

$$w = t_{\min} \times e^{r_0 + r_1 \cdot x + r_2 \cdot x^2} \tag{11}$$

$$r_0 = 0.553 - 3.83\,(a/b) + 1.11\,(a/b)^2 - 0.0969\,(a/b)^3 \tag{12}$$

$$r_1 = -2.29 + 5.83\,(a/b) - 2.17\,(a/b)^2 + 0.2067\,(a/b)^3 \tag{13}$$

$$r_2 = 1.485 - 1.908\,(a/b) + 0.815\,(a/b)^2 - 0.0822\,(a/b)^3 \tag{14}$$

$$x = \ln\{\ln[q\,(ab)^2/E t_{\min}^4]\} \tag{15}$$

式中 q——均布荷载；

a——长边尺寸；

b——短边尺寸；

E——玻璃的弹性模量，取为 71700MPa；

$t_{\min}$——玻璃的最小厚度。

图 2 列出了美国规范关于玻璃中心点的挠度计算时，在 1kPa 的均布荷载作用、不同的边长尺寸比值下，玻璃厚度与玻璃中心点变形之间的关系。

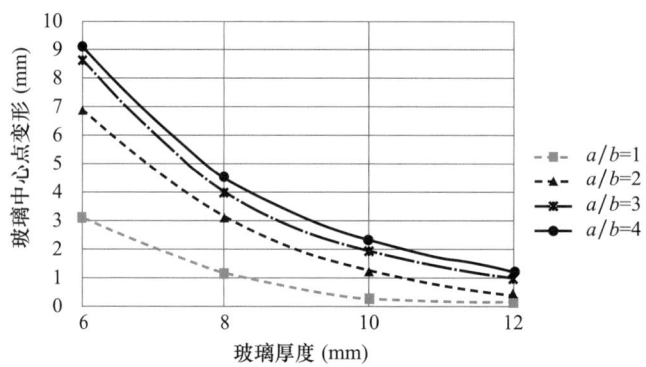

图 2　美国规范下玻璃厚度与玻璃中心点关系对照图

5.2　中国规范挠度计算公式

中国标准《玻璃幕墙工程技术规范》（JGJ 102—2003）第 6.1.3 条规定，玻璃跨中挠度可按考虑几何非线性的有限元方法计算，也可采用式（16）～式（17）计算。

$$d_f = \frac{\mu q b^4}{D} \eta \tag{16}$$

$$D = \frac{E t^3}{12\,(1-\nu^2)} \tag{17}$$

将式（17）代入式（16），可得

$$d_f = \frac{b^4}{6250\,t^3} q \mu \eta$$

式中 D——玻璃的刚度；

t——玻璃厚度；

ν——玻璃的泊松比，取为 0.2；

q——均布荷载；

μ——挠度系数；

η——折减系数；

E——玻璃的弹性模量，取为 72000MPa；

b——短边尺寸。

图 3 列出了中国规范关于玻璃中心点的挠度计算时，在 1kPa 的均布荷载作用、不同的边长尺寸比值下，玻璃厚度与玻璃中心点变形之间的关系。

5.3 两国规范挠度计算式分析对比

美国规范对变形的计算公式是根据曲线拟合而成的多项式方程，该方程已考虑板块非线性变形的影响，即玻璃的变形超过玻璃本身的厚度。中国规范的挠度计算公式则是依据弹性小变形理论再考虑一定的修正系数。值得注意的是，上述两本规范关于玻璃中心点的变形均是基于四边支撑的计算结果。由图3与图4分析可知，玻璃越厚，玻璃板块中心点的变形越小。当玻璃厚度大于8mm时，该趋势下降趋于缓慢，两国规范的计算结果结论一致。此外，由图4可知，相同条件下美国规范的计算结果略大于中国规范。

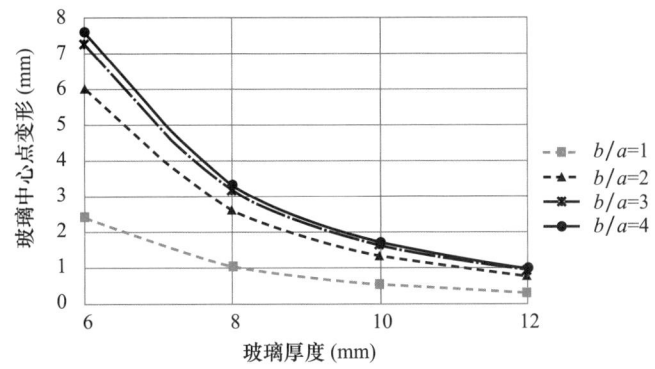

图3 中国规范下玻璃厚度与玻璃中心点关系对照图

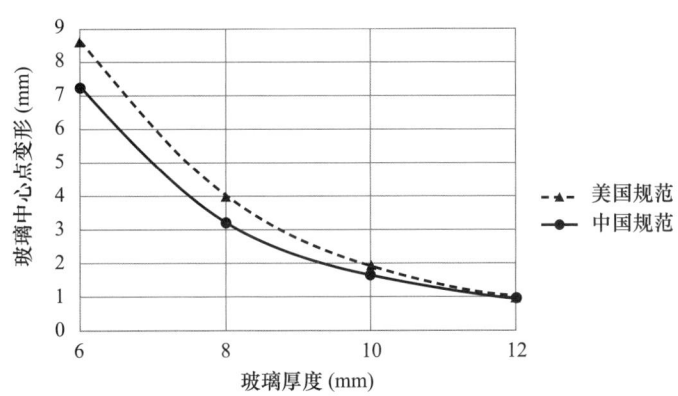

图4 相同条件下中美规范玻璃中心点变形值

6 夹胶玻璃和中空计算

6.1 美国规范的夹胶玻璃计算公式

美国标准对夹角玻璃的计算强度和变形时分别采用了两套等效厚度，即变形等效厚度 $h_{ef;w}$ 和强度等效厚度 $h_{ef;\sigma}$。当采用公式或有限元方法计算应力和挠度时，应采用相应的等效厚度。夹胶玻璃的变形主要受夹胶片剪切模量 G 的影响。剪切模量是衡量塑性夹层剪切阻力的指标。剪切阻力越大。两个玻璃层越能有效地结合并抵抗荷载下的变形。剪切传递系数 Γ 则是反映夹胶层刚度的指标，若 Γ 约接近于1.0，则表示夹胶层抗剪切强度越高；反之若 Γ 接近于零，则表示夹胶层抗剪切强度越低。剪切传递系数的公式见式（18）～式（22）。

$$\varGamma=\frac{1}{1+9.6\dfrac{EI_sh_v}{Gh_s^2a^2}} \tag{18}$$

$$I_s=h_1h_{s;2}^2+h_2h_{s;1}^2 \tag{19}$$

$$h_{s;1}=\frac{h_sh_1}{h_1+h_2} \tag{20}$$

$$h_{s;2}=\frac{h_sh_2}{h_1+h_2} \tag{21}$$

$$h_s=0.5(h_1+h_2)+h_v \tag{22}$$

变形计算时夹胶玻璃的等效厚度为式（23）。

$$h_{ef;w}=\sqrt[3]{h_1^3+h_2^3+12\varGamma I_s} \tag{23}$$

强度计算时各片的等效厚度为式（24）～式（25）

$$h_{1;ef;\sigma}=\sqrt{\frac{h_{ef;w}^3}{h_1+2\varGamma h_{s;2}}} \tag{24}$$

$$h_{2;ef;\sigma}=\sqrt{\frac{h_{ef;w}^3}{h_2+2\varGamma h_{s;1}}} \tag{25}$$

式中　$\varGamma$——剪切传递系数；

　　　h_v——夹胶片的厚度；

　　　h_1——第一片玻璃的最小厚度；

　　　h_2——第二片玻璃的最小厚度；

　　　G——夹胶片的剪切模量。

6.2　中国规范的夹胶玻璃计算公式

中国规范中夹胶玻璃的应力计算按式（10）进行计算，其中每片玻璃所分配得到的荷载大小为

$$q_1=q\frac{h_1^3}{h_1^3+h_2^3} \tag{26}$$

$$q_2=q\frac{h_2^3}{h_1^3+h_2^3} \tag{27}$$

夹胶玻璃的变形按式（15）计算，但夹胶玻璃的刚度 D 应采用等效厚度 t_{e1}。

$$t_{e1}=\sqrt[3]{t_1^3+t_2^3} \tag{28}$$

6.3　美国规范的中空玻璃计算公式

对于中空玻璃，强度计算时外片和内片玻璃的荷载分配系数 LSF_1、LSF_2 分别为

$$LSF_1=(t_{1min}^3)/(t_{1min}^3+t_{2min}^3) \tag{29}$$

$$LSF_2=(t_{2min}^3)/(t_{1min}^3+t_{2min}^3) \tag{30}$$

式中　t_{1min}——外片的最小厚度；

　　　t_{2min}——内片的最小厚度。

中空玻璃的挠度按式（11）的规定进行计算，此时中空玻璃应取等效厚度 t_{emin}，见式（31）。

$$t_{emin}=\sqrt[3]{t_{1min}^3+t_{2min}^3} \tag{31}$$

6.4　中国规范的中空玻璃计算公式

中国规范对于荷载分配系数与美国规范有些许差异，直接承受荷载的外片玻璃需乘以1.1的放大系数，并且玻璃的厚度用名义厚度表示，见式（32）和式（33）。

$$LSF_1=1.1\times(t_1^3)/(t_1^3+t_2^3) \tag{32}$$

$$\mathrm{LSF}_2 = (t_2^3)/(t_1^3 + t_2^3) \tag{33}$$

式中 t_1——外片玻璃的名义厚度；

t_2——内片玻璃的名义厚度。

中空玻璃的挠度按式（16）的规定进行计算，此时中空玻璃刚度 D 应采用等效厚度 t_{e2}，见式（34）。

$$t_{e2} = 0.95\sqrt[3]{t_1^3 + t_2^3} \tag{34}$$

7 计算案例

7.1 项目背景

伊拉克纳西里耶国际机场项目位于伊拉克济加尔省伊玛目阿里空军基地。机场等级为 4E 级，工程范围包括跑道、滑行道、停机坪、航站楼、VIP 楼、酒店、办公楼、水电供应、油库等，机场距离市中心约 25km，距离首都巴格达 307km（图 5）。

图 5 伊拉克纳西里耶国际机场航站楼效果图

7.2 计算结果

前面分析了两国对各种玻璃计算规则差异，现将同等条件下的玻璃计算结果列于表 5 中，并用有限元软件计算的结果与两本规范计算的结果进行对比。需要注意的是，美国荷载没有标准值与设计值之分，但中国标准在计算应力和变形时需分别采用荷载的设计值与标准值。表中的荷载一栏为按美国荷载标准计算的结果，玻璃板块尺寸为 2000mm×1000mm。

根据表 5 中的数据可得，按美国规范计算的结果普遍高于中国规范计算的结果，并且中国规范的结果更接近于有限元软件计算的结果。

表 5 同等条件下两国规范计算结果和有限元计算结果对比表

项目	荷载	玻璃类型（mm）	中国规范	美国规范	有限元结果
应力（MPa）	1.52/kPa	6	24.32	29.50	23.54
		8	14.25	16.56	13.11
		10	9.12	11.21	8.1
		12	6.33	6.43	5.56

续表

项目	荷载	玻璃类型（mm）		中国规范	美国规范	有限元结果
应力（MPa）	1.52/kPa	6＋1.52PVB＋6	外片	12.67	9.71	—
			内片	12.67	9.71	—
		6＋12A＋6	外片	13.93	14.75	—
			内片	12.67	14.75	—
变形（mm）	1.52/kPa	6		9.12	11.02	8.15
		8		4.01	5.88	4.48
		10		2.05	3.27	2.43
		12		1.19	0.92	1.42
		6＋1.52PVB＋6		4.75	4.26	—
		6＋12A＋6		5.55	5.60	—

8　小结

本文对中国规范与美国规范中关于荷载定义、玻璃厚度定义、玻璃强度计算、玻璃变形计算、夹胶玻璃应力及变形计算，并结合有限元计算结果，进行了详细的对比和分析。

美国规范对荷载的定义较为详细，对长期和短期荷载的具体量值做了规定。而中国规范对长期荷载和短期荷载的规定较为模糊，属于定性规定。

美国规范中强度和变形计算时玻璃厚度均取最小厚度，而中国规范则取名义厚度。

对于玻璃的强度，美国规范的表达式为根据统计数据拟合而成的函数，强度取允许应力，其值与玻璃面积有关，且玻璃只规定了中部和端面强度。中国规范关于玻璃的强度则是一个经验公式，强度取设计值，与玻璃厚度有关，且规定了中部、边缘和端部的强度。美国规范玻璃短期强度取值为长期强度的约1.3倍，中国规范玻璃短期强度取值为长期强度的约2.0倍。

对于玻璃中心点的变形，美国规范的表达式为统计函数，中国规范则是依据弹性小变形理论再考虑一定的修正系数。中国规范计算的结果更为保守。

对于中空玻璃，两本规范规定的逻辑相同，即按每层玻璃的刚度进行荷载分配。对于夹胶玻璃，美国规范的规定较为细致并且考虑了夹胶层的影响。中国规范的规定也是按每层玻璃的刚度进行荷载分配来计算玻璃应力，但未考虑夹胶层的影响。

参考文献

[1] Standard practice for determining load resistance of glass in buildings：ASTM E1300-16［S］．West Conshohocken：ASTM International，2016.

[2] Standard specification for laminated architectural flat glass：ASTM C1172-03［S］．West Conshohocken：ASTM International，2003.

[3] Standard specification for insulating glass unit performance and evaluation：ASTM E 2190-02［S］．West Conshohocken：ASTM International，2002.

[4] 中华人民共和国住房和城乡建设部．建筑玻璃应用技术规程：JGJ 113—2015［S］．北京：中国建筑工业出版社，2015.

[5] 中华人民共和国建设部．玻璃幕墙工程技术规范：JGJ 102—2003［S］．北京：中国建筑工业出版社，2003.

EN 1279 解析及对中空玻璃用密封胶的要求

◎ 高 洋 庞达诚 汪 洋 周 平

广州白云科技股份有限公司 广东广州 510540

摘 要 本文介绍了欧洲标准 EN 1279-2、EN 1279-3 关于中空玻璃的检测内容以及 EN 1279-4、EN 1279-6 关于中空玻璃二道密封胶性能测试的相关内容，对欧洲标准 EN 1279 和国家标准 GB/T 11944 关于中空玻璃部分重要性能的规定做了对比分析；基于欧洲标准 EN 1279 中对中空玻璃二道密封胶的要求做了相应解析，对中空玻璃二道密封胶选用提出建议。

关键词 EN 1279；中空玻璃；中空玻璃二道密封胶；选用

1 引言

近年来随着国家节能、环保政策的深入实施，建筑节能的要求越来越高。高性能中空玻璃的广泛使用，为人们创造了舒适的生活空间，为节能减排做出了贡献。目前建筑中空玻璃出现的问题主要集中在渗漏、结露及出现玻璃脱粘等方面，造成这些问题的主要原因是使用的密封胶较早出现老化、透湿甚至粘接失效。因此对于中空玻璃的耐久性需要做更高的要求，相应地，这对制作中空玻璃所用的二道密封胶产品质量提出了更高要求。特别是 2012 年修订实施的国家标准《中空玻璃》（GB/T 11944—2012）采用了欧洲标准 EN 1279 第 2 部分的要求和试验方法，相应提高了中空玻璃耐久性要求并提出预期使用寿命至少 15 年。参考国外的部分标准不仅能够开拓海外市场，更能对中空玻璃二道密封胶生产企业作更高的要求，生产高质量的中空玻璃二道密封胶。本文通过解读欧洲标准 EN 1279 各个部分，让生产企业和用户更好地了解中空玻璃和中空玻璃二道密封胶的性能要求。

2 欧洲标准 EN 1279 介绍

欧洲标准《建筑用玻璃-中空玻璃》（EN 1279）作为 CEN（欧洲标准委员会）成员和欧洲联盟国家生产中空玻璃必须执行的欧洲标准，明确规定，从 2003 年 5 月起，这些国家的相关国家标准必须与该标准一致。该标准不仅规定了中空玻璃二道密封胶必须要满足的性能要求，还对其性能的稳定性做出了要求，也提供了测试方法来确认中空玻璃是否满足这一标准。该标准是目前建筑用中空玻璃标准中可预估寿命较长的方法标准，属于国际上较为先进的建筑用中空玻璃标准。该标准共包含 6 大部分：包括欧洲标准《建筑用玻璃 绝缘玻璃组件 第 1 部分：概论、尺寸公差和系统描述规则》（EN 1279-1）、《建筑玻璃 中空玻璃单元 第 2 部分：水气渗透的长期试验方法和要求》（EN 1279-2）、《建筑玻璃 中空玻璃单元 第 3 部分：气体泄漏速率和气体浓度偏差的长期试验方法和要求》（EN 1279-3）、《建筑玻璃 中空玻璃单元 第 4 部分：边部密封材料和插件的物理性能试验方法》（EN 1279-4）、《建筑玻璃 中空玻璃组件 第 5 部分：合格评价》（EN 1279-5）、《建筑玻璃 中空玻璃单元 第 6 部分：工厂生产控制和定期检测》（EN 1279-6）。其中中空玻璃重要检测和中空玻璃二道密封胶性能要求、检测方法等内容主要集中于第 2、3、4、6 部分，因此，下文将主要针对这几个部分的标准内容进行相应介绍。

3 欧洲标准 EN 1279 检测要求解析

3.1 欧洲标准 EN 1279 第 2 部分：水气渗透的长期试验方法和试验条件

3.1.1 测试原理

EN 1279-2 主要介绍了中空玻璃在使用期间水气渗透的试验方法。测试原理是将一套中空玻璃样片暴露于气候试验环境中，测试初始和最终露点以及初始和最终含水量，并计算透湿指数。

3.1.2 测试要求

该标准要求 5 片以上样片的平均透湿指数不得超过 0.20，中空玻璃单元的最高透湿指数值不得超过 0.25。

3.1.3 测试方法

将制备好的样品经过高温/湿度的试验循环，该循环分为两个阶段。第一阶段的气候条件由 56 个 −18℃～+53℃、时间为 12h 的温度循环组成，接下来是第二阶段，将样品放置在 +58℃恒温环境中保持 7 周，试验循环的气候条件见图 1。完成气候测试后，在标准实验室条件下将样品储存至少 1 周，按标准要求测量老化试样的最终含水率。

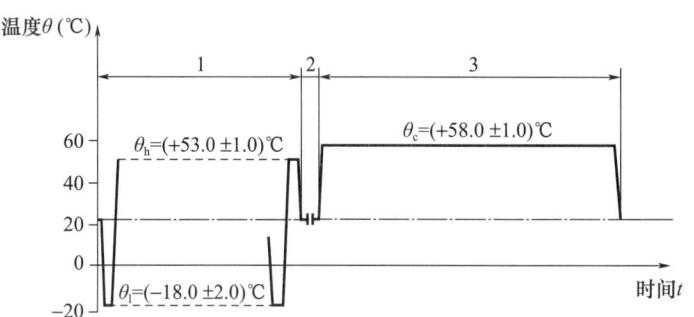

图 1 水气渗透测试试验循环的气候条件

图中：θ_l——高温高湿循环期间，试验仓里中央测试样片的低温温度；
θ_h——高温高湿循环期间，试验仓里中央测试样片的高温温度；
θ_c——常温气氛下，试验仓里中央测试样片的温度；
1——56 个 12h 的循环（4 周）；
2——2h 到 4h 的间隔，当用两个仓时，将样片从第一个仓移到第二个仓所需的时间；
3——（1176±4）h（7 周）58℃恒温、相对湿度≥95%环境，允许样片上有凝结水。

3.2 欧洲标准 EN 1279 第 3 部分：气体渗透和气体浓度公差的长期测试方法和必要条件

3.2.1 测试原理

EN1279-3 主要介绍了充气中空玻璃测定气体泄漏率的试验方法，并规定了气体泄漏率和气体浓度极限值。测试原理是将一套中空玻璃样片经过一系列的气候循环后，测量其 20℃的气体泄漏率。为了测量气体泄漏率，测试单元需要放在一个不漏气的容器中，一定时间后，测量从单元中漏出的气体量。本测量完成后，单元被打开，分析气体浓度并计算气体泄漏速率。

3.2.2 测试要求

该标准要求 5 片以上样片的平均透湿指数不得超过 0.20，中空玻璃单元的最高透湿指数值不得超过 0.25。

1）中空玻璃单元的平均气体渗透率不得超过 $1.0×10^{-2} \cdot a^{-1}$，最大气体渗透率不得超过 1.2×

$10^{-2} \cdot a^{-1}$；

2）初始充气浓度≥85%，试验前后气体浓度与宣称浓度的偏差不超过5%；

3）中空玻璃充注气体时，只能使用Ar、Kr、Xe等惰性气体，使用任何其他气体都需要进行化学相容性测试。

3.2.3 测试方法

参照EN 1279-2-2018中规定的气候循环，将制备好的样品经过高温/湿度的试验循环，该循环分为两个阶段。第一阶段的气候条件由28个−18℃～+53℃、时间为12h的温度循环组成。接下来是第二阶段，将样品放置在+58℃恒温环境中保持4周。为了测量气体泄漏率，将试样置于气密容器中，并在给定时间后，测量从试样中泄漏的气体量，此测量之后，分析试样中的气体浓度并计算气体泄漏率。

3.3 欧洲标准EN 1279第4部分：边缘密封件和插入件的物理属性的测试方法

EN 1279-4规定了边缘密封件和插入件的物理属性的测试方法，要求边缘密封系统暴露在外部环境同时承受一定的力的作用时，还能够有效阻止水气进入中空玻璃中，防止中空玻璃漏气。其中中空玻璃二道密封胶在这方面起着重要作用，能够有效与玻璃、间隔条形成粘接，承受相应的力的作用，对空气中的水分有着一定的阻隔作用。本小节将具体介绍EN 1279-4中关于中空玻璃二道密封胶的检测内容。

3.3.1 中空玻璃二道密封胶拉伸粘接测试

按照EN 1279-4中5.1制作"H"型试样，在标准条件下[温度（23±2）℃，相对湿度（50±5）%]，养护21d后，进行4个条件下的老化试验，每个老化试验的试样为7个。具体的老化试验条件分别为在标准条件下放置7d、温度为（60±2）℃的烘箱中放置（168±5）h、标准条件下的去离子水中放置（168±5）h以及紫外线强度（40±5）W/m² 的紫外箱中放置（96±4）h。老化试验结束后将试样在标准条件下放置24～48h，然后进行拉伸试验。检测后样品的拉伸粘接数据在OAB区域（图2）内均无玻璃与密封胶的粘接破坏且无密封胶内聚破坏。

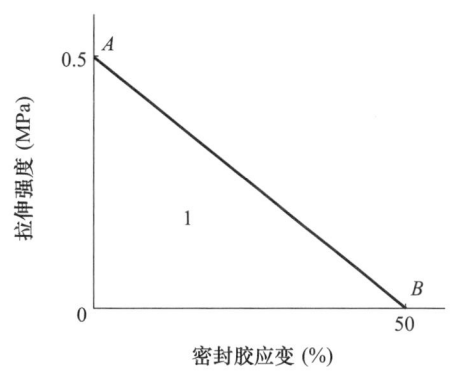

图2 OAB评价区域

3.3.2 中空玻璃二道密封胶水蒸气透过率测试

按照EN 1279-4中5.2制得2mm厚的试样，将水分含量<5%的分子筛放到水蒸气透过率测试仪试验盘中，再将试样放到试验盘上，然后把试验盘放入在温度为（23±1）℃，相对湿度≥90%的试验箱中，定期称量测试盘的质量，绘制时间-质量曲线图，当由至少6个点绘制的曲线趋于平直时，可以认为该直线的斜率是水蒸气透过率，制得的试样检测的水蒸气透过率作为报告值，出具相应的测试数据，EN 1279不对密封胶的水蒸气透过率做具体要求，仅出具报告值。

3.4 欧洲标准EN 1279第6部分：工厂生产控制和定期检测

欧洲标准EN 1279-6主要介绍了中空玻璃在日常生产控制、定期测试、检验和测试方法需要满足的要求和注意事项，用来验证生产的中空玻璃单元件符合标准的要求。其中与中空玻璃二道密封胶相关的检测主要包括密封胶与基材的粘接性测试和密封胶的硬度测试。本小节将具体介绍 EN 1279-6 中关于中空玻璃二道密封胶的检测内容。

3.4.1 密封胶与基材的粘接性测试

按照 EN 1279-6 中附录 D 的要求，分别制备间隔条和玻璃样件，中间的缝隙使用密封胶进行填充，按厂家规定条件养护，试样须经受一定的荷载并持续 10min，然后观察密封胶与铝间隔条、密封胶和玻璃之间的粘接情况。

3.4.2 密封胶硬度测试

按照 EN 1279-6 中附录 E 的要求，按规定制备厚度 6mm 以上、长宽大于 50mm 的硬度块，按厂家规定条件养护，养护好的样品应放置在平面上，环境温度 15～30℃，使用仪器进行按压，接触力应为 12.5±1N，如果使用手动设备，应在测试仪器上用手指按压，读数应在仪器与密封胶表面完全接触后 3s 内进行，读取到最接近的整数 Shore A 值，最终结果取不同点（距离边缘大于 12mm，测量点之间大于 15mm）的 5 个平均读数，四舍五入取整数值。

4 欧洲标准 EN 1279 与国家标准 GB/T 11944—2012 部分测试要求对比

表 1 列出了不同标准水气耐候性能要求和检测方法的异同，其中主要差异集中于检测后试样的放置时间。试验后，将试样在一定的环境中放置，是为了让试样空腔内的水分被间隔条里的干燥剂充分吸收并稳定。放置时间越长，测试的干燥剂水分含量或试样的露点越能反映中空玻璃的真实性能。因此欧洲标准 EN 1279 相较于国家标准测试的中空玻璃水气耐候性要求更严苛。

表 1 不同标准水气耐候性能要求和检测方法的异同

标准	GB/T 11944—2012	EN1279-2—2018
项目名称	水气密封耐久性能	水气渗透长期试验
样品	15 块 510mm×360mm 露点检测后合格的试样	15 块（502±2）mm×（352±2）mm 试样
性能要求	测试试验前后干燥剂的水分含量，计算水分渗透指数 $I \leqslant 0.25$，平均值 $I_{av} \leqslant 0.20$	测试试验前后干燥剂的水分含量，计算水分渗透指数 $I \leqslant 0.25$，平均值 $I_{av} \leqslant 0.20$
试验程序	56 个循环的高低温循环试验，加 7 周恒温恒湿试验	56 个循环的高低温循环试验，加 7 周恒温恒湿试验
检测后试样放置条件	未规定	温度（23±2）℃，相对湿度（50±5）%，放置 1 周以上

表 2 列出了不同标准对充气中空玻璃初始气体含量和年泄漏率的要求，其中国家标准 GB/T 11944—2012 规定充气中空玻璃单元的初始气体含量应≥85%，经气体密封耐久性能试验后气体含量应≥80%；欧洲标准 EN 1279-3—2018 规定初始充气浓度≥85%，年泄漏率 $L_i \leqslant 1\%$，其中欧洲标准 EN 1279-3—2018 标准要求相较国家标准更为苛刻，同时也是较为合理的测试要求。

表 2 不同标准对充气中空玻璃初始气体含量和年泄漏率的要求

标准	GB/T 11944—2012	EN 1279-3—2018
初始气体含量	≥85%	≥85%
耐久性试验后气体含量	≥80%	≥80%
年泄漏率 L_i	无要求	≤1%

表 3 列出了不同标准露点性能要求和检测方法的异同。在露点检测环境和样品放置时间方面，国家标准 GB/T 11944—2012 标准要求相对宽松一点，比较接近于中空玻璃实际生产环境和条件，而欧

洲标准要求50%±5%恒湿环境，这是因为较严的恒湿环境可以使样品内、外部气压保持恒定，从而保证样品的水气渗透指数更接近实际结果。

表3 不同标准露点性能要求和检测方法的异同

标准	GB/T 11944—2012	EN 1279-6—2018
样品	制品或15块510mm×360mm试样	15块（502±2）mm×（352±2）mm干燥剂水分含量无法测试的试样
性能要求	初始露点＜−40 ℃	无要求
检测环境	温度（23±2）℃，相对湿度30%～75%	温度（23±2）℃，相对湿度50%±5%
检测前样品的放置时间	24 h以上	至少3d

结合标准的对比不难看出，对于中空玻璃标准的主要耐久性要求，欧洲EN 1279—2018相较于GB/T 11944—2012，不管是从水气耐候性能，还是年泄漏率和露点性能要求，都更为严苛，更接近实际的测试结果。

5 中空玻璃二道密封胶用胶推荐

5.1 欧洲标准EN 1279和国家标准GB 24266、GB/T 29755部分指标对比

国家标准《中空玻璃用硅酮结构密封胶》（GB 24266—2009）和《中空玻璃用弹性密封胶》（GB/T 29755—2013）是国内中空玻璃二道密封胶广泛采用的标准，表4为EN 1279和GB 24266、GB/T 29755部分要求的对比。通过参数对比发现，欧洲标准和国家标准的检测项目、侧重点有很大区别，因此符合国家标准的中空玻璃二道密封胶并不一定能符合EN 1279，特别是国家标准对于惰性气体的透过率基本不做要求，而EN 1279会进行相应的测试。

表4 EN 1279和GB 24266、GB/T 29755部分要求对比

标准	EN 1279	GB 24266	GB/T 29755
23℃拉伸粘接性	OAB区域内无破坏	≥0.6	≥0.6
60℃拉伸粘接性	OAB区域内无破坏	—	—
浸水后拉伸粘接性	OAB区域内无破坏	—	—
紫外线处理后拉伸粘接性	OAB区域内无破坏	—	—
水-紫外光辐照后拉伸粘接性	—	≥0.45	≥0.45
水蒸气透过率 g/(m^2·d)	报告值	≤20	报告值
氩气透过率 g/(m^2·d)	报告值	—	—

5.2 欧洲标准EN 1279优势分析及用胶推荐

欧洲标准的技术要求指标多依据产品质量水平统计由企业提出确定，以产品质量一致性认证和企业信用为基础，这一特点不同于我国产品标准的合格评定。此外，EN 1279欧洲标准检验项目多，涉及中空玻璃组件的密封性能、质量控制、一致性鉴定、生产控制；中空玻璃二道密封胶的力学性能、环境老化的影响等方面，EN 1279严格控制产品的质量稳定性，同时对密封胶的耐久性和黏结可靠性提出了严格要求，能够有效地控制中空玻璃密封胶的产品质量，避免中空玻璃因密封胶失效导致的结露、渗水甚至玻璃脱粘等现象的发生。

目前的中空玻璃市场中，只有少数中空玻璃加工企业有符合欧洲标准EN 1279及相应检测报告的产品，获得EN 1279报告的中空玻璃二道密封胶且具备相应技术能力的密封胶企业更是寥寥无几，仅极少数头部密封胶企业具备能力。因此从中空玻璃二道密封胶的选用角度更推荐选择获得EN 1279报

告的中空玻璃二道密封胶。

5.3 选择质量有保障的中空玻璃二道密封胶

现如今，市面上的中空玻璃二道密封胶主要是硅酮密封胶为主，硅酮密封胶主要的原材料是由有机硅基础聚合、填料和助剂三部分组成，其中有机硅基础聚合决定了二道密封胶整体的耐久性，若有机硅聚合物选择裂解料或者高沸料作为原材料生产，必然会对中空玻璃二道密封胶的耐久性造成影响，因此选择100％的原生料生产的有机硅基础聚合物具有更好的耐久性。另外，从欧洲标准对产品一致性和性能稳定的要求来看，选择100％原生料生产的中空玻璃二道密封胶更符合欧洲标准 EN 1279 的要求。同时中空玻璃作为建筑的外围结构，一般要求的使用年限较长，中空玻璃二道密封胶的耐久性更是至关重要，良好的耐久性使产品能够经历长期的自然老化还能够保证中空玻璃具有良好的密封性能。因此，推荐用户在选用中空玻璃二道密封胶时选择质保年限更长的厂家，其中起着结构黏结密封作用的密封胶建议选用能提供 25 年质保的产品品牌。

6 结论

欧洲标准 EN 1279 涉及到中空玻璃性能检测的各个方面，是目前建筑用中空玻璃标准中较为主流的标准之一。本文论述了该标准关于中空玻璃耐久性要求，以及涉及二道密封胶性能检测的内容，对 EN 1279 第 2、3、4、6 部分进行简要的介绍，并对比了 GB/T 11944—2012 中水气耐候性能、充气中空玻璃初始气体含量、年泄漏率和露点性能要求。综合来看，欧洲标准 EN 1279 部分指标相较于国家标准 GB/T 11944—2012 更严格，更接近实际的测试结果。建议用户选用高质量的密封胶产品，推荐选用符合欧洲标准 EN 1279 的中空玻璃二道密封胶，能更好提高中空玻璃的耐久性，确保工程质量。

参考文献

[1] 程鹏，崔洪，邢凤群，等. 明框玻璃幕墙中空玻璃密封胶失效原因分析及其预防 [J]. 中国建筑防水，2014 (10)：29-32.

[2] 中华人民共和国国家质量监督检验检疫总局，中国国家标准化委员会. 中空玻璃：GB/T 11944—2012 [S]. 北京：中国标准出版社，2012.

[3] Glass in building-insulating glass units-part 4：methods of test for the physical attributes of edge seal components and inserts [S]，European Committee for Standardization：EN 1279-4 [S]. European Committee for Standardization，2018.

[4] 王龙梅，张红，姚永新，等. 国内外中空玻璃标准耐久性能要求及检测方法差异分析 [J]. 玻璃，2019，46 (06)：39-45.

[5] Glass in building-Insulating glass units-part 2：long term test method and requirements for moisture penetration：methods of test for the physical attributes of edge seals：EN 1279-2 [S]. European Committee for Standardization，2018.

[6] Glass in building-Insulating glass units-part 3：long term test method and requirements for gas leakage rate and for gas concentration tolerances：EN 1279-3 [S]. European Committee for Standardization，2018

[7] Glass in building-Insulating glass units-part 6：factory production control and periodic tests：EN 1279-6 [S]，European Committee for Standardization，2018.

[8] 程鹏，郭月萍，邢凤群，等. 中空玻璃密封胶标准进展 [J]. 门窗，2014 (04)：39-41.

不同计算方式下铝板加劲肋的力学分析

◎ 刘旭康　逄增伟　张舒雅　王万钊

中建深圳装饰有限公司　广东深圳　518023

摘　要　本文对相同初始条件下的铝板加劲肋以不同计算方式进行模拟。结论显示采用加劲肋与面板耦合的方式计算结果最优,且此种方法的受力情况与实际更为贴合,合理应用此方法校核加劲肋可减小加劲肋间距和截面,节省项目成本。

关键词　加劲肋；有限元；耦合；力学分析

1　背景介绍

在实际工程中,为了保证铝板幕墙面材的强度与挠度,需要在面材后增加加劲肋保证系统的安全。加劲肋的设计要求是相对严格的,其布置间距和截面特性均会对铝板面板的计算结果产生较大影响。按照规范方法计算的结果常常会出现挠度利用率较大而强度利用率较小的情况,增加了铝板加劲肋的使用量,提高项目成本。

本文意在探究在相同的已知条件的情况下,不同计算方法对加劲肋的计算结果的影响,从加劲肋的实际受力出发,为合理减少加劲肋的使用以及优化加劲肋的截面提供计算参考。通常加劲肋的布置如图1所示。

图1　铝板加劲肋示意图

2 案例项目

案例：某铝板幕墙工程，地处成都地区 B 类区域，计算高度为 118m，计算所得风荷载为 1.493kN/m²，铝板四边连接，加劲肋材质为 6063-T5，布置间距 400mm，铝板尺寸为 2450mm×1276mm，加劲肋截面塑性发展系数 $\gamma=1.0$。加劲肋截面如图 2 所示，加劲肋截面几何参数见表 1。

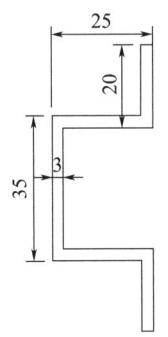

图 2　几字形加劲肋

表 1　加劲肋截面几何参数

几何参数	数值	几何参数	数值
面积（mm²）	339.0000	极惯性矩（mm⁴）	146761.1908
X 方向惯性矩（mm⁴）	116018.2505	Y 方向惯性矩（mm⁴）	30742.9403
X 方向回转半径（mm）	18.4996	Y 方向回转半径（mm）	9.5230
X 方向上抵抗矩（mm³）	3362.8478	Y 方向上抵抗矩（mm³）	2367.2588
X 方向下抵抗矩（mm³）	3362.8478	Y 方向下抵抗矩（mm³）	2559.0808
绕 X 轴面积矩（mm³）	2841.3750	绕 Y 轴面积矩（mm³）	1505.3103
形心离左边缘距离（mm）	12.9867	形心离右边缘距离（mm）	12.0133
形心离上边缘距离（mm）	34.5000	形心离下边缘距离（mm）	34.5000

以下采用五种方法得到了加劲肋在不同计算方式下的强度与挠度。

2.1　方法一（规范法）

根据《金属与石材幕墙工程技术规范》（JGJ 133—2001）第 5.6.3 节，采用规范算法，将加劲肋简化为一个简支梁，承受面板传递的梯形荷载。计算可得加劲肋的强度为 74.8MPa，加劲肋的挠度为 9.22mm。

2.2　方法二（单独建模）

使用 SAP2000 软件，单独建模加劲肋，两端简支，施加梯形荷载，计算模型受风荷载如图 3 所示，模型弯矩如图 4 所示，模型挠度见图 5。

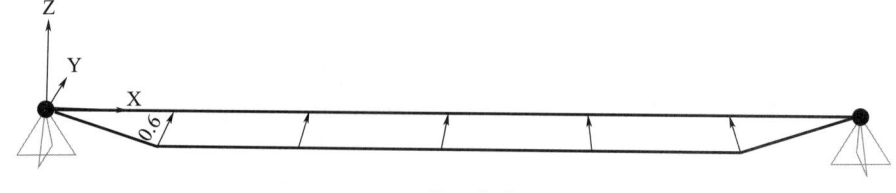

图 3　模型荷载图

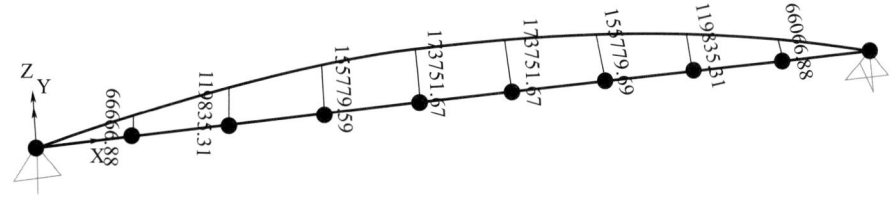

图 4 模型弯矩图

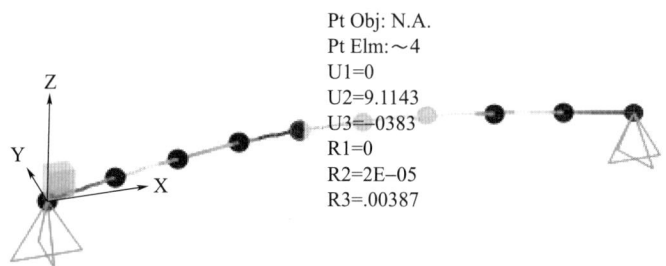

图 5 模型挠度图

2.3 方法三(非大变形整体建模)

使用 SAP2000 软件,将加劲肋模型建立在铝板面上,应用线性工况,四边铰接固定,采用非大变形的方式计算铝板面和加劲肋,计算模型与弯矩挠度见图 6、图 7 和图 8。

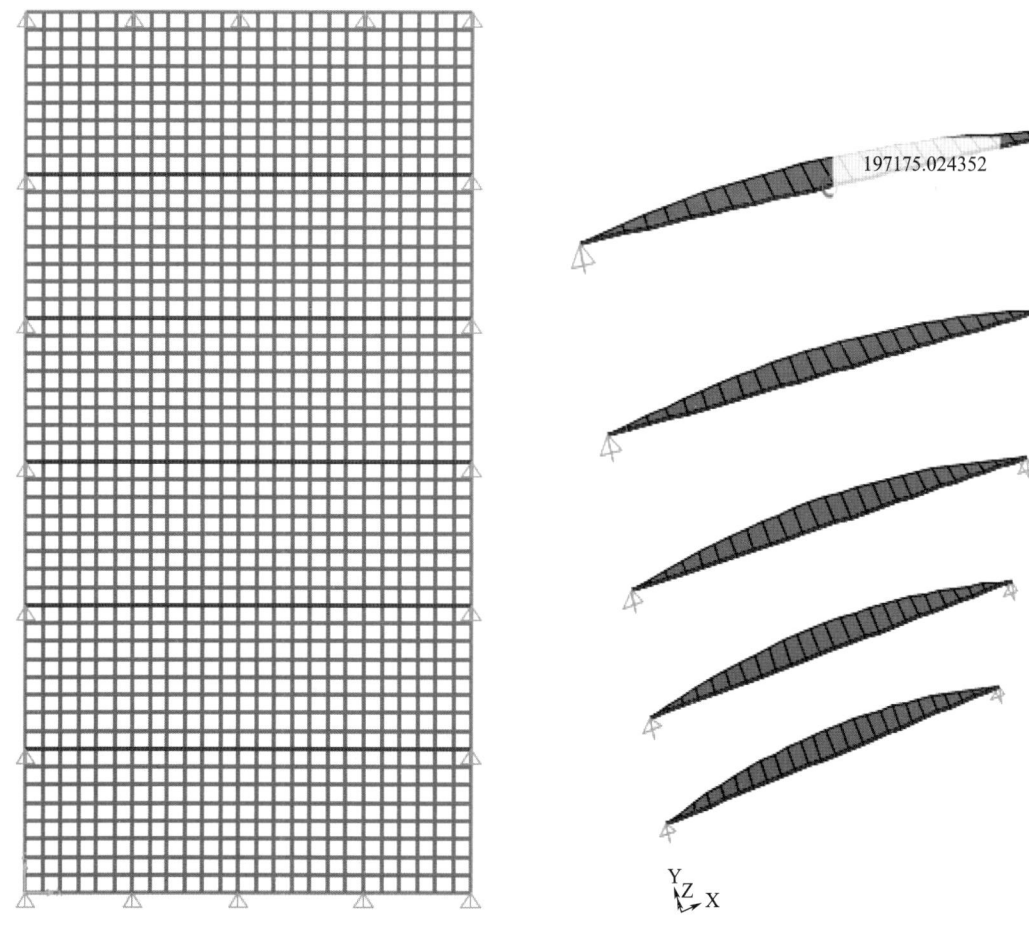

图 6 非大变形工况模型　　　　　　　图 7 非大变形工况弯矩图

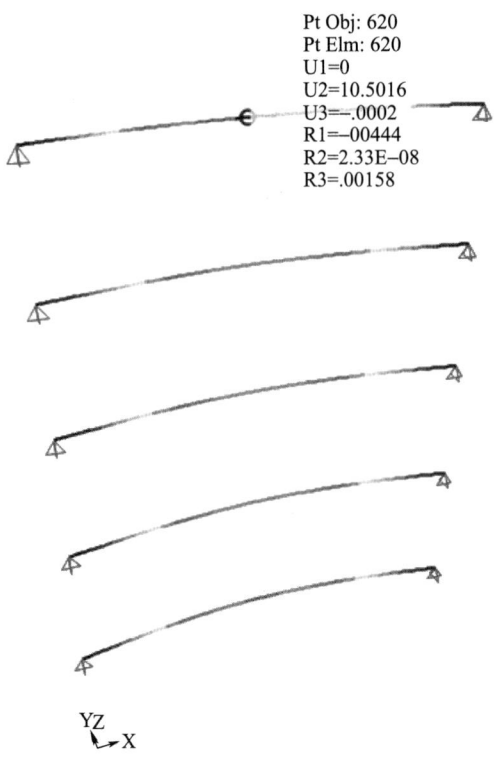

图 8 非大变形工况挠度图

2.4 方法四（大变形整体建模）

使用 SAP2000 软件，将加劲肋模型建立在铝板面上，应用非线性工况，释放平面向的约束，采用大变形的方式计算铝板面和加劲肋，计算模型与弯矩挠度见图 9、图 10 和图 11。

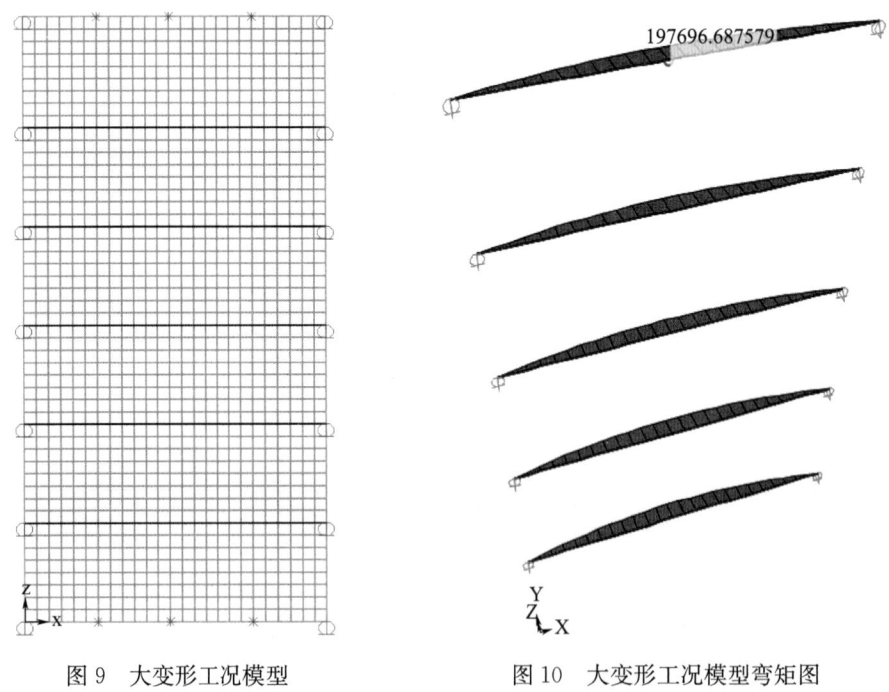

图 9 大变形工况模型　　　图 10 大变形工况模型弯矩图

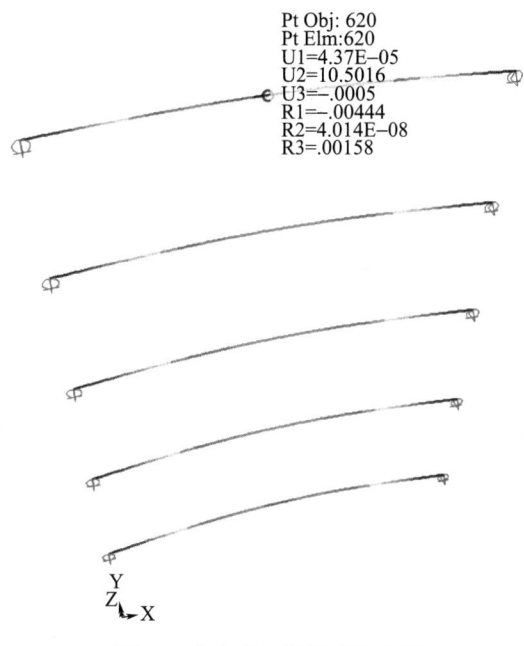

图 11 大变形工况模型挠度图

2.5 方法五（点对点耦合）

使用 SAP2000 软件，将焊点位置的加劲肋与面板耦合，采用非大变形的方式计算铝板面和加劲肋，计算模型与弯矩挠度见图 12、图 13 和图 14。

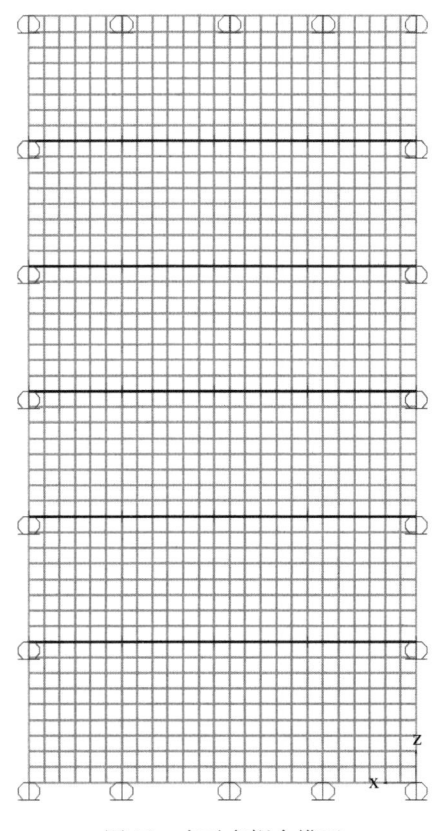

图 12 点对点耦合模型

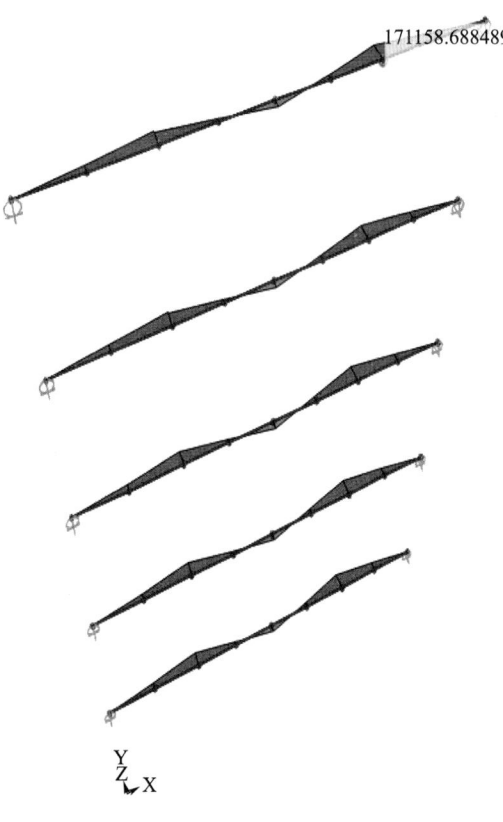

图 13 点对点耦合模型弯矩图

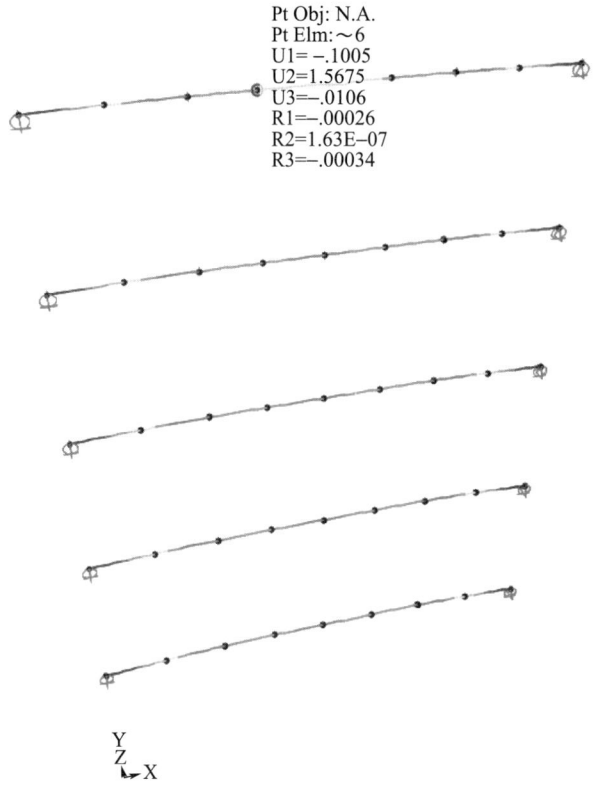

图 14　点对点耦合模型挠度图

加劲肋上的焊钉与面板通过点连接的方式耦合在一起，如图 15 所示。

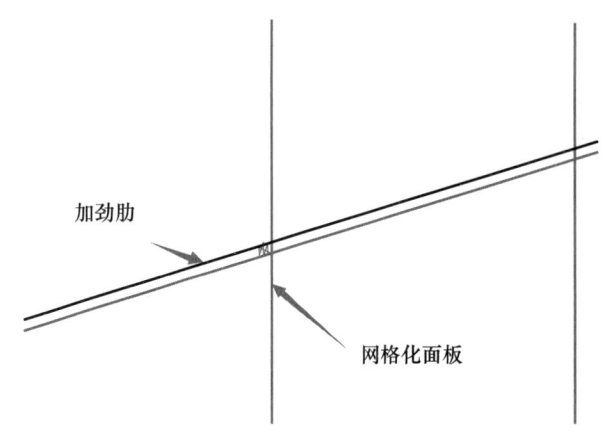

图 15　点对点耦合模型细部图

在应用点对点耦合方法计算焊钉受力时，不同荷载产生的力如图 16 和图 17。

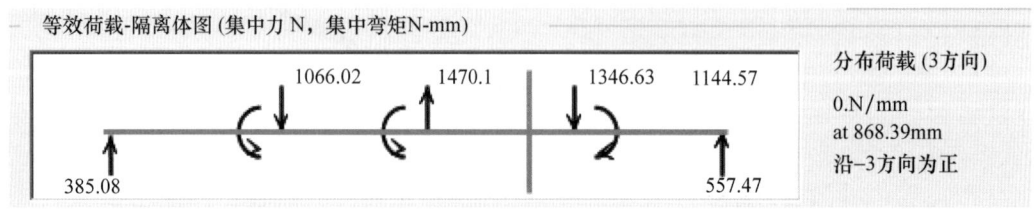

图 16　风荷载作用下的焊钉受力

在风荷载作用下，焊钉所受最大拉力为1465.6N。

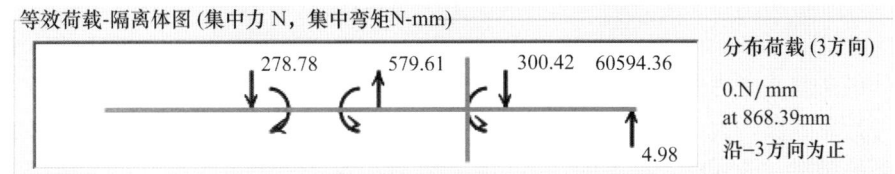

图17　温度荷载作用下的焊钉受力

考虑温度荷载，在80℃温度变化下，焊钉所受最大拉力为654.94N。

将风荷载与温度荷载叠加可得：1465.6+654.94=2120.54N。

3　结果分析

得到的计算结果汇总后如表2、图18和图19。

表2　不同计算方法下的加劲肋强度和挠度比较

名称	规范法	单独建模	大变形整体建模	非大变形整体建模	点对点耦合
强度（MPa）	74.8	73.4	74.23	83.51	72.45
挠度（mm）	9.22	9.11	8.13	10.5	1.6

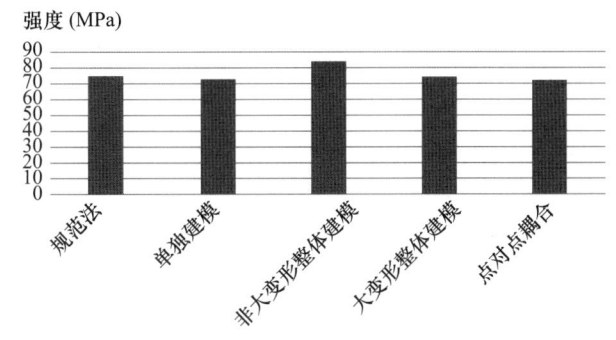

图18　不同计算方法下的加劲肋强度（MPa）

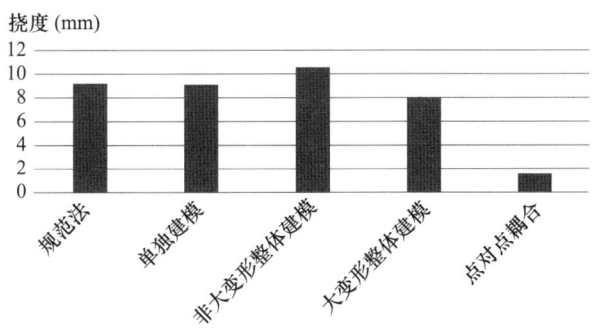

图19　不同计算方法下的加劲肋挠度（mm）

通过对比规范法与单独建模的结果可以发现，两者的数值相当接近，应用软件分析并不会产生较大的结果误差。

对比应用大变形和非大变形的SAP模型，可以发现，由于大变形释放了侧向的位移，在应用非线性工况的计算模式下，减少了加劲肋所受的弯矩以及形变量。同时两者加劲肋的强度与挠度都受到了铝板面板的影响。在《金属与石材幕墙工程技术规范》（JGJ 133—2001）中有提到，当面板的挠度小于板厚时，线性计算的结果与实际情况是近似的，当面板的挠度远大于板厚时，线性计算的结果与实际情况会有较大偏差。因此计算面板挠度时考虑的系数 η 就是为了修正线性变形对计算结果的影响，带入到模型中的做法就是考虑非线性工况下的应力和挠度。

对比前四种计算方法，大变形整体建模的计算结果强度和挠度最少，这是考虑了材料在非线性工况下的受力得到的结果，非线性工况下的计算结果比线性工况下的计算结果要小一些。

综合对比五种计算方法，焊点耦合方法计算出来的强度值和挠度值最小，焊钉耦合方法在点焊螺栓处将加劲肋的点与面板耦合之后，加劲肋的受力形式变为集中力，所以在弯矩图上会出现折线形。另一方面，由于加劲肋受力由线荷载变为集中力，且此处的点为耦合状态，因而加劲肋的挠度会更小一些。

4 工程应用

综合各种计算结果可以发现，点对点耦合方法计算出来的强度和挠度都是最小的，同时也是最符合项目实际的受力的，面板是通过焊点将力传递到加劲肋上的，即加劲肋受到的荷载为点荷载，但是在考虑焊钉在实际项目的应用过程中仍需注意两点：

1）适当加密铝板与加劲肋连接的焊钉间距，建议不要大于 300mm，因为模拟采用 300mm 的间距时，温度与风荷载产生的合力已经达到了 2100N 左右，焊钉所受拉力较大。

2）铝板与加劲肋连接焊钉的生产与加工相当不规范，焊钉质量参差不齐，一般未有焊钉的拉拔数据及规范要求。在项目实际实施过程中，焊钉的质量应由铝板厂家提供焊钉检验报告或现场拉拔试验，以保证项目铝板幕墙的安全。

参考文献

[1] 中华人民共和国建设部. 金属与石材幕墙工程技术规范：JGJ 133—2001 [S]. 北京：中国建筑工业出版社，2001.
[2] 中华人民共和国住房和城乡建设部. 建筑结构荷载规范：GB 50009—2012 [S]. 北京：中国建筑工业出版社，2012.

一种特殊造型的 UHPC 窗花 ANSYS 结构分析

◎ 赵海恩　姜捷奇

珠海市三鑫科技发展有限公司　广东珠海　519040

摘　要　随着越来越多建筑师对外立面装饰效果要求的提高,超高性能混凝土(UHPC)作为一种易于造型装饰的材料,逐渐受到建筑师们的青睐。虽然 UHPC 可以做出千变万化的造型,但外观变化而引起的结构受力特点也随之改变,每种造型的背负钢架设计几乎都会不同,这就要求从业人员有一定的结构设计功底。本文从理论联系实践,重点讲解海外项目"马尔代夫马累国际机场"的 UHPC 窗花应用,引入 ANSYS 有限元分析,并结合实验测试解决实际工程中的安全问题。

关键词　UHPC;结构;ANSYS;试验;抗开裂

1　引言

近年来,随着共建"一带一路"深入推进,我国涉外工程逐渐增加,而国外监理及顾问对新型材料的使用尤其谨慎,如果没有相应的计算类书籍或者检测资料,再漂亮的 UHPC 都不会被批准上墙。

目前,针对 UHPC 材料在国内只有行业标准和地方标准,分别是行业标准《超高性能混凝土(UHPC)技术要求》(T/CECS 10107—2020)、浙江省地方标准《超高性能混凝土(UHPC)外墙围护和装饰板应用技术标准》(T/ZS 0203—2021)。另外,相近材料性能的 GRC 装饰材料在国内存在行业标准《玻璃纤维增强水泥(GRC)建筑应用技术标准》(JGJ/T 423—2018)。海外则有法国标准 *Design of Concrete Structures*(NF P18-710),国际 GRC 协会(GRCA)技术委员会编制的 *Practical Design Guide for Glass Reinforced Concrete* 等。本项目要求采用英标进行结构计算,然而英标并没有关于 UHPC 材料的标准或规范,只能在计算荷载时采用英标进行计算,具体计算分析则依靠有限元软件和相关测试。本文将介绍一种 UHPC 结构受力分析的方法,即引入有限元软件 ANSYS Workbench 19.2,对 UHPC 装饰构件进行结构受力分析。

2　风荷载计算

项目地点位于马尔代夫马累国际机场,建筑高度 22m,主体结构为钢结构,1 小时风速为 31m/s,顾问要求计算全按英标执行。英标风荷载计算规范引用 *Loading for buildings-Part 2: Code of practice for wind loads*(BS 6399-2-1997),求得动态风压为 2.15kPa。考虑墙角区风荷载体形系数为 1.5,即计算风荷载标准值为 1.5×2.15＝3.22kPa。

3　分项系数及荷载组合

引用标准 *Structural use of concrete-Part 1: Code of practice for design and construction*(BS

6399-2-1997），得知在重力和风荷载的共同作用下，重力荷载分项系数取 1.4，风荷载的分项系数取 1.4。荷载组合如下所示：

工况一：ULS1＝1.4DEAD＋1.4WIND（＋）

工况二：ULS2＝1.4DEAD＋1.4WIND（－）

工况三：SLS1＝1.0DEAD＋1.0WIND（＋）

工况四：SLS2＝1.0DEAD＋1.0WIND（－）

DEAD——重力荷载；

WIND（＋）——垂直于板面的正风荷载；

WIND（－）——垂直于板面的负风荷载。

4 拟采用有限元模拟计算的面板尺寸

UHPC 面板尺寸如图 1 所示，四舍五入后约高度 1000mm，宽度 3000mm，厚度 120mm，四个角部的 UHPC 里侧均采用预埋套筒连接方式，通过不锈钢材质为 316 的 M10 六角头螺栓和铝材质为 6061-T6 的铝角码挂接于幕墙龙骨上。

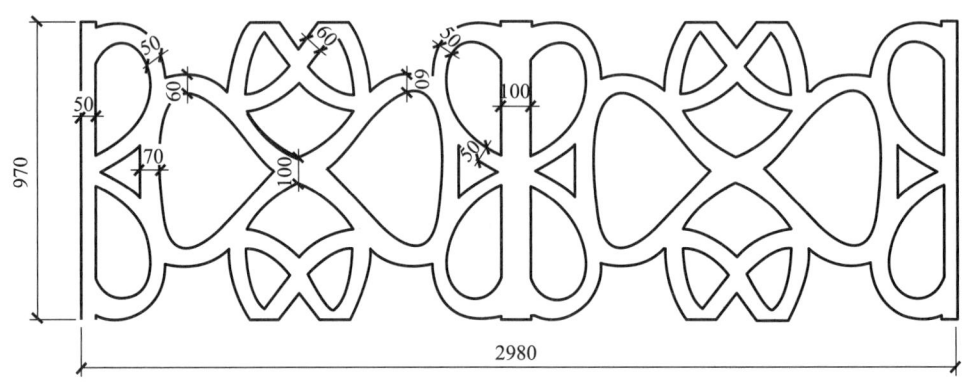

图 1　UHPC 面板尺寸详图

5 强度限值和挠度限值

项目招标文件要求挠度限值为其长边尺寸的 1/2000，即 3000/2000＝1.5mm，UHPC 窗花面板的强度限值为 11MPa，比我国标准规定的 UHPC 强度最低要求的 14MPa 要小。我国及海外标准里并没有规定 UHPC 面板的挠度变形值，从挠度和强度限值偏小的这个要求来看，该项目相当严格。

6 ANSYS 建模

计算采用 ANSYS 旗下的 Workbench19.2 版本进行有限元分析模拟。首先输入材料属性，UHPC 窗花板的密度 $2.2 \sim 2.4 \text{g/cm}^3$，这里按较不利的 2.4g/cm^3 输入，泊松比 $0.19 \sim 0.24$，按较不利的 0.24 输入，线膨胀系数 1.5×10^{-5}，受压弹性模量为 40GPa，抗弯强度限值为 11MPa，抗压强度为 100MPa。接着在四周定义铰接支座，支座类型为 remote displacement，左上角约束 Y 方向，右上角约束 Y 方向，左下角约束 $X/Y/Z$ 方向，右下角约束 Y/Z 方向，使之成为空间静定体系。

定义完支座后，接下来输入荷载。软件按结构物自身密度和体积考虑计算，重力荷载无需手动输入，软件会自动完成。风荷载则需要手动输入，此处面荷载为墙角区的 3.22kPa，采取更为保守的荷载值。风荷载分四种工况输入，分别是：

承载能力极限状态下的正压墙角风荷载值：1.4×3.22kPa＝4.51kPa；
承载能力极限状态下的负压墙角风荷载值：－1.4×3.22kPa＝－4.51kPa；
正常使用极限状态下的正压墙角风荷载值：1.0×3.22kPa＝3.22kPa；
正常使用极限状态下的负压墙角风荷载值：－1.0×3.22kPa＝－3.22kPa。

7　ANSYS 应力及变形结果

在承载能力极限状态的工况一的情况下，最大应力达 7.8MPa；在承载能力极限状态的工况二的情况下，最大应力达 7.58MPa；在正常使用极限状态的工况三的情况下，最大变形为 1.26mm；在正常使用极限状态的工况四的情况下，最大变形为 1.26mm。可见，工况一和工况二的最大应力，均低于招标文件要求的极限应力 11MPa，且变形均低于 3000/2000＝1.5mm 的限值，强度和挠度均满足计算要求。

8　实验室测试

为了稳妥起见，我们制作了 1∶1 的实体模型，养护 28d 后，送进了实验室。UHPC 试样为 3m×1m×0.12m 的特殊造型的窗花造型。如果直接采用飞机头直吹去模拟极限风压的情况，对于该种镂空的结构物来说，直吹会有风压的损失，至于损失多少很难具体量化，从而达到预想的压力值，并且很有可能，即使再大的风力，样品也不会受损。因此测试采用气囊试验，模拟真实情况下的荷载值，为了检验气囊试验的真实性，给每个支座装一个水平力传感器，用来衡量该气囊试验方案的真实性。

首先，给气囊打气至标准风压的 50%，即 3.22kPa×0.5＝1.61kPa，持续 1min 左右，从外观上观察，没有丝毫裂纹，最大位移在跨中，为 0.53mm；接着给气囊打气至标准风压的 100%，即 3.22kPa×100%＝3.22kPa，此时，跨中附近位置出现宽度不大的裂缝，小于现行规范《混凝土结构设计规范》（GB 50010）中 0.2mm 裂缝宽度的要求；最后，加载至标准风压的 140%，即 3.22kPa×1.4＝4.51kPa，混凝土结构没有破坏，裂缝宽度均小于 0.2mm，满足规范要求。

9　加钢筋改善抗开裂性能和外观

为了达到窗花板块尽量不开裂的外观要求，减少日后可能发生的维修工时，设计时决定往里面加钢筋，原因是混凝土是一种离散性很大的材料，特别是对于受拉或者受弯情况下的混凝土，其离散性之大让加工厂对产品质量很难准确把控，于是在不增加过多成本的情况下，通过往 UHPC 窗花顶底各加两道 HPB M6 钢筋的方法来加强窗花的抗弯承载力。原因如下：钢筋和 UHPC 之间有较接近的线膨胀系数，混凝土为 $0.8×10^{-5}$～$1.1×10^{-5}$，钢筋为 $1.2×10^{-5}$，不会因温度变化产生变形不同步，从而使钢筋与混凝土之间产生错动。钢筋也无须特殊防腐处理，因为混凝土包裹在钢筋表面，能有效防止外部空气和水进入内部，起到很好的保护作用。此外 UHPC 本身对钢筋无腐蚀作用，从而确保了加钢筋 UHPC 构件的耐久性。UHPC 的抗压强度高，但抗拉强度却非常低（混凝土的抗拉强度一般为其抗压强度的 1/10 左右），钢筋的抗压和抗拉能力都很强，有钢筋的加入，使两种材料各尽其能、相得益彰，组成性能良好的 UHPC 结构构件。

10　评估实验的准确性

为了评估气囊试验的准确性，在 UHPC 四个角的连接点上均设置了测力计。如果测力计上所有水平力读数之和，与标准风压和投影面积的积相等，则说明试验过程中加载的力和理论上预想的力是相等的。如果测力计上的数值之和大于理论计算值，则说明气囊试验相对保守。如果测力计上的数值之和小于理论计算值,则气囊试验的有效性值得进一步讨论。气囊试验布置现场照片见图 2。

图 2　气囊试验布置现场照片

试验数据:左上角测力计读数为 1.33kN,右上角测力计读数为 1.35kN,左下角测力计读数为 1.65kN,右下角测力计读数为 1.69kN。

总合力为 1.33+1.35+1.65+1.69=6.02kN,

理论计算值为 3m×1m×3.22kPa×40%×140%=5.41kN(窗花投影面积为矩形 3m×1m 面积的 40%,分项系数取 1.4)。

试验值比理论值高 (6.02−5.41)/5.41=11.3%。通过以上数据对比表明,气囊试验的测试值一般是要大于理论值的,所以采用气囊施加荷载的测试结果会更偏保守,输入的荷载值会比理论荷载值更大。

11　结论

采用 ANSYS 有限元软件 workbench 19.2 模拟 UHPC 窗花运算结果偏理想化,即算出来的应力值偏低,所以不能过于依赖软件算出来的结果,还需要检测来验证。一方面可能软件对支座的定义过于理想化,而 UHPC 的弹性模量相当大,较小的装配上的位移就能产生非常大的内力值,使之开裂。另一方面,混凝土的离散性过大,仅用容许应力法解决不了 UHPC 离散性大所带来的开裂问题。所以除了进行理论上的有限元分析外,仍需实验室验证。

对于较大跨度的 UHPC 板块,建议加配钢筋与之配合使用,能有效降低混凝土离散性所带来的开裂问题,而且还能保证结构的安全性。

对于镂空的窗花造型 UHPC 面板或者类似的镂空造型面板,检测方法建议采用气囊法,虽然荷载会比理论值要大 12%,但足以保证项目的安全性和适宜的经济性。

参考文献

[1] Loading for buildings-part 2 Code of practice for wind loads:BS 6399-2-1997 [S] .1997.
[2] 浙江省产品与工程标准化协会.超高性能混凝土(UHPC)外墙围护和装饰板应用技术标准:T/ZS 0203—2021

[S]．北京：中国标准出版社，2020．

［3］Design of concrete structures：NF P18-710［S］．

［4］中华人民共和国住房和城乡建设部．玻璃纤维增强水泥（GRC）建筑应用技术标准：JGJ/T 423—2018［S］．北京：中国建筑工业出版社，2018．

［5］Structural use of concrete-part 1：code of practice for design and construction：BS 8110-1-1997［S］．

［6］Practical design guide for glass reinforced concrete：GRCA Version 1.0［S］．GRCA，2010．

第六部分
工程实践与技术创新

超大异形固定与开合玻璃屋面建造技术研究与应用

◎ 禹国英 胡 勤

深圳市三鑫科技发展有限公司 广东深圳 518054

摘 要 针对超长上凸式张弦杂交拱壳结构形式，跨度72m，总面积约18000m² 采光屋面，幕墙龙骨与主体钢结构精准定位并消除误差、4005块玻璃，3731个六角交叉点，22320m长的胶缝，如何确保滴水不漏、最大开启尺寸45m×10m，面积达到450m²，总面积约3000m² 开合屋面，如何保证气密性、水密性以及超大、超重三角形玻璃3464mm×3464mm×3464mm如何解决垂直及水平运输等问题，本文探究了超大异形固定与开合玻璃屋面建造技术亟待解决的关键施工技术重点与难点。

关键词 龙骨与主体结构连接；防渗漏；开合屋面；移动平台

1 采光屋面工程概况

国家会议中心二期工程建筑总面积为40.9万 m²，其中地上建筑面积25.6万 m²，地下建筑面积15.3万 m²。整个屋面分为平屋面和拱形屋面两大区域，南北长458m，东西宽148m，平屋面高44.85m，拱屋面高51.8m。

拱屋面包含金属拱屋面和玻璃采光顶拱屋面两部分，其中金属屋面占约5万 m²，玻璃采光顶约2万 m²，总面积约7万 m²。玻璃采光顶拱屋面由固定采光顶、南开合屋面、北开合屋面三大系统组成，其中固定屋面部分约15000m²，南、北花园开合屋面部分约3000m²（图1）。

图1 屋面系统分布图

2 超大采光屋面幕墙系统施工重点与难点

拱屋面结构采用超长上凸式张弦杂交拱壳结构形式，跨度72m，上弦刚性构件由矩形钢管型钢斜交和正交、杂交的拱形网壳组成，下弦为上凸的钢拉索布置，桁架间距为3m。

大跨度的屋顶网壳受加工、安装精度以及温度变化的影响，在水平方向和垂直方向都存在着很大变形。幕墙龙骨如何与主体钢结构精准定位，并消除这些误差的影响，成为本工程设计与施工的主要难点。采光顶屋面对防水性能要求非常高，特别是本工程竣工后要经常举办重要、大型活动，因此要确保做到滴水不漏，防水设计与构造要求尤为重要。

3 龙骨与主体钢结构连接设计与施工

3.1 采光顶铝合金龙骨与主体钢结构连接设计

为克服主体钢结构施工偏差，采用采光顶铝合金龙骨与主体钢结构的连接设计，并发明采用六角星盘系统。该系统采用三点定位方式，利用碳钢底座和主螺杆进行水平、垂直方向双向调节定位，实现幕墙龙骨与主体结构连接水平±20mm及垂直方向±30mm的三维调节，克服了主体钢结构在加工、安装过程中产生的偏差（±20mm），以及在温度、张拉和荷载作用下产生的±30mm的变形变化（图2）。

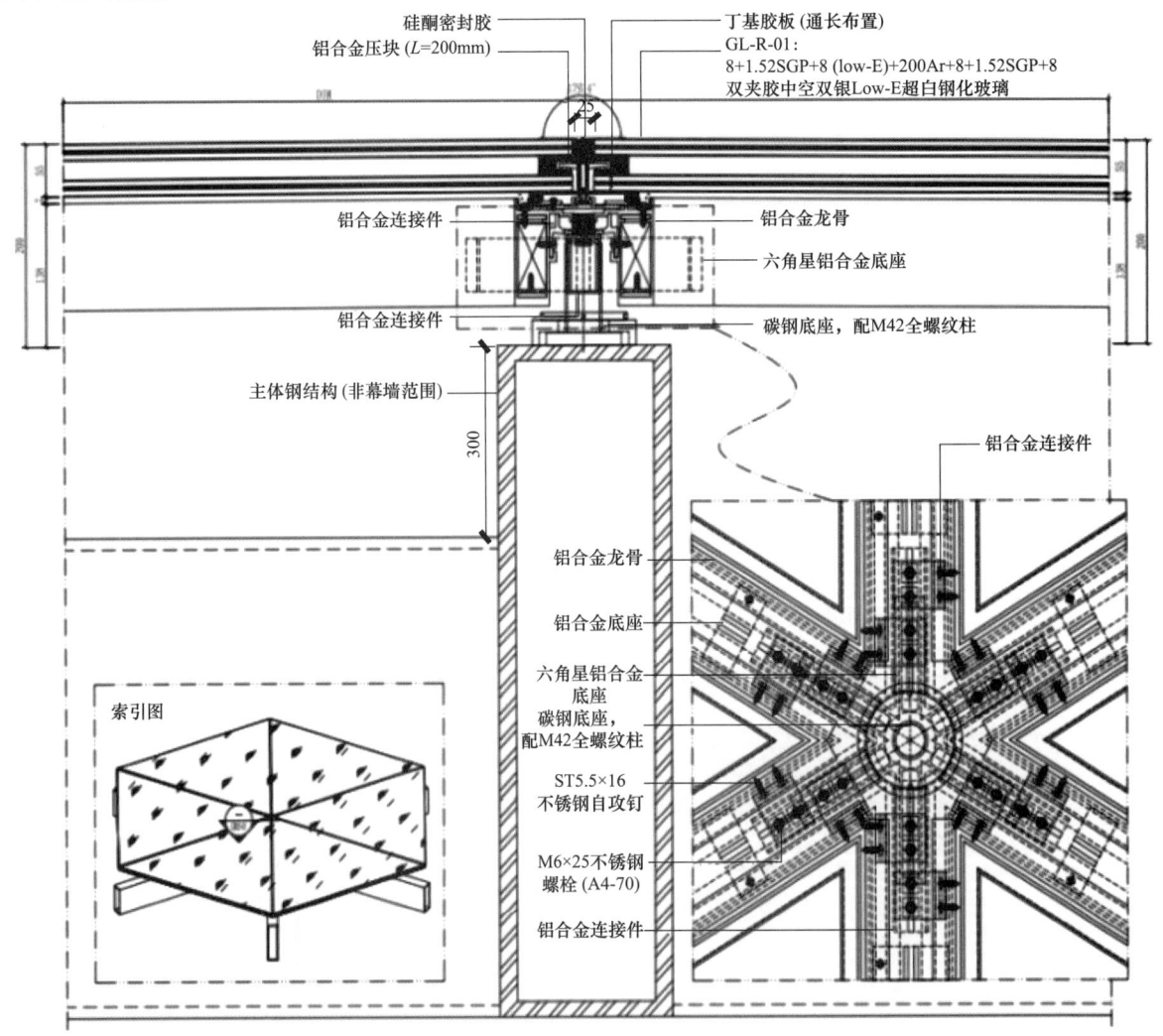

图2 六角星盘系统施工节点示意图

3.2 六角星盘系统细部节点设计

首先将主螺杆穿入碳钢底座,然后焊接碳钢底座,初定位精度±10mm。其次将限位定位盘旋入主螺杆,再进行位置调节,调整好后将螺母与底座进行焊接,可实现定位精度±3mm(图3)。

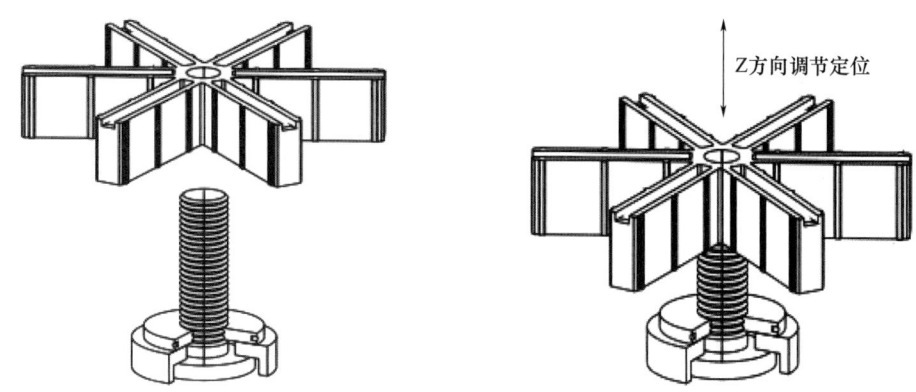

图3 六角星盘示意图

3.3 采光顶铝合金龙骨与主体钢结构连接施工

3.3.1 测量放线、复测

在主体钢结构下方30m位置处,对主体钢结构的安装情况进行复测,并对碳钢底座进行定位、放线,然后在屋顶处进行复测、精准定位(图4)。

图4 测量放线、复测

3.3.2 碳钢底座安装

根据碳钢底座定位,按照安装流程进行单个碳钢底座安装,并按照要求进行精度把控,然后利用预制好的三角形胎架,检查碳钢底座的相对位置精度(图5)。

图5 碳钢底座安装及校核

3.3.3 六角星盘安装

安装六角星盘,与铝合金一道、二道龙骨连接(图6)。

图 6 六角星盘安装

3.3.4 铝合金龙骨安装

一道龙骨安装完成后,主要用于内侧密封胶施打承托。铝合金二道龙骨直接在加工厂组成单元,主要起到支撑玻璃面板作用,同时与一道龙骨一同组成第二道防水、排水体系(图7)。

图 7 安装第一、二道铝合金龙骨

4 采光屋面固定部分防水设计与施工

采光顶屋面对防水性能要求非常高,要确保做到滴水不漏。为防止玻璃室外侧胶缝因不可控原因发生少量漏水而流入室内,在玻璃龙骨位置设置了第二道防水,玻璃龙骨为单元式三角框,安装后框与框之间打密封胶密封形成第二道防水屏障(图8)。

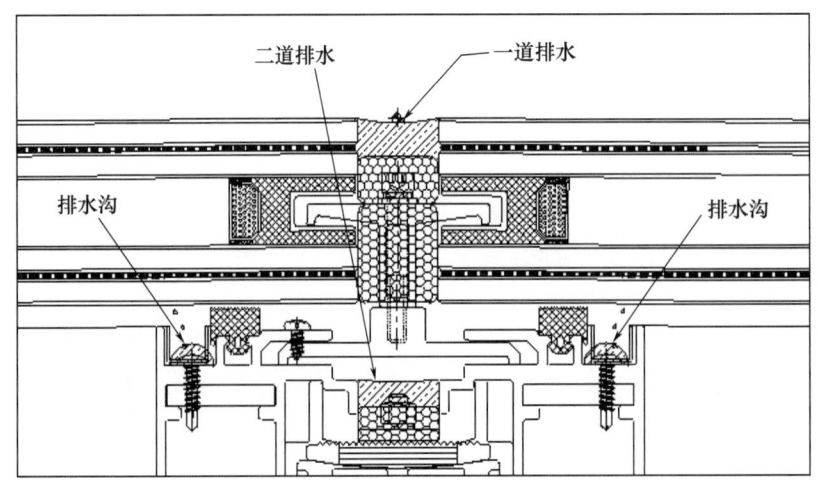

图 8 典型排水节点

4.1 双道防水节点设计

本工程防排结合,一道防水为面板防水,设计要求胶宽 25mm、胶深 10~12mm,可防住大量的水。二道排水起到防排的作用,当少量的雨水突破一道防水渗漏进来后,按照预先设计好的排水路径流到东西两侧的排水沟内(图9)。

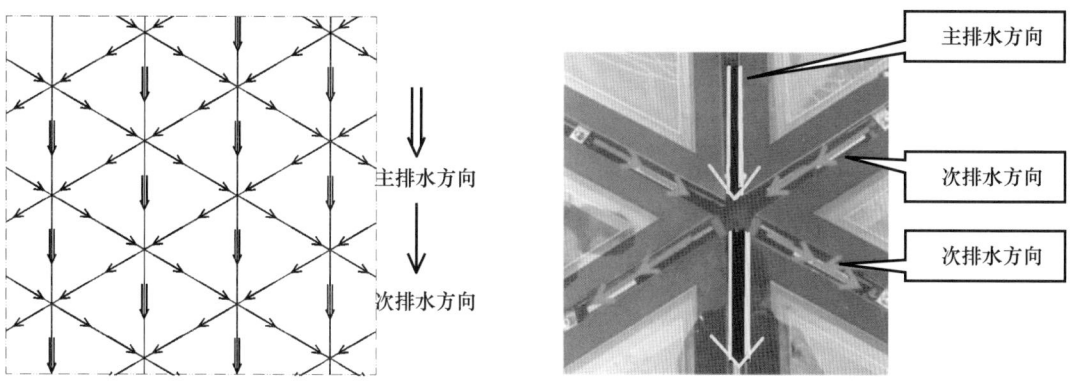

图 9　主、次排水方向

4.2 采光屋面固定部分防水施工过程

4.2.1 第一道密封胶

采光顶屋面铝合金龙骨缝隙间,形成防水界面和排水通道。对打胶时的温度以及排水路径方向进行把控。打胶前应做好基层处理,清理干净缝隙内的杂物和灰尘(图10)。

图 10　施打第一道密封胶

4.2.2 基层处理

面板打胶前用吸尘器清理缝隙内的积灰和杂物,填塞泡沫棒,基层处理(图11)。

图 11　第二道打胶前基层处理

4.2.3 面板打胶

在面板边部贴好单面贴，防止密封胶污染玻璃（图12）。在打胶区域设置警戒线，防止人员走动产生振动影响固化或破坏施工完毕的玻璃。

图12　面板打胶

5　开合屋面气密性、水密性设计与施工

本工程开合屋面由南花园和北花园组成，总面积约3000m²。超大面积开合屋面气密性、水密性设计要求极高，对设计和施工都具有极大的挑战。根据要求，开合屋面开启方式为东西对开，最大开启尺寸为45m×10m，面积达450m²，开合屋面三维效果图见图13。

图13　开合屋面三维效果图

5.1　开合屋面主要构造

开合屋面主体结构与固定部分相同，钢轨道通过支座与主体钢结构连接。铝合金轨道包裹在钢轨道屋面，起到装饰、防腐等作用。台车（即行走轮）均布设在铝合金轨道上，并与活动屋架相连接。活动屋架类似于主体钢构，为一整片三角形网壳。玻璃面板通过铝合金龙骨、六角星盘、碳钢底座与活动屋架连接，构造做法与固定部分相同，层盖开启/关闭状态实景见图14。

图 14　屋盖开启/关闭状态实景图

5.2　轨道凹坑设计

开合屋面的主要密封都采用压密封形式，为了解决胶条的压缩和释放问题，进行轨道凹坑设计。当开合屋面到达关闭位置时，所有台车进入凹坑，竖向密封胶条压紧，使得压密封胶条有一个紧密的压缩过程，提高了密封效果。（图 15）

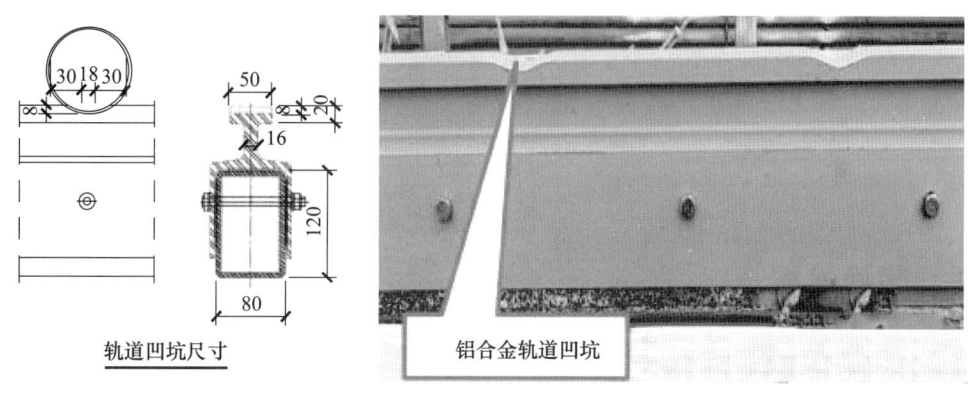

图 15　轨道凹坑设计

当开合屋面打开时，台车出坑，屋面抬高 8mm，密封胶条脱离密封面，在开启过程中密封无摩擦，可延长使用寿命，并降低了运行中的摩擦损失。关闭时所有台车进入凹坑，屋盖下降。在其他任意位置，屋盖处于升高状态，内密封竖胶条不产生接触摩擦。开合屋面不同运行状态下台车与凹坑结合形式见图 16 和图 17。

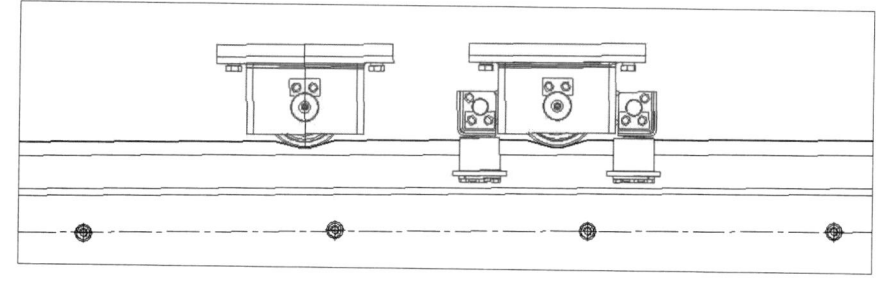

图 16　开合屋面关闭状态（台车下沉进入凹坑）

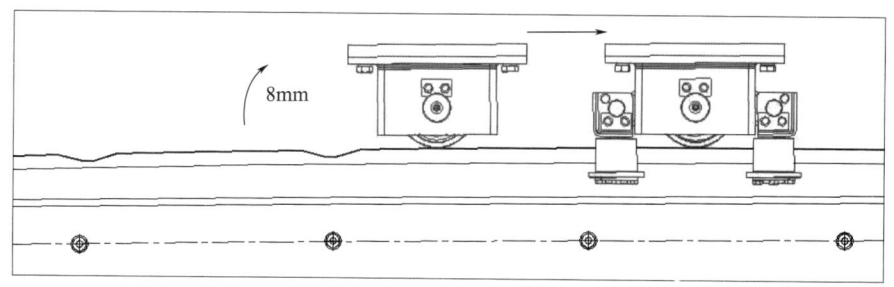

图 17　开合屋面启动状态（台车出坑、提升）

5.3　开合屋面的防水密封设计与施工

5.3.1　固定屋面—开合屋面边轨侧面收口密封结构

开合屋面侧面与固定屋面的密封结构通过水/气密封路径设置多层密封胶条达到密封要求（图18）。开合屋面的外密封设置有两道批水密封胶条与固定屋面始终贴合形成防水密封。

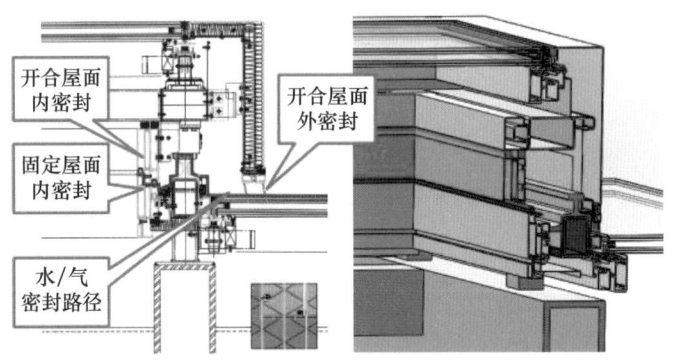

图 18　开合屋面侧面收口

5.3.2　开合屋面—开合屋面对碰屋脊上口密封结构

两个开合屋面在屋面顶端的屋脊处对碰，需要设置多道水密封和气密封结构，箭头所指处为密封路径，可以看出"水密＋气密"需要经过8个密封节点（图19）。从实际情况看，开合屋面的4道外密

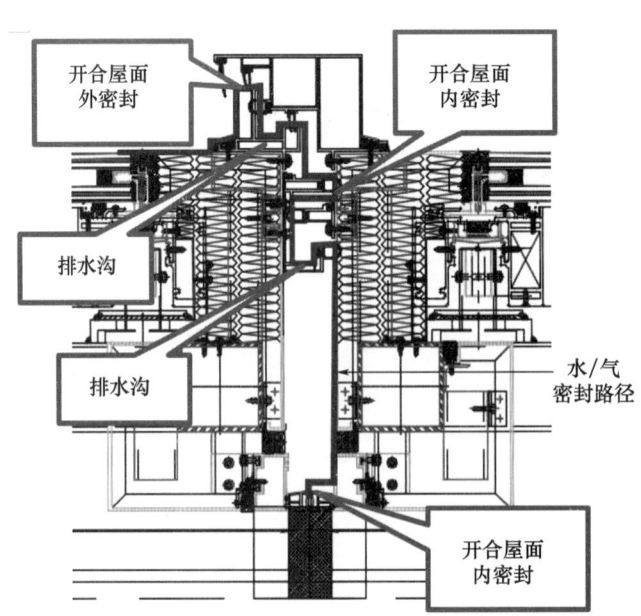

图 19　开合屋面对碰设计

封已经可以阻挡住大部分外部雨水的进入，如果雨水穿过3道密封后到达第一个排水沟可以完全排出。开合屋面的内密封主要用于气密封，产生的冷凝水可以通过第二道排水沟排出。

5.3.3 固定屋面—开合屋面下口密封结构

开合屋面下口与固定屋面的密封结构通过箭头所指的水/气密封路径设置多层密封胶条和挡水条达到密封要求（图20）。开合屋面设置了2道内外密封门与轨道密封，每道密封门采用双道橡胶板与轨道摩擦密封，4道橡胶板与中间挡水板的防水措施能够保证水密性。

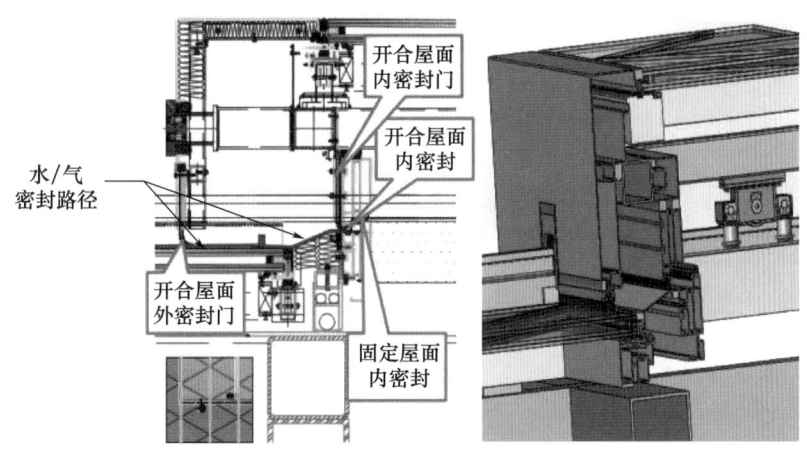

图20 开合屋面下口

5.4 开合屋面施工过程

5.4.1 轨道安装

开合屋面主体结构与固定部分相同，钢轨道通过支座与主体钢结构连接。铝合金轨道包裹在钢轨道屋面，起到装饰、防腐等作用，开合屋面轨道安装实景见图21。

图21 开合屋面轨道安装实景

5.4.2 台车安装

安装台车，台车即行走轮均布在铝合金轨道上，是活动屋架的支撑和动力装置，开合屋面台车安装实景见图22。

图22 开合屋面台车安装实景

5.4.3 活动屋盖加工及安装

活动屋架类似于主体钢构。首先在地面采用胎架制作成单榀 3m×10m，然后使用屋面吊将其吊至安装位置，每隔 3m 进行摆放，中间部分次龙骨在屋面焊接，最终形成一整片屋架，具体过程见图 23。

图 23 开合屋面活动屋盖加工及安装过程

5.4.4 铝合金龙骨及面板安装

玻璃面板通过铝合金龙骨、六角星盘、碳钢底座与活动屋架连接，构造做法与固定部分相同，见图 24。

图 24 开合屋面铝合金龙骨及面板安装

5.5 气密性、水密性测试

为了确保国家会议中心二期开合屋面的机械、电气及密封性能的可靠性，并为大面施工积累经验，找到出现问题的原因以及相应的解决办法，在中国建筑科学研究院试验室进行了开合屋面的性能试验。试件外形尺寸 6000mm×21500mm，总面积 129m²，试验测试实景见图 25。

图 25 试验测试实景

由于开合屋面处于研发和摸索阶段，无任何经验可循。经过数次拆改、测试、方案调整，历时247d，实验室正式试验达16次，过程艰难。在各方不懈努力下，终于完成了国内首次开合屋面性能试验并取得成功。通过测试，国家会议中心二期开合屋面的气密性及水密性达到国家3级密封试验标准，属于国内最高水准，实现了大型开合屋面密封性能首创。

6 移动式安装平台

玻璃采光顶主体结构采用三角形网壳结构，东西跨度72m，南北总长252m，最大坡度约12度，分格为3464mm×3464mm×3464mm的正三角形双夹胶中空钢化超白玻璃，质量为420kg。由于屋面吊的覆盖区域有限，过中心最高位置7轴靠东侧，近一半的采光顶玻璃需采取特殊的施工技术解决。受玻璃尺寸、重量、现场施工环境的影响，施工团队设计了专用的移动平台，其效率、安全性、实用性得到了实际验证，并通过了北京市工法评定。采光顶剖面图见图26。

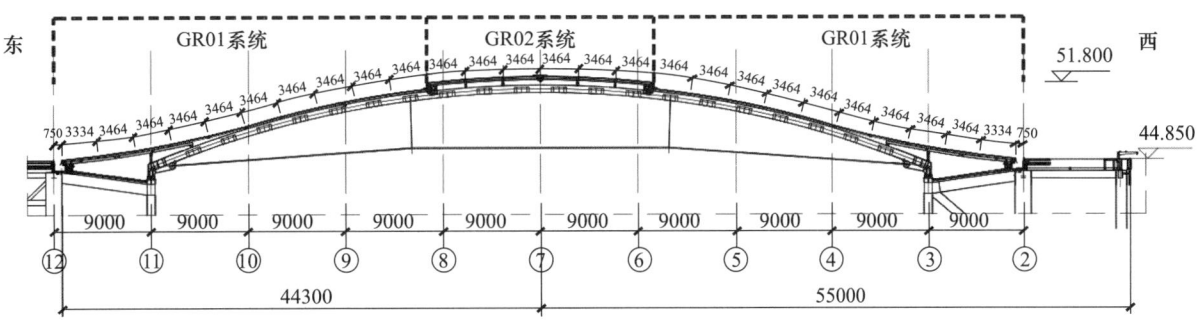

图26 采光顶剖面图（单位：mm）

6.1 施工技术措施

6.1.1 措施方案的主要思路

拱屋面玻璃采光顶玻璃安装，在塔吊覆盖范围直接使用塔吊安装就位，塔吊覆盖不到的范围先使用塔吊将玻璃吊至自制小车上，并捆扎牢固，用移动平台进行水平运输至安装位置，再使用手动葫芦和吸盘进行就位安装。（图27、图28）

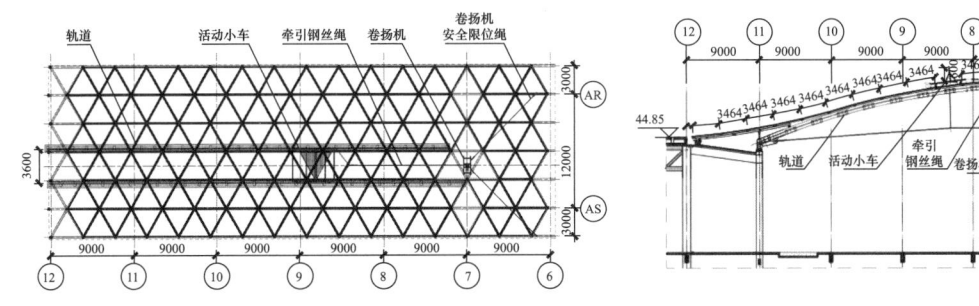

图27 施工技术措施平面示意图（单位：mm）　　图28 施工技术措施剖面示意图（单位：mm）

6.1.2 轨道的铺设

主体结构为矩形三角形网壳结构，表面氟碳喷涂，属精细钢结构。为了安全防护，在主体钢结构上端铺设的安全网采用抗拉强度高，牢固性好的"粗网"；主体钢结构下端设置的安全网采用"密网"，以防止高空坠物。由于安全网的影响及其对主体钢结构表面易造成破坏等原因，经过反复讨论，决定把轨道铺设在采光顶的铝龙骨上。轨道铺设节点图见图29和图30。

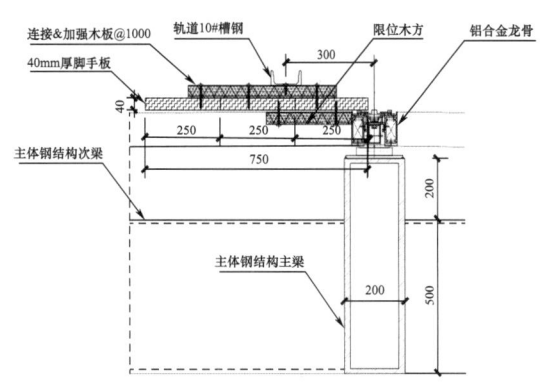 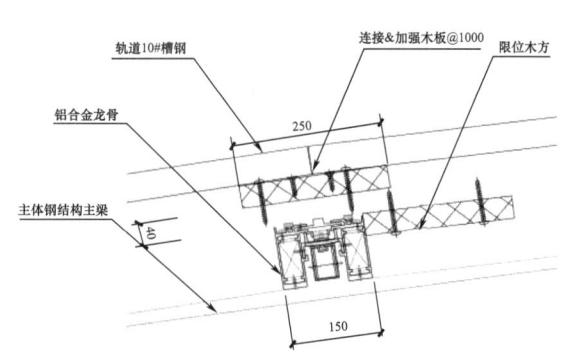

图 29　轨道铺设节点图（一）（单位：mm）　　　图 30　轨道铺设节点图（二）（单位：mm）

6.1.3　移动平台的设计

综合考虑玻璃采光顶的分格与平台的受荷情况，将平台的宽度设计成 3.6m，长度 4.5m，高度 2.3m，由 100mm×50mm×5mm 钢方管组焊而成。行走轮为 4 个，为了不对玻璃表面产生破坏，采用橡胶材质（图31）。

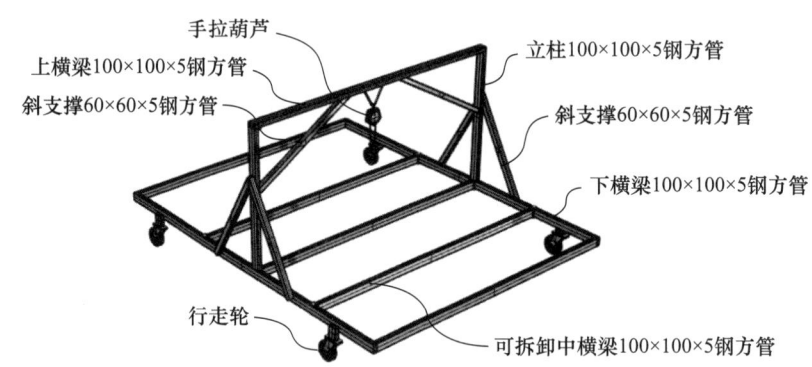

图 31　移动平台三维图（单位：mm）

6.2　安装过程

首先，通过屋面吊将玻璃放置移动平台上，将吊车上的玻璃倒钩到活移动平台上的手拉葫芦上，并用吊装带将玻璃与平台绑扎固定（图32 和图33）。移动平台的水平运行及玻璃安装就位见图34 和图35。移动平台返回原位并准备下一块玻璃安装图36 和图37。

图 32　玻璃通过塔吊倒运　　　　　　　　　图 33　玻璃倒钩并固定在平台上

图 34　玻璃沿轨道运输

图 35　玻璃安装就位

图 36　玻璃完成安装

图 37　移动平台返回原位

7　结论

超大异形固定与开合玻璃屋面技术研究，通过充分调研、理论分析、试验验证，主要创新点如下：

1）发明的六角星盘连接系统，解决了异形屋面玻璃单元三维安装调节难题，该系统同时具有适应温度、荷载作用下产生变形的能力。

2）首次采用防排结合、双道设防，解决了异形玻璃屋面雨水渗漏问题。

3）发明的浮动啮合驱动装置，解决了单扇 450m² 开合屋面的精密开合难题。

4）创新采用轨道凹坑设计，解决了大型开合玻璃屋面水密、气密的行业难题。

5）研发了超大采光屋面重型玻璃移动式安装平台，解决了超大异形屋面玻璃水平运输与安装难题。

6）超大采光屋面幕墙系统设计与施工技术，经科学技术部鉴定，该技术成果为国际领先。

参考文献

[1] 中华人民共和国建设部．玻璃幕墙工程技术规范：JGJ 102—2003［S］．北京：中国建筑工业出版社，2003．
[2] 中华人民共和国住房和城乡建设部．建筑结构载荷规范：GB 50009—2012［S］．北京：中国建筑工业出版社，2012．
[3] 中华人民共和国住房和城乡建设部．钢结构设计标准：GB 50017—2017［S］．北京：中国计划出版社，2003．
[4] 中华人民共和国住房和城乡建设部．钢结构焊接规范：GB 50661—2011［S］．北京：中国建筑工业出版社，2011．

［5］中华人民共和国住房和城乡建设部．钢结构工程施工质量验收规范：GB 50205—2020［S］．北京：中国建筑工业出版社，2001．

［6］中华人民共和国住房和城乡建设部．坡屋面工程技术规范：GB 50693—2011［S］．北京：中国建筑工业出版社，2011．

［7］中华人民共和国住房和城乡建设部．采光顶与金属屋面技术规程：JGJ 255—2012［S］．北京：中国建筑工业出版社，2012．

［8］中华人民共和国住房和城乡建设部．屋面工程质量验收规范：GB 50207—2012［S］．北京：中国建筑工业出版社，2012．

中金大厦异形索网幕墙设计施工解析

◎ 彭赞峰 邓军华

深圳市方大建科集团有限公司 广东深圳 518057

摘 要 中金大厦是后海中心区新建的标志性建筑，塔楼顶部设置跨越东、北两个立面的索网幕墙是本项目极具特点的区域，该索网幕墙为异形曲面，跨度大，索网长度、直径大小不一，是本项目难度最大的幕墙系统。

关键词 索网幕墙；有限元分析；异形曲面；拉索施工

1 引言

中金大厦建筑设计由日本株式会社设计担纲。作为全球化企业的总部办公大楼，建筑师希望这座建筑像一棵"大树"，深深扎根于大地，吸收大地的恩泽，从而枝繁叶茂，成为一座充满生命力的建筑，"大树"的设计理念也与中金公司"植根中国、融通世界"的企业理念相契合。

作为全球顶尖的办公大楼之一，除具备"创新空间"和"真正高效舒适的办公环境"这两个要素以外，总部大厦还需要体现标志性，展示有态度、有担当的企业形象。建筑师对每一处空间、每一个细部精雕细琢，从东北侧眺望，深圳概貌尽收眼底，东北角的立面也自然成为了建筑的主要展示面（图1和图2）。

图1 建筑立面效果图（一）

图2 建筑立面效果图（二）

2 工程概况

项目位于深圳市南山区后海中心区，高144m，幕墙面积约3.25万 m²，建筑高度约145.35m，由1栋30层塔楼、5层地下室、3层裙房组成的办公楼，采用钢筋混凝土框架-核心筒结构。本项目幕墙工程包含标准层单元式幕墙、塔楼东北侧索网幕墙、塔楼四五层半隐框幕墙、裙楼玻璃肋幕墙、裙楼采光顶、主入口媒体树曲面玻璃幕墙等幕墙体系、玻璃百叶等。

其中索网幕墙位于塔楼东北角（图3和图4），顶部标高135m，跨越两个立面转角处圆弧过渡。索网幕墙总高度约36m，展开宽度62m，索网幕墙与主体结构的连接为铰接。

图3 索网外立面局部效果图　　　　图4 索网内立面局部效果图

竖向索网合计33根，上端（张拉端）索端螺母承压连接，下端（固定端）索端插耳轴销连接。竖索为承重索，横索为稳定索，合计15根。横向索两端作用在斜梁上，索端插耳轴销连接。

3 索网幕墙系统设计

3.1 索网幕墙计算

索网采用浅矢高的单层索网幕墙，由相互正交、曲率相反的两组索在交点处互相连接而形成空间结构，平面形状为梯形，竖索为承重索，横索为稳定索，索网的平面外刚度主要由预应力提供。转角处竖索矢高约400mm，浅矢高的索网负责承担全部的荷载。

拉索材料：竖索采用高钒全密闭索，抗拉强度1570MPa，分布从转角到角部为φ100mm、φ85mm、φ70mm、φ60mm、φ45mm；拉索防腐：内层钢丝表面热浸锌处理，富锌材料TruLub A11填充，外两层钢丝表面采用高强非合金钢丝、高矾处理；拉索弹性模量：$1.6×10^5 N/mm^2$。

横向索采用不锈钢索：φ22mm，抗拉强度1570MPa；单股螺旋钢丝绳，材质采用高强度不锈钢丝；拉索防腐：不锈钢，无填充；拉索弹性模量：$1.3×10^5 N/mm^2$。

采用大型有限元分析软件 ANSYS 2019 R1，基于总包单位提供的整体结构模型，建立整体与独立有限元模型，对索网幕墙的结构性能进行分析，通过索网结构进行找力和找形分析，确定对应设计预应力的索网平衡位形，通过对拉索张拉过程进行力学分析，掌握过程中的结构状态，确定张拉参数（图5和图6）。

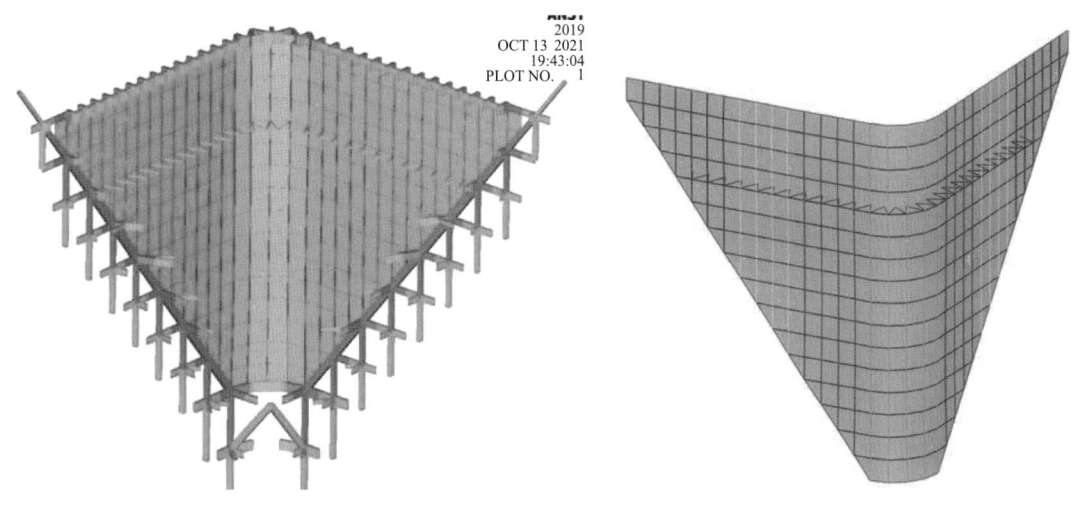

图 5 索网有限元模型　　　　　图 6 索网幕墙轴测图

对索网结构进行纯预应力态（无重力荷载和其他外载）的找力和找形分析可知，竖向索的拉力为 500～3000kN（图 7），横向索的拉力为 45～75kN（图 8），与设计目标一致；转角部位索网内凹，中间竖向索的矢高为 342mm（图 9 和图 10）。

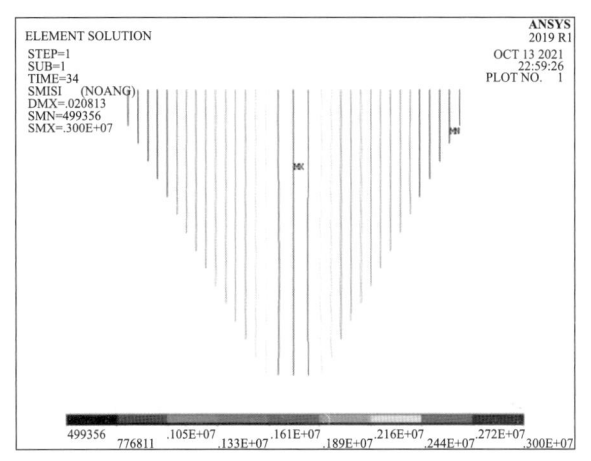

图 7 纯预应力态——竖向索力/N

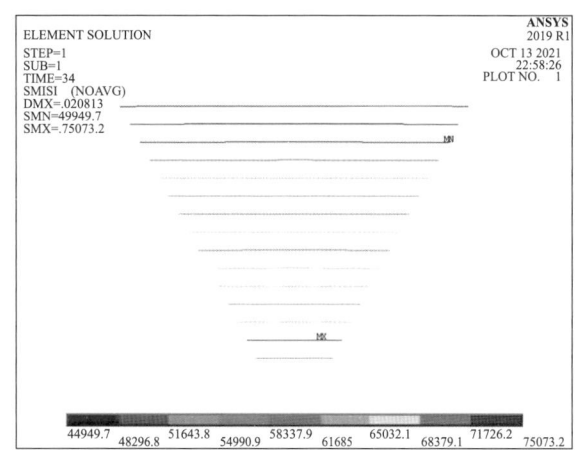

图 8 纯预应力态——横向索力/N

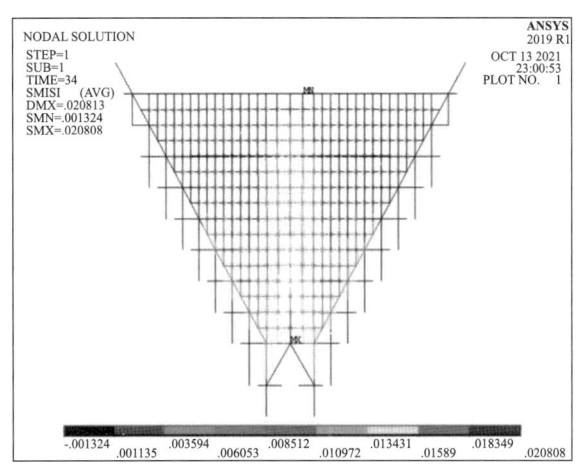

图 9 纯预应力态——UZ 方向位移云图

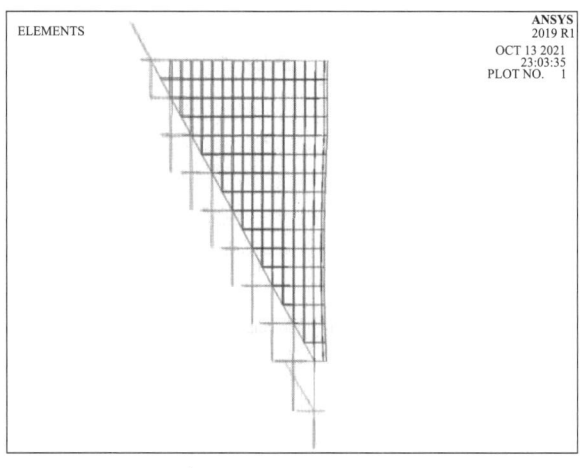

图 10 纯预应力态——索网平衡位

玻璃面竖向保持直面（图 11），平板尺寸 $W \times H$ 为 1800mm×2250mm，弧板尺寸 $W \times H$ 为 2060mm×2250mm。拉索的安全系数最小为 2.567＞2，拉索的预应力储备均大于零，均满足规范要求。预应力拉索性能和张拉完成工况下的轴力最大值统计如图 12 和表 1 所示。

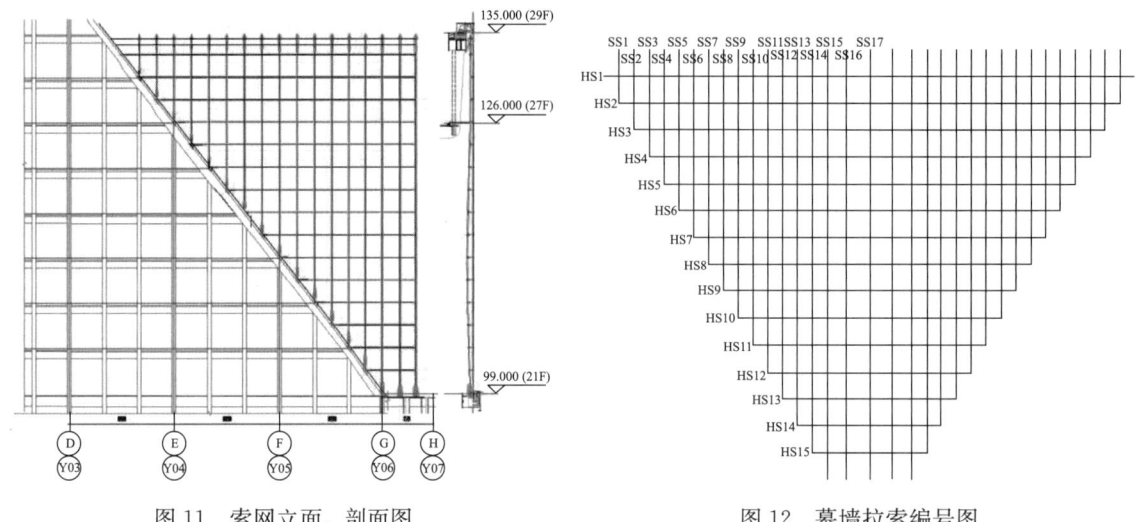

图 11 索网立面、剖面图　　　　　　　　图 12 幕墙拉索编号图

表 1　拉索性能及张拉完成态受力统计表

索公称直径 （mm）	拉索编号	截面面积 （mm²）	最小破断拉力 （kN）	张拉完成态最大索力 （kN）	张拉完成态最大索力与 拉索破断力比值
100	SS15→SS17	6760	10100	2977.3	0.29
85	SS11→SS14	4990	7210	2012.1	0.28
70	SS7→SS10	3420	4890	1208.1	0.25
60	SS4→SS6	2590	3590	804.4	0.22
45	SS1→SS3	1410	2000	601.8	0.30
22	HS15→HS1	286	410	75	0.18

3.2　索网幕墙玻璃计算

经有限元分析计算，预应力态下角处局部索网内凹，计算最大矢高 342mm（图 13 和图 14）。

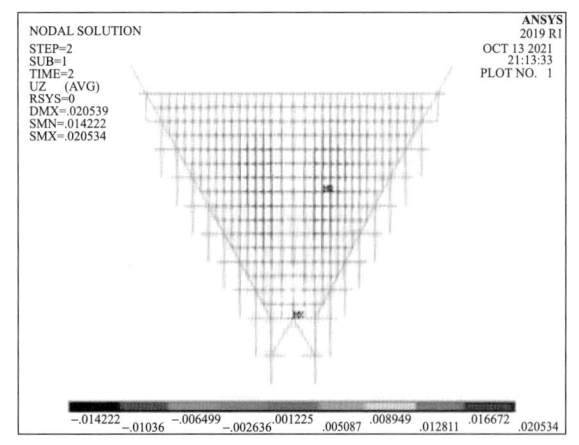
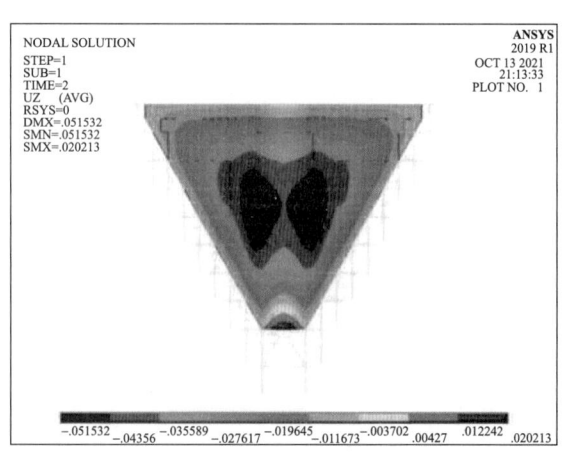

图 13　索网全部张拉完成后索的 Z 轴变形　　　　　图 14　加载玻璃面板后索网变

3.3 索网幕墙节点设计

节点设计重点考虑玻璃变形、拉索连接件与玻璃点爪件的强度、幕墙五金连接件的位移适应能力，见图15～图19。其中，本项目索网幕墙连接件均采用铸件定制加工，与厂家联合开发。

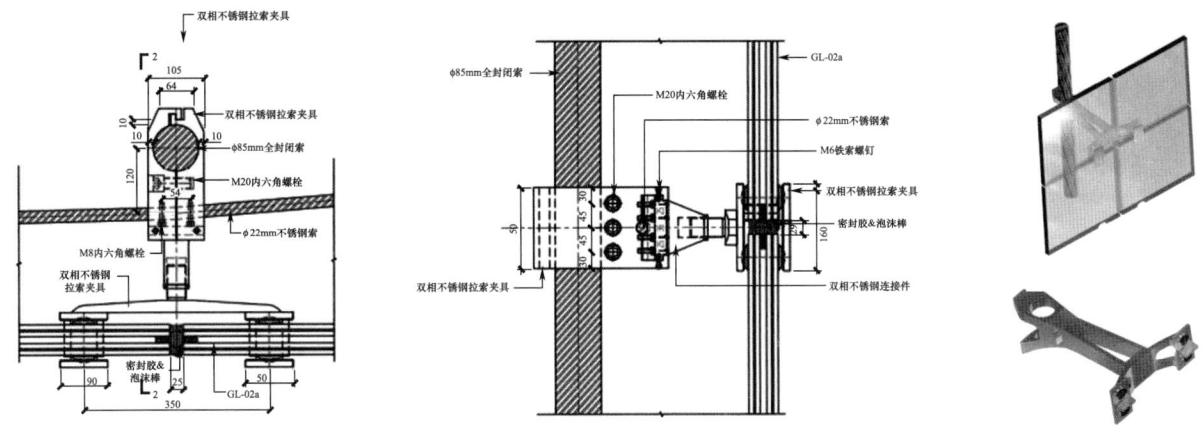

图15 平板玻璃幕墙处双相索夹与玻璃连接

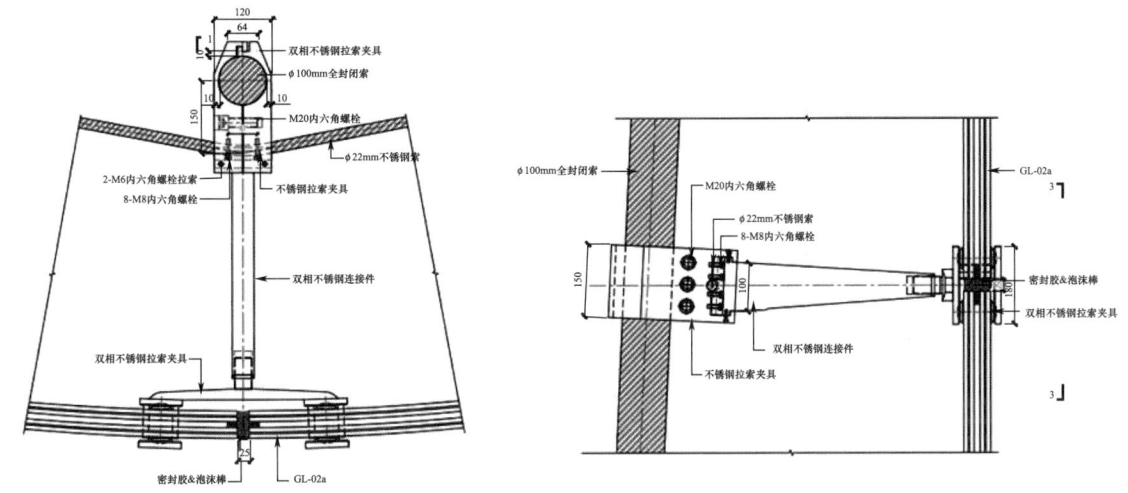

图16 圆弧玻璃幕墙处双相索夹与玻璃连接构造

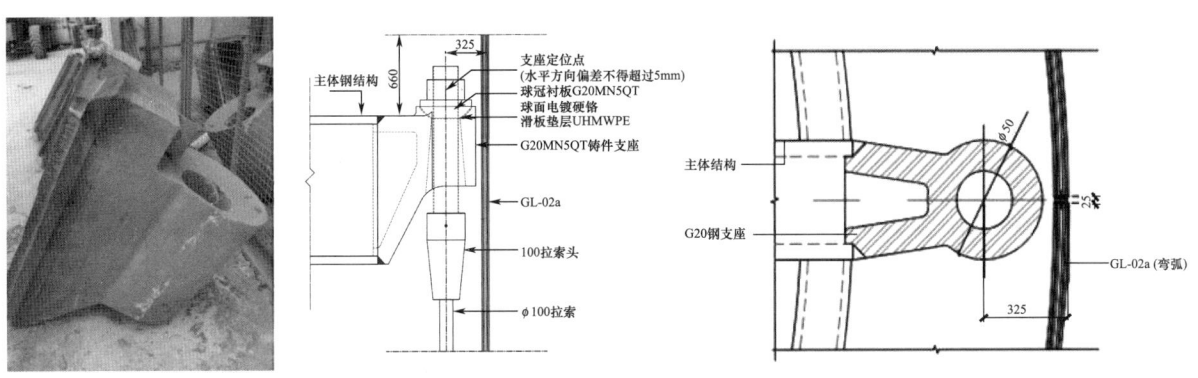

图17 顶部支座（竖索张拉端）构造

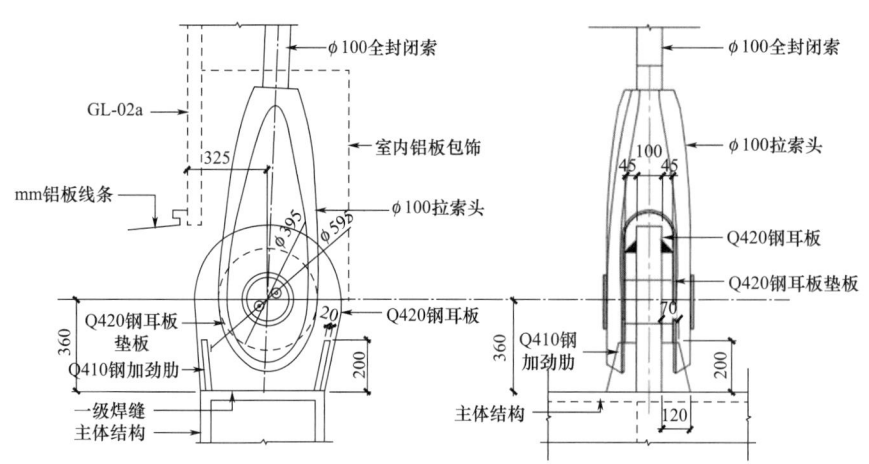

图 18 底部支座（固定端）构造（一）

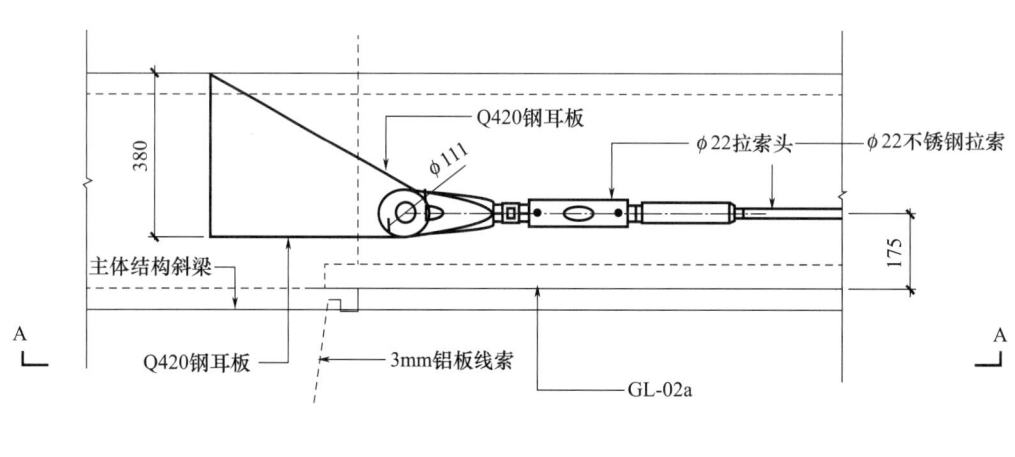

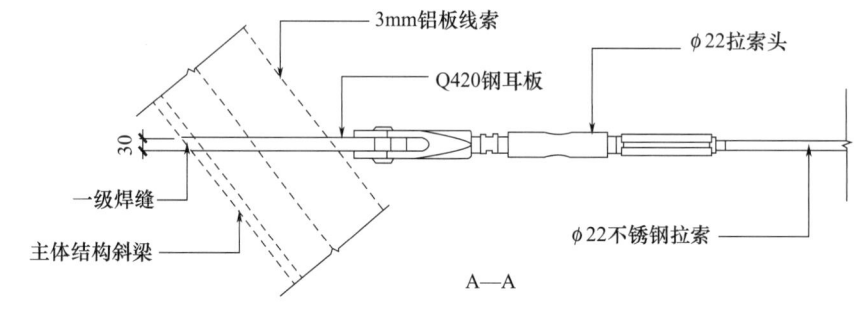

图 19 底部支座（固定端）构造（二）

4 索网幕墙拉索施工

4.1 拉索施工顺序

待主体钢结构施工完成且沉降稳定以后，进行拉索施工。

步骤1：索结构的技术深化。做拉索、索夹详图，审核拉索与连接结构连接耳板的匹配度，根据计算结果做拉索下料精确长度组装图（体现拉索索夹位置、索长张力）。

步骤2：材料、工装加工。根据深化图纸进行拉索、索夹加工，拉索盘索时固定端在里面，张拉端在外面。根据拉索构造形式和空间位置，设计拉索张拉工装并加工，进行设备标定。

步骤3：安装拉索和索夹。先安装竖向拉索，后安装横向拉索。竖向拉索安装顺序由两侧往中间进行，将竖向拉索依次吊到21层底梁平台上，边展开边起吊安装，过程中根据索体表面的索夹标记位置将索夹初步夹在索体上（螺栓不完全拧紧，保证索夹不滑动即可）。横向拉索在竖向拉索安装完成索夹到位后进行，从一端向另外一端牵引安装。双向拉索安装完成后，根据索体表面的索夹标记位置，扶正索夹角度，拧紧索夹螺栓。

步骤4：拉索张拉。分两个循环进行拉索张拉。

第一循环：先从两侧向中间对称张拉竖向拉索，顺序为 SS1→SS2→SS3→⋯→SS17，再从下往上张拉横向拉索，顺序为 HS15→HS14→HS13→⋯→HS1。

第二循环：根据拉索完成态对应的要求索力，按照第一循环的张拉顺序，对索力进行补张拉复核。步骤示意如图20。

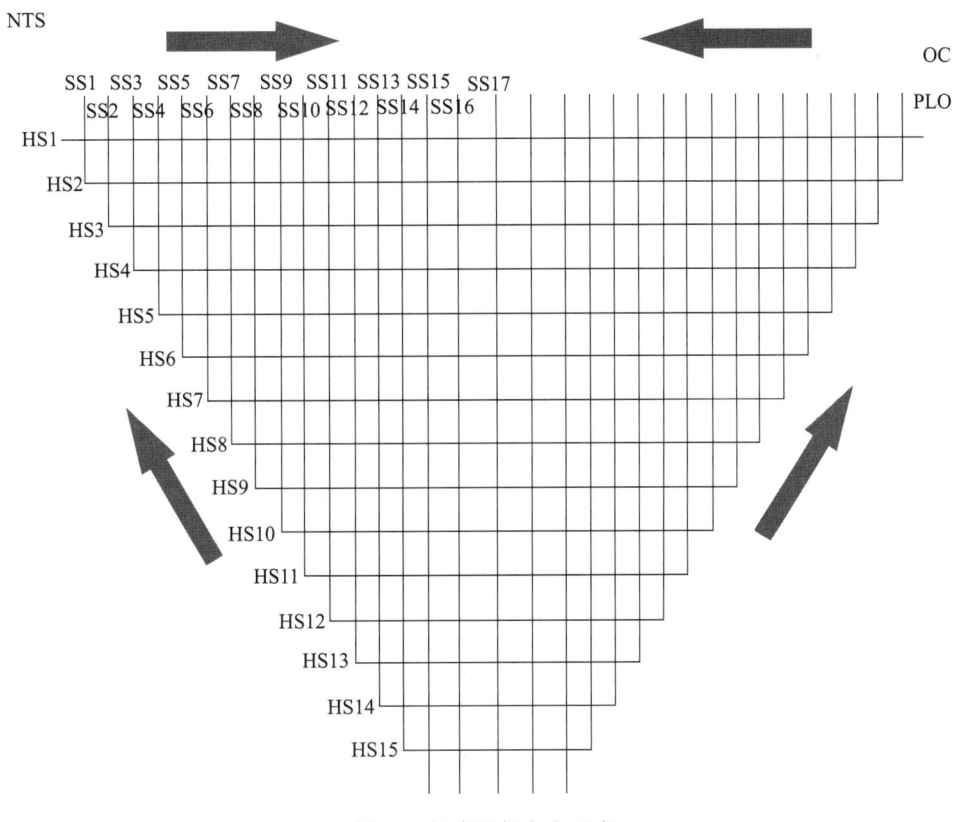

图 20 拉索张拉方向示意

根据拉索张拉总体步骤，张拉工况细分见表2。

表 2 拉索张拉工况表

工况号	内容
工况1	张拉 SS1 及对称位置的竖向拉索
工况2	张拉 SS2 及对称位置的竖向拉索
工况3	张拉 SS3 及对称位置的竖向拉索
工况4	张拉 SS4 及对称位置的竖向拉索
工况5	张拉 SS5 及对称位置的竖向拉索
工况6	张拉 SS6 及对称位置的竖向拉索
工况7	张拉 SS7 及对称位置的竖向拉索
工况8	张拉 SS8 及对称位置的竖向拉索

续表

工况号	内容
工况 9	张拉 SS9 及对称位置的竖向拉索
工况 10	张拉 SS10 及对称位置的竖向拉索
工况 11	张拉 SS11 及对称位置的竖向拉索
工况 12	张拉 SS12 及对称位置的竖向拉索
工况 13	张拉 SS13 及对称位置的竖向拉索
工况 14	张拉 SS14 及对称位置的竖向拉索
工况 15	张拉 SS15 及对称位置的竖向拉索
工况 16	张拉 SS16 及对称位置的竖向拉索
工况 17	张拉 SS17 的竖向拉索
工况 18	张拉 HS15 的横向拉索
工况 19	张拉 HS14 的横向拉索
工况 20	张拉 HS13 的横向拉索
工况 21	张拉 HS12 的横向拉索
工况 22	张拉 HS11 的横向拉索
工况 23	张拉 HS10 的横向拉索
工况 24	张拉 HS9 的横向拉索
工况 25	张拉 HS8 的横向拉索
工况 26	张拉 HS7 的横向拉索
工况 27	张拉 HS6 的横向拉索
工况 28	张拉 HS5 的横向拉索
工况 29	张拉 HS4 的横向拉索
工况 30	张拉 HS3 的横向拉索
工况 31	张拉 HS2 的横向拉索
工况 32	张拉 HS1 的横向拉索
工况 33	安装驳爪及玻璃面板

4.2 张拉关键步骤云图

工况 17：竖索全部张拉完成（图 21～图 24）。

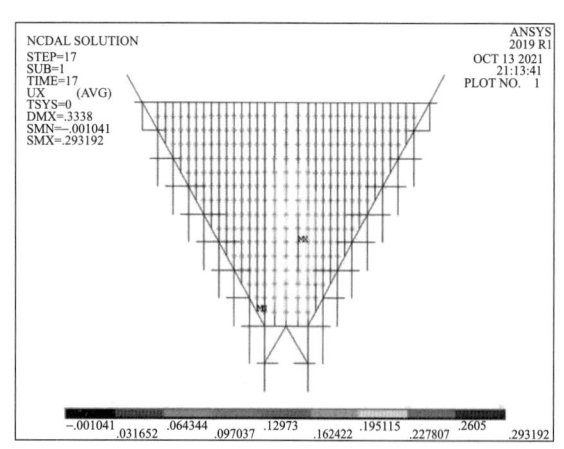

图 21 工况 17 U_x 方向位移云图（m）

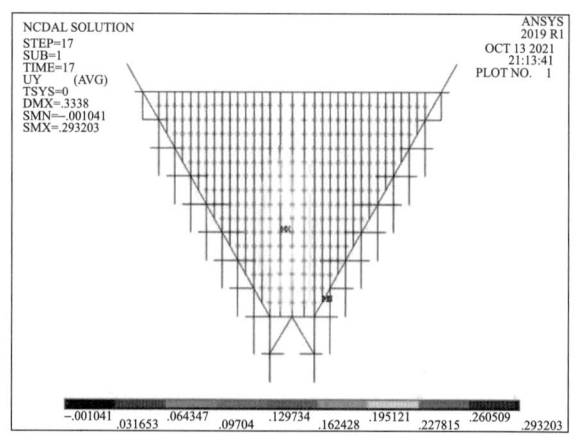

图 22 工况 17 U_y 方向位移云图（m）

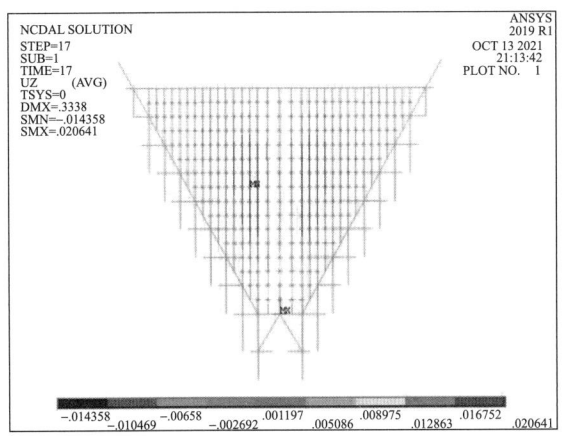
图 23 工况 17U_z 方向位移云图（m）

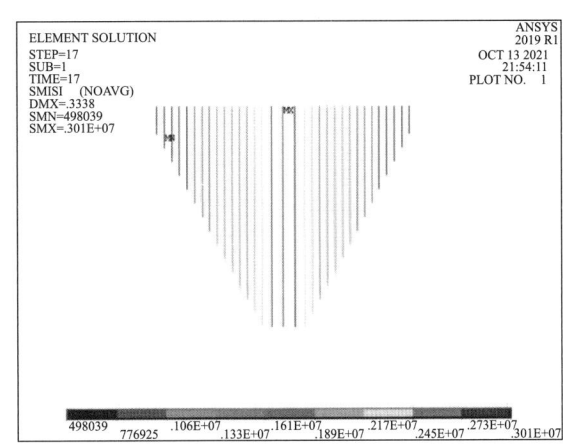
图 24 工况 17 索力云图（N）

工况 32：索网全部张拉完成（图 25～图 28）。

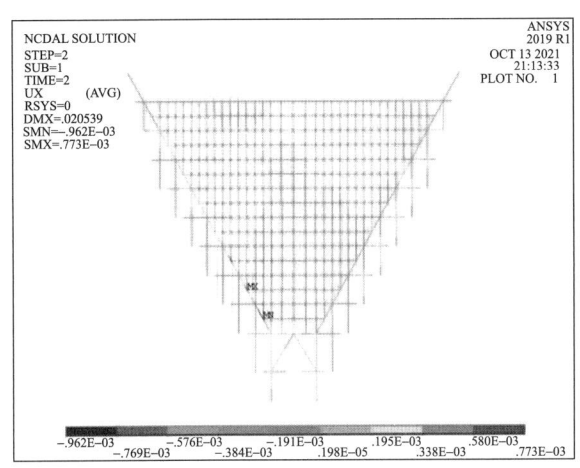
图 25 工况 32U_x 方向位移云图（m）

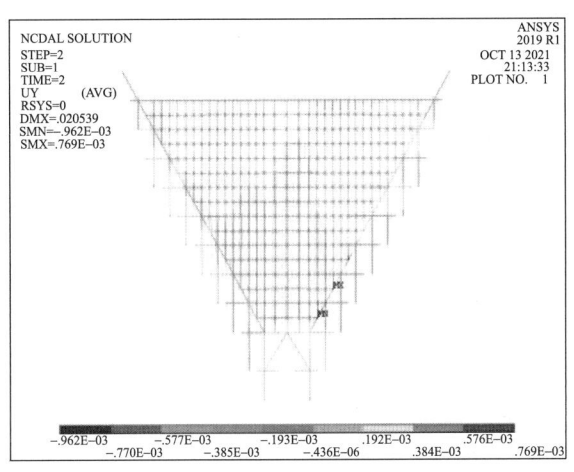
图 26 工况 32U_y 方向位移云图（m）

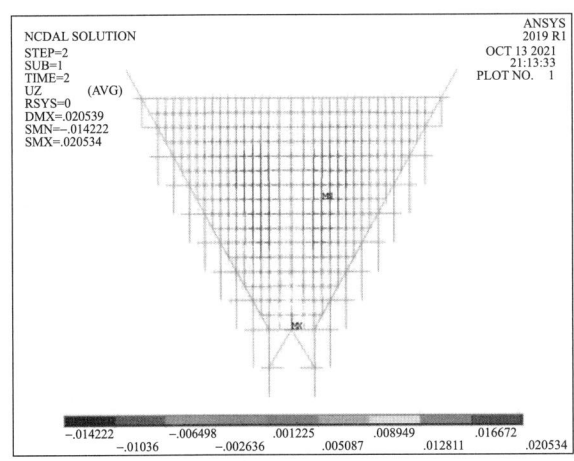
图 27 工况 32U_z 方向位移云图（m）

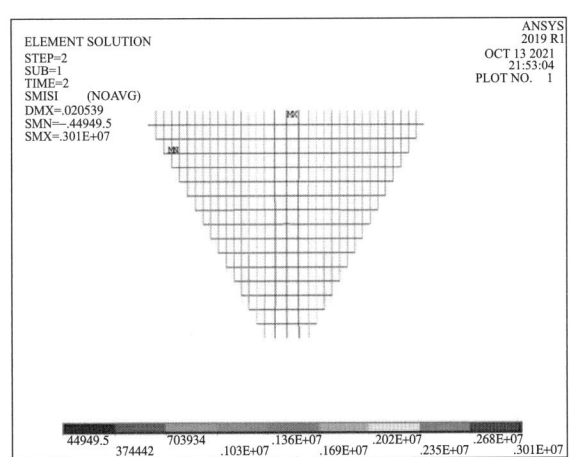
图 28 工况 32 索力云图（N）

工况 33：安装驳爪和玻璃面板（图 29～图 32）。

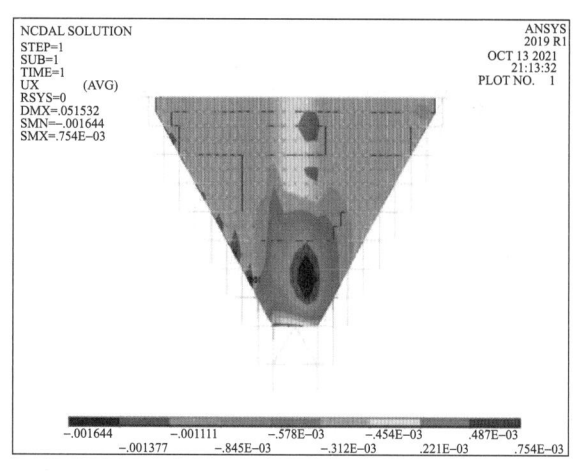

图 29　工况 33U_x 方向位移云图（m）

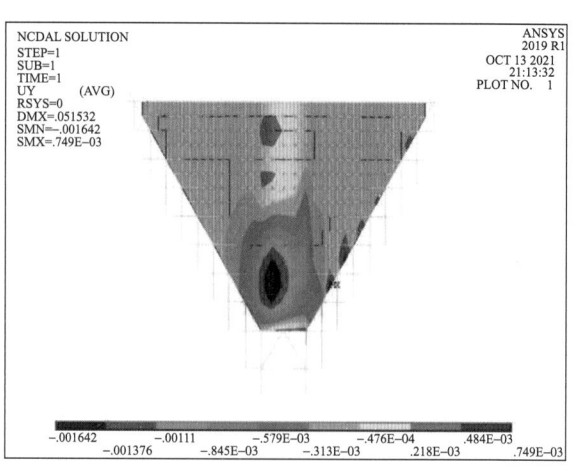

图 30　工况 33U_y 方向位移云图（m）

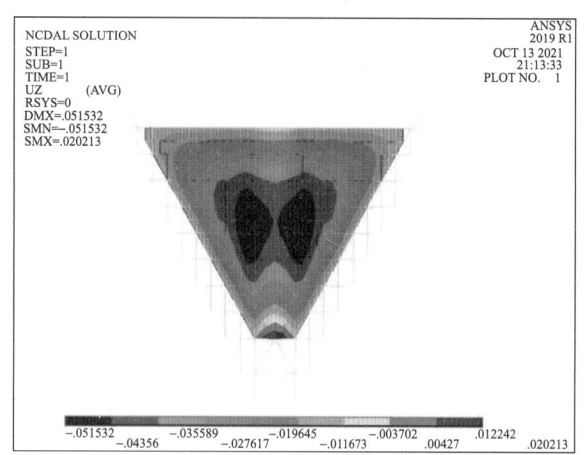

图 31　工况 33U_z 方向位移云图（m）

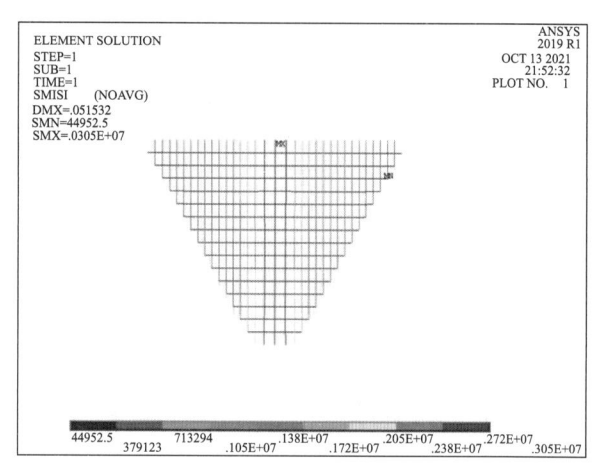

图 32　工况 33 索力云图（N）

根据张拉关键步骤云图分析可得出以下结论：

1）经找力和找形分析，纯预应力态下的索力与设计目标一致，转角处局部索网内凹。

2）拉索张拉完成后，结构位移 U_z 方向－14.2～20.5mm，U_y 方向－1～25.5mm，U_x 方向－1～25.5mm；竖向拉索索力 500.2～2977.3kN，应力 206～440MPa；横向索力 45～75kN，应力 157～262MPa；过程中钢结构最大应力 281.1MPa，结构处于弹性应力状态。

3）安装玻璃面板后，结构位移 U_z 方向－14.2～20.5mm，U_y 方向－1～18.9mm，U_x 方向－1～18.9mm；竖向拉索索力 502.5～2936.8kN，应力 203～449MPa；横向索力 45～75kN，应力 157～262MPa；安装玻璃面板后，钢结构应力 276.8MPa，结构处于弹性应力状态。

4.3　拉索控制原则

1）单批次张拉分级

同批次拉索张拉时，考虑张拉的同步性，逐级施加拉力，分五级张拉程序：预紧→0％→40％→60％→80％→100％；考虑到拉索锚固螺母损失，张拉到 100％后，对拉索进行 3％的超张拉，持荷 2min 后，锁定螺母或者螺杆。

2）拉索张拉控制项目及其目标

拉索张拉控制采用双控原则：控制索力和索网位形。

3）张拉过程分析

模拟张拉过程，进行施工全过程力学分析，预控在先。

4）张拉时机：相关钢构件及拉索安装完成，达到方案、图纸要求的张拉工况。

4.4 张拉工具及步骤

4.4.1 对于竖向拉索

张拉工装和设备包括：液压千斤顶、油压表、油泵、油管、反力撑筒、张拉钢棒、锚固螺母等（图33）。

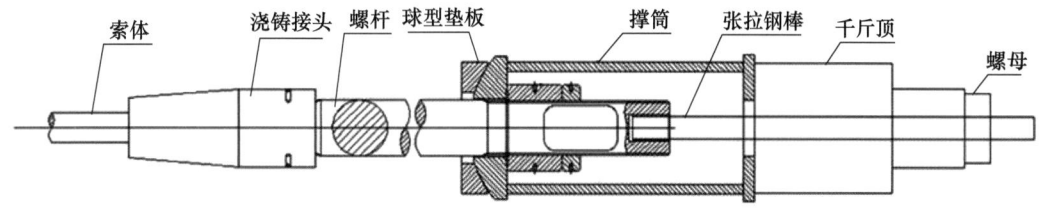

图33 张拉设备示意图

1）确定施工顺序后，将吊篮或专用张拉平台移动至待张拉施工区，安装升降绳及保险绳，调试吊篮。若工作平台以吊篮为主，吊篮的安装与操作详见相关方案，吊篮操作安装吊篮的专门人员操作。

2）安装观察拉索安装情况，待确定索体安装稳固后进行竖向拉索张拉细部操作。

3）采用塔吊或卷扬机辅助，先安装张拉撑筒，然后将张拉钢棒与拉索螺杆螺纹有效连接。

4）穿入穿心式千斤顶，对中并固定工具螺母。

5）对称的两根竖向拉索张拉工装安装完成后，同时启动油泵，开始张拉。张拉过程中，随时跟进拧紧索端螺母。

6）张拉完毕后，按照安装的张拉设备顺序，倒序拆除张拉工装及设备。

7）准备下一根索张拉。

4.4.2 对于横向拉索

张拉工装和设备包括：张拉千斤顶（两台）、油压表、油泵、油管、反力装置、张拉工装、张拉钢绞线、锚具等（图34）。

1）确定施工顺序后，将吊篮移动至待张拉施工区，安装升降绳及保险绳，调试吊篮（工作平台以吊篮为主，吊篮的安装与操作详见相关方案，由安装吊篮的专门人员操作）。

2）安装观察拉索安装情况，待确定索体安装稳固，竖向拉索张拉完成后进行横向拉索张拉细部操作。

3）安装耳板处的"反力装置"，将包耳式固定工装放置于正、反牙索端包夹索端耳部。

4）在调节端索体外侧安装张拉工装。张拉工装是公、母对销连接的，互插时注意公、母对接的位置匹配，对中后注意手持方向和位置，轻推合拢。

5）穿入张拉用钢绞线，将钢绞线对孔穿入，在"反力装置"处采用专用锚具固定。

6）在张拉工装处平行于拉索安装两个穿心式千斤顶，并固定限位器和工具锚具。

7）同一根拉索两端张拉工装安装完成后，同时启动油泵，开始张拉。张拉过程中，跟进旋紧索头正、反牙连接杆。

8）张拉完毕后，按照安装的张拉设备的顺序，倒序拆除张拉工装及设备。

9）准备下一根索张拉。

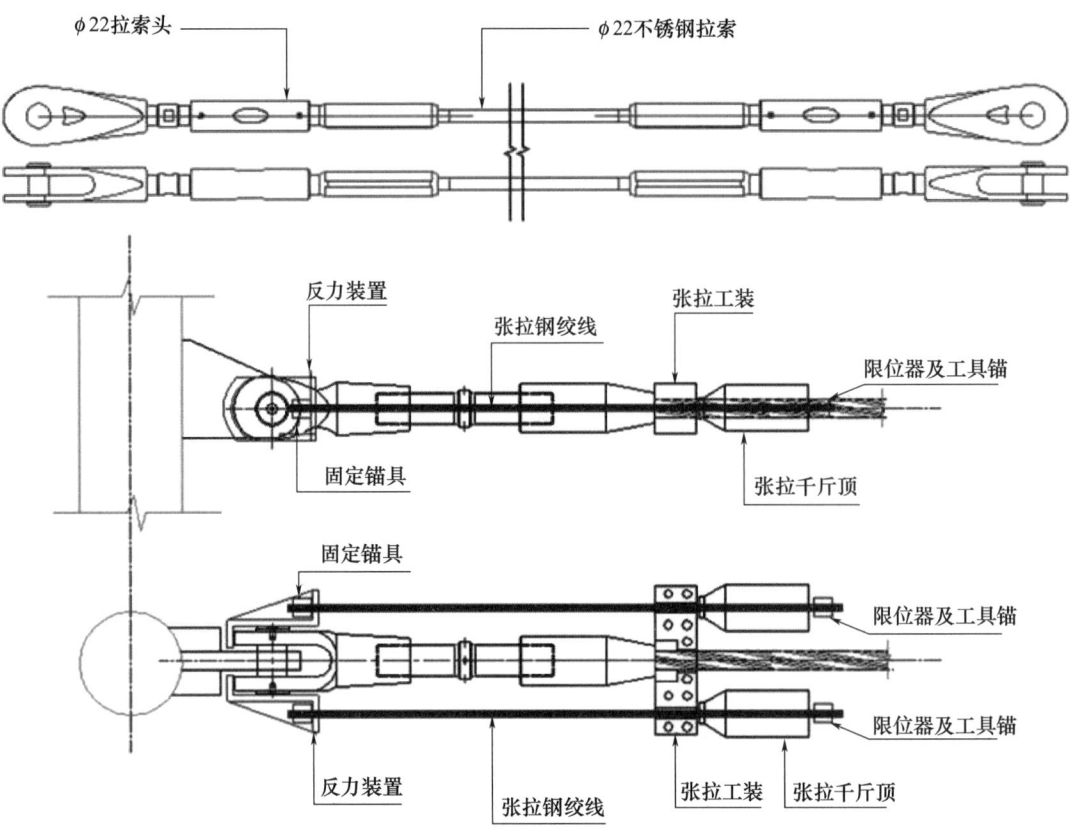

图 34　横向张拉工装示意图

5　结语

随着我国工业水平越来越高，超高层建筑实现复杂立面方法越来越多。本工程作为大湾区建设重点项目，外立面极具特点，尤其是东北角索网幕墙是本项目的点睛之作。本文从索网幕墙结构计算、玻璃面板计算、节点设计以及施工顺序等方面进行了剖析，为今后这类工程的设计及施工提供参考与借鉴。

参考文献

［1］中华人民共和国建设部．玻璃幕墙工程技术规范：JGJ 102—2003［S］．北京：中国建筑工业出版社，2003．
［2］中华人民共和国住房和城乡建设部．建筑结构荷载规范：GB 50009—2012［S］．北京：中国建筑工业出版社，2012．
［3］广东省住房和城乡建设厅．建筑结构荷载规范：DBJ/T 15-101—2022［S］．北京：中国城市出版社，2022．
［4］中华人民共和国住房和城乡建设部．索结构技术规程：JGJ 257—2012［S］．北京：中国建筑工业出版社，2012．
［5］中国工程建设标准化协会．建筑工程预应力施工规程：CECS 180—2005［S］．北京：中国计划出版社，2005．

设计施工一体化高效建造技术在复杂异形超高层项目中的应用

◎ 江永福　蔡广剑　周春海　花定兴

深圳市三鑫科技发展有限公司　广东深圳　518054

摘　要　本文探讨基于复杂建筑形体幕墙的设计施工一体化高效建造技术，通过金地大百汇广场大厦复杂异形幕墙的深化设计、加工设计、施工组织安装的实践，保证复杂异型项目的施工设计、加工、施工安装的工期和高品质。

关键词　设计施工一体化；高效建造技术；BIM技术；理论设计下单

一体化是指多个原来相对独立的主体通过某种方式逐步在同一体系下彼此包容，相互合作。在幕墙工程建造过程中，特别是复杂异形超高层项目中，幕墙设计和施工组织是必不可少的专业，也是联系最紧密的专业，只有充分理解和解决重点和难点，才能更高效地组织施工安装，有更好的工程品质。好的幕墙设计方案能更好地指导高效组织加工和施工。在实践中的加工、施工组织安装，可以更好地反馈幕墙设计方案存在的问题，进而改进设计方案，以高效的工作模式实现高品质的工程。

1　工程概况

大百汇广场项目是一栋集商务办公、商业、观光及其配套为一体的超高层建筑，地处深圳市福田区（图1），是福田区第二高楼，幕墙高度375.5m，总建筑规模约15.8万m^2，幕墙面积约8.5万m^2，地上84层，项目建筑设计理念为深圳市市花——簕杜鹃（图2）。塔楼优雅的形体轮廓，优美的建筑外观比例，富有层次感的造型，宛如四片花瓣旋转向上（图3），互相依偎直上云霄，寓意"设计之都"的深圳精神，饱满、奔放、坚强勇敢、众志成城。

图1　整体效果图

图 2 "簕杜鹃"实景图

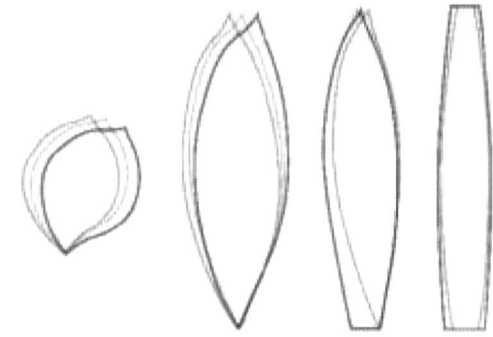
图 3 "簕杜鹃"意境图

2 项目特点及难点

建筑形体竖向表皮弧线造型,内外倾斜,内倾距离最大 8.9 米,外倾最大距离 2.7m,垂直运输和吊装难度大;平面转角弧形半径逐层变化(图 4),双曲面表皮种类繁多,共有 9045 个板块,可分为 7005 种类型和规格,其中单曲板块、不规则平行四边形板块及飞翼板块的加工难度大,精度要求高。

楼体四个立面分别有一个建筑凹槽(图 5),东西立面大凹槽,南北面小凹槽,将外立面幕墙切割为四片,凹槽宽度随楼层高度渐变,每个凹槽位置均为飞翼板块,深化设计、加工设计和施工安装难度非常大。

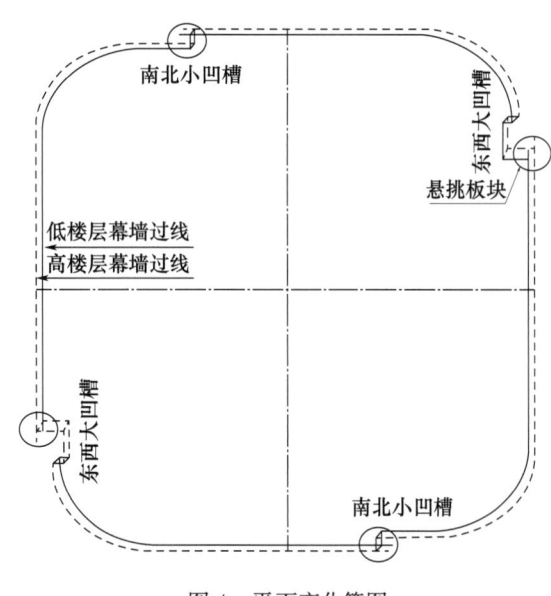
图 4 平面变化简图

图 5 凹槽位置效果图

建筑 56~69 层中庭东南角及西北角存在挑空中庭(图 6),挑空 89m,外立面单元式幕墙吊装难度大。69 层以上为塔冠部位,全部为钢桁架(图 7),无楼板,结构复杂,幕墙组织施工及吊装难度非常大。

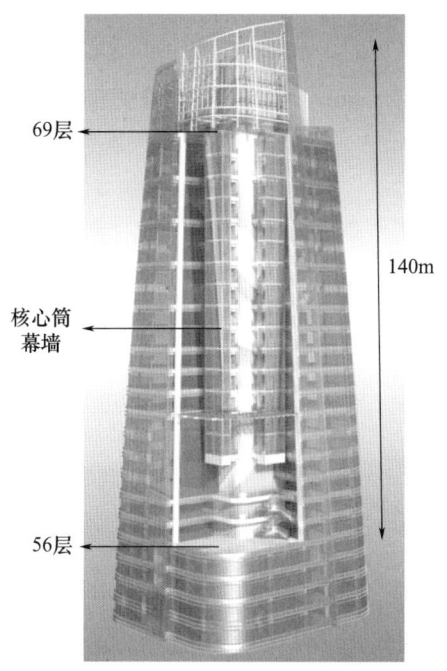

图 6 中庭及塔冠效果图

图 7 主体结构现场图

建筑幕墙的横向金属装饰线随建筑高度及同一楼层，挑出宽度呈线性变化（图 8），存在单曲及双曲面装饰线，有 2700 种不一样的尺寸，装饰条种类多（图 9），加工设计、材料组织及安装难度大。

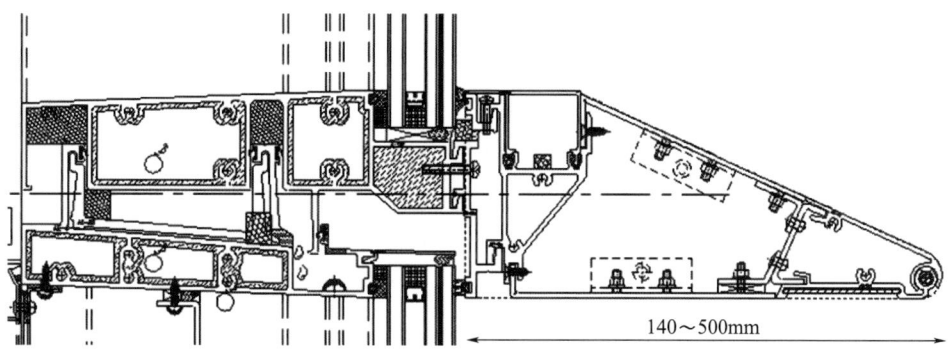

图 8 装饰条节点图

图 9 装饰条效果图

3 凹槽幕墙设计施工一体化的创新

系统介绍：标准层高 4450mm（图 10），标准板块尺寸 1500mm×4450mm，重约 600kg。飞翼尺寸为 960mm，飞翼旁边板块尺寸为变量，整体飞翼竖向边缘线为弧线，整个飞翼板块为梯形板块（图 11），设计、加工和施工组织难度非常大。

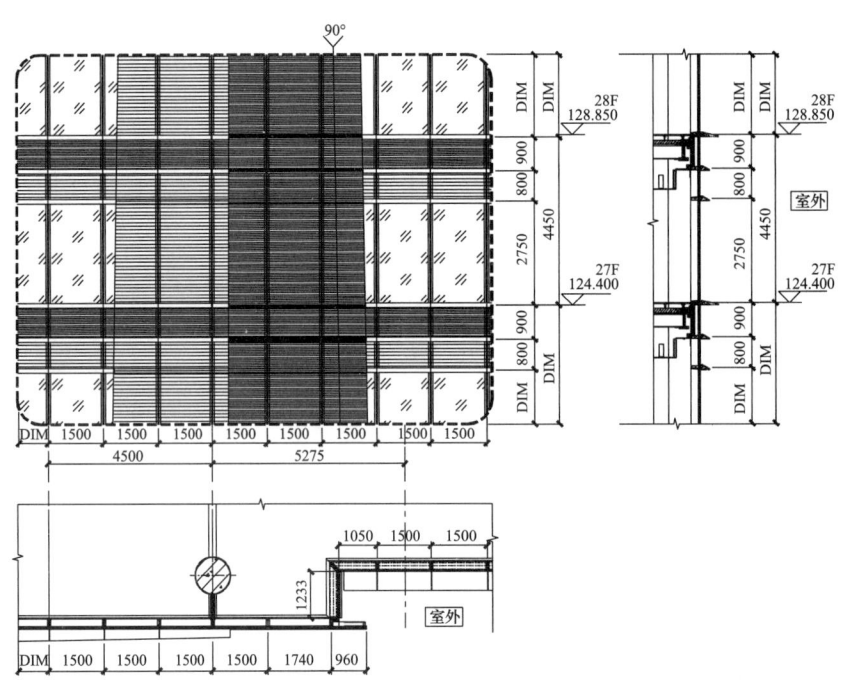

图 10 凹槽位置大样图

图 11 视觉样板

飞翼旁边的分隔为变量，翼板块仅依附在变量板块上（图 12），存在很大的不确定因素，飞翼及依附板块整体受力不够稳定，为保证单元板块受力更加合理、安全，由原来的"变量板块＋飞翼板块"深化为"1500 板块＋变量板块＋飞翼板块"（图 13），飞翼板块依附在两个板块上，整体受力更安全，板块的运输和安装效率更高。转角位置水槽贯通（图 14），对整个凹槽位置幕墙防水性能更好（图 15

和图16），工程品质更高。

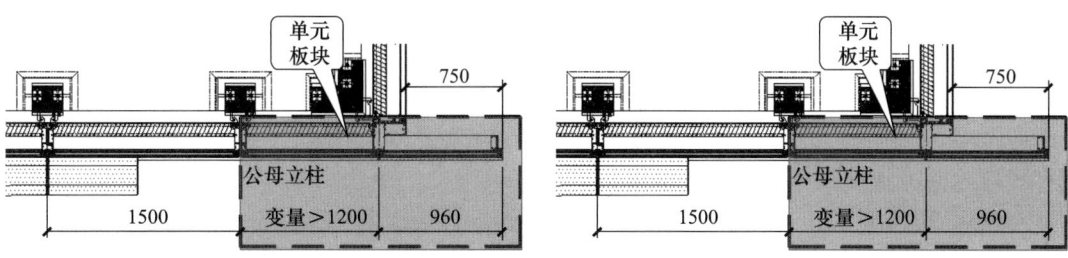

图12 凹槽招标图方案　　　　图13 凹槽施工图方案

图14 凹槽位置水槽贯通实物样件

图15 凹槽位置板块安装实景图　　图16 凹槽位置板块水槽贯通

4 中庭及塔楼设计施工一体化的创新

西北角和东南角的 56～84 层主体结构为钢结构，竖向为钢桁架（图 17），高度 140m，均无楼板，横向为圆钢管及桁架形式间隔分布，横向钢圆管直径 400mm，桁架宽度 2000mm，桁架分布为奇数层单圆管、偶数层双圆管，外幕墙均为单元式。

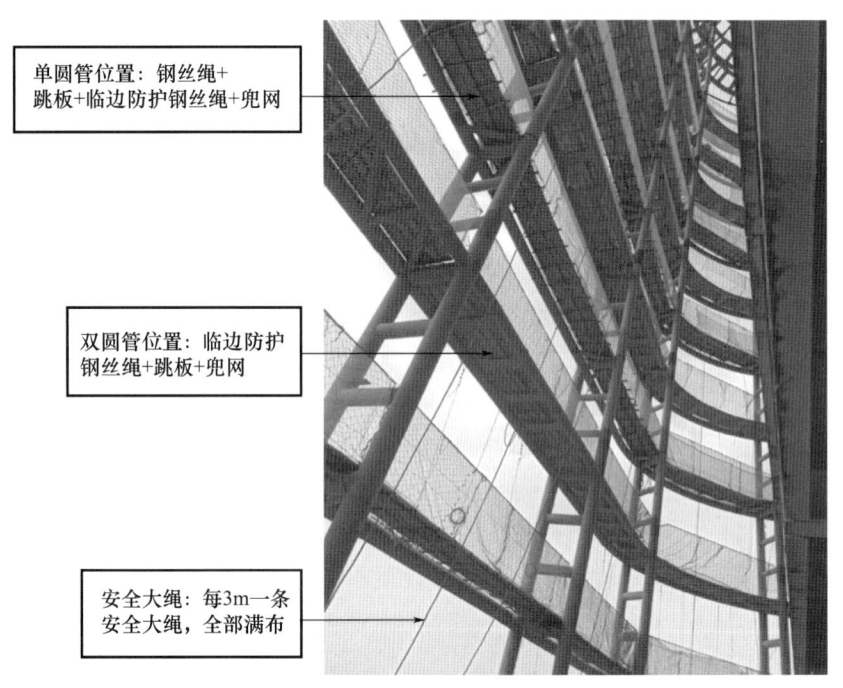

图 17　施工马道立面布置图

高空位置施工工作面的条件非常有限，工期紧，为确保施工安全，更高效地组织施工安装单元板块，利用主体的现有横向钢桁架及钢管结构，设置由"钢丝绳＋跳板＋临边防护钢丝绳＋兜网"组成的施工马道（图 18），进行板块的施工安装。单圆管位置为"钢丝绳＋跳板＋临边防护钢丝绳＋兜

图 18　施工马道详细布置图

网";双圆管位置为"临边防护钢丝绳＋跳板＋兜网";安全大绳每 3m 一条,全部满布安全大绳,确保施工安全;内、外侧临边及内侧的临边踢脚线 20cm 高设置 φ8 安全钢丝绳,安全钢丝绳与主体钢柱位置设置防摩擦套管,确保安全钢丝绳的耐久性。

若采用室内吊篮方式,偶数层双圆管位置宽度 2m,用吊篮无法操作,若采用"钢平台＋钢跳板"形式,材料成本高,工期长达 90d。采用由"钢丝绳＋跳板＋临边防护钢丝绳＋兜网"组成的施工马道,成本合理,工期短至 40d。

施工平台马道的搭设:成立平台搭设小组,结合板块到场时间、安装周期与劳动力投入的密切配合,规划好每层每个区域的搭设和拆除日期,做到高效组织施工平台的搭设、板块的安装、平台拆除。将设计施工一体化的施工平台马道的设计方案和精心细致高效施工组织结合(图 19),不仅缩短了工期,还保证了施工安全和工程品质。

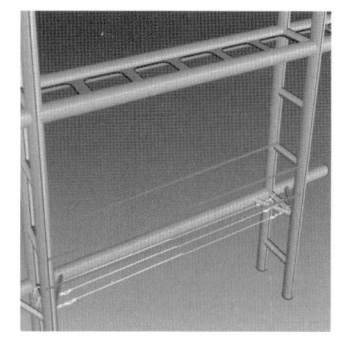 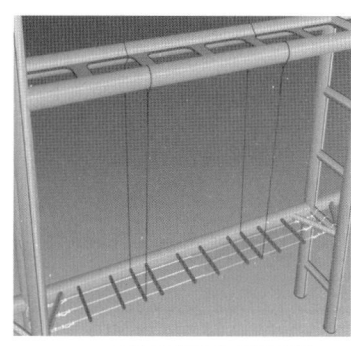 

①临边钢丝绳布置　②吊杆布置及方通布置　③跳板铺设

图 19　施工马道安装步骤图

板块的吊装:经过分析,56～69 层结构内倾 4.5m,采用轨道安装,无混凝土楼板(图 20),只有 69 层才有混凝土楼板,即具备轨道的搭设条件,轨道设置在 69 层位置,轨道架设难度大。轨道架设(图 21)过程中,项目部高效架设措施;①横向跑道整体安装 40m;②利用手拉葫芦和滑轮,整面整体向内调整(图 22、图 23)。

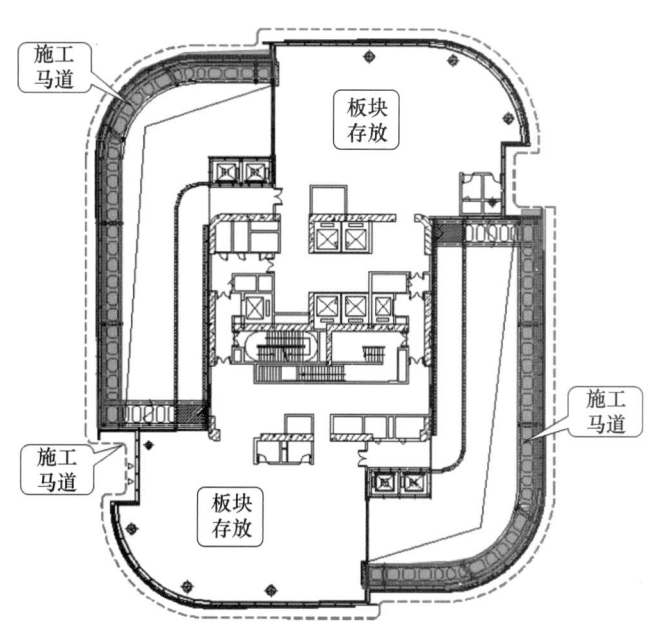 

图 20　56～69 层平面布置图　　　　　图 21　56～69 层轨道布设图

69 层外幕墙主体结构均为钢桁架,无架设轨道的条件,经与总包协商塔吊时间,采用塔吊吊装单元板块，高效安全。

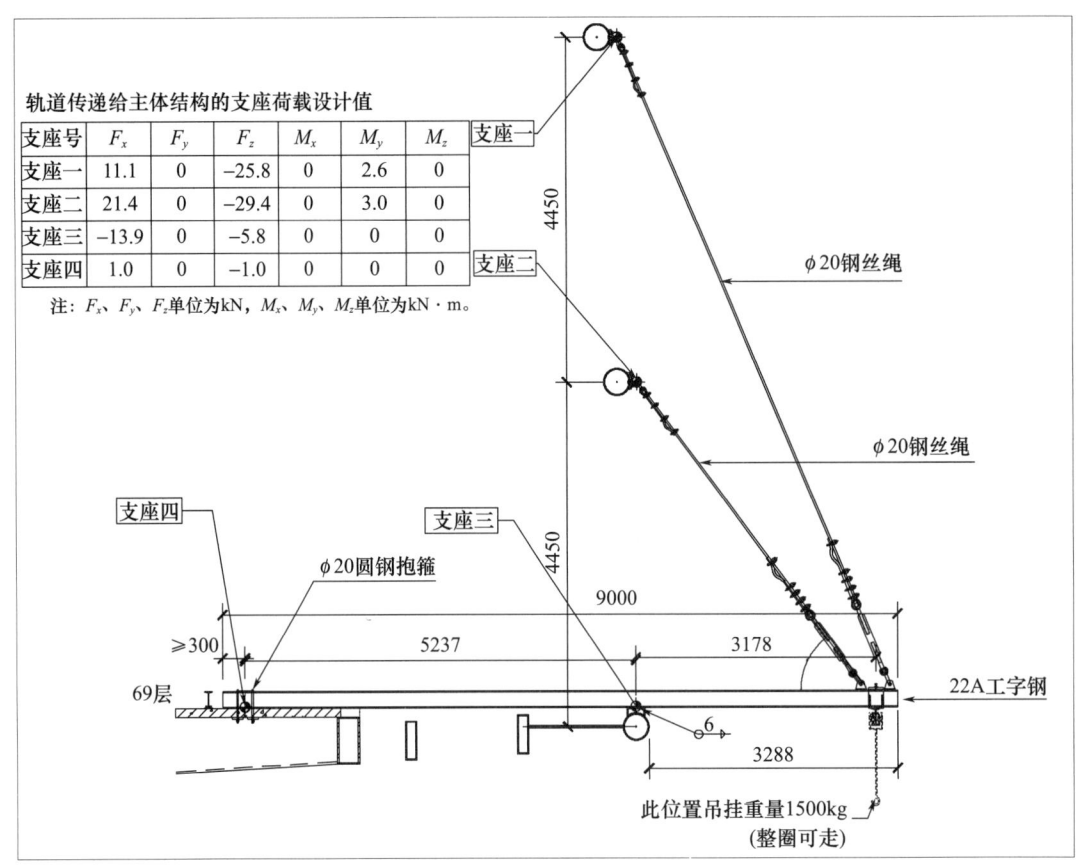

图 22　69 层大面标准位置轨道

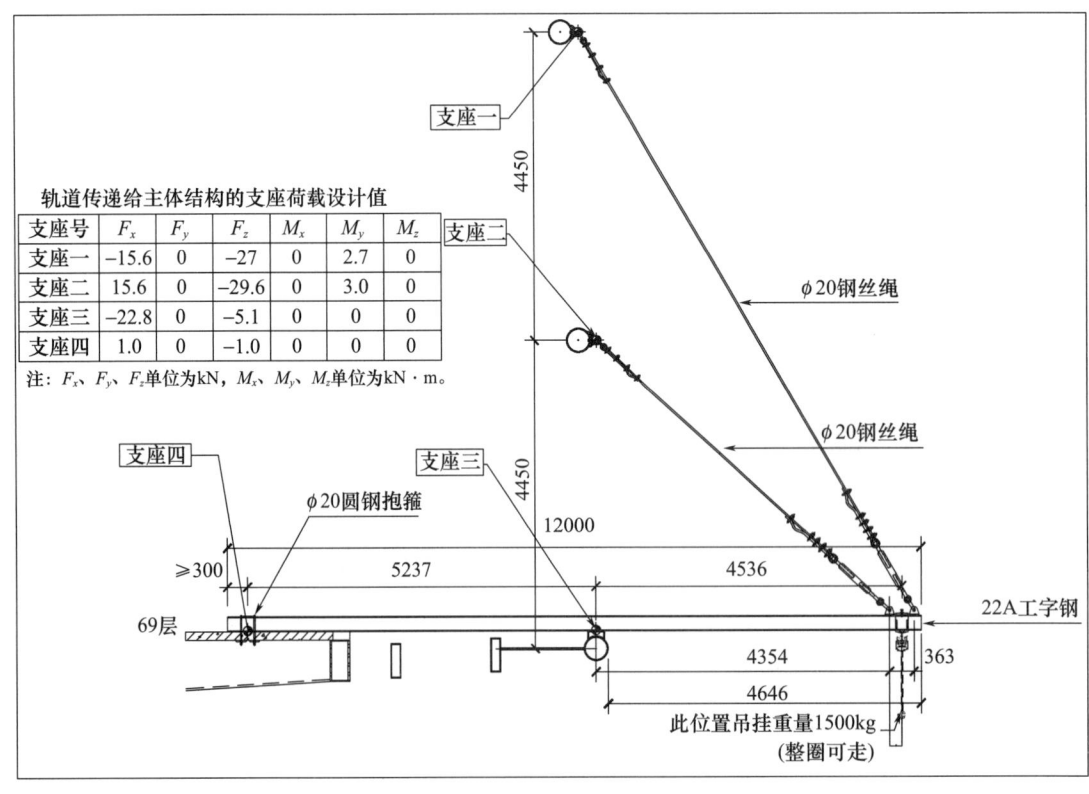

图 23　69 层凹槽位置轨道

5 装饰条设计施工一体化的创新

塔楼装饰条悬挑140~500mm，角度和尺寸都在变化（图24）。装饰条上变量铝板为双曲板，塔楼9045个板块中，有2700种装饰条，对材料的加工和装饰条的组装难度较大，难以控制装饰体的品质。针对此情况，根据装饰条的特点，由1块变量折线双曲铝板优化设计成"1块变量铝板＋1块定量铝板＋1块平板变量铝板"的三块铝板组成（图25），外观保持不变，加工难度降低，加工效率提高，工程品质更高。

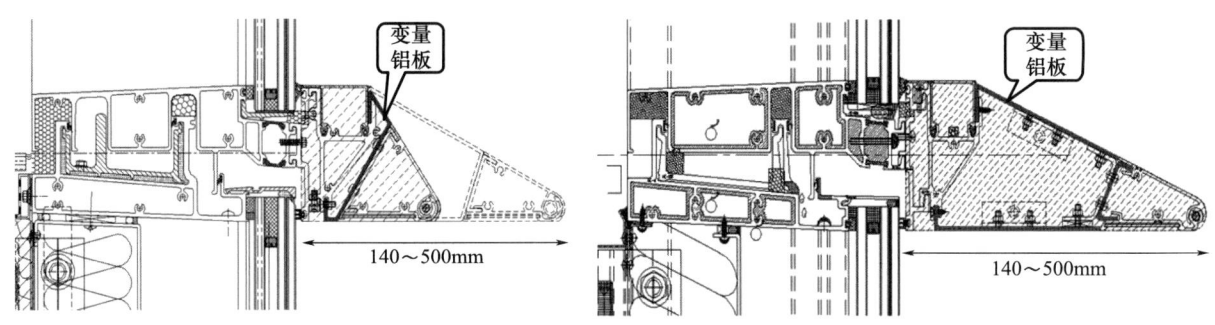

图24 招标图方案　　　　　　　　　图25 施工图方案

6 结语

本项目建筑形体复杂，主体结构提供的工作面有限，板块种类多，深化设计、板块加工和施工安装难度非常大。设计施工一体化技术从幕墙深化设计开始，全过程考虑和指导材料加工、板块组装、吊装措施和安装等工艺等，在建造过程反思设计方案的利弊，及时调整有关设计方案，提高建造的工效，减少不必要的问题。科学、有效的管理，各部门和各专业人员之间高效协同，通过设计施工一体化技术实现本项目完美的外观与高品质的工程，得到建造各方的认可，为其他超高层复杂项目打下坚实的设计施工技术一体化基础，积累了丰富的经验。

参考文献

[1] 中华人民共和国建设部．玻璃幕墙工程技术规范：JGJ 102—2003［S］．北京：中国建筑工业出版社，2003．
[2] 中华人民共和国住房和城乡建设部．建筑施工高处作业安全技术规范：JGJ 80—2016［S］．北京：中国建筑工业出版社，2016．
[3] 中华人民共和国住房和城乡建设部．铝合金结构工程施工质量验收规范：GB 50576—2010［S］．北京：中国计划出版社，2010．
[4] 中华人民共和国住房和城乡建设部．钢结构工程施工质量验收标准：GB 50205—2020［S］．北京：中国计划出版社，2020．
[5] 中华人民共和国住房和城乡建设部．建筑装饰装修工程质量验收标准：GB 50210—2018［S］．北京：中国建筑工业出版社，2018．
[6] 中华人民共和国住房和城乡建设部．建筑工程施工质量验收统一标准：GB 50300—2013［S］．北京：中国建筑工业出版社，2013．
[7] 中华人民共和国住房和城乡建设部．建筑施工安全技统一规范：GB 50870—2013［S］．北京：中国计划出版社，2013．
[8] 中华人民共和国住房和城乡建设部．玻璃幕墙工程质量检验标准：JGJ/T 139—2020［S］．北京：中国建筑工业出版社，2020．

单元式幕墙超大水平装饰带的结构设计

◎ 李才睿 刘晓烽 闭思廉

深圳中航幕墙工程有限公司 广东深圳 518109

摘 要 随着建筑幕墙外悬装饰带尺度越来越大，对幕墙系统的影响也越来越大。幕墙外悬大装饰带的结构计算也都很关键，除此之外，在相关构造设计上也需要注意尽量降低对幕墙系统的影响，简化力学模型。

关键字 单元式幕墙；水平大装饰带

1 引言

本文通过位于深圳的某"工业上楼"示范项目，探讨超大水平装饰带在单元式幕墙中的应用。该项目的单栋厂房高度为90m左右，整体立面以光、线条和速度为灵感，采用外悬挑1.5m水平装饰带作为横向线条，通过线条疏密有序的排列手法，展现深圳制造业智能化高速发展的态势和雄心。

在考虑水平装饰带自身结构设计之前，要先考虑水平装饰带对立柱的影响（立柱分别按简支梁和双支梁两种情况考虑），分析完之后，再具体分析选用的水平装饰带与单元幕墙立柱的连接方案，水平装饰带本身的强度、刚度、稳定性以及水平装饰带与单元幕墙立柱的连接构造。

2 水平大装饰带对幕墙立柱龙骨的影响

2.1 水平大装饰带与简支梁立柱连接的情况

简支梁立柱承受均布荷载，水平大装饰带承受竖向的均布荷载，转换为作用到立柱的集中弯矩，可以理解为在简支梁原有荷载的基础上增加一个集中弯矩 M_{yp}。其对简支梁立柱的影响如下：

已知简支梁立柱仅在均布荷载作用下，跨中最大弯矩为 M_i，在立柱跨中任意位置施加集中弯矩 M_{yp} 后，跨中弯矩变为 $M_i+0.5M_{yp}$。在 M_{yp}/M_i 小于100%的情况下，最大弯矩与跨中弯矩的比值小于104%，可近似认为跨中弯矩即为最大弯矩。

通常认为，跨中最大弯矩增加的是 M_{yp}，且与弯矩作用位置有关。为方便概念理解，假定立柱跨度为 $L=4.5$m，水平装饰带悬挑为 $L_{yp}=1.5$m，立面幕墙与水平装饰带的分格均为1.5m，立面幕墙的风荷载标准值为4kPa，按照相应体型系数计算，采用有限元分析，相关分析见图1～图3。

可以看到，在增加集中弯矩 M_{yp} 后，跨中增加弯矩始终为 $0.5M_{yp}$。该结论可以用于评估悬挑水平装饰带的立柱龙骨方案。为方便使用，这里将装饰带悬挑长度与简支立柱跨度比值作为参数，换算出 M_i 的变化幅度，具体推导如下，相关图像见图4。

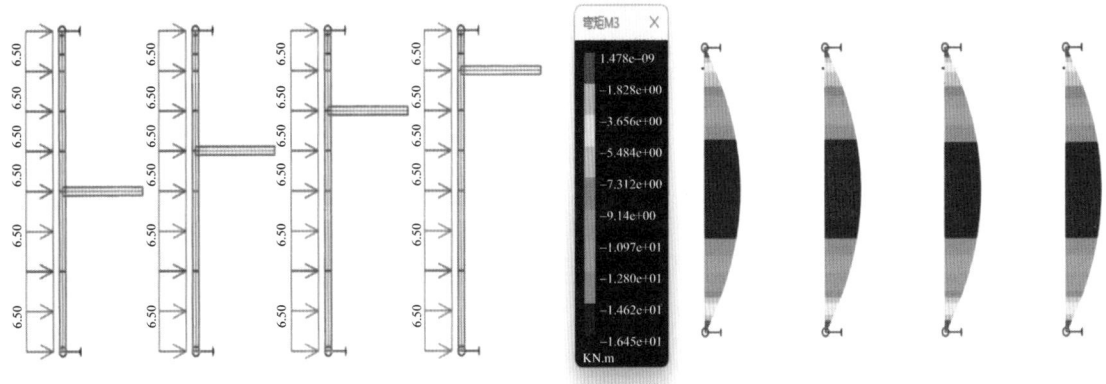

图 1　均布线荷载作用下简支梁弯矩图

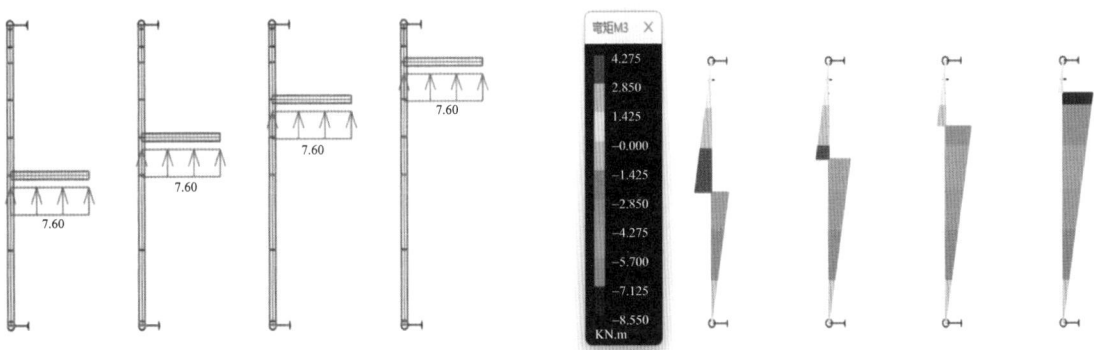

图 2　集中弯矩作用下简支梁弯矩图

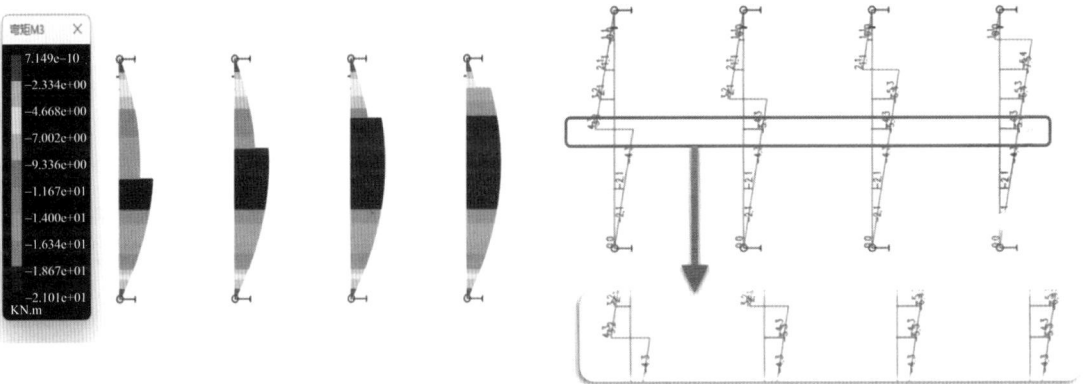

图 3　均布线荷载叠加集中弯矩后简支梁弯矩图

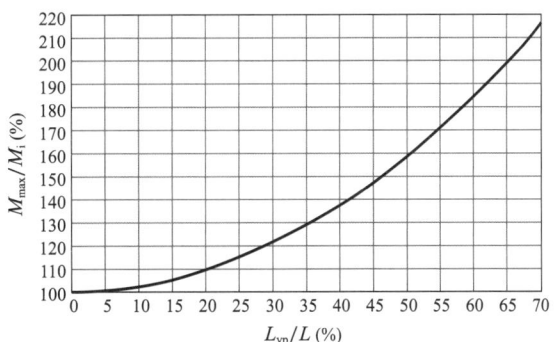

图 4　前期方案评估参考图

图中：L_{yp}/L—装饰带悬挑长度与简支立柱跨度比值；

M_{max}/M_i—考虑装饰带简支梁最大弯矩与考虑前最大弯矩比值。

基本信息：

立柱跨度： $L=4.5\text{m}$　　　　　　分格： $B=1.5\text{m}$

假定立面幕墙风荷载标准值： $w_k=2.88\text{kPa}$　　雨棚悬挑： $L_{yp}=1.5\text{m}$

立面幕墙体形系数： $\mu_{sl}=1.7$　　　　雨棚风吸体型系数： $\mu_{slyp}=-2.0$

线荷载计算

立面幕墙线荷载标准值： $q=w_k \cdot B_{\gamma Q}=6.5\text{kN} \cdot \text{m}^{-1}$

雨棚线荷载标准值： $q_{yp}=\left|\dfrac{\mu_{slyp}}{\mu_{sl}}\right| \cdot w_k \cdot B_{\gamma Q}=7.6\text{kN} \cdot \text{m}^{-1}$

即： $\left|\dfrac{\mu_{slyp}}{\mu_{sl}}\right| \cdot q=7.6\text{kN} \cdot \text{m}^{-1}$

$1.176q=7.6\text{kN} \cdot \text{m}^{-1}$

LC1：简支梁考虑立面线荷载标准值后最不利弯矩：

$M_i=0.125 \cdot q \cdot L^2=16.4\text{kN} \cdot \text{m}$

LC2：水平装饰条产生的不利弯矩：

$M_{yp}=0.5q_{yp} \cdot L_{yp}^2=8.6\text{kN} \cdot \text{m}$

即：$0.5(1.176 \cdot q) \cdot L_{yp}^2=8.6\text{kN} \cdot \text{m}$

$0.5(1.176 \cdot q) \cdot L^2\left(\dfrac{L_{yp}}{L}\right)^2=8.6\text{kN} \cdot \text{m}$

$\dfrac{0.5}{0.125}0.125(1.176 \cdot q) \cdot L^2\left(\dfrac{L_{yp}}{L}\right)^2=8.6\text{kN} \cdot \text{m}$

$\dfrac{0.5}{0.125}1.176\left[(0.125 \cdot q) \cdot L^2\right]\left(\dfrac{L_{yp}}{L}\right)^2=8.6\text{kN} \cdot \text{m}$

$\dfrac{0.5}{0.125}1.176 \cdot M_i\left(\dfrac{L_{yp}}{L}\right)^2=8.6\text{kN} \cdot \text{m}$

$4.7M_i\left(\dfrac{L_{yp}}{L}\right)^2=8.6\text{kN} \cdot \text{m}$

同时考虑LC1和LC2后立柱跨中最不利弯矩：

简支梁，在跨中任意位置施加弯矩M_{yp}后，其跨中变矩是在其原有均布荷载作用下增加$0.5M_{yp}$的弯距，即：

$M_{max}=M_i+0.5M_{yp}=20.7\text{kN} \cdot \text{m}$

即：$M_i+0.5 \times 4.7 \times M_i\left(\dfrac{L_{yp}}{L}\right)^2=20.7\text{kN} \cdot \text{m}$

$M_i+2.35 \cdot M_i\left(\dfrac{L_{yp}}{L}\right)^2=20.7\text{kN} \cdot \text{m}$

$M_i\left[1+2.35\left(\dfrac{L_{yp}}{L}\right)^2\right]=20.7\text{kN} \cdot \text{m}$

增加比例： $\dfrac{M_{max}}{M_i}=126.1\%$

即： $\left[1+2.35\left(\dfrac{L_{yp}}{L}\right)^2\right]=126.1\%$

可以直接用公式或者图4进行前期方案的评估，例如：

当$L_{yp}/L=1.5/4.5=33\%$时，查图4，跨中弯矩变为原简支梁的126%；当$L_{yp}/L=1.5/6=25\%$时，查图4，跨中弯矩变为原简支梁的115%。

此外简支梁作用有两个等值同号的弯矩，如果两个弯矩一个在跨中以上，一个在跨中以下，那么简支梁跨中的弯矩为零。

2.2 水平大装饰带与双支立柱连接情况

水平大装饰带与双支立柱连接情况下，结构受力更加复杂，本文给出三个建议方案，参见图5。

方案一：当水平装饰带位置离立柱中支座较远时，装饰带直接与立柱连接，建议在图示区域穿钢，因为此区域弯矩较大。

方案二：水平装饰带位置离立柱中支座较近时，装饰带也可直接与立柱连接，建议将立柱进行拆分，下部设计为简支立柱，上部设计为带悬臂装饰带的简支悬臂立柱。

方案三：水平装饰带悬挑很长时，建议按照雨篷处理，即装饰带直接与主体结构固定，此时立柱变为上、下两个简支立柱。

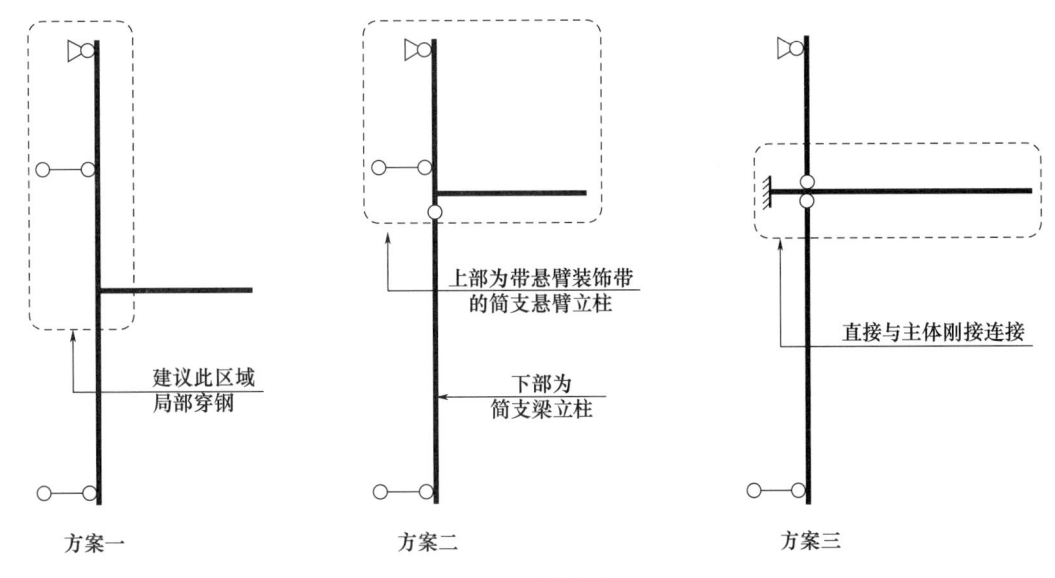

图5 建议方案

2.3 方案选用

本案例因为装饰带特殊的建筑造型，没有采用常规解决方案，综合考虑后，采用图6方案，将幕墙立柱设计为双支座，水平装饰带与单元幕墙设置上下两个连接点，上连接点尽可能靠近单元立柱上支座，下连接点尽可能靠近单元立柱中支座，这样水平装饰带可以将其反力近似直接地传到支座上，可以使得装饰带对单元幕墙公母立柱的弯矩影响降到最低。

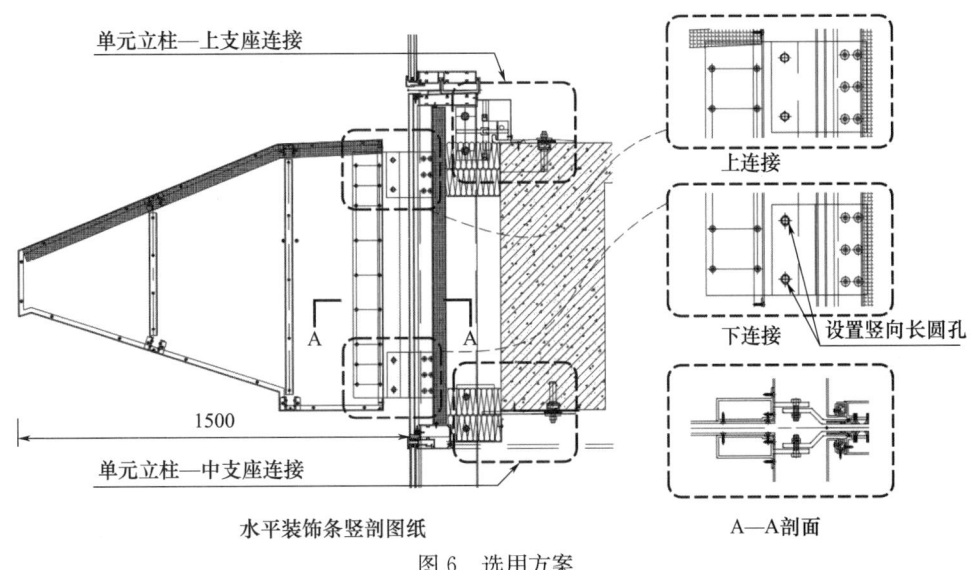

图6 选用方案

在装饰带与立柱的连接上,需要注意在下连接点上开竖向长圆孔,避免因多余约束而产生不利内力,保证装饰带根部的弯矩作用转化为上下连接的水平力耦,装饰带的竖向荷载全部由上连接承担。

3 水平大装饰带利用端部封板提供结构支撑

本案例没有采用额外的悬臂龙骨作为支撑构件,而是利用了面板自身的刚度,特别当面板形成了一个封闭的箱型构件时,本身就具备很大的刚度,两侧的端部封板类似于钢板剪力墙,能够抵抗水平装饰带受到的竖向荷载。但是要注意薄板失稳的问题,故两侧端部封板选用4mm厚铝板,在根部设置一根竖向铝龙骨,铝龙骨的侧面与端部封板通过间隔布置的自攻钉连接,并在端部加密布置,保证根部弯矩有效的传递。

装饰带水平铝板,按照常规设计,按计算要求布置水平加强筋,水平铝板与端部封板进行铝焊,考虑铝焊对铝板强度的削弱,在水平铝板两侧折边,端部封板通过自攻钉与折边连接。

采用有限元分析,相关分析见图7和图8。

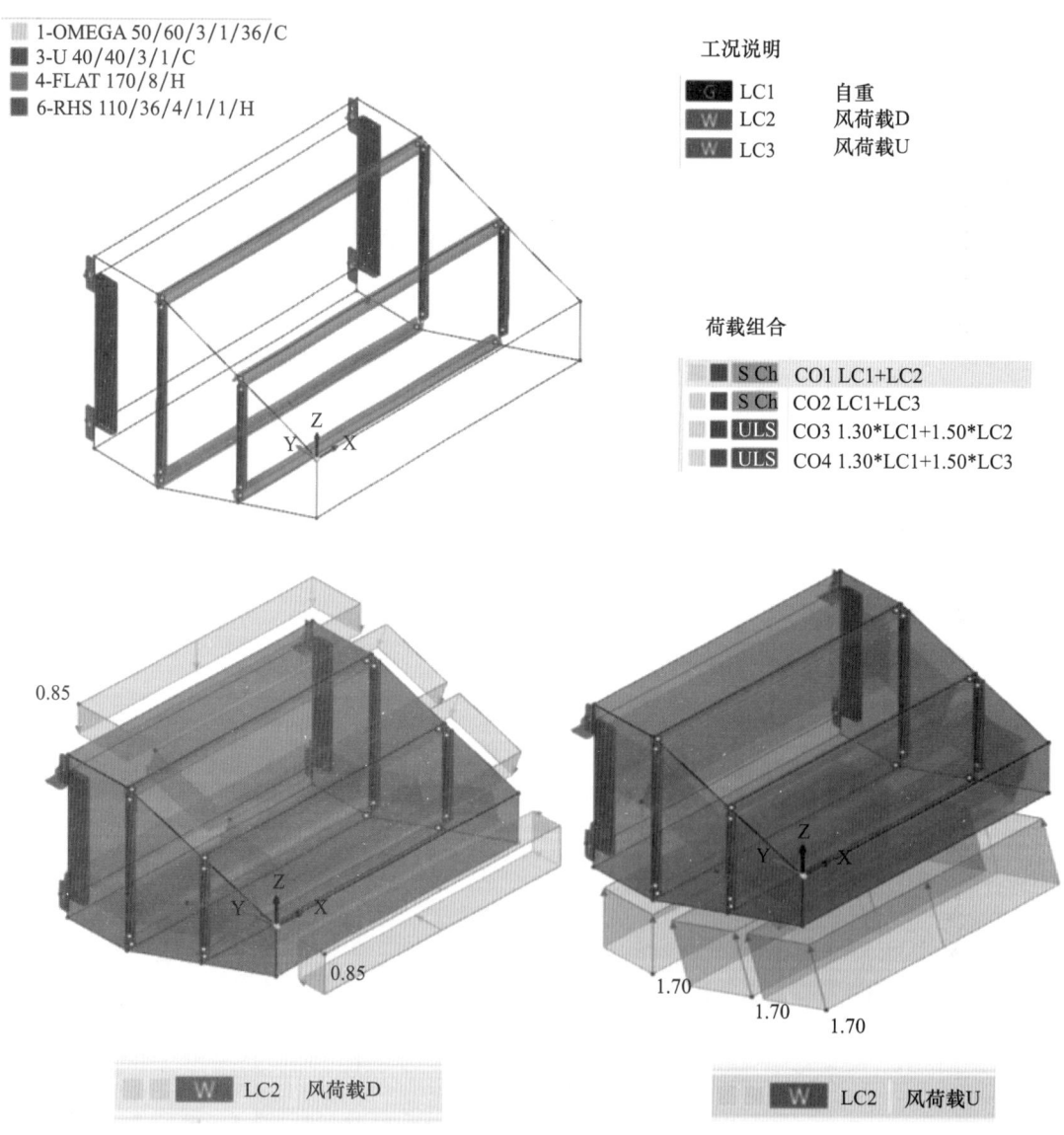

图7 有限元模型示意图

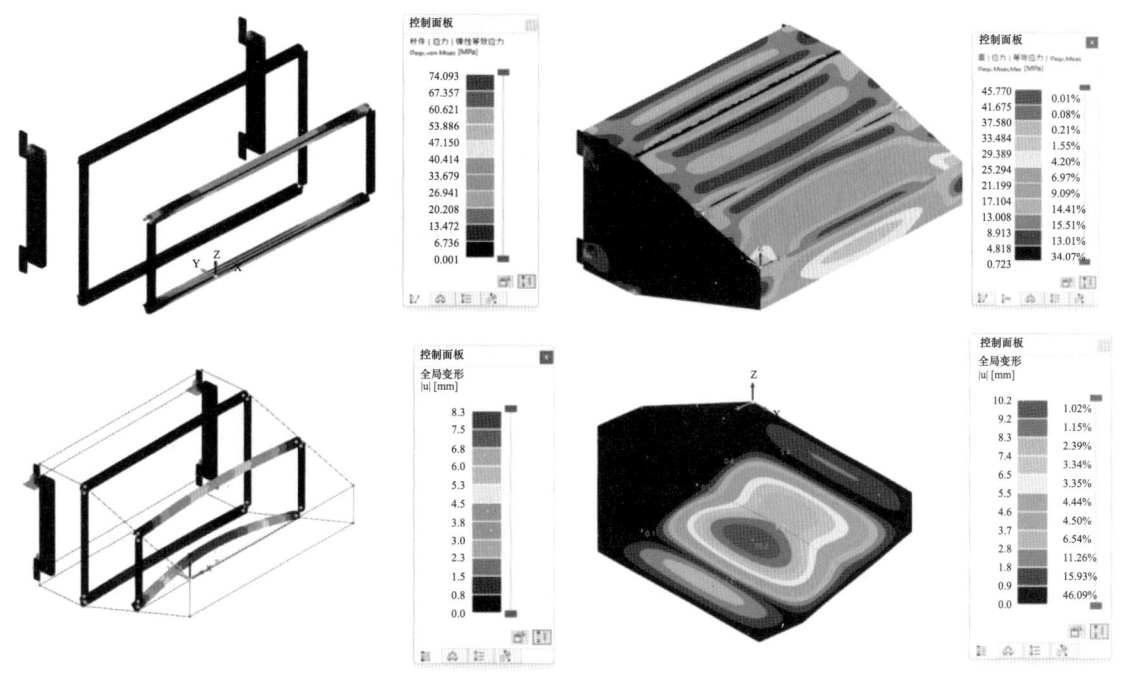

图 8 有限元模型分析结果

考虑到端部封板的稳定性，补充失稳模态分析，相关分析见图 9。

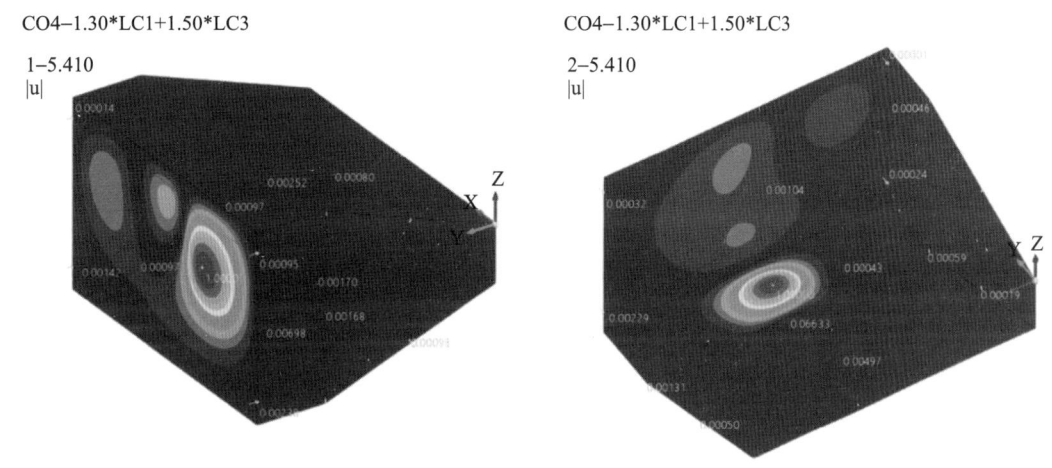

图 9 失稳模态（一）

可以看到，第一阶失稳模态的屈曲特征值为 $\eta_{cr}=5.41$，并且失稳的区域不在端部封板，参考《钢结构设计标准》（GB 500017—2017）5.1.6-2 条，对于容易失稳的薄板，其二阶效应控制在 0.25 以下，可以通过增加端板的刚度降低二阶效应，对应的 η_{cr} 应大于 $1/0.25=4.0$。（η_{cr} 为整体结构最低阶弹性临界荷载与荷载设计值的比值。）

4 水平大装饰带端部封板稳定性对比分析

前文考虑布置竖向加强筋，减小铝板失稳区隔的大小，以增加端部封板的稳定性，作为对比，本节补充无竖向加强筋的 3mm 端板的失稳模图分析，其失稳模态见图 10。可以看到，此时的第一阶失稳模态的屈曲特征值为 $\eta_{cr}=3.104$，并且失稳的区域在端部封板，刚度明显不足，这也说明增加端部板厚及竖向加强肋的必要性。

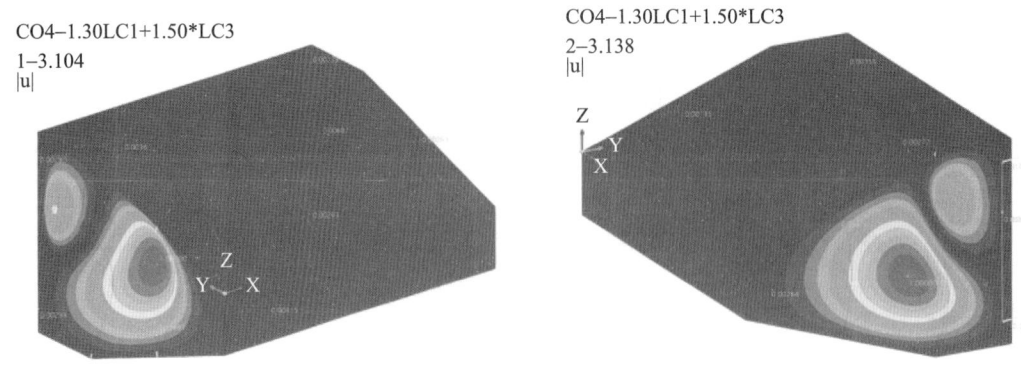

图 10　失稳模态（二）

5　水平大装饰带与立柱连接的分析

装饰带与立柱的连接是设计的关键，对比进行有限元分析，相关分析见图 11～图 13。通过有限元分析，可论证端部封板通过间隔布置的自攻钉及连接板将荷载有效传递给单元幕墙的立柱。

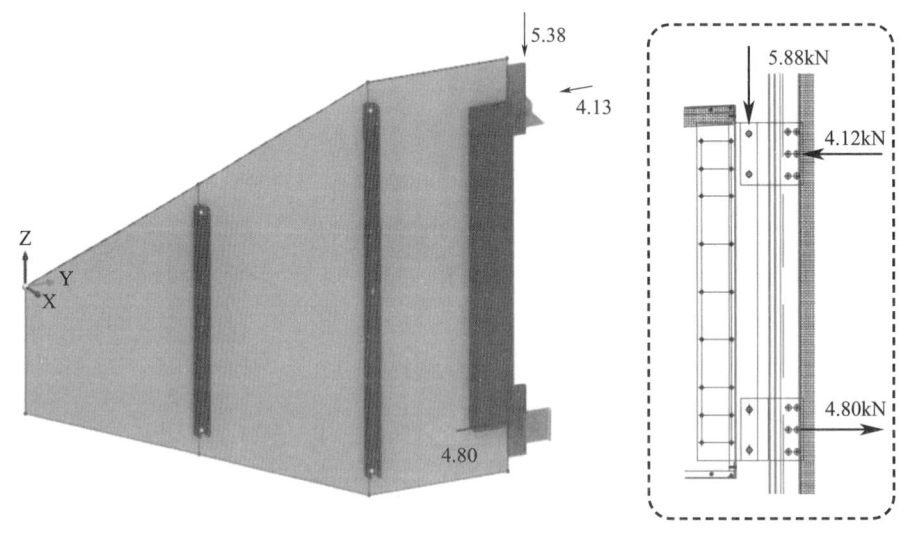

图 11　连接处反力示意图

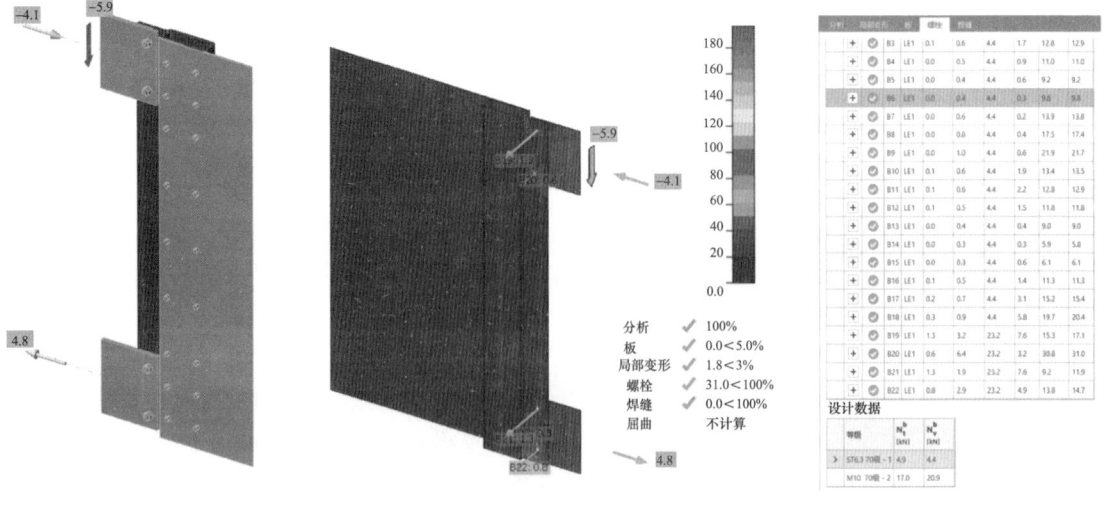

图 12　与装饰条连接分析

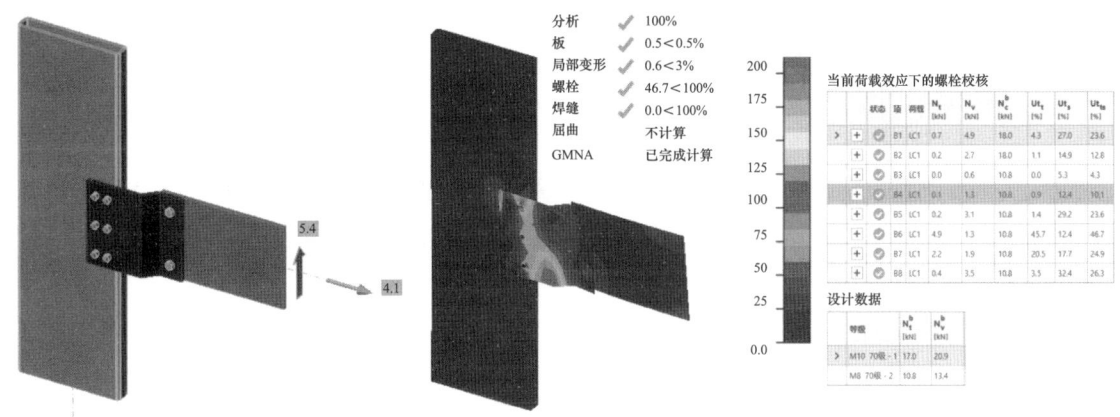

图 13　与立柱连接分析

6　总结

1）简支梁立柱承担水平装饰带产生的集中弯矩 M_{yp} 之后，并不会增加 M_{yp} 的弯矩，而是在跨中增加 $0.5M_{yp}$ 的弯矩。

2）水平大装饰带如果通过上、下两个连接点与立柱连接，下连接点应注意释放竖向位移，避免因多余约束而产生不利内力。

3）当装饰带的面板能够形成封闭箱型构件的时候，可以考虑利用面板自身的刚度承受外部荷载，但需要注意面板的稳定性，可以通过增加面板的厚度及布置加强肋提高其失稳模态的屈曲特征值。

参考文献

[1] 中华人民共和国住房和城乡建设部. 钢结构设计标准：GB 50017—2017［S］. 北京：中国建筑工业出版社，2017.

粤海街道文体中心幕墙工程设计与施工解析

◎ 房　飞　王晓军　郭学林

深圳市华辉装饰工程有限公司　广东深圳　518023

摘　要　随着建筑幕墙技术的不断发展，现代建筑的形态不断更迭，建筑外形越来越多样化，这对幕墙设计与施工提出更大的挑战。本文着重介绍了运动馆双层幕墙的嵌入式卯榫结构T型钢玻璃幕墙＋铝合金拉伸网幕墙和游泳馆单、双层波纹板幕墙＋半隐框玻璃幕墙，针对新技术、新材料、新工艺的幕墙进行分享。

关键词　嵌入式卯榫结构T型钢玻璃幕墙；双层幕墙；铝合金穿孔波纹板幕墙；铝合金拉伸网幕墙

1　引言

在经历了粗放的"城镇化"发展后，深圳正在进入精细化的"都市化"发展时代。现有的"孤岛式"文化娱乐设施缺乏差异和联系，不符合当代人对城市文化生活的需求。一个由多个嵌入、多元的文化生活节点组成的网络，正成为城市文化建设的新方向。由此产生了一种不同于传统社会角色和建筑类型的新型城市公共建筑。

本项目在新的文化体育中心内提供尽可能多的公共开放空间，以促进不同人群之间的互动。由于场地面积有限，新的体育和文化中心不可避免是立体的。因此，建筑师试图突破"城市内部的开放公共空间仅限于地面广场"的概念，将公共空间抬高，并在结构内垂直方向叠加，从而在建筑内的不同高度创造了一系列相互连接的空中公共平台，这也包括与城市的互动。在此基础上，将横层之间的空间边界非物质化，插入新的灵活公共功能，使平台层成为激发城市活力的高架城市客厅，产生了一种新的建筑类型的三维公共空间。建成后本项目将全方位服务市民文体生活，成为市民健身休闲和文化娱乐的好去处。

2　工程概况

本项目位于深圳市南山区高新南十一道与科技南路交叉口东南侧，建筑物为1栋12层69.5m高的文体中心，设3层地下室，占地面积$5761m^2$，建筑面积$34947m^2$。建筑功能的复杂性及建筑体量决定了项目的结构体系存在转换、悬挑、大跨度等特点。

建筑主体由三个金属盒子错落叠加而成，分别为运动馆、游泳馆、图书阅览馆，三个主场馆之间为两个开放或半开放公共活动平台，加上地面公共活动区域，由两部室外自动扶梯连通，屋顶由钢结构金属盒子封闭。从幕墙结构来看，大部分为双层幕墙，内侧为玻璃幕墙和铝板幕墙，外层为各种形式的波纹铝板幕墙（项目整体系统分布及施工完成实景见图1和图2）。按部位和构造形式主要分为11个幕墙系统：系统一，运动馆幕墙；系统二，游泳馆幕墙；系统三，图书阅览室幕墙；系统四，自动扶梯幕墙；系统五，屋顶金属盒子幕墙；系统六，9F玻璃盒子幕墙；系统七，全玻璃幕墙；系统八，5F金属盒子幕墙；系统九，首层、下沉广场、4F平台玻璃幕墙；系统十，内庭幕墙；系统十一，吊顶系统。

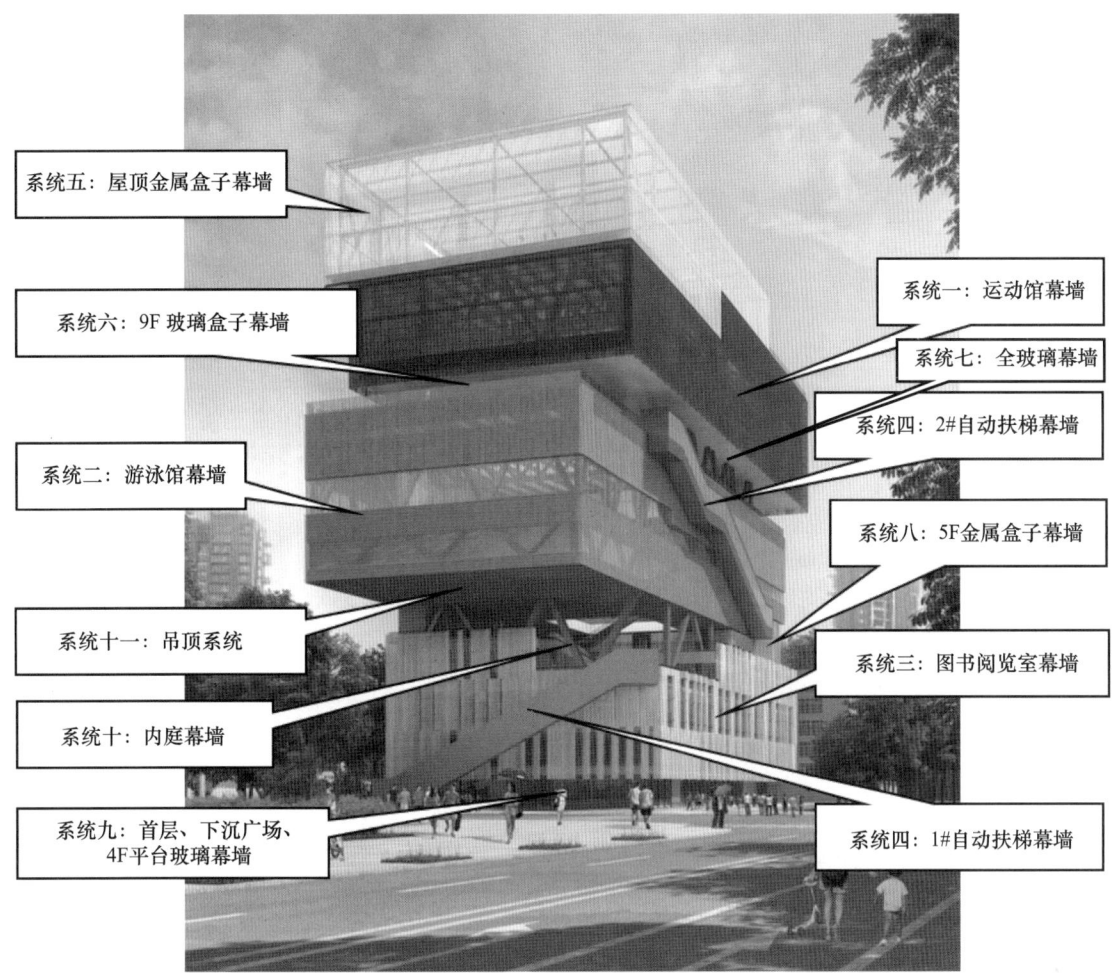

图1 粤海街道文体中心效果图及各系统分布图

图2 粤海街道文体中心完成实景

3　运动馆嵌入式卯榫结构 T 型钢幕墙＋铝拉伸网双层幕墙系统

3.1　幕墙形式

运动馆幕墙位于 10F～13F，采用双层幕墙，内层为 T 型钢明框玻璃幕墙＋铝板幕墙＋室内侧 3mm 厚喷涂穿孔钢板，外层为 3mm 厚铝合金拉伸网幕墙，其中局部有 10mm 厚水泥纤维板幕墙（图 3）。

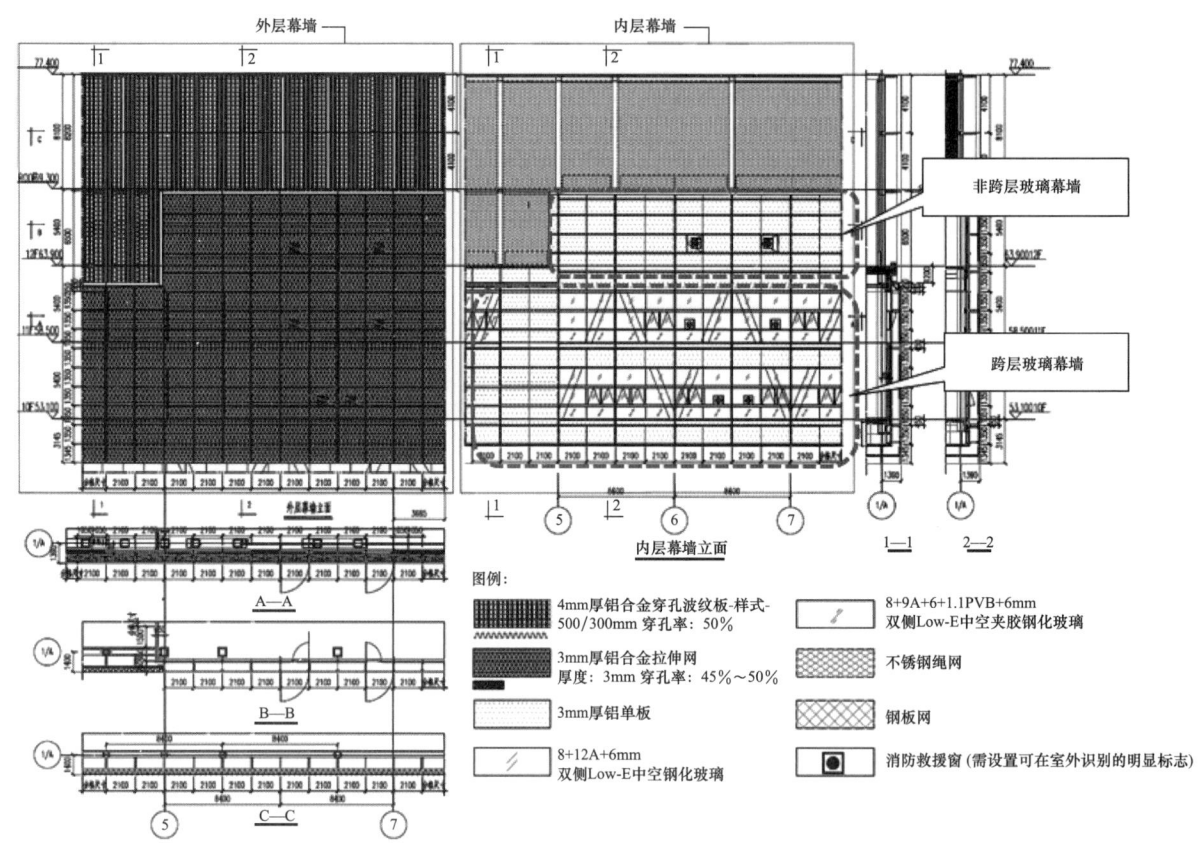

图 3　运动馆双层幕墙大样图

3.2　面板材料

内层幕墙透明部分采用 8＋12A＋6＋1.14PVB＋6mm 双银 Low-E 双夹胶中空玻璃（室内侧净高大于 5m），8＋12A＋6mm 双银 Low-E 夹胶中空玻璃（室内侧净高不大于 5m），消防救援窗洞口采用 8＋12A＋6mm 双银 Low-E 中空钢化玻璃，非透明部分采用 3mm 厚铝板（室外）＋3mm 厚穿孔钢板（室内）；外层幕墙采用 3mm 厚铝合金拉伸网，穿孔率 50%。

3.3　构造做法

内层幕墙 10F～12F 为跨层双板 T 型钢玻璃幕墙，主龙骨采用 80mm×310mm 双板系列（图 3），12F～13F 为非跨层单板 T 型钢玻璃幕墙，主龙骨采用 80mm×215mm 双板系列（图 4），横向龙骨采用 80mm×135mm 单板 T 型钢系列（图 5）。外层拉伸网幕墙采用铝合金立柱，通过钢支架与内层幕墙钢立柱连接，每层拉伸网幕墙最上端用 φ12mm 的不锈钢拉杆斜拉承担自重；拉伸网通过铝角码与铝立柱打钉固定。内、外两层幕墙之间设置检修通道，检修通道钢桁架通过钢制转接件固定在支架两侧，钢桁架上覆盖铝合金网格板（图6～图8）。外层幕墙采用铝合金型材组合立柱，面板通过铝合金压线从室内侧固定，非透明部分室内铝板内侧衬50mm厚保温岩棉；大跨度立柱上、下两端均采用30mm厚钢夹板与主体钢结构连接（图8）。

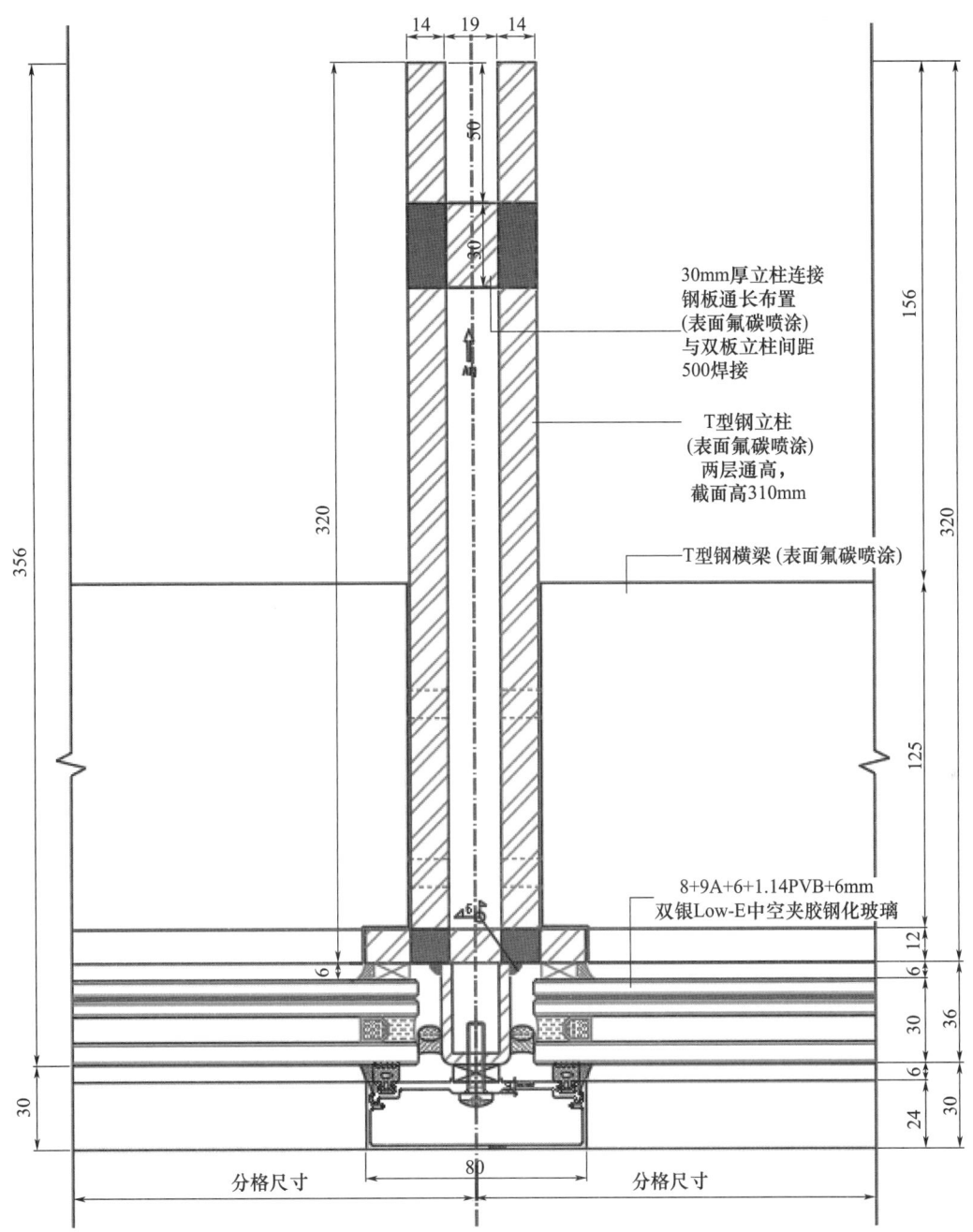

图4 运动馆双板T型钢幕墙横剖节点（内层）

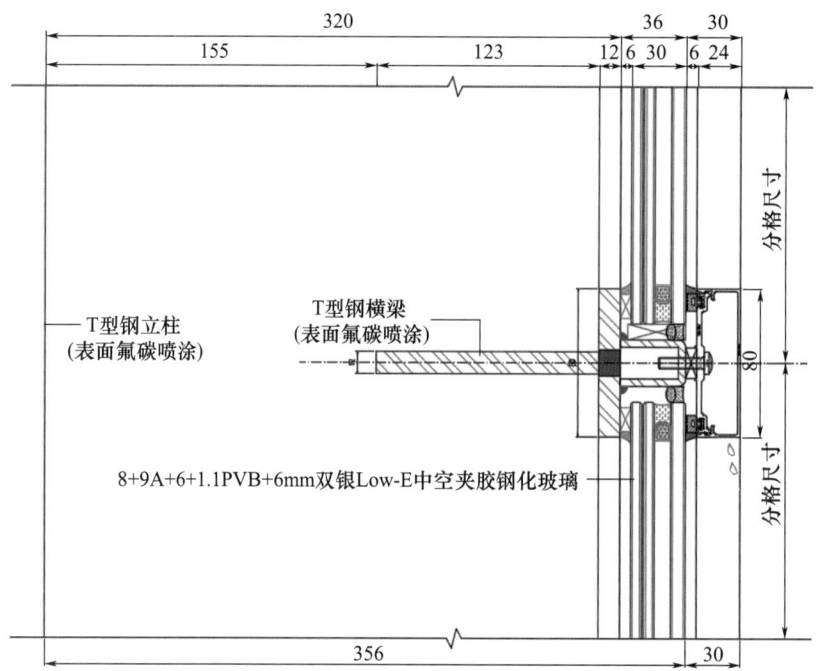

图 5 运动馆单板 T 型钢幕墙竖剖节点（内层）

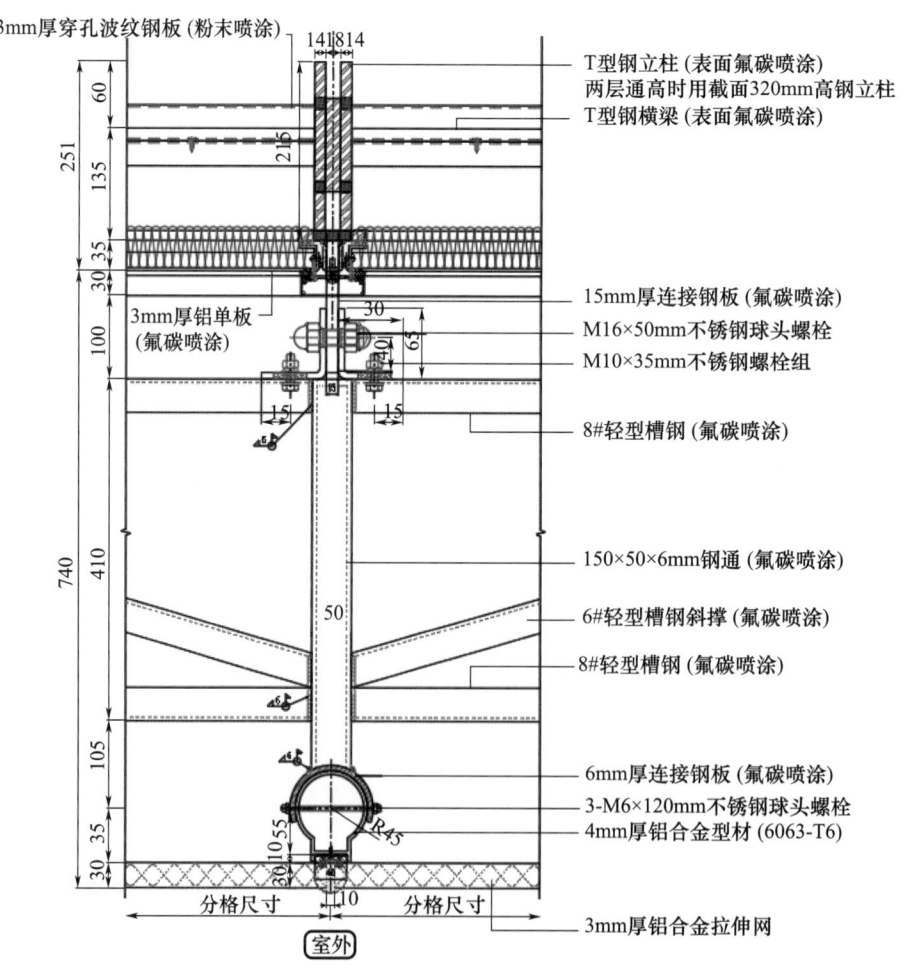

图 6 运动馆双层幕墙横剖

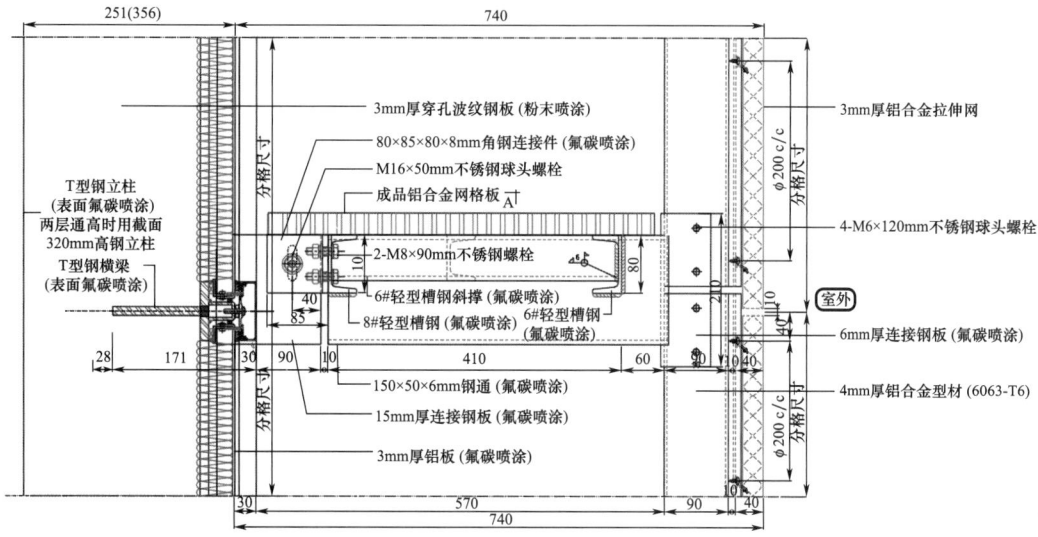

图 7 运动馆双层幕墙竖剖

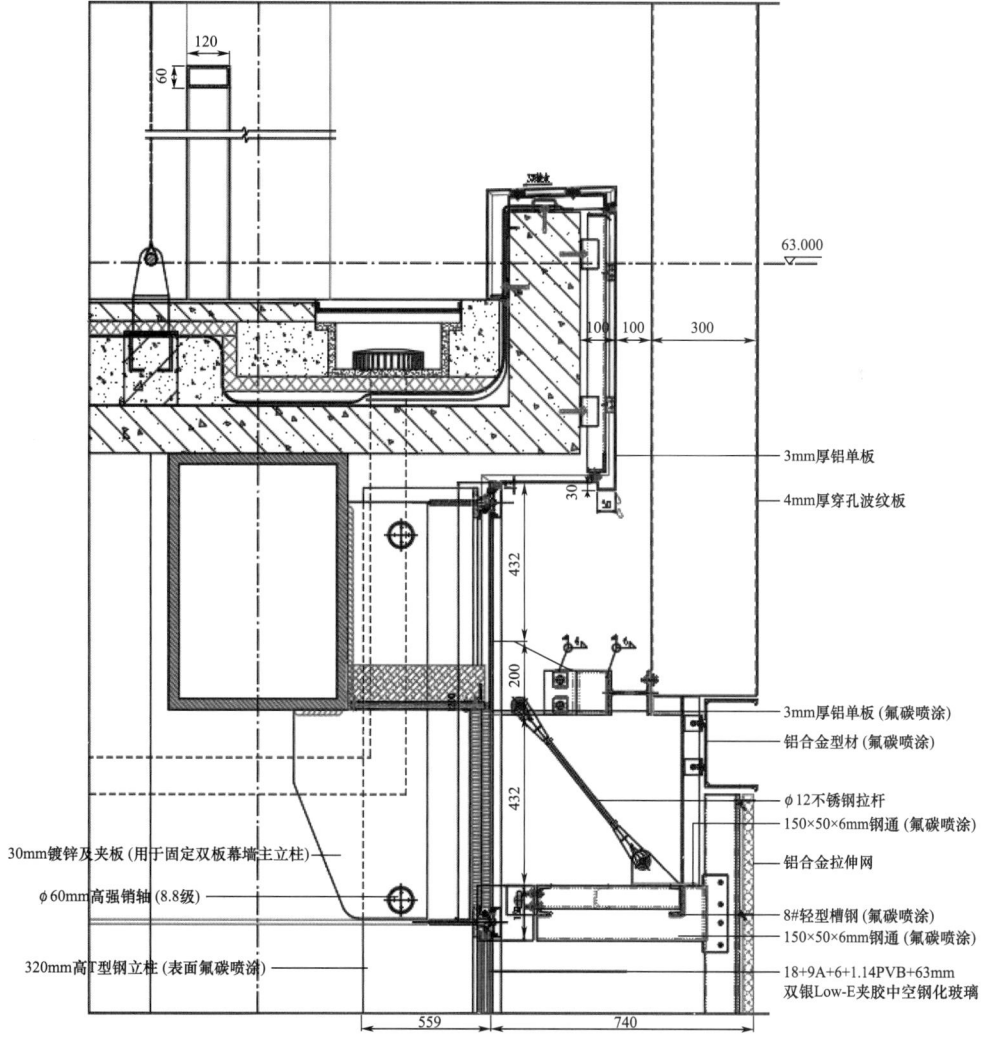

图 8 运动馆双层幕墙顶部连接节点

3.4 T型钢幕墙系统创新与难点

由于建筑师追求通透效果，故幕墙主龙骨采用较纤细的单、双板T型钢幕墙系统，T型钢单个最大跨度11.5m。但因T型钢较纤细，本身易变形，影响美观，采用传统的通长焊接造型，T型钢在焊接过程中会因受热不均匀而产生应力变形。为避免T型钢变形，在加工过程中采用嵌入式卯榫焊接结构的方式（图9和图10），横梁与立柱的连接也采用卯榫连接（图11），避免横梁与立柱焊接时变形，超长T型钢连接加长方式同样采用卯榫插接焊接结构的方式（图12），最终整体杆件安装完成效果也比较简洁、美观（图13～图15）。

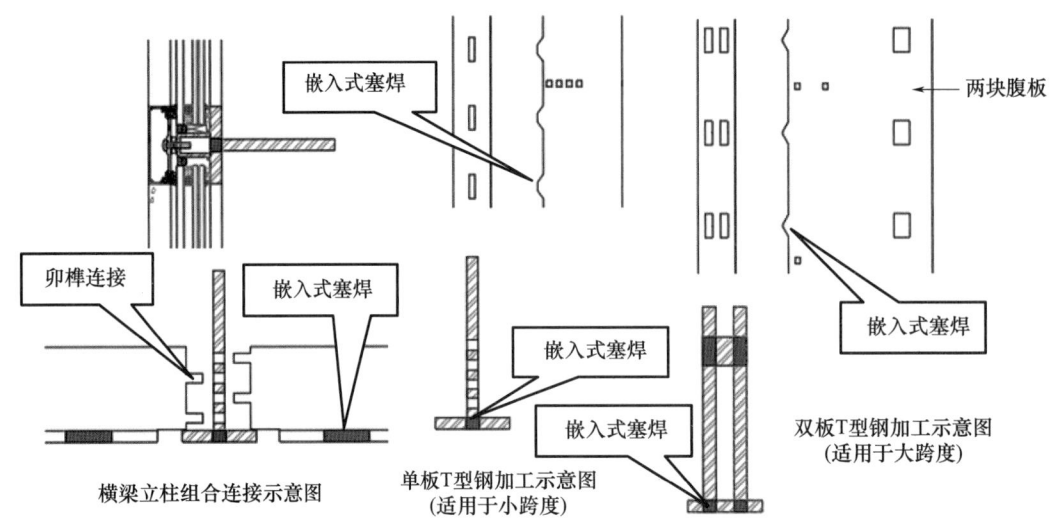

图9　T型钢立柱加工及横梁与立柱卯榫连接示意图

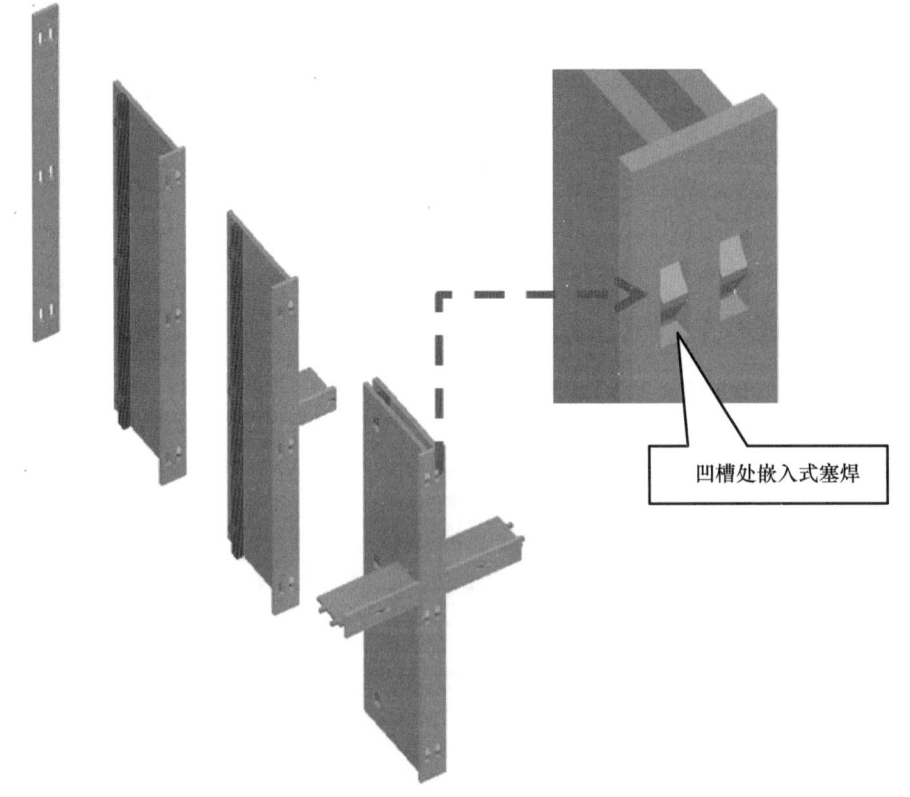

图10　双板T型钢加工及与横梁连接三维图

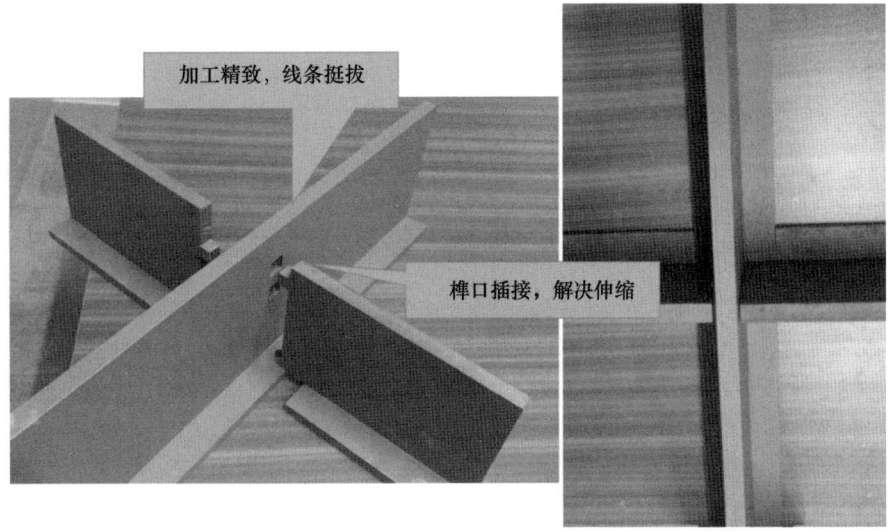

图 11 单板 T 型钢横梁与立柱卯榫连接示意图

图 12 双板超长 T 型钢加工实样

图 13 双板加长 T 型钢安装完成景照

图 14 单板 T 型钢安装完成景照（一）

图 15 单板 T 型钢安装完成景照（二）

幕墙受力结构采用 T 型钢结构,解决了铝合金型材用于大跨度幕墙时不够纤细简洁的问题,达到了建筑师的审美要求。同时这也是我国首例采用嵌入式卯榫 T 型钢结构的幕墙案例,解决了大跨度受力要求和 T 型钢角焊缝变形的难题,实现了幕墙立柱与横梁的卯榫连接,满足了幕墙立柱与横梁收缩;实现了简洁的室内视觉效果。

4　游泳馆嵌入式卯榫结构 T 型钢幕墙+铝合金波纹铝板系统

4.1　幕墙形式

游泳馆幕墙位于 6~8 层,为单、双层波纹铝板幕墙+半隐框玻璃幕墙,局部有 10mm 厚水泥纤维板幕墙(图 16)。

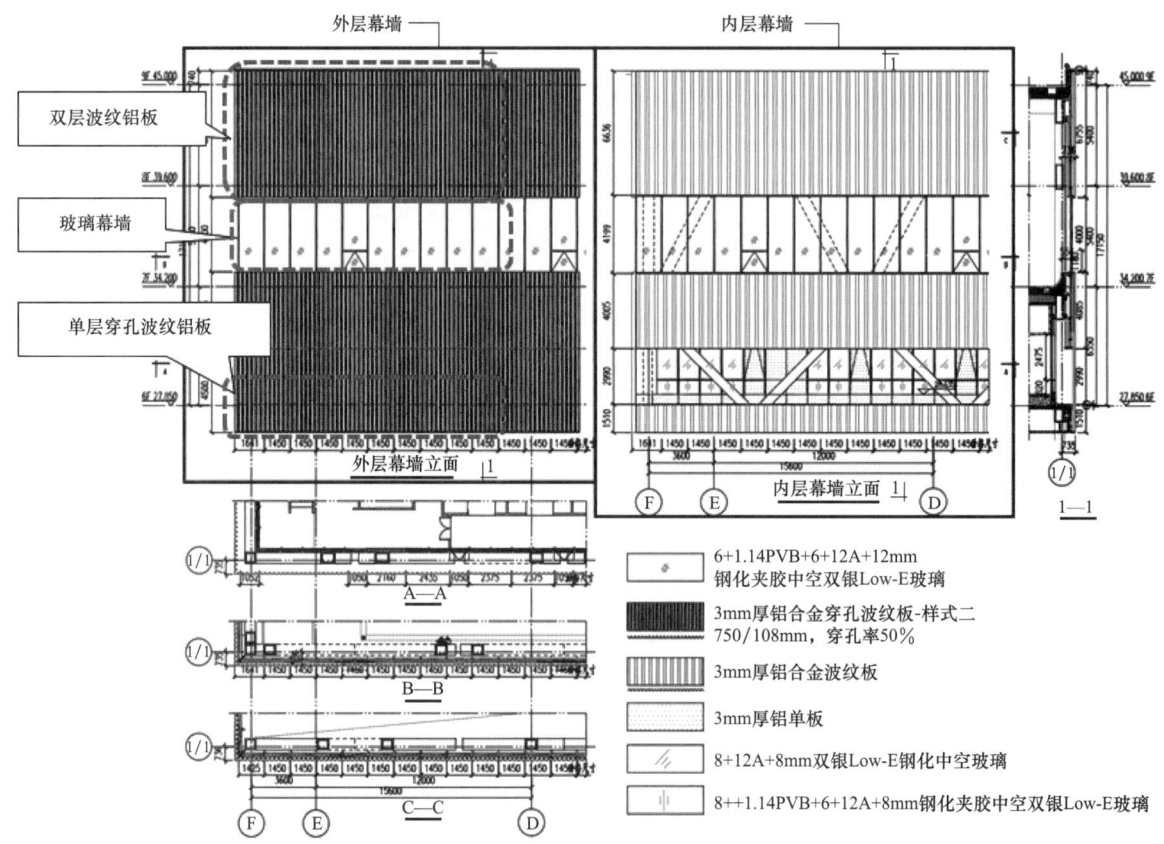

图 16　运动馆双层幕墙大样

4.2　面板材料

透明部分采用 6+1.14PVB+6+12A+12mm 钢化彩釉夹胶中空双银 Low-E 玻璃(图 17),非透明部分采用双层波纹板(外侧穿孔、内侧实板,图 18 和图 19)+2.5mm 厚防水铝单板+室内 3mm 厚铝单板;镂空区为单层穿孔波纹板连续,实板断开(图 18 和图 19);消防救援窗洞口采用 6+12A+6mm 双银 Low-E 中空钢化玻璃。

4.3　构造做法

透明部分为竖隐横明框架幕墙形式,立柱采用双板 T 型钢立柱,竖边通过铝合金副框与立柱固定,上、下边采用铝型材压板固定(图 17);双层波纹板为通长,间隔 2m 设置挂点,通过铝型材挂件与骨架连接，定位后采取不锈钢螺栓锁定；室内铝板内侧衬100mm厚保温岩棉，钢板立柱外露。

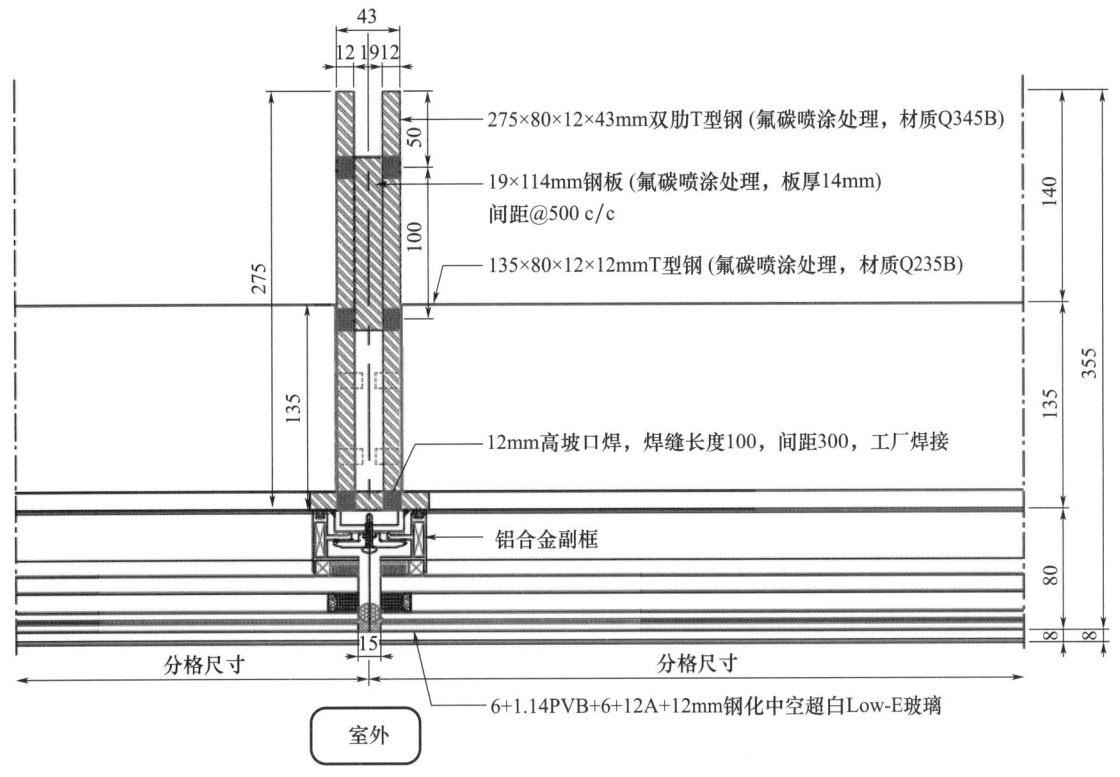

图17 游泳馆双板T型钢幕墙横剖节点

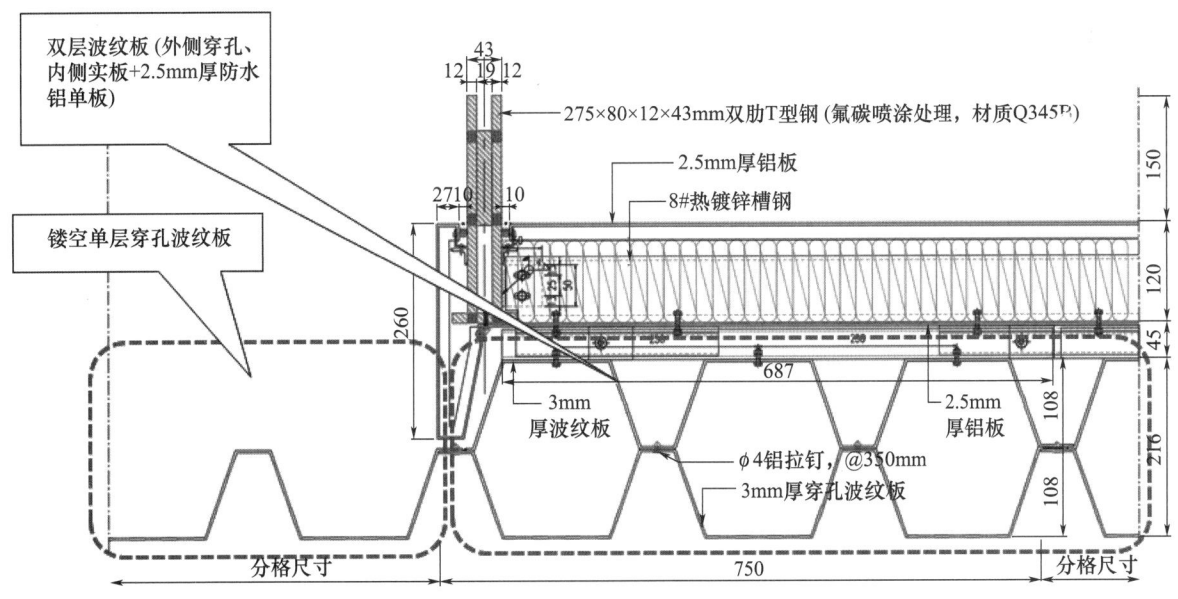

图18 单、双层波纹铝板交接处横剖节点

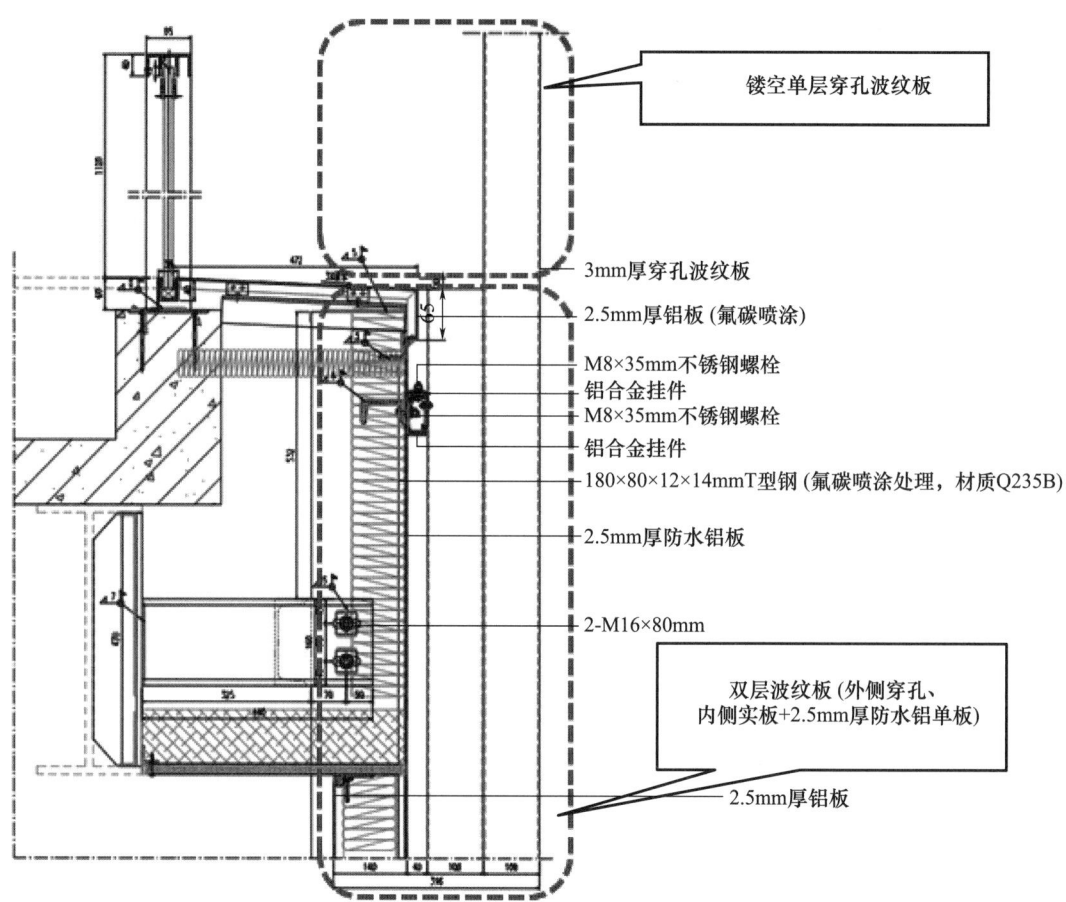

图 19　游泳馆单、双层波纹铝板交接处竖剖节点

4.4　T型钢幕墙＋波纹板幕墙系统创新与难点

单、双层波纹铝板既是饰面材料又是受力结构，且单块波纹铝板尺寸为750mm×8555mm，单块波纹铝板的高度过大，对波纹板厂家的加工、安装及作为受力结构体系的要求更加严格（图20和图21）。为了整体效果，波纹板拼角处采用单块波纹铝板转接两个面的波纹板的方式设计及安装，使转角处拼接更为顺滑和自然（图22）。

图 20　游泳馆铝合金波纹铝板完工实景

图 21　波纹铝板成品板

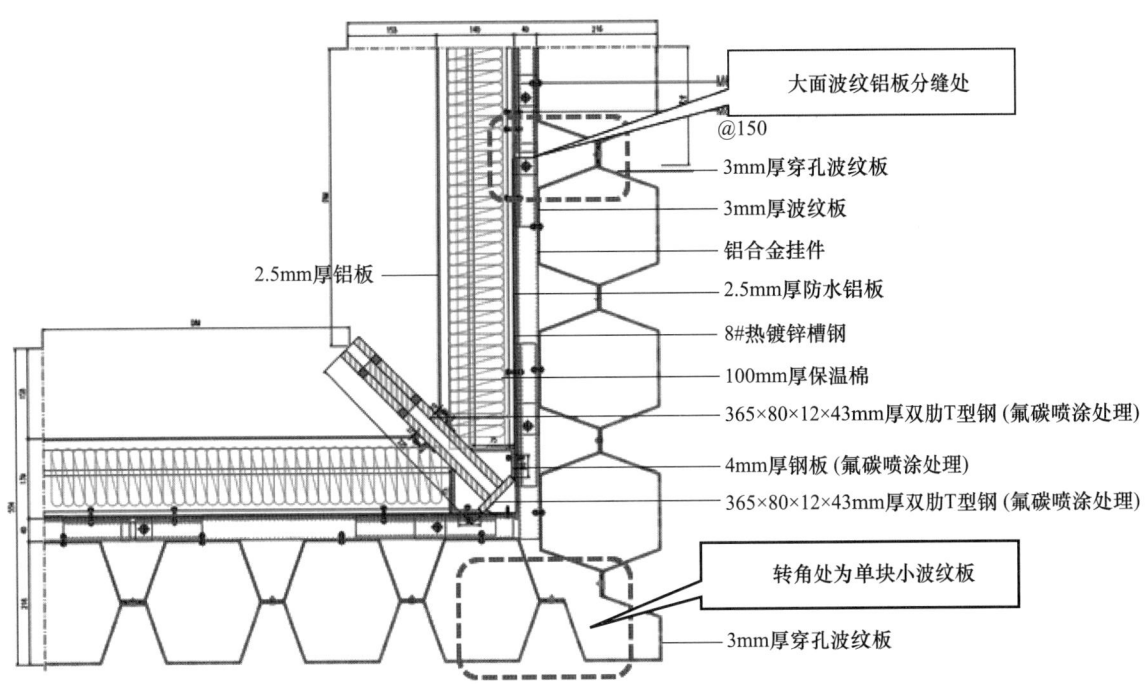

图 22　游泳馆波纹铝板转角交接处横剖节点

5　结语

现代建筑越来越追求个性化，同时也对幕墙设计与施工提出了更高的要求与挑战。本项目通过新技术、新材料、新工艺的应用，将新型幕墙的独特魅力淋漓尽致地展现在大众面前，在繁华的都市空间再添一座别具一格的建筑，成为闻名四海的粤海街道上又一道亮丽的风景线。

参考文献

[1] 中华人民共和国建设部. 金属与石材幕墙工程技术规范：JGJ 133—2001［S］. 北京：中国建筑工业出版社，2001.
[2] 中华人民共和国国家质量监督检验检疫总局，中国国家标准化管理委员会. 建筑幕墙：GB/T 21086—2007［S］. 北京：中国标准出版社，2008.
[3] 中华人民共和国建设部. 玻璃幕墙工程技术规范：JGJ 102—2003［S］. 北京：中国建筑工业出版社，2003.

浅析字节跳动后海项目窄立柱锯齿状玻璃幕墙设计

◎ 彭 斌　鄢超雄

深圳市中筑科技幕墙设计顾问有限公司　广东深圳　518052

摘　要　本文探讨了带竖向大装饰条锯齿状单元式玻璃幕墙设计的要点，从受力构造形式、防排水构造措施、节能措施三个维度进行介绍。

关键词　单元式幕墙；锯齿；窄立柱；热桥；装饰条

1　引言

本项目位于深圳市南山区粤海中心大道与创业路交叉口西南角，地面粗糙度为 B 类，建筑高度 157.75m，层高 4500mm，幕墙分格 1800mm，建筑为上下大、中部小的形态。建筑基本理念为随韵律跳动的字节，通过每层台阶式内退和外扩，且按照一定规律的进出位尺寸，构筑出外立面节奏错动的美感，优雅而简洁，建筑效果详见图 1。

项目主要幕墙系统包括：铝合金单元窗、铝合金格栅、单元式玻璃幕墙、带竖向大装饰条锯齿状单元式玻璃幕墙、构件式玻璃幕墙、水平大装饰翼板系统等，幕墙系统分布图详见图 2，本文主要对带竖向大装饰条锯齿状单元式玻璃幕墙系统的设计方案进行简单介绍。

图 1　建筑效果图

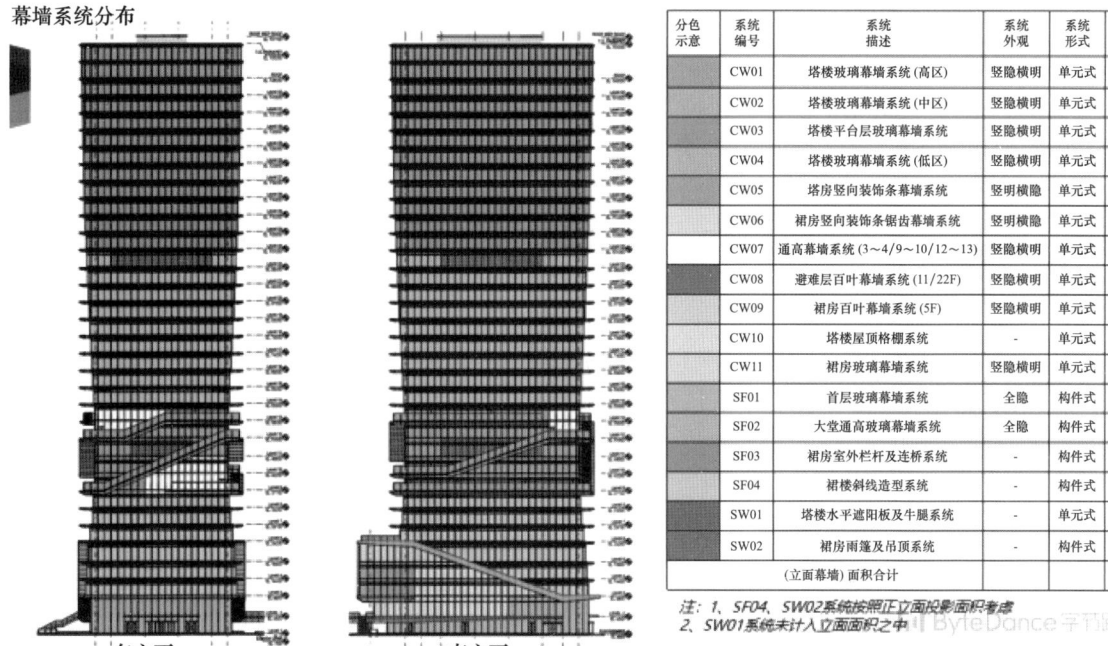

图 2　幕墙系统分布图

2　系统介绍

本系统主要位于建筑南北面 3F～6F，结构计算高度 24.25m，3 轴至 9 轴之间，建筑层高 4500mm（5F～6F 层高 5350mm），幕墙分格 1800mm（图 3）。结构梁为工字钢梁，楼板为锯齿形混凝土楼板，呈台阶式逐步内退的形式（图 4）。

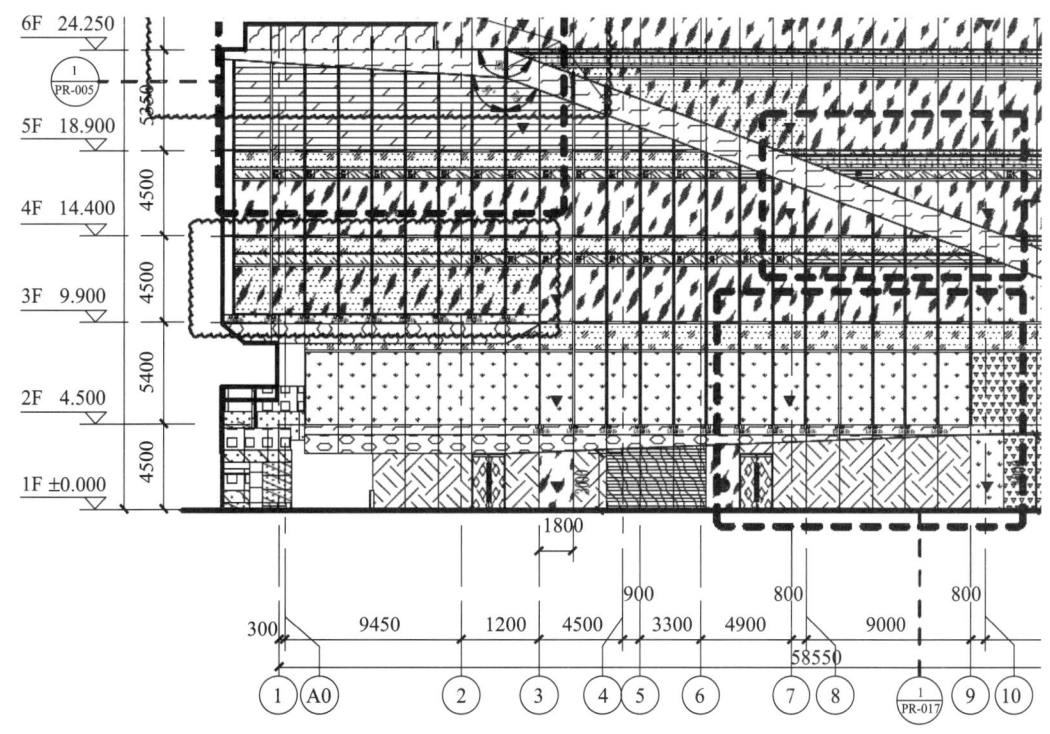

图 3　幕墙局部立面图

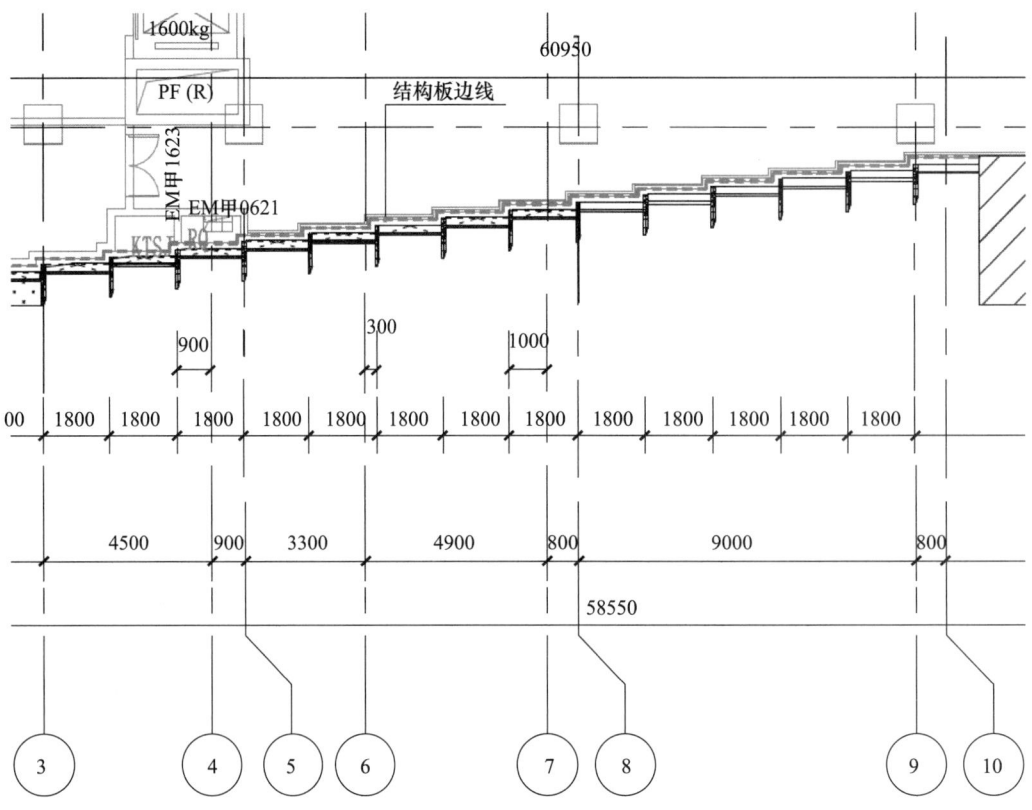

图 4 幕墙局部平面图

该部位幕墙形式为单元式竖隐横明玻璃幕墙，玻璃外侧设置铝合金竖向装饰线条。该装饰线条由三段型材组合，与立柱同宽为115mm，其外端距玻璃面分别为600mm和800mm（图5、图6），通过型材相互咬合的方式固定在公立柱上。玻璃幕墙的可视区玻璃采用8HS+1.52PVB+8HS（双银Low-E）+12A+12TP夹胶中空玻璃，非可视区玻璃面板采用8HS+1.52PVB+8HS（双银Low-E）+12A+6TP夹胶中空玻璃&2mm厚铝单板，开启扇采用8HS+1.52PVB+8HS（双银Low-E）+12A+8TP夹胶中空玻璃，玻璃幕墙通过穿挂系统及槽埋固定在主体结构上。

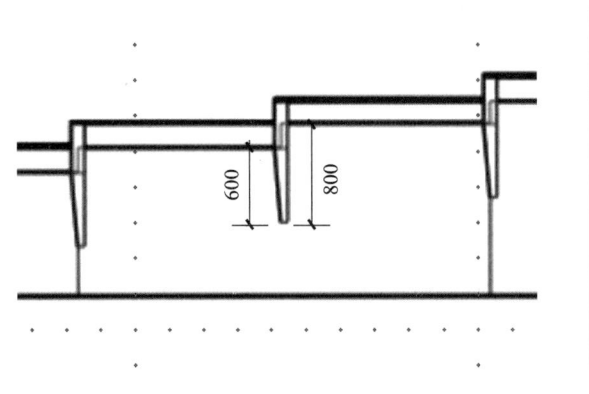

图 5 装饰线条示意图

图 6 装饰线条立面效果图

由于本系统外挂的竖向装饰线条外挑较大，且直接固定在单元公料上，同时整个单元系统呈现锯齿状内退的形式，另外根据建筑方案对幕墙立柱的外观要求，保证与标准层同样的立柱进深尺寸，均为宽度115mm，玻璃面距离结构面为350mm。因此对于单元系统的受力构造、连接做法、防排水、节能都是一个很大的挑战。

3 玻璃幕墙的设计

针对上述幕墙外观造型及特点，下面分别从受力构造形成、防排水构造措施、节能措施三个方面简单介绍。

3.1 受力构造形式

本单元系统采用简支梁的受力体系，跨度 4500mm，吊挂系统，风荷载标准值 $W_k = -2.19$kPa，水平组合荷载设计值为 3.15kPa。幕墙公母立柱合并宽度仅有 115mm，且公立柱安装有超大铝合金竖向铝合金线条，经结构初步核算，单纯考虑立柱、立柱后端的连接件以及槽式埋件承受，并不能满足受力要求，同时组合荷载施加在装饰条的作用力传递给幕墙立柱，会导致幕墙立柱侧向变形过大，因此需通过其他构造措施（图7）。

经过分析对比，为满足受力及变形要求，组合荷载施加在竖向装饰线条的侧向力 $F_x = 10.46$kPa，最好能直接传递到支座上。为达到此目的，在非可视区部位设置了斜向撑杆（图8），斜向撑杆两端固定在中横梁与公立柱（现场安装斜撑，图9）交接处以及顶横梁与母立柱交接处（靠近支座部位），通过斜向撑杆，将非可视区分成两个三角形，侧向荷载施加在装饰条的力，通过斜撑直接传递到支座部位，大大减轻了竖向装饰条对铝合金立柱的受力影响。

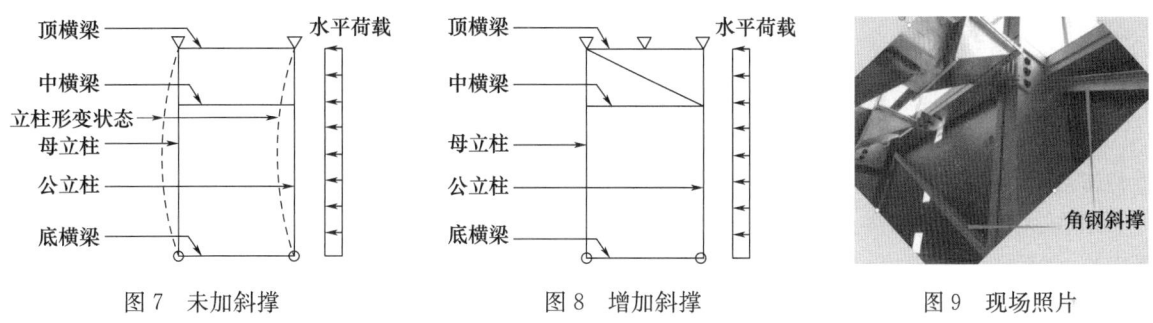

图7 未加斜撑　　　图8 增加斜撑　　　图9 现场照片

另外由于作用在竖向装饰线条的荷载对单元板块支座存在偏心，造成单元板块存在一个水平的弯矩以及侧向力，为此在顶横梁中间部位（距离左右两个支点 900mm，图10）增设了支座来约束单元板块弯矩以及侧向力，通过横梁中间支座与公立柱支座的力偶来抵消单元板块的弯矩。根据结构复核，上述结构构造可以满足受力要求。

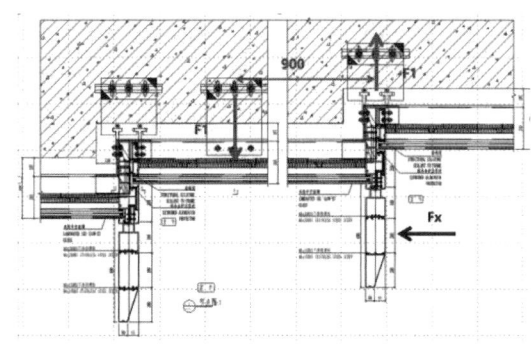

图10 增加支座

根据上述结构分析及策略，采用 50mm×50mm×5mm 热镀锌角钢作为斜撑，斜撑两侧分别连接耳板，耳板通过螺钉固定在上述两个部位。对于中横梁中间支座，选取与立柱一样的槽式预埋件，槽式埋件与顶横梁采用角码及螺栓连接。竖向装饰线条连接在公立柱处，以型材相互咬合的方式作为主要链接方式，同时配合每隔 500mmC/C 设置螺钉固定，因此公立柱宽度比母立柱大。在公母立柱部位，采用穿挂式的连接板与连接。上述做法不仅结构计算满足要求，而且也通过了抗风压性能测试，满足抗风压性能 3 级的要求，检测安装详见图 11，现场安装详见图 12。另外，在测试达到 P_{max} 压力值为 3066Pa 时，单元板块也未出现破坏。

图 11　检测样板　　　　图 12　工程现场

3.2　防排水构造措施

根据前期考察，目前这种错台内退的单元式幕墙，常用的做法有两种。一是按照拐角单元式幕墙设计，即铝合金立柱中心线与锯齿形楼板角平分线齐平或略有偏差，横梁切 45°与公母立柱常规连接，如创智云城（图 13）等。此方案立柱宽度可以与直面部位的立柱宽度一致，室内效果统一，但直面段竖向线条与锯齿部位竖向线条不统一，另外横梁部位会凸出立柱侧边。二是铝合金立柱中心线与楼板边线垂直，横梁水槽与立柱齐平，立柱固定在横梁上方，如华润总部大厦、能源大厦（图 14）等，但直面段竖向线条与锯齿部位竖向线条统一，且横梁不凸出立柱侧边。根据本项目外观效果，采用第二种做法更为合适。

图 13　工程案例一　　　　图 14　工程案例二

本项目为追求室外效果线条齐平，整层室内的立柱保证效果统一，宽度均为 115mm，标准横梁水槽宽度为 119mm，公立柱宽度为 68mm，公立柱固定在底横梁顶部，平直段采用标准横梁，在错台部位采用特殊构造的横梁，使横梁干腔贯通，同时交接处采用不锈钢水槽加强（图 15）。排水思路是湿腔水本层排，干腔水下层排的方式：立柱湿腔的水在正面或者侧面排（图 16）；干腔的水通过横梁水槽汇聚，然后通过排水孔到立柱湿腔排走，而顶横梁与底横梁交接部位都通过贯穿的胶条前后压紧密封，保证前后两道 Z 字形水密线连续，从而避免水从湿腔反入干腔，另外在顶横梁 Z 字部位设置不锈钢水槽封堵横梁密拼部位，并用耐候密封胶封堵，提高防水性能。而在顶横梁中间的支座部位，由于工艺需要，顶横梁上部需要开过孔，此部位需要增设防水胶皮并打耐候密封胶防水（图 17）。经广州建设工程质量安全检测中心有限公司检测，动态水密性能达到 GB/T 29907—2013 的要求，动态风速等效于压力差值 1000Pa，见图 18。

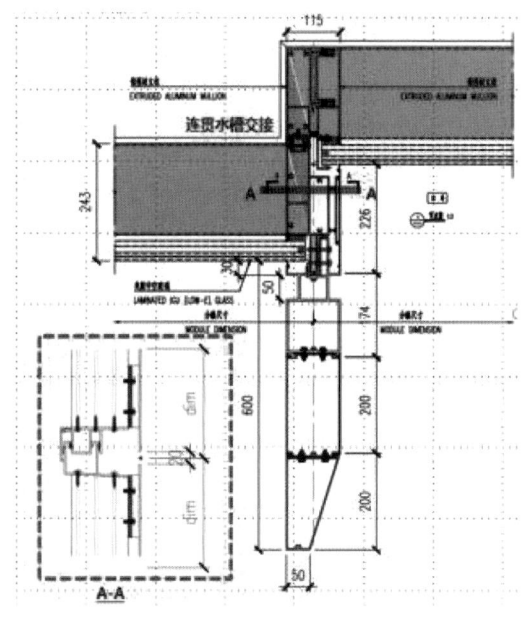

图 15　节点图

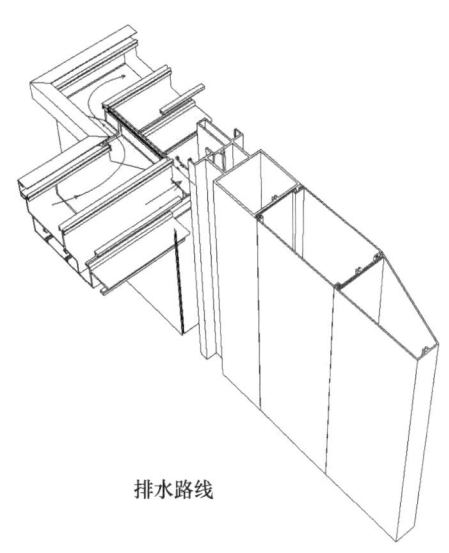

图 16　三维示意图

图 17　施工现场

3.3 节能措施

根据设计院节能报告，本项目幕墙节能要求：传热系数 $K=2.48\text{W}/(\text{m}^2\cdot\text{K})$，根据初步核算幕墙需采用断桥处理。而本项目竖向大装饰通长以咬合方式固定在公立柱上，另外由于外观要求立柱左右两侧玻璃不共面，导致立柱部分外露。经初步分析产生热桥的部位主要有以下几处：竖向装饰条与立柱之间（图19）、公立柱侧边（图19）、玻璃与装饰条之间的间隙（图20）以及玻璃护边与横梁之间（图19）。

图 18　动态水密性能试验

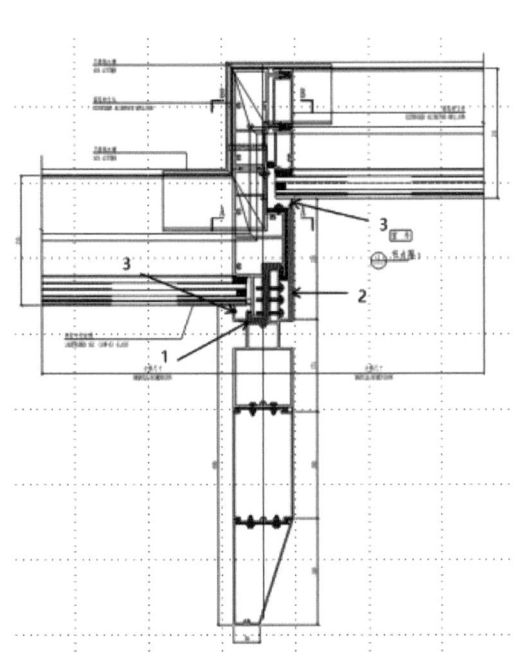

图 19　立柱断桥处理

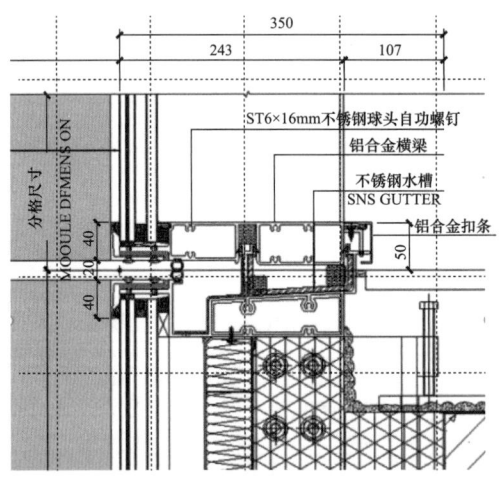

图 20　横梁断桥处理

对于竖向装饰条与立柱之间由于紧贴而形成的热桥，经结构初步判断采用隔热条的方式进行断桥较难满足受力及空间要求，为此在竖向装饰条直接与公立柱咬合部位采用6mm厚分段隔热毯（隔热毯分段部位设置铝型材进行传力）进行断桥处理。另外，公立柱部分区域直接暴露在室外，此部位热桥特别严重。为解决此部位热桥问题，在立柱外露在室外一侧进一步压缩公立柱宽度，然后设置外扣盖进行遮挡，同时在扣盖与立柱之间设置6mm通长的隔热毯，这样既遮盖了装饰条的安装螺钉，也起到了断桥的作用。而对于玻璃与装饰条之间的部位，采用披水胶条密封。横梁部位的节能措施，采用隔热条或隔热毯均可满足要求，但基于材料统一考虑，选择隔热毯的方式进行断桥。在玻璃的选择上，选用了双银Low-E玻璃：系数$K\leqslant1.64$，遮阳系数$SC\leqslant0.3$，可见光透过率$\geqslant40\%$。

铝型材部分通过以上断桥措施同时配合双银Low-E玻璃，幕墙的传热可以满足建筑节能要求。

4 结语

本文主要介绍了字节跳动后海项目窄立柱锯齿状玻璃幕墙设计，该方案经过四性测试（包括动态水密测试）以及VMU的验证，从性能、加工、安装验证了该方案满足相关要求且具备实施可行性，目前该系统正在施工（图21～图23），已经完成近60%的工作，希望以上方案可以给予类似项目参考或借鉴。

图21 现场照片（一）

图22 现场照片（二）

图23 现场照片（三）

参考文献

[1] 中华人民共和国建设部．玻璃幕墙工程技术规范：JGJ 102—2003［S］．北京：中国建筑工业出版社，2003．
[2] 中华人民共和国国家质量监督检验检疫总局，中国国家标准化管理委员会．建筑幕墙：GB/T 21086—2007［S］．北京：中国标准出版社，2008．
[3] 中华人民共和国国家质量监督检验检疫总局，中国国家标准化管理委员会．建筑幕墙动态风压作用下水密性能检测方法：GB/T 29907—2013［S］．北京：中国标准出版社，2013．

呼和浩特新机场超大气动开启窗设计与施工

◎ 王继惠　胡　勤　杜静波

深圳市三鑫科技发展有限公司　广东深圳　518054

摘　要　本文探讨了机场大分格幕墙上设置超大气动开启扇的设计与施工要点，考虑了幕墙与大型开启设计中的结构刚度、开启气密性及合页的特殊制作设计等问题，结合呼和浩特新机场工程案例对重、难点进行分析并总结相关经验，以供类似项目作为参考。

关键词　机场；大分格幕墙；超大气动开启扇；气密性；结构刚度；合页

1　引言

近些年我国大力发展基础设施建设，各类大型基建项目应运而生。特别是机场类建筑，这类项目幕墙工程的共同特点是整体效果通透、简洁，幕墙形式新颖独特，而且分格尺寸普遍很大。因此如何在外立面幕墙设置超大尺寸的开启窗系统自然成为一个突出课题摆在幕墙人的面前。本文以呼和浩特新机场幕墙工程为例，对超大气动开启窗设计与施工的一些重、难点进行介绍与探讨。

2　呼和浩特新机场超大气动开启窗的设计

2.1　呼和浩特新机场工程概况

呼和浩特新机场航站区工程位于呼和浩特市和林格尔县巧尔什营乡。航站楼总建筑面积约为32万 m^2。航站楼平面布局采取了曲线构型设计，分为一个主楼和两根弧形指廊。主楼面宽约440m，进深约177m，指廊宽约42m，共设有19座固定登机桥，25个近机位。航站楼幕墙主要由主楼幕墙、指廊幕墙、登机桥幕墙、雨篷组成。（图1）

图1　呼和浩特新机场整体效果图

2.2 超大气动开启窗的设计

主楼陆侧开启窗主要为下悬窗，兼具排烟及通风功能（图2）。开启窗基本分格为：宽×高＝3880mm×1275mm＝4.95m^2，玻璃配置为8＋1.52PVB＋8Low-E＋16Ar＋10mm超白钢化夹层双银中空玻璃。下悬窗最大开启角度为70°，每窗配置两个气动同步开窗器及一个气动多点锁驱动装置，开窗器推力不应小于3500N，且必须满足开启窗的正常开启和关闭。气动多点锁布置间距不大于500mm。开启窗合页采用双相不锈钢材质（S22253），合页数量不少于3个。（节点做法见图3和图4）

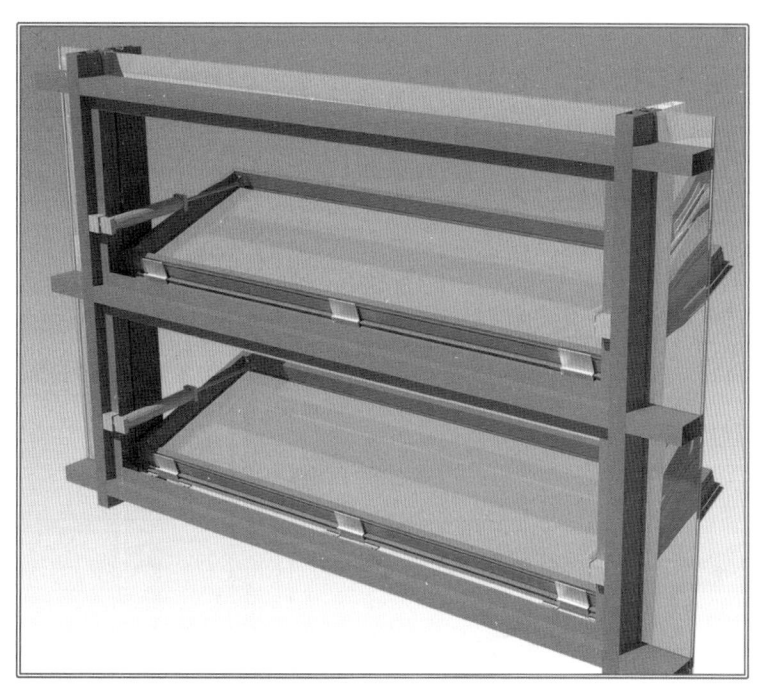

图2 陆侧开启窗效果图

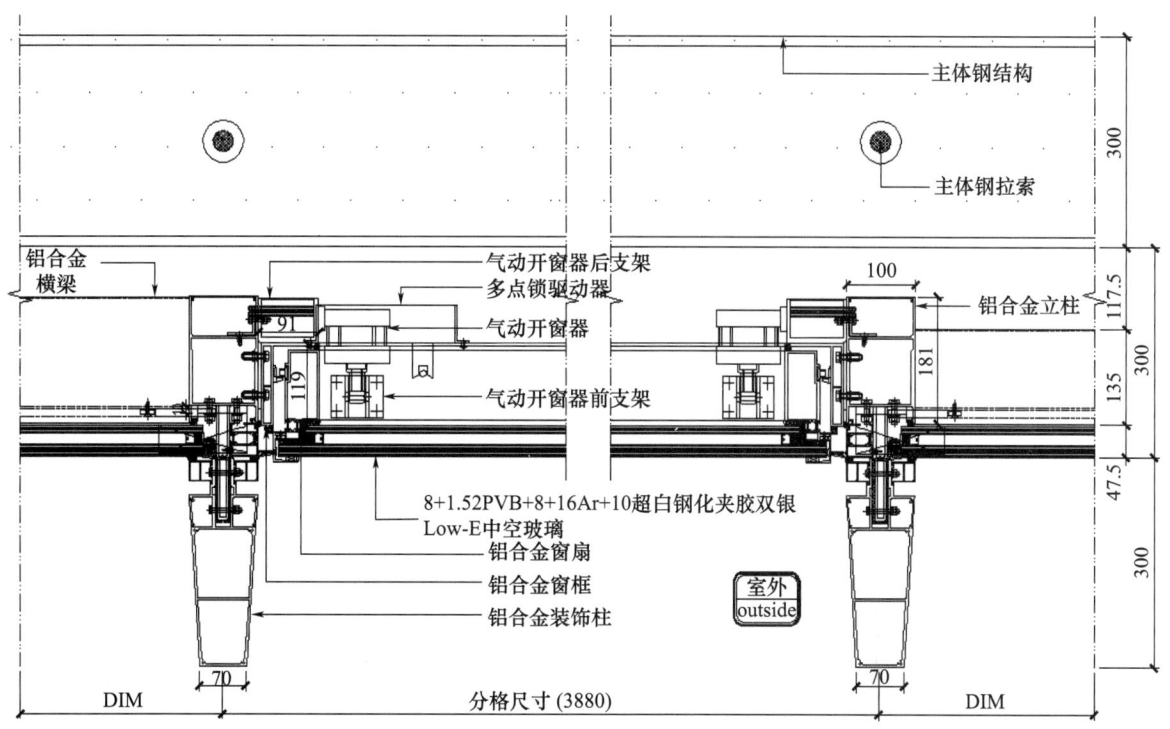

图3 陆侧开启窗标准横剖节点

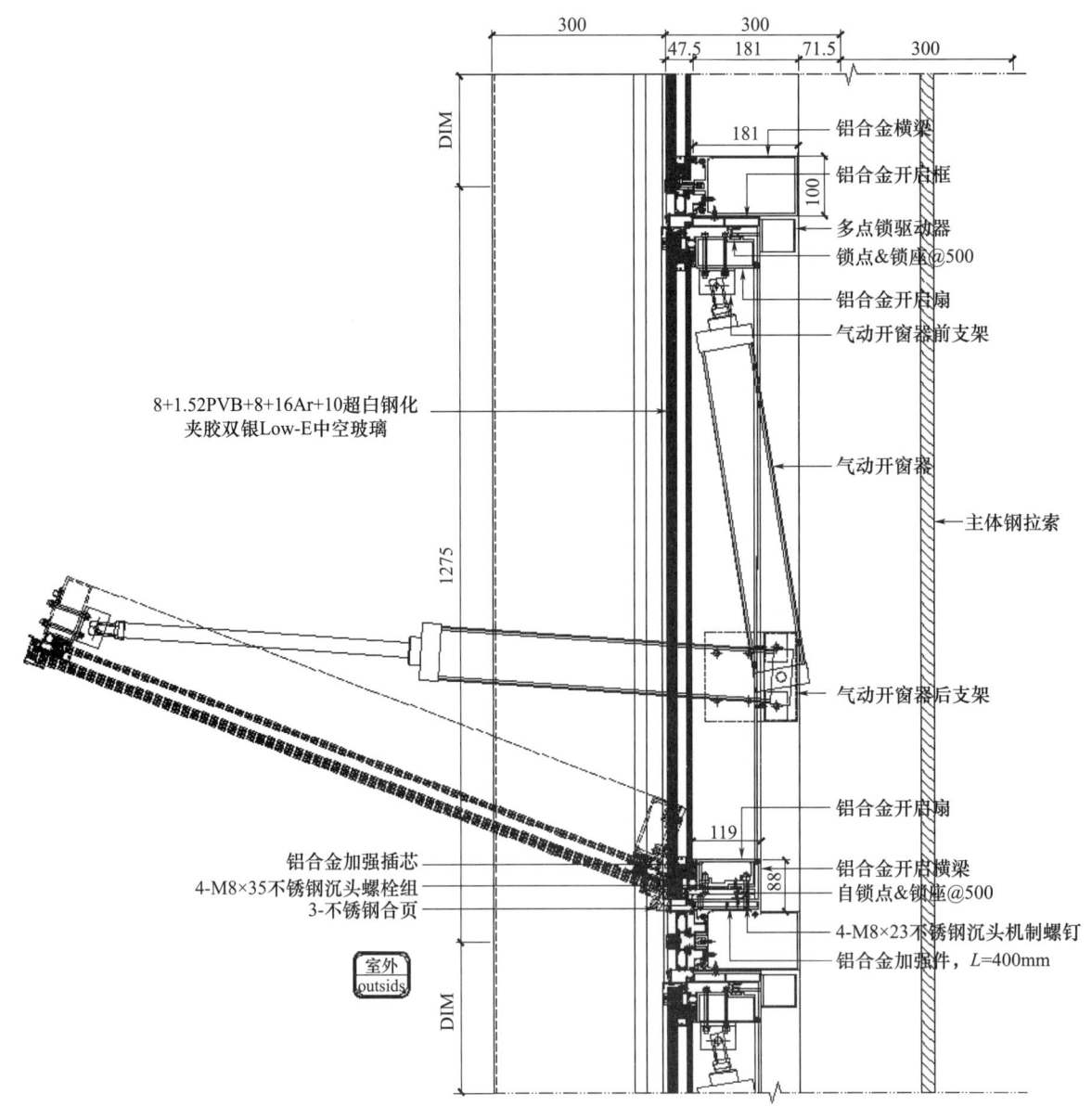

图 4　陆侧开启窗标准竖剖节点

指廊开启窗主要有上悬窗和下悬窗，兼具排烟及通风功能（图5）。开启窗基本分格为：宽×高＝3800mm×1275mm＝4.95m²，最大分格宽度4042mm。玻璃配置为 8＋1.52PVB＋8Low-E＋16Ar＋10mm超白钢化夹层双银中空玻璃。下悬窗消防排烟时开启角度不小于70°，上悬窗开启角度有两种状态：消防补风时开启角度不小于70°，通风使用时开启角度为30°。每扇开启窗配置两个气动同步开窗器及一个气动多点锁驱动装置，开窗器推力不应小于3500N，且必须满足开启窗的正常开启和关闭。气动多点锁布置间距不大于500mm，同时设计自锁点设置于合页之间。开启窗合页采用双相不锈钢材质（S22253），合页数量不少于3个，开启窗设有防脱落措施。开启机构为单端进气，且与窗体以小角度安装。

结合项目特点，指廊区域玻璃幕墙的横向龙骨为主受力构件并且跨度很大，玻璃的重力先作用在横向龙骨上再传递给主体结构，当遇到上悬窗时开启窗产生的力与上一层固定玻璃的重力同时作用在同一支横向龙骨上，使该横向龙骨的挠度进一步变大，对开启窗的功能性产生负面影响。

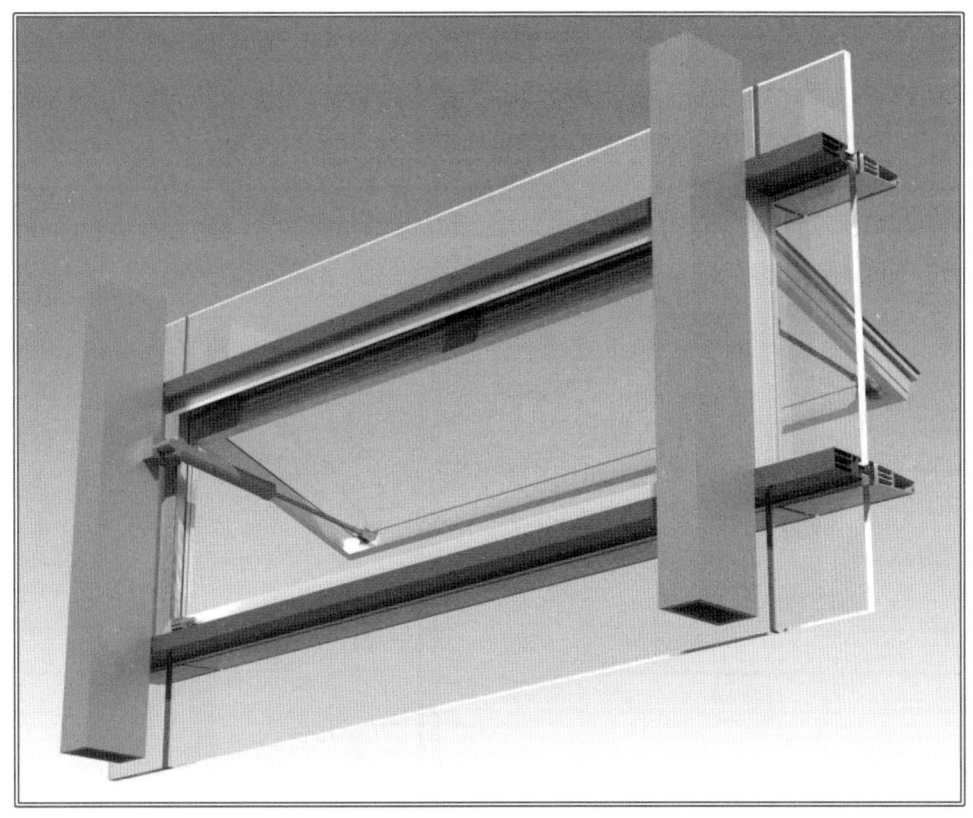

图 5 指廊上悬开启窗效果图

因此，下文重点对最不利工况下，指廊玻璃幕墙的上悬外开形式的气动开启窗进行介绍与探讨。（节点做法见图 6 和图 7）

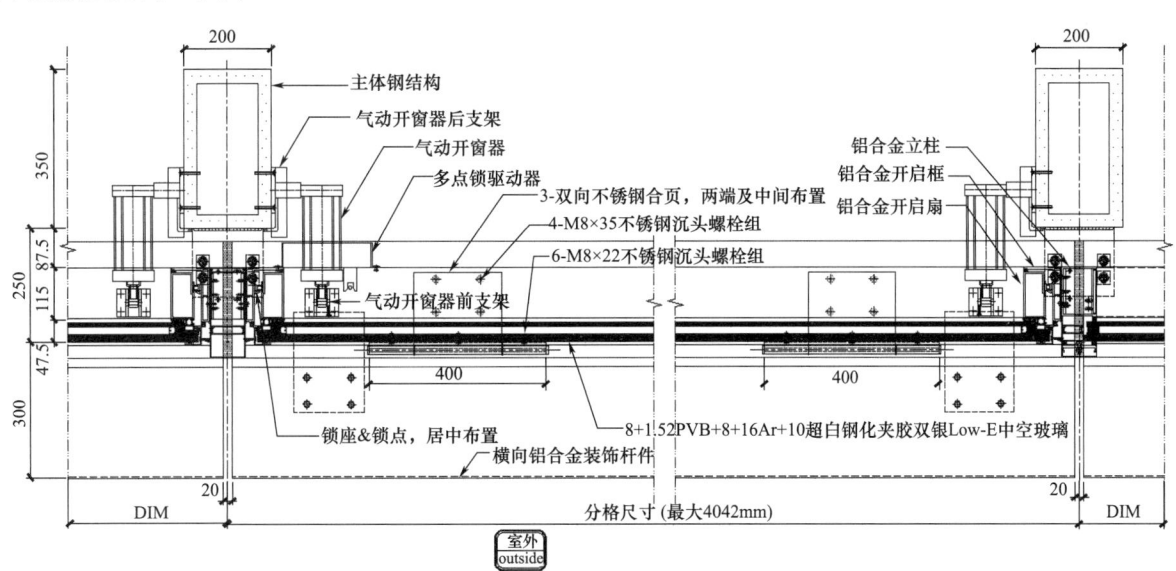

图 6 指廊上悬开启窗标准横剖节点

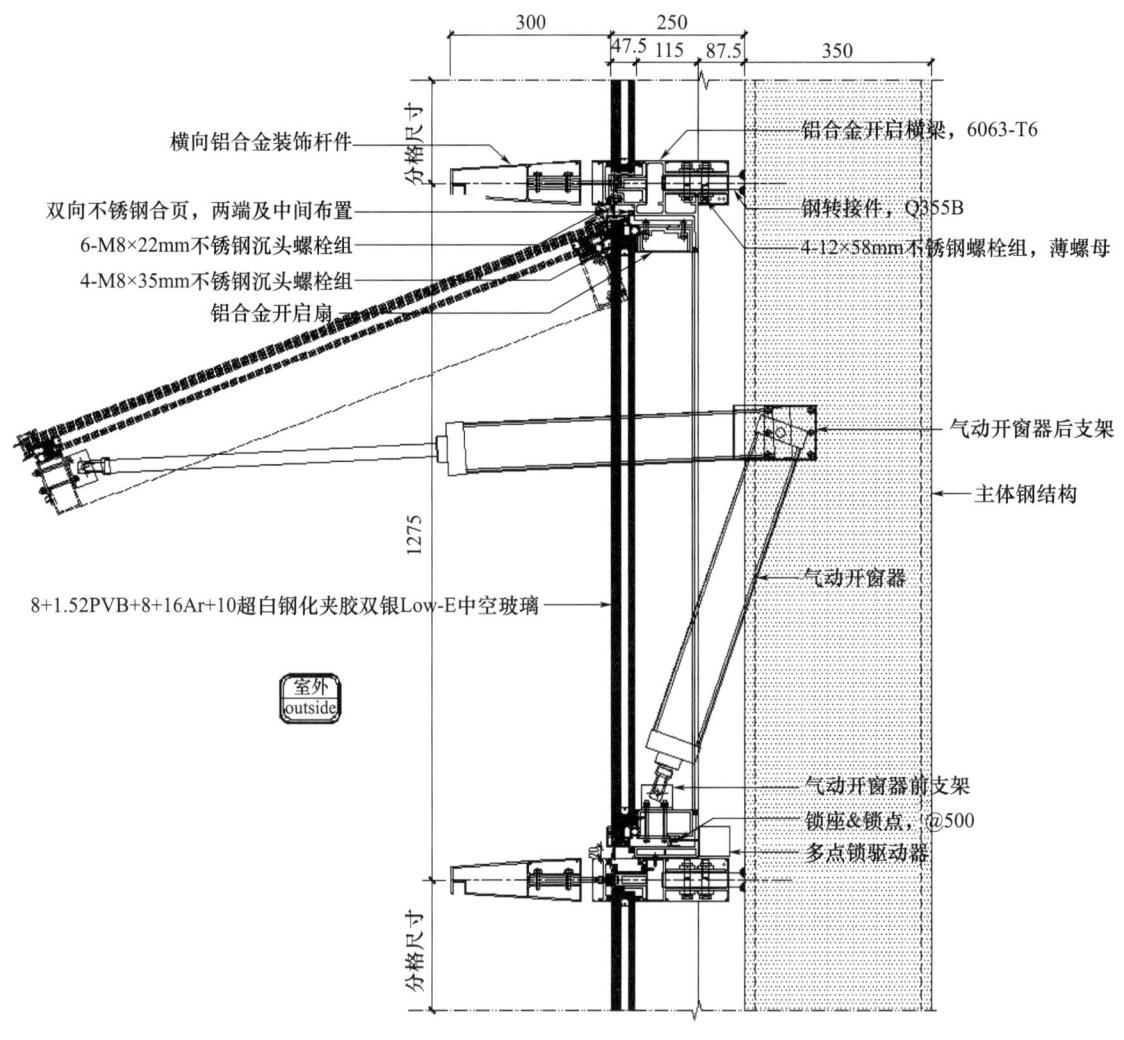

图 7　指廊上悬开启窗标准竖剖节点

2.3　方案设计的重、难点分析

2.3.1　重、难点一：开启横梁的结构设计

一般情况下，幕墙窗开启框通过打钉固定在横梁上并且框体尺寸较小，从而依附于横梁，利用横梁的刚度抵抗变形。但本案的横向分格尺寸较大，最大可达到4042mm，而且有悬挑300mm的横向大装饰条存在。由于横梁的截面尺寸受到外观效果与构造空间的制约，必须控制在一定范围以内，在向下的风荷载与重力的叠加作用下，单独靠横梁自身的刚度无法满足变形要求。

为了使横龙骨的挠度满足要求，就必须加大横龙骨的截面惯性矩。最直接的办法就是把开启框和横梁看作一个整体取惯性矩，但如果只是将开启框与横梁进行打钉固定，在横梁与窗框受力发生变形时两者的刚度分配不平均，导致刚度相对较小的窗框先于横梁变形而且变形速度更快。开启框与横梁的组合体内部受力复杂，理论上难以等同于协同受力。因此，最有效的方案是将开启框与横梁设计成一个铝合金型材（图8），但应注意型材开模过程中的相关限制条件，开启框必须现场拼接。

合并后的开启横梁承担上侧玻璃和下侧开启窗传递的力，下侧合页位置及上侧玻璃垫块位置靠近端部放置（实际三个合页，变形通过首样验证），同时承担垂直于玻璃方向的力，建模进行分析，强度和挠度（图9）均满足要求。

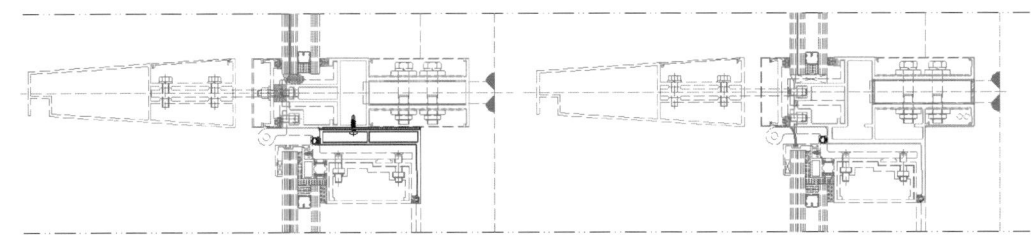

图 8　开启横梁对比

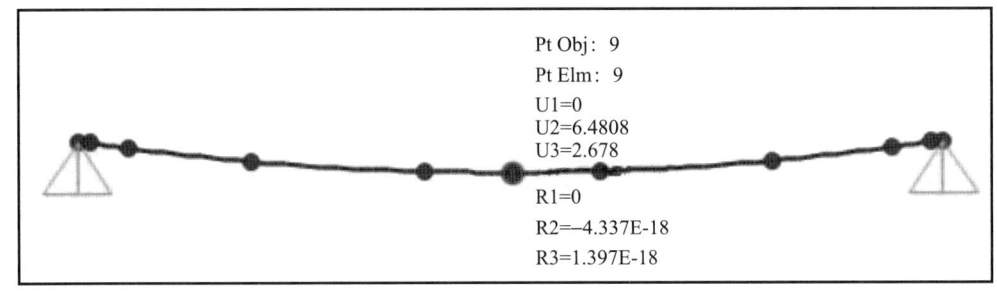

图 9　开启横梁挠度计算结果

2.3.2　重、难点二：双向不锈钢自制合页设计

首先选用了性能更为优越的双向不锈钢作为合页的原材料，双向不锈钢兼有铁素体不锈钢和奥氏体不锈钢的优点，它将奥氏体不锈钢所具有的优良韧性和焊接性与铁素体不锈钢所具有的较高强度和耐腐蚀性能结合在一起，然后进行了合理的构造设计（图10）。采用8mm厚不锈钢板和直径12mm不

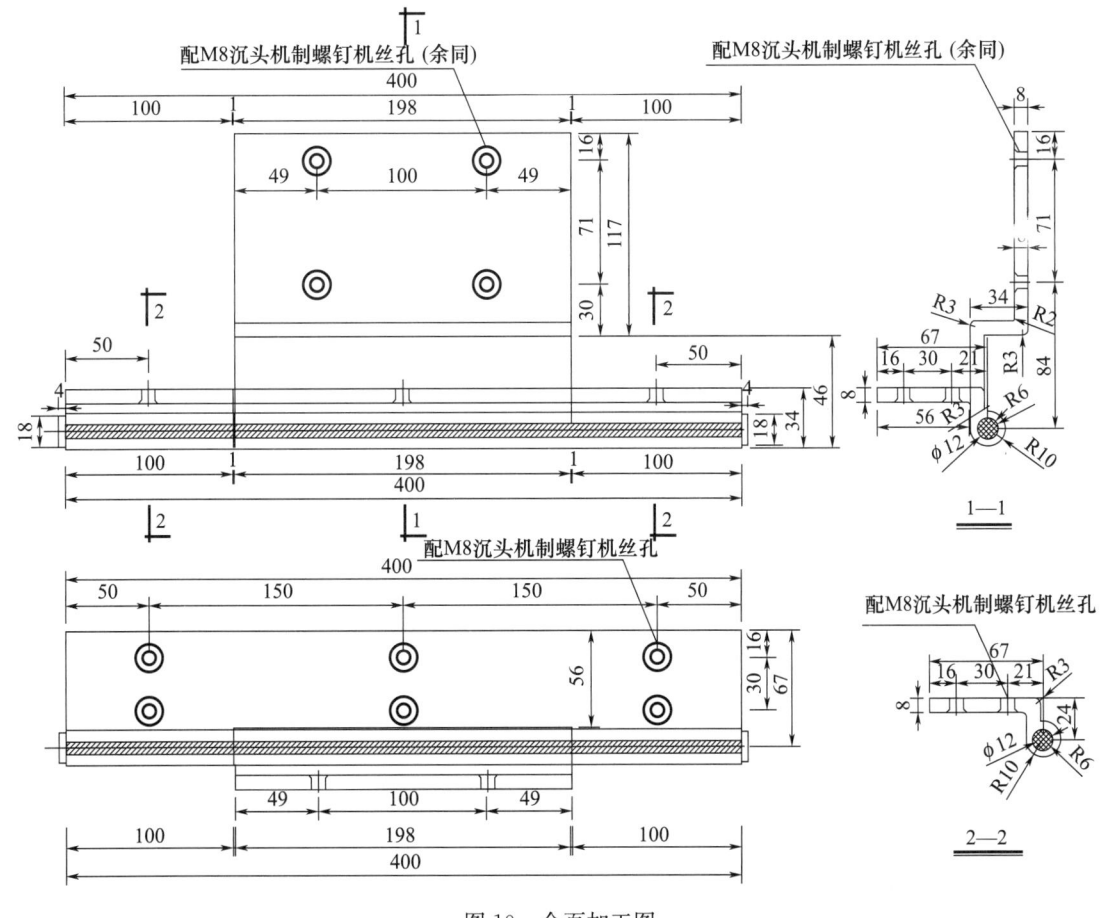

图 10　合页加工图

锈钢棒加工制作，表面哑光装饰面，激光打印编号。截面加工尺寸的允许偏差为±0.5mm，边长及对角线偏差控制在±1mm之内，板面平直度允许偏差为±1mm，孔间距允许偏差为±0.5mm，φ12不锈钢轴直径允许误差 0～－0.3mm，合页套筒内径允许偏差 0～0.2mm。

2.3.3 重、难点三：自锁点设计

由于开启窗尺寸超大，在安装气动多点锁驱动器控制间距 500mm 的标准锁点、锁座基础上，在合页之间增设自锁点（图11）。自锁点模拟开启窗开合轨迹，在开启窗开启过程中自动脱开，在开启窗闭合过程中自动落位锁紧。增加了开启窗在关闭状态下的锁紧点，避免了开启扇与开启框配合不紧密的隐患，提高了开启窗整体气密性能。

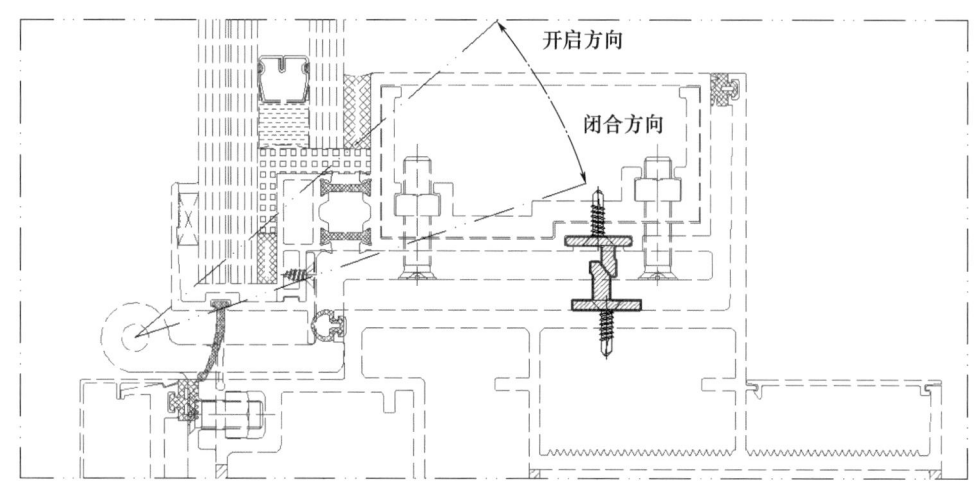

图11 自锁点示意图

3 超大气动开启窗后设计阶段经验总结与分享

3.1 开启窗首样案例分析

呼和浩特新机场项目陆侧和指廊玻璃幕墙对传统的框架式玻璃幕墙进行了细节的深化，以便更完美地响应甲方及建筑师的要求，使构造更加合理同时便于现场施工，可谓是全新升级版的幕墙系统。再有超大气动开启窗的增加，对施工阶段的挑战非常大，所以在方案确定后对超大气动开启窗进行了首样试安装。在首样试安装的过程中发现开启扇下沉13mm，开启扇下侧锁点与开启框冲突，导致开启窗无法正常闭合。在对首样进行测量分析后发现主要有以下几个原因：

（1）合页构造不合理，造成合页轴变形 3mm（图12）。自制合页为三段式，依靠直径 12mm 的合页轴将固定端与活动端连接成为整体，固定端与开启横梁连接，活动端与开启扇连接。当开启扇的重量落在合页上时，活动段合页片与合页轴形成悬臂梁结构，悬臂梁跨中挠度 $Y_{max} = \dfrac{pl^3}{48EI}$，变形随着活动端合页片宽度的变化而成倍增加。正确的做法是上文中最终合页方案，将合页的固定端合叶片与活动端合页片对换，由于合页轴两端与合叶片固定，使活动端合页片与固定端合页片接缝处近似形成只承受剪力没有弯矩的受力体系（合页片之间的间隙足够小）。当然

图12 首样合页变形较大

也可以将自制合页设计成多叶片形式,可以进一步减小合页轴的变形。

(2)合页与铝型材等构配件之间配合间隙过大,累积造成开启扇下沉7mm。间隙过大的原因主要有以下几点:自制合页加工精度低;铝型材避位与合页安装位置偏位;紧固件与铝型材槽口配合间隙较大等。针对以上问题,首先,减小在实际工况下有变大趋势的各类缝隙,起到预备变形的作用;其次,制定明确的加工精度要求,必要时应结合方案实际情况,高于国家及行业规范要求;最后,对开启扇高度进行相应减尺7mm。

(3)开启扇玻璃铝型材护边组角被拉开,窗扇外轮廓尺寸变大3mm。究其原因主要有两点:一是开启扇玻璃托板与玻璃之间的橡胶垫片硬度不足,玻璃重量约330kg,导致橡胶垫片被压坏进而挤压铝型材护边;二是开启窗首样养护时间不足,结构胶尚未干透就进行了试装,也是造成开启扇变形的主要原因之一。因此,玻璃托板的刚度要足够大,玻璃垫块选用硬质材料同时与硅酮结构胶相容,避免发生胶污染。另外,要严格遵守加工工艺,开启扇在结构胶养护完成前不要搬运或运输。

3.2 开启窗施工过程中遇到的问题和解决办法

虽然开启窗在大面施工前进行了多次的首样验证,并且试安装成功,但正式施工仍然出现了问题。由于工期紧张,施工现场对开启窗批量安装后统一再进行调试,在调试的过程中发现开启扇与开启框呈现倾斜状态,开启扇无法闭合。造成这一现象的主要原因是质量管理和施工工序两个环节出现了问题。其一,质量管理方面,体现在开启扇组装精度、合页加工精度等环节,开启扇成品的三个合页直线度不好,直接影响了开启扇安装后与开启框的配合关系,所以要求我们在施工管理中必须建立质量控制体系,采取相应的质量控制措施,运用合理的质量控制方法,使材料加工、组装、施工等环节的质量保持受控状态。其二,关于施工工序的思考,为了解决调试过程中出现问题的开启扇,不得不重新拆除、更换合页,保证其直线度。既然如此,不如将合页与开启扇的组装环节放到项目现场进行,施工与调试同时进行,理论与实际结合,避免不必要的二次调试。

4 总结

呼和浩特新机场项目幕墙系统具有独特性和复杂性,本文抛开幕墙构造及气动设备的因素,单对超大开启窗设计的一些重、难点进行了介绍,分享了施工过程中的宝贵经验。虽然存在诸多不完美之处,但瑕不掩瑜,本案超大开窗的完成效果仍然可圈可点(图13)。放眼整个幕墙行业,类似的运用势必会越发广泛,相关的方案设计也将不断完善。希望通过本文的分享能够助力对超大气动开启窗方案的探索,起到抛砖引玉的作用。

图13 呼和浩特新机场局部完成效果照片

参考文献

[1]《建筑结构静力计算手册》编写组. 建筑结构静力计算手册[M]. 2版. 北京：中国建筑工业出版社，1998.
[2] 中华人民共和国建设部. 玻璃幕墙工程技术规范：JGJ 102—2003[S]. 北京：中国建筑工业出版社，2003.
[3] 严彪. 不锈钢手册[M]. 北京：化学工业出版社，2009.

"双归零"管理在幕墙质量管控中的应用

◎ 侯达理　刘晓烽

深圳中航幕墙工程有限公司　深圳　518109

摘　要　对幕墙设计、生产、施工中出现的质量问题，从技术、管理两个角度分析问题产生的原因，并采取纠正、预防措施，以避免问题重复发生。这种"双归零"管理办法实现了幕墙质量管理从事后的问题管理转化为事前的预防管理。

关键词　双归零；技术归零；管理归零；归零报告；缺陷库；质量策划

1　引言

"质量问题双归零"（以下简称"双归零"）管理方法是对设计、生产及施工过程中出现质量问题时，从技术和管理两个层面进行分析，并采取纠正、预防措施，以避免类似的问题重复发生，实现从事后处理转化为事前预防，这与 ISO 9000 的思路相似。

其实，在幕墙领域的生产经营活动中，重复性质量问题频发是普遍性问题。这是因为建筑幕墙的个性化很强，幕墙产品的标准化程度不高，这直接导致了幕墙产品能够升级、迭代的机会不多，所以实施过程中就容易产生质量问题。这其中既有设计或工艺等技术方面的问题，也存在管理方面的漏洞或薄弱环节。

在看到"双归零"管理办法与幕墙行业有良好的契合性后，我们在幕墙生产经营活动中也尝试推行了这一管理办法，结果在遏制重复性质量问题发生方面取得了良好的效果。

2　"双归零"的基本概念

"双归零"由"技术归零"和"管理归零"两部分组成。前者用于解决技术类的质量问题，后者用来处理管理类的质量问题。在实际应用中，质量问题乃至质量事故往往交织着技术和管理两方面的问题，所以两者经常同时使用。

2.1　逻辑缜密、思路清晰的"技术归零"

"技术归零"一共五句话：定位准确、机理清楚、问题复现、措施有效、举一反三。

1）定位准确：就是确定解决问题的对象，首先找到问题发生在哪个环节、哪个部位。

2）机理清楚：在定位准确的情况下，分析问题发生的根本原因以及导致问题出现的一系列逻辑关系。

3）问题复现：通过试验或其他手段，按照所分析出来的问题原因，复现质量问题，从而证明了前述的"定位"和"机理"的分析是正确的。

4）措施有效：通过采取纠正措施，确保质量问题得到解决。需要说明的是，这里所说的措施是指针对本次质量问题的临时性、救急性的方案，对应幕墙项目级别的质量整改。

5）举一反三：把发生的质量问题反馈给其他项目，使具有相同设计原理的幕墙系统都能避免同类问题的发生，同时将其上升到更高的高度，完善设计标准、强制推广实施，从根本上消除隐患。

"技术归零"的五个步骤思路清晰、逻辑缜密、环环相扣。如果说定位准确、机理清楚、措施有效还是技术人员在处理质量问题时的基本素质要求，问题复现则是常被忽略的一个重要工作方法。缺少了必要的技术验证，就不能保证我们认为的问题症结一定是对的，很可能忙活了一通却收效甚微；而到了举一反三则是"神来之笔"了。解决问题自然重要，预防同类问题再次发生才是更高追求。幕墙行业浓厚的工程属性导致其产品研发过程仓促、技术积累和经验传承的环境不佳。举一反三的工作方法有效地解决了"质量通病"的问题，同时这种制度性的东西也能保障经验传承能够严肃、准确地执行下去。

2.2 有机统一、更进一步的"管理归零"

"管理归零"指过程清楚、责任明确、措施落实、严肃处理、完善规章。"管理归零"是在"技术归零"的基础上再进一步，从更深层面上解决质量问题重复发生的根源。

1）过程清楚：指查明质量问题发生的全过程，从各有关环节中分析问题产生的原因，查找管理上的薄弱环节或漏洞。

2）责任明确：指在过程清楚的基础上，根据质量职责分清造成质量问题的责任单位和责任人应承担的责任，并从主观和客观、直接和间接不同方面区分责任的主次、大小。

3）措施落实：指针对出现的管理问题，制定并落实有效的纠正和预防措施。

4）严肃处理：指对由管理原因造成的质量问题进行追责，从中吸取教训，达到教育人员和改进管理工作的目的。对重复性问题以及有章不循等人为原因导致的质量问题，按照情节和后果的严重程度，追究责任人责任，给予必要的处罚。

5）完善规章：指针对管理上的薄弱环节或漏洞，完善质量管理体系和各项规章制度并加以落实，从制度上防止质量问题重复发生。

3 "双归零"的实施

3.1 简单、直接的实施方式

"双归零"管理已经是一种非常成熟的质量管理手段了，其实施的各种制度、流程、方法等都可以找到标准模板。但本着简单、有效、能落地的原则，我们将"双归零"的管理思想和幕墙行业的实际相结合，总结出一种简单、直接的实施方式，即围绕着"质量策划""归零报告"以及"缺陷库"三项质量活动展开"双归零"管理活动。

"归零报告"是在质量及安全事故发生后，由责任单位针对事故的调查和处理，按照"定位准确、机理清楚、问题复现、措施有效、举一反三"的流程进行"技术归零"，或按照"过程清楚、责任明确、措施落实、严肃处理、完善规章"进行"管理归零"。将归零相关过程写成报告，即归零报告（图1）。

缺陷库是在质量（安全）事故发生后，将总结出来的问题分类归纳，然后将其整理为用于后续策划、审核时予以规避的要点。从实际特点出发，我们将缺陷库分为设计缺陷库、加工缺陷库及施工缺陷库三类（图2和图3）；

一、过程清楚（对事故发生过程的概述）：	五、完善规章（涉及本部门哪些规章制度、管理漏洞、怎么完善、落实情况）：
2022年XX月XX日第三方来项目质量检查，提出项目X号楼56层区域，外侧装饰线条存在螺母脱落情况（脱落情况附图1）。我部经自查：56层50%、55、54层20%均存在此情况。 我部通过对现场脱落螺母支臂查看及对现场劳务安装班组进行问询了解情况，具体如下：现场发现螺母掉落线条支臂属于现场另开孔安装，解到因为安装上墙后线条水平偏差大，原孔位安装无法调平，现场劳务为满足观感要求，达到安装要求，私自在已安装的线条上就地拆卸后另开孔安装，重新拆卸安装后因相邻线条支臂间隙较小，劳务人员为图省事未把螺母安装到螺杆上导致事件的发生；在这个过程中现场因施工同时兼任质量检查工作，未能及时发现该情况。	1、对现场安装劳务进行教育交底，在施工过程中遇到问题第一时间与项目部反馈相关情况，原施工方案无法满足安装要求情况下应等项目部向公司相关部门征求调整方案意见后，按新方案意见要求施工； 2、完善项目部人员组织架构，落实质量检查验收职责； 3、完善早班会教育制度，按施工内容的不同对工人进行相对应的安全技术交底。 六、佐证材料和归零证明资料清单（具体材料另附件） 附件1、现场螺母脱落线条支臂照片 附件2、OA总工办意见截图

图 1 归零报告

现象描述	单元挂件内螺纹孔螺牙深度不达标	排查要求
原因分析	1.设计开模形状不合理，攻丝时有侧向推力 2.加工设备或工装选择不合理，无法正确定位	☑加工自检 ☑工序检验
技术措施	1.开模时螺丝槽开口镜像位置应有与开口等宽、螺牙等深的凹槽。 2.错误使用台钻代替攻丝机；仅使用台钳夹持，工件不能良好定位，导致螺丝槽与丝锥同轴度不佳。	☑质检抽查

图 2 加工缺陷库

缺陷描述	双分格单元吊装过程下横梁自重状态下挠度超标、中立柱中立柱与上下横梁之间有时会拉开缝隙	排查要求
缺陷影响	龙骨接口开裂导致渗漏、室内侧下横梁弯曲影响观感 中立柱连接点连接可靠度下降	☑设计自查 ☑校对审查
解决方案	设计阶段：横梁自重工况挠度设计时，中立柱简化为系杆而非支座 工艺阶段：必需进行中立柱螺丝槽承截力复核，必要时增加角码连接。 施工阶段：板块吊装后，应同步安装中立柱挂码，不许后装。	□审核复查

图 3 施工缺陷库

质量策划是在具体项目实施前，根据项目具体特点和要求，识别出其质量控制的关键要点，并针对这些关键点策划实施环节需要应对的措施、方法。质量策划中，一个重要的内容是对照缺陷库进行缺陷排查，确保避免已知的缺陷或形成有针对性的解决预案（质安部与生产部策划，见图4和图5）。

目 录

XXXX项目质量（安全）策划书 2
  一、工程内容 2
    1、项目概况 2
    2、主要施工节点 2
    3、涉及的危大工程 3
  二、质量安全目标 3
    1、项目合同约定的质量、安全目标 3
    2、项目质量安全内控目标 3
  三、项目质量安全内控标准 3
    1、需要执行的规范、标准及合同约定 3
    2、质量安全内控标准 4
  四、质量安全检查要点 4
    1、实施标准的执行要点 4
    2、质量安全检查要点 4
    3、检查方式 5
    4、检查计划 7
  五、质量安全管控办法 7
    1、质量安全管控程序 7
    2、质量安全事故处理方法 8

图 4 质安部策划书目录

目 录

XXXX项目加工质量（安全）策划书 2
  一、生产内容 2
    1、主要产品类型 2
    2、交付计划 2
  二、质量安全标准 2
    1、需要执行的规范、标准及合同约定 2
    2、来货验收标准 2
    3、出货交付标准 3
  三、质量安全目标 3
    1、原材料合格率目标 3
    2、零件合格率目标 3
    3、制成品合格率目标 3
  四、质量控制要点 3
    1、原材料来料检查要点 3
    2、零件生产质控要点及工序验收标准 4
    3、组装生产质控要点及工序验收标准 4
    4、成品出厂质控要点及发货成品保护标准 5
  五、质量管理责任及制度 5
    1、质量指标与责任人 5
    3、数据收集及处理办法 6
    4、相关运行表单 7

图 5 生产部策划书目录

归零报告是双归零管理原生内容，也是"双归零"管理的核心工具。归零报告其实是标准工作流程模板，强制实施人员按照"双归零"的思路和逻辑关系处理质量问题；缺陷库和质量策划则是根据幕墙行业特点以及避免重复性错误的需求引申出来的两个配套工具。

"双归零"的"举一反三"和"完善规章"都是把重心落在预防上面。缺陷库的作用就是用来识别问题。由于幕墙行业的强项目属性，跨项目的技术沉淀和经验传承并不容易。缺陷库的好处在于可以持续不断地从各个项目中收集各类质量问题，在经过提炼和归类后可以很容易地把问题的特征描述得清楚准确，从而使技术得以沉淀、经验得以传承；质量策划则是提供一个机会，其强制要求项目组织人员在实施前去分析和识别项目的质控风险点，以缺陷库内容排查的方式消除质控风险点中的已知隐患，从而保证项目实施各环节不犯已知的错误。

3.2 由点及面的分工模式

"双归零"工作法是用来处理质量事故的，从这个角度来说"双归零"工作应该遵循"谁错误谁归零"的原则。但"双归零"工作法的最终目的是实现质量管理从事后补救转化为事前预防。所以"双归零"工作不是哪一个人的事，而是一个系统工程，是全公司的责任。

3.2.1 "归零"定位工作的分工

幕墙企业多是矩阵式的组织架构，一般是项目部作为实施主体，公司的设计部、采购部等作为支撑。项目部作为一线部门和施工实施者，承担"归零"工作的组织和发起工作是合适的。但项目部往往技术力量有限，未必能胜任复杂质量问题的定位工作，所以"归零"工作需要层层递进。

第一层：项目部负责及时上报质量安全问题，负责制定具体的"归零"程序和计划，并具体指挥"归零"工作的实施。其中，项目经理全面负责本项目的质量问题管理"归零"工作，项目技术负责人负责组织质量问题技术"归零"工作。项目部在"归零"工作中的主要职责是负责质量问题的收集、整理、汇集，为后续的问题定位提供决策依据。此外，项目部还是"归零"报告及相关整改工作的具体实施单位。

第二层：公司的技术部门、质量管理部门负责质量问题的定位工作，根据项目部提供的资料，判定问题发生的部位、分析问题发生的原因，并要求项目部按判断的内容组织验证、复现问题。在此基础上，制定整改方案和纠正措施。

第三层：公司主管领导负责对"归零"工作进行监督、检查和把关工作。对典型案例和共性问题要求进行归纳总结，下达标准化任务及完善规章制度指令。

3.2.2 举一反三工作的分工

"双归零"管理办法的最终目的是解决重复性的质量问题，所以举一反三就是其核心手段。举一反三也是层层递进的。

第一层：项目部内部由项目经理或技术负责人组织项目级别的举一反三活动，包括排查后续未施工部分是否存在类似问题，反省内部管理漏洞、追究管理责任、采取纠正预防措施，然后将新的缺陷和应对措施充实到项目的质量策划书中，重新进行内部培训和交底工作，并按照新的质量策划书推进后续的施工管理工作。

第二层：公司技术部门、工程部门、质量管理部门等负责在全公司范围内其他在实施项目中通报典型案例，组织各项目部项目经理和技术负责人进行培训，并要求他们对各自项目进行类似问题排查，避免类似问题发生。

第三层：公司主管领导监督、检查和把关各部门主导的各项目层面的举一反三工作，并根据共性问题下达公司层面的举一反三工作，包括将典型、共性的问题进行归纳和整理，列入缺陷库，更新公司相关标准化库，完善相关规章制度。

4 实施案例分析

在推行"双归零"管理办法一段时间后,发现其对于解决同类质量问题频发的状况有很好的遏制作用。下文用一个案例来说明"双归零"管理工具在处理质量问题中的具体作用。

定位准确:我司在深圳前海某项目施工过程中,项目部报告幕墙开启窗扇与锁片干涉,怀疑是窗扇尺寸偏大。为此项目部组织加工厂、设计部同事到场处理问题。经过三方现场测量,排除窗扇尺寸问题,发现是窗扇下沉导致的窗扇干涉问题(图6、图7)。由此,我们通过排查法找到了问题发生的部位,为进一步找到解决问题的方法奠定了基础。

图6 窗扇上部

图7 窗扇下部

机理清楚:通过分析,多数意见指向窗框上横挂钩工艺设计缺陷,认为其切削部位过多导致根部被削弱,从而在重力作用下产生弯曲(图8)。同时转轴直径与挂钩孔径的公差较大,两方面综合作用后导致窗扇整体下沉。从原理和逻辑分析,这些原因导致窗扇下沉的可能性极大,被确定为重点调查方向。

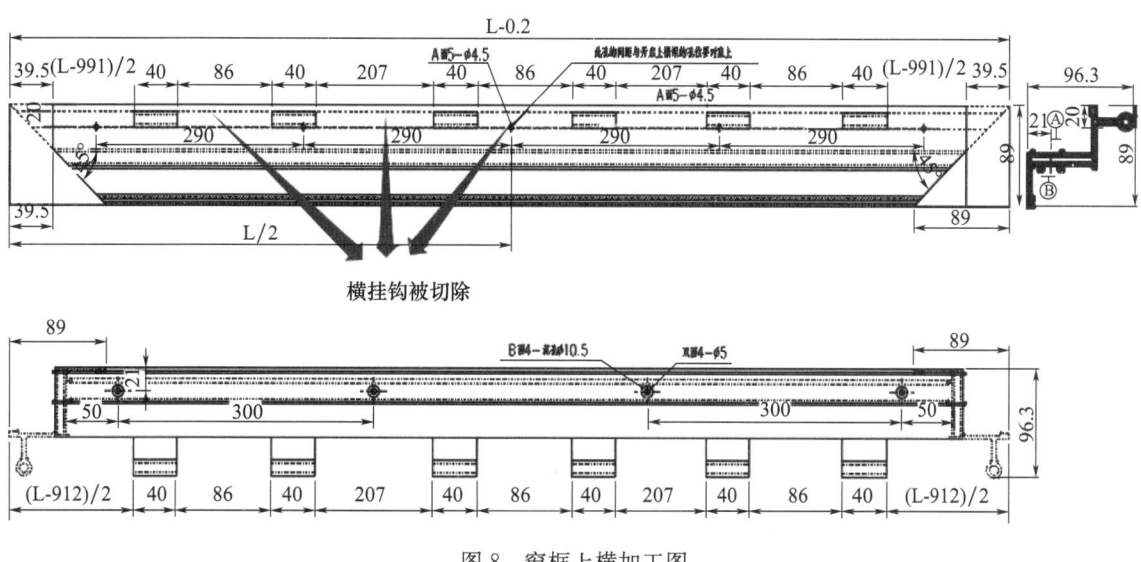
图8 窗框上横加工图

问题复现:设计部通过对窗框上横的挂钩进行有限元分析计算,得出"窗扇大约下沉3mm"的结论，结合转轴配合尺寸公差最大约 1mm 的实测结果，与现场实际情况完全相符，证明前面的猜想是对的。

措施有效：在最终确认了问题根源的前提下，设计部门采取了在窗扇下部安装提升块、在窗框挂钩外悬部位补打固定螺钉的整改方案（图 9）。经过现场试验后，窗扇与锁片干涉的问题顺利解决。

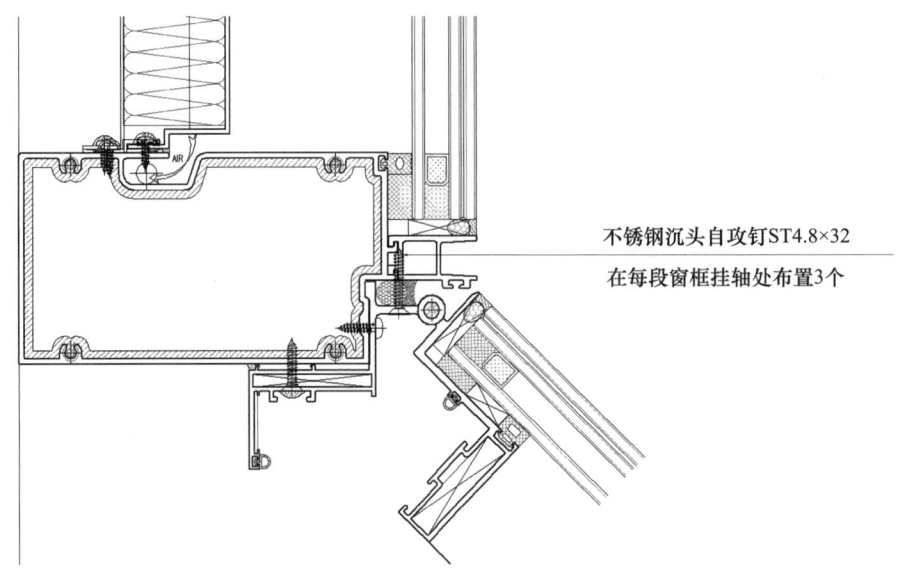

图 9　整改方案示意图

举一反三：项目部更新了项目质量策划的内容，将开启窗安装前对挂轴组件检查及安装后开启扇下垂限值测量做了具体规定，并对项目管理人员和施工人员重新进行了技术交底。

设计部、工程部对采取类似构造的在建项目组织了专项检查，对尚未实施的修改设计方案，对已经实施的进行评估并采取纠正措施。此外，设计部还对全体设计人员组织了专项培训，要求设计人员在采用穿轴式设计的开启构造时，必须考虑窗扇下沉的问题。如果难以计算亦应做实物试验，并要求在设计说明中对窗扇下沉量给出限额，以便施工检查。

在此基础上，公司总工办将这一案例整理后放入设计缺陷库中，并修正公司设计标准化断面要素库中的标准化图符，为后续项目类似设计扫清技术隐患。

5　结语

多年来，许多企业对幕墙施工过程的质量管理没有给予足够的关注。

"双归零"管理办法提醒幕墙行业要关注先进的管理理论和管理工具，把幕墙质量管理工作提升到更高层次，为幕墙行业的高质量发展贡献应有的力量。

参考文献

[1] 国际标准化组织. 航天质量问题归零管理：ISO 18238［S］. 2015.
[2] 李京苑. 归零：中国航天质量的核心方法［M］. 北京：首都经济贸易大学出版社，2022.

某项目超高层建筑玻璃幕墙解决方案

◎ 李春光　陈江华

深圳广晟幕墙科技有限公司　广东深圳　518029

摘　要　超高层建筑玻璃幕墙是现代建筑中常见的设计方案之一，它不仅可以提供良好的保温、隔热和隔音效果，还可以为建筑赋予美观的外观。然而，由于超高层建筑面临的风压、自重和温差等挑战，玻璃幕墙的设计和施工变得更加复杂和困难。针对这些挑战，我们提出了一种综合性的超高层建筑玻璃幕墙解决方案。首先，通过强化玻璃的强度和承载能力，确保幕墙的可靠性和安全性。其次，采用了高性能的隔热材料和隔热结构，有效地提高了幕墙的保温性能。此外，还借鉴了自然界的设计原理，设计了具有良好风阻特性的幕墙结构，以应对强风的挑战。最后，还引入了智能化的控制系统，可以根据外界气候和建筑使用情况，自动调节幕墙的透光性和通风性。通过这些创新的设计和解决方案，实现超高层建筑玻璃幕墙的高效、安全和可持续发展。这将为未来的超高层建筑提供更多可能性，并为城市的可持续发展作出贡献。本文以深圳汇云中心五期塔楼为例，从幕墙设计要素着手，满足幕墙各种性能，完善设计方案。

关键词　玻璃幕墙；超高层建筑；解决方案

1　引言

随着城市化进程的加速以及人们对于舒适、高品质建筑环境的需求不断提高，超高层建筑作为现代城市的地标和象征，日益成为城市发展的重要组成部分。作为超高层建筑外立面的重要组成部分，玻璃幕墙不仅为建筑提供了美观的外观，还可以实现自然采光、节能减排等功能。

然而，超高层建筑的玻璃幕墙在面临诸多挑战的同时带来了一系列的问题和难题。例如，强风、地震等自然灾害对超高层建筑玻璃幕墙的安全性和抗风压性提出了更高的要求，同时，由于超高层建筑高度的增加，玻璃幕墙的隔热性和隔音性能也成为关注的焦点。此外，随着环保意识的提升，玻璃幕墙的节能性能和可持续发展问题也备受关注。

针对以上问题和挑战，需要不断寻求创新和发展，提出高效可行的解决方案。本文将介绍一些超高层建筑玻璃幕墙解决方案，并分析其优、缺点，旨在为超高层建筑玻璃幕墙的设计和实施提供参考和借鉴。通过不断探索和创新，为超高层建筑玻璃幕墙的发展作出更大的贡献，为人们创造更美好的城市生活。

2　建筑几何形态设计幕墙系统

2.1　工程概况

深湾汇云中心南山区深圳湾超级总部基地内，深湾一路与白石四道交汇处东北侧，项目为商业服务业用地，城市道路用地，公园绿地。本文仅针对汇云中心塔楼（图1）幕墙做幕墙设计要点分析。塔楼高度360m，幕墙面积10万 m^2，塔楼地上80层。本建筑设备层设置在10层、21层、32层、43层、54层、65层、76层，设有百叶等通风措施，屋面结构为钢结构。

图1　汇云中心塔楼效果图

2.2　建筑几何形态分析

如图2所示，塔楼平面为正方形，四个转角处有竖向腰线将立面分隔为大面区域与转角区域。竖向腰线从底部开始渐渐向立面中线靠近，到达40层以后开始渐渐远离立面中线，形成渐变曲线。东西立面75层到屋顶层存在V形线条及倒八形竖向造型。在这两个线条之间设置悬挑10m观景台，观景台底部有钻石形状金属吊顶（图3）。

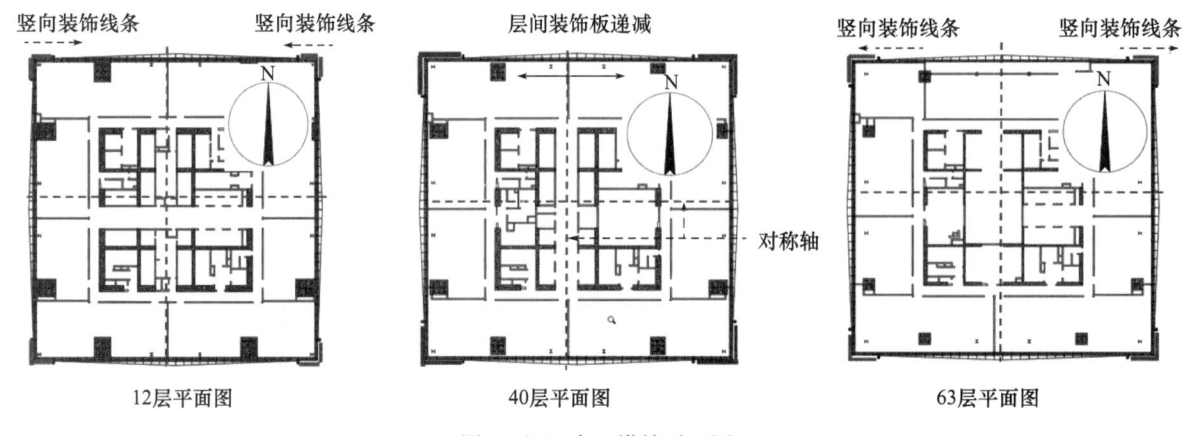

图2　汇云中心塔楼平面图

图 3　东立面塔冠部分效果图

塔楼采用竖隐横明单元式玻璃幕墙，腰线左右两侧为两种反射率的玻璃，大面玻璃外反射率 20%，转角玻璃外反射率 14%，立面造型具有层次感。

2.3　幕墙设计其他条件

设计工作开始之前，现场主体结构已经封顶（图 4）。根据工期要求，现场需要分段施工，上下两个施工段同时施工。

图 4　现场结构照片

3 幕墙系统设计

综合上述设计要求、影响因素及业主和建筑师对效果等各方要求，最终确定了竖隐横明单元式幕墙系统。图 5 为单元体系统三维节点，图 6 为单元体排水路线示意图。

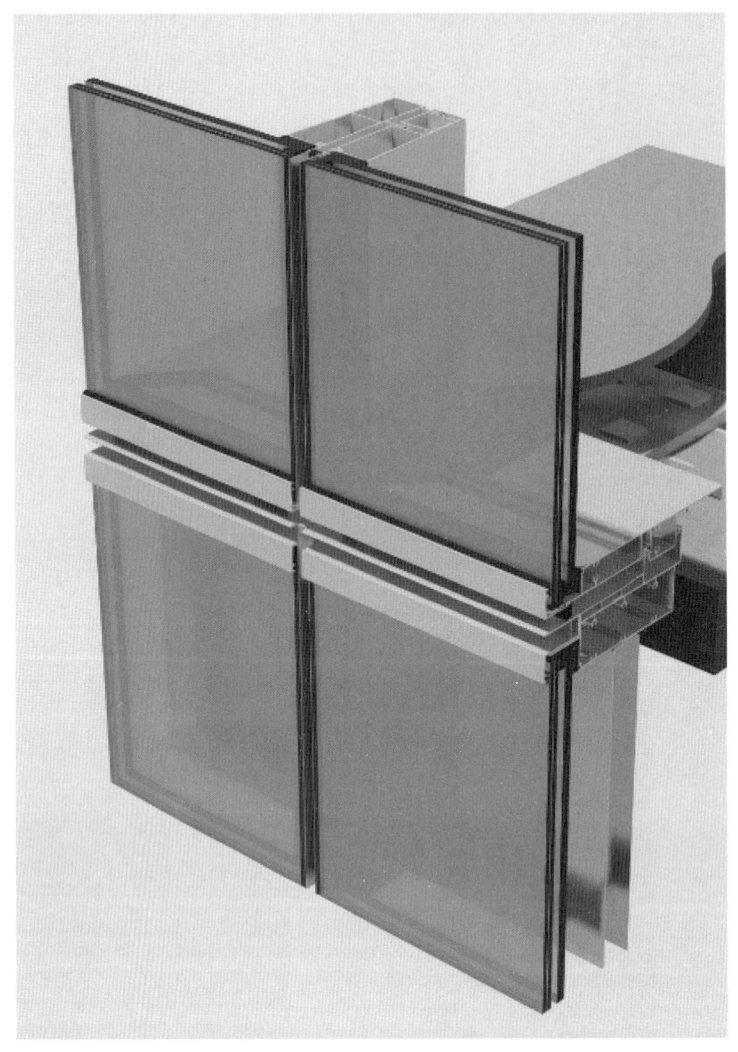

图 5　单元体系统三维节点图

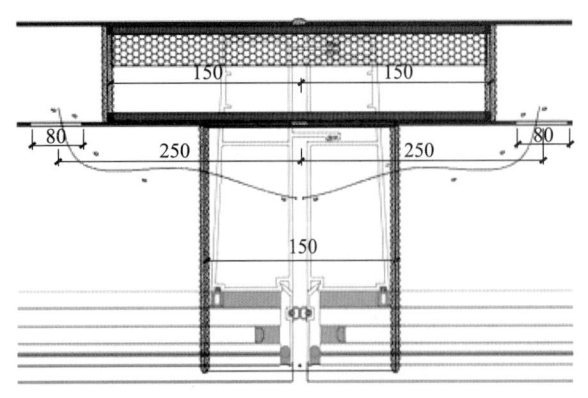

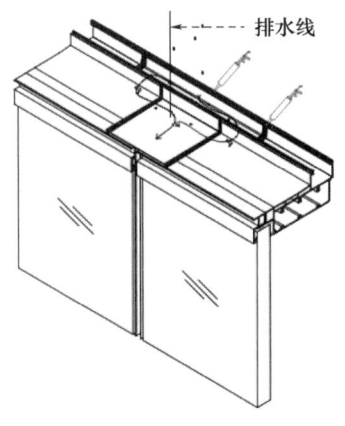

图 6　单元体排水路线示意图

4 幕墙施工难点

4.1 现场结构偏差问题

现场结构条件已经完成，预埋件已经施工完成。现场结构存在标高板边线及埋件位置偏差，针对此项问题采取如下措施（图7）：现场全面复测，结合复测数据设计现场纠偏方案，单元体挂件系统可以实现每个方向±25mm三维调节。对于超出挂件系统调节范围的位置，需要设计现场结构纠偏方案。

板边线测量报告									数据分析						
楼层	东面		西面		南面		北面		标高差距范围	标高		东面	西面	南面	北面
	最大值	最小值	最大值	最小值	最大值	最小值	最大值	最小值		最大值	最小值	最大值 最小值	最大值 最小值	最大值 最小值	最大值 最小值
79	-35	5	-20	5	-30	-10	-40	0	-295~-335	-295	-335	合格 合格	合格 合格	合格 合格	合格 合格
78	-65	-15	-10	10	-30	-10	-55	0				合格 合格	合格 合格	合格 合格	合格 合格
77	-35	-30	-25	20	-25	0	-40	-5	-175~-215	-175	-215	合格 合格	合格 合格	合格 合格	合格 合格
76	-30	-15	-30	0	-30	-10	-40	5	-40~+10	-40	+10	合格 合格	合格 合格	合格 合格	合格 合格
75	-50	-5	-30	5	-30	-10	-35	5	-30~+10	-30	+10	合格 合格	合格 合格	合格 合格	合格 合格
74	35	5	15	10	30	-10	30	15	-40~+10	-40	+10	更换转接件 合格	合格 合格	更换转接件 合格	更换转接件 合格
73	-30	20	-35	20	-15	20	-55	10	-25~+20	-25	+20	合格 合格	合格 合格	合格 合格	合格 合格
72	-25	15	-35	0	-15	20	-35	0	-40~+5	-40	+5	合格 合格	合格 合格	合格 合格	合格 合格
71	25	0	15	10	20	0	-20	0	-55~0	-55	0	合格 合格	合格 合格	合格 合格	合格 合格
70	-50	0	-45	10	-10	10	-25	-10	-55~0	-55	0	合格 合格	合格 合格	合格 合格	合格 合格
69	-40	-5	-40	0	10	0	-20	0	-35~+20	-35	+20	合格 合格	合格 合格	合格 合格	合格 合格
68	15	-15	-65	-15	-25	5	-40	-20	-50~0	-50	0	合格 合格	合格 合格	合格 合格	合格 合格
67	-15	5	-55	5	-30	25	-35	-10	-50~+25	-50	+25	合格 合格	合格 合格	合格 合格	合格 合格
66	15	0	30	-5	-10	0	-40	0	+20~+60	+20	+60	合格 合格	更换转接件 合格	合格 合格	合格 合格
65	-60	-5	-45	0	-15	5	-40	0	-50~-85	-50	-85	合格 合格	合格 合格	合格 合格	合格 合格
64	-25	-5	-40	0	0	0	-50	-25	-50~-85	-50	-85	合格 合格	合格 合格	合格 合格	合格 合格
63	-55	20	-30	20	0	-10	-60	-15	-50~-90	-50	-90	合格 合格	合格 合格	合格 合格	合格 合格
62	-40	10	35	15	0	-20	-55	-10	-40~-95	-40	-95	合格 合格	合格 合格	更换转接件 合格	合格 合格
61	-45	-15	0	-15	0	0	-60	-20	-60~-85	-60	-85	合格 合格	合格 合格	合格 合格	合格 合格
60	-45	-5	-45	-10	-15	15	-55	-15	-55~-100	-55	-100	合格 合格	合格 合格	合格 合格	合格 合格

图7 现场反尺部分数据及数据分析

经过对现场偏差数据的统计与分析，确定最终有九种工况，针对每种工况，设计不同节点连接方案（表1）。

表1 结构偏差种类及方案

分类	地台码类型	适应高低偏差范围	适应进出偏差范围
工况1	8F起底/钢地台码	±25mm	±25mm
工况2	56/57层铝地台码490m/对穿螺栓	-100~-50mm	±50mm
工况3	埋件不平/垫钢板	-100~-50mm	±50mm
工况4	铝地台码490mm	-100~-50mm	±25
工况5	钢地台码440mm	-100~-50mm	+25~+50mm
工况6	钢地台码540mm	-100~-50mm	-50~-25mm
工况7	埋件不能使用，钢地台码630mm/对穿螺栓	-100~-50mm	-50~-25mm
工况8	埋件不能使用，增加二支座，钢/铝地台码490mm对穿螺栓	-100~-50mm	±50mm
工况9	20层以下压型钢板，增加二支座，钢/铝地台码490mm	-100~50mm	±50mm

4.2 施工方案

根据实际工程需求，施工顺序采用上、下两个施工段同时进行的施工方式（图8），即第一施工段从55层开始至80层，第二施工段从7层开始至54层（6层以下为框架幕墙形式）。

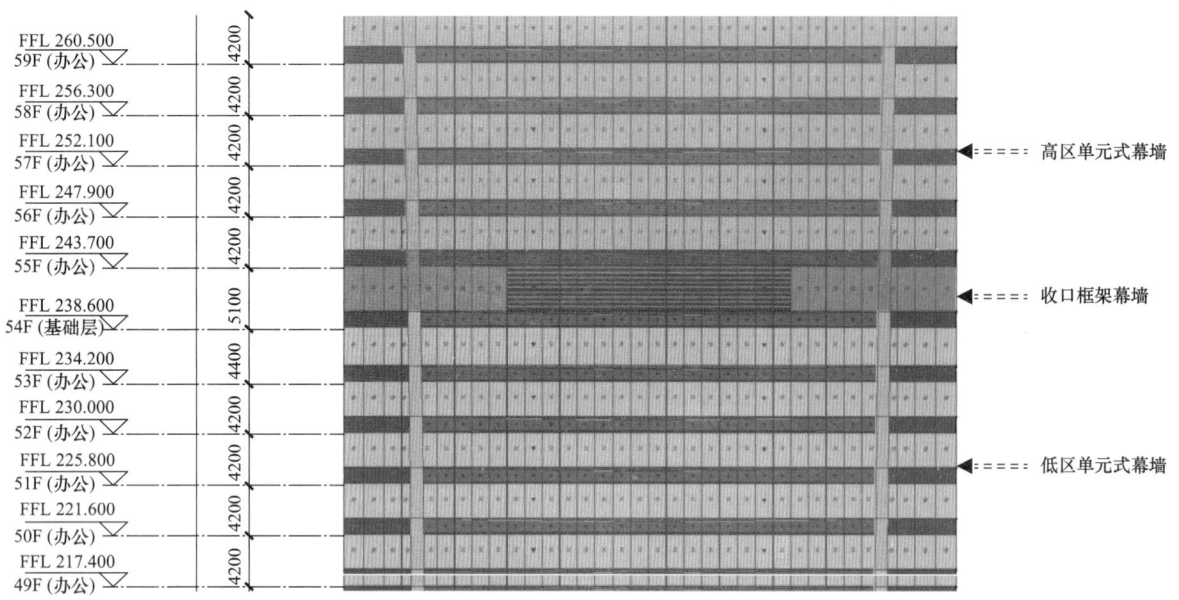

图8 收口位置立面示意

幕墙设计工作面临设计难点在于第二施工段施工到54层（设备层）时如何与第一施工段55层（标高243.7m）单元体下方起始料顺利衔接。本工程结构板边存在工字钢梁，选择室外侧做密封处理，存在一定施工难度，受天气因素影响，并需考虑施工的可行性、安全性。考虑综上因素设计幕墙系统采用框架幕墙形式收口。设计措施如下：

第一施工段：在高区及低区同步设置起始横梁并安装起始单元板块（图9），设置单元体起始料时注意避让收口框架立柱转接件。

第二施工段：待低区施工至54层（设备层）时，将收口框架立柱安装至标准位置，调整完毕。将横梁平推进立柱，安装玻璃，最后打胶密封完成安装。

收口完成后效果如图10所示，安装顺序详见图11所示。

4.3 东立面露台幕墙系统设计

露台所在东立面F78层酒店餐厅层，标高为342.9m，悬挑最大距离为10m，底部设计有钻石造型金属板吊顶。上露台上侧小露台距离玻璃幕墙面为3.2m，上下两个露台上方均设置防护栏杆，为了保证平整度，大露台底部钻石造型幕墙系统面面材，采用3mm阳极氧化铝单板。防护栏板高度为3m，小露台吊顶及外侧为近人尺度，对面板平整度、外观折边圆角效果具有严格要求，所以小露台面板采用阳极25mm氧化铝蜂窝板，小露台栏板高度为1.2m（图12）。

东立面露台设计面临主要设计难题如下：

露台位置造型复杂，大V造型线条（线条截面向上逐渐变小）、倒八字竖向线条与大露台钻石造型交接面；340m高、金属吊顶，没有竣工案例可以参考。

露台区域的设计依据为方案提供SU造型，SU造型软件限值精度不够，三个面总是不能完美交接。我们利用犀牛软件二层开发程序Grasshopper进行角度分析，调整大V侧面角度及倒八字竖向线条底部交点位置等，经过与设计院多次沟通与调整，最终完成目前效果。

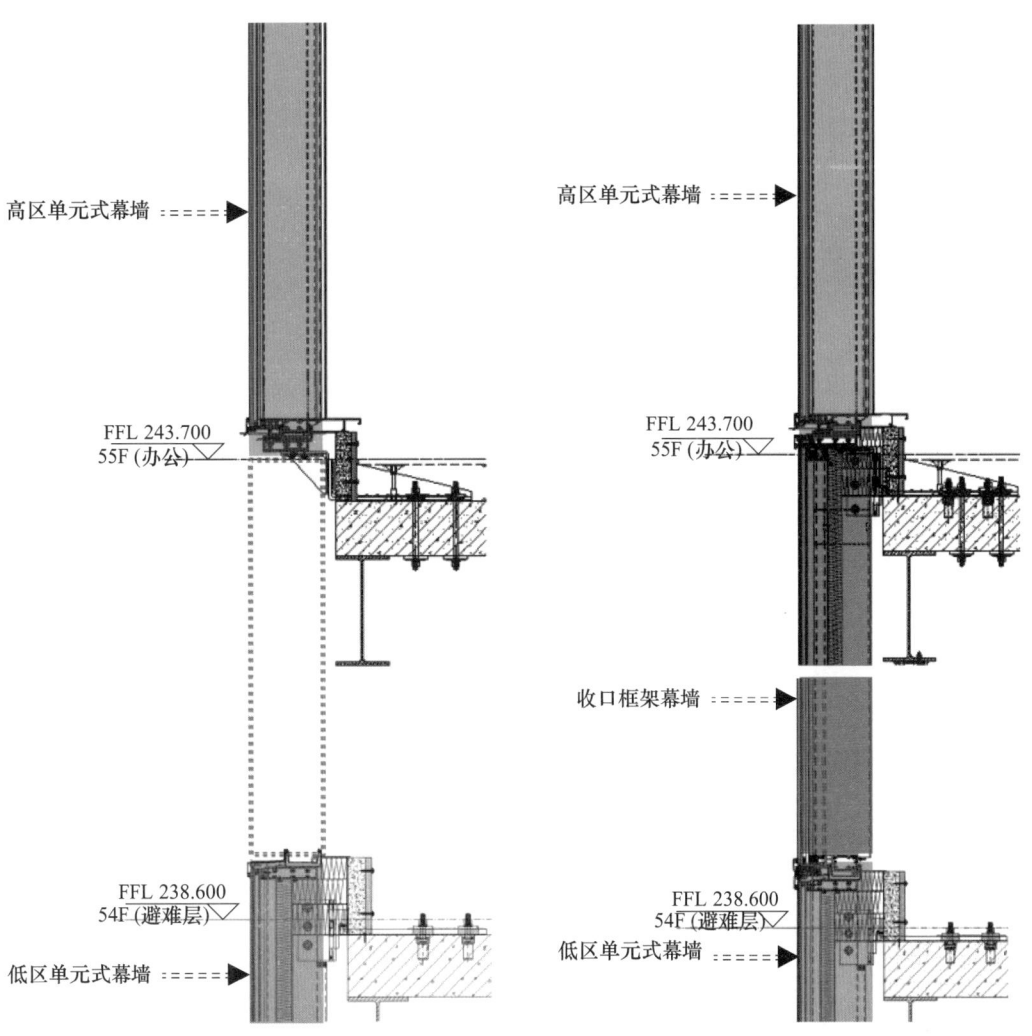

图 9 第一施工段高区起始单元体　　　图 10 收口单元安装完成后效果

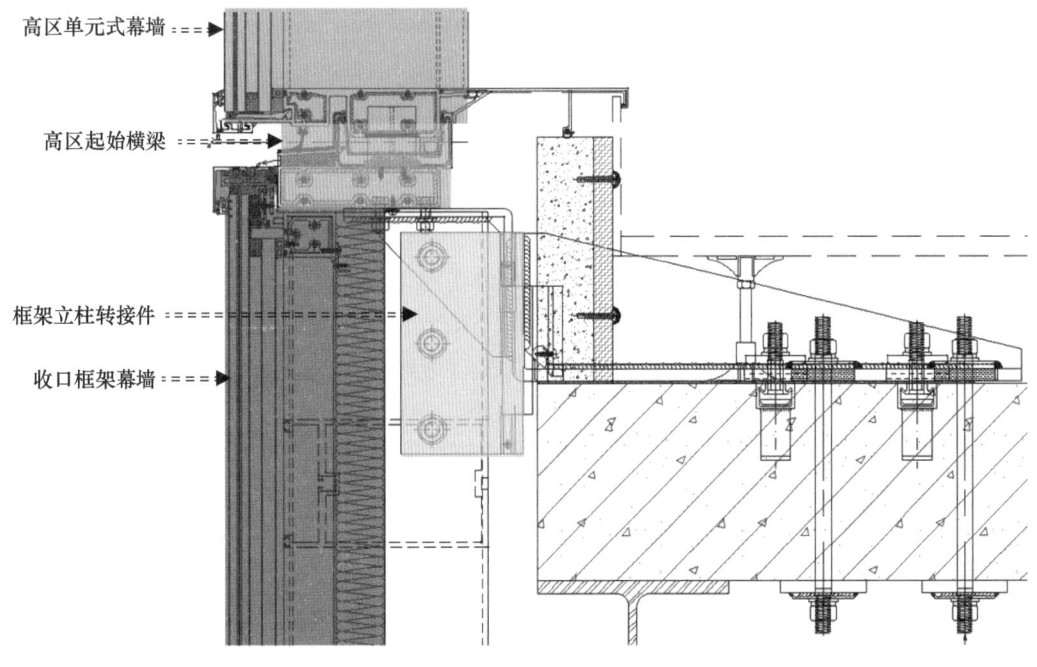

图 11 安装节点

图 12 东立面塔冠效果图

建筑效果确定以后，幕墙龙骨设计及吊装方案等成为本工程的另外一个难点，露台处于 342.9m 高空，吊装方案及幕墙板块分格方案、安全问题需要重点考虑。经过与项目部及设计部同事协商，确定了整个露台分为 8 个板块方案（图 13）。面板安装后的安全防护措施也需要同时考虑。

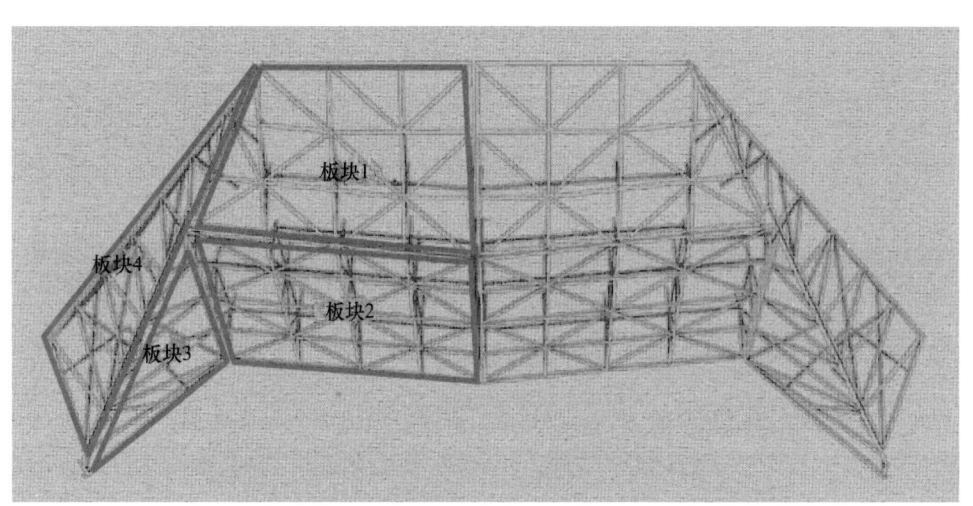

图 13 东立面露台设计方案

铝板安装系统设计时，首先利用犀牛建模以后整理造型一共有 9 种角度（图 14）。铝板夹角分别为 106.68°、172.63°、167.32°、141.25°、−125.25°（阴角）、179.75°、136.61° 和 72.38°。

设计幕墙系统安装需要适应多种角度及三维可调节，最终采用铝合金挂件形式，根据不同角度设计不同型材以达到安装效果。考虑钢结构安装加工偏差，在钢梁连接铝合金挂件开竖直方向长圆孔，可以实现 ±50mm 调节（图 15）。水平方向通过铝合金挂件的螺栓可以在铝合金横向转接槽中滑动实现平面内左右及进出加工偏差的调节。

通过铝合金转接件与铝板上型材副框凸起之间配合及铝合金转接件与钢架龙骨之间不同角度型材，保证板如图 16 所示实现 72.38° 和 −125.25° 板的安装。

考虑铝板安装后运营过程中可能会有更换等因素，在铝板背后设置防坠绳并且所有连接均可实现从室内侧拆卸安装。

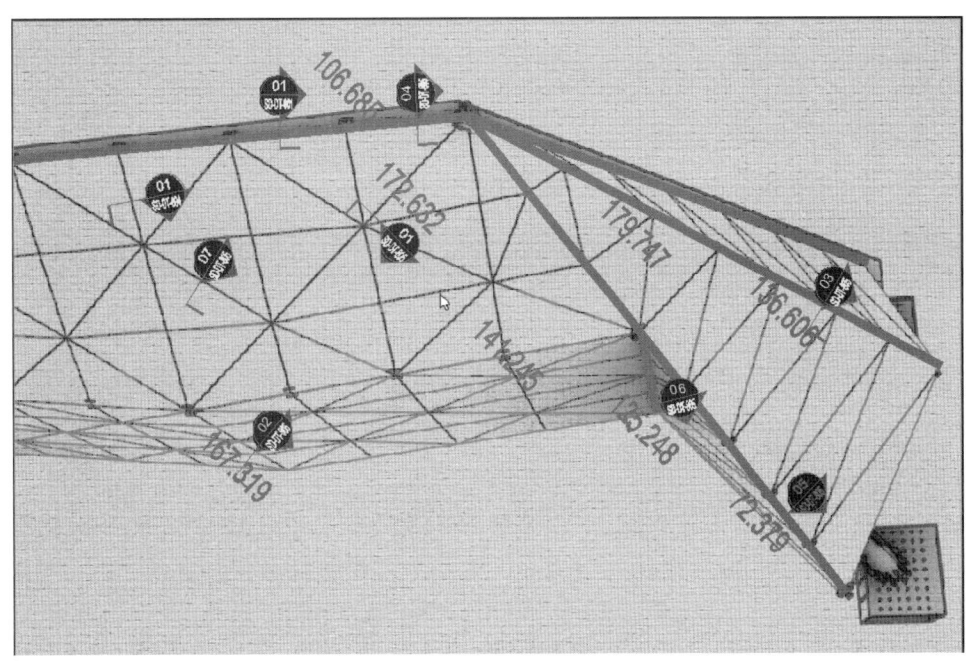

图 14 铝板安装示意图

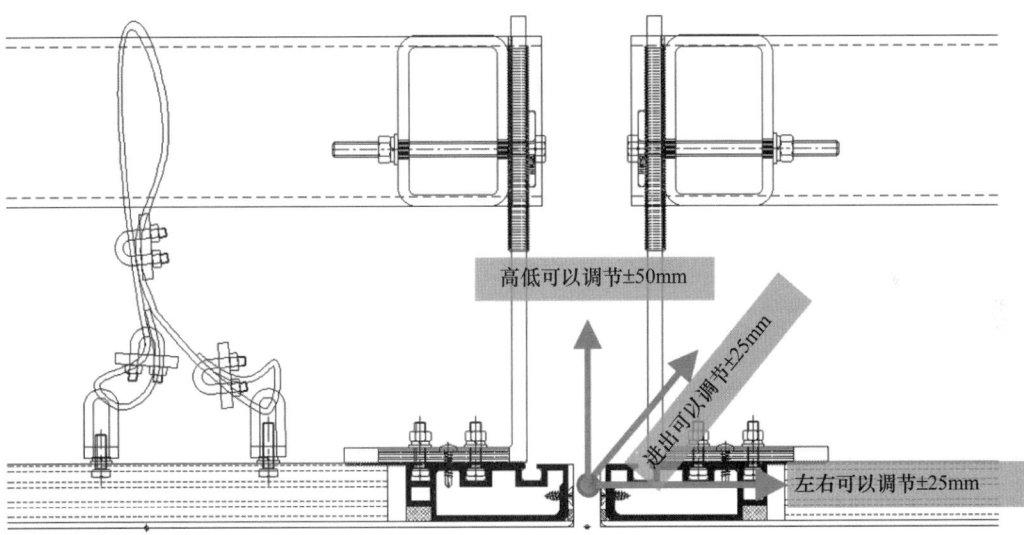

图 15 铝蜂窝板标准节点

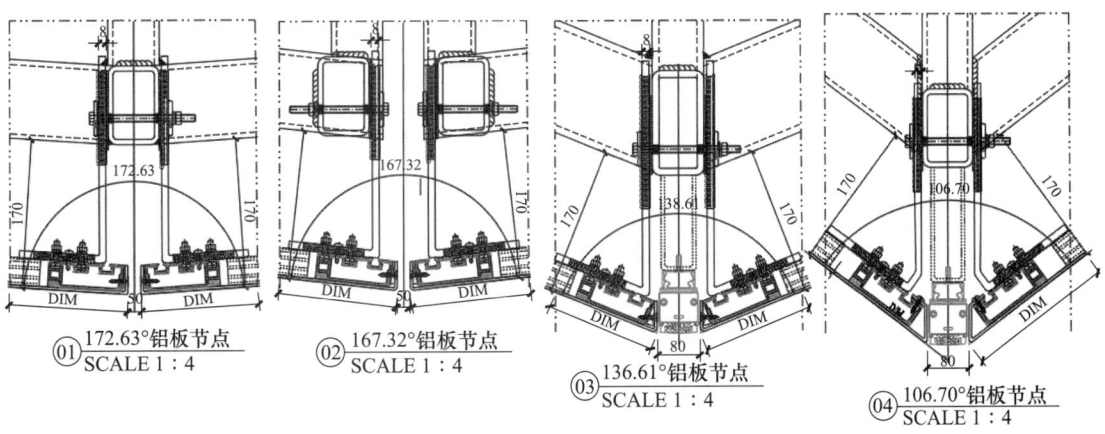

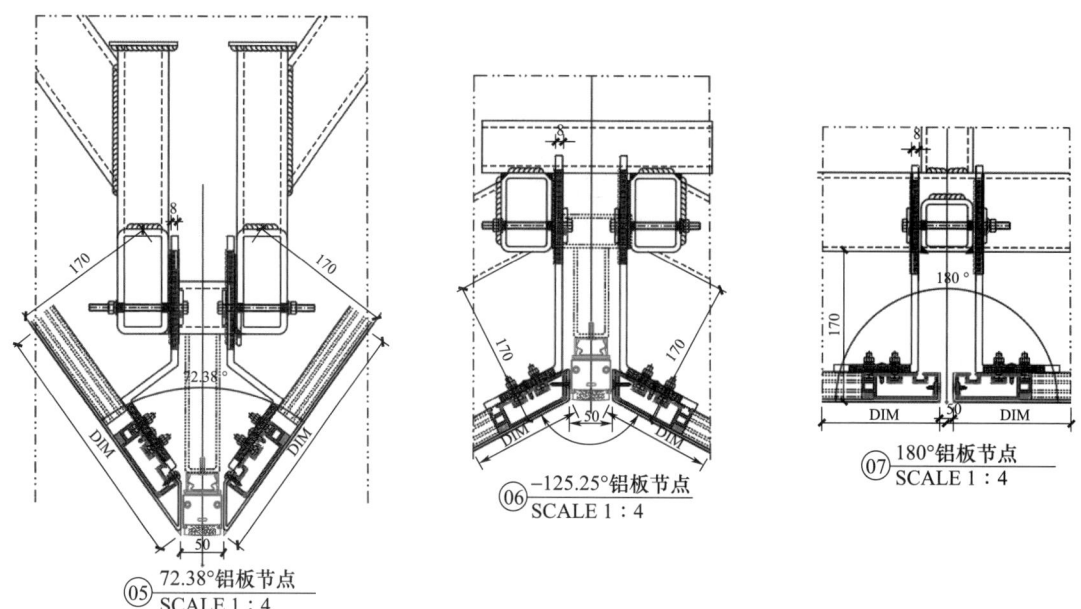

图 16　不同角度放样图

在进行系统设计的同时，根据模型做受力分析，分别对大面区域及转角区域做受力分析，如图17所示，提供反力供主体结构校核。

Joint	OutputCase	CaseType	F1	F2	F3	M1	M2	M3
Text	Text	Text	KN	KN	KN	KN-m	KN-m	KN-m
17	1.3D+1.5W1+1.5W2-1.5W3	Combination	-8.577	-43.964	-12.843	0	0	0
17	1.3D+1.5W1+1.5W2+1.5W3	Combination	-22.476	-21.052	10.585	0	0	0
17	1.3D+1.5W1-1.5W2+1.5W3	Combination	3.421	31.005	8.283	0	0	0
17	1.3D+1.5W1-1.5W2-1.5W3	Combination	17.32	8.094	-15.145	0	0	0
20	1.3D+1.5W1+1.5W2-1.5W3	Combination	-25.134	-74.882	-9.009	0	0	0
20	1.3D+1.5W1+1.5W2+1.5W3	Combination	-18.927	-12.4	27.43	0	0	0
20	1.3D+1.5W1-1.5W2+1.5W3	Combination	20.098	58.946	6.55	0	0	0
20	1.3D+1.5W1-1.5W2-1.5W3	Combination	13.89	-3.536	-29.889	0	0	0
23	1.3D+1.5W1+1.5W2-1.5W3	Combination	-43.157	-69.584	-2.708	0	0	0
23	1.3D+1.5W1+1.5W2+1.5W3	Combination	-8.013	-8.423	33.399	0	0	0
23	1.3D+1.5W1-1.5W2+1.5W3	Combination	39.653	57.053	3.361	0	0	0
23	1.3D+1.5W1-1.5W2-1.5W3	Combination	4.509	-4.107	-32.746	0	0	0
59	1.3D+1.5W1+1.5W2-1.5W3	Combination	-28.105	-26.211	-14.364	0	0	0
59	1.3D+1.5W1+1.5W2+1.5W3	Combination	-25.667	-28.241	18.767	0	0	0
59	1.3D+1.5W1-1.5W2+1.5W3	Combination	22.051	14.769	17.606	0	0	0
59	1.3D+1.5W1-1.5W2-1.5W3	Combination	19.613	16.799	-15.526	0	0	0

图 17　转角区域反力设计值

5　结论

汇云中心项目是深圳超级总部中超高层建筑之一，不仅造型独特，结构形式也很复杂。汇云中心超高层幕墙工程的方案设计实践，对于幕墙系统选用以及材料选用以及整个工程的要点、难点把握，通过深入的设计与技术分析并采取一系列的技术措施，运用三维软件建模放样等技术手段使得难题得以圆满解决。

超高层建筑幕墙工程技术含量高、安全风险大，在超高层建筑的玻璃幕墙解决方案中，结合结构设计、施工工艺和玻璃选择等要素，确保幕墙系统具备良好的隔热、保温和防火性能，同时考虑减振减音、自洁功能和环保可持续性等因素，为超高层建筑提供安全、美观和高效的玻璃幕墙解决方案。

只有掌握整个工程的要点、难点，通过精心策划、科学管理、严格把好安全质量关，运用先进的设计技术和分析手段以及专业的测量和检测方法，才能打造出令客户满意的精品工程。

参考文献

[1] 中华人民共和国国家质量监督检验检疫总局，中国国家标准化管理委员会. 建筑幕墙：GB/T 21086—2007 [S]. 北京：中国标准出版社，2008.

建筑幕墙外立面超大规格铝板遮阳装饰线条的设计解析

◎ 韦再兴　郭学林

深圳市华辉装饰工程有限公司　广东深圳　518023

摘　要　快速的城市化进程簇生了越来越多的办公、酒店类建筑，建筑外观设计理念的日新月异给建筑外立面设计和施工带来诸多挑战。本文以实际工程为例，探讨建筑幕墙外立面超大规格铝板遮阳装饰线条在设计与施工过程中应采取的技术方案措施，为提高此类型装饰构件的设计水平与应用的安全性提供借鉴。

关键词　酒店类建筑；超大规格铝板遮阳装饰线条；安全性

1　引言

建筑幕墙是建筑物外围护的一层结构，将建筑的应用功能和装饰功能结合在一起，实现了建筑美学与实用的双重融合，在现代建筑设计中得到广泛的应用。许多办公、酒店建筑多采用大装饰线来达到建筑装饰及遮阳目的，或者是更好地突出建筑连接位置。在此基础上设计建筑幕墙给设计师提出更高要求。为探究办公、酒店建筑超大规格铝板遮阳装饰线条的设计与技术方案，本文结合深圳某工程项目案例进行相关研究与分析。

2　项目介绍

该项目位于深圳市大鹏新区，性质为新建公共建筑（交通、商业、办公、酒店、宿舍），项目为交通功能为主的综合体，项目整体效果见图1。首层为公交首末站，二层、三层为商业建筑，四层以上分别为五座高层建筑，A座、B座、C座为宿舍，D座为酒店，E座为办公。主要幕墙类型包括横向超大规格铝

图1　项目整体效果图

板遮阳装饰线条、玻璃幕墙、穿孔铝板幕墙、石材幕墙、玻璃/铝板雨棚、铝合金百叶、金属格栅、金属构件等。本工程幕墙系统繁多，本文主要阐述超大规格铝板遮阳装饰线条的设计技术方案。

3 项目特点及技术难点

3.1 项目特点

（1）建筑外立面沿层间结构梁位置设置通长横向超大规格铝板遮阳装饰线条，固定支点间距跨度较大，其中A、B、C栋标准位间距为2147mm，山墙位置间距为2400mm，D、E栋标准位间距为1400mm，支撑连接板固定于单元式幕墙公母立柱料上。

（2）横向铝板遮阳装饰线条悬挑较大，内侧距装饰面板完成面较大，其中A、B、C栋标准位间距为300mm，D、E栋标准位间距为150mm。

（3）横向铝板遮阳装饰线条尺寸大，为非标超大尺寸，其中A、B、C栋横向线条尺寸为600mm×350mm（图2），D、E栋横向线条尺寸为750mm×350mm。

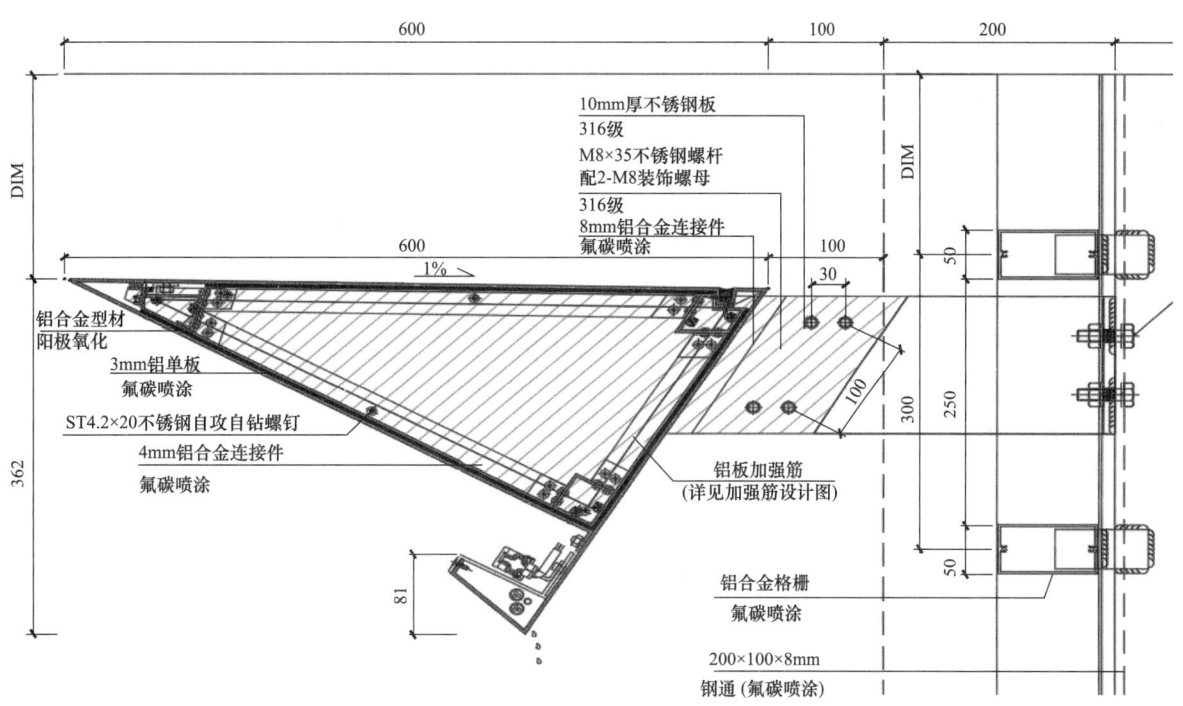

图2 横向铝板遮阳装饰线条竖剖图

3.2 技术难点

基于以上构造要求，需要解决以下技术难点：

（1）保证线条安装过程中消除混凝土结构施工偏差的影响，并保证装饰线条的水平向平整度。

（2）实现工厂化加工，并保证支撑铝合金骨架、骨架外侧铝板加工精度、平整度。

（3）侧向端头封板的材料选择（钢板或铝材构件）、封板与内侧骨架的可靠连接以及封板安装调节位置预留等。

（4）装饰铝板与内侧骨架、侧封铝板铝焊质量的工艺要求及质量保证措施；

（5）尽可能实现单元化、工厂化加工，以达到高精度安装，保证安装效果，提高工效，响应国家推行装配式建筑的要求。

4 项目设计重难点

4.1 遮阳装饰线条方案的选择

4.1.1 铝合金支撑骨架＋三片式铝板围合＋不锈钢侧封板方案

如图 3 所示，该方案为招标方案做法，其施工思路为铝合金骨架需在工厂按加工图加工完毕，后送工地进行组装。另外铝单板需要单独下单至铝板厂进行钣金、喷涂加工，后送工地。每一批次的铝合金骨架、铝单板由工人在工地现场进行组装，很难保证组装精度、平整度，工效较低，无法满足大面积安装及工期要求。经现场实际样板组装后，未得到业主方及顾问方的认可。

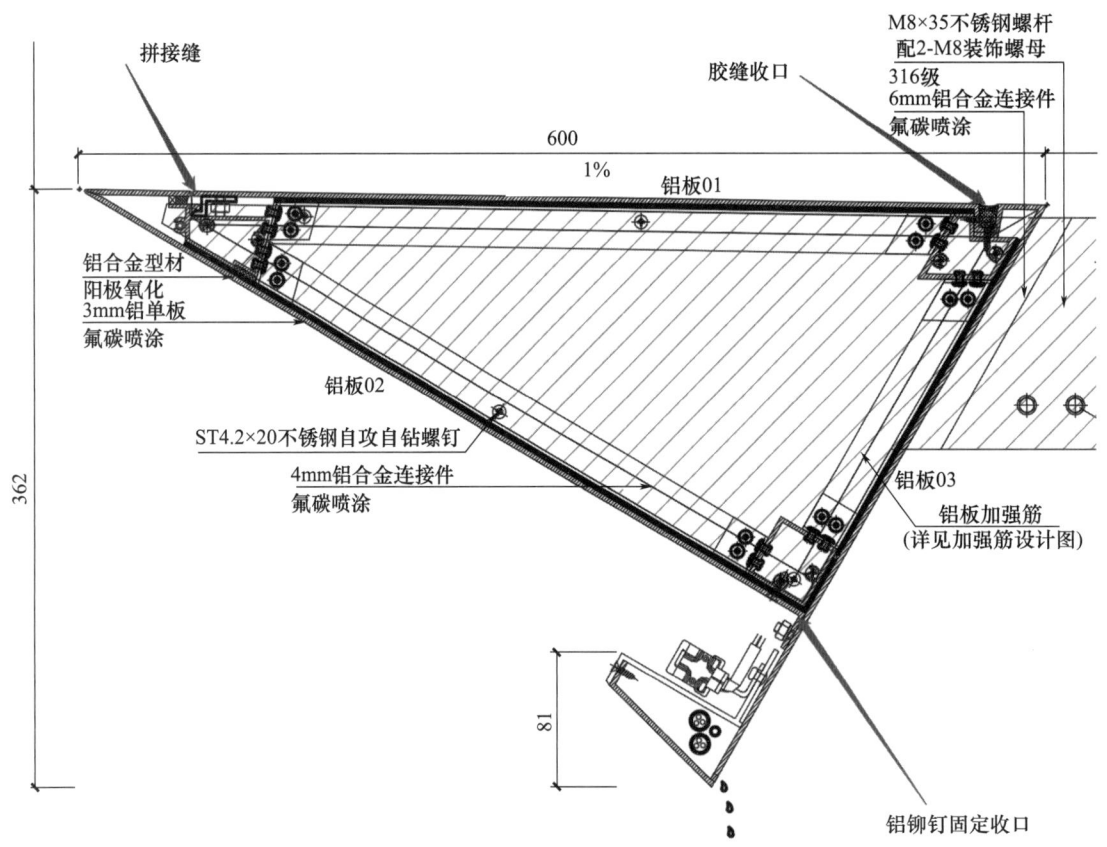

图 3　横向铝板遮阳装饰线条竖剖图（方案一）

4.1.2 两片式挤压成型铝合金型材插接式拼装＋不锈钢侧封板方案

如图 4 所示，该方案经与铝型材厂家沟通，600mm×350mm 线条可以考虑用两片铝型材通过插接的方式进行组装，铝材厂家机台可以满足挤压要求，型材最小壁厚 4.0mm。该方案可以将两片铝材插接，同时与侧封不锈钢板可靠连接后，在施工现场实现吊装安装，可以满足装配式安装要求，安装进度及工效可以获得很大提高。不足之处有二，其一因型材断面包络线圆过大，铝型材壁厚偏厚，导致每米装饰线条铝材含量偏大，达到 22.22kg/m，成本较高；其二两片铝型材插接位置仰视角度会有一条缝隙。因上述不足之处，业主方及顾问方接受度低。

4.1.3 铝板开槽一体折弯成型＋铝合金型材组合骨架＋焊接一体成型方案

该方案完全由工厂加工组装，实现工厂化生产，保证组装的精度及平整度，在施工现场可以实现板块吊装，满足大面积安装及施工要求。具体方案见后文。

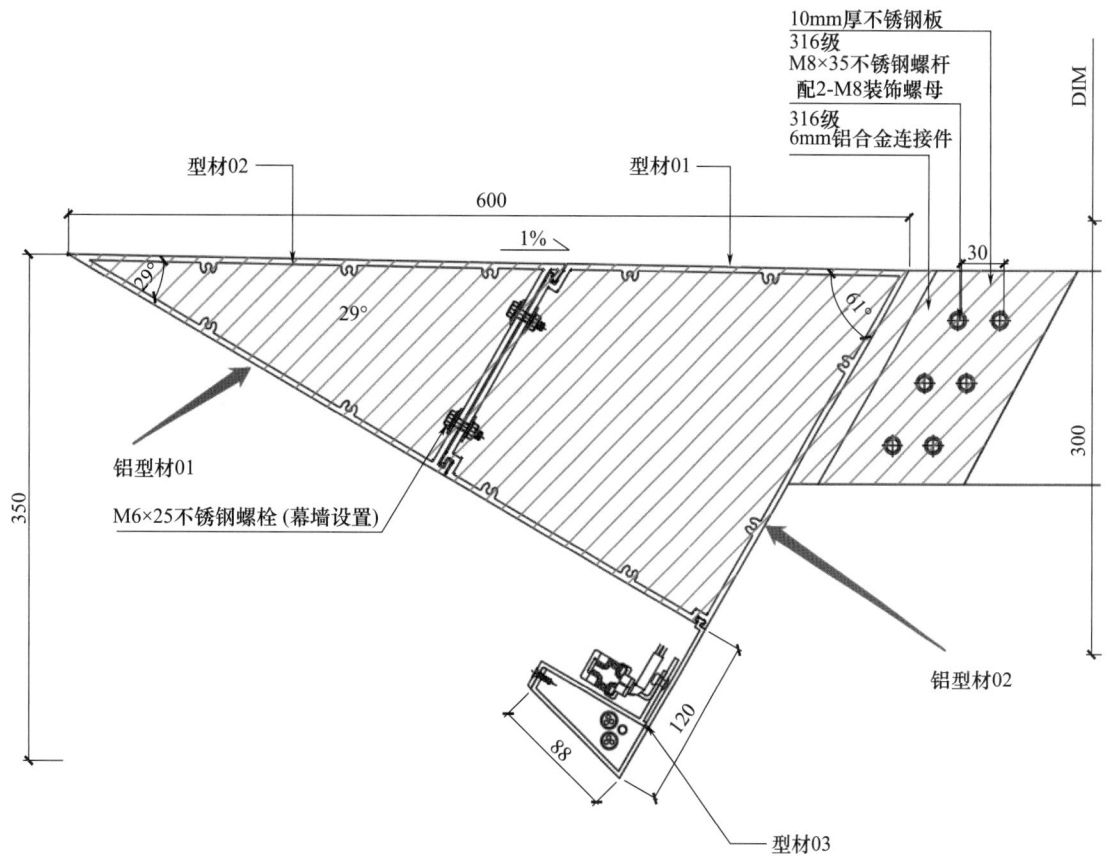

图 4 横向铝板遮阳装饰线条竖剖图（方案二）

4.2 遮阳装饰线条方案的最终设计

如何实现工厂化加工，装饰构件实现批量化生产，同时现场实现单元板块式安装，减少现场安装所需时间，是整个设计的关键。装配式设计、整体吊装是一个可行的选项。经过前期两次方案的调整，结合现场实际样板的反复比对，最终确定铝板开槽一体折弯成型＋铝合金型材组合骨架＋焊接一体成型方案（图5～图7）。下文针对横向超大规格铝板线条的设计要点进行总结。

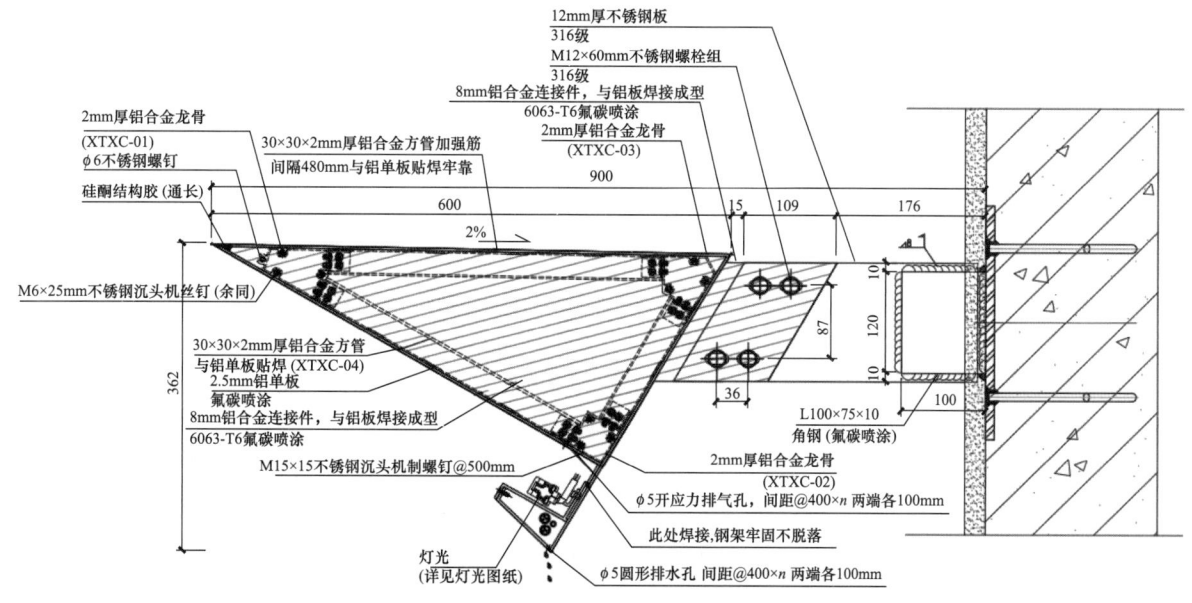

图 5 横向铝板遮阳装饰线条实施做法竖剖图

333

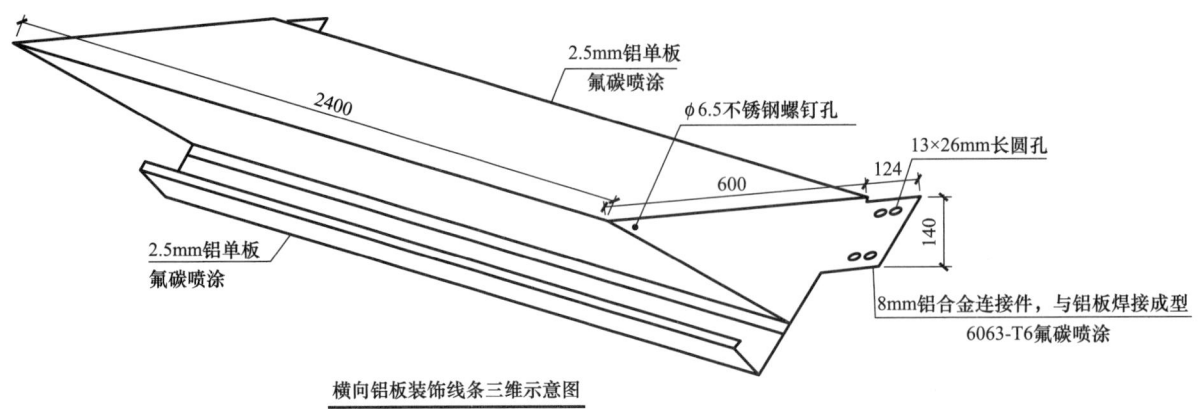

图 6　横向铝板遮阳装饰线条三维示意图

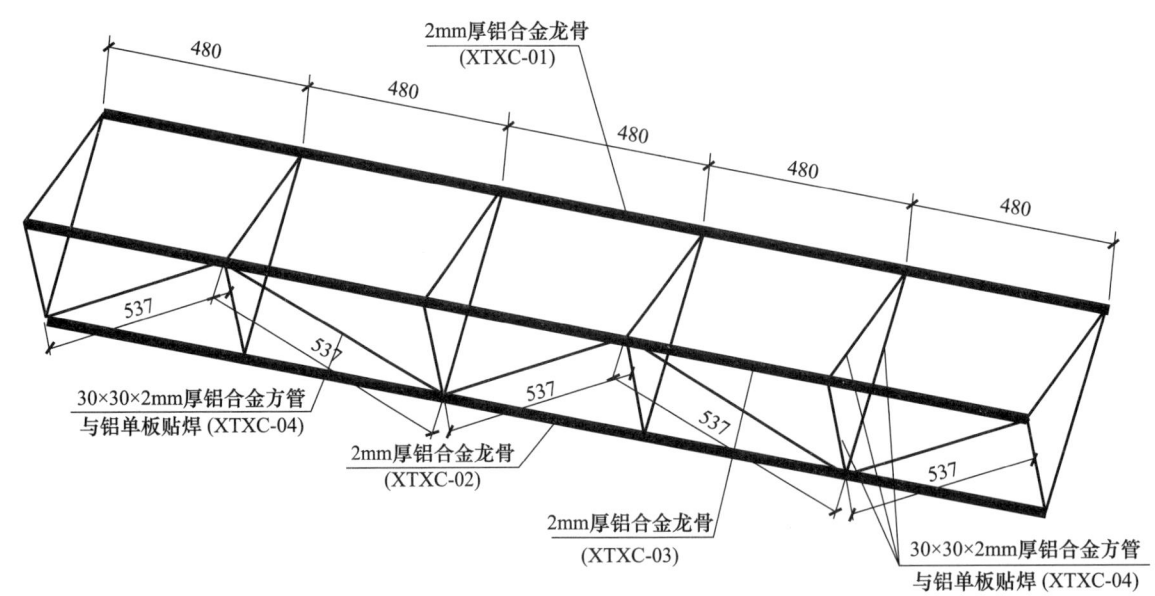

图 7　横向铝板遮阳装饰线条龙骨架三维示意图

4.2.1　铝板折弯并与侧封板一体焊接方案

该项目的横向铝板遮阳装饰线条是整个外立面的点睛之笔，业主及顾问方要求极其严格，仰视角度必须为一个整面，不能出现拼缝。遮阳装饰线条在竖向装饰线或玻璃幕墙板块分缝处预留 5mm 缝隙，上下层横向线条间，必须严格对缝处理。可选的材料有铝型材、铝单板、铝塑板等，但对于 600mm×350mm、750mm×350mm 线条，各种材料的选用都有限制条件要求，各有优、缺点。选用铝材一次性开模方案，很难实现如此大尺寸构件一体开模成型，必须选用两片式开模后再插接的方式，但这会在仰视角度观察到拼接缝，同时铝材厚度达到 4mm，该方案的装饰效果和经济性均不佳。另一方面，经与业内主要铝板生产厂家沟通，此装饰线造型可通过铝板折弯成型并与侧封板焊接方式，实现工厂化加工，在折弯铝板内侧加设铝通构件作为加强肋以保证铝板折弯后的平整度。经过工厂试加工，现场可视样板安装，满足业主方、方案设计单位、顾问公司的装饰效果要求，最终确定此方案。

4.2.2　铝板遮阳装饰线条与结构可靠连接的设计措施

选用铝板折弯并与侧封板一体焊接方案，解决了加工工艺及装饰效果问题，但结合项目处于台风多发地区，又邻近海边的实际情况，超大规格铝板遮阳装饰线条如何安全可靠地连接固定，是设计过程中亟待解决的一个难点问题。

横向超大规格铝板遮阳装饰线条的荷载计算如下：

地面粗糙度：B类；计算高度 $H=66.000\mathrm{m}$；风荷载标准值 $W_0=0.75\mathrm{kPa}$；局部风压体型系数 $\mu_{s1}=2.0$；风压高度变化系数 $\mu_z=1.76$；依据《广东省建筑结构荷载规范》(DBJ 15-101—2014)，计算结果如下：

风荷载标准值：$W_{kx}=4.31\mathrm{kPa}$，水平荷载组合设计值：$S_{xx}=1.5\times1.0\times W_{kx}=6.47\mathrm{kPa}$。

校核计算过程节选如下（图8）：

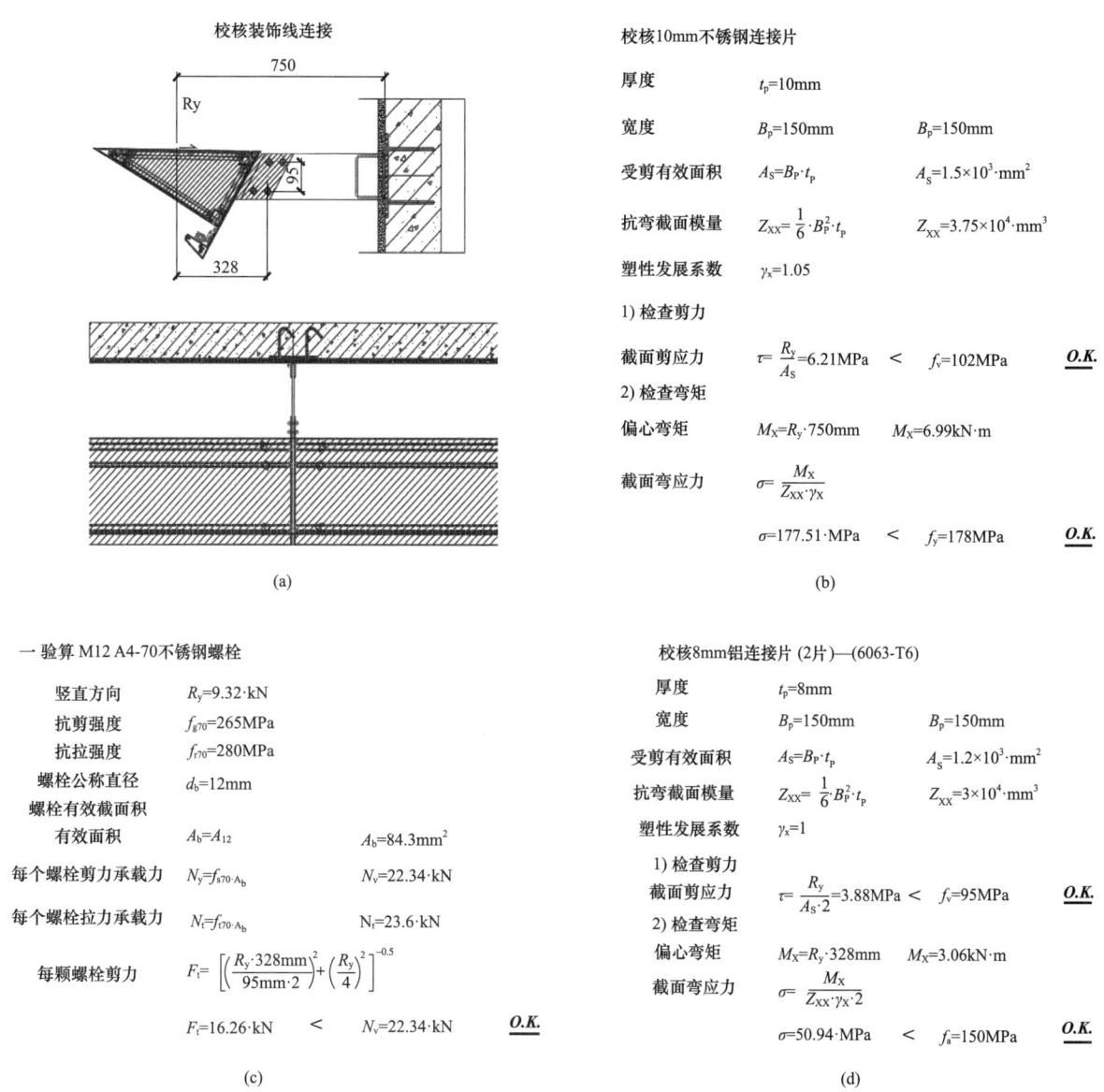

图8 校核计算过程节选

依据以上计算结果，侧封板选用8mm厚铝材连接板（牌号：6063-T6），与主体预埋钢板连接选用L100×75×10角钢（双肢），转接板选用10mm不锈钢板（牌号：316级），不锈钢连接板与角钢件通过焊缝连接。8mm厚铝材连接板与10mm不锈钢板选用4颗M12×60mm不锈钢螺栓组（牌号：316级）可靠连接，8mm厚铝材连接板与焊接一体成型装饰线内侧铝通骨架单侧选用7颗M6×25mm不锈钢沉头机丝钉连接固定，侧封8mm铝材连接板与饰面3.0mm铝单板间采用铝焊可靠焊接处理，一体成型。此方案确保实现整个超大规格铝板遮阳装饰线条可靠固定连接（图9～图11）。

4.2.3 装饰铝板与内侧铝合金骨架、侧封铝材连接板铝焊接质量的工艺要求（图12）

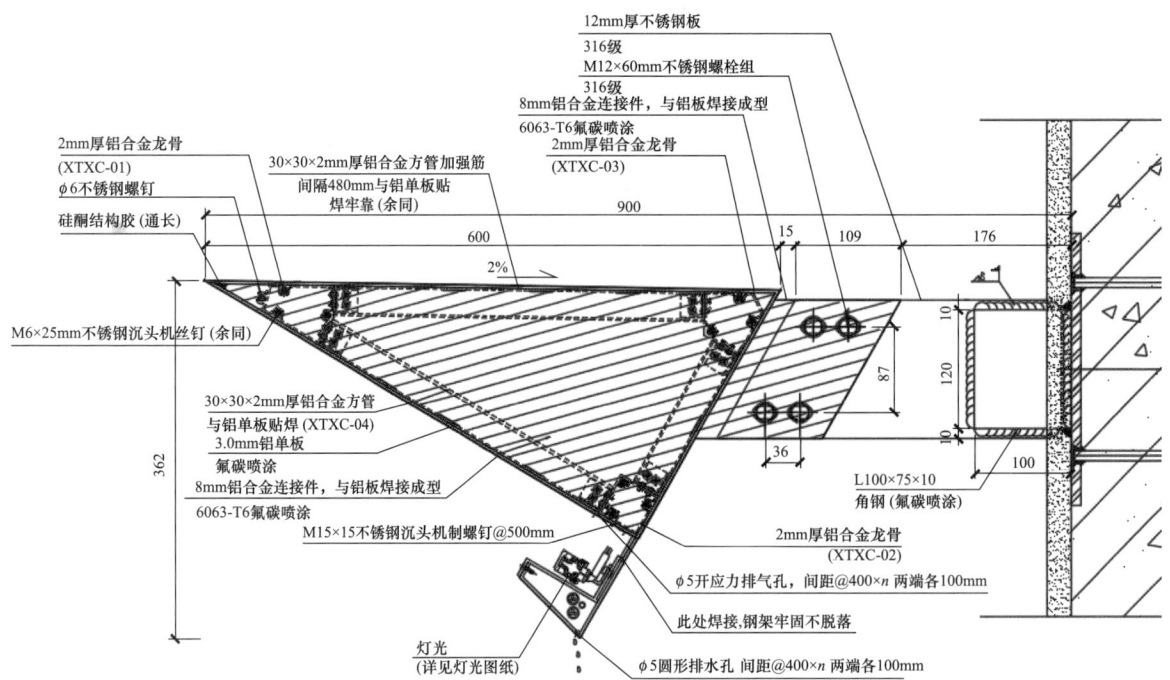

图 9　横向铝板遮阳装饰线条支座固定示意图（一）

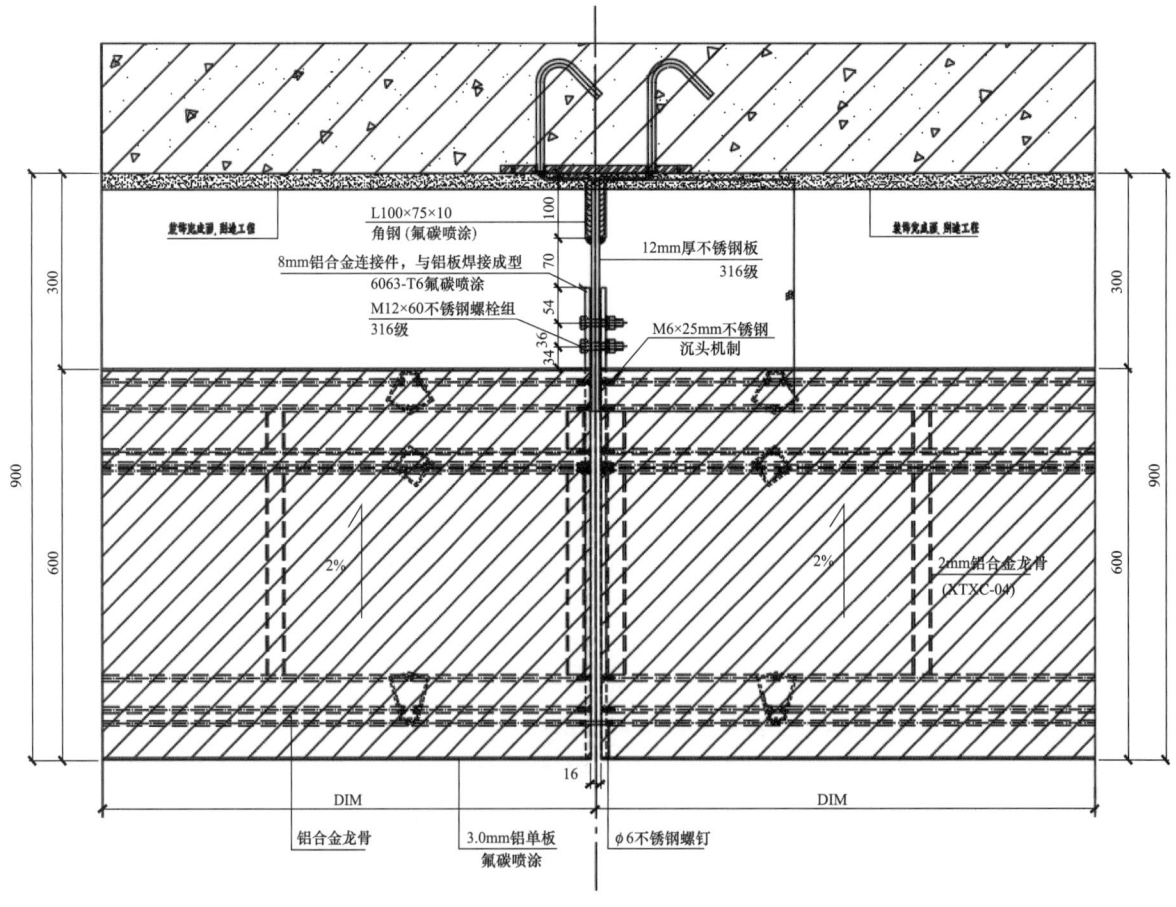

图 10　横向铝板遮阳装饰线条支座固定示意图（二）

 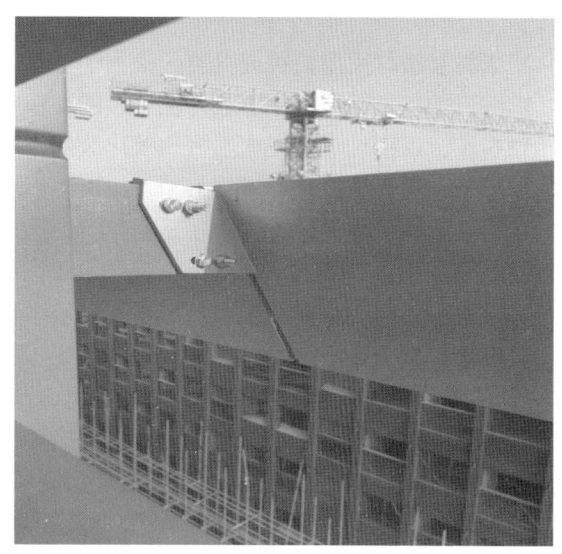

图 11 横向铝板遮阳装饰线条现场安装实例

图 12 横向铝板遮阳装饰线条焊接加工成品

4.2.3.1 材料

1）焊接使用的母材和焊丝应具有产品质量证明文件；

2）母材和焊丝应妥善保管，不得损伤、污染和腐蚀；

3）铝焊接母材应符合现行国家标准《一般工业用铝及铝合金板、带材 第1部分：一般要求》（GB/T 3880.1）、《一般工业用铝及铝合金板、带材 第2部分：力学性能》（GB/T 3880.2）、《一般工业用铝及铝合金板、带材 第3部分：尺寸偏差》（GB/T 3880.3）等的有关规定；

4）焊接材料：采用母材焊接时所选用的焊丝，应符合现行国家标准《铝及铝合金焊丝》（GB/T 10858）的有关规定，焊接铝镁合金时，应选用含镁量与母材相同或比母材高的焊丝，本例建议选用焊丝牌号为 SAL3103。

4.2.3.2 铝焊接操作要求

1）承接加工业务的铝板加工厂应具备健全的铝焊接施工质量管理体系和管理制度，焊接施工前应具备以下条件：①编制的焊接工艺文件已经批准；②已经进行图纸会审和技术交底；③材料、机具符合使用要求。

2）在掌握材料的焊接性能后，必须在大批量焊接加工前进行工艺评定。

3）焊工施焊前，应熟悉所焊母材的种类、焊接材料、焊接工艺及焊接接头的质量要求，并应按焊接工艺要求施焊。

4) 铝材及板材采用机械或等离子弧方法切割下料。

5) 坡口加工宜采用机械方法，加工后的坡口表面应平整，且无毛刺和飞边。

6) 焊丝、焊接坡口及表面油污和氧化膜的清除，应符合规范要求。

4.2.3.3 铝焊接工艺要求

1) 钨极惰性气体保护电弧焊宜采用交流电源，融化极惰性气体保护电弧焊应宜采用直流电源反接。

2) 正式焊接前，可在试板上进行堆焊试验，待调整好各工艺参数后再进行正式焊接。

3) 焊接过程中应清除焊层焊道间的氧化物、夹渣等缺陷。

4.2.3.4 铝焊缝检验要求

1) 一般要求：①焊接质量检查人员应具有相应的资格证书；②检验人员应按设计文件要求，对工厂现场焊接工作进行检查；③焊接检查工作应与现场施焊操作同步进行。

2) 焊缝的外观检测：①检验人员应对焊工所焊的全部焊缝进行外观检查；②焊缝外观质量应满足焊缝与母材表面圆滑过渡，不得有裂纹、未熔合、气孔、氧化物夹渣及过烧缺陷；③角焊缝的焊角高度应大于或等于两焊件中较薄焊件母材厚度的70%，且不小于3mm。

以上内容从铝焊接材料、铝焊接操作、铝焊接工艺要求、铝焊缝检验要求等方面，针对铝焊接提出了相应要求，工厂施焊时应严格执行，确保焊接质量可靠安全。

5 结语

建筑行业的发展日新月异，建筑师赋予建筑外立面灵动的外观装饰效果，超大规格线条选用越来越多，实现这一方案的途径多种多样。本文就建筑外立面超大规格装饰线条造型选用铝板折弯造型与铝型材侧封板焊接设计要点进行了总结，依托现阶段行业内铝板加工生产企业的铝单板折弯加工工艺、铝焊接焊缝质量工艺水平，这一方案可以可靠实现。同时，该方案工厂一体化加工成型的思路，提高了加工的精度，实现了批量化生产，减少了现场的组装工序，成倍提高了现场安装工效，实现了单元式组装的设计初衷。

参考文献

[1] 中华人民共和国建设部. 金属与石材幕墙工程技术规范：JGJ 133—2001 [S]. 北京：中国建筑工业出版社，2001.

[2] 中华人民共和国国家质量监督检验检疫总局，中国国家标准化管理委员会. 建筑幕墙：GB/T 21086—2007 [S]. 北京：中国标准出版社，2008.

[3] 中华人民共和国建设部. 玻璃幕墙工程技术规范：JGJ 102—2003 [S]. 北京：中国建筑工业出版社，2003.

异形转角一体单元幕墙板块的设计与安装分析

◎ 张立成　黄建峰　杨友富　李荣年

中建深圳装饰有限公司　广东深圳　518003

摘　要　本文介绍了中国电子深圳湾总部基地项目（一标段）塔楼内弧转角内倒渐变式单元幕墙设计情况，重点解析模型定位点数据分析与利用；在满足幕墙各项性能要求的前提下，通过巧妙的设计方案及安装校核尺寸，降低材料下单及加工难度，降低项目成本。充分利用模型数据，为生产加工及材料安装提供定位校核尺寸，控制安装精度，顺利实现板块逐层周圈的闭合。

关键词　内倒渐变式建筑；渐变尺寸；参数化

1　引言

随着建筑造型的多样化、复杂化，其建造难度也日趋增加。复杂的建筑造型往往会形成一些不规则的异形板块，造成设计难度大、加工难度大、安装难度大等问题，大大增加了项目成本。本文以中国电子深圳湾总部基地项目为例，对其异形转角一体化板块的设计和安装进行具体分析，以供行业人士参考交流。

中国电子深圳湾总部基地项目位于改革开放的最前沿——深圳市大湾区，该项目临海而立，拥享一线壮阔海景，总建筑面积约为 20.5 万 m²，项目涵盖 CEC 总部办公区、超甲级办公区、国际豪华五星级服务式公寓等功能，定位为综合化、立体化新型城市社区（图1和图2）。

图1　整体效果图

图2　塔楼近景照片

本工程一共有 4 座塔楼，其中 1A、1B 两栋塔楼内弧为内倒渐变式单元幕墙，1A 塔楼高 161.25m，一共 35 层，由 3391 个单元板块组成；1B 塔楼高 107.025m，一共 23 层，由 2147 个单元板块组成。本工程通过建立模型将幕墙板块及边缘结构数据结合起来进行分析研究。在几何分析模型方面，通过点、线、面的规律找到模型参数及后期生产施工的各种数据，加以归纳优化，提高生产效率。在节点分析模型方面，充分利用整体及局部模型取得的数据体现构造特点，利用局部模型放样验证具体的设计思路。

2 异形转角一体板块的设计分析

2.1 异形转角板块的尺寸分析

1A 塔楼内弧左转角角度变化范围 98.32°～95.51°，右转角角度变化范围 109.3°～105.4°；1B 塔楼内弧左转角角度变化范围 109.3°～105.94°，右转角角度变化范围 98.32°～95.69°。两座塔楼内弧转角角度变化范围均在 3°左右，变化不大。因此转角钢地台码的角度采取居中统一的方式，减少地台码的种类，钢地台码的角度最终分为左右转角，定为两种。考虑到转角板块、转角装饰线条的安装效果以及板块的运输等问题，将尺寸较小的转角板块进行合并，尺寸较大的转角板块独立安装，在满足板块强度、降低运输费用的前提下，最大程度保证了外观效果（图 3）。要确定转角板块合并的原则，首先要将转角板块的尺寸进行统计，然后再与加工厂进行沟通，确定一个便于运输，便于组装的板块尺寸的最大值（图 4 和图 5），再结合受力计算、材料成本来确定一个分界尺寸，比这个尺寸小的板块合并为一个板块，比这个尺寸大的板块分为两个板块单独吊装（图 6 和图 7）。

图 3 转角板块范围

2.2 异形转角板块的中立柱设计分析

转角一体板块的传力路径是当面板承受风荷载时，首先由面板把力传给转角中立柱和顶横梁，顶横梁再将力传给立柱，立柱再传给支座，最后传到主体结构。所以转角中立柱本身的截面需要复核强度以及挠度要求，中立柱与顶底横梁的连接点应该保证足够的强度。取两种最不利工况进行核算（图 8 和图 9）。然后将荷载和挠度进行组合计算，来验算中立柱的截面参数是否满足要求（图 10～图 19）。

| A座转角板块合并原则 ||||||||
| 楼层 | 转角1(右下角) |||| 转角2(右下角) ||||
	直面分格尺寸	内弧面分格尺寸	对角线尺寸	是否合并为一个单元板块	直面分格尺寸	内弧面分格尺寸	对角线尺寸	是否合并为一个单元板块
3F	1410	1833	2468	否	1632	1481	2540	否
4F	1257	1861	2392	否	1473	1539	2455	否
4F	1104	1891	2322	否	1313	1597	2377	否
6F	950	1919	2260	否	1154	1655	2306	否
7F	797	1948	2207	是	994	1713	2243	否
8F	644	1977	2164	是	835	1771	2190	否
9F	2290	2005	3252	否	676	1829	2145	是
10F	2137	2034	3453	否	2317	1887	3428	否
11F	1936	2072	3029	否	2108	1963	3311	否
12F	1830	2092	2968	否	1998	2002	3252	否
13F	1677	2120	2883	否	1840	2060	3172	否
14F	1316	2188	2707	否	1466	2197	3004	否
15F	1363	2179	2728	否	1515	2179	3024	否
16F	1207	2209	2661	否	1353	2238	2960	否
17F	1050	2238	2602	否	1191	2297	2902	否
18F	893	2268	2551	否	1029	2356	2853	否
19F	737	2297	2508	否	867	548	1146	是
20F	2380	2327	3552	否	705	594	1040	是
21F	2175	2365	3428	否	2294	655	2553	否
22F	2019	486	2155	是	2132	702	2424	否
23F	1913	498	2024	是	2023	733	2333	否
24F	1709	515	1833	是	1862	780	3733	否
25F	1600	532	1735	是	1700	827	2083	否
26F	1443	549	1594	是	1539	873	1965	否
27F	1287	566	1455	是	1377	920	1852	否
28F	1130	583	1321	是	1216	966	1745	否
29F	973	600	1192	是	1055	1013	1647	否
30F	817	618	1070	是	894	1059	1558	否
31F	660	635	959	是	733	1106	1480	否
32F	2303	653	2454	否	2372	1152	2990	否
33F	2147	669	2309	是	2211	1199	2780	否
ROOF	1995	685	2171	是	2055	1244	2670	否

转角板块合并原则：1.对角线尺寸小于2400(转角板块对角线大于2400工厂组装以及运输会受影响)；2.直面、内弧面分格尺寸小于800(小于800的分格可以共用地台码)；同时满足这两个条件则转角合并为一个单元板块，否则分两个独立板块分别吊装。

图4　1A塔楼板块合并原则

| B座转角板块合并原则 ||||||||
| 楼层 | 转角2(左下角) |||| 转角2(左下角) ||||
	直面分格尺寸	内弧面分格尺寸	对角线尺寸	是否合并为一个单元板块	直面分格尺寸	内弧面分格尺寸	对角线尺寸	是否合并为一个单元板块
3F	1410	1833	2468	否	1632	1481	2540	否
4F	1257	1861	2392	否	1473	1539	2455	否
5F	1104	1891	2322	否	1313	1597	2377	否
6F	950	1919	2260	否	1154	1655	2306	否
7F	797	1948	2207	是	994	1713	2243	否
8F	644	1977	2364	是	835	1771	2190	否
9F	2290	2005	3252	否	676	1829	2145	是
10F	2137	2034	3153	否	2317	1887	3428	否
11F	1936	2072	3029	否	2108	1963	3311	否
12F	1830	2092	2968	否	1998	2002	3252	否
13F	1677	2120	2883	否	1790	2060	3172	否
14F	1316	2188	2707	否	1466	2197	3004	否
15F	1353	2179	2728	否	1515	2179	3024	否
16F	1207	2209	2661	否	1353	2238	2960	否
17F	1050	2238	2602	否	1191	2297	2902	否
18F	893	2268	2551	否	1029	2356	2853	否
18F	737	2297	2508	否	867	629	1146	是
20F	2380	2327	3552	否	2299	594	2528	是
21F	2175	2365	3428	否	2294	655	2553	否
22F	2019	1908	3338	否	2132	702	2421	否

转角板块合并原则：1.对角线尺寸小于2400(转角板块对角线大于2400工厂组装以及运输会受影响)；2.直面、内弧面分格尺寸小于800(小于800的分格可以共用地台码)；同时满足这两个条件则转角合并为一个单元板块，否则分两个独立板块分别吊装。

图5　1B塔楼板块合并原则

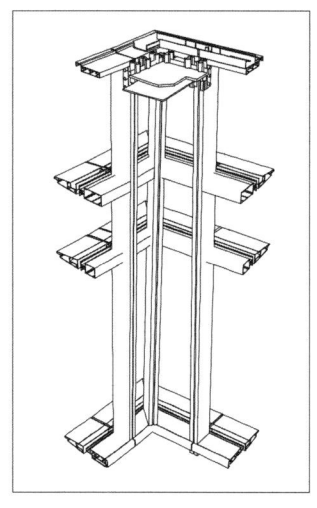

图 6　转角一体板块模型

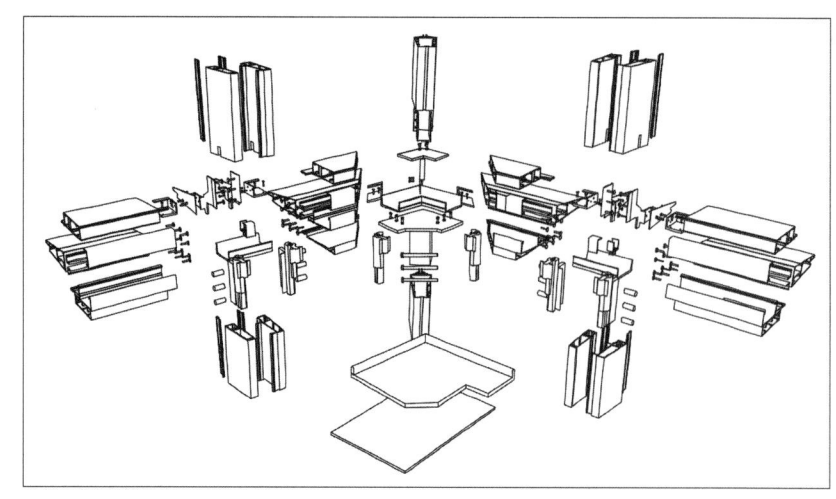

图 7　转角一体板块顶部连接爆炸图

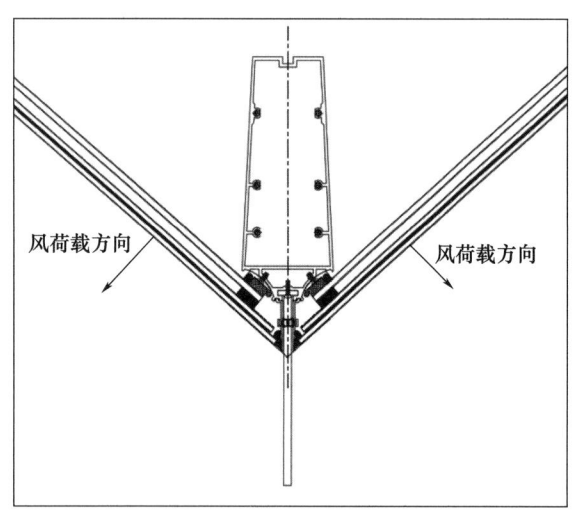

图 8　工况一

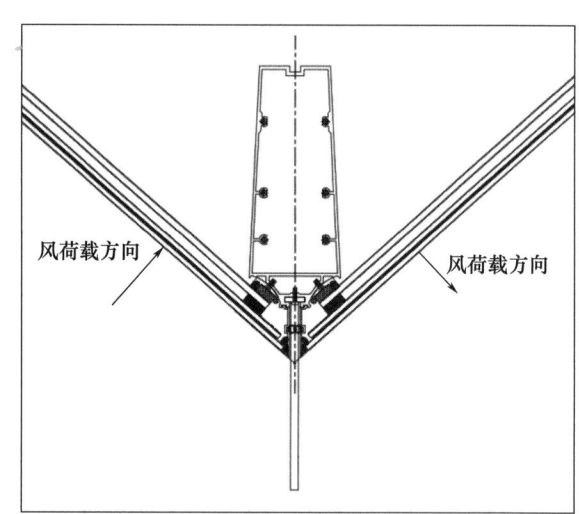

图 9　工况二

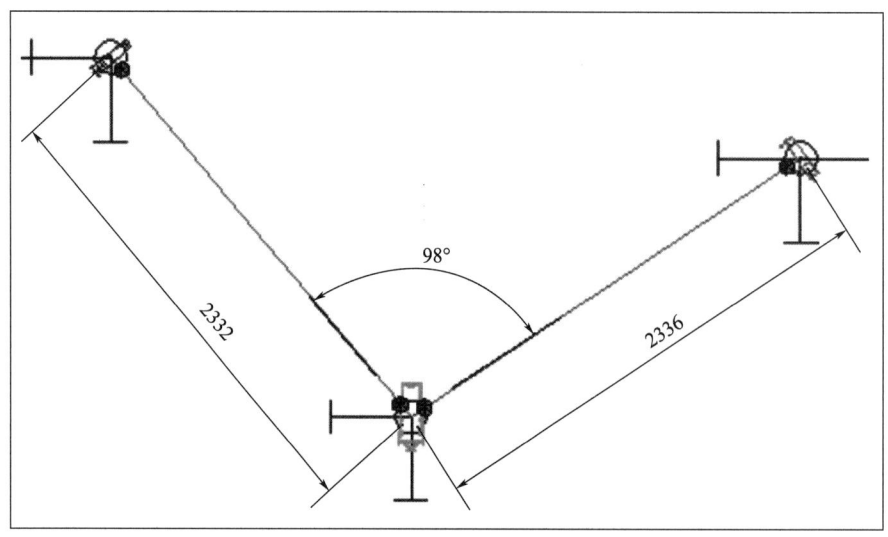

图 10　取最大分格进行计算

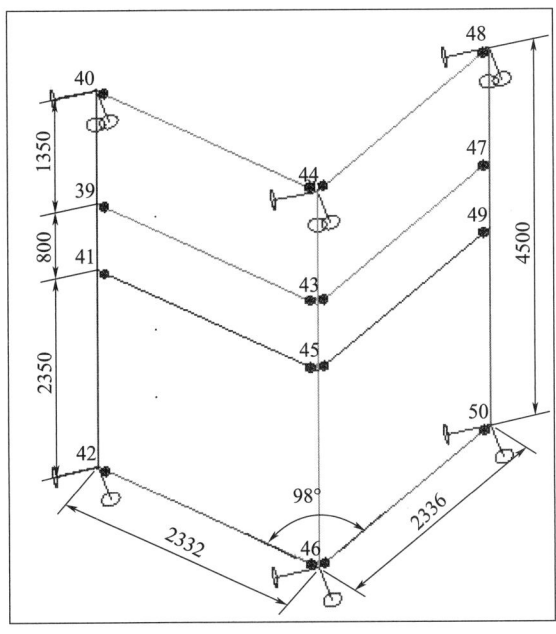

图 11 计算模型

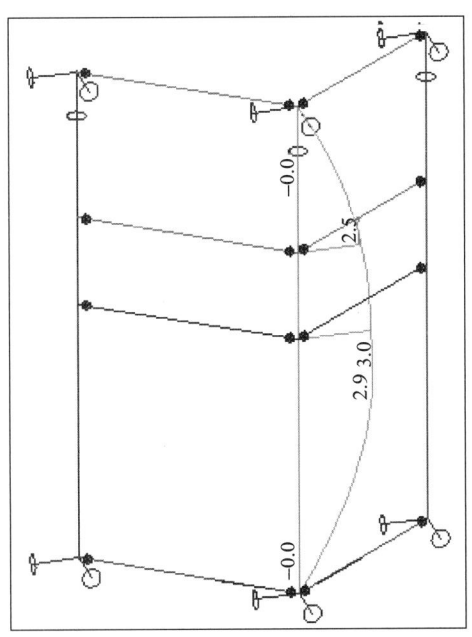

图 12 工况 1 弯矩 M_2 图（kN·m）
$M_{12} = 3.0$ kN·m

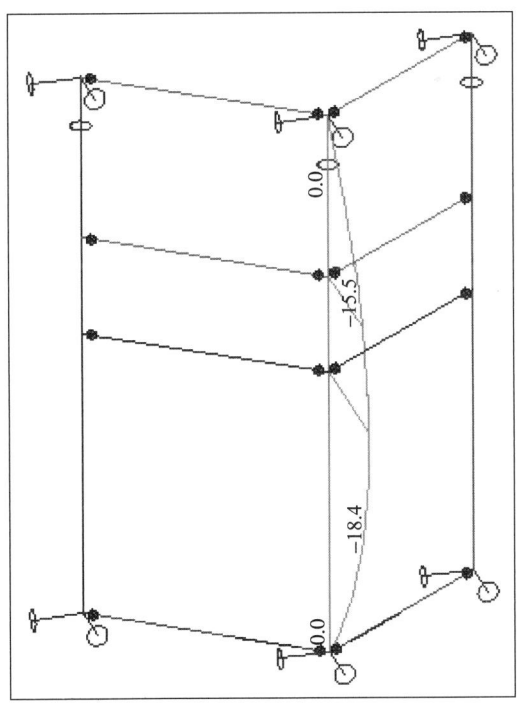

图 13 工况 1 弯矩 M_3 图（kN·m）
$M_{13} = 18.4$ kN·m

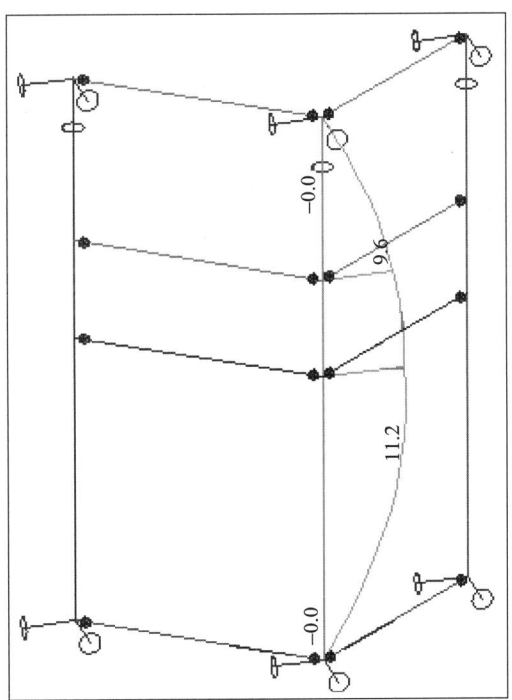

图 14 工况 2 弯矩 M_2 图（kN·m）
$M_{22} = 11.2$ kN·m

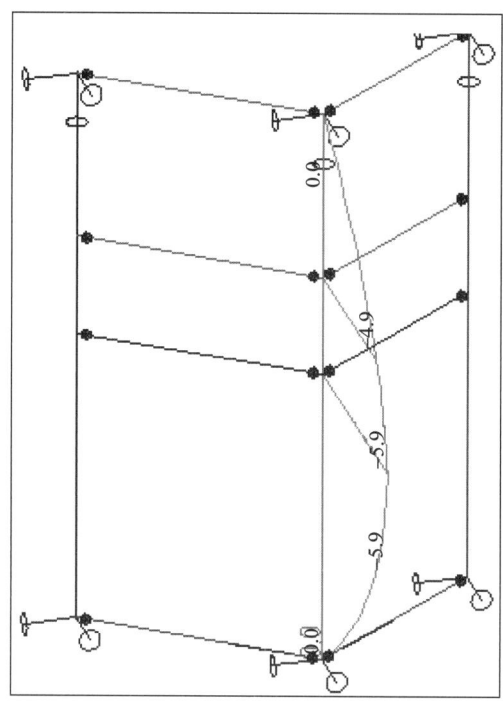

图 15 工况 2 弯矩 M_3 图 (kN·m)

$M_{23}=5.9$ kN·m

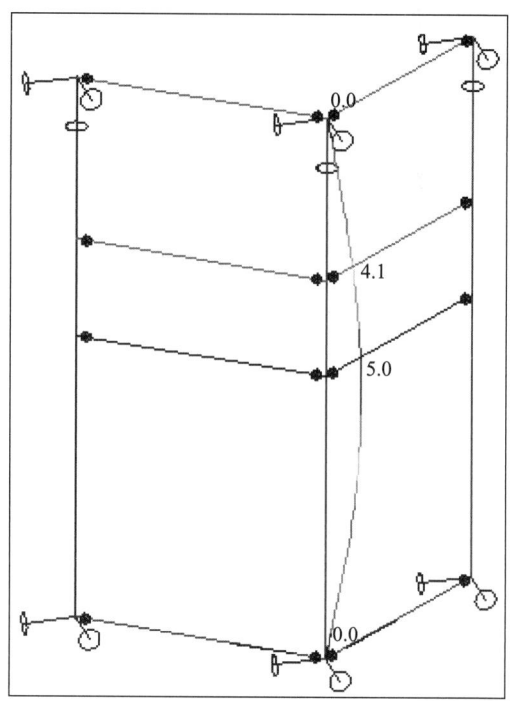

图 16 工况 1 变形图 U_x (mm)

$d_{1x}=5.0$ mm

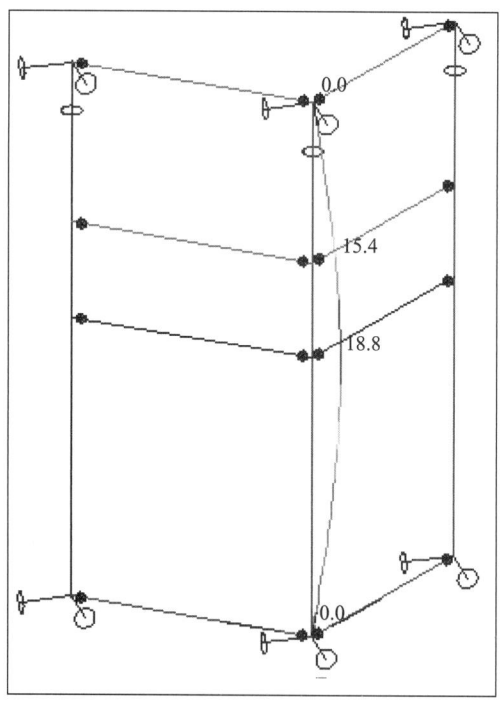

图 17 工况 2 变形图 U_x (mm)

$d_{2x}=18.8$ mm

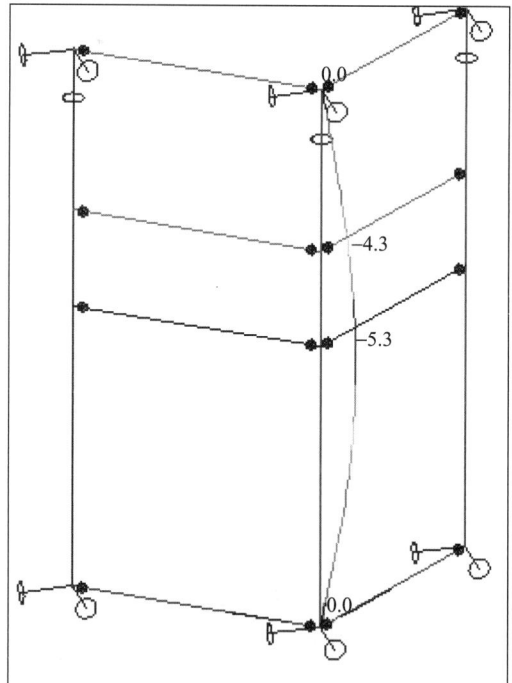

图 18 工况 1 变形图 U_y (mm)

$d_{1y}=5.3$ mm

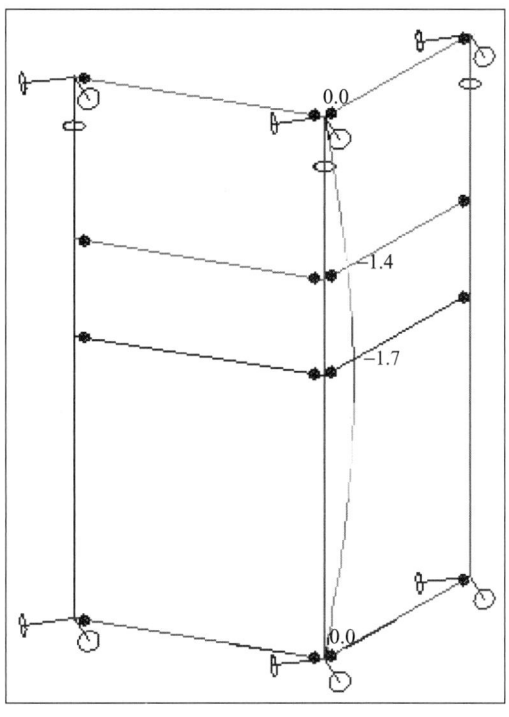

图 19 工况 2 变形图 U_y（mm）

$d_{2y}=1.7\text{mm}$

2.3 异形转角板块的连接分析

转角板块可根据尺寸大小合理布置铝地台码，对于直面分格尺寸小于 800mm 的小板块，直面另一侧可与旁边的直面板块共用一个铝地台码；对于左右分格尺寸均大于 800mm 的大板块，则单独布置铝地台码，不与邻近板块共用；对于内弧分格尺寸小于 800mm 的小板块，内弧另一侧可与旁边的内弧板块共用一个铝地台码；对于直面和内弧分格尺寸均小于 800mm 的小板块，直面和内弧两侧均可与临近板块共用一个铝地台码（图 20～图 23）。

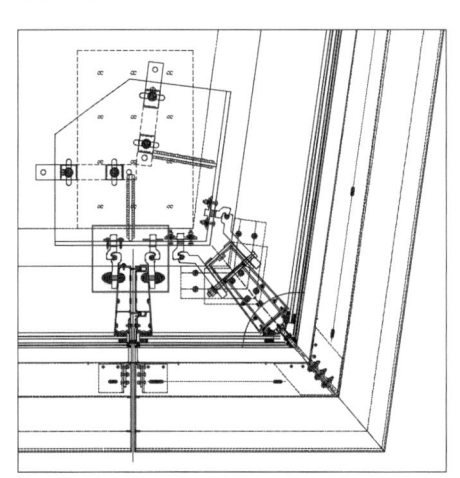

图 20 直面共用地台码情况

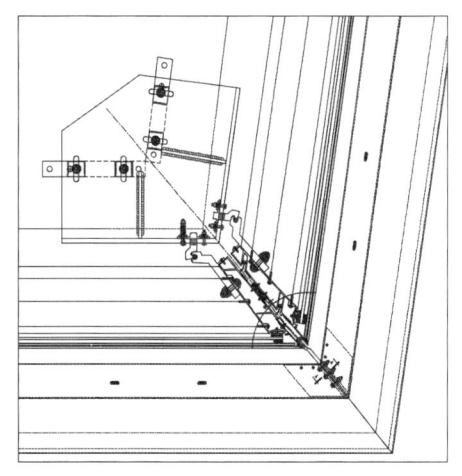

图 21 无共用地台码情况

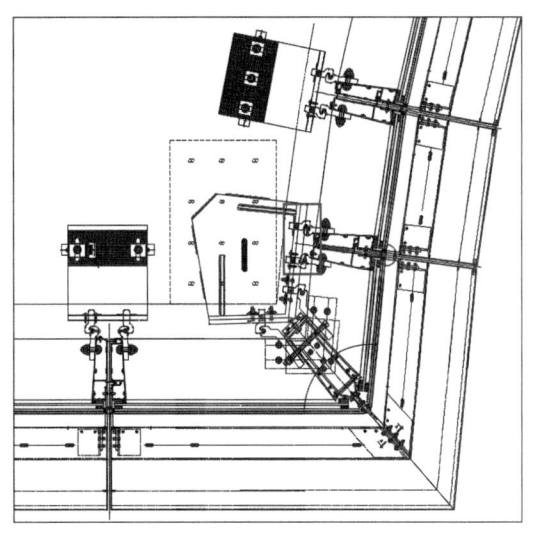
图 22　内弧共用地台码情况

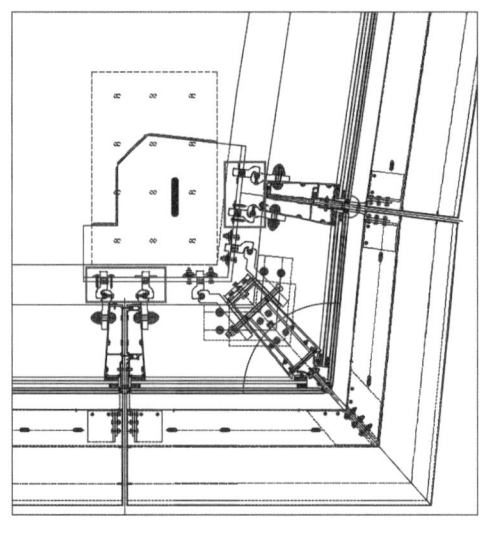
图 23　直面和内弧均共用地台码情况

2.4　转角装饰线条的连接分析

装饰线条在安装的过程中，由于板块的安装偏差，可能会导致线条安装不平整，室外面不美观，并且强行安装可能会导致型材变形并产生一定的装配应力，对连接结构不利，安装效率低下。因此为了适应板块的安装偏差，对装饰线条增加了调节系统。对装饰线条与连接挑件之间的连接角码进行改进，在上面增加长圆孔以及锯齿，通过长圆孔进行有效调节，利用锯齿垫片进行限位，实现结构安全与外观的有机结合（图24）。

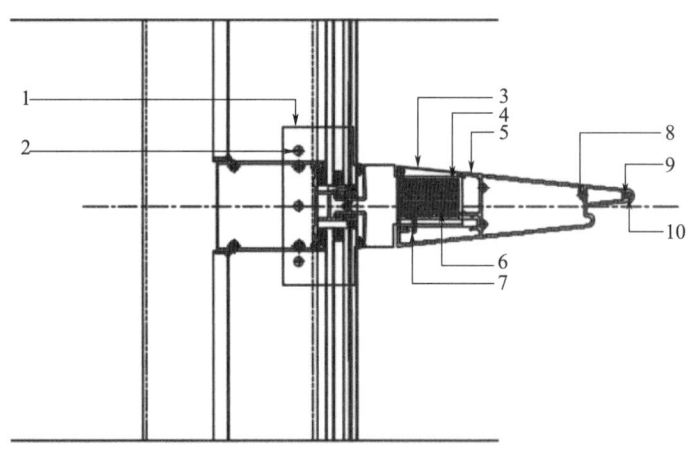
图 24　装饰线条横剖节点

1—连接挑件；2—连接螺钉；3—装饰扣盖；4—调节角码；5—装饰线条；6—锯齿垫片；
7—连接螺钉；8—封口螺钉；9—胶条；10—插销

3　异形转角一体板块的安装分析

3.1　利用理论结构边线坐标点，提供现场放线依据

考虑到现场结构偏差对地台码安装的不利影响，通过与现场施工人员讨论，约定采用地台码后端点作为放线定位点，以此定位点坐标结合轴线作为各层各面的幕墙放线依据。此定位点坐标首先通过

模型读取数据进行汇总，再依据模型提供的基础数据，运用三角函数计算并校核，最终随放线图相关尺寸一并给到现场。同时在每10层的地台码的前端拉一根钢丝绳，用来检验中间楼层地台码的安装偏差，对偏差大的地台码进行调整（图25）。

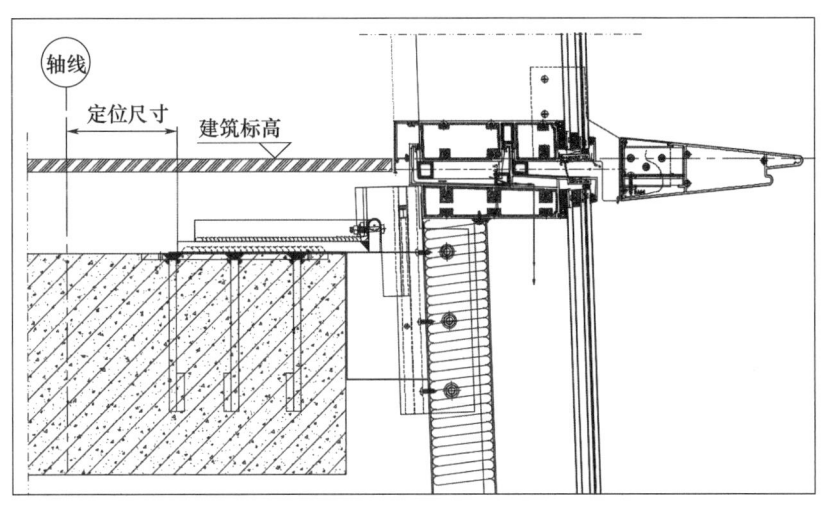

图25　地台码定位图

3.2　提供顶横梁测量点坐标尺寸，作为现场安装校核依据

为了避免安装误差累积，针对本工程造型特点，利用模型读取顶横梁后端点定位坐标，并进行逐层逐面的定位，再根据模型基础数据进行定位尺寸的校核，最终以此定位点坐标结合轴线、标高间距尺寸作为现场安装校核依据（图26）。

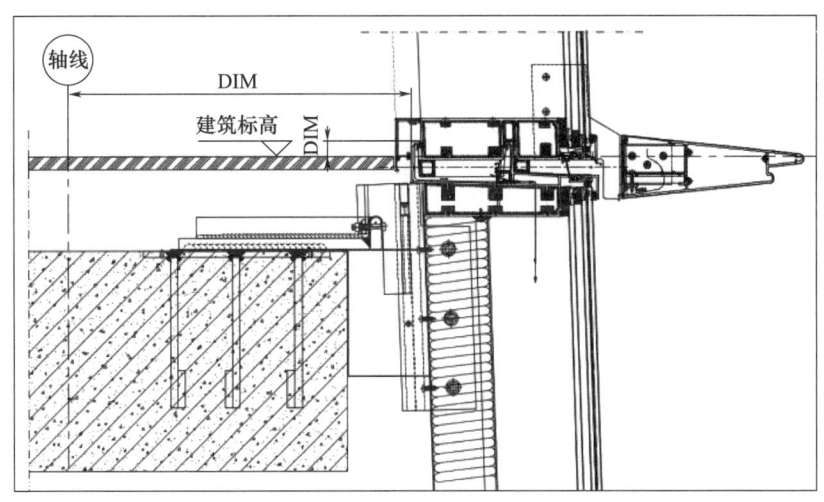

图26　顶横梁复测图

3.3　转角板块安装吊具分析

对于转角一体板块而言，若使用常规吊具，在邻近有板块的情况下，转角板块在上墙后会出现有一边吊具取不出来的情况。这种情况就需要将吊具拆解为可分离式吊具，以解决吊具取不出来的情况（图27和图28）。

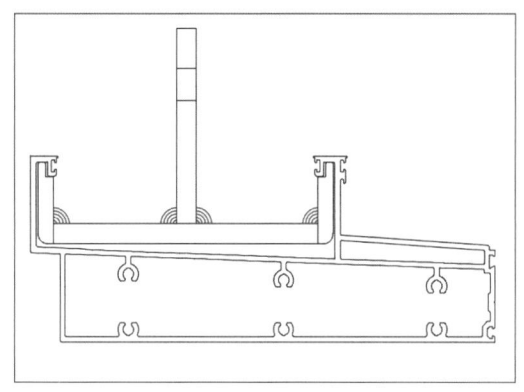

图27 常规吊具

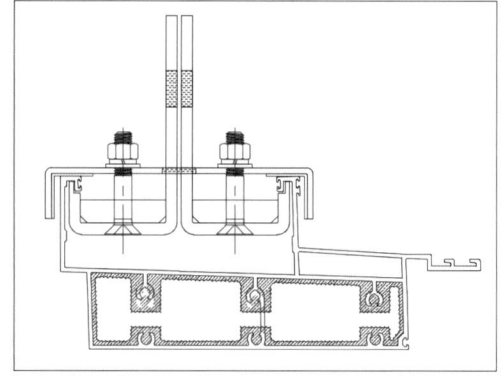

图28 可分离式吊具

4 异形转角一体板块的加工分析

4.1 异形转角板块的型材加工分析

由于此转角板块的造型复杂，并且存在尺寸突变的情况，用二维放样很容易出错，因此采用三维建模的方式，将此板块的所有构件均在模型中体现，这样板块型材之间的配合关系、板块与地台码之间的配合关系、板块与板块之间的配合关系就一目了然（图29）。将模型导成加工图，这样既便于检查，又不容易出错（图30）。

图29 板块三维图

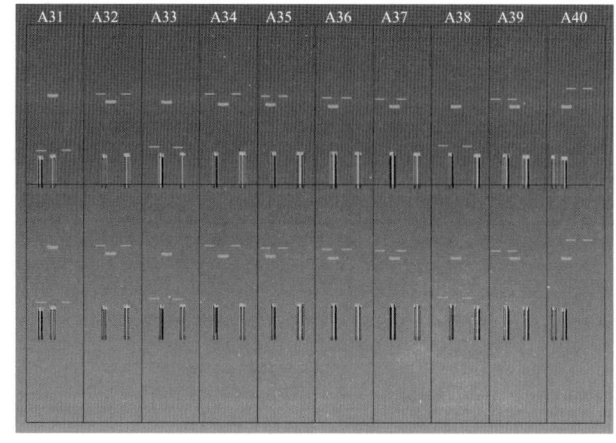

图30 导出型材加工图

4.2 异形转角板块的面板加工分析

中国电子项目的单元板块面板一共有三层，最外面是玻璃，其次是铝板，最后是镀锌钢板，这三种面板都是异形的。如果仅使用二维放样，不仅效率低，而且很容易出错，因此需要借助三维建模来辅助下单，先对模型进行核验，然后把玻璃加工图通过模型导出来，进行尺寸提取，并在二维图上得出最上面一块和最下面一块的玻璃尺寸，通过玻璃之间的尺寸关系将中间的玻璃尺寸也求出来，最后将模型导出的尺寸与二维图得出的玻璃的尺寸进行比较，尺寸能对应则验证玻璃尺寸无误（图31和图32）。其他面板也可采取同样的方式，可以大大减少错误率。

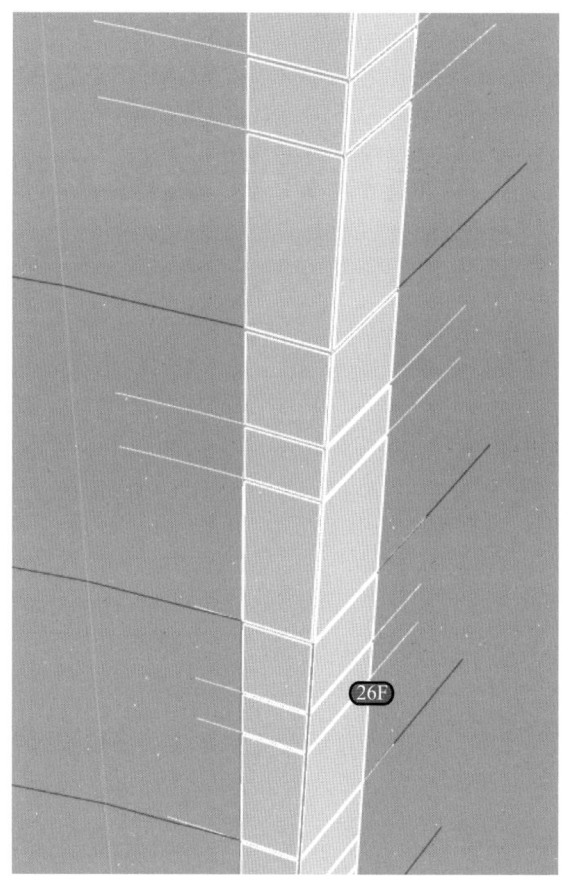

图 31　玻璃面板模型

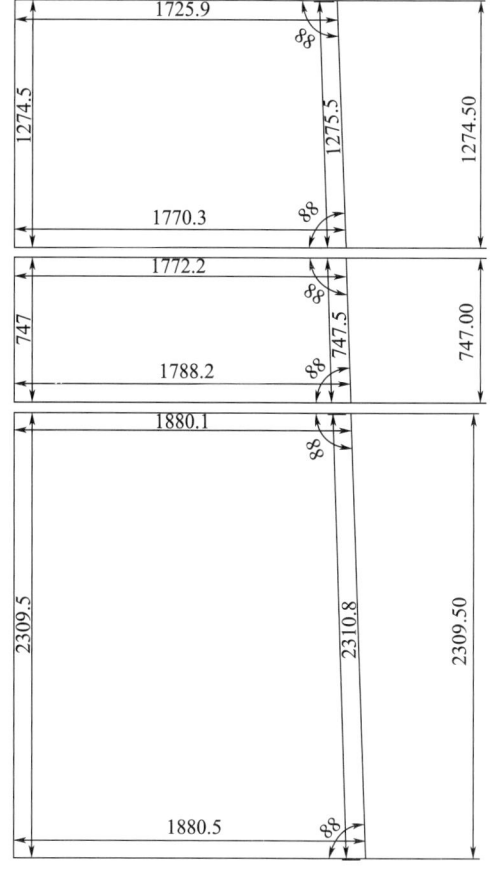

图 32　玻璃面板加工图

5　结语

建筑外观日趋复杂，建设周期日渐紧张，加工图难度剧增。大量的二维放样，各种构件之间的配合关系都需要具备较强的三维想象能力，这些在长期紧张的工作中，错误在所难免，并且设计效率低。对于单元板块而言，配套的构件较多，要能够准确地将这些构件的配合关系搞清楚是有一定难度的，特别对于异形的单元板块，构件的配合以及加工会更加复杂，出错的可能会更高，可能过程中投入了大量的设计力量但没有取得应有的效果，那么针对这种情况应该考虑采取一种新的方式来简化这些工作，提高工作效率。通过三维建模将传统二维放样三维具象化就是一种很好的思路，不仅避免了大量繁琐的二维放样，并且构件之间的配合关系都一清二楚，不需要较强的三维想象能力来进行人为转化，减少了错误率，提高了工作效率。本工程充分利用了模型提供的各项数据，验证了多项具体设计方案，对倾斜幕墙的通用节点设计具有一定的参考价值。材料下单以及加工安装阶段，在模型数据基础上引入参数化设计，将零散的模型数据转化为具体杆件的加工参数及安装定位数据，通过半自动化操作变革，降低了工作强度，提高了工作效率。

参考文献

[1] 中华人民共和国建设部．玻璃幕墙工程技术规范：JGJ 102—2003［S］．北京：中国建筑工业出版社，2003．

浅析某工程蜂窝铝板设计及施工难点

◎ 阮李奔　梁宏程　柳国玻

深圳广晟幕墙科技有限公司　广东深圳　518029

摘　要　本文对蜂窝铝板幕墙特点进行简单介绍，并根据本项目特性以及插接式蜂窝板系统在工程中的应用，对插接式蜂窝铝板系统的设计运用及安装上的重、难点等进行分析，供幕墙设计参考。

关键词　蜂窝铝板幕墙；插接式；施工控制

1　引言

随着现代主义建筑的快速发展，大家对建筑外墙立面及其效果有了更高的要求，金属幕墙以其优良性能及独特质感脱颖而出。蜂窝铝板无论是从上色、线条工艺、板块大小还是强度来说都是不错的选择，丰富了幕墙的表现力，可以最大限度地达到设计师想要的效果。本文重点结合工程实践对蜂窝铝板系统进行介绍。

2　工程概况

该项目包含 B3#、B5# 两栋厂房，B4# 一栋动力厂房及其他4栋附属单体（氮气站、氢氦站及危险仓库）的幕墙外立面施工（图1），包括但不限于百叶、铝板幕墙、蜂窝铝板幕墙、框架玻璃幕墙、雨棚、不锈钢栏杆、电动窗及埋件等制作及安装。总计工程量约 $71996m^2$，其中蜂窝铝板工程量约为 $48594m^2$，体量占比大，且整个工期非常紧张，对设计团队来说也是很大的挑战。

图1　局部立面效果图

3 蜂窝铝板系统介绍

蜂窝铝板是一种复合板材,一般由三大部分组成,即上下面板、蜂窝芯材和复合胶水(图2)。之所以称为蜂窝铝板,是因为其蜂窝芯与蜂巢结构相似,这种结构也能最大限度节省材料,面板则采用预辊涂等高级铝合金卷材,结合多种生产工艺精制而成,板材的色彩均匀且饱和,具有更好的耐候性和抗污性。这种复合板材具有以下优势:①大板面、高平整,无需任何加固措施,蜂窝铝板板面尺寸可达1500mm×5000mm,并能保持极佳的平整度;②质量轻,蜂窝铝板每平方米质量仅5~5.5kg,大大减轻了建筑物的承重载荷;③强度高,可承受高强度的压力和剪切力,不易变形,能满足超高层建筑抗风压的要求;④产品定制化,蜂窝铝板在尺寸、形状、漆面和颜色等方面可根据客户的需求量身定做;⑤安装简便,可任意顺序安装、每块墙板可单独拆卸、更换,提高安装维护的灵活性,降低成

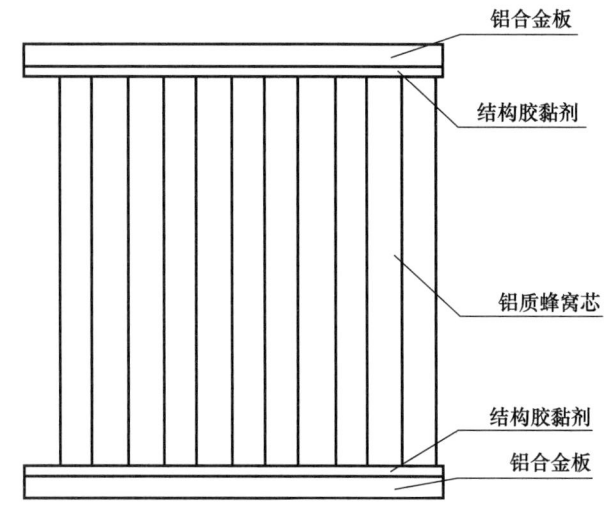

图2 以铝合金板材为面板的铝蜂窝板结构示意图

本;⑥盒式结构,蜂窝铝板为四周包边的盒式结构,具有良好的密闭性,提高了蜂窝铝板的安全性和使用寿命;⑦免焊接、无明钉,蜂窝铝板的基层和面层安装时,采用角码及螺丝连接,免除骨架焊接,且面层安装后现场无明钉,干净整洁。

由于蜂窝芯中的各蜂窝是封闭的,阻隔了空气的流通,使得声波以及热量受到有效阻隔,板材的声波和导热系数极大降低,从而有很好的隔音、隔热、保温效果,而且铝板为不燃材料,因而可以防火。不仅如此,蜂窝铝板还具有良好的定制化加工性能,可以根据不同的工程、不同板型多样化生产,是幕墙装饰材料的新选择。

3.1 插接式蜂窝铝板系统

本工程厂房蜂窝板标准宽度为1.5m,长度3.5~8m不等,大部分蜂窝板为超6m长的大板块。本系统采用25mm厚蜂窝铝板,即1.5mm氟碳辊涂铝板+22.7mm蜂窝板芯+0.8mm底板,蜂窝铝板四周预埋通长铝型材,不仅能提高安装的方便性,还能提高蜂窝板的整体性及连接强度(图3)。

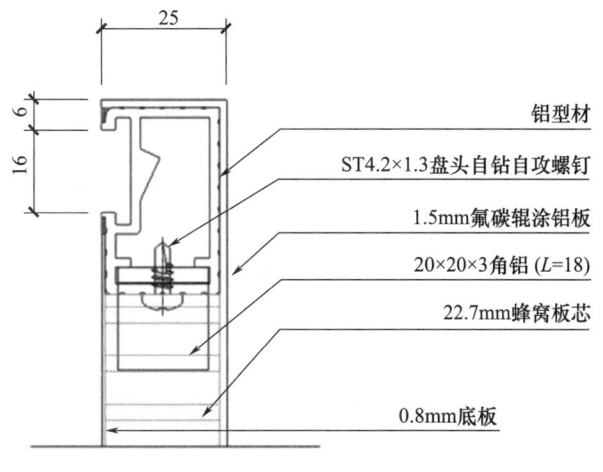

图3 本工程蜂窝铝板组成示意图

此前常见的蜂窝板挂接方式设计是采用螺栓挂接（图 4 和图 5），这种连接方式的弊端如下：①插接件与蜂窝铝板边框型材连接时，铝合金插接件的打钉方向为垂直于蜂窝面板方向，需要在铝合金插接件上铣缺避位开过孔；②竖向挂件的前后位置是通过挂座上的调节齿来调节的，调节齿间距为 2mm，并且由于板块大挂点较多，施工过程中工人必须确保每个挂点的调节齿位保持一致，如果有疏忽，前后调节错一个齿，就会造成 2mm 以上的误差，导致板面的不平整；③板块的上边挂码需要竖向打钉固定在横梁前端挂钩上，安装时就需要安装好下面的蜂窝铝板之后，再安装上面的蜂窝铝板，对现场的材料组织和施工要求高；④维护时需从上往下拆除蜂窝铝板进行修复，比较费时费工。

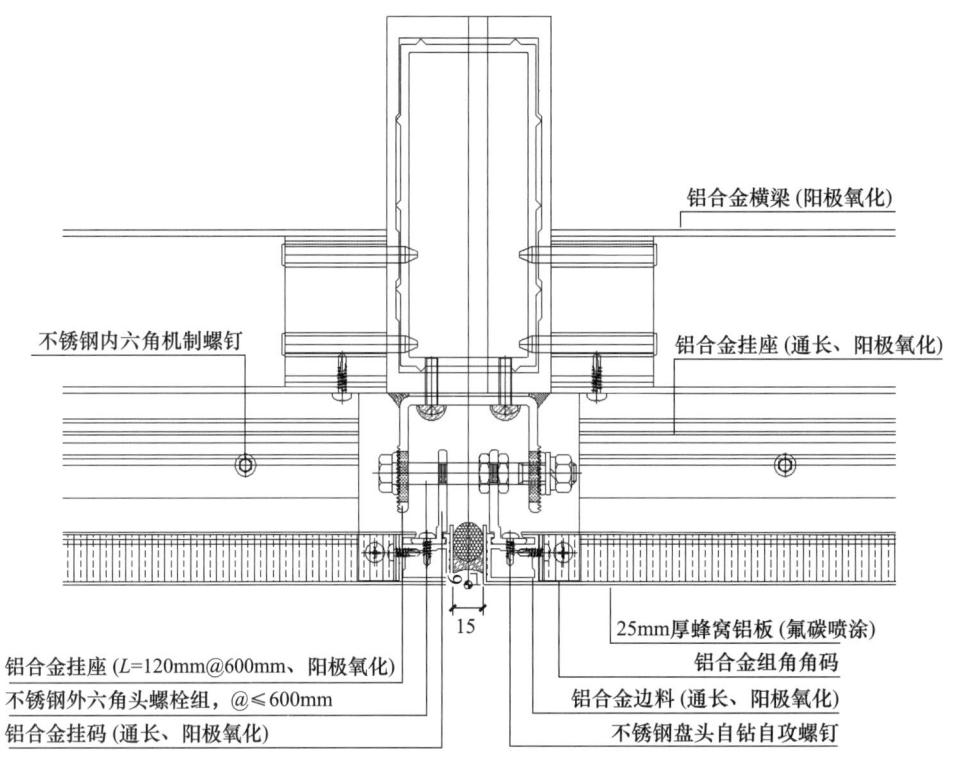

图 4　原横剖节点

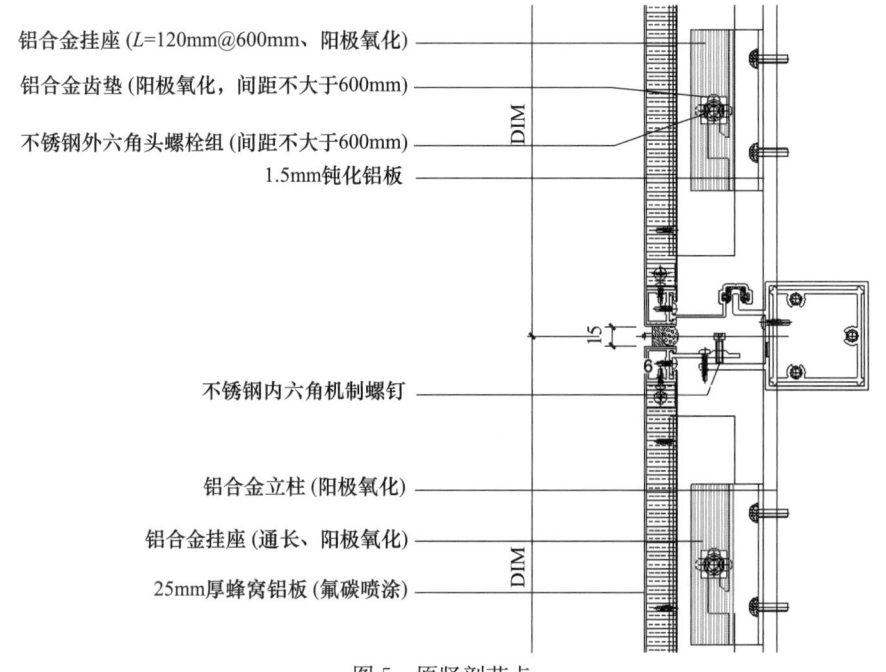

图 5　原竖剖节点

本工程方案通过优化铝合金龙骨及插接件等方式，有效解决了螺栓挂接的弊端（图6和图7）。具体方案如下：采用铝合金龙骨，铝合金立柱及横梁前端设有匹配铝合金插接件凹槽的挂钩，采用顶部挂接打钉，蜂窝板两侧插接，并在插接位置设置软性胶垫，以适应板块与竖向龙骨之间少量变形导致的误差，并且将底部也调整为插接样式。这种连接方式的好处是将铝合金插接件与蜂窝铝板边框型材互相勾接加打钉固定，双重受力体系更加稳固。不仅如此，插接件的打钉固定方向是斜向带一定角度，避免提前在铝合金插接件上铣缺避位开孔，减少一道加工工序。同时，铝合金插接件端头有小凸起可以顶住蜂窝铝板边框型材，使得铝合金插接件在蜂窝铝板边框型材凹槽内不会左右晃动，铝合金插接件的定位更精准。

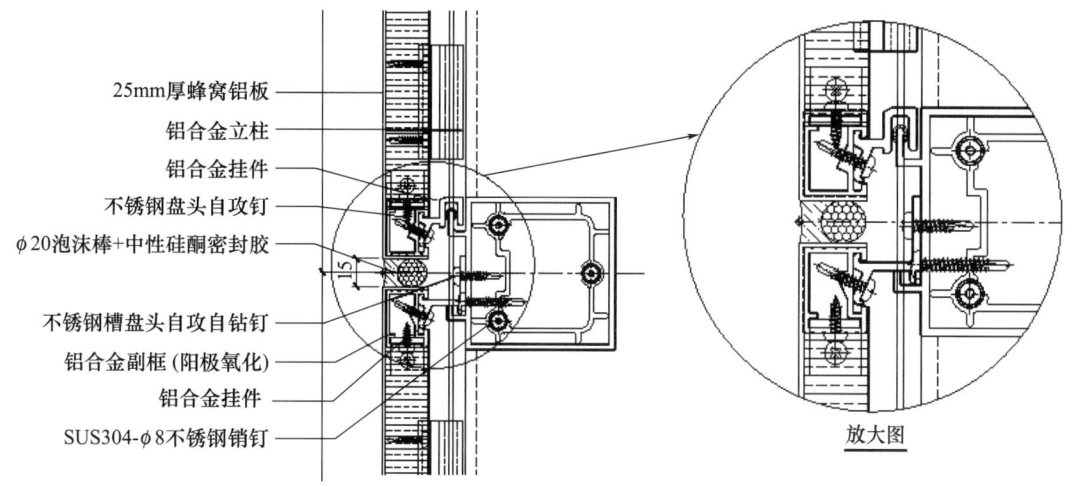

图6 优化后竖剖节点

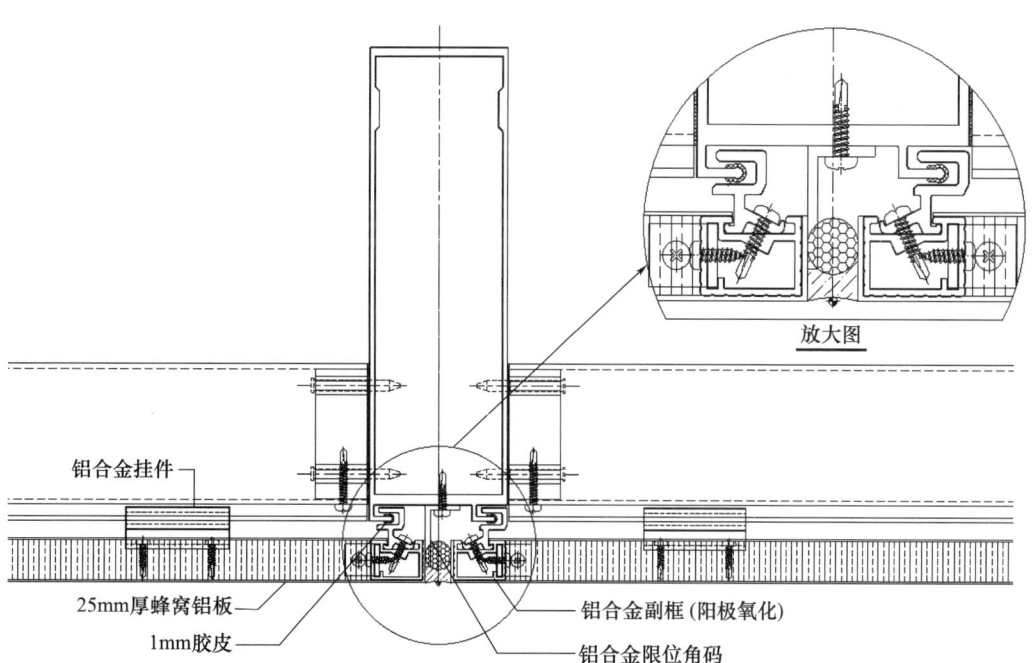

图7 优化后横剖节点

这种连接方式的弊端是对龙骨精度要求较高，如果施工误差超过可调节范围，会导致胶缝大于或小于15mm，使得观感不好，同时，蜂窝板预埋型材与挂码打钉固定的位置较厚，并且需要斜向打进去，施工时会比较吃力。

蜂窝铝板的固定采用定距挂码（300c/c）连接方式，以保证蜂窝铝板与横竖向龙骨的紧密贴合，保证蜂窝铝板的平整度。安装蜂窝铝板步骤如下：①挂码与预埋型材连接好之后将蜂窝铝板整体从上往下插接，蜂窝铝板的上挂件挂在横梁挂钩处，蜂窝铝板下部插接件插入横梁对应的插接槽内；②当蜂窝铝板上下端均安装到指定位置后，即可将蜂窝铝板从右往左插接，蜂窝铝板左右插件插入立柱插接槽内，并微调位置使其与四周板块对齐；③当蜂窝铝板四周均安装到指定位置后，即可将蜂窝铝板的上挂件钉固定到横梁上；④然后在蜂窝铝板右下侧打钉固定限位角码，防止蜂窝铝板往右侧晃动；⑤最后在蜂窝铝板安装完成后四周打胶密封。

用这种插接方式安装的每一块蜂窝铝板都是可以独立安装拆卸，能够无序安装，使得蜂窝铝板的安装不受供货情况以及现场施工条件的制约，并且当其中某个板块需要维护时，只需要拆下需要维护的板块，而不用调整其他板块，有利于后期维护。

3.2 转角位置蜂窝铝板设计

项目中两栋厂房一楼分界面以上的一个边角位置，原方案板块为直角板块，单边长度1500mm，总长3000mm，高度6600mm。由于铝板原板没有这么大的规格，原方案无法实现。在深化过程中，方案调整为在单侧转角200mm处增加一个密拼缝隙，面板通过预埋型材达到密拼效果，拼缝处涂抹同色胶，且在转角位置增加铝合金立柱，保证转角横梁强度（图8），保证安全的同时最大程度达到立面效果。

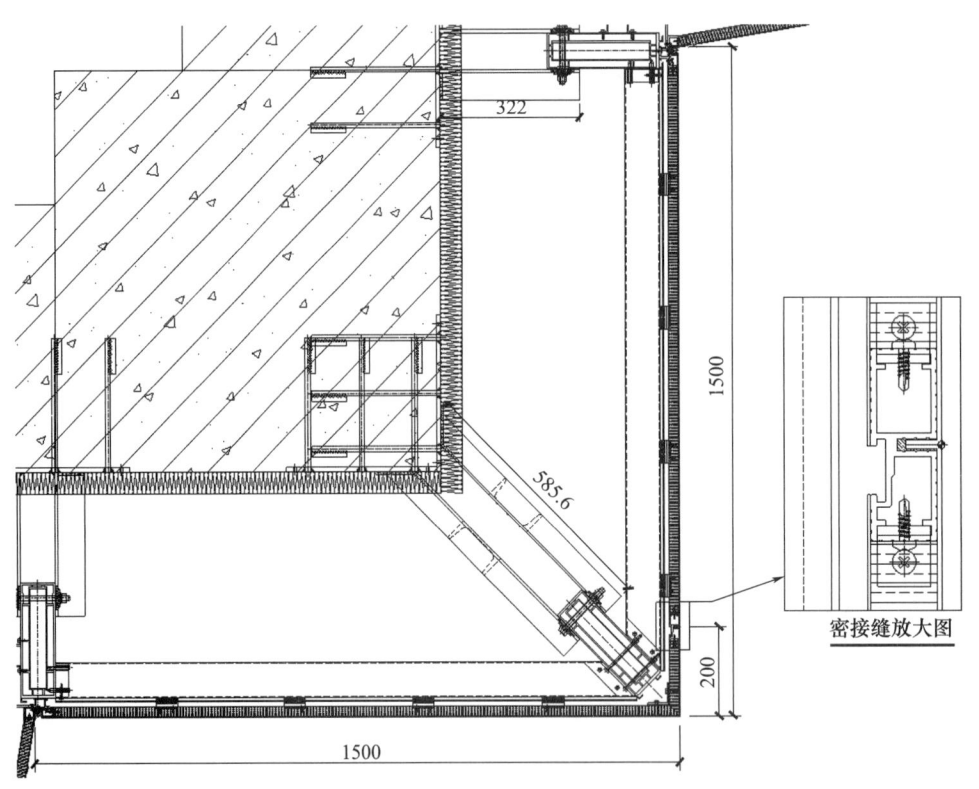

图8 转角横剖节点（mm）

3.3 造型蜂窝铝板设计

本工程虽然是厂房，但是立面上有大量的造型及线条，大部分是规则的矩形造型，这部分造型比较容易实现，还有小部分是异形造型，比如梯形（图9）。由于蜂窝板固定端是开口的，并且此处风压较大，板块易变形，故在蜂窝板短边伸出一个角码与长边固定，使板块形成一个闭腔，有效减小造型板块变形。板块两侧均通过挂码打钉固定而非挂接，可以保证其在风压作用下依然稳固。造型板块端部通长的铝合金角码，通过预埋螺母固定。相较于传统的拉铆钉固定，这种预埋螺母的强度更高、更稳固，能够避免出现抗拉强度不够、脱钉等现象。

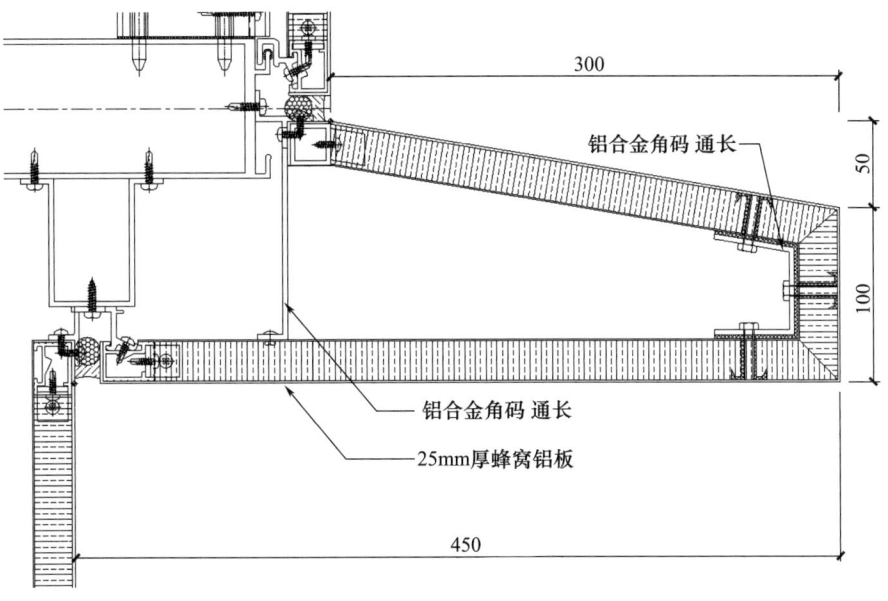

图 9　蜂窝板造型图（mm）

4　结语

蜂窝铝板是一种综合性能较强的建筑材料，有着出色的性能和多种装饰效果，逐渐成为现代主义建筑幕墙行业中的新选择。在插接式蜂窝铝板的设计与施工中，不仅需要设计人员对蜂窝铝板的固定方式及安装可操作性进行全方面考虑，同时需要施工人员对龙骨安装的精度进行把控，这样才能保证蜂窝铝板幕墙满足其使用要求及外观要求，打造精品工程。

参考文献

[1] 中华人民共和国住房和城乡建设部．建筑结构可靠性设计统一标准：GB 50068—2018［S］．北京：中国建筑工业出版社，2018．
[2] 中华人民共和国建设部．金属与石材幕墙工程技术规范：JGJ 133—2001［S］．北京：中国建筑工业出版社，2001．
[3] 中华人民共和国国家质量监督检验检疫总局，中国国家标准化管理委员会．建筑幕墙：GB/T 21086—2007［S］．北京：中国标准出版社，2008．

第七部分

制造工艺与施工技术研究

大跨度预制 GRC 构件无缝分段合并的综合施工技术

◎ 莫世真　陈伟煌　黄庆祥　孙鹏飞

中建深圳装饰有限公司　广东深圳　518019

摘　要　GRC 材料作为一种新型建筑幕墙材料，广泛应用在许多建筑幕墙项目中。本文从实践出发，以深圳某项目为基础，阐述大跨度 GRC 构件分段合并无缝处理技术及施工实践要点等，请同行参考指正。

关键词　GRC；分段合并；无缝处理；施工工艺

1　引言

GRC 是玻璃纤维增强水泥（Glassfiber Reinforced Cement）的英文缩写，来源于欧美技术，是将抗碱玻璃纤维、水泥、砂等其他复合材料按一定配比搅拌，在模具内浇灌成型，生产出造型丰富、质感多样的产品。GRC 材料具有较高的强度和刚性，被广泛应用于国内外各具特色的大跨度建筑中。本文将依托某 GRC 实施项目案例，针对如何满足大跨度 GRC 构件无缝对接的建筑效果进行阐述。

2　工程概况

本项目为深圳某工业园，集厂房、办公楼、食堂等于一体的建筑群，其中食堂立面包柱及檐口区域、办公楼横向及竖向装饰条区域均为异形曲面 GRC 装饰板（图 1 和图 2）。

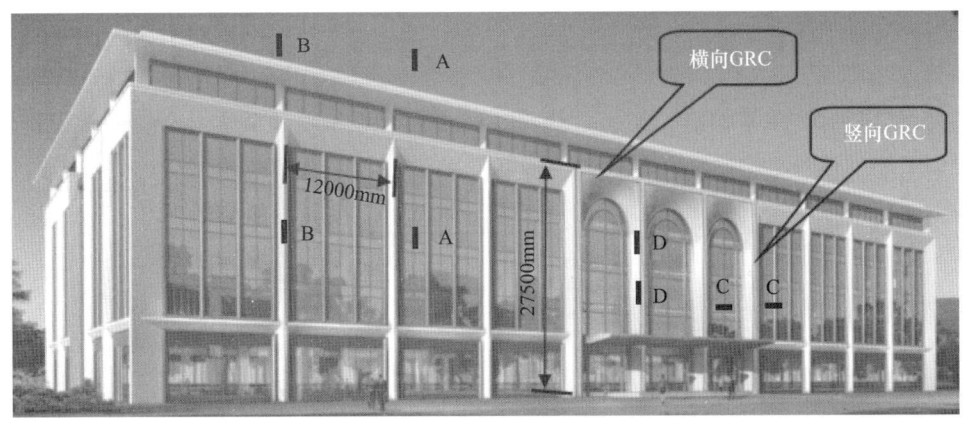

图 1　办公楼效果图

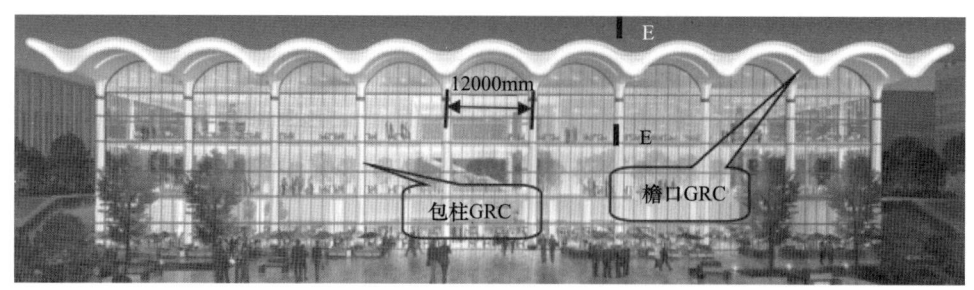

图 2 食堂效果图

本项目采用 20mm 厚 GRC 面板,本系统主要采用背附钢架整体吊装的形式(图 3),面板根据结构复核进行局部加厚处理,挂接点位置采用预埋螺栓的形式,挂接点 GRC 局部厚度不小于 40mm;背附钢架采用钢龙骨,需具有三维调节功能(图 4),钢龙骨需先热浸镀锌再氟碳喷涂处理,背附钢架及挂座挂码均需经过严格的结构计算(图 5~图 7)。

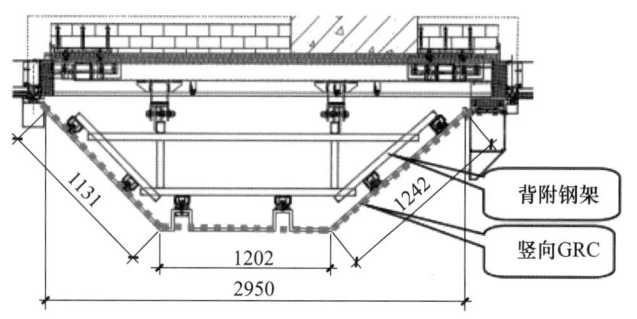

图 3 剖面图 A(横剖节点,mm)

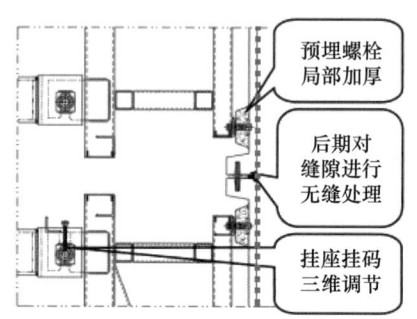

图 4 剖面图 B(交接节点)

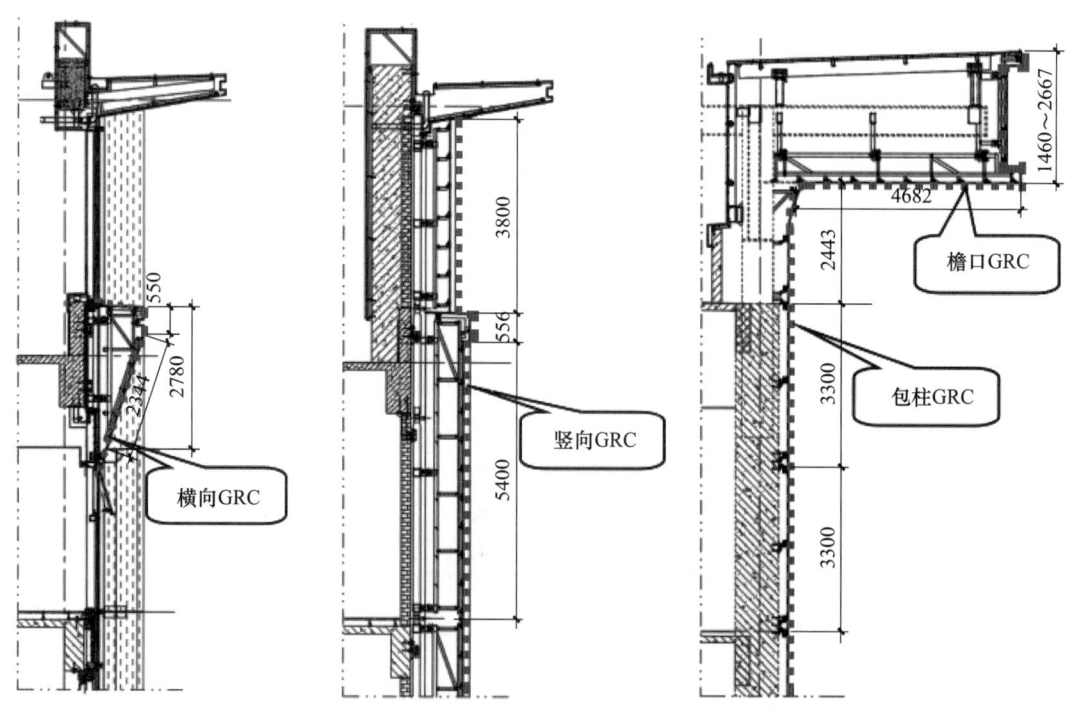

图 5 剖面图 C(单位:mm) 　图 6 剖面图 D(单位:mm) 　图 7 剖面图 E(单位:mm)

本项目 GRC 为整体无缝效果,整体跨度较大,其分段、合并方案较为关键。首先考虑 GRC 分段方案，分段之后面板版幅不能太大，考虑运输限宽限高，板块宽度控制在 3m 左右较为合适，经分析得出 GRC 板块分缝图（图 8 和图 9），其中单块面板装配尺寸最大可达到 3000mm×8000mm（图 9）。GRC 吊装现场照片见图 10。

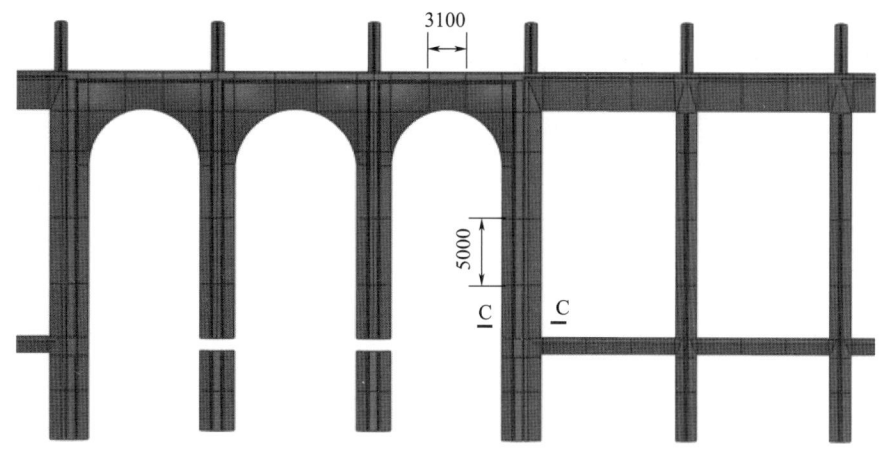

图 8　办公楼 GRC 模型分缝图（单位：mm）

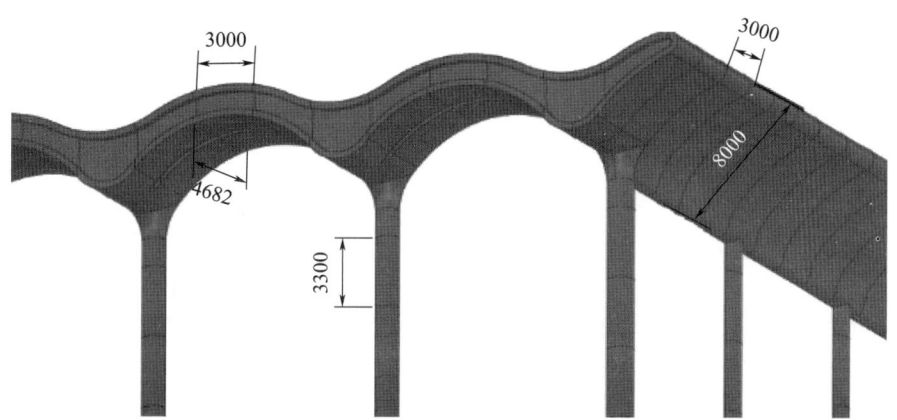

图 9　食堂 GRC 模型分缝图（单位：mm）

图 10　GRC 吊装现场照片

其次是 GRC 合并方案，该方案的可行性会直接影响建筑外观效果，需要斟酌考虑。传统的项目中，GRC 面板分缝直接采取打胶方式，或者采取开敞缝＋背板防水的方式。其中 GRC 面板打胶方式，一般会留 10～15mm 缝隙，安装密封条后在 GRC 构件缝边贴美纹纸保护，用耐候密封胶嵌缝后去除美纹纸（图 11），基本不会出现开裂问题。

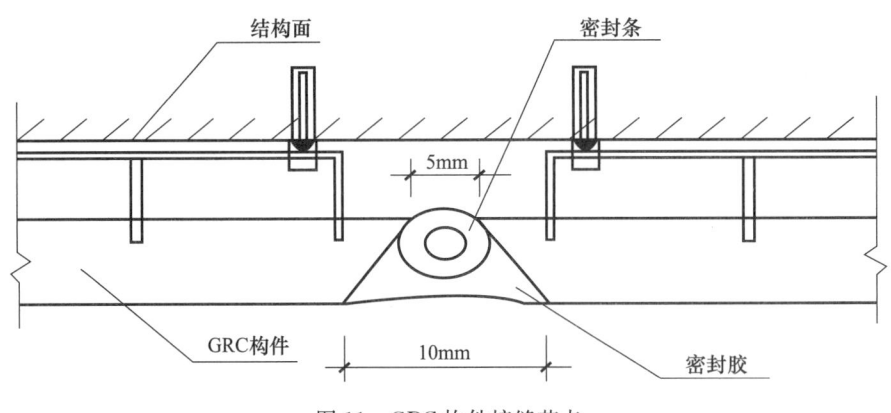

图 11　GRC 构件接缝节点

本项目的 GRC 面板要求整体外立面呈现无缝效果（图 12），不同于传统方式，处理不好可能会出现裂缝，甚至会造成渗水等缺陷，故 GRC 安装完成后的填缝处理方案尤为重要。

鉴于 GRC 分段、合并方案的重要性，后续将针对分段、合并方案分别进行分析阐述。

无缝处理前　　　　　　　　　　　　无缝处理后

图 12　GRC 无缝处理前后对比照片

3　大跨度 GRC 构件分段实施方案

根据效果图及建筑外观要求，本项目为大跨度 GRC 构件，整栋建筑的 GRC 要求为无缝效果，如前文分析，单块面板宽度需控制在 3000mm 左右，经过对建筑外形特点分析，合理分段划分 GRC 单元，得出如下分段实施方案：由最小 GRC 单元板块组合成最小建筑单元，再由建筑单元组合成整栋建筑，最终形成大跨度 GRC 构件效果（图 13）。

4　GRC 板块拼接无缝处理方案

GRC 分段施工安装完成之后，为达到无缝效果，GRC 板块之间的拼缝需进行特殊处理，该处理方案的选择非常关键，经过多次尝试及优化，最终确认一种科学严谨的无缝处理方案，该方案总结如下。

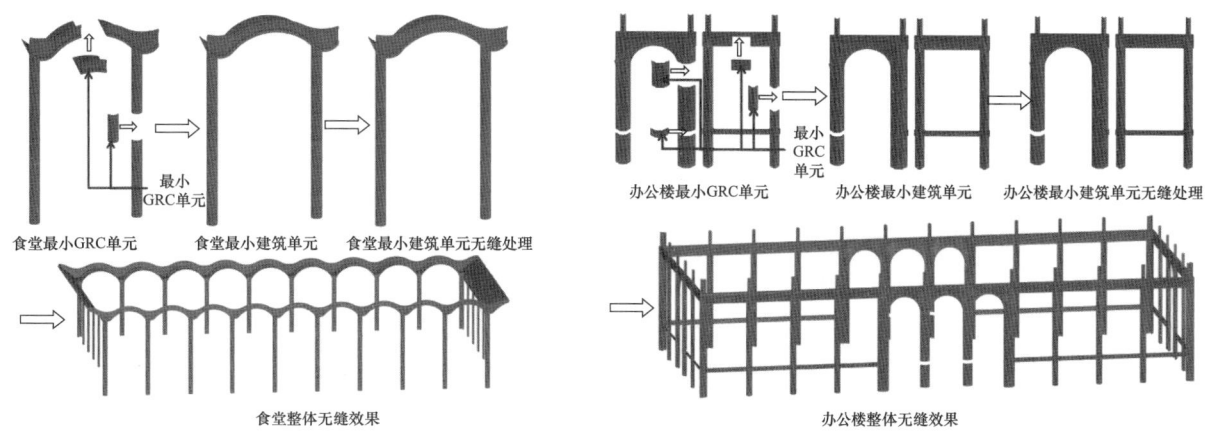

图 13　大跨度 GRC 构件分段实施方案

4.1　GRC 生产时对产品的要求

1）为保证 GRC 整体无缝对接的修复效果,在 GRC 产品生产时必须预留修复空位(图 14)。空位预留尺寸为宽度 30mm(包含中间 10mm 拼缝),深度 6~8mm。接缝修复必须是产品安装完成后再进行,必须保证产品的稳固。

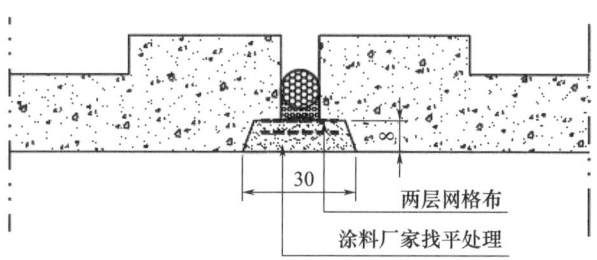

图 14　拼接缝处理方案(mm)

4.2　修复材料

修复材料包括高性能耐候密封胶、胶浆、抗裂砂浆、防水涂料、网格布、纤维、待修补板块(图 15)。

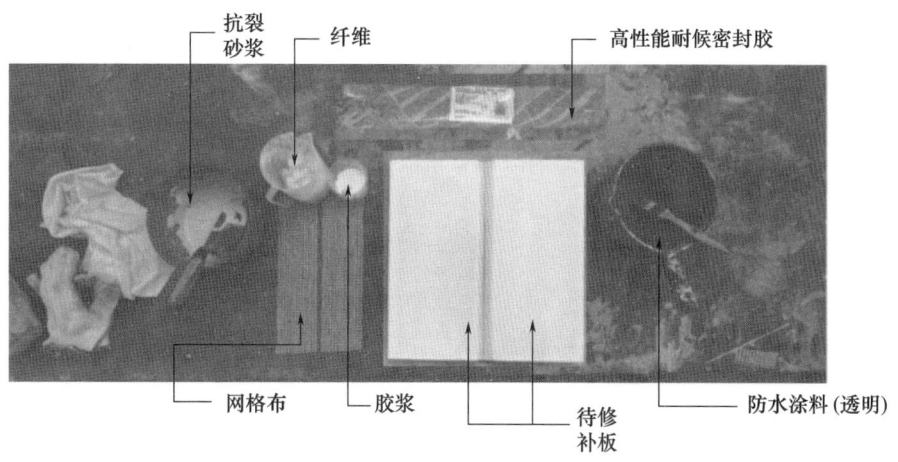

图 15　修复材料实物照片

4.3 修复工艺流程

1）板材固定后,用高性能耐候密封胶将预留的第一个台阶补平(图16)。

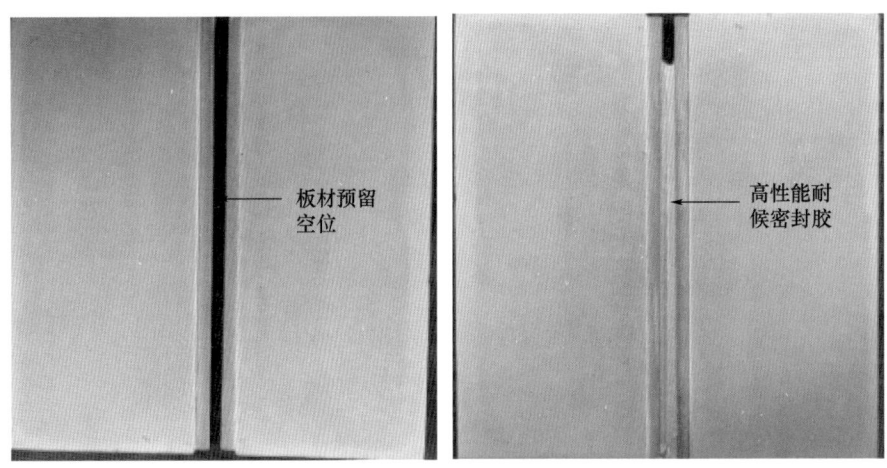

图16 补平台阶

2）将接缝空位清理干净,洒水湿润,保持一定的湿度,但不能有明水,然后涂抹一遍胶浆,增加修补料与基材的黏接力(图17)。

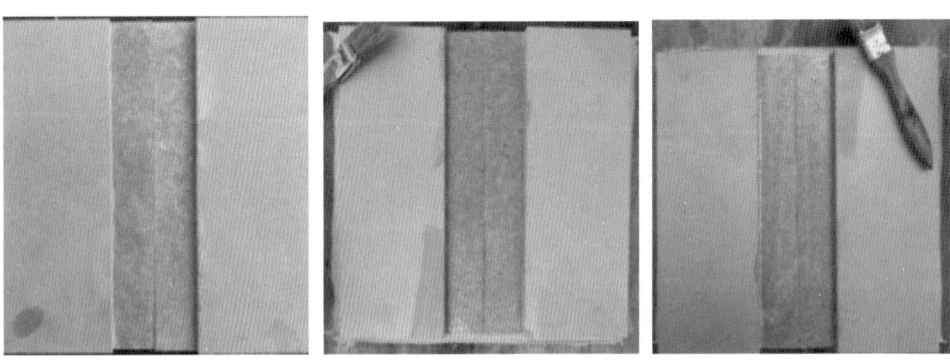

图17 涂胶

3）取适量抗裂砂浆＋防水粉剂,涂抹于接缝处,贴上一层网格布,再涂上抗裂砂浆,用毛刷将网格布压实,并将网格布完全浸透。同样的方法再贴一层网格布,用毛刷将网格压实收光(图18)。

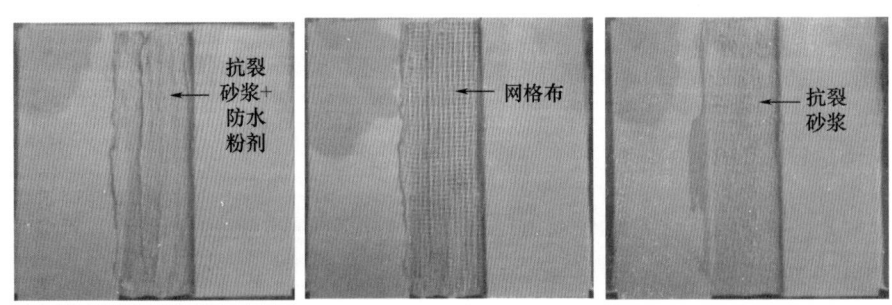

图18 初次填料修复

4）贴完两层网格布后,干燥约20min。

5）取适量抗裂砂浆＋防水涂料＋水溶短纤维,搅拌均匀,填充于接缝处理,填平、用灰匙压实收光,干燥6～8h,待表面干透后用120目砂纸打磨平整(图19)。

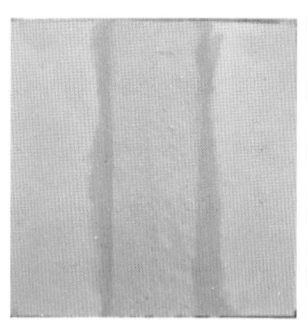
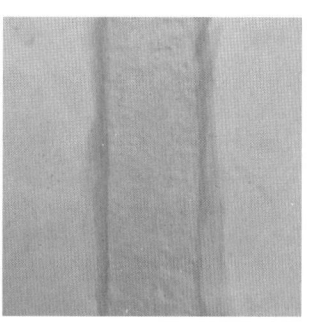
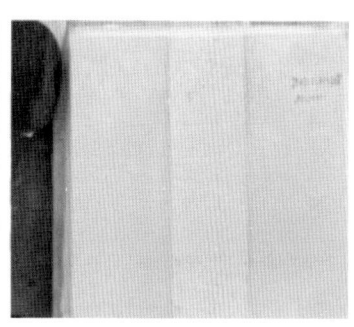

图 19　二次填料修复

6）打磨光滑，用清水将表面清洗干净并保持一定的湿度，用抗裂砂浆将表面修补到产品表面同等光滑度，干燥 2~3h，再用 240 目砂纸打磨光滑（图 20）。

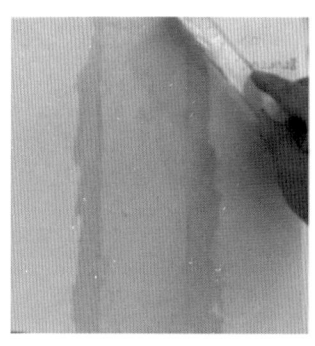
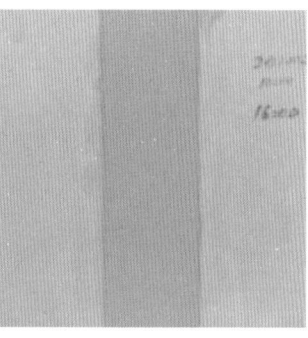
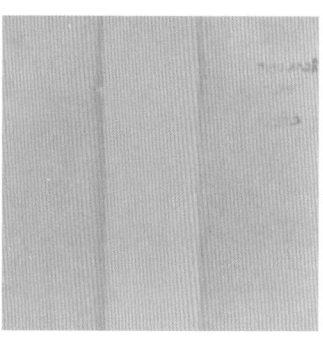

图 20　精修

按照以上 GRC 拼接无缝处理工艺流程完成后，即可按照油漆作业流程进行产品表面油漆喷涂施工，最后形成整体无缝效果。GRC 拼接无缝处理可总结为以下四个步骤：留缝→填料→精修→涂装（图 21）。

图 21　GRC 拼接无缝处理过程演示

5 GRC 板块拼接缝开裂分析及解决方案

GRC 外墙板或装饰制品虽然不分担主体建筑物的荷载，但自身要承受风荷载、地震荷载作用和温、湿度变化等，设计时要考虑这些因素对其产生的影响。

本项目要求较为特殊，要求呈现无缝效果，故针对性采用上述补缝工艺。但是在建筑沉降、风荷载下板块变形作用下，可能会出现裂缝的缺陷。为了降低开裂的可能性，本项目采取的方式是用不锈钢条把上下两块 GRC 面板插接起来（图 22），尽量减少胶缝之间位移，该方案能有效降低开裂的可能性。

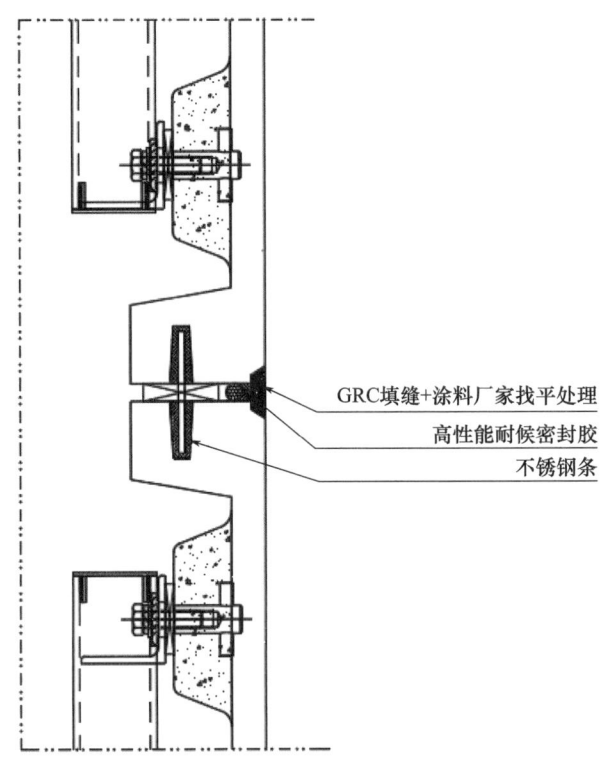

图 22 GRC 上下拼缝预防开裂方案

此外，考虑本项目后期依旧存在开裂的可能性，GRC 外墙的立面分格缝优先考虑设置在楼层位置，尽量每层一个板块，与旁边的单元玻璃幕墙板块分缝保持一致，即使出现缝隙也不影响美观。

6 结语

本项目提供了一种针对大跨度 GRC 无缝对接处理方案，有效地解决了 GRC 无缝施工后期拼缝出现开裂的问题，丰富了 GRC 外立面效果的多样性，推进了 GRC 在更加广泛的建筑幕墙类型上的运用，可为今后类似工程提供宝贵的经验。

参考文献

[1] 中华人民共和国住房和城乡建设部. 玻璃纤维增强水泥（GRC）建筑应用技术标准：JGJ/T 423—2018 [S]. 北京：中国建筑工业出版社，2018.
[2] 上海市第七建筑有限公司. GRC 装饰构件安装工程工艺标准 Q/PJAY 10503—2005 [S]. 2005.

中银国际金融中心装饰"中"字铝节能幕墙系统设计

◎ 吴天青　钟云严　何　敏

深圳市三鑫科技发展有限公司　广东深圳　518054

摘　要　为实现具有特色的"中"字型铝屏墙建筑外观形态，本项目研发了一种采用铝槽连续拉弯，然后对半拼接铝焊成整体构件的加工方案，可实现批量化生产，质量、工期可控，满足经济、轻盈、美观、耐久和结构稳定的需求，并在加工组装和施工安装方面凸显优势。

关键词　遮阳构件；"中"字型铝屏墙；连续拉弯；加工

1　前言

办公楼和商场幕墙在满足基础功能的前提下往往追求特色，希望建筑表皮与公司 LOGO 相呼应，使大楼具有很强的辨识性和独特的美观性，建筑外墙集遮阳功能、装饰性于一体的铝屏墙幕墙系统在此类项目中不可或缺。

为实现上述建筑外观形态，推动幕墙遮阳构件的发展，本项目研发了一种采用铝槽连续拉弯，然后对半拼接铝焊成整体构件的加工方案，可实现批量化生产，质量、工期可控，减少了生产工序，降低了制造成本，提升了产品结构安全和外观稳定性。

2　"中"字型铝屏墙遮阳节能幕墙系统

中银国际金融中心项目，建设地点位于海南省海口市江东新区起步区 CBD 地块。结合中国银行 LOGO 自身特点，建筑师为本项目东、西面特别设计出集功能性、装饰性于一体的"中"字型铝屏墙，成为本项目的特色。

该"中"字型铝屏墙满铺在整个东、西面玻璃幕墙外侧，空间连续折弯，构件整体性加工组装和外观质感成为设计难点，立面效果如图 1 和图 2 所示。

图 1　整体立面效果图

图 2　局部立面效果图

该铝屏墙标准单元板块为 1500mm（宽）×4300mm（高），铝屏墙单元从玻璃面往外悬挑 1200mm。铝屏墙标准单元大样和节点做法如图 3 所示。

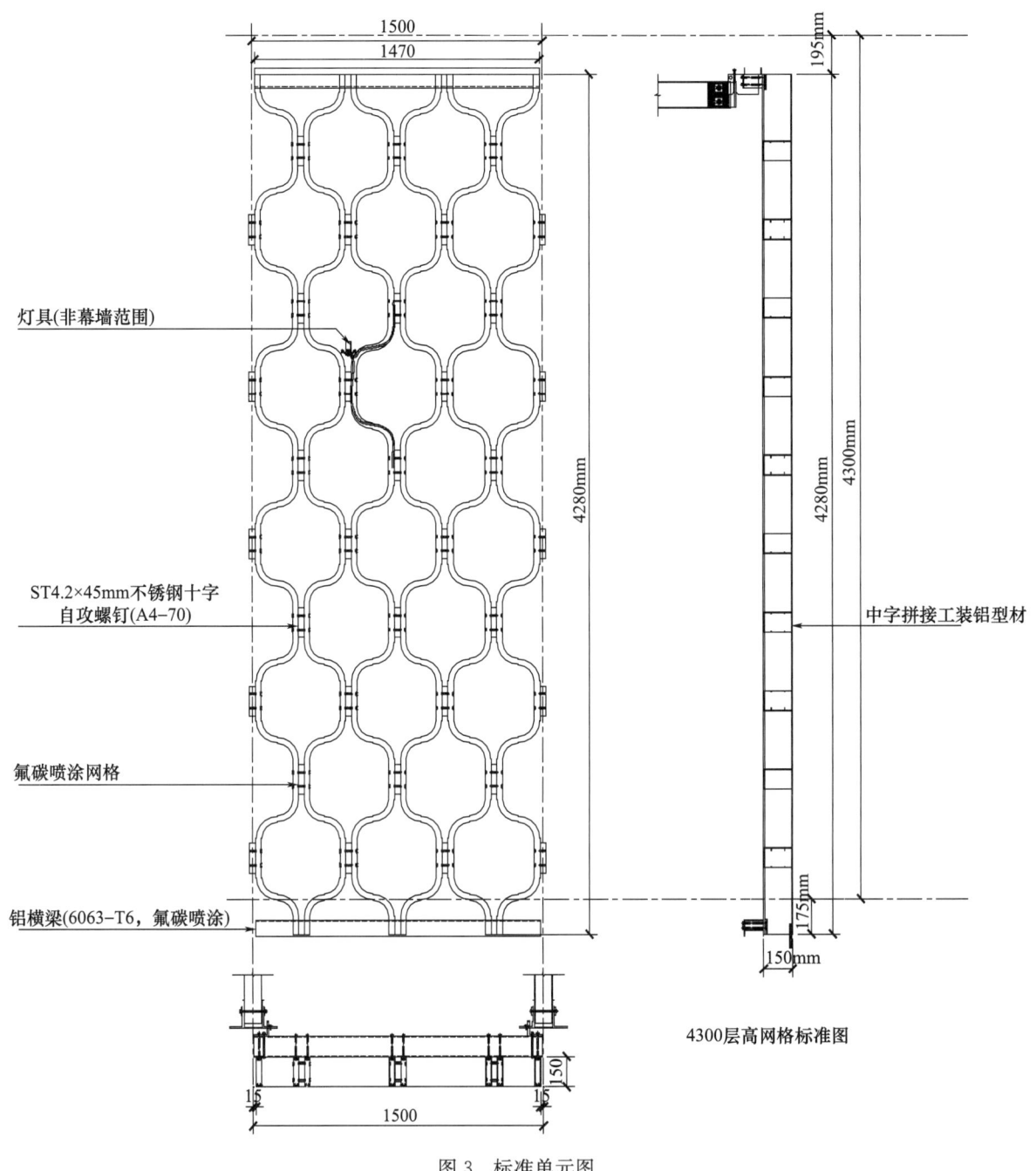

图 3　标准单元图

通过结构计算分析，选取立面转角区域标准铝屏墙单元，风荷载、自重荷载和地震荷载作用下，板块的强度和挠度满足规范要求。

3　"S"型连续拉弯构件

该铝屏墙单元板块的重、难点在于解决型材拉弯问题，从而实现整个立面由无数个"S"型拉弯构件拼凑而成的"中"字型建筑外观效果，拉弯技术参数见图 4。

在"S"型拉弯构件试验过程，涉及以下技术问题。

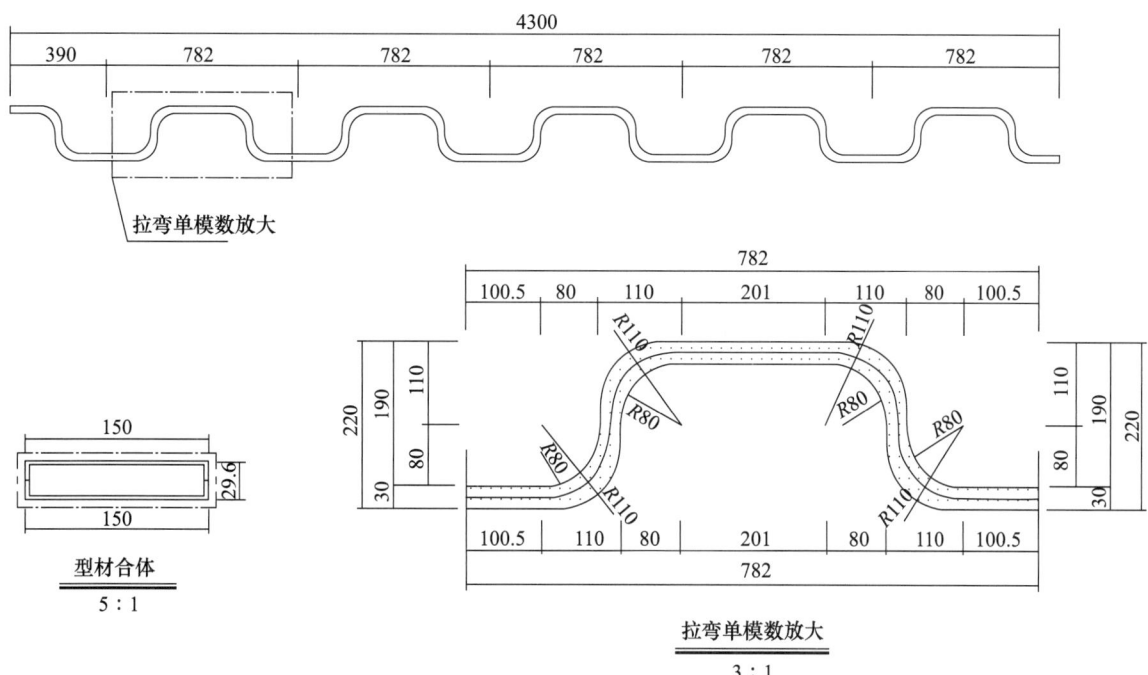

图 4 "S"型拉弯构件技术参数（单位：mm）

3.1 开模设计

开模之前，设计了以下三种方案（图5~图7）。

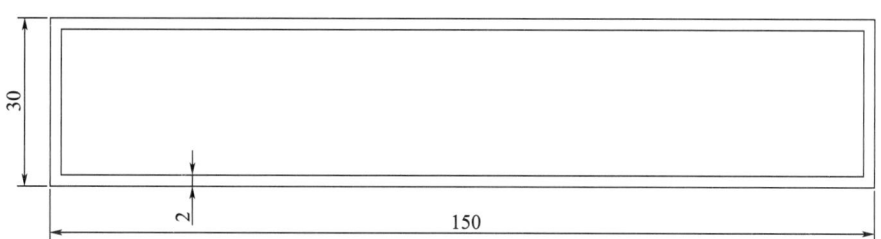

图 5 方案一：整体开模（单位：mm）

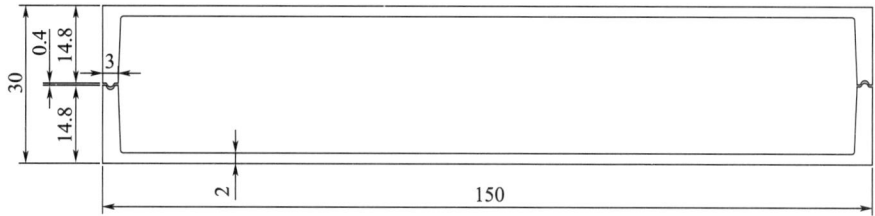

图 6 方案二：对半 U 型槽开模（单位：mm）

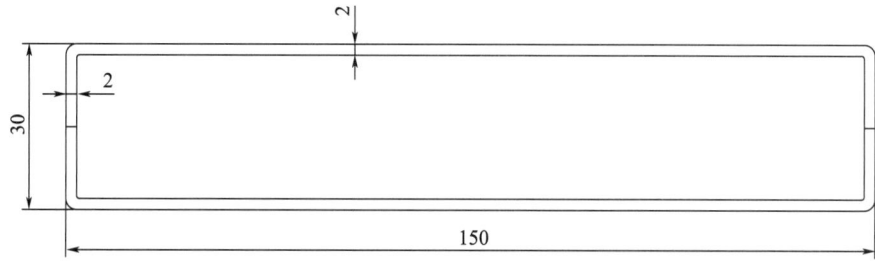

图 7 方案三：不开模，用铝板折弯（单位：mm）

经过试验，方案一较方案二铝型材变形更大，方案三外观效果差，故采用方案二铝槽连续拉弯，然后对半拼接铝焊成整体构件，可实现批量化生产，质量、工期可控。减少了生产工序，降低了制造成本，提升了产品结构安全和外观稳定性。

3.2 铝槽"S"形连续拉弯加工特殊工艺设计

不同于常见的普通圆弧拉弯（图8和图9），"S"形连续拉弯（图10～图12）需采用特殊的拉弯机器和配套模具。

图8　普通圆弧拉弯　　　图9　普通拉弯前铝材中填充料　　　图10　"S"形连续拉弯设备

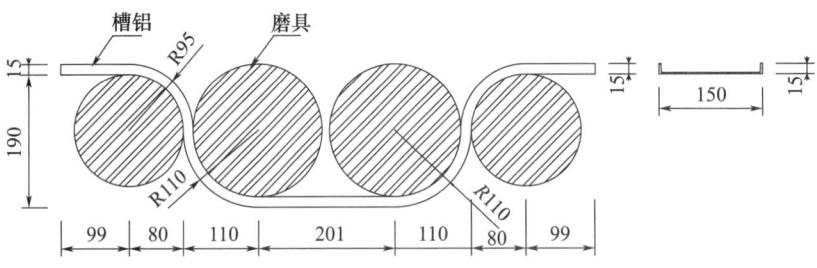

图11　"S"形连续拉弯磨具示意（单位：mm）

图12　"S"形连续拉弯构件

3.3 高质量拉弯铝槽对半拼接铝焊工艺设计

铝焊前，进行特定的工装设计，以控制焊接变形。同时，控制焊接电压和焊接速度，以达到理想的焊接强度和外观质量。加工现场如图13～图16所示。

图13 拉弯铝槽拼焊成整体

图14 拼焊

图15 打磨

图16 喷涂

4 "中"字型铝屏墙单元板块组装

4.1 构件组装设计

左右拉弯铝型材之间预留30mm间隙，采用拼接工装铝型材进行拼接，同时作为灯具的底座，然后与上下铝横梁螺栓连接，组成一个板块（图17和图18）。

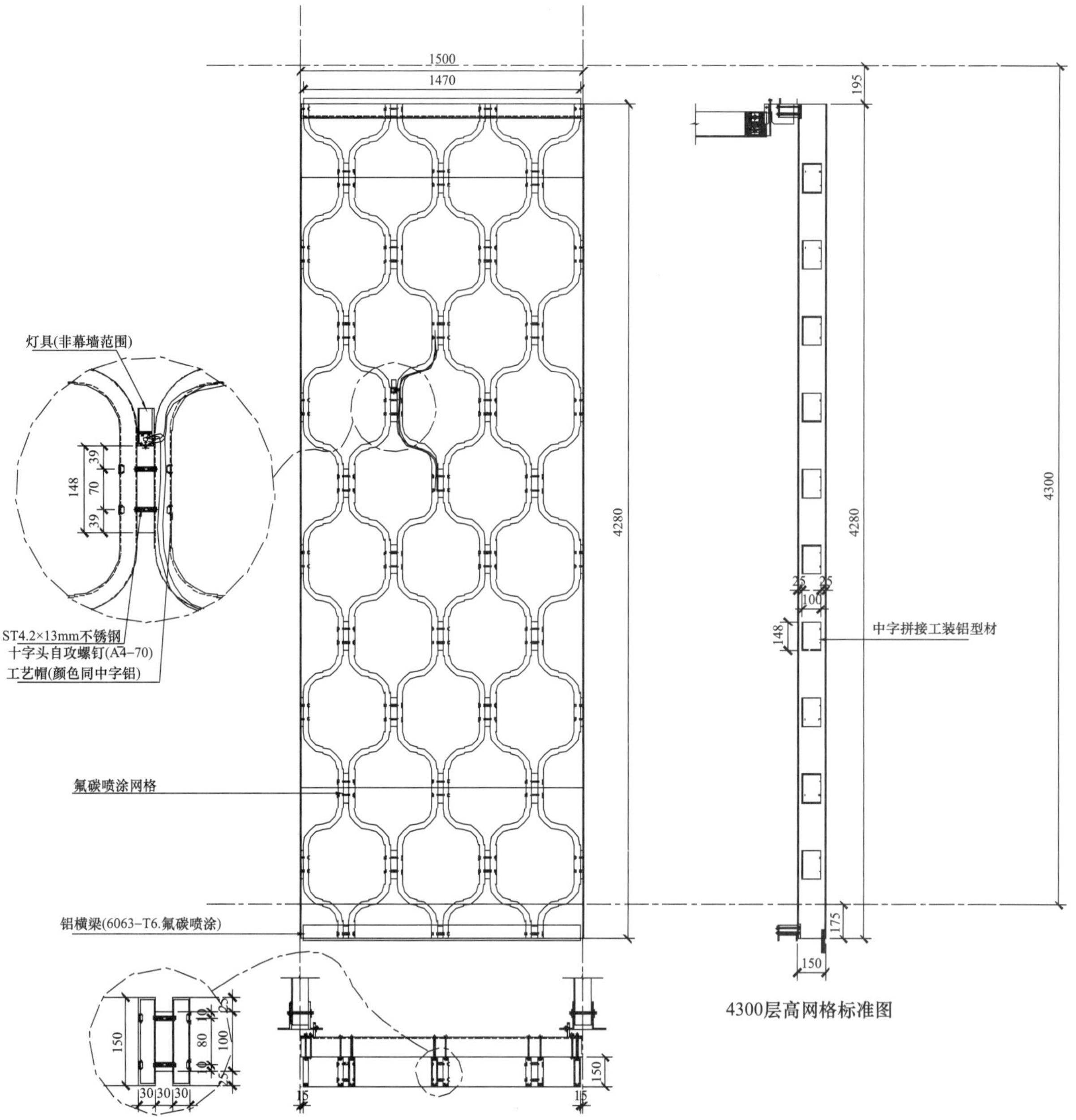

图17 组装示意图（单位：mm）

图18 构件组装

4.2 构件安装、运输保护以及维护设计

遮阳构件及骨架安装均在工厂完成，批量化生产大大降低人工成本的同时也保证了构件的安装精度。实现技术指标如下：

1）平整度：面板面材平整度小于2mm。
2）精准度：外轮廓造型高、宽允许偏差控制在2mm以内。
3）工厂预制批量化生产，生产效率和成品质量保证。
4）现场施工可独立挂装，安装简单，很好适用现场情况，施工安装迅速。
5）可靠性：安装完幕墙强度、挠度和节能满足相关规范要求。

为了做到美观、经济和快速安装，将铝屏墙设计为单元形式，板块采用单元式挂件系统，三维可调且安装便捷效率高（图19和图20）。安装调节完成后，设置竖向防跳装置，板块即安装完成（图21和图22）。

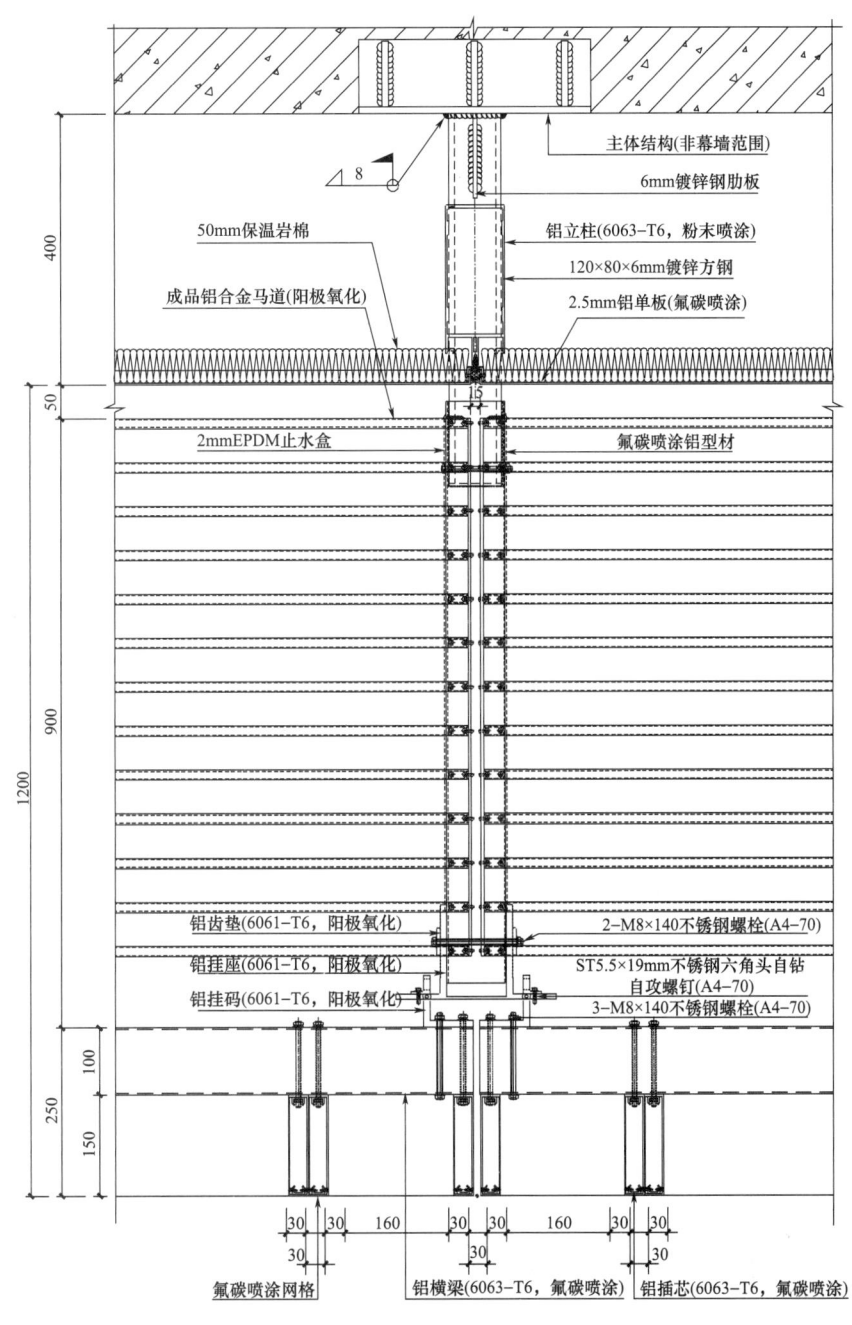

图19 安装横剖节点

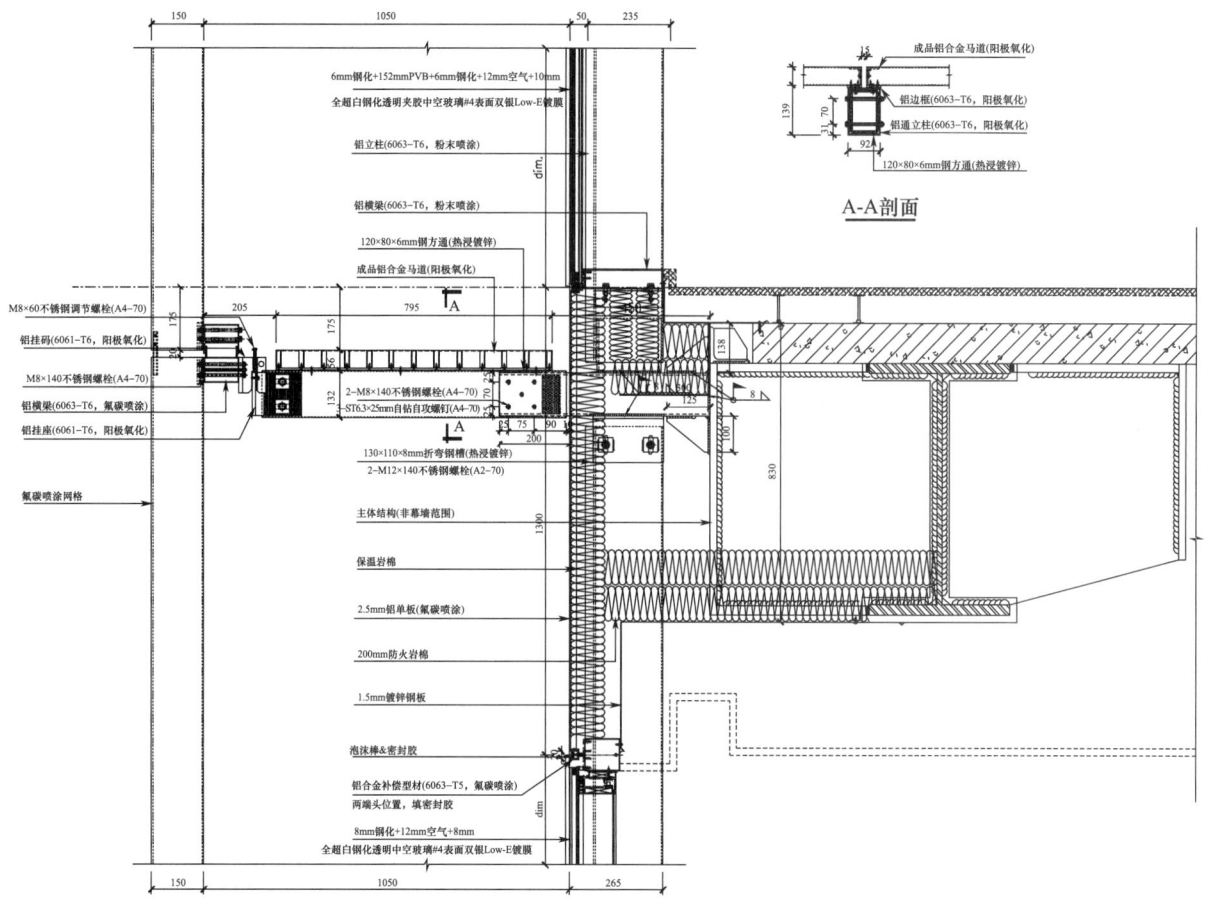

图 20　安装竖剖节点

图 21　构件安装

图 22　安装完成效果

5　结语

建筑物在设计和使用过程中，在兼顾特色化外观和功能前提下，应尽可能降低能耗，达到很好的建筑节能效果。该新型"中"字型铝屏墙遮阳节能幕墙系统的研究开发，通过特殊的拉弯生产工艺，既能满足业主及建筑师对于独特建筑外观造型的追求，也可以很好地解决龙骨的防腐和整体构造安全性问题，对于生产加工节能减排、环境保护具有良好的社会经济效益。

参考文献

[1] 中华人民共和国国家质量监督检验检疫总局，中国国家标准化管理委员会. 建筑幕墙：GB/T 21086—2007 [S]. 北京：中国标准出版社，2008.
[2] 中华人民共和国建设部. 玻璃幕墙工程技术规范：JGJ 102—2003 [S]. 北京：中国建筑工业出版社，2003.

浅谈幕墙吊装用屋面环形轨道的安装技术

◎ 廖文涛　李才睿

深圳中航幕墙工程有限公司　广东深圳　518109

摘　要　环形轨道配合电动葫芦是单元式幕墙吊装用的一种标准施工设施，但在出屋面的花架梁上架设环形轨道是危险性较大的作业。为此，从常规的散件安装技术发展到整体吊装安装技术，大幅提高了环形轨道安装作业的安全性和施工效率。

关键词　环形轨道；整体吊装；装配式施工

1　引言

随着我国装配式建筑的不断推进，单元式幕墙及幕墙单元式安装方式越来越多，环形轨道配合电动葫芦作为此类幕墙的施工措施得到越来越广泛的应用。本文通过某工程实际案例探讨环形轨道的设计安装技术，希望能为类似工程项目提供参考。

2　工程概况

某项目位于深圳南山区，是南山区国资系统的产业空间保障先行示范项目。按照"政府主导＋国资引导＋利益统筹"模式，在推动"工业上楼"方面先行先试，量身打造"面向未来、高端要素、创新集聚、绿色低碳"的高品质产业园区。

该项目建筑高度93.4m，地上16层，幕墙总面积约7.54万 m^2，幕墙形式主要有单元式玻璃幕墙、框架式玻璃幕墙、铝板吊顶幕墙、铝板幕墙、铝板装饰线条系统等（图1）。

3　主要幕墙系统介绍

3.1　单元式幕墙

幕墙分布于整个建筑外立面，基本单元节点见图2。面材：10（Low-E）＋12Ar＋10mm超白玻钢化中空玻璃，4mm厚铝单板，铝合金格栅百叶等；龙骨：铝合金型材，6061-T6/6063-T5；单元板块最大尺寸为2356mm×6000mm，最大重量1.2t。单元板块的安装采用环形轨道配合电动葫芦来施工。

3.2　铝板线条

铝板线条（图3）位于层间结构梁位置，悬挑1500mm，面材：4mm厚铝单板，50mm保温棉，龙骨：60mm×60mm×6mm厚镀锌钢通，采用铝合金挂件连接到单元板块上。铝板线条在板块安装完后使用吊篮安装。

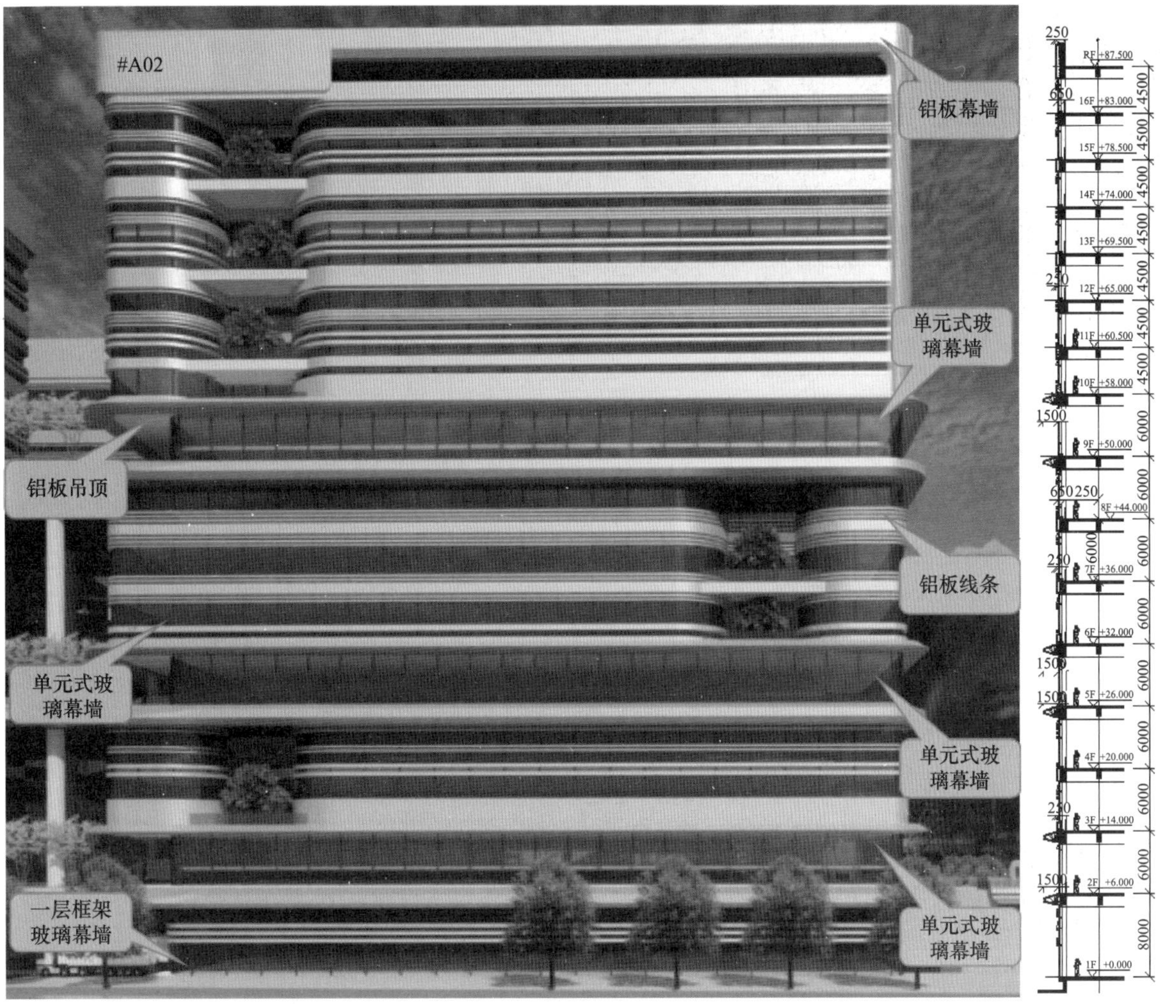

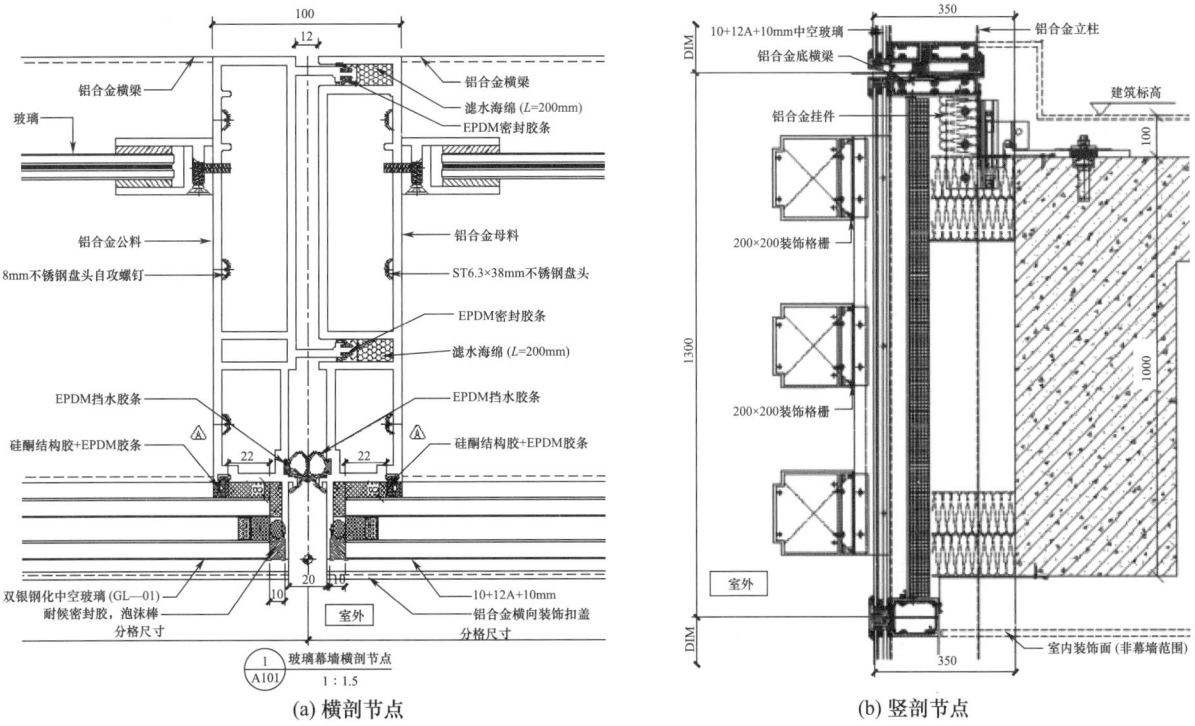

图1 幕墙立面示意图

(a) 横剖节点

(b) 竖剖节点

图2 基本单元节点图

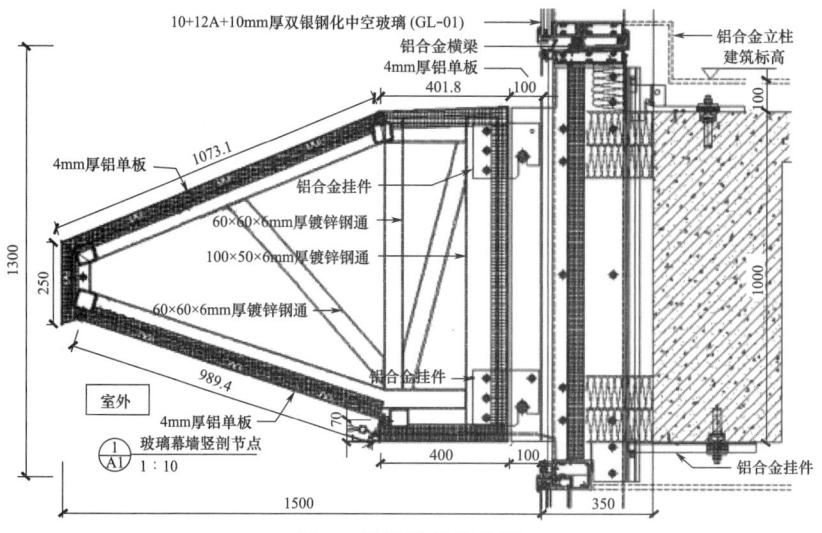

图 3　铝板线条节点图

4　环形轨道设计与施工

4.1　环形轨道平面布置

根据本项目的幕墙形式及现场条件结合施工进度的需求，在屋顶花架梁上设计搭设环形轨道吊装单元板块，为幕墙施工提供安全的操作空间。轨道平面布置详见图4。

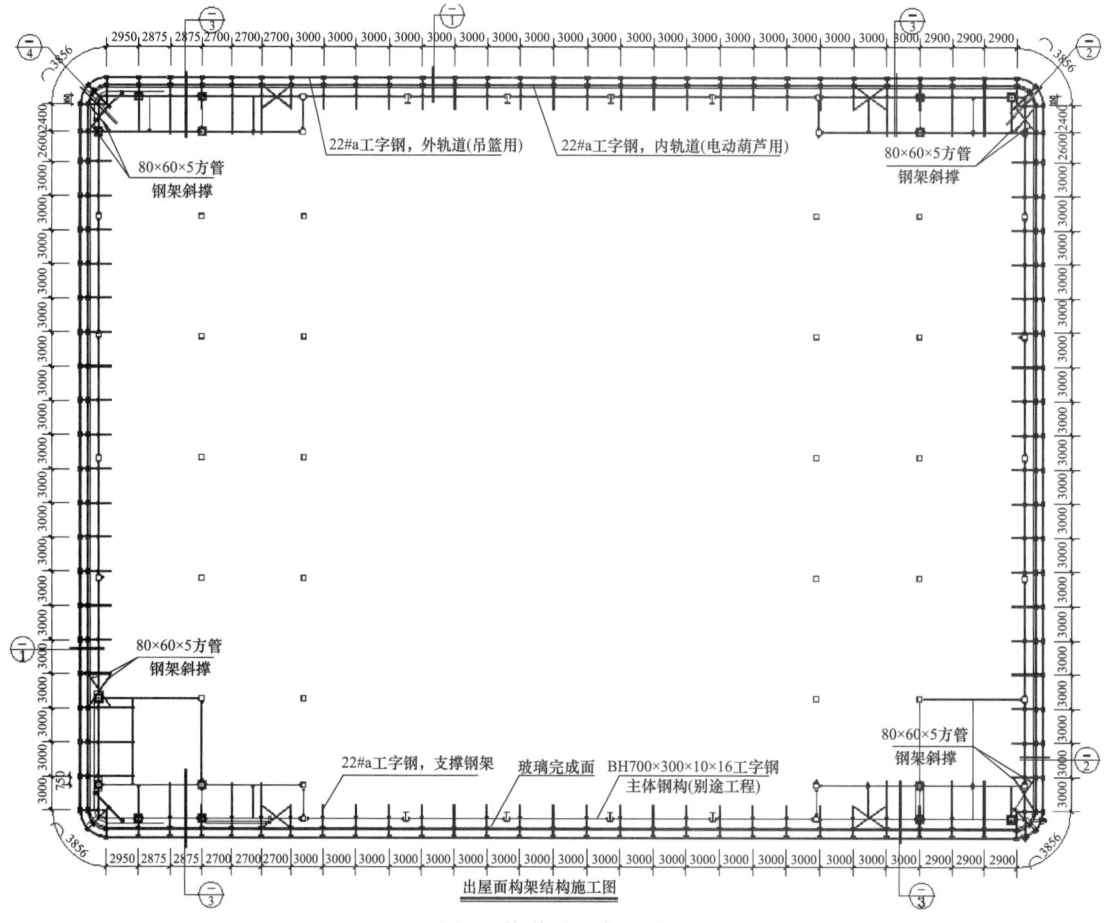

图 4　轨道平面布置图

4.2 环形轨道设计思路

常规环形轨道一般是在屋顶结构梁上打埋件固定。轨道、钢架钢件在加工厂开好孔，运到工地，现场焊接安装。

因本项目屋顶花架梁为钢结构，主体施工单位已经做好表面喷涂处理，环形轨道设置在花架梁上，如果采用焊接固定的话，后续拆除会对主体钢构产生不可避免的损伤。

根据现场情况，本项目环形轨道采用装配式安装，用12mm厚U型钢板、2-M16×350螺栓（8.8级）抱箍在花架梁上。支撑钢架焊接在12mm厚U型钢板，支撑双轨道的悬挑梁为22♯a工字钢，挑出结构边缘1730mm，按3m间隔搭设。双轨道是在悬挑梁下布置两条22♯a工字钢轨道，第一条轨道距离结构边975mm，第二条轨道距离结构边最远1431mm。在第一条轨道悬挂电动葫芦作为提升机构，第二条轨道悬挂吊篮。

4.3 环形轨道节点设计

本项目轨道架设型式分为四种情况，根据安装位置分为直线段和圆弧段。

（1）现场直线段钢结构有二道钢梁位置，做抱箍抱住现有钢梁，后端用80mm×60mm×5mm钢方通斜拉至第二道钢梁，见图5。

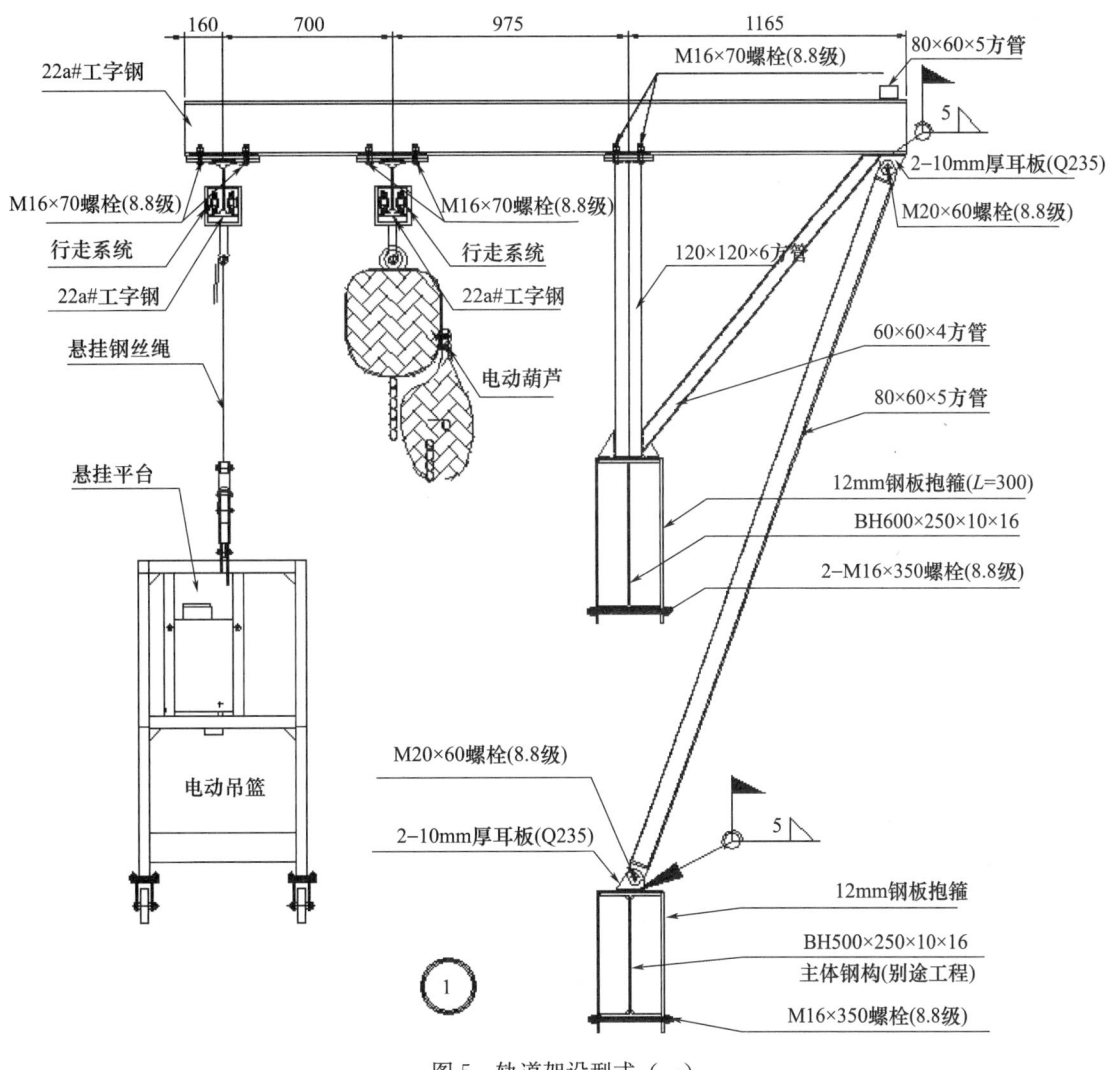

图5 轨道架设型式（一）

（2）转角无二道钢结构梁位置，在悬挑工字钢后端直接垂直连接至总包钢结构，钢架支座和抱箍钢板用加强肋板焊接，三级焊缝，详见图6。

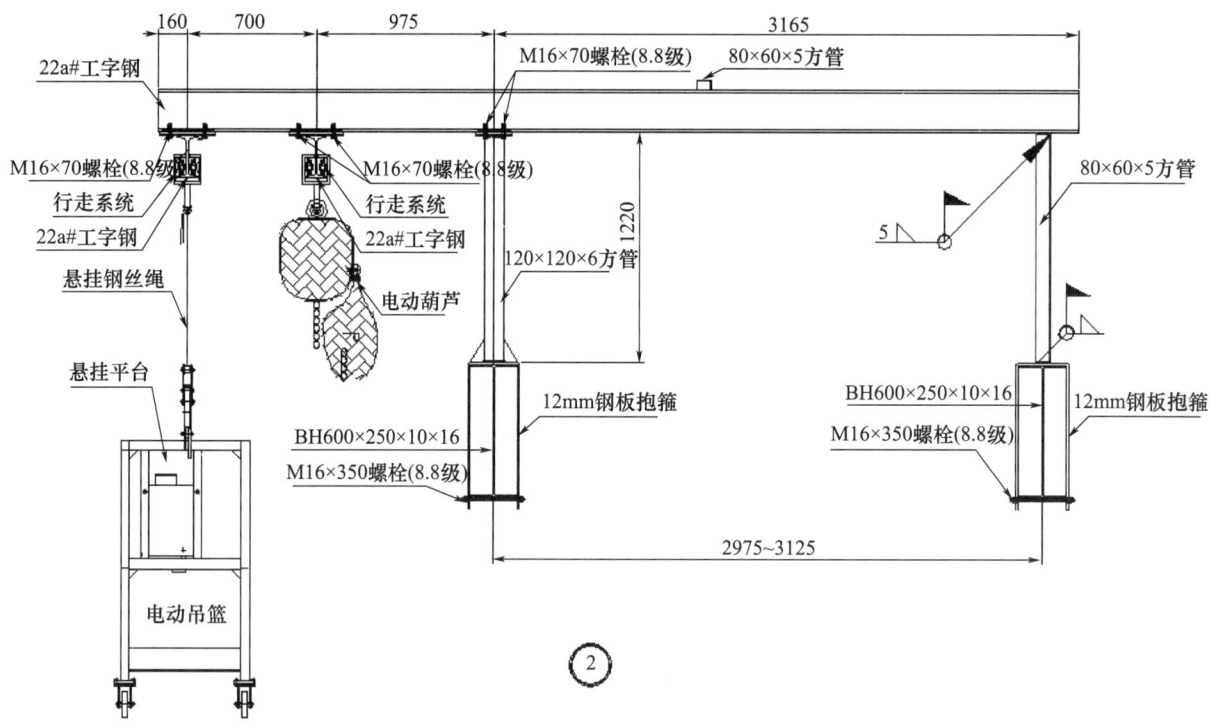

图 6　轨道架设型式（二）

（3）转角位置后端无钢梁位置，用口80mm×50mm×5mm方通垂直拉结在结构板上，结构板位置打后补埋件焊接，三级焊缝要求，详见图7。

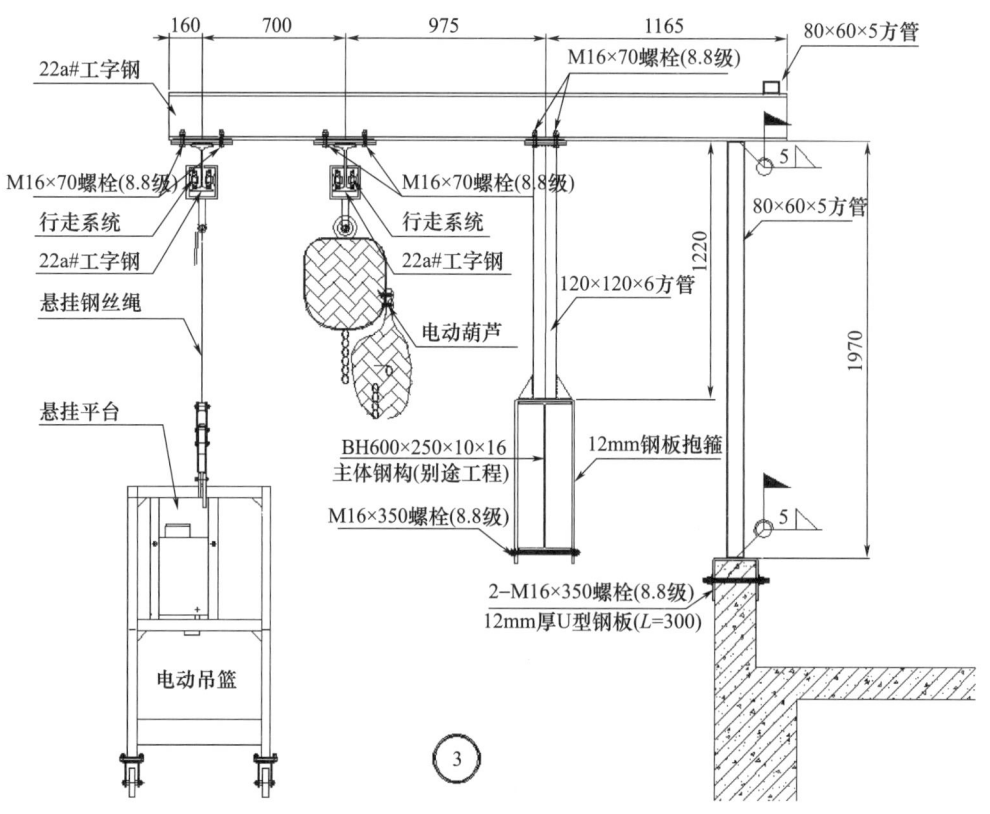

图 7　轨道架设型式（三）

（4）转角位置因后端钢结构梁位置较远，增加一条 22♯a 工字钢横向固定在总包钢结构上，轨道后端采用口 80mm×60mm×5mm 方通拉接，详见图 8。

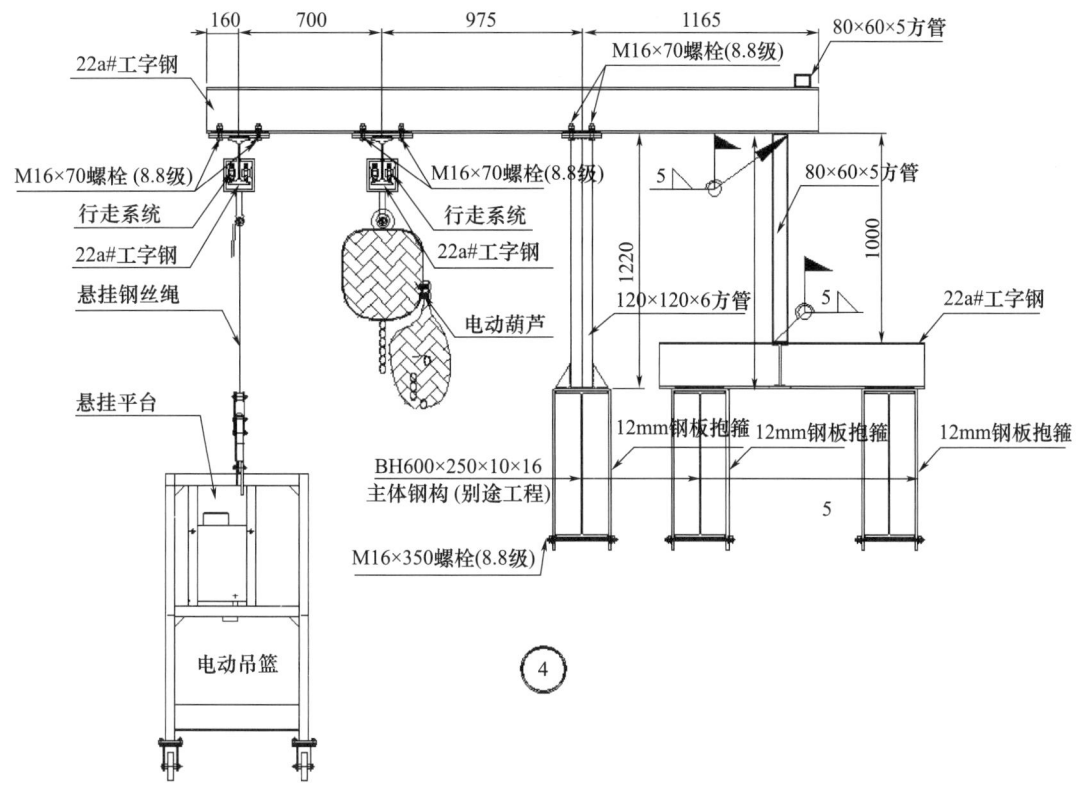

图 8　轨道架设型式（四）

4.4　环形轨道稳定性设计

（1）轨道抱箍钢板要与主体钢梁紧密配合。现场由于安装配合要求，周圈必然有间隙，因此需现场增加措施消除间隙。抱箍计算理论属于安全的，但前提是上、下主体工字钢梁抱箍钢板要与主体钢梁紧密配合，完全没有转动及位移，理论计算才能成立。因此，主体工字钢梁和抱箍钢板之间的空腔需要用木方填满，抱箍螺杆和主体工字钢梁之间用加角钢垫平（图9）。

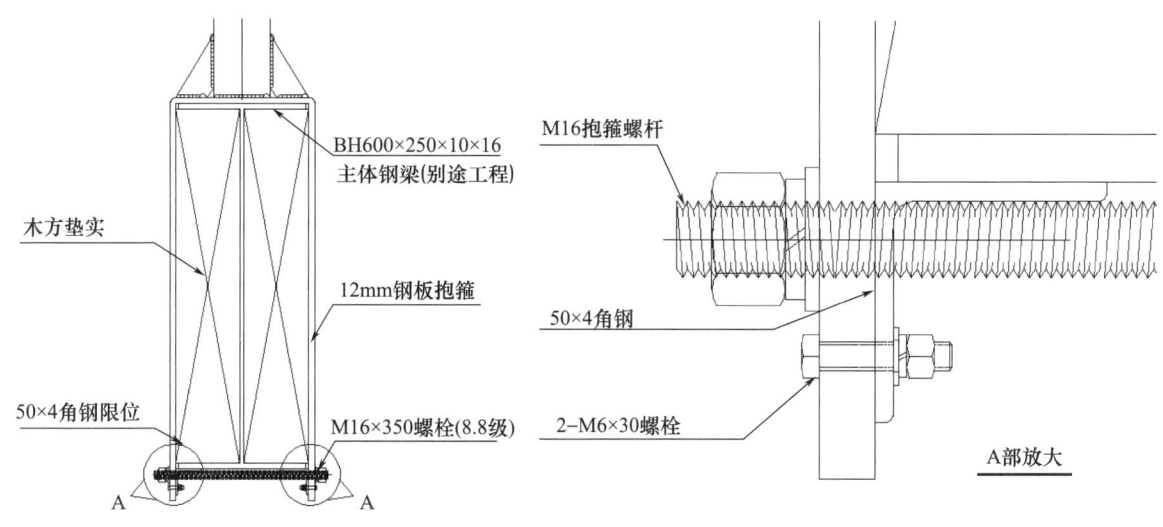

图 9　轨道抱箍详图

（2）最初钢架设计中轨道钢架仅抱箍钢梁，水平分力易使钢架失稳。为保证钢架稳定性，增加斜撑，从而使钢架有刚性支撑，防止钢架失稳（图10）。图11为施工现场照片。

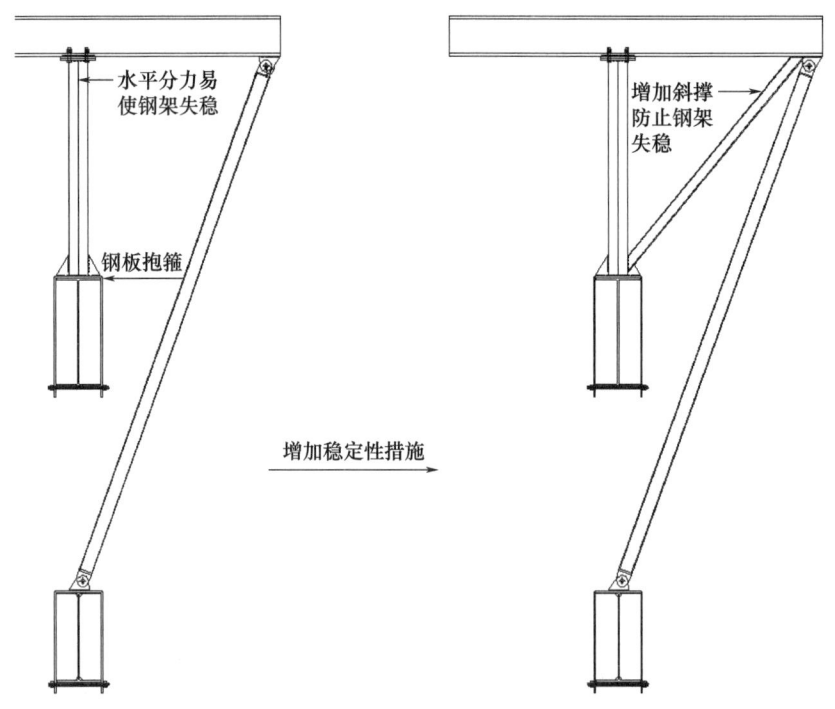

图10 钢架垂直稳定措施示意图

(a) 无斜撑　　　　　　　　　　　(b) 增加斜撑

图11 施工现场照片

（3）轨道方案中需增加整体稳定性措施。由于四个面长度较长，需在四个大面两端，在悬挑22a♯工字钢位置水平增加稳定性措施，即增加80mm×60mm×5mm钢管斜撑，详见图12。

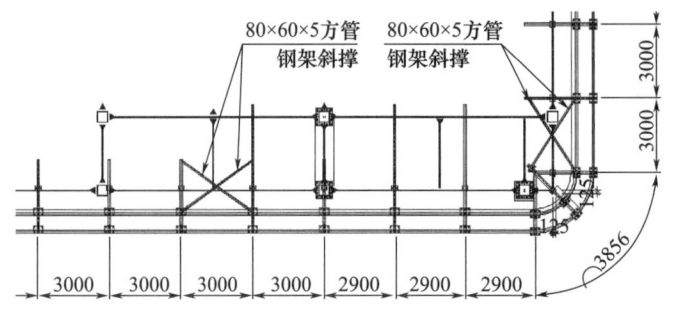

图12 钢架水平稳定措施示意图（单位：mm）

4.5 环形轨道施工

由于环形轨道架设在屋顶钢梁上,因此施工时每一榀竖向钢架的杆件应在工厂开好孔,在地面焊接好,采用塔吊安装。

如果在屋面搭设脚手架配合塔吊安装,由于轨道偏出主体结构较远,脚手架需要悬挑,此脚手架搭设、拆除是一项危险性较大的工程,费用也相对较高,为此本项目采用剪刀车来配合塔吊施工(图 13)。

图 13 采用剪刀车配合塔吊施工

钢架安装步骤如下:

(1) 使用塔吊垂直运输剪刀车至屋面,清理屋面使剪刀车能在屋面安全行驶。
(2) 剪刀车平台向室外滑出,固定在主体钢梁上,防止剪刀车倾覆。
(3) 利用剪刀车平台,分别在主体钢构放线定位。
(4) 钢架在地面焊接好后,使用塔吊钩住上部钢架耳板,从地面吊运至安装位置,使抱箍 U 型钢板开口朝下,插入上部主体钢梁,栓好抱箍螺栓。
(5) 使用塔吊钩住下部斜拉钢杆件耳板,从地面吊运至安装位置,使抱箍 U 型钢板开口朝下,插入下部主体钢梁,栓好抱箍螺栓。
(6) 焊接横向通长 80mm×60mm×5mm 方管钢通。

轨道安装步骤如下(图 14):

图 14 轨道安装施工

(1) 分别在轨道安装层放线定位。
(2) 在 22♯a 工字钢轨道两端上部分别对称开 2 个 ϕ18 的孔，调整好轨道位置使轨道两端上部的孔与轨道和支撑杆连接钢板上的孔对齐，用 M16 的螺栓固定。
(3) 用 M16 螺栓把轨道对接连接。
(4) 安装电动葫芦行走系统在轨道上，再把电动葫芦挂在行走系统的挂钩上，接上电源及手柄控制开关。
(5) 在轨道上安装吊篮系统，接上电源及手柄控制开关。

4.6 环形轨道验收

外悬轨道吊在投入使用之前，必须按照《建筑施工安全检查标准》（JGJ 59—2011）对其进行质量验收，并由施工方自检合格证以书面的形式通知监理等方进行验收，主要检查各构造杆件连接的状况、钢丝绳自身质量状况、钢丝绳与卸扣和电动葫芦之间的可靠连接状况，检查外悬轨道吊搭设的完整性和防雷接地等。

5 环形轨道使用、维保、拆除

5.1 环形轨道试运行

环形轨道验收完成后需试运行，具体步骤如下：
(1) 相序检查：用手按下相应按钮，检查各机构动作是否与按钮装置上标定的符号相一致，确定正确后，应再连续各做两个循环。
(2) 将吊钩升到极限位置，察看限位器是否可靠。
(3) 点动按钮，目测电机轴轴向窜动量，应在范围 1～2mm 内。
(4) 空车运行检查，进行上下循环各三次，行程不小于 1/2 起升高度；
(5) 进行空机在轨道上的直线和曲线试运行，在整体轨道上往返两次。经空载试验后无异常，即可进行负载试验。

5.2 负载运行

具体步骤如下：
(1) 按安全操作规范要求，进行起重电机的负载起重试运行，所负载的重量为最重物料质量的 1.25 倍，即 1500kg。
(2) 电动葫芦整体负载在轨道上的直线和曲线运行，所负载的重量为 1500kg。
(3) 电动葫芦整体安装完成后，进行整体验收，合格后方可使用。

5.3 环形轨道使用

开始使用时，要确认该台设备是否处于正常使用状态，吊运时应当注意起吊重量在规定范围内，不得超载。在确认轨道和跑车及环链葫芦状态无问题情况下，开机人员才可以开动机器。开机人员在吊起重物前，先开动车仔和葫芦做空载运行，并且上下及行走运行动作正常后，方可进行吊运工作。

吊运过程中，开机人员应该随时注意机器运转状况，如果出现异常响动应当及时停机检查，并通知轨道位置看护人员，当查看无问题才能继续工作。链条如果出现跳动等异常情况，应马上通知看护人员查看。

开机人员准备行走车仔的时候，应当通知看护人员，得到看护人员确认后方可行走。

开机人员应时刻注意链条运行高度，不得到达环链葫芦行程极限（环链葫芦有极限控制开关，但只能做非正常保护开关，而不作为工作开关）。

使用中，要注意保护电气控制元件，控制手柄要防止进水，要防止各种误操作。

一个电箱挪到另外一个电箱时，应当注意相序（即更换插头后，控制按钮与原来控制按钮控制的运行方向相同）。

当天使用完毕后，应将控制手柄和链条钩头放置妥当并捆绑牢靠，做好防雨防风工作，如果当天工作时设备有不正常响动，应该及时汇报并在使用记录中记录。

5.4 环形轨道保养

外悬轨道吊在验收合格通过投入使用后，必须对其进行日常的保养和定期的全面检查和整修，以保证其安全使用。使用方应提供外悬轨道吊使用和保养要求、外悬轨道吊检查制度和检查表等，具体步骤如下：

（1）检查是否被冲击或变形，如发现问题应及时纠正。

（2）钢丝绳每半月检查一次，发现有松股、断丝现象，应立即更换。

（3）在建筑临边安装安全隔离护栏。

（4）检查防雷接地等安全设施，保证这些安全设施完整、牢固，能正常发挥安全作用。如有损坏要及时调换，如有松动应及时紧固，如发现松动和开口要及时连通。

（5）外悬轨道吊每月检查一次。发现问题及时处理和整修保养。每次强风、暴雨过后都要认真检查并整修后方可使用。

（6）每次检查应有记录，检查人员应签字存档。

5.5 轨道拆除

5.5.1 拆除前准备工作

（1）完成对所有参与的管理人员及施工人员的各项安全、技术交底工作。

（2）完成拆除工具、安全设施的准备及检查工作。

（3）根据现场的实际情况及气候环境确定拆除时间。

5.5.2 轨道拆除

在轨道下方的地面上拉出警戒线，挂警示牌，形成封闭区域，封闭范围要求达到有效安全距离，并设安全警戒人员，绝对禁止人员进入安全警戒范围。

步骤：封闭警戒区域→电动葫芦、运行小车拆除→工字钢轨道拆除→轨道支臂拆除

5.5.3 电动葫芦拆除

（1）先切断连接三级电箱的电动葫芦电控箱的电源，确保轨道处于无电状态后，拆除操控手柄和超高限位器。

（2）拆除前，先将电动葫芦运行到轨道端头附近，用安全绳将电动葫芦固定在轨道上，防止电动葫芦自行移动。

（3）将位于轨道端头的封堵钢板拆除，电动葫芦的悬挂与运行的小车是由螺栓连接的。

（4）用两根安全绳把电动葫芦悬挂部分固定在钢轨道上，防止电动葫芦拆除后坠落。

（5）拆除连接螺栓，将电动葫芦悬挂部分放到楼板上方，用牵引绳拉到楼板内侧。

（6）拆除运行小车：将运行小车运行至轨道边缘，事先用安全绳将运行小车固定牢固，从轨道边缘处撤下运行小车，放置到楼板上。

5.5.4 工字钢轨道拆除（图15）

（1）确保工字钢轨道上无其他附着物，再拆除轨道工字钢，严防高空坠物。

（2）工字钢轨道分段进行拆除，本项目最长工字钢长度为3m，单段拆除最大重量为100kg。

（3）为了防止工字钢在吊挂过程中脱落，在准备拆除的工字钢中间部位增加一个耳板，用安全绳

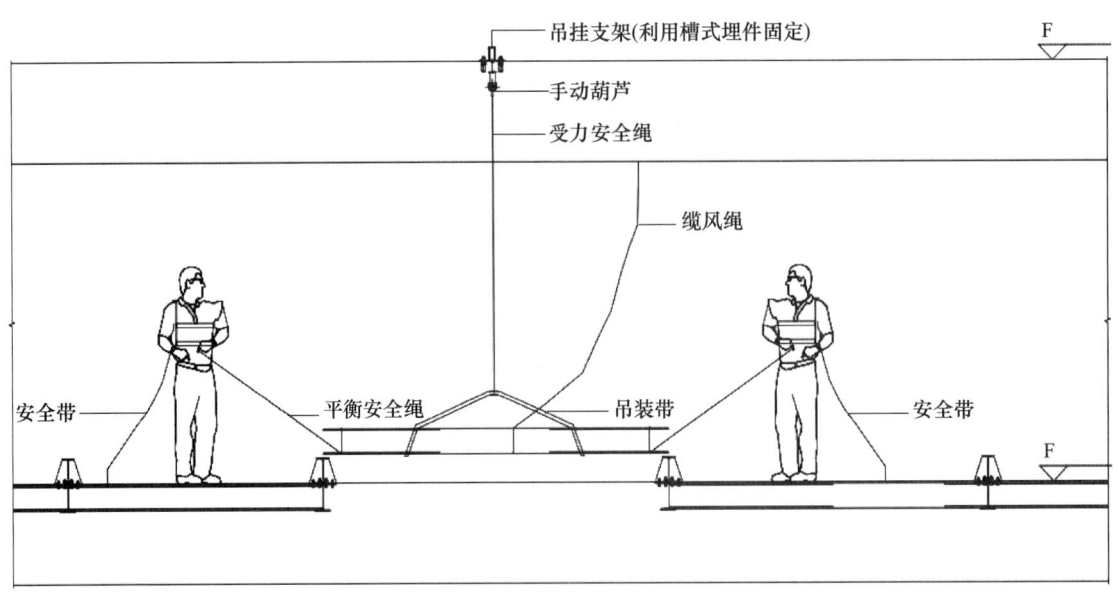

图 15 轨道工字钢拆除示意图

在工字钢中间部位捆绑固定后，挂在手动葫芦吊钩上。

（4）在工字钢的中间部位增加一根安全绳，另一端与上方的钢结构固定，作为辅助保险绳。

（5）在工字钢的两端分别固定一根安全绳，作为人工控制工字钢的平衡。当工字钢的固定螺栓全部松掉后，收紧手动葫芦，同时利用收紧工字钢两端的安全绳来保持工字钢的平衡。

（6）松手动葫芦链条，利用工字钢两端的安全绳将工字钢保持平衡，将工字钢移至屋面。

（7）拆除悬挑梁前端的钢丝绳。

6 环形轨道计算

6.1 环形轨道建模

环形轨道使用中承担吊篮和电动葫芦的荷载，按最大 6m 的吊篮和电动葫芦吊装最重的板块，同时出现在轨道最不利位置时建模分析（图 16）。

6.2 荷载说明

电动吊篮正常工作状态下，总悬挂载荷 $T_{s1}=419+91.2+20+20+350\text{kg}=900.2\text{kg}$。

6m 悬吊平台总重 419kg（悬吊平台自重+2 个提升机自重+2 个安全锁自重+1 个电箱自重）。4 根钢丝绳自重 $0.24\text{kg/m}\times 95\text{m}\times 4=91.2\text{kg}$（吊篮安装标高约为 95m）。

电缆线自重 $0.4\text{kg/m}\times 50\text{m}=20\text{kg}$（电缆线从建筑中间引出，长度约为 50m）。

重锤自重 $10\text{kg}\times 2=20\text{kg}$。

额定载质量 $R_1=350\text{kg}$，吊篮总悬挂荷载为：

$$N_{xg}=\frac{10\text{kN}}{2}=5\text{kN}$$

单元板块自重荷载标准值

$$p_{bk}=\alpha_f \cdot q_{GK} \cdot b_{bk} \cdot h_{bk}+\alpha_{f.\max}(300 \cdot \text{kg} \cdot g, \gamma_g \cdot L_{gs})=11.971 \cdot \text{kN}$$

单元板块自重荷载设计值 $p_b=\alpha_Q \cdot P_{bk}=17.957 \cdot \text{kN}$（$\alpha_Q=1.5$）

比较 $(p_b \div F_{g_{\text{limt}}})=91.4\% \leqslant 100\%$，OK!"

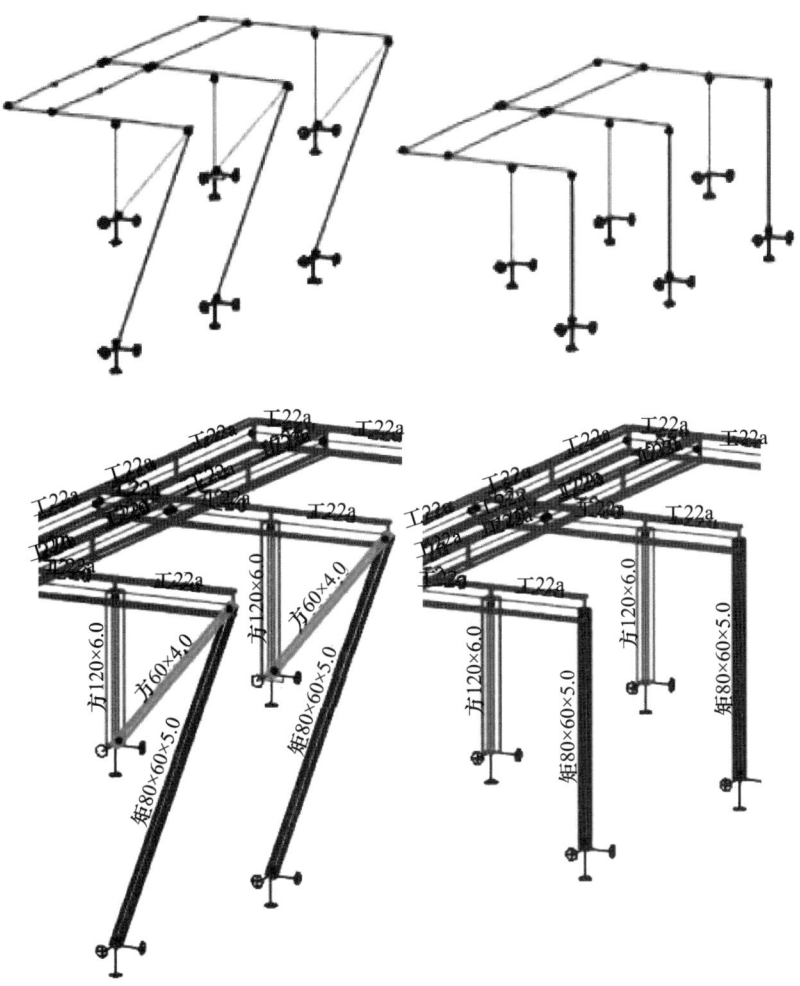

图 16　环形轨道建模示意图

6.3　荷载加载（图 17）

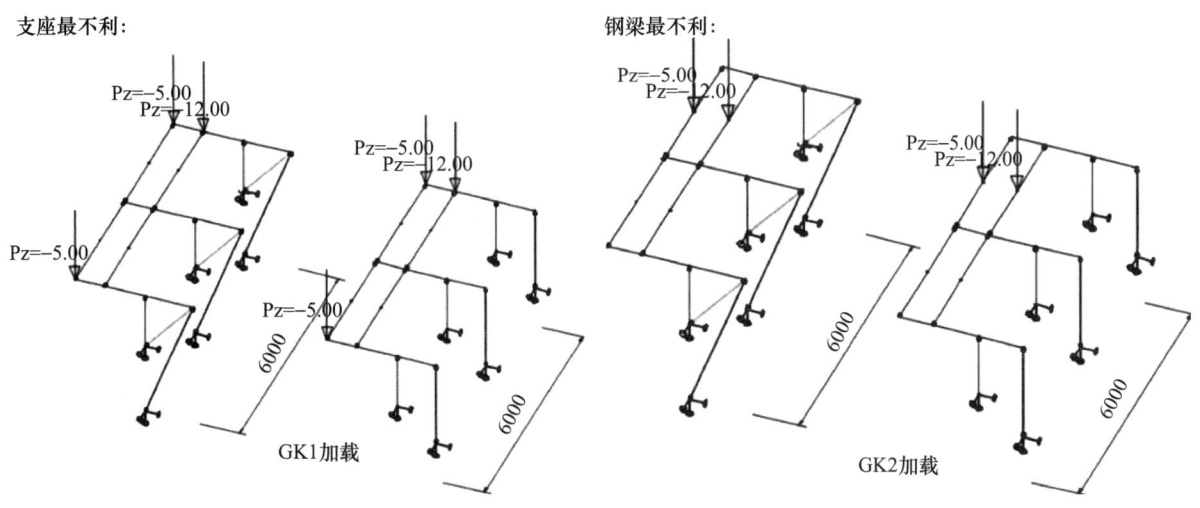

图 17　环形轨道加载示意图

6.4 荷载组合（表1）

表1 环形轨道荷载组合

组合号	名称	恒荷载	活荷载
1	恒荷载0＋活荷载1	1.30×1.00GK0	1.50×1.00GK1
2	恒荷载0＋活荷载2	1.30×1.00GK0	1.50×1.00GK2

6.5 强度验算（图18）

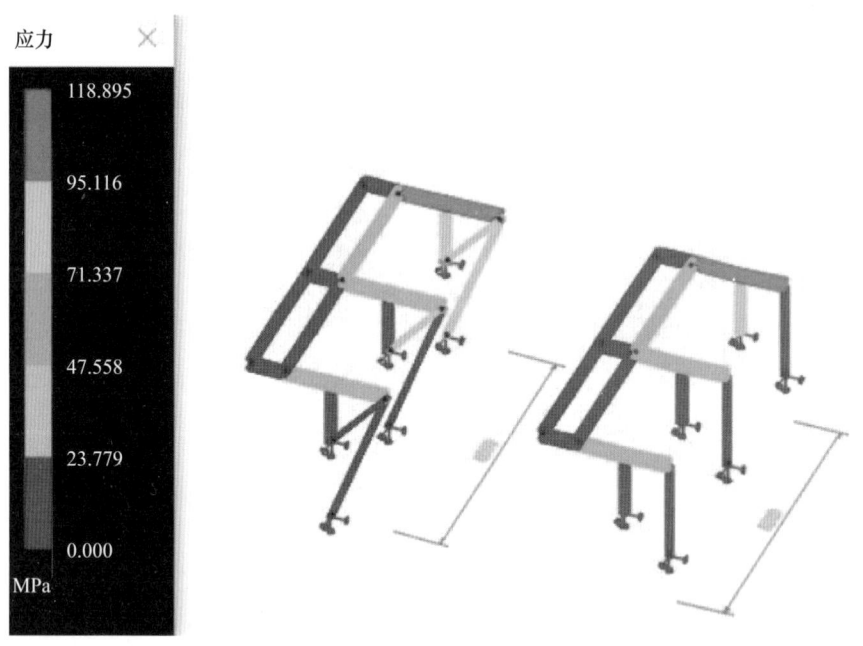

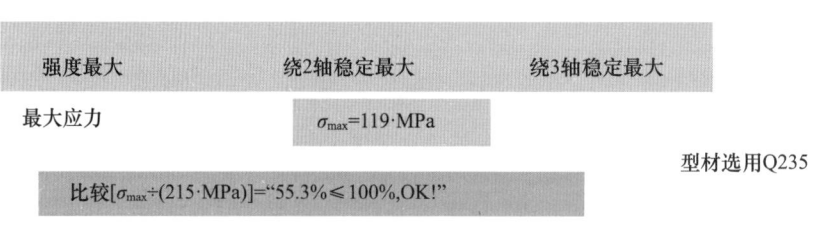

图18 环形轨道强度验算

6.6 刚度验算（图19）

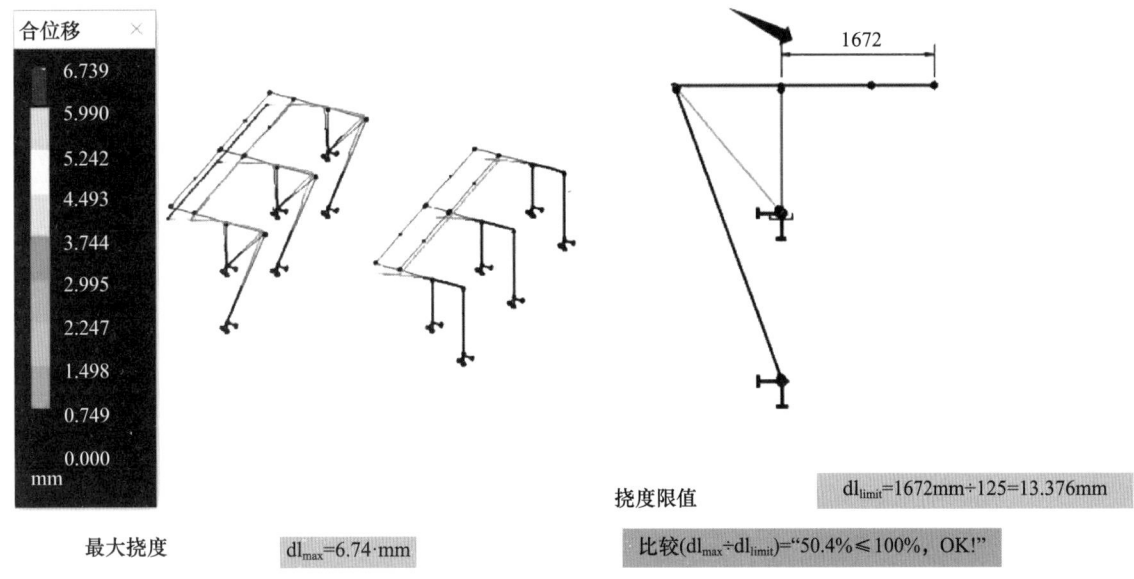

图19 环形轨道刚度验算

6.7 最不利支座分析（图20）

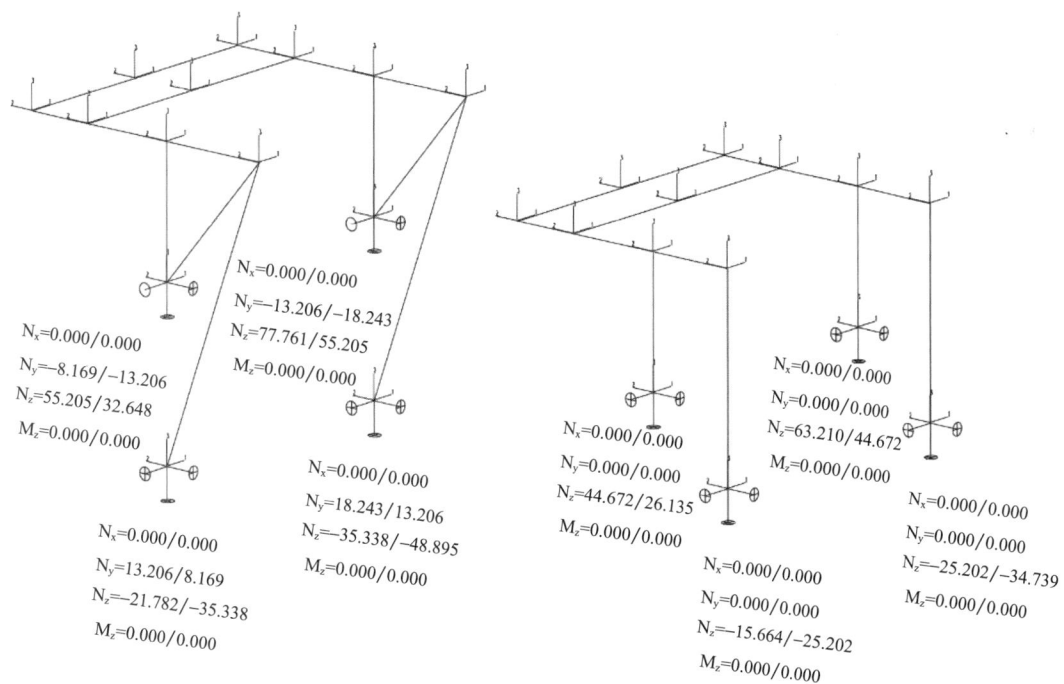

图20 环形轨道支座受力分析

7　结语

搭设环形轨道配合单元式幕墙施工在实际工程中应用普遍，搭设样式也越来越多样化。本文根据工程项目的实际情况，总结了一种装配式的双轨道搭设方法，供行业同仁参考。

参考文献

[1] 中华人民共和国住房和城乡建设部. 建筑施工高处作业安全技术规范：JGJ 80—2016［S］. 北京：中国建筑工业出版社，2016.

[2] 中华人民共和国住房和城乡建设部. 建筑机械使用安全技术规程：JGJ 33—2012［S］. 北京：中国建筑工业出版社，2012.

[3] 中华人民共和国住房和城乡建设部. 钢结构设计标准：GB 50017—2017［S］. 北京：中国建筑工业出版社，2018.

[4]《建筑结构静力计算手册》编写组. 建筑结构静力计算手册［M］. 2版. 北京：中国建筑工业出版社，1998.

一种大型月牙状铝板装饰构件构造及安装设计

◎ 李正明　杨　云

深圳市三鑫科技发展有限公司　广东深圳　518054

摘　要　随着装配式建筑的发展，建筑装饰行业对多元化造型的需求日益增加。本文提供了一种大型月牙状铝板装饰构件的构造及装配式安装设计思路，阐述了装饰构件从方案设计、材料选择、结构验算，到生产加工、组装运输、安装工艺流程和质量控制等内容。通过实际工程案例，验证了该装饰构件结构体系的可靠性，不仅满足了建筑造型的多元化需求，还实现了结构轻盈、外观流畅、安装便捷以及较好的经济效益。

关键词　铝板；月牙；构件；装配式

1　引言

随着社会的发展和科技的进步，建筑行业正在经历一场深刻的变革。装配式建筑作为一种新型的建筑方式，具有提高生产效率、降低能耗、减少环境污染等优点，正在被广泛应用。同时，随着人们生活水平的提高，对建筑造型和装饰的要求也日益提升。因此，如何满足建筑造型多元化建筑装饰造型需求，成为了一个重要的问题。

本文阐述了在大尺寸异形月牙状铝板装饰构件设计中，采用装配式构造设计思路，通过模块化构造设计和安装方式，解决了安装空间限制、运输保护限制以及场地限制等难题，极大地提升了安装效率和工程品质。

2　月牙铝板装饰构件系统介绍

深圳美术馆新馆、深圳第二图书馆（简称"两馆"）作为"深圳市新时代十大文化设施"之一，位于龙华区深圳北站以北红山地铁站旁，由KSP尤根·恩格尔建筑事务所与筑博设计事务所共同设计。其中，美术馆新馆中庭上空主悬挑屋架吊顶高度约35m，中庭顶部为玻璃采光顶，采光顶下部空间内嵌月牙状铝板吊顶装饰构件（图1）。构件排布总共28列，每列12个，共计336个，面板材质分为室外2.5mm厚铝单板和室内1.5mm微穿孔铝单板，共包含铝板面积1060m^2，单个月牙装饰构件截面尺寸3030mm×4150mm（图2），长度2800mm，前后相邻列空间关系叠加交错排布；顶部为钢格栅检修马道，中空腹部为主体结构预留大横跨钢梁。该造型尺寸、排列间隙和交错空间关系，给安装运输和安装带来了很大困扰，同时给构造设计和加工安装质量控制提出了更高的要求。

图 1　月牙铝板装饰构件分布效果

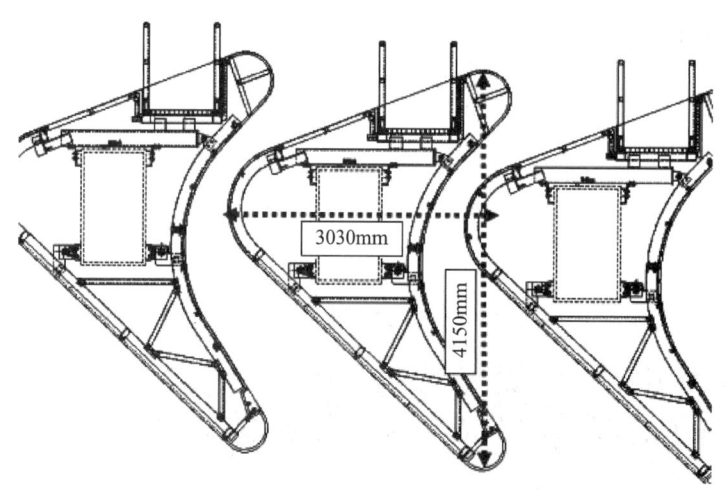

图 2　月牙铝板构件尺寸及相邻排布示意

3　月牙铝板装饰构件设计

3.1　方案设计

针对此大尺寸交错分布排列的月牙形状铝板装饰构件，在设计前期针对造型材料特点和安装空间的限制，对比分析了单一的构件式安装方案和装配式方案。

构件式安装方式先焊接安装龙骨，再固定面板，由于铝面板仅有 2.5mm 厚，且为单曲造型，虽通过加强筋加强，在运输和单片吊装固定过程仍易产生永久变形，且龙骨安装偏差难以调节控制，由此产生的不可控因素过多。另外，中庭 35m 高度吊顶位置施工难度大，安全风险高，难以保证安装质量。

装配式方案①为骨架面板在工厂完成拼装后运抵现场，面板带骨架分段吊装，降低了运输安装过程中的面板变形率，极大减少了现场高空作业量。但实际运输条件对于面板的成品保护存在困难，骨架带面板转运翻转过程易磕碰刮花，运输效率也相对较低。

由装配式方案①改进为方案②，仅骨架在工厂拼装完成后和铝板面板分开运抵现场，起吊前在地面进行骨架尺寸校核后安装铝板面板，并进行多段预拼装，保证起吊安装后面板整体平整度，由此在降低高空作业人工基础上，能有效提升生产安装效率和品质控制，同时也降低高空作业安全风险。

单架月牙构件面板主要拆分为 4 个部分（图 3），底部最大部分由现场起吊，上部 3 个部分可以在钢梁顶部通过检修马道操作安装。

3.2 材料选择

在骨架及连接构造设计时,通过对比钢材和铝材加工性能,考虑部分龙骨还需拉弯处理,钢骨架焊接和组装变形偏差较大,不利于铝板面板的平整度保持;而铝合金龙骨通过工厂预制化,铝合金型材加工组装拼接精度更易于控制,且铝合金骨架同时具备轻盈和优秀的防腐性能,在保证结构连接安全稳定的前提下,铝合金骨架优于钢骨架。

由此月牙状铝板构件选用全铝合金骨架设计,主骨架"横梁""立柱"通过 ST6.3×32mm 不锈钢自攻钉组合,局部加强斜撑采用铝片+自攻螺钉固定铝通(图 4),从而形成轻质高强的铝合金骨架,加工组装精度得到了保证。

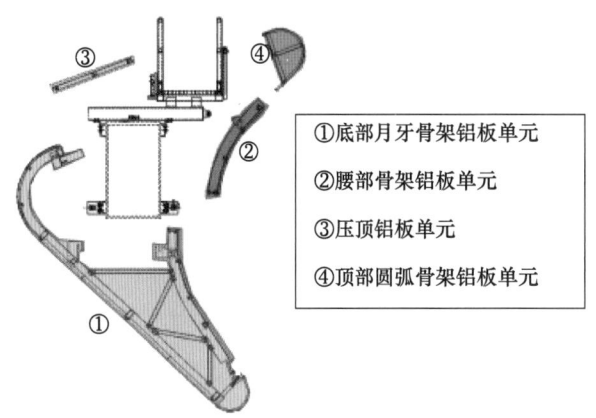

① 底部月牙骨架铝板单元
② 腰部骨架铝板单元
③ 压顶铝板单元
④ 顶部圆弧骨架铝板单元

图 3　月牙构件装配式分段示意

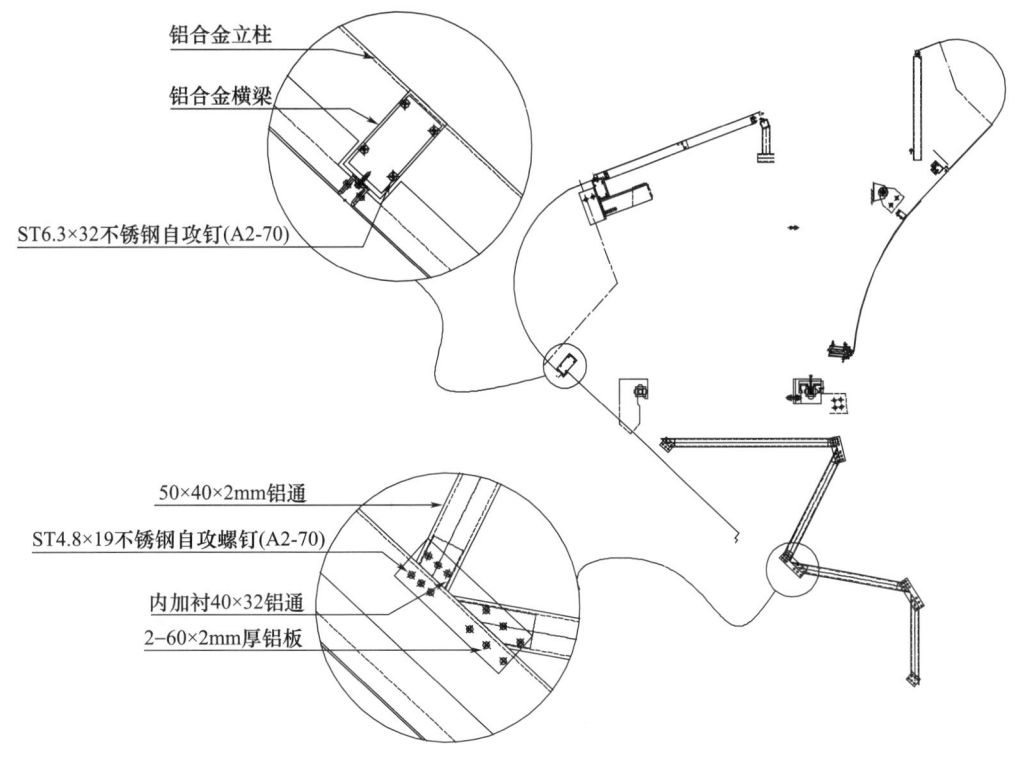

图 4　月牙铝板骨架局部连接构造

3.3 结构设计

为验证铝合金整体框架结构安全性,在铝合金骨架设计过程中,通过 SAP2000 进行整体和局部连接结构验算分析,根据验算结构优化调整,并考虑局部构造斜撑加强,最终得到满足结构安全稳定、构造轻盈简洁的铝合金框架体系(图 5)。

3.4 连接设计

挂座采用螺栓与主体钢结构预留槽钢进行连接,并通过挂接件实现由下向上挂接和三维调节锁定。其中,底部最大部分铝板构件采用两个挂接点位(图 6,左),前端(左)挂点由挂板上至下落入挂轴挂接(图 7),以前端挂轴为旋转轴,后端(右)挂点通过卡件设计(图 8)实现了由下向上安装,再

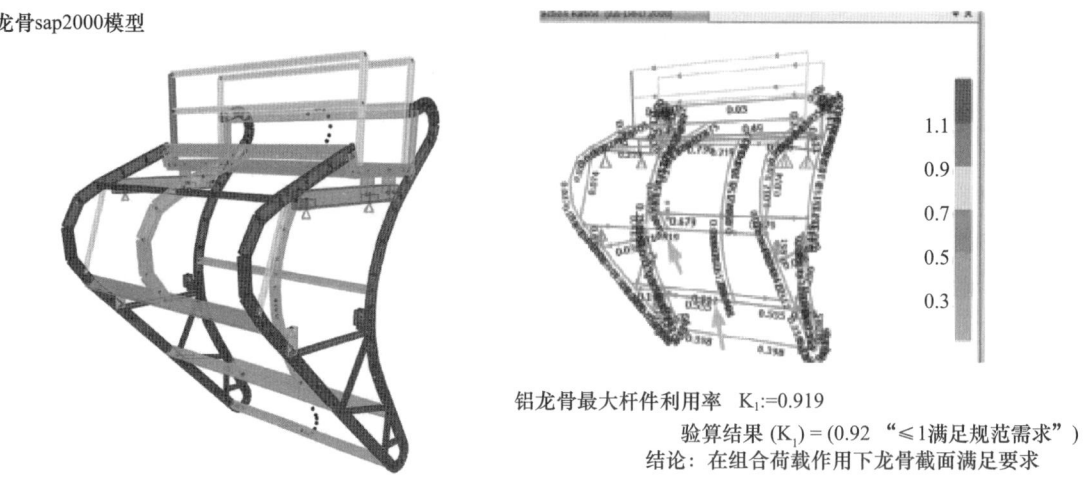

图 5　整体铝合金骨架验算

通过卡件限位和 M10×75mm 不锈钢机丝螺钉高低调整，实现月牙铝板构件的安装高低和倾角调节，以保证整列月牙铝板装饰构件的安装平整度。

调节完成后，通过顶部预留支座与"钢扁担"形成加强连接（图 6，右）。

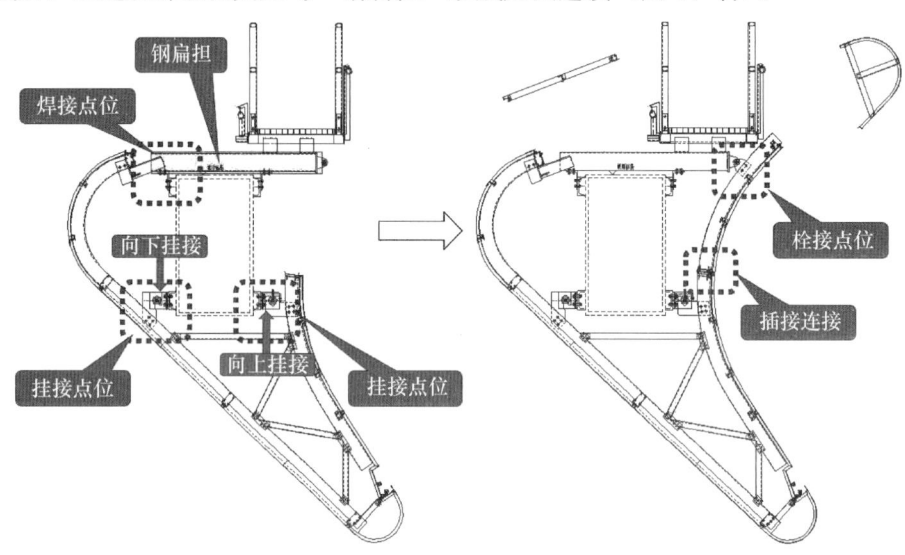

图 6　分段安装挂点示意

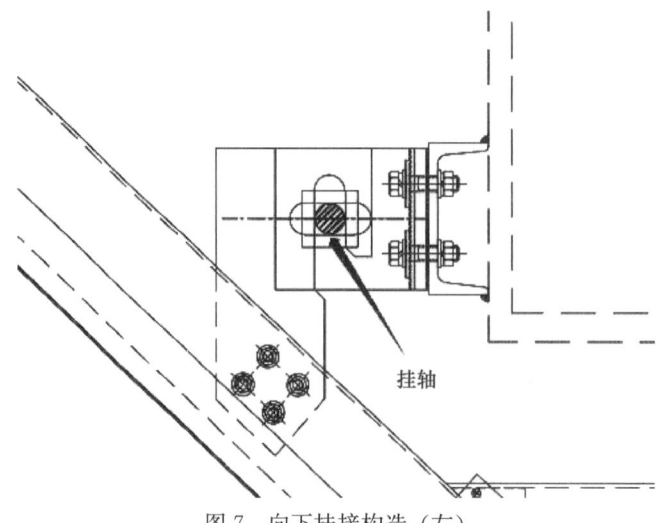

图 7　向下挂接构造（左）

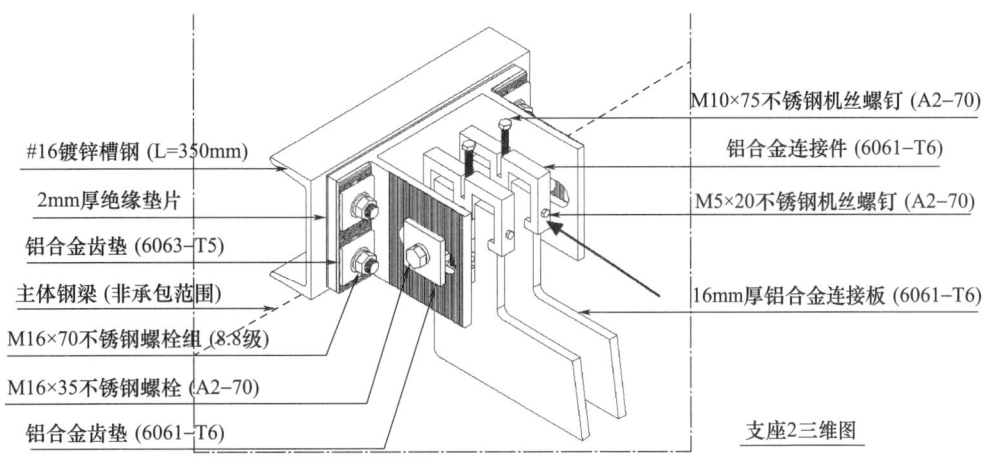

图 8　向上挂接组件（右）

底部构件安装调节完成后，安装顶部其他部分，人员可利用检修马道平台作为安装工作面，主要通过插接和螺栓固定方式，轻易实现上部各铝板面板构件的安装调节（图 9）。

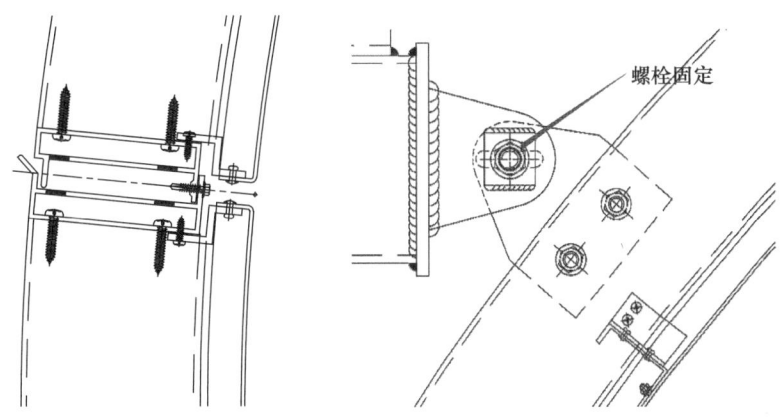

图 9　插接及螺栓固定构造节点

4　加工运输安装

4.1　加工运输

考虑骨架带面板在工厂组装后，由于构件体积较大，运输保护条件有限，运输转运过程可能会产生由于路途颠簸导致的铝板磕碰和骨架变形，不利于面板成品运输保护，由此采用了铝合金骨架和铝板面板的安装方式更加利于运输成品保护（图 10 和图 11）。

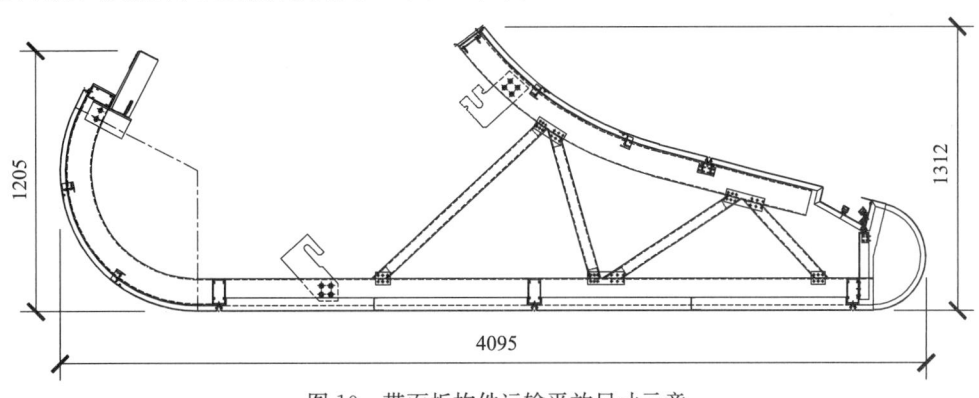

图 10　带面板构件运输平放尺寸示意

图 11　铝合金骨架运输与现场面板安装照片

4.2 安装工艺

为实现高效率材料组织和安装工序，以及安装过程有效的成品保护，各分段构件采用工厂组装铝合金骨架，现场安装面板的方式。铝合金骨架和面板材料运至现场后进行下列工作：

（1）进行铝合金骨架结构和尺寸校核，排除因运输过程造成的骨架连接螺钉松动、脱落造成的结构安全隐患，并及时核查骨架尺寸运输变形情况，采取加强或返厂检修措施；进行铝板来料质检，保证面板品质。

（2）构件起吊前在地面完成相邻面板的预拼装，保证相邻构件平整度的一致性。

（3）钢梁连接挂座挂轴标高进出位放样调节完成后，吊装月牙铝板装饰构件。

（4）完成下部构件连接构造挂接后，通过放线调整整列构件平直度。

（5）上部构件转运至钢梁顶部，工人在检修马道作业面完成上部剩余铝板构件的安装调试工作。

为保证现场准确顺利安装，施工安装交底的同时，通过可视化 BIM 模型模拟安装过程（图 12），直观有效提升了现场安装工序的理解与安装组织效率，达到良好的施工品质（图 13）。

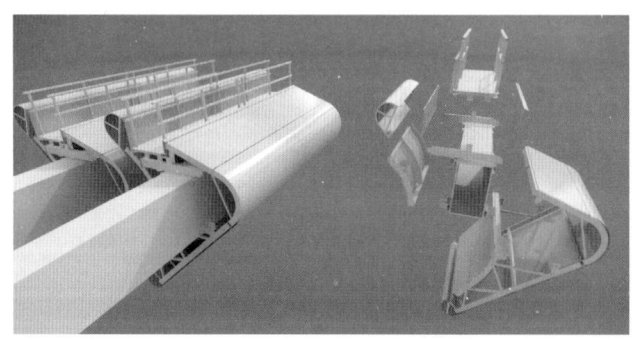

图 12　单元化拼装月牙构件拆解三维示意图

图 13　现场安装效果

5　效益分析

通过本文阐述的大型月牙状铝板装饰构件的构造及装配式安装设计方案，可以实现以下社会效益及经济效益。

（1）提高生产效率：通过工厂预制的方式，可以实现大规模、自动化的生产，大大提高了生产效率。

（2）降低成本：通过装配式的安装方式，可以减少现场施工的时间和人力成本，从而降低整个项目的成本。

（3）品质保证：通过预制铝合金骨架和现场面板组装后整体吊装的方式，可以较为理想地控制平整度和外观质量。

（4）轻质高强：装配式铝合金骨架具备较好的耐腐蚀性和耐久性且质量轻盈，可以延长装饰构件的使用寿命。

（5）节能环保：通过工厂预制和装配式的施工方式，可以减少现场施工的能源消耗和环境污染。

6 结语

本项目采用预制化装配式设计思路，在工厂和地面提前把控质量要点，有效解决现场运输和安装空间问题，保证了安装质量，提高了安装效率，但同时也增加了一部分材料组织工作，总体上可为大型装饰构件构造和安装设计思路提供参考，合理选用装配式拆分安装方式，也是对效率和品质的保障。

参考文献

[1] 中华人民共和国国家质量监督检验检疫总局，中国国家标准化管理委员会. 建筑装饰用铝单板：GB/T 23443—2009 [S]. 北京：中国标准出版社，2009.

[2] 中华人民共和国建设部，中华人民共和国国家质量监督检验检疫总局. 铝合金结构设计规范：GB 50429—2007 [S]. 北京：中国计划出版社，2008.

防火玻璃幕墙横梁立柱及系统安装问题的分析应用

◎ 刘惠芬[1]　吕淑清[2]

1　鹤山市恒保防火玻璃厂有限公司　广东江门　529799
2　广东恒保安防科技有限公司　广东江门　529799

摘　要　防火玻璃幕墙系统采用钢材提升玻璃幕墙的防火性能，不易熔化，适用于避难层等特殊部位。防火玻璃幕墙横梁立柱及系统安装问题在夹角玻璃幕墙建筑物防火结构中具有实用性，既能够保持系统的防火性能，又可以提升整体系统的外形美观。恒钢转角幕墙横梁立柱阴阳角90°连接系统解决了横梁安装慢、横梁无法统一安装和安装效率低等问题。防火玻璃幕墙的防火玻璃安装结构问题通过新型玻璃托板利用交错方向折板增加肋增强架构效果，提高强度，有效控制成本。

关键词　防火玻璃幕墙；横梁立柱；防火性能；系统安装；技术应用

1　引言

随着社会经济的发展，玻璃幕墙因具有现代、时尚、通透的视觉效果，在现代建筑中得到了广泛应用，同时建筑消防的普及，使大家对建筑物的防火安全性要求越来越高，一些特殊部位如避难层的玻璃幕墙必须具备一定的防火性能。但目前的玻璃幕墙大多使用铝材，防火性能不佳，铝材熔点低，发生火灾时容易熔化，使幕墙结构受到破坏，容易发生蹿火现象，且玻璃幕墙安装较为复杂，效率低下。

虽然对防火玻璃框架系统的设计和应用有一定的要求，但是在一定程度上，防火玻璃框架系统的应用比较混乱，影响了建筑的防火效果，很多项目只看重防火玻璃本身的检测报告，忽视了支撑玻璃框架系统的防火功能。随着新的《建筑防火设计规范》[GB 50016—2014（2018年版）]和《建筑幕墙、门窗通用技术条件》（GB/T 31433—2015）的实施，防火玻璃系统、防火玻璃幕墙系统越来越被设计师、建筑师、业主、公众知晓和重视。防火玻璃幕墙系统使用钢材提升玻璃幕墙系统的防火性能，发生火灾时不易熔化，安装时通过框体和压板分别从两侧夹持防火玻璃以及防火膨胀胶条，可简化安装程序，提高效率。

2　防火玻璃系统技术的概述

所谓防火玻璃系统技术，主要是指由框架系统和玻璃材料构成的技术系统，这两部分都应具有防火属性。

常见的防火玻璃幕墙系统使用高精度钢型材，配置高品质防火玻璃和密封材料。一种新型防火玻璃幕墙系统是钢铝组合防火玻璃幕墙，采用高精度钢型材做内防火钢系统，配置防火玻璃等材料构成，同时在完整防火系统下外选用铝合金型材做饰面，更具美观和防腐功能。通过采用这些材料和结构进行设计，能够实现防火玻璃幕墙的耐高温性能、高强度性能以及美观功能。

3 防火玻璃幕墙系统的安装情况

幕墙是建筑的外墙围护，不承重，像幕布一样挂上去，故又称为"帷幕墙"，是现代大型和高层建筑常用的带有装饰效果的轻质墙体。幕墙由面板和支承结构体系组成，相对主体结构有一定位移能力或自身有一定变形能力，不承担主体结构所作用的建筑外围护结构或装饰性结构。

安装幕墙属于高空作业，传统的幕墙安装工作完全由人工进行操作，时间久了人的手臂会出现酸痛的问题，不利于安全施工。通常室内玻璃幕墙安装施工工艺为：测量放线→安装 L 型转接件→安装铝立柱→安装铝横梁→安装避雷、防火装置→玻镁板安装→安装玻璃→安装横（竖）向扣盖→注胶及外立面清洗。根据幕墙横梁立柱安装规范要求和现场施工快速便捷等方面的要求，目前市场上的横梁立柱须统一先立柱后安装横梁，阴阳 90°连接方式多以立柱、横梁立柱同步安装的方式来降低安装难度，而使用旧式连接件缺乏灵活性，同时会增加安装成本和工作时间，实际操作难度会增加。

对防火玻璃幕墙结构而言，其框架全部采用钢质型材，玻璃为各性能要求的防火玻璃。为了更好地实现防火隔热效果，防火玻璃幕墙上的防火玻璃往往制作得十分厚重，安装时会在幕墙框架上的横梁上增加承托防火玻璃的玻璃托板。一方面，直角结构的玻璃托板由于其承托防火玻璃的平台下方没有支撑结构，导致其出现变形现象，使得防火玻璃无法稳定地安装在幕墙框架上；另一方面，制作玻璃托板地制作材料越厚，加工也越困难，制作成本也越高。直观防火幕墙结构见图 1。

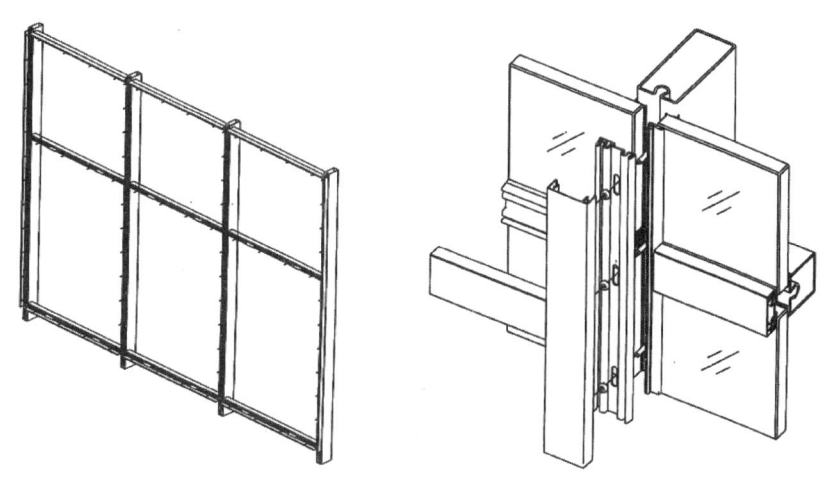

图 1　防火玻璃幕墙安装外形图

4 转角立柱横梁安装问题及解决方法

4.1 存在问题

幕墙是一种安装在建筑物外墙上具有装饰效果的墙体，一般由立柱和横梁组成的框架以及安装在框架上的幕墙板组成，通常的安装流程为先将所有立柱固定在墙体上，再将横梁安装在两根立柱之间以组成框架，这种安装方式通过统一安装立柱和横梁，安装效率高，适合平整墙体。如果墙体之间具有夹角（夹角的内侧为阴角，夹角的外侧为阳角），安装方式就改为先固定一立柱，再根据墙体夹角现场切割横梁，使横梁的切割角度符合墙体角度后，再将横梁安装在立柱上，然后根据横梁位置固定第二立柱。

这种安装方式只能按顺序安装立柱和横梁，不能先将所有立柱固定，再统一安装横梁。显然，这种在墙体转角安装幕墙的方式是受到横梁角度的切割、横梁与立柱之间的连接结构以及位于墙体转角处的两相邻框架的连接结构影响效率低。平整墙体幕墙安装结构见图2。

图2　平整墙体幕墙安装结构

如果墙体之间具有夹角，又不设置砖体墙，要求设置整体的玻璃幕墙结构，而且防火玻璃幕墙使用都是整体性大面积的，用上述传统的安装方式必导致横梁安装慢、横梁无法统一安装和安装效率低等问题。

4.2　解决方法

恒钢转角幕墙横梁立柱阴阳角90°连接系统由带插销铸铁部件、不锈钢螺栓、90°通用件与横梁型材组成。其工作原理是先将90°通用件厂内焊接固定到立柱上，如实现阳90°拼装方式，直接将加工好横梁套入90°通用件，再用不锈钢螺栓固定即可；而阴90°拼装方式也是先将90°通用件厂内焊接固定到立柱上，再用不锈钢螺栓带动藏在横梁内的铸铁部件工作。

整套阴阳90°连接系统可满足幕墙横梁立柱标准安装规范要求，先将所有立柱固定再将横梁准确安装。在本横梁立柱阴阳90°连接系统帮助下，横梁安装具有通用性、灵活性，易拆易装，操作简单，可降低施工难度，减少安装成本及工作时间。在此系统基础上配置新型的玻璃托板，利用交错方向折板增加肋增强架构效果，对比单一直角结构形态的玻璃托板强度显著；同时，通过架构使玻璃托板强度增加，无需单一考虑定制加工更厚的材料满足强度，可有效控制成本，制作也更为简单。

设计团队基于上述系统创新研发了一种转角幕墙，包括立柱、横梁和幕墙板，横梁与立柱连接组成框架。幕墙板通过锁紧组件固定在框架上，立柱包括转角立柱和布置在转角立柱两侧的连接立柱，转角立柱通过横梁与连接立柱连接。转角立柱一侧壁沿长度方向设置开口窄、里面宽的安装槽，且在转角立柱对应安装槽两侧的相对侧壁上设两个卡座。横梁两端敞口，其中一端面倾斜，倾斜的端面将敞口套入两侧卡座并贴合转角立柱的侧壁，使两个横梁组成转角，通过紧固件使横梁的一端与转角立柱连接固定，横梁的另一端通过连接组件与对应的连接立柱连接固定。

锁紧组件包括与转角立柱平行并与其相对安装的转角外框条。螺钉的头部可沿安装槽滑动，并使螺钉的杆部穿出安装槽的开口与转角外框，条螺纹连接将位于转角立柱两侧的两个幕墙板夹紧。横梁中空设置并在其一侧壁沿长度方向设置开口槽。

卡座包括从转角立柱的侧壁朝外伸出并具有角度的连接板。连接板平行于转角立柱，并在其朝向开口槽的端面上设置螺纹孔。紧固件穿过开口槽与螺纹孔连接，实现将横梁的一端固定在转角立柱上。卡座还包括在连接板的相对两端面上设置的筋板与转角立柱的侧壁连接，筋板上设有与开口槽平行的限位槽，限位槽的槽口朝向横梁的内腔。

连接组件包括可在横梁内腔滑动的滑座。滑座沿横梁的内腔向外伸出限位柱，连接立柱的一侧壁对应限位柱设置限位孔，限位柱随滑座滑动插入限位孔内，紧固件穿过开口槽与滑座螺纹连接，将横梁的另一端夹紧在连接立柱。横梁与转角立柱之间设置连接组件，限位柱随滑座滑动插入限位槽，紧固件穿过开口槽与滑座螺纹连接，将横梁的端夹紧在转角立柱。

转角外框条包括压板和盖合压板的盖板，压板压向幕墙板的外端面边缘，螺钉穿过安装槽与压板螺纹连接，将幕墙板夹紧并固定在转角立柱上。

转角立柱横梁安装结构示意图见图 3，转角幕墙立柱横梁安装外形图见图 4。

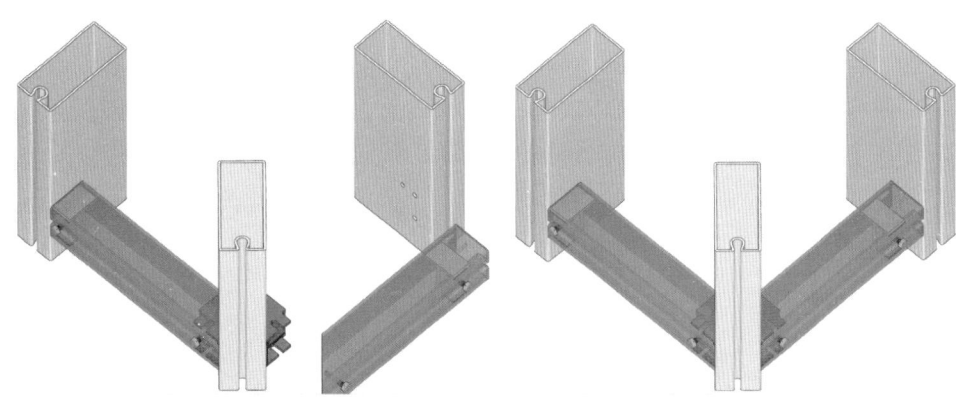

图 3　转角立柱横梁安装结构示意图

图 4　转角幕墙立柱横梁安装外形图

4.3　优势

幕墙转角立柱横梁安装结构采用两个特定卡座并布置在转角立柱的两侧。两个横梁的两个倾斜端面对应贴合转角立柱的两个侧壁以组成与墙体转角一致的夹角，并通过紧固件将横梁与卡座快速连接固定，形成阳角；或通过连接组件连接，形成阴角。横梁的另一端通过连接组件与连接立柱快速连接固定，组成框架，大大提高横梁的安装速度。

由于卡座与横梁倾斜端面可在工厂预加工，可减少工人现场操作频次，减轻工人的劳动强度。而且通过设置使转角墙体的幕墙安装方式与平整墙体的相同，有利于提高幕墙的安装速度。通过锁紧组件可将位于转角立柱两侧的幕墙板固定在转角立柱上。另外，通过上下翻转横梁，使同一转角立柱能应用于阳角和阴角，提高了转角立柱和横梁的通用性。

5 防火玻璃幕墙的防火玻璃安装结构问题及解决方法

5.1 存在问题

为了实现更好的防火隔热效果,防火玻璃幕墙上的防火玻璃都制作得十分厚重,因此会在幕墙框架上的横梁上增加承托防火玻璃的玻璃托板。目前,玻璃托板为单一的直角结构,自身强度由材料厚度决定,根据防火玻璃幕墙上的玻璃托板规范要求,应由不少于 3mm 的钢板支撑。但市面上需要承载的防火玻璃荷载更大,而直角结构的玻璃托板由于其承托防火玻璃的平台下方没有支撑结构,导致其出现变形现象,使得防火玻璃无法稳定地安装在幕墙框架上。此外,玻璃托板的制作材料越厚,加工也越困难,制作成本也越高。单一的直角玻璃托板结构见图 5。

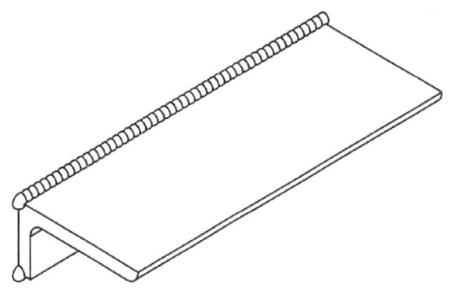

图 5 单一的直角玻璃托板结构

5.2 解决方法

一种防火玻璃幕墙的新型防火玻璃安装结构包括幕墙框架以及安装在幕墙框架侧面的防火玻璃。幕墙框架由多根竖杆和多根横梁组成,且横梁和竖杆相互垂直布置构成多个框格,防火玻璃安装在框格上。横梁上设置有玻璃托板承托在防火玻璃底部。玻璃托板由钣金折叠形成,包括上下方向翻折的平台部、位于平台部下方并左右方向翻折的两个支撑部以及位于支撑部之间的安装背板。平台部抵靠在防火玻璃底部,支撑部支承于平台部底部。安装背板设有穿接螺钉的安装通孔,与横梁通过螺钉紧固安装。

这种新型的玻璃托板利用交错方向折板增加肋增强架构效果,对比单一直角结构形态的玻璃托板强度显著。同时,通过架构使玻璃托板强度增加,无需单一考虑定制加工更厚的材料满足强度,可有效控制成本,制作也更为简单。防火玻璃幕墙的防火玻璃安装结构见图 6。

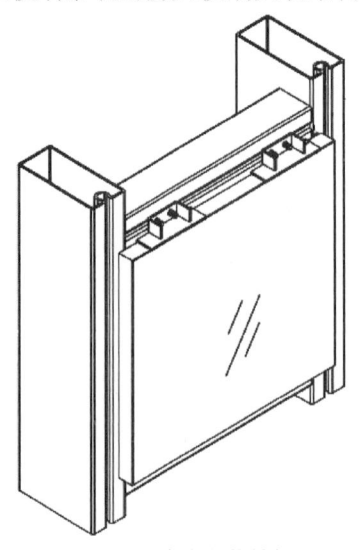

图 6 防火玻璃安装结构图

6 总结

城市快速发展过程中，超高层建筑功能复杂、体量大，作为资源高效利用主要手段的同时扮演着城市地标的角色，一旦发生火灾，易造成群死群伤、巨额经济损失和社会恐慌等严重后果，故防火结构在当前建筑物结构中变得越来越重要。其主要目的是尽可能保证建筑物内部环境的安全性，满足相应的耐火需求，因此防火玻璃幕墙系统的应用越来越得到认可。

在对玻璃幕墙进行设计分隔时，如果墙体之间具有夹角，又不设置砖体墙，要求设置整体的玻璃幕墙结构，除要考虑外形的均匀美观外，还应注意尽量减少玻璃的规格型号等。由本文提及分析的情况可知，防火玻璃幕墙横梁立柱及系统在夹角玻璃幕墙建筑物防火结构中的实用性，既能提升整体系统的外形的均匀美观，又能保证系统的防火性能，该项安装应用技术也将会成为未来研究的热点。

参考文献

［1］中华人民共和国住房和城乡建设部．建筑设计防火规范：GB 50016—2014（2018年版）［S］．北京：中国建筑工业出版社，2018.
［2］广东恒保安防科技有限公司．一种转角幕墙：202023339824［P］．2021-09-28.
［3］广东恒保安防科技有限公司．一种防火玻璃幕墙的防火玻璃安装结构：202122227883.8［P］．2022-02-01.

钢结构点支撑玻璃幕墙施工技术研究

◎ 黄明辉

深圳市科源建设集团股份有限公司　广东深圳　518031

摘　要　随着经济的发展以及社会的进步，建筑物的风格也变得更加丰富，同时在建筑当中有许多新型幕墙技术的应用。文章对钢结构点支撑幕墙结构进行了概述，总结了钢结构点支撑玻璃幕墙施工技术要点，探讨了钢结构点支撑玻璃幕墙施工质量控制措施。

关键词　钢结构；点支撑；幕墙施工技术

1　引言

现代建筑业使玻璃幕墙的适用范围不断扩大。玻璃幕墙因能够将建筑外护结构的防风防雨、采光隔热、保温等性能与建筑装饰工艺相结合，形成具有建筑功能性和艺术性的结构，在当前高层建筑和综合建筑中广泛应用。玻璃幕墙的种类多样，而钢结构点支撑玻璃幕墙对施工技术要求相对严格，做好施工过程的质量管理是提高建筑使用性能和外观品质的重要基础。

2　钢结构点支撑玻璃幕墙的组成结构

钢结构点支撑玻璃幕墙由大面积玻璃材料、钢爪和支撑结构构成，悬挂在主体建筑外围，作为建筑的外围护结构，其主要建材为玻璃，因此能够提高整体建筑的通透性和现代感。钢结构点支撑玻璃幕墙可以根据建筑立面的设计要求形成立体交叉的空间平面。在施工安装过程中，对玻璃面板和支撑结构的衔接精度要求严格，而这也提高了建筑结构的稳定性。为了防止玻璃因自爆而坠落，钢结构点支撑玻璃面板多使用钢化夹胶玻璃。钢爪在玻璃幕墙中起到主要的连接作用，需要达到一定的建筑防震抗压标准。钢爪一般采用不锈钢制作，通过机械加工保证其装配精度。钢结构点支撑玻璃幕墙的支撑结构通常由单根杆件、支撑桁架、拉杆和拉索等构成，由于构造形式灵活多样、适应性强，因此获得广泛推广。

钢结构点支撑玻璃幕墙在使用中可以根据设计师的要求具有多样的呈现形式，由于兼具艺术性和经济实用性，会给人们带来明亮轻快的美感，且可靠性较高。

尽管钢结构点支撑玻璃幕墙使用中具有诸多优势，但不能盲目推广至所有建筑中，在一些对抗震级别有要求的建筑不宜使用该形式，且对适用建筑高度有限制。

3　钢结构点支撑玻璃幕墙施工阶段分析

3.1　准备阶段

施工材料的采购直接影响工程质量和施工进度。采购时应确定所需施工材料的规格和型号，选择口碑较好的材料供应商，尽量避免采购材料不合格导致的工期延误和工程质量不合格。材料进入施工现场后，应该严格根据设计施工图纸，做好参数核对，对材料进行筛选排查，确保使用的施工材料和设计标准一致。施工设备的确认要根据一定的加工精度要求，并通过定期养护和维修提高设备运行稳定性，保证施工时设备处于最优状态，及时检查器具，避免施工进度延误。

3.2 加工阶段

具体施工阶段中，首先要对主要施工材料进行加工，玻璃面板的加工会存在一定的误差，但应控制在规范标准内。在做好定位调整后，展开开孔。开孔定位是准确施工的前提，因此，借助机械进行开孔时，可通过有效的保护和施工措施，提高孔径和孔位的精度，且使孔周围尽量不存在毛刺。杆件的加工允许端头部位存在 1.5° 的斜度偏差，杆件的尺寸偏差应该和施工技术规范一致。

4 钢结构点支撑玻璃幕墙施工技术要点

4.1 预埋件施工技术要点

在钢结构点支撑玻璃幕墙施工作业中，预埋件施工是一个重要环节。在施工的过程中，相关的建设单位以及安装部门要注意前期对其施工技术进行详细分析；注意结合实际的施工环境，在此基础上对其施工技术进行科学运用，最大化发挥施工技术的作用。在埋件施工的前期，要认真阅读图纸，并对施工人员最好技术交底。在施工过程中要精确处理埋件，对埋件的数量以及施工问题进行严格的检查与记录。在处理完这些工作后，还要对埋件进行必要的后置处理，规避后期埋件出现误差的情况，为后期的施工工作奠定良好的基础。

4.2 钢支撑体系及焊接驳接座的安装工作

在钢结构点支撑玻璃幕墙施工过程中，先进行钢结构支撑体系的安装，在完成此安装结构后才会进行后续的驳接座焊接工作。支撑体系以及焊接驳接座的相关安装工作对于幕墙后期施工有着很大的作用，在此过程中，相关的安装工作人员必须对此加强重视，采取措施来保证工作安全与质量。在安装钢支撑时，可以利用吊车来对钢支撑进行临时固定，同时还要对钢结构的预定位置进行检查，以此来保证后续工作的准确。对存在问题的部分，相关的施工人员要及时进行解决，以免耽误后期的施工进度。对于焊接驳接座，其工作过程有一定的复杂性，安装部门必须安排具备良好焊接技术的施工人员来进行相应工作，保障焊接工作的质量，在施工的具体过程中要保证焊缝高度大于 6mm。同时，在主管与支管的处理工作中还要注意穿孔的注意事项。在焊接完成后期还要进行防锈与防火漆的喷涂工作。

4.3 玻璃面板安装技术要点

在幕墙安装工作中，玻璃面板的安装工作是必不可少的，同时也是项目后期比较重要的一个部分，对项目的顺利完成有着很大的影响。对此，必须注意在安装前期对玻璃以及吸盘进行全面的清洁工作，吸盘配备的数量要根据玻璃的重量来确定。在实际的安装过程中，要将吸盘先提出来，后续才能够将驳接头固定杆穿到驳接爪里，在进行穿进的同时还要采取一定的固定步骤，确保后续玻璃面板的稳定性。

4.4 板缝打胶施工技术要点

在项目完成之前，要进行板缝耐候胶处理，这是项目验收前的重要工作。在打胶工作进行前期，需要对玻璃进行一定的清理工作，然后再对板缝进行一定调整，所遵循的板缝标准是 10mm 以上。与此同时，还要关注天气变化，避免在雨天与冬季进行打胶工作。注胶过程中要用泡沫条塞满驳接玻璃的底部，保持一定的厚度，后续进行持续的注胶工作，并用工具进行勾缝，工作人员要仔细观察，保证注满后不出现气泡、断缝等现象，对于存在问题的注胶部分要及时进行清理，保证整个工程的质量。

5 钢结构点支撑玻璃幕墙的质量保证措施

运用钢结构点支撑玻璃幕墙施工技术的过程中，要保证幕墙施工项目的完整性，就需要对各个阶段的工作进行科学分配，采取合理措施来避免出现质量问题。钢结构点支撑玻璃幕墙施工所包含的工程项目比较多，而且工程施工的过程也比较复杂，对此相关的建设单位与安装部门必须从自身出发，不断提高施工技术，采取合理有效的管理途径来保证玻璃幕墙施工项目的质量与水平。

（1）相关的建设企业与部门必须树立良好的安全管理工作意识，建立组织管理体系并健全各项监督制度，对工作人员与技术人员进行积极宣传与培训，以此来增强施工人员与安装人员的工作责任感，定期开展培训工作并举办研讨会，提高工作人员的整体素质。

（2）要重视施工过程中各个生产要素的配置工作，保证建筑工程管理人员的工作满足实际工作需求。根据钢结构点支撑玻璃幕墙施工项目的复杂性，管理团队要在合理分析实际情况的基础上进行施工方案的确定，将各个阶段的工作进行有效的结合，合理配置资源，保证企业在获得经济效益的同时能够增加社会效益。

（3）建筑企业与施工单位在实际施工过程还要注意加大执行力度，分析施工技术要点，在施工的过程中不断总结经验，针对类似问题归纳一定的控制措施。运用科学的质量保证措施不仅能够推动整个工程的运行，对玻璃幕墙行业的后期发展也有一定的推动作用。例如，在采购幕墙材料前，必须严格检查设计图纸上的材料规格型号，然后再来对材料供应商进行考察，确保幕墙材料质量可以满足设计及规范的要求，杜绝材料假冒伪劣材料。在幕墙材料进入项目施工现场时，要组织参建各单位进行材料抽样检查，同时还需要对半成品材料的外观及规格等进行仔细的检查，确保材料质量。要保证工具设备的加工精度可以满足质量要求，同时要加强工具设备的维护保养，确保设备处于最佳工作状态。对于幕墙玻璃的加工，必须严格按照加工工艺流程进行，务必保证加工误差在规范允许的范围内。在充分做好定位之后，再进行开孔工作，这是因为只有准确的定位在连接过程当中才能够准确地施工。在机械进行打孔的过程中，要采取科学有效的措施保证孔径以及孔位的精准。在加工幕墙构件时，加工尺寸偏差应该同相关的规定进行比对，使其能够同相关的规范要求一致。

6 结语

钢结构点支撑玻璃幕墙的施工安装具有低成本优势，其中新工艺、新技术的应用更使该结构在建筑施工中的应用多元化。施工过程应确保各环节技术标准，提高质量控制意识和管理，从而推广玻璃幕墙在建筑行业的设计应用。

参考文献

[1] 赵修全. 钢结构玻璃幕墙施工技术探究 [J]. 建筑工程技术与设计，2017（1）：166-167.
[2] 资奖根. 浅谈钢结构点支撑玻璃幕墙施工过程中的技术要点 [J]. 建材与装饰，2017（13）：53.
[3] 张利彬，刘长春. 有关钢结构点支撑玻璃幕墙技术探究 [J/OL]. 城市建设理论研究：电子版，2017（23）：2.

第八部分
既有建筑幕墙维护、改造与检测技术

建筑幕墙防火封堵现场检测浅析

◎ 包　毅[1]　江　辉[2]　杜继予[1]

1 深圳市新山幕墙技术咨询有限公司　广东深圳　（518057）
2 凯谛思建设工程咨询（上海）有限公司广州分公司　广东广州　（510145）

摘　要　火灾中吸入过量烟毒气体导致人员窒息伤亡是火灾发生时最主要的危险因素之一。建筑物中各种防火封堵密闭构造存在的施工缺陷或久经使用后封堵密闭性能的降低，给火灾时产生的烟毒气体留下了大量的渗漏和蔓延通道，对人员的生命安全造成极大的威胁。本文探讨了既有建筑幕墙防火封堵密闭完整性的无损化检测方法，以及采用该检测方法对各类建筑孔洞间隙封堵密闭完整性进行检测的可行性，并对检测的工艺、封堵可靠性判断依据等进行探讨。

关键词　建筑幕墙；防火封堵密闭性；无损现场检测；发烟装置；烟感装置

1　引言

国际防火协会（NFPA）的火灾统计数据显示，火灾中吸入过量烟毒气体导致人员窒息伤亡的比例为75%，是火灾导致人员伤亡的最主要因素。火灾中烟毒气体的渗漏和蔓延均早于火焰的蔓延，即使防火封堵构造在规定的耐火极限内还没有垮塌，但由于防火封堵密闭部位原有存在的缺陷，大量的烟毒气体会迅速地沿着各种间隙向上或向相邻空间气体低压的方向蔓延，从而造成人员的伤亡。因而，确保建筑幕墙防火封堵以及各类建筑孔洞间隙封堵密闭的完整性，使防火封堵设施能够有效地阻止火焰和烟气通过建筑缝隙和贯穿孔口在建筑内蔓延，对防止火灾中人员的伤亡有极为重要的作用。

实际工程中，由于多方面主客观原因，建筑幕墙防火封堵以及各类建筑孔洞间隙封堵密闭的完整性在施工质量和封堵效果达不到设计要求，问题较多。工程验收时，检验方法目前主要以目测为主，难以完全检测出防火封堵的密闭实际状况，特别是处于目测难以到位的部分位置，如内装完成后处于隐蔽状态的防火封堵构造是无法目测到位的。

根据深圳市工程建设地方标准《既有建筑幕墙安全检查技术标准》（SJG 43—2022）和《既有建筑幕墙安全性鉴定技术标准》（SJG 112—2022）有关内容，既有幕墙的防火构造均为检查评定项，但有关检查方法也是目测，在不拆除装饰表层的情况下，同样存在无法目测检查的情况。

新建建筑幕墙施工中防火封堵密闭存在的质量问题，或长久使用后既有幕墙防火封堵存在的松动和开裂使密闭性能失效，都会在发生火灾时给人们造成严重的安全威胁，因此必须进行有效的加强检查。为提高检测可靠性和可行性，本文对幕墙防火封堵的现场无损检测技术进行探讨。

2　检测方案初步构想

依据幕墙防火封堵的特点，阻断烟气的渗漏和蔓延是幕墙防火封堵的主要功能之一。幕墙防火封堵密闭完整性有关检测方法主要应考虑以下几点：安全性、无损性、可视性、可量化性。在安全性方面，如果对幕墙防火封堵密闭完整性采取现场明火检测，其危险极大，难以保证财产和人员的安全，所以任何现场动火的检测方案都不在选项范围之内。在去除动火选项的前提下，采用烟气法是幕墙防火封堵密闭完整性检测达到安全、无损、可视、可量化的主要选项，能准确地印证幕墙防火封堵密闭完整性的性能。有关烟气法现场验证，可参考的标准有《防排烟系统现场性能试验方法 热烟试验法》（XF/T 999—2012），适用于在空间结构特殊、防排烟系统设计复杂的建筑中实施的热烟试验，如中庭、工厂、货仓、百货商场、购物中心、复杂办公建筑以及体育娱乐中心等人员密集的公共建筑、隧道、地铁、车站、航站楼等交通枢纽建筑和大型地下建筑。其采用的发烟装置为一种可以产生定量体积流量烟气的装置，包括发烟源和导烟装置两个部分，发烟源分为发烟饼、发烟筒和发烟罐等类型。由于该标准的适用范围与幕墙防火封堵的实际情况有所不同，在采用烟气法进行幕墙防火封堵密闭完整性检测时需要对检测方案重新设计。

2.1 发烟装置

根据应用场景，发烟装置可以分为以下几种：①防化烟雾发生器，主要用于化学毒剂的侦检，具有高性能、便携的特点；②消防用烟雾发生器，用于火场指挥，指引火场逃生等；③影视用烟雾发生器，用于影视拍摄、营造氛围等。

与幕墙防火封堵密闭完整性检测场景较为接近的是消防用烟雾发生器，也就是前文提到过的发烟饼、发烟筒和发烟罐等，该发烟装置常见于各种消防演习等场景。但考虑到既有建筑的检测需在室内进行，需保证烟雾对现有装饰和家具等物品无损，且消防烟雾有触发原有消防报警的可能，基于安全性、无损性的考虑，不建议选择。

影视用烟雾发生器是一种更为安全的选择。影视用烟雾发生器有多种类型，可首选室内适用的产品如舞台烟雾机。舞台烟雾机主要有薄雾机、低烟机、气柱烟机、烟雾机、干冰和液氮烟雾机等。根据适用性，可视化检测建议选用烟雾机，烟雾机应使用环保烟雾油，可以免除烟雾对人体的危害，如需定量化检测，建议采用干冰烟雾机。

2.2 防火封堵检测样板选定

根据《既有建筑幕墙安全性鉴定技术标准》（SJG 112—2022）规定，检测样板采用不小于1‰的固定比例抽样，且不应小于5个样板。考虑实施可行性，按照每个房间为一个检测单位为宜，对于大空间办公或房间之间不完全隔绝的情况，也可采用一层楼为一个单位。

检测抽样除了考虑标准层和标准间外，还应该考虑转角等特殊位置，以涵盖各种封堵做法。由于难以观测，避免选择顶层和避难层的下一层。

2.3 检测前准备

防火封堵下部需为一个封闭空间，可以是一个房间、一个楼层或一个人造封闭单位。检测前，应对影响空间封闭性的部位进行检查并封堵。可能影响封闭性的位置包括但不限于外窗、内门、空调风口、电路管线（外露部分即开关、插座面板等）和其他孔洞。其他孔洞包括施工或装修遗漏未封闭的工艺孔及线路改造后遗留的管道。这些不明显的孔洞可能难以发现，所以建议正式检测防火封堵以前，先做一次可视化烟雾检测，以排除其他泄露对实验判断的干扰。

避免环境干扰的另一个选择就是建造一个人造封闭单位，可以参考幕墙气密性现场检测方法，在室内对应防火封堵位置设置密封箱或密封袋来进行相关检测。该方案的优点受环境影响少，受环境不确定因素干扰小，容易实现箱体正压，缺点是试验硬件条件要求较高。如果室内装修已完成，窗帘盒等构造影响对防火封堵区域的封闭，会致使试验无法正常进行。

为利于烟气扩散，建议封闭空间为正压。参考《门和卷帘的防烟性能试验方法》（GB/T 41480—2022），压差控制在55Pa。烟雾机的排烟口应尽可能靠近封堵密闭构造处，必要时可对怀疑渗漏的部位直接喷射，以达到强化检测的目的。考虑到对现场封闭空间加压难度较大，可采用对封堵部位鼓风，对相应位置局部加压。

2.4 封堵可靠性判断

在防火封堵下部开启发烟装置后就可以在封堵的另一侧观察漏烟的情况。考虑防火层有阻挡作用，检测时间建议保持15~30分钟。这种可视化观测可以判断是否封闭完整，但存在无法量化的问题。

对于检测的量化问题，可采用电子烟雾探测器来进行判断，以避免人员判断烟雾浓度的偏差。但是烟雾探测器可以探测到的烟雾存在安全性较差的问题，且可能引发建筑原有消防系统报警，产生意料之外的后果。为此，可采用其他示踪气体来达到检测量化的目标。比较安全且常用的是二氧化碳，可以将发烟装置更换为干冰烟雾机，检测装置可选用二氧化碳检测器。二氧化碳检测器是一种用于检测空气中二氧化碳浓度的设备。一般来说，二氧化碳检测器采用红外二氧化碳传感器，信号稳定，精度高，而且能自动检测并显示室内的二氧化碳浓度、温度、湿度数据。一旦这些数据超过预设范围，设备就会自动报警。将该装置固定在封堵上侧1~1.5m的位置，按设定检测预警浓度参数等数据，就能实现客观化判断。

在规范《吸气式感烟火灾探测报警系统设计、施工及验收规范》(DB 11/1026—2013)的第5.2条对吸气式感烟火灾探测器的灵敏度可调做了相关规定。可依据有关烟感的报警条件，将烟雾浓度转换为二氧化碳参数。对于具体的设定步骤和操作方法，不同的传感器品牌和型号可能会有不同的操作指南，需要参考对应的使用手册进行操作。

3 应用场景扩展

本文探索的建筑幕墙防火封堵现场检测方法，除用于建筑幕墙防火封堵密闭性能的检测外，也可广泛应用于其他与封堵密闭性能相关部位的检测，如建筑主体结构施工中的工艺孔洞，包括放线洞、泵管洞、脚手架眼及悬挑槽钢眼、外墙对拉螺栓孔、内墙对拉螺栓孔等，以及在装修或改造过程中容易产生和遗漏的孔洞，包括空调孔、热水器孔、下水管道孔、燃气管道孔和工程改造遗弃的原有管线孔洞等。当这些孔洞处于有防火密闭要求的气体通道上或有其他封堵密闭功能要求时，可采用此检测方法对这些采取不同的方法和材料进行密封处理的孔洞进行封堵密闭性能的检测，可提前发现密闭漏洞进行封堵，以保证封堵效果和建筑在防火性能的安全性。

4 小结

本文对建筑幕墙现场封堵检测的可行性进行了初步方案设计，检测在保证安全的前提下，可实现无损化、可视化、客观化，本文未确定具体量化方案相关参数，需进一步分析研究。本检测方案可扩展至建筑主体和装修封堵的检测，有关建筑幕墙封堵检测方案仅为初探、浅析，不够准确，需后续进一步完善。

参考文献

[1] 深圳市住房和建设局. 既有建筑幕墙安全检查技术标准：SJG 43—2022 [S]. 2022.
[2] 深圳市住房和建设局. 既有建筑幕墙安全性鉴定技术标准：SJG 112—2022 [S]. 2022.
[3] 中华人民共和国应急管理部. 防排烟系统现场性能试验方法热烟试验法：XF/T 999—2012 [S]. 北京：应急管理出版社，2021.
[4] 国家市场监督管理总局，国家标准化管理委员会. 门和卷帘的防烟性能试验方法：GB/T 41480—2022 [S]. 北京：中国标准出版社，2022.
[5] 北京市规划委员会，北京市质量技术监督局. 吸气式感烟火灾探测报警系统设计、施工及验收规范：DB 11/1026—2013 [S]. 2014.

深圳湾睿印 RAIL IN 幕墙改造工程设计与施工

◎ 区家伟　刘　海　陈桂锦　黄　磊

深圳市汇诚装饰工程有限公司　广东深圳　518029

摘　要　随着城市发展与科技进步，现存量幕墙改造已成为城市规划提升和促进城市可持续发展的趋势，幕墙改造用以提升基础设施、改善人文环境，成为城市的一道靓丽的风景线。幕墙改造的难度因项目类型和规模而异，涉及复杂的工程、法规、环保、安全等问题，克服各种挑战的同时，改造幕墙可以改善城市基础设施，提高资源利用效率，增加就业机会，提升居民生活质量，促进城市可持续发展。

关键词　幕墙改造；可持续发展；高效；挑战

1　引言

深圳湾睿印 RAIL IN 是深圳湾超总区域内首个投入运营的 TOD（以公共交通为导向的发展模式）城市综合体项目。该项目位于超总核心东西轴线的西端，与多个重要地标相邻，聚焦龙头企业总部，包括招商银行、中国电子、万科集团、京东、中信证券、碳云智能、OPPO、中兴通信等。作为大湾区未来重要的经济引擎和世界级滨海客厅，该项目代表了 TOD 商业综合体的成功实践，是现代城市规划的范例。

深圳湾睿印 RAIL IN 的商业部分，即睿云中心，是一个由深圳地铁与万科集团联合开发的大型综合体，包括超高层办公、酒店、公寓、购物中心和 TOD 三线换乘枢纽。商业裙房及整体地下空间的设计突显了 Super Connect（超链）的核心理念，通过地下换乘通道、立体交通核、屋顶花园、交互式外立面等多层次的设计，打造出一个面向未来的、引领生活方式，复合业态与城市轨道交通无缝互联，室内外空间融合的超级城市。这一设计旨在创造出一种舒适、高效、智慧的城市生活方式，引领大湾区迈向品质生活（图1）。

图1　项目局部夜景照片

2 工程概况

深圳湾睿印 RAIL IN 幕墙改造工程裙楼共有 5 层，总高度为 23m，标准层高为 5.4m，本工程幕墙面积约 4 万 m^2，改造项目结构条件复杂不可控，幕墙系统和材料品种繁多，板材涉及铝单板、阳极氧化单板、蜂窝铝板、不锈钢板、夹胶玻璃、夹胶中空玻璃、中空玻璃等，玻璃跨度大，造型复杂，构造做法繁多，改造前（图2和图3）与改造后（图4～图7）的幕墙造型差异巨大。

项目 2021 年 10 月中旬定标，要求 2022 年 5 月份交付使用，土建移交难度大，实际施工工期不足 4 个月。结构改造体量大，各专业穿插施工，造型复杂，工期紧。如何在有效工期内保质保量完成本项目幕墙改造工程，是贯穿在设计与施工全过程的高压线。

图 2　东南角改造前

图 3　东北角改造前

图 4　东南角改造效果图

图 5　东北角改造效果图

图 6　东北角改造后实景

图 7　东南角改造后实景

3 单层折线玻璃幕墙系统、双层玻璃幕墙系统的设计重难点

本项目使用大面积的折线、双层玻璃幕墙系统。折线幕墙的特点是在建筑外立面上创建多个锐利

的折线、角度和凹凸部分，形成多面体的几何图案。玻璃和铝板宽度尺寸有渐变特点，折线、双层玻璃幕墙整体外观与檐口铝板共同拟出流畅的圆弧，建筑幕墙线条清晰，折线的硬朗与圆弧的优美相互呼应、融合。

幕墙效果渐变、角度多且跨度大，在顺应弧形及折线效果的前提下保证安装点位的精准度及安装系统可调性是本系统的一大难点。在图纸放样时必须严格精确每个立柱、平面的点位（图8和图9），避免出现较大的累计误差，影响到整体呈现效果。

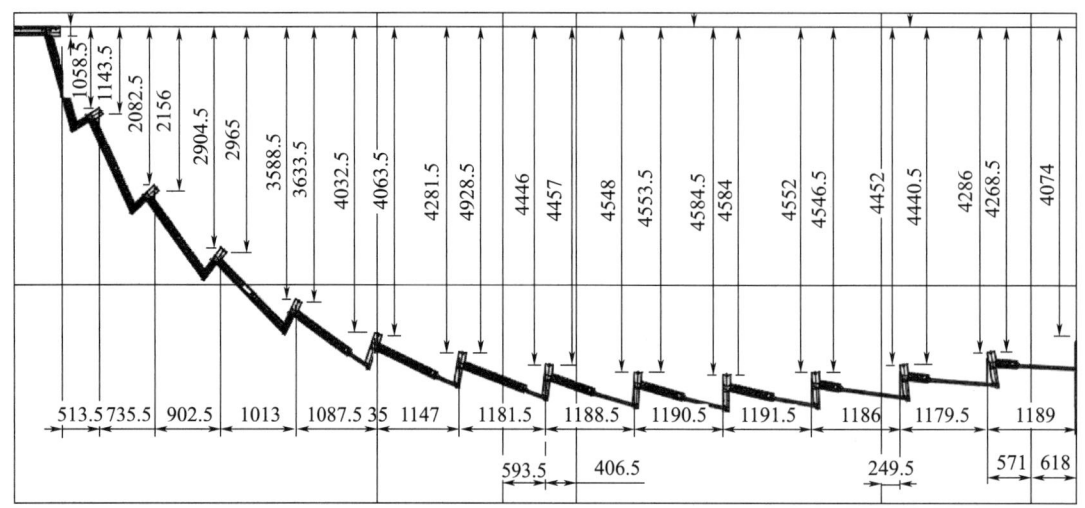

图 8　折线玻璃幕墙平面放样（单位：mm）

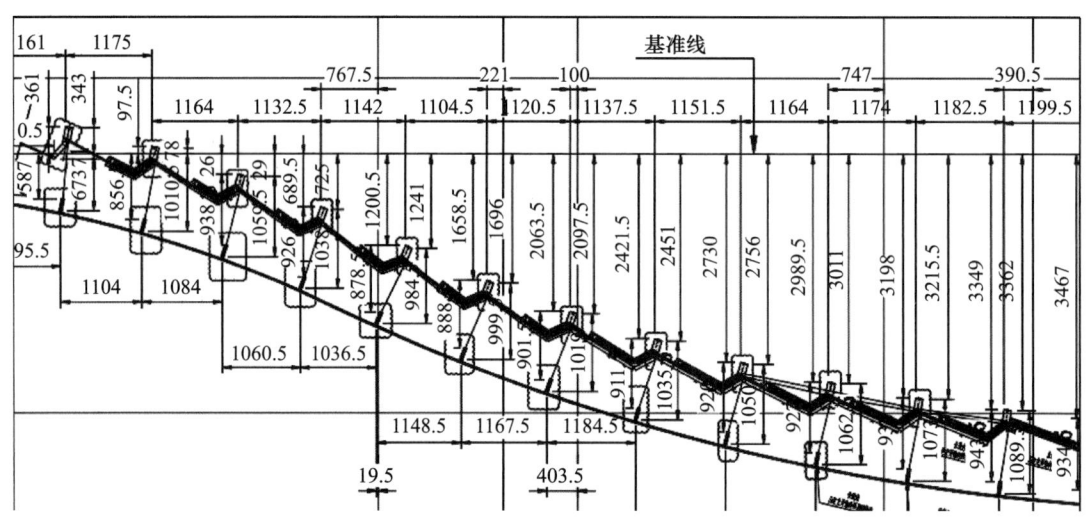

图 9　双层玻璃幕墙平面放样（单位：mm）

本系统的设计需确保每个面板与楼层等高，并在考虑幕墙整体横向跨度较大的情况下，特别关注幕墙面板的变形问题。保障系统具备优良的整体平整度以及灵活可调性，是本系统的重点考虑方向。解决方法如下：

（1）折线幕墙的立柱采用连体式铝材，1号铝立柱和2号铝立柱进行插接（图10），2号立柱一侧作为立面的装饰效果与玻璃扣紧，其立柱的尖角造型与玻璃呈现出折线效果。2号立柱的外侧造型在不做断缝处理的同时，也能保证幕墙大面的平整、干净。

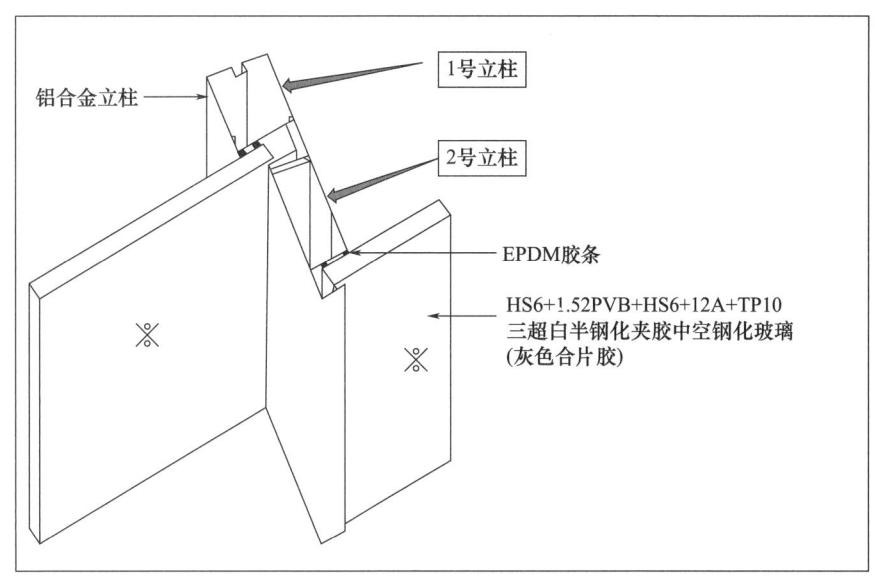

图 10　折线玻璃幕墙三维示意

（2）在折线平面的设计中，采用了 25mm 蜂窝铝板与夹胶中空玻璃的渐变连接（图 11 和图 12）。由于蜂窝板独特的性能，系统在保证隔音和平整性的同时，赋予了板材轻便特性和表面细腻质感。此系统不仅实现了幕墙整体平整、清晰的外观效果，更适用于折线和双层幕墙，具备应对大跨度、效果渐变以及多角度变化的特点，折线和双层幕墙的三维示意图及现场实景见图 13～图 16。

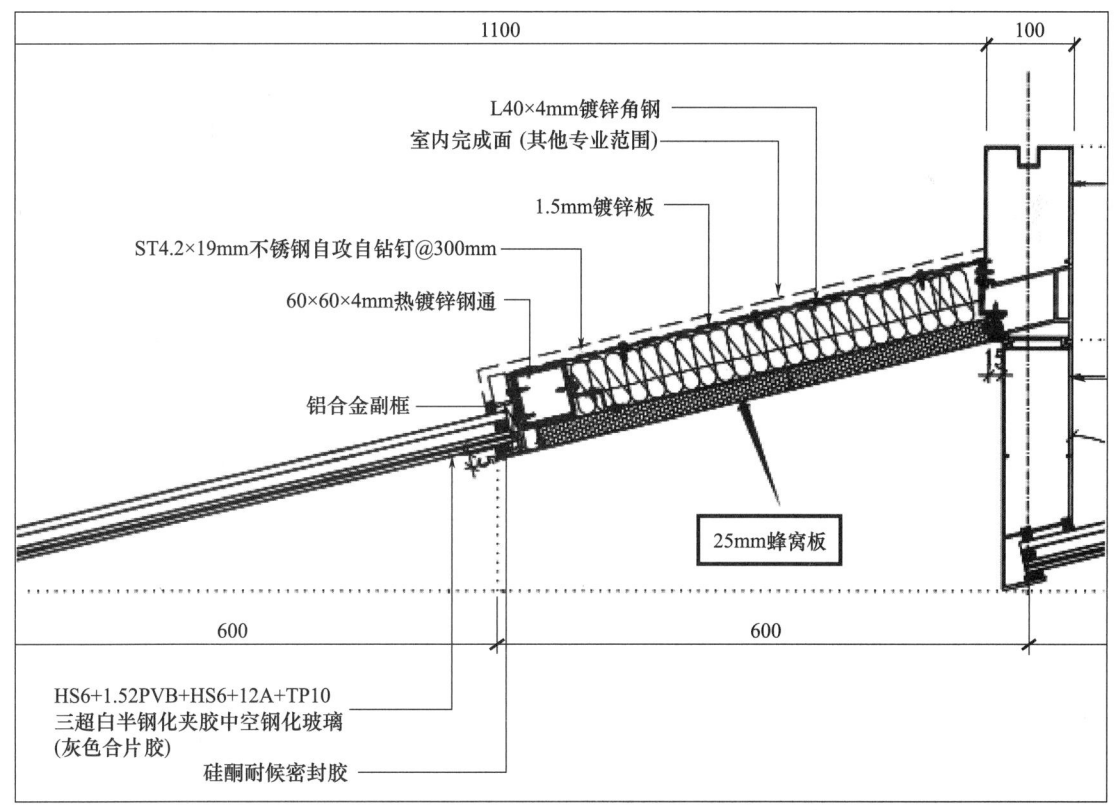

图 11　折线玻璃幕墙节点

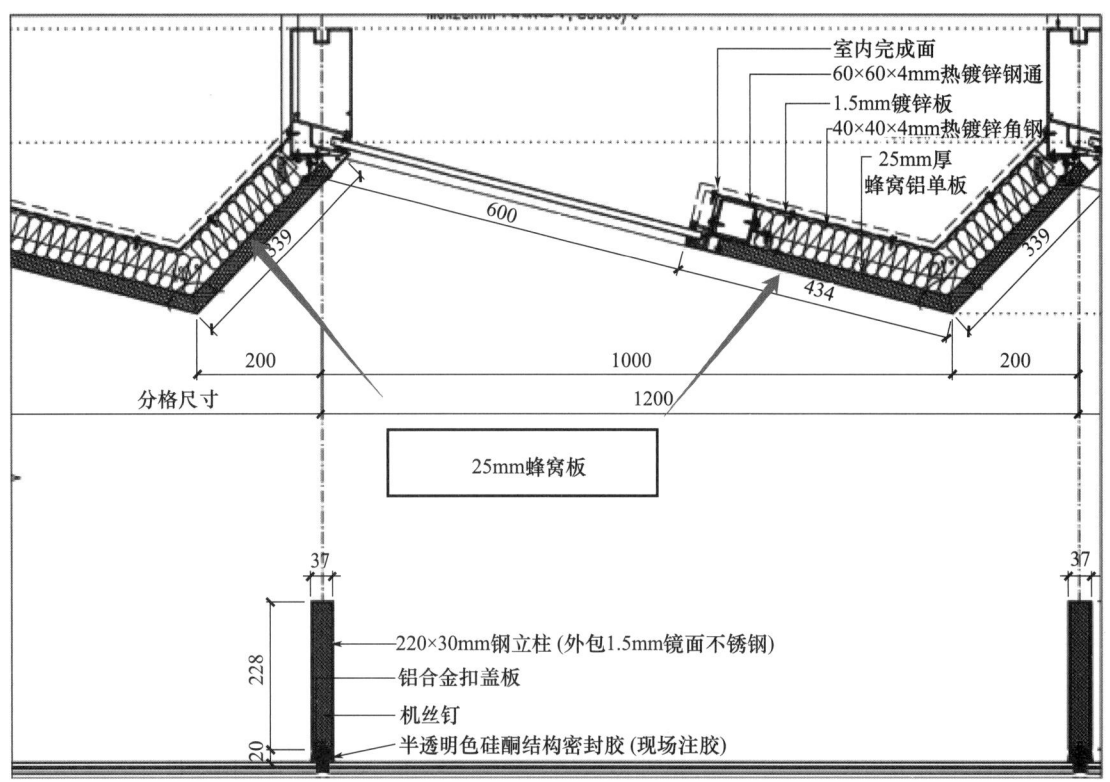

图 12 双层玻璃幕墙节点

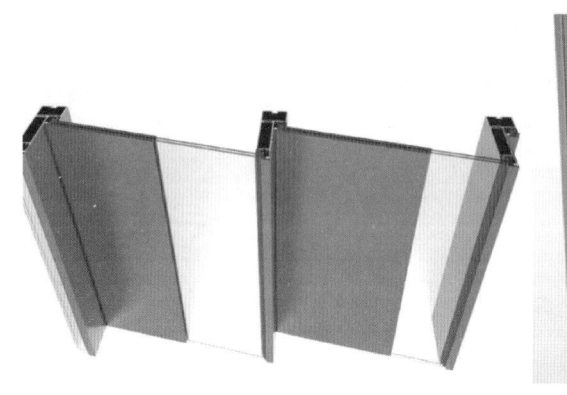

图 13 折线幕墙三维示意

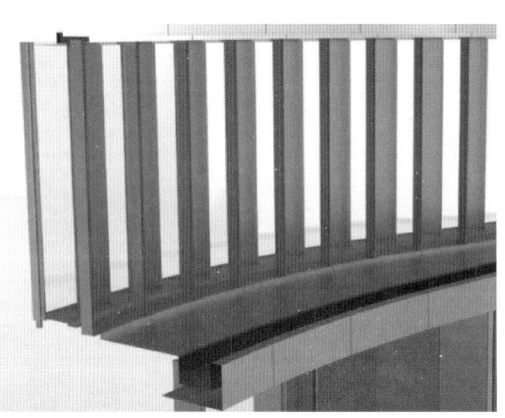

图 14 双层幕墙系统三维示意

图 15 折线、双层玻璃幕墙实景

图 16 折线、双层玻璃幕墙实景

4 吊顶铝板的重点和难点

吊顶铝板系统设计之初采用 3mm 铝单板密拼吊顶铝板系统在项目各个部位分布时面临诸多挑战。由于单板面积较大，吊顶错缝分布，且项目有高安装精度和低容错率的要求，难以在有限工期内满足高品质要求。此外，3mm 密拼吊顶铝板存在以下三个问题：①密拼做法安装效率低；②铝单板大面积用于吊顶平整度难以保证；③铝单板密拼在后期更换难度大，维修成本高。

在充分对比样板及案例的基础上，对吊顶系统进行了重要调整，由 3mm 铝单板转变为 25mm 蜂窝铝板，并引入开缝处理的方式（图 17），通过多次现场对比实验，成功将开缝尺寸控制在 12mm 的极限打钉尺寸，并在缝隙位置施以喷黑处理。考虑到吊顶高度普遍在 6m 以上，此方法有效减弱了缝隙露钉和角码问题，完美解决了上述密拼铝单板所面临的三大难题，最终呈现出一幅铝板吊顶错落有致的平整效果。这一设计调整不仅具备高度美观性，同时在工程实施中具有实用性与可行性（图 18 和图 19）。

图 17　开缝式吊顶蜂窝板样板

图 18　商业盒子开缝式吊顶蜂窝板

图 19　东南角开缝式吊顶蜂窝板

5 外檐口弧形铝板

外檐口弧形铝板主要分布在东南、东北角层间，檐口铝板采用 3mm 厚铝单板密拼处理，弧形形状贯穿整个东北角及东南角，裙楼改造立面灵活多变，基本以层间线条贯穿始末，模拟深圳湾舒展海岸线上层叠的海浪效果。

由于改造前后结构发生较大变化，檐口造型多变，因此工程对施工放线的精准度要求极高。任何累积误差或结构偏差都可能直接导致面板无法安装、缝隙不均匀以及圆弧不顺滑等问题。尤其是层间线条以弧形为主，造型多样且层次交叠，这为图纸铝板放样（图 20 和图 21）以及施工现场放线带来了巨大挑战（图 22 和图 23）。

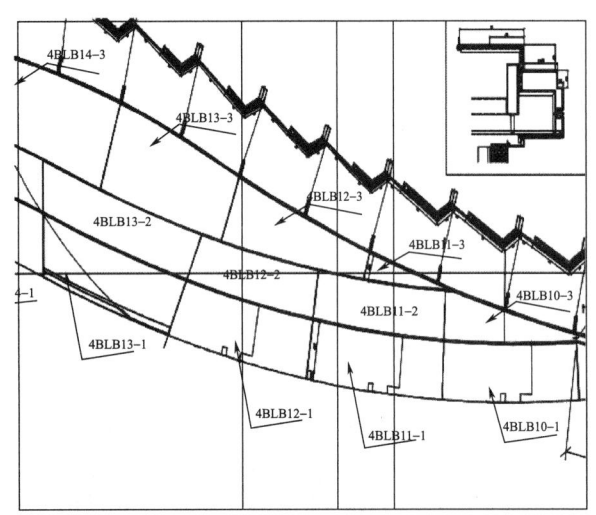
图 20　外檐口铝板平面放样

图 21　铝板交接位置照片

图 22　现场放线、复测（一）

图 23　现场放线、复测（二）

由于立面造型的改变，需要改造加建龙骨（图 24 和图 25）。为确保龙骨结构的精确，减少施工的误差，采取以下解决方式：①对改造钢结构进行跟踪复测；②对幕墙外轮廓线进行三维坐标取点测量放线；③对已完成幕墙骨架进行校准复测。

图 24　改造前的结构

图 25　改造加建龙骨

为确保每块铝板的尺寸精准，密拼的精确度在紧张的工期下尤为关键，下单的准确性和效率需要得到保证。施工团队借助 Rhino 软件结合独立开发的 GH 可视化编程插件，定制适合幕墙安装批次（图 26 和图 27），能够快速进行建模分析，包括檐口弧度和数据，生成工艺图和明细表，有效提升下单的效率和准确性。

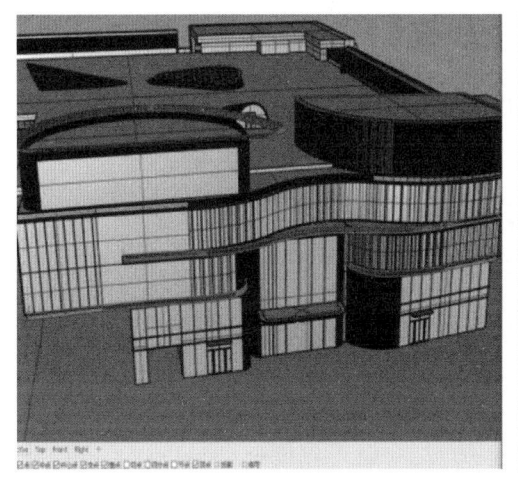

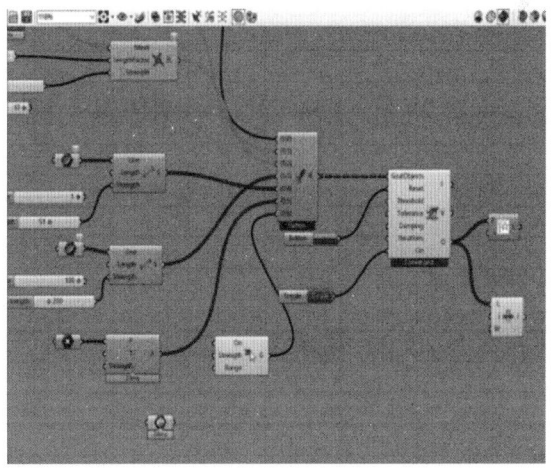

图 26　三维建模示意（一）

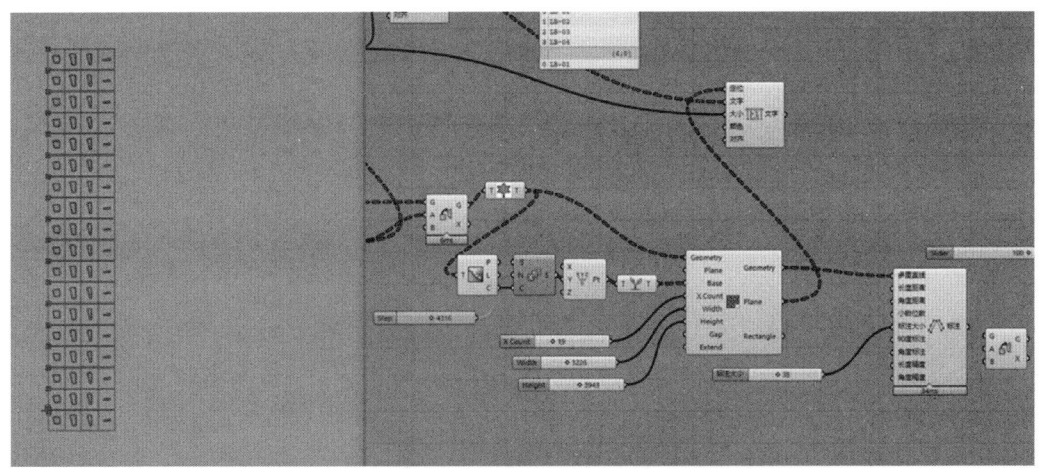

图 27　三维建模示意（二）

考虑到造型的独特性，铝板磕碰可能影响拼接和板面效果，为确保铝板安装的顺利进行，减少铝板损坏和反复下单问题，采用木箱进行成品保护和运输。在包装过程中，特别注重对铝板的边、角和面采取有效防护措施，以确保到场铝板的无损状态。

6 主入口玻璃幕墙设计

在主入口的玻璃幕墙设计中，入口的设计对整个项目的视觉印象具有关键作用，旨在实现通透、大气的外观效果。在玻璃幕墙立柱的选择阶段，项目团队提出了两种备选方案。方案一为实心不锈钢立柱，外表镜面处理（图28）；方案二为采用镀锌钢肋外包3mm厚镜面不锈钢板，具备抗指纹特性（图29）。对两方案样板比较发现，方案一的实心钢立柱呈现出的整体镜面效果较为模糊，清晰度不及方案二，并且其加工难度较大、周期较长，造价相对较高，尽管可实现无缝拼接，但相较之下，方案二的镀锌钢肋外包镜面不锈钢能够达到8K镜面效果，有较低的加工难度、较短的周期和相对较低的造价。因此，方案二更为合适，具有清晰、整洁的外观效果，并在加工、周期和造价等方面表现出显著的优势。

图28　实心钢立柱样板（外表镜面处理）　　图29　外包3mm厚镜面不锈钢板（抗指纹）

考虑工期和造价因素，经综合对比选择方案二（图30）。为最大程度地满足设计效果，确保外包不锈钢的平整度，团队采用了在不锈钢板前端进行内折边的方法，以确保不锈钢单板的强度和平整度（图31）。这种做法有效地避免了前端飞边引起的"张嘴"现象。为实现较好的通透效果，幕墙夹具采用了极限最小尺寸（80mm×200mm），并使玻璃与立柱分离。不锈钢立柱与玻璃面板之间不打胶处理，进一步突出通透性。

图30　镜面不锈钢密拼效果

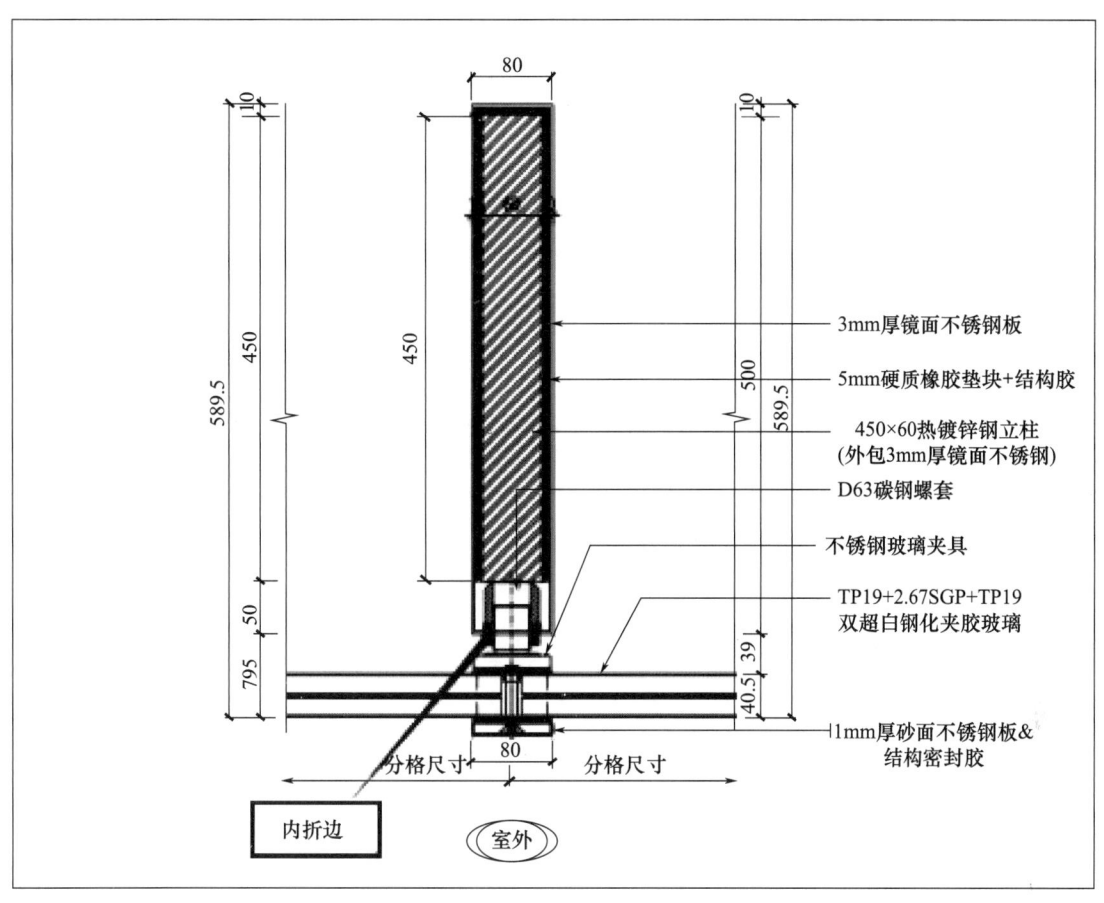

图 31　主入口玻璃幕墙节点

7　采光顶幕墙系统

采光顶幕墙系统位于项目的 5 层屋顶花园，其中 A3 天窗整体造型为阶梯状，玻璃采用非隔热型耐火完整性 1.5 小时防火玻璃，具体配置为 TP12（Low-E）＋12A＋TP8＋1.52PVB＋6mm 高硼硅（C1.50）中空夹胶防火钢化玻璃，边部采用 2mm 厚喷砂不锈钢板。系统在满足防火要求的前提下，尽可能满足立面的美观、新颖、简洁，实现建筑外立面整体效果。

A3 天窗的立柱采用圆形钢柱。因圆弧位置主体钢柱存在结构偏差，室内梭形吊顶铝板与圆形钢柱的精准碰接成为幕墙龙骨精准安装的难点（图 32）。

图 32　天窗龙骨安装

防火天窗玻璃的固定方式为中空层内嵌铝型材，同时在铝槽位置固定镀锌钢板和镀锌钢套打钉（图33）。这一设计方式在满足防火要求的同时，又满足了面板固定的牢固性和外观的美观性。

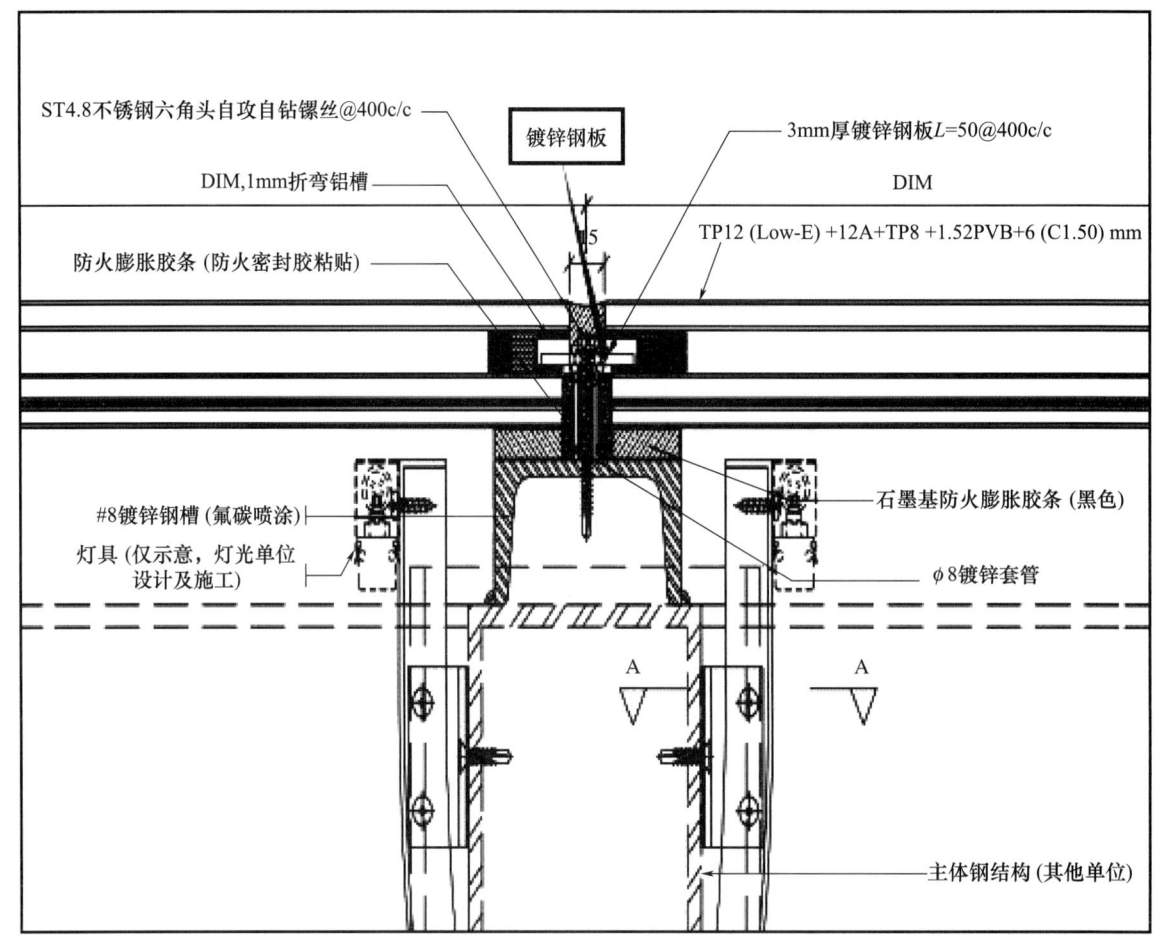

图33　天窗节点图

为解决楼梯形状的不锈钢板线条与钢梁、钢柱交接位置的多角度问题，采用Rhino软件搭配GH插件，结合现场结构偏差进行调整和放样，以最终实现符合要求的现场施工（图34~图38）。建模软件和调整的方法有效地应对了结构复杂性和实际施工中的变化，提高了精度和施工效率。

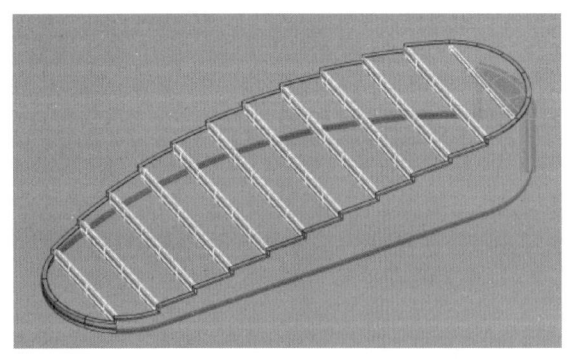

图34　天窗不锈钢板三维放样

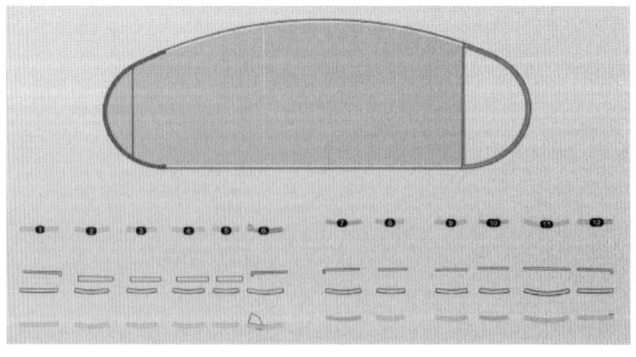

图35　天窗不锈钢板三维导出

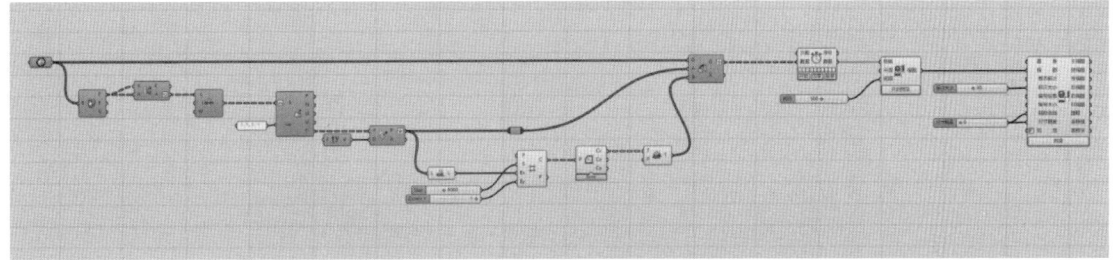

图 36　运用 GH 编程

图 37　天窗内部

图 38　天窗外部

8　幕墙防水系统设计

幕墙层间位置弧形造型非标准分格多，每个部位造型错落有致，防水也是本项目一大难点。

8.1　首层幕墙底部防水做法（反坎平楼板位置）

具体措施如下（图 39 和图 40）：
（1）贴幕墙室外面做通长集水沟，有效排出幕墙根部大量积水。
（2）反坎位置铺防水卷材，有效防止结构性渗水。
（3）幕墙 U 槽底部做防水砂浆塞缝。
（4）外侧做 1.5mm 防水铝板收口及不锈钢装饰面板收口。

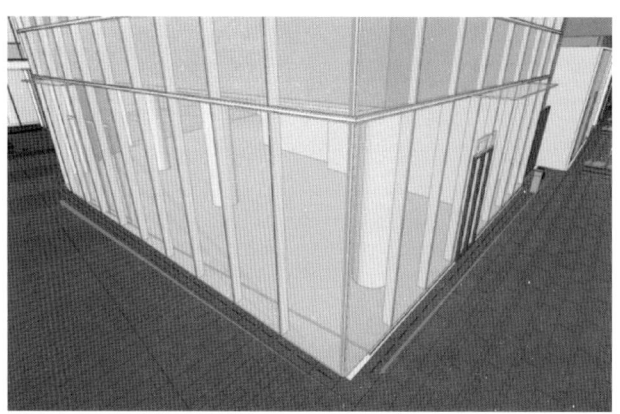

图 39　首层幕墙底部

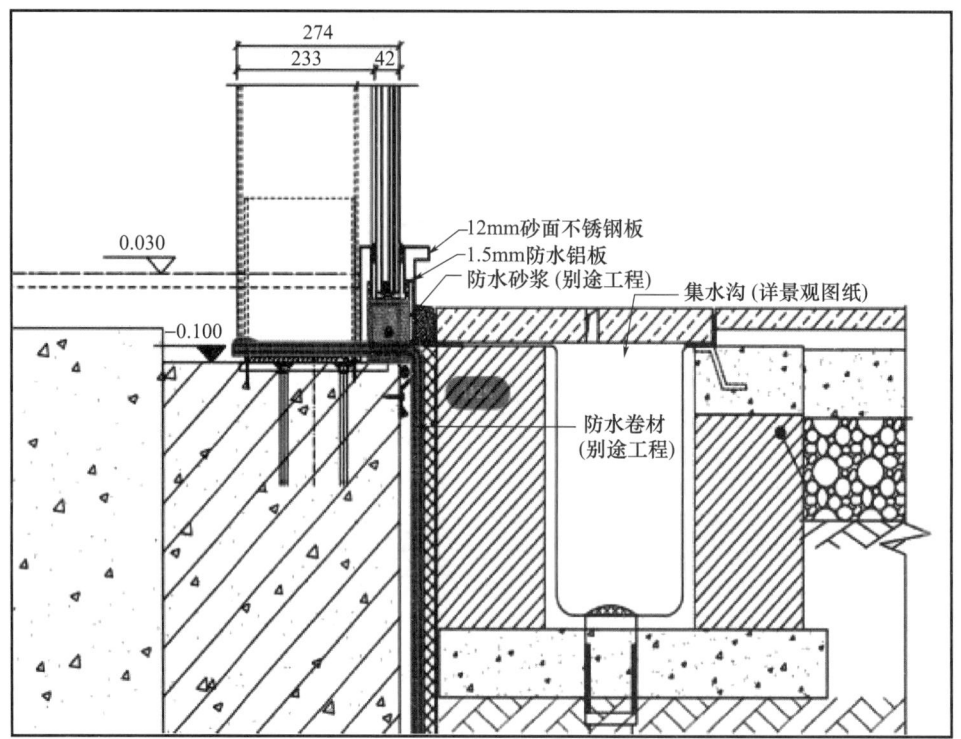

图 40　首层幕墙防水做法（反坎平楼板位置）

8.2　首层幕墙底部防水做法（反坎高于楼板位置）

具体措施如下（图 41）：

（1）幕墙底部做高出楼板 100mm 的反坎完成面，通过室内外高差有效防水。

（2）反坎位置铺防水卷材，有效防止结构性渗水。

（3）幕墙 U 槽底部做防水砂浆塞缝。

（4）外侧做 1.5mm 防水铝板收口及不锈钢装饰面板收口。

8.3　层间防水做法

具体措施如下：

（1）檐口装饰铝板做密拼，底部铝板开落水孔，有效导出大量雨水。

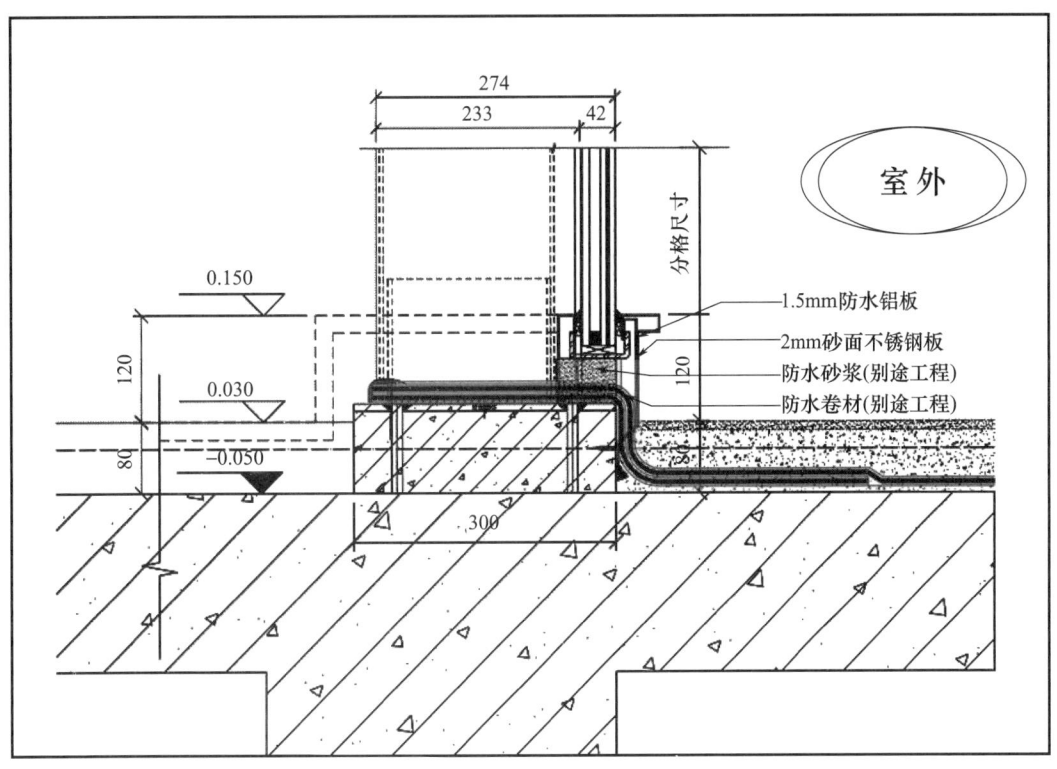

图 41 首层幕墙防水做法（反坎高于楼板位置）

（2）装饰面板背后做 1.5mm 防水铝板，板缝直接做翘边打胶处理螺钉粘胶打孔，有效防止雨水进入。

（3）防水铝板搭接位置外表面采用丁基胶带二次封堵（图 42～图 44）。

图 42 层间幕墙示意

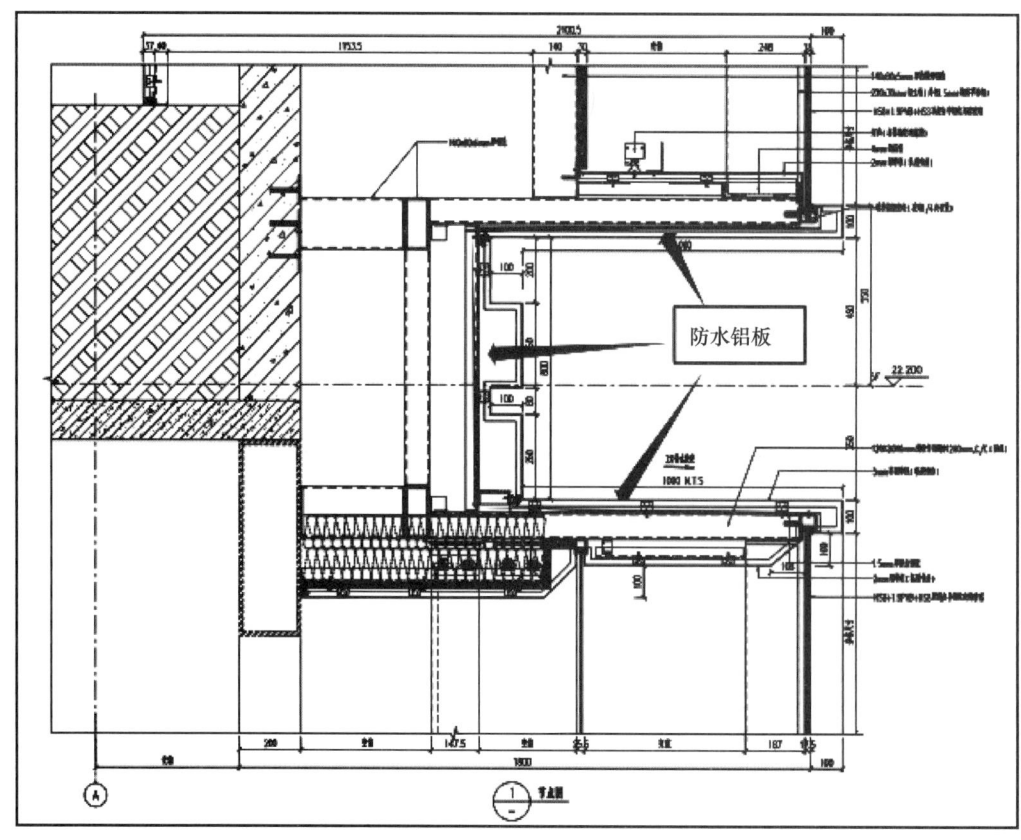

图 43 层间幕墙防水做法

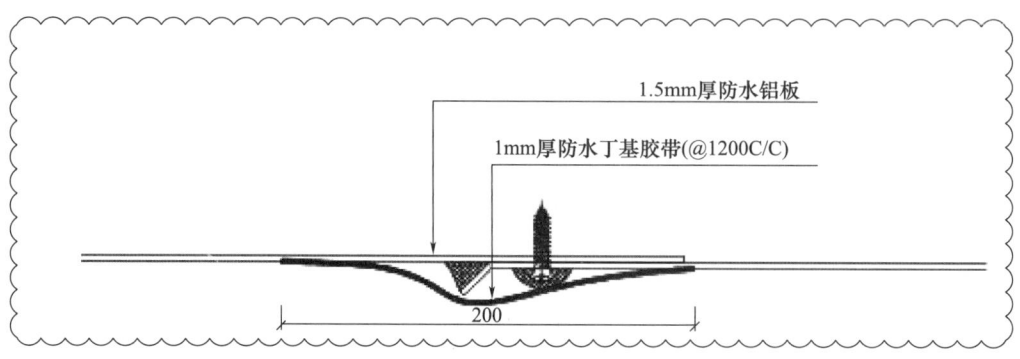

图 44 层间幕墙防水做法

8.4 女儿墙盖顶防水做法

具体措施如下：

（1）屋顶铝板采用打胶做法，15mm 胶缝，竖向包到女儿墙底部，有效防止雨水进入。
（2）顶部做披水板，防止朝天胶缝因耐久性问题发生渗漏风险（图 45）。
（3）女儿墙顶部做披水板，杜绝极少数雨水进入下层（图 46）。

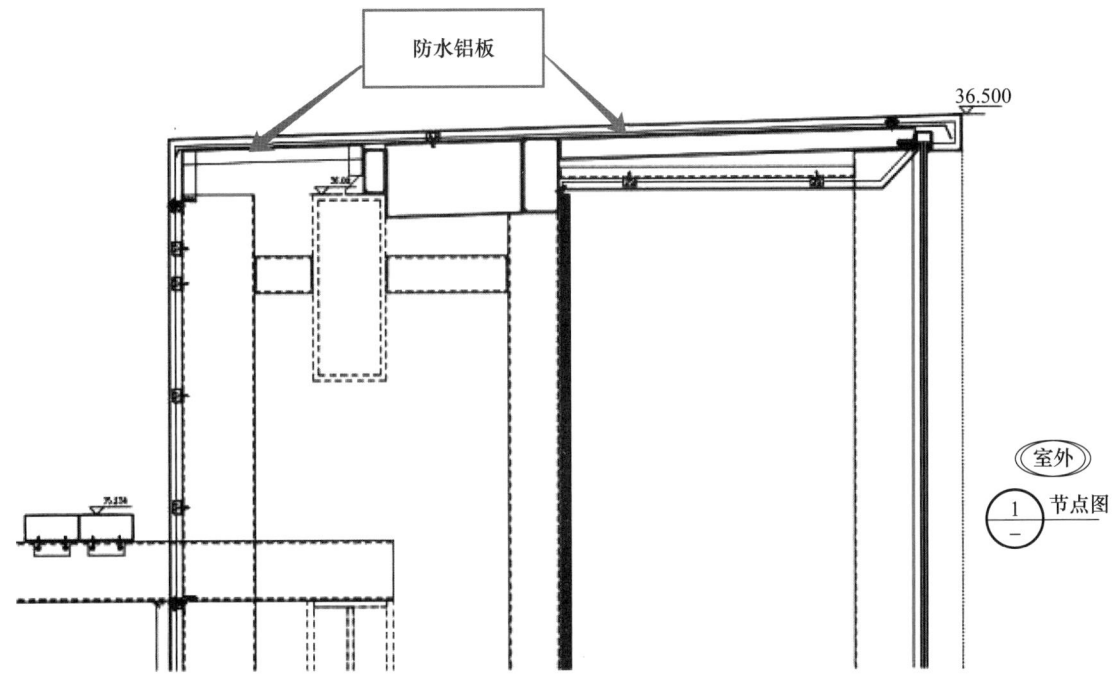

图 45 顶部铝板位置

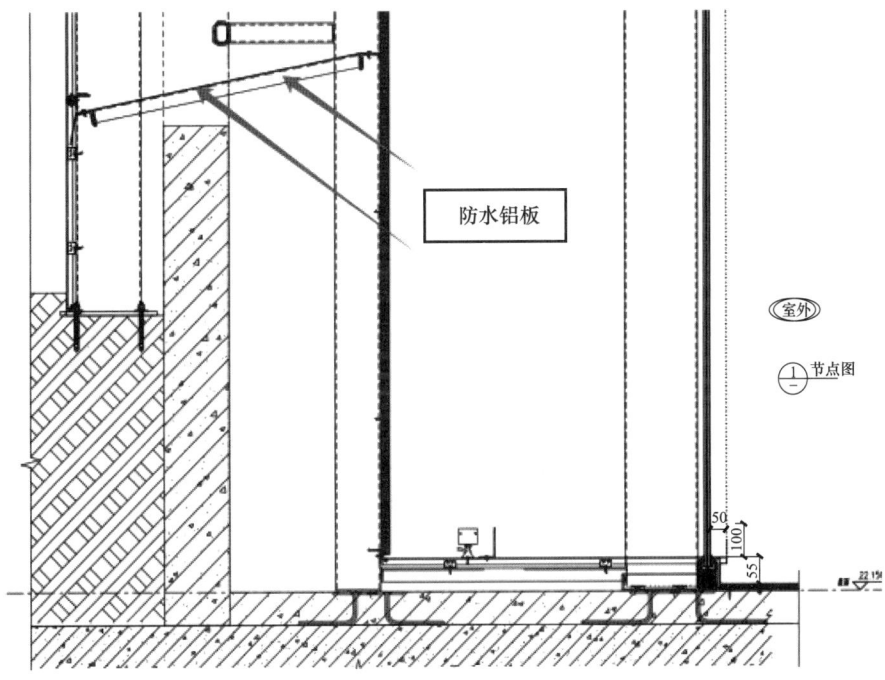

图 46 女儿墙顶部位置

9 结语

本文对深圳湾睿印 RAIL IN 幕墙改造项目的设计与施工进行了综合分析。项目中存在着不同系统之间的多样性交叉，各系统造型复杂、安装难度大。团队聚焦突出矛盾点，从而化繁为简，旨在为未来的改造项目设计与施工提供有益的参考。通过对该项目的深入分析，希望能够总结出解决不同系统交接及安装难题的有效方法，为改造建筑幕墙领域的实践提供实质性的经验分享。

方大建科
FANGDA FACADE

- 方大建科深耕幕墙行业32载，注册资金6亿元，是方大集团股份有限公司（股票代码：000055、200055）的全资下属公司。
- 总部位于深圳，下设北京、上海、成都、澳洲等区域公司和重庆、南京、厦门、西安、墨尔本等20多个国内和海外办事处，业务范围已覆盖中国大陆、澳大利亚、东南亚、非洲等国家和地区。
- 拥有东莞、上海、成都等大型幕墙研发制造基地，具备年产500万平米的幕墙加工制造能力。
- 荣获过中国建筑工程鲁班奖、中国土木工程詹天佑奖、全国建筑工程装饰奖等百余项优质工程奖。

深圳湾文化广场（深圳科技生活馆）

广州 南沙国际金融论坛（IFF）永久会址

深圳 天音大厦

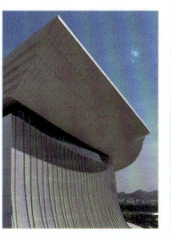
深圳 腾讯数码大厦

深圳 中信金融中心

深圳 汉京中心

重庆来福士广场

深圳 太子湾大厦

深圳 国际会展中心

深圳市南山区科技南十二路方大大厦
电话：0755-26788572
传真：0755-26788293
邮编：518057

深圳市方大建科集团有限公司
SHENZHEN FANGDA BUILDING TECHNOLOGY GROUP CO., LTD.

融筑品质 建筑精彩

深圳中航幕墙工程有限公司
CHINA AVIATION CURTAIN WALL ENGINEERING CO.,LTD.

是中国建筑幕墙、铝合金门窗系列产品国有大型专业制造企业
是获得国家"建筑幕墙及金属门窗工程施工一级资质"的专业公司
是获得建设部核准的"建筑幕墙专项甲级设计资质"的企业

专业资质

建筑幕墙工程设计专项甲级
建筑幕墙专业承包一级
钢结构工程专业承包三级

40年 — 经营年限
1000+ — 承接工程
10+ — 鲁班奖
近百项 — 市、省优项目
2次 — 连续十年重合同守信用企业

星河雅宝双子塔

腾讯总部项目

华润笋岗万象广场

前海中集国际商务中心

南山智造城市更新项目

深圳市华辉装饰工程有限公司
SHENZHEN HUAHUI DECORATING & ENGINEERING CO., LTD.

深信服

光峰大厦

工程设计资质

建筑装饰工程设计甲级
建筑幕墙工程设计甲级
建筑智能化系统设计乙级
照明工程设计乙级
风景园林工程设计乙级
消防设施工程设计乙级
轻型钢结构工程设计乙级
环境工程设计专项物理污染防治工程乙级

工程承包资质

建筑幕墙工程专业承包一级
消防设施工程专业承包一级
建筑机电安装工程专业承包一级
洁净工程一级
建筑装修装饰工程专业承包一级
防水防腐保温工程专业承包一级
电子与智能化工程专业承包一级
钢结构工程专业承包二级
建筑工程施工总承包三级
机电工程施工总承包三级
环保工程专业承包三级
市政公用工程施工总承包三级
古建筑工程专业承包三级
城市及道路照明工程专业承包三级

春泉文化艺术中心

0755-25613668　　www.szhhzs.com
深圳市罗湖区笋岗街道梨园路555号五、六楼

朗峻广场

深圳沙井万丰海岸城

股票代码：002822

科技提升装饰
中装领先未来

深圳市中装建设集团股份有限公司成立于 1994 年，注册资金 7.21 亿元，2016 年于深圳证券交易所 A 股上市，股票代码：002822，为国家高新技术企业。

公司以装饰主业为依托，集建筑装饰、建筑幕墙、设计研发、园林绿化、房建市政、新能源、物业管理、城市微更新等于一体，致力于为客户提供城乡建设综合服务解决方案。公司拥有 13 家全资或控股子公司以及遍布全国的近 40 家分支机构，具有13项一级／甲级行业从业资质，4 项乙级／二级行业从业资质，通过 ISO 9001、ISO 14001、GB/T 28001 体系认证。

深圳市中装建设集团股份有限公司
SHENZHEN ZHONGZHUANG CONSTRUCTION GROUP CO.,LTD.
深圳市罗湖区深南东路4002号鸿隆世纪广场4~5楼

电　话：0755-83567195
传　真：0755-83567197
网　址：www.zhongzhuang.com

深圳市华辉装饰工程有限公司
SHENZHEN HUAHUI DECORATING & ENGINEERING CO., LTD.

深信服

光峰大厦

工程设计资质
建筑装饰工程设计甲级
建筑幕墙工程设计甲级
建筑智能化系统设计乙级
照明工程设计乙级
风景园林工程设计乙级
消防设施工程设计乙级
轻型钢结构工程设计乙级
环境工程设计专项物理污染防治工程乙级

工程承包资质
建筑幕墙工程专业承包一级
消防设施工程专业承包一级
建筑机电安装工程专业承包一级
洁净工程一级
建筑装修装饰工程专业承包一级
防水防腐保温工程专业承包一级
电子与智能化工程专业承包一级
钢结构工程专业承包二级
建筑工程施工总承包三级
机电工程施工总承包三级
环保工程专业承包三级
市政公用工程施工总承包三级
古建筑工程专业承包三级
城市及道路照明工程专业承包三级

春泉文化艺术中心

☎ 0755-25613668　www.szhhzs.com
深圳市罗湖区笋岗街道梨园路555号五、六楼

朗峻广场

深圳沙井万丰海岸城

股票代码：002822

科技提升装饰
中装领先未来

深圳市中装建设集团股份有限公司成立于1994年，注册资金7.21亿元，2016年于深圳证券交易所A股上市，股票代码：002822，为国家高新技术企业。

公司以装饰主业为依托，集建筑装饰、建筑幕墙、设计研发、园林绿化、房建市政、新能源、物业管理、城市微更新等于一体，致力于为客户提供城乡建设综合服务解决方案。公司拥有13家全资或控股子公司以及遍布全国的近40家分支机构，具有13项一级/甲级行业从业资质，4项乙级/二级行业从业资质，通过ISO 9001、ISO 14001、GB/T 28001体系认证。

深圳市中装建设集团股份有限公司
SHENZHEN ZHONGZHUANG CONSTRUCTION GROUP CO.,LTD.
深圳市罗湖区深南东路4002号鸿隆世纪广场4~5楼

电　话：0755-83567195
传　真：0755-83567197
网　址：www.zhongzhuang.com

中国幕墙装饰行业先行者

中建不二幕墙装饰有限公司
CHINA CONSTRUCTION BUER CURTAIN WALL&DECORATION CO., LTD.

企业资质

建筑装修装饰工程专业承包一级
建筑机电安装工程专业承包一级
建筑幕墙工程专业承包一级
消防设施工程专业承包二级
防水防腐保温工程专业承包二级
建筑工程施工总承包三级
电力工程施工总承包三级
机电工程施工总承包三级
地基基础工程专业承包三级
起重设备安装工程专业承包三级
桥梁工程专业承包三级
古建筑工程专业承包三级
城市及道路照明工程专业承包三级
环保工程专业承包三级

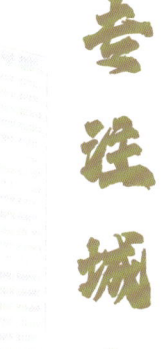

专注城市之美

 0731-85699777　　 BUER@CSCEC.COM
 长沙市雨花区中意一路158号中建大厦银座13、14F

深圳市汇诚装饰工程有限公司
Shenzhen Huicheng Decoration Engineering Co., Ltd.

  2011年，深圳市汇诚装饰工程有限公司诞生于中国幕墙行业的摇篮——深圳市福田区。十年磨一剑，汇诚公司在董事长范小辉的领导下，经过全体员工的共同奋斗，从单一从事幕墙施工的小企业发展成为集规划、设计、生产、安装为一体的幕墙行业专业企业。

  汇诚公司具有建筑幕墙工程专业承包一级资质、建筑幕墙工程设计专项甲级。公司现有员工400余人，其中拥有设计人员70余人，工程管理人员100余人，加工厂工人200余人。科学的管理方法、有效的运行机制、踏实的工作作风、完美的质量要求和卓越的创新精神，成就了以敬业、精益、专注、创新为核心的"汇诚工匠精神"。

  汇诚公司为了更好的为客户服务，在广东省惠州市惠阳区平潭镇投资新建了新型加工基地，占地面积38000平方米，配备了国内一流的加工设备，年产能超100万平方米。新加工基地的建立必将打造属于汇诚的幕墙精品，打造为客户私人定制的幕墙精品。

星河雅宝项目
3地块幕墙工程

新华保险大厦项目
施工总承包幕墙工程

"一馆一中心"项目幕墙工程

地　址：深圳市福田区八卦一路八卦岭工业区619栋东边八楼
电　话：0755-25829273

专业幕墙承包商　　幕墙维保服务商

深圳市中祥源幕墙工程有限公司
SHENZHEN ZHONGXIANGYUAN CURTAIN WALL ENGINEERING CO.,LTD.

 ## 公司简介

　　深圳市中祥源幕墙工程有限公司位于深圳市南山区,公司成立于2017年8月,现拥有专职幕墙工人接近300名,与国内多家幕墙企业、幕墙检测企业建立了长期友好及深厚的合作关系。业务模块覆盖深圳、广州、上海等地,并将在香港、澳门等经济热点地区设立分支机构,形成辐射海内外的业务布局。公司全方位提供幕墙设计研发、加工制造、安装施工、售后服务、幕墙安全检查等专业化服务。

 ## 公司核心产业介绍

玻璃幕墙、雨篷、石材、铝板设计及改造　　　　钢结构设计、钢结构加工与安装、钢结构加固

幕墙开启扇改造、外墙翻新改造　　　　　　　　玻璃幕墙维保、幕墙清洁服务

玻璃幕墙、雨篷、采光顶的设计与施工安装

 ## 公司联系方式、公司网址、公司办公地址

0755 8654 6541　　　　www.zxymq.com　　　深圳市南山区南头街道田厦社区桃园路147号南景苑9B

澳门银河四期

深圳市乐普大厦

澳门新濠影汇

前海周大福金融中心

广发证券大厦

RFR

阿法建筑设计咨询（上海）有限公司

探索与创新
EXPLORATION&INNOVATION

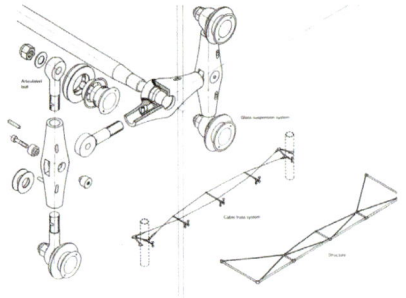

Tel.: + 86 21 5466 5316
Business: info@rfr-shanghai.com
Website: www.rfrasia.com

上海
上海市徐汇区汾阳路 138 号轻科大厦
深圳 / 佛山 / 沈阳 / 北京 / 巴黎

FACADES　　　　　立面幕墙
STRUCTURES　　　特殊结构
GEOMETRY　　　　复杂几何
QUALITY CONTROL　工程品控

　　RFR SAS是一家总部位于巴黎的屡获国际奖项的顾问工程师事务所，由结构大师彼得·莱斯在1982年与游艇设计师Martin Franois、建筑师Ian Ritchie共同创立。RFR SAS自2003年在中国上海开展业务，2011年在香港设立RFR ASIA，负责在亚洲地区的业务，并自2015年独立运营，并保持和欧洲团队的紧密合作。RFR ASIA致力于工程艺术，综合几何、材料、技术三者，以设计精巧的外立面和复杂结构，达到建筑与结构的巧妙融合。

　　RFR ASIA目前正在负责一系列国际建筑大师设计的地标项目，合作建筑师包括让·努维尔（2008年普利兹克奖）、阿尔瓦罗西扎（1992年普利兹克奖）、包赞巴克（1994年普利兹克奖）、亚历杭德罗（2016年普利兹克奖）、扎哈哈迪德（2004年普利兹克奖）、SANAA（2010年普利兹克奖）、隈研吾、BIG、MAD、西沙佩里、Foster+Partners（1999年普利兹克奖）等。项目类型涵盖超高层塔楼、总部办公建筑、高端商业中心、会议中心、博物馆、美术馆、大剧院、体育场等。

01　TOWER C IN SHENZHEN BAY SUPER HQ BASE ○
深圳湾超级总部基地 C 塔，深圳
Zaha Hadid　英国　扎哈·哈迪德建筑事务所

02　GRAND OPERA SHENZHEN, SHENZHEN ●
深圳大歌剧院，深圳
Ateliers Jean Nouvel　法国　让·努维尔建筑事务所

03　CMB GLOBAL HQ, SHENZHEN ○
招商银行全球总部，深圳
Foster + Partners　英国　福斯特建筑事务所

04　SHENZHEN BAY CULTURE PARK, SHENZHEN ●
深圳湾文化广场，深圳
mad　中国　MAD 建筑事务所

05　OPPO HQ, SHENZHEN ●
OPPO 国际总部大厦，深圳
Zaha Hadid　英国　扎哈·哈迪德建筑事务所

06　RAFFLES CITY IN THE NORTH BUND, SHANGHAI ●
北外滩来福士，上海
Pelli Clarke & Partners　美国　佩里·克拉克·佩里建筑事务所

● 全过程顾问　　　○ SD/DD/ 特殊幕墙顾问

 咨询 | 检测 | 鉴定 | 维修

**专注于既有建筑幕墙
提供一站式解决方案**

■ Totally solutions for building facade

为每一片幕墙，提供专业保障

深圳市智汇幕墙科技有限公司
SHENZHEN SMART FACADE ENGINEERING CO., LTD.

公司简介

公司成立于2018年，是一家致力于将建筑工程实际需求与前沿科技相结合的创新型建筑科技公司。在"互联网+"发展与运用中，专注于技术创新与管理创新的统一，为社会提供既有建筑幕墙检测维保服务及智慧建筑领域的解决方案。

公司业务涉及建筑工程、互联网开发、航测、图像识别、物联网多领域，公司拥有建筑幕墙、建筑装修装饰、防水防腐保温等工程资质。

公司创始团队在建筑幕墙设计、施工领域及互联网科技领域均有多年的经验及技术沉淀，核心团队为来自建筑企业的资深工程师、设计师及互联网、物联网科技企业的技术专家。公司研发运营了"既有建筑智慧管理平台"和"幕墙云平台"，在建筑幕墙领域不断开拓创新。

微信公众号　扫码体验小程序

全国统一服务热线
400-001-5228

 MQ@smartfacade.cn　 www.zhihuimuqiang.com
 深圳市福田区华富街道深圳国际创新中心B座701

 **深圳市方大云筑科技有限公司**

建筑安全节能
既有幕墙安全检查、维护、修缮及技术服务

深圳市方大云筑科技有限公司（国家高新技术企业）是方大集团（股票代码 000055）全资控股公司。主营业务从事既有建筑幕墙行业的日常运维、专项检查、技术服务、功能改造等。核心团队是在幕墙领域从事 10 年以上设计及工程管理经验的专业人才，技术顾问团队由幕墙行业专家领衔。

年度服务幕墙面积	实用新型专利	申请发明专利	软件著作权
600万M²	15项	1项	6项

ISO 体系证书
环境管理体系认证证书
职业健康安全管理体系认证证书
质量管理体系认证证书

行业地位
国家高新技术企业
深圳市专精特新中小企业
深圳既有建筑幕墙运维系统市场广泛认可

经典案例

方大城
幕墙面积：11万㎡

腾讯滨海大厦
幕墙面积：11万㎡

汉京金融中心
幕墙面积：12万㎡

招商银行总行
幕墙面积：4万㎡

深业上城
幕墙面积：20万㎡

深圳湾体育中心
幕墙面积：12万㎡

合作伙伴

太平洋保险 CPIC ｜ 中国平安 PING AN ｜ PICC 中国人保财险 ｜ 中国人寿 CHINA LIFE ｜ Tencent 腾讯 ｜ Baidu 百度 ｜ 万科 让建筑赞美生命 ｜ 招商积余

☎ 0755-28828835 / 0755-28828865   📍 深圳市南山区科技园方大大厦

深圳市宝利检测有限公司
SHENZHEN BAOLI TESTING CO.,LTD.

检测资质

信用评价等级：AA
1. 检验检测机构资质认定证书（证书编号：201919024340）
2. 建设工程质量检测机构资质证书（证书编号：粤建质检证字02066）
3. 质量管理体系认证证书（证书编号：47723Q10156ROM）
4. 环境管理体系认证证书（证书编号：47723E10079ROM）
5. 职业健康安全管理体系认证证书（证书编号：47723S10068ROM）

检测领域

1. 地基基础工程检测
2. 钢结构工程检测
3. 见证取样检测
4. 主体结构工程现场检测
5. 建筑幕墙工程检测

☎ 0755-21010739 0755-21014020   🌐 www.bljcjd.com

总部地址：深圳市龙华区大浪街道百富利工业区B1栋1楼（深圳市龙华区大浪街道同胜社区下横朗新工业区9号1层）
分场所地址：深圳市龙华区大浪街道陶元社区元芬陶元路11号凯诚高新园A栋附楼1一层303至305号

SILANDE®

"思蓝德"密封胶：
门窗、幕墙、装配式建筑，专业密封粘接企业！

郑州中原思蓝德高科股份有限公司

郑州中原思蓝德高科股份有限公司(原郑州中原应用技术研究开发有限公司)始创于1983年，是中国早期专业从事密封胶研发、生产、销售的高新技术企业，原国家经贸委认定的硅酮结构密封胶生产企业。公司主编并参编了70多项密封胶国家标准和行业标准，拥有中国、欧洲、美国、日本、韩国等多个国家和地区100多项发明和实用新型专利。公司是全国石油天然气用防腐密封材料技术中心、河南省密封胶工程技术研究中心、河南省企业技术中心、密封胶材料院士工作站、博士后科研工作站。公司体制先进、效益显著，通过了ISO 9001、IATF 16949、AS 9100质量管理体系和ISO 14001环境管理体系、ISO 45001职业健康安全体系认证，公司质检中心通过CNAS认可。

公司产品涵盖聚硫、硅酮、丁基、聚氨酯、环氧、复合胶膜等几大系列，满足中国标准、欧洲标准等国际先进标准，通过科技成果鉴定，广泛应用于航空、军工、汽车、轨道交通、建筑、防腐、太阳能光伏、电子等领域，在国内外多项工程中应用，如国家大剧院、北京首都国际机场、上海世博会中国馆、上海中心大厦、深圳证券交易所运营中心、迪拜劳力士大厦、日本 COCOON大厦、港珠澳大桥、杭州湾跨海大桥等。福耀玻璃工业集团股份有限公司、郑州宇通客车股份有限公司、台湾李长荣化学工业股份有限公司、中国石化扬子石油化工有限公司等多家企业均使用我公司产品。

公司目前设有北京、沈阳、上海、苏州、深圳、成都、中南七大销售公司及四十多个联络处，销售网络覆盖全国。公司具有自营进出口权，产品远销美国、日本、意大利、韩国、英国、阿联酋、俄罗斯、澳大利亚、哈萨克斯坦、印度等四十多个国家和地区。

MF881-25
硅酮结构密封胶

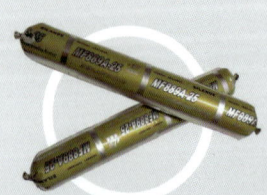
MF889A-25
硅酮石材耐候密封胶

MF899-25
硅酮结构密封胶

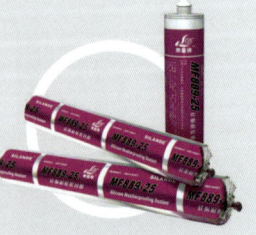
MF889-25
硅酮耐候密封胶

郑州中原思蓝德高科股份有限公司　　电话：0371-67991808　　网址：www.cnsealant.com

致力打造
全球密封胶领袖品牌

**Dedicated to building
the global leading brand of silicone sealant**

- 国家绿色工厂
- 全国制造业单项冠军
- 国家技术创新示范企业
- 国家知识产权示范企业
- 国家建筑密封胶新技术产业化示范基地
- 国家第一批装配式建筑产业基地

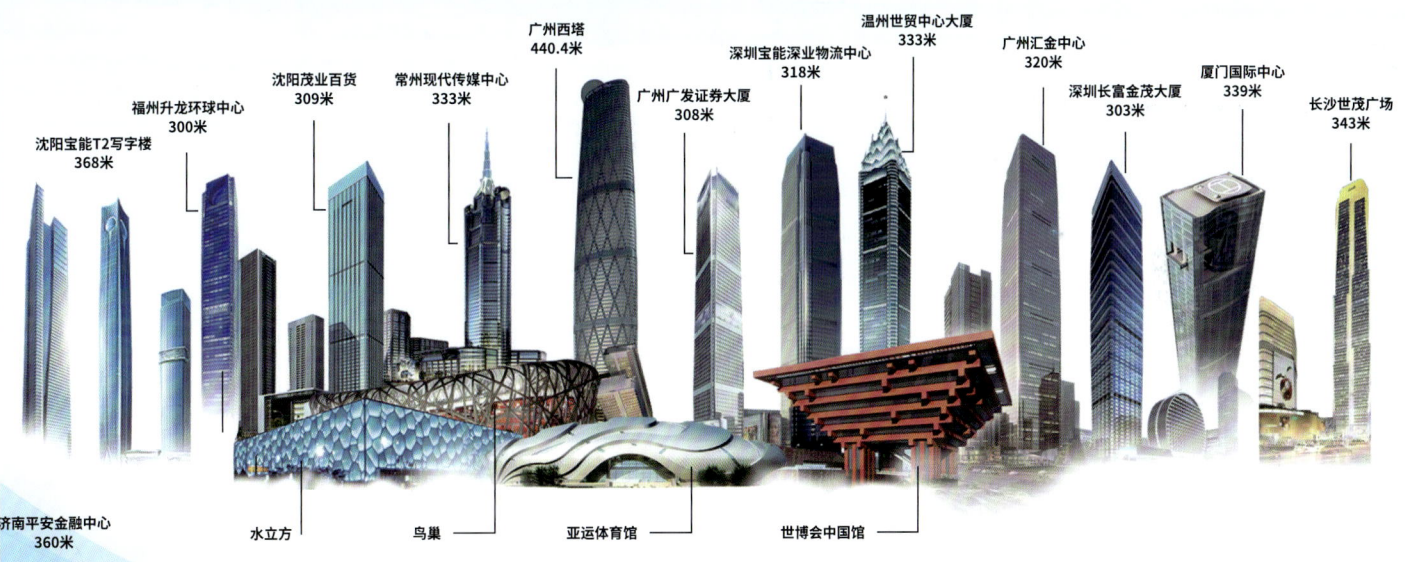

广州白云科技股份有限公司
GUANGZHOU BAIYUN TECHNOLOGY CO., LTD.

全球技术服务热线：**400-830-1582**

地址：广州市白云区太和广州民营科技园云安路1号
电话：020-37312999 传真：020-37312900
网址：http://www.china-baiyun.com

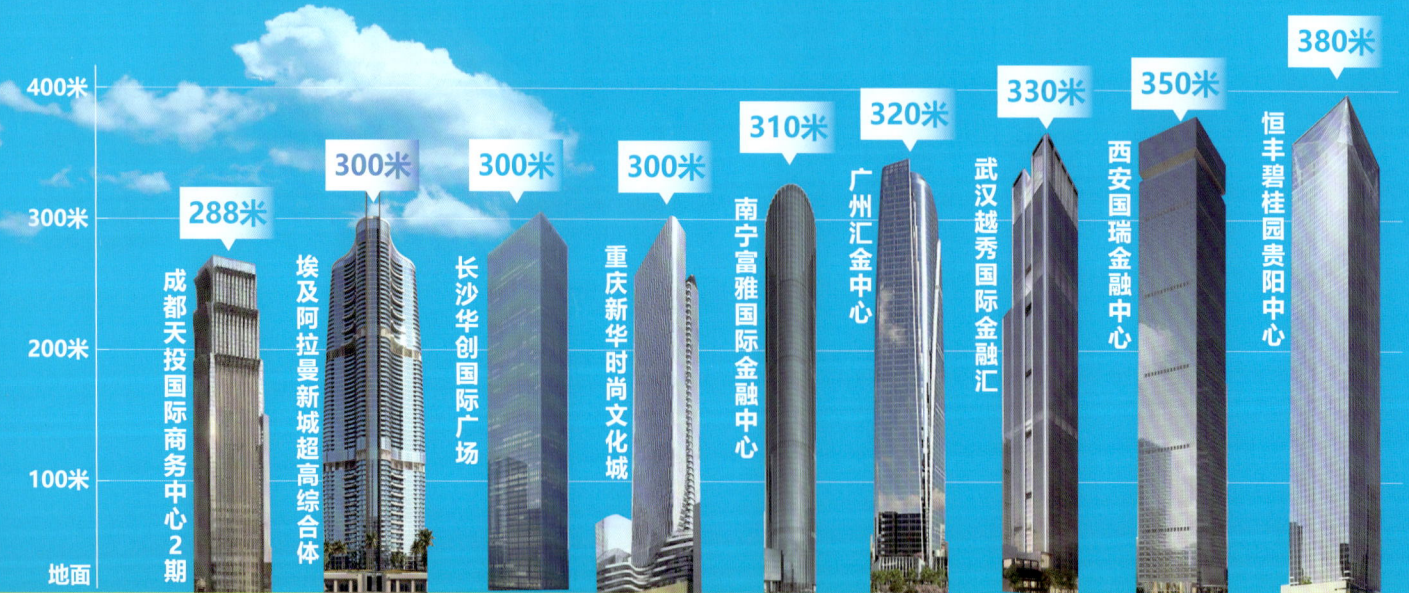

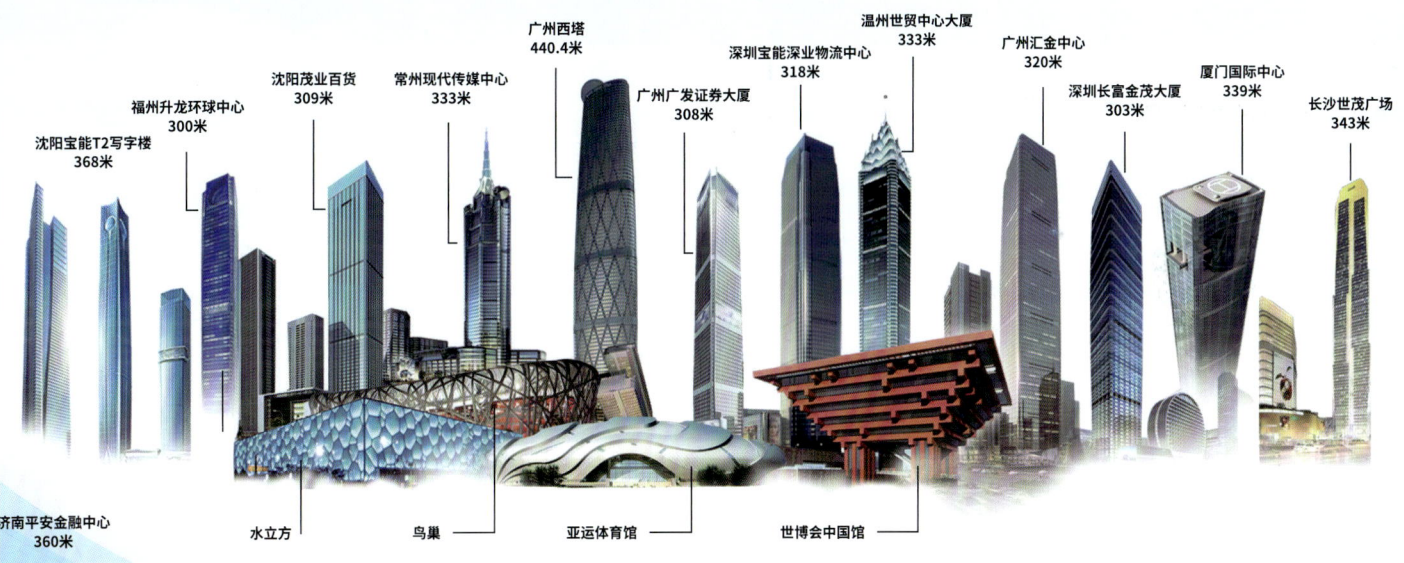

硅宝科技

用好胶 选硅宝

防水防火防开裂 抗风抗雨抗老化

打造有机硅材料国际知名品牌

咨询电话 +86-28-8531 8166

硅宝科技
地址：中国·成都高新区·新园大道16号　网址：www.cnguibao.com

企业简介
COMPANY PROFILE

浙江时间新材料有限公司创立于2005年，地处浙江临海，生产基地占地100亩，主要从事门窗幕墙硅酮胶、MS(改性硅烷)胶等建筑材料的研发、生产、销售与服务。公司作为国家级高新技术企业、国家硅酮结构胶生产认定企业、浙江省专精特新中小企业、台州市专精特新"小巨人"企业、台州绿色工厂，拥有先进的全自动化生产线、数字化信息控制设备和严谨的生产管理体系。"时间·TIME"品牌旗下多款产品荣获中国绿色建材产品三星认证。同时，公司还拥有多项发明专利，并与浙江大学化学工程和生物工程学院达成产、学、研合作，设立研究生实践基地。

公司主要品牌为"时间"系列，产品包括硅酮结构密封胶、硅酮耐候密封胶、双组份中性硅酮结构密封胶、双组份中性硅酮中空玻璃胶、石材硅酮密封胶、通用型中性硅酮密封胶、中性防霉专用胶、组角胶、硅酮阻燃密封胶、电子硅酮胶等。产品在众多的重点工程中使用。

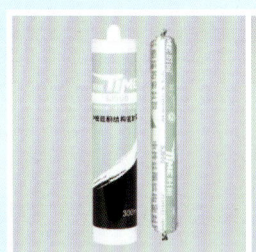
SJ900
硅酮结构胶密封胶

SJ800
硅酮耐候密封胶

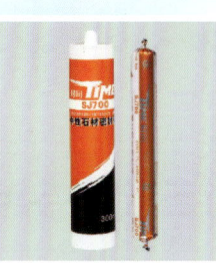
SJ700
石材硅酮密封胶

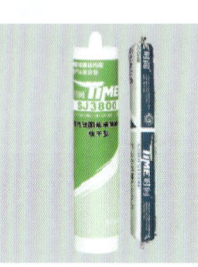
SJ3800
通用型中性硅酮密封胶

SJ8899
双组份中性硅酮结构密封胶

招商成都西南总部大楼

湖州长兴天能太湖科技城

杭州西站枢纽

顺德万洋科技众创城

浙江省之江文化中心

深圳迎玺花园

浙江时间新材料有限公司
ZHEJIANG TIME NEW MATERIAL CO.,LTD.

地址：浙江省临海市永丰镇半坑
Address: Bankeng, Yongfeng Town, Linhai City, Zhejiang Province
电话Tel：0576-85853331/85856777
传真Fax：0576-89393050
网址：http://www.zjshijian.com
邮件：info@zjshijian.com

江苏华硅新材料科技有限公司
Jiangsu Huagui New Materials Technology Co., Ltd

上海华硅节能建筑新材料有限公司
Shanghai Huagui Energy saving New constuction Material co., Ltd

微信关注江苏华硅

上海华硅节能建筑新材料有限公司为顺应市场发展与华硅品牌的需要，于2017年在大丰区自驹工业园区投资成立了江苏华硅新材料科技有限公司，公司全面承接了上海华硅原有企业荣誉，管理理念和技术优势。

江苏华硅拥有现代化工业厂房，配备先进的全自动双螺杆挤出机、静态混合制胶机组、全自动软支包装机和全自动硬管包装机设备，建立了标准的产品检验测试系统。多年来企业一直采用新中大ERP管理系统，实行采购—仓储—生产—销售到售后的全方位动态管理，做到科学与高效。

华硅公司拥有三大类40多个产品，包括建筑类硅胶、工业类硅胶、华硅环保硅胶华硅MS改性硅烷密封胶系列等。上海华硅节能建筑新材料有限公司为顺应市场发展与华硅品牌的需要，于2017年在大丰区自驹工业园区投资成立了江苏华硅新材料科技有限公司，公司全面承接了上海华硅原有企业荣誉，管理理念和技术优势。

万米防火胶，保护建筑安全
目：上海中心

华硅MS改性硅烷密封胶系列

项目：西藏阿里机场
高性能硅酮胶，保护高海拔机场

华硅细心呵护每一建筑密封细节！
SILICONE SEALANTS

江苏华硅新材料科技有限公司
Jiangsu Huagui New Materials Technology Co., Ltd.
上海华硅节能建筑新材料有限公司
Shanghai Huagui Energy-saving New Construction Material Co., Ltd

公司地址：江苏省盐城市大丰区自驹工业园区 邮编：224100
华南营销中心：东莞市凤岗镇凤岗天安数码城T5 N6 903 邮编：523690
上海销售中心：上海市青浦区裕泽大道6055弄1号楼502室 邮编：201706
电话：0515-83618017（江苏）、0769-82030256（华南）、021-39876901（上海）
传真：0515-83618016（江苏）、0769-82030356（华南）、021-39876900（上海）

www.js-huagui.cn

每一座城市地标，都是一个坚朗展台

坚朗产品应用工程案例

KIN LONG 坚朗

一切为了改善人类居住环境

扫一扫，了解更多资讯

一站式建材集采服务平台

了解更多信息关注
坚朗官方抖音号

广东坚朗五金制品股份有限公司
Guangdong Kinlong Hardware Products Co., Ltd.

广东坚朗五金制品股份有限公司创建于2003年，是从事建筑五金及配套件产品研发、制造和销售的专业公司，致力于提供高品质的产品和服务。经过多年的发展，坚朗已成为建筑领域的可靠品牌。

坚朗生产基地面积超过90万㎡，公司员工总数超过16000人，有60多家子公司。公司在国内外设有1000多个销售服务机构，产品远销100多个国家和地区。目前，坚朗已拥有产品2万余种，海内外专利近1000项。依托强大的生产研发能力，精益的生产管理水平，集中行业内优秀的品牌资源，坚朗为客户提供不同场景集成解决方案。

坚朗公司围绕着建筑配套件集成供应的发展方向，以顾客需求为导向，自建营销渠道，面对面为客户提供产品和技术服务，以"研发+制造+服务"的全链条销售模式不断满足客户需求和市场变化。凭借多年的沉淀和积累，公司在产品设计能力、生产规模、销售服务等方面不断进步。

多年来，坚朗一直坚定地践行"唯有专业才能创造独特价值，投机没有未来"的经营哲学为世界各地的众多著名建筑物提供了产品及服务。无数座城市的标志建筑已成为坚朗人的骄傲与辉煌。

地址：东莞市塘厦镇大坪坚朗路3号
电话：0769-82166666　0769-82136666
传真：0769-82955240　0769-82955241
网址：www.kinlong.com　邮编：523722

高新技术企业
国家认可（CNAS）实验室
国家标准起草参编单位
国家知识产权优势企业

合和建筑五金始建于1981年，总部位于珠三角腹地佛山市三水区云东海街道，是国内同时拥有门窗建筑五金及密封胶条双重研发与生产能力的新型现代化企业。

合和建筑五金在国内拥有一个生产基地，产品涵盖铝合金门窗五金、塑料及木门窗五金、幕墙门控五金、家居五金、门窗密封胶条等。合和建筑五金是国家高新技术企业、中国建筑金属结构协会副会长单位、中国建筑金属结构协会建筑门窗配套件委员会定点生产企业，参与起草和制定国家、行业标准。

合和建筑五金始终坚持"合作共赢，和谐发展"的经营理念，致力于做杰出的行业领军企业。

   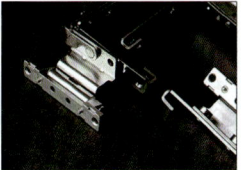 

铝合金门窗五金　　精品定制门窗五金　　幕墙门控五金　　塑料门窗五金　　门窗密封胶条

广东合和建筑五金制品有限公司
GUANGDONG HEHE CONSTRUCTION HARDWARE MANUFACTURING CO.,LTD

邮箱（E-mail）：master@ss-hehe.com
网址（Website）：www.ss-hehe.com

专业门窗五金系统服务供应商

100+项
专利技术

国家高新
技术企业

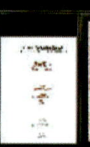      

防火耐火 窗控五金系统

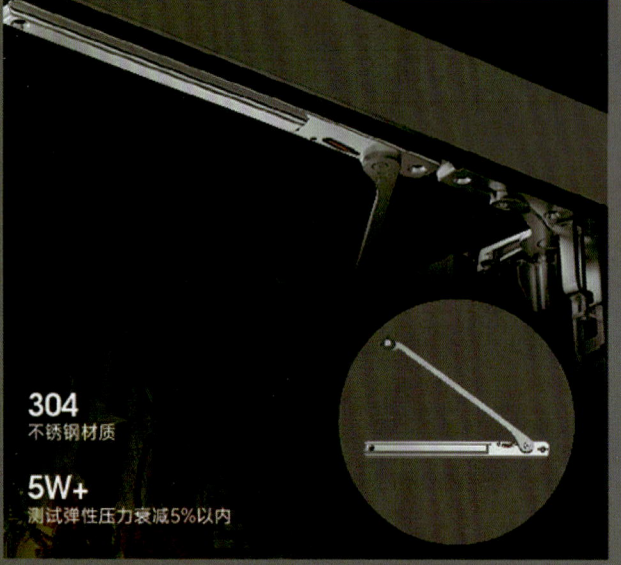

304 不锈钢材质

5W+ 测试弹性压力衰减5%以内

微通风安全锁 窗控五金系统

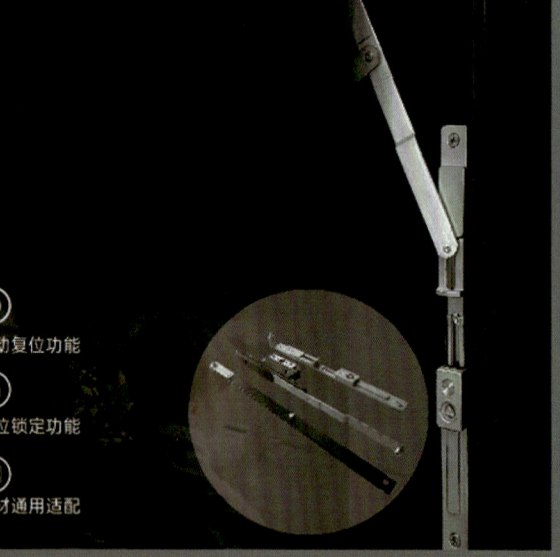

- 自动复位功能
- 限位锁定功能
- 型材通用适配

全新一代平开窗防坠铰链
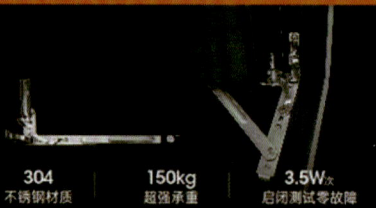

304 不锈钢材质 | **150kg** 超强承重 | **3.5W次** 启闭测试零故障

电动消防窗

手动消防窗
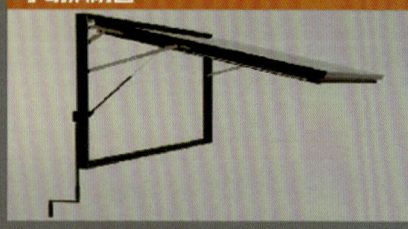

微信公众号

全国服务热线
☎ 0755-8989-8088

深圳坚威科技实业有限公司
🌐 网址：http://www.gdjwwj.cn
📍 深圳市龙岗区宝龙四路2号Aipark国家集成电路高新产业园七栋

深圳东天五金制品有限公司
深圳骏启智能门窗系统有限公司

运营总部：深圳市宝安区福永街道凤凰社区岭下路150号创者中心A栋3楼
联系电话：0755-2220 9049　　http://www.sz-dongtian.com

深圳东天五金制品有限公司是一家集研发、设计、制造、销售、服务及咨询于一体的专业建建筑五金公司，主要经营点支式幕墙配件、不锈钢栏杆、预埋槽道、各式非标件和铸件、不锈钢钢拉索、不锈钢钢拉杆、扶手、栏杆、背栓、石材挂件、电动开窗器、手摇开窗器等，处于行业先进水平。公司本着"唯有提供专业的技术服务和优质的产品才能为客户创造价值"的企业业宗旨，一切以质量为核心，以专业的技术服务为导向，通过ISO 9001国际质量体系认证，产品通过CE论证。公司是中国建筑金属结构协会与门窗幕墙委员会、中国建筑装饰协会、中国机械通用零部件工业协会会员单位。

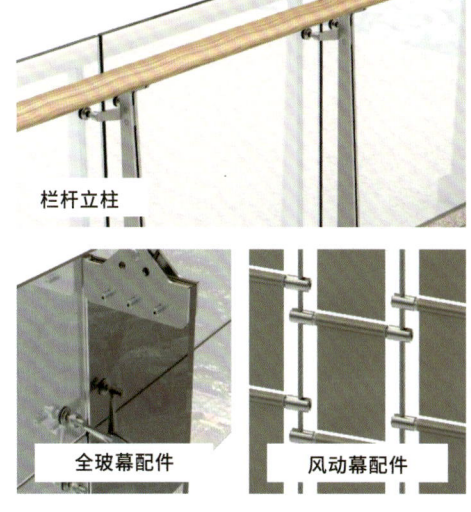

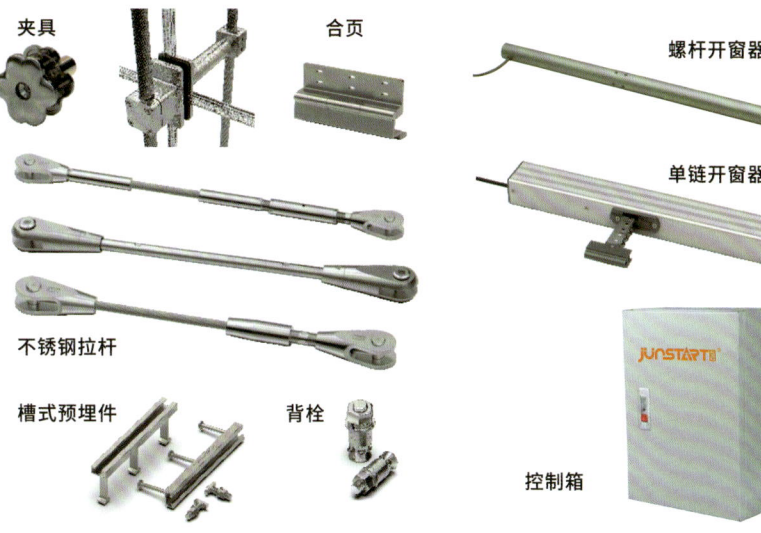

让城市更美丽 / 让建筑更安全 / 让服务更智能

深圳创信明智能技术有限公司
—— 安全 智能 节能 环保 ——

公司简介

深圳创信明智能技术有限公司主要从事智能控制系统、智能电动开窗器、智能室内外遮阳、智能门窗系统、智能楼宇弱电设备的设计研发和生产工作，并提供专业的售后服务。

工程案例

城脉金融中心大厦
配置：智能电动链条开窗器

天津国家会展中心
配置：智能电动螺杆开窗器

珠海华发广场
配置：智能电动链条开窗器

广州琶洲会展中心
配置：智能电动螺杆开窗器

龙岗宣明湾
配置：手摇开窗器

主营产品

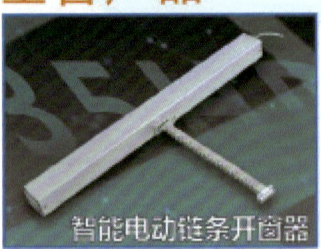
智能电动链条开窗器

智能电动螺杆开窗器

智能电动窗帘

智能电动天棚帘

深圳创信明智能技术有限公司
SHENZHEN CHUANGXINMING INTELLIGENT TECHNOLOGY CO.,LTD

电话：0755-29358881
网址：http://www.sz-cxm.com
地址：广东省深圳市宝安区宝源路F518时尚创意园F2栋409

ALLSUN 澳顺®

专业密封胶条制造商

为社会创造效应、为员工创造机会、为客户创造价值

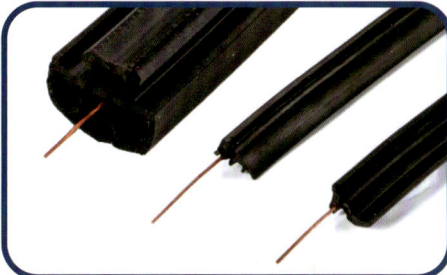
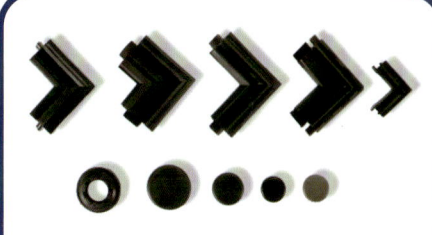

更多资讯·尽在公众号

更多资讯·尽在官网

更多资讯·尽在抖音

深圳市澳顺橡塑制品有限公司
Allsun rubber&plastic Co.,Ltd(Shen zhen)

地址：广东省惠州市惠阳区良井银山工业区
地址：佛山市南海区狮山博爱东路马洞路段南侧旁C1C2商铺（澳顺科技）
手机：13602602784（李旺）　电话：0752-3653218 / 3653217
网址：www.allsuncn.com　邮箱：allsuncn@163.com

欧洲高性能系统门窗
EUROPEAN HIGH-PERFORMANCE SYSTEM DOORS AND WINDOWS

》企业介绍
ENTERPRISE INTRODUCTION

格鲁斯来自于16000公里以外的米兰,那片土地曾经代表了一个时代的文明。30年来,格鲁斯一直专注于高性能系统门窗的研发、设计与智造,足迹遍布60多个国家。

2009年,格鲁斯来到了中国,将欧洲设计美学融入中国建筑,以实力诠释意式建筑的经典与优雅,为合作伙伴提供项目的解决方案及落地服务,为百万家庭提供兼具高性能与先锋设计的产品,致力于提升人居环境品质,推动中国建筑行业的发展与进步。

》产品分类
PRODUCT CLASSIFICATION

- 门 系 统:重型平开门系统 | 高性能提升推拉门系统 | 窄边推拉门系统 | 折叠门系统
- 窗 系 统:高性能外开窗系统 | 超大尺寸内开内倒窗系统 | 手摇窗系统 | 窄边幕墙窗系统
- 电动系统:电动推拉门系统 | 电动提升窗系统

》部分案例展示
PARTIAL CASE PRESENTATION

深圳-城脉金融中心大厦
产品系统: GSD260-TS提升推拉门系统（内加强系统）

深圳-华润深圳湾文化广场BC地块
产品系统: GSD 180提升推拉门系统（室内内加强、室外外加强系统）

深圳-平安颐养康复医疗中心
产品系统: GSD180提升推拉门系统、GSC65平开窗系统 GSZ110-T折叠门系统

深圳-华侨城宝辰公寓
产品系统: GSD180-T提升推拉门系统（内加强系统）

广州-霍英东集团南天名苑
产品系统: GSC-185-E电动提升窗、GSM 65-T 平开门系统 GSC 55-T 平开窗系统/GSD120-T提升推拉门系统

深圳-福田天宸佳园
产品系统: GSC55-T外开窗系统 GSD140-T提升推拉门系统(内加强系统)

深圳-腾讯微众银行大厦
产品系统: GSM65平开门系统、GSD140提升推拉门系统

深圳-榕江壹号院
产品系统: GSC55-T外开窗系统、GSD140-T提升推拉门系统

东莞-深业松湖云城
产品系统: GSC 55-T 外开窗系统、GSD 140-T 提升推拉门系统

格鲁斯（深圳）幕墙门窗科技有限公司

官网: www.gruus.it
地址: 深圳市南山区中山园路1001号TCL科学园区E3-3A
电话: 0755-2641-1725 188-1855-8099

古工实业
系统方案 & 制造商

精致钢
做专做精 追求卓越

耐火构件
客户至上 团队合作

扫一扫加微信

" *Refined Steel* 精致钢 " 古工

厦门翔安	国际机场
福州长乐	国际机场
首都博物馆	东馆
中洲滨海	商业中心
深圳星河	双子塔
北京城市副	中心剧院
华为	东莞总部
南昌保利	大剧院

 139-2868-1737　　佛山市三水中心科技工业园芦苞园

广东雷诺丽特实业有限公司成立于21世纪,是集新型建材研发设计、生产制造于一体的高新科技企业。发展至今,创立了雷诺丽特【REINALITE】、可耐尔【KENAIER】、百易安三大品牌。生产基地位于大旺国家高新区,总占地面积4万平方米。公司主要产品为幕墙铝单板、地铁/机场墙板、艺术镂空铝板、铝空调罩、异形吊顶天花板、双曲板与单元式幕墙板等产品,以及配备日本兰氏氟碳水性喷涂与瑞士金马粉末喷涂设备,满足高端品位企业合作与共赢发展。

雷诺丽特产品延续德国工艺风格,传承德国行业技术精髓,在制造过程中一丝不苟,严谨的作风渗透在每一个细枝末节。产品检验检测全面满足并符合国标、美标、英标、欧标四大标准体系的建筑建材检测,可靠的工程品质和细致入微的服务体系使公司成为中国建筑建材行业的专业品牌。

 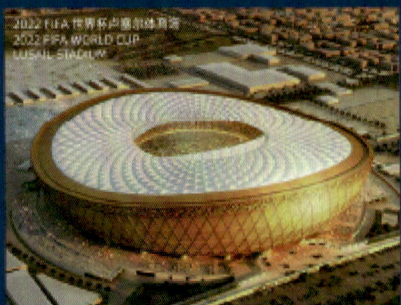 

廣東雷諾麗特實業有限公司
生產地址:廣東省肇慶高新區濱江路17號
全國服務熱線:400-1844-988
官方網站:www.gdlnlt.com

专业幕墙材料供商 技术服务商

CentWin 成特威
深圳市成功幕墙材料有限公司
Shenzhen Chenggong Curtian Materials Co.,Ltd.

成就典范 威名致远

· 深圳市成功幕墙材料有限公司拥有国内外先进的生产加工设备，自主研发多曲面加工设备，积极引进大批敬业务实、经验丰富、勇于创新、勇于探索的管理人才、技术能手、设计尖子和销售精英，及时满足用户需求，确保为客户提供专业的产品以及专业的服务。

· 主营建筑幕墙铝单板、双曲铝单板、窗花吊顶、造型铝板、艺术镂空板、蜂窝板等系列产品。

· 公司营销网络覆盖了四川、广西、广东、上海等多个市场，随着我国建筑装饰行业的发展，成功幕墙忠诚履行自己职责，一直秉承"绿色环保"理念，走绿色建材发展道路，积极参与到各大工程中，参与了一个又一个精品工程，留下了良好的口碑。

· 在公司未来发展中，我们将通过一点突破多点的组织创新规划，整合自主研发、生产、营销资源，实现从销售到服务的可持续竞争优势，用心创造世界品牌，加快公司进军全球市场的步伐。

📞 0755-88601686-8003　　www.szcentwin.com

✉ centwin@126.com

📍 深圳市龙岗区182设计园宝泰大厦1207

广东粤邦金属科技有限公司
GUANGDONG YUEBANG BUILDING METALLIC MATERIALS CO.,LTD.

Corporation Introduction
企业简介

本公司为专业制造幕墙铝单板、室内外异型天花板、遮阳铝百叶板、雕花铝板、双曲弧铝板、高难度造型铝板、蜂窝铝合金板、搪瓷铝合金板以及金属涂装加工的一体化公司,也是集金属装饰材料的研发、设计、生产、销售及安装于一体的大型多元化企业。

公司由于发展需要,于2010年将生产厂区迁移至交通便利的铝合金生产基地——佛山市南海区里水镇。公司占地面积3万多平方米,分为生产区、办公区和生活区。美丽优雅的环境,明亮宽敞的厂房,舒适自然的现代化办公大楼,给人以生机勃勃的感觉。

公司技术力量雄厚、设备齐全。现拥有员工300多人,其中不乏一大批专业管理及技术人才,以适应配合各种客户群体的不同需求。公司拥有数十台专业的钣金加工设备,配备日本兰氏全自动氟碳涂装生产线及瑞士金马全自动粉末涂装生产线,以确保交付给客户的产品符合或超过国内外的质量标准。公司结合多年的生产制造经验,吸收国内外管理技术,巧妙地将两者融为一体,更能体现本公司的睿智进取、科学规范。公司从工程的研发设计到产品的生产检验、施工安装及售后服务均体现了本公司的一贯宗旨"以人为本、质量第一"。

粤邦公司为使客户满意而不懈奋斗。我们信奉"客户的满意,粤邦的骄傲",并以此督促公司每一位员工,兢兢业业、不卑不亢,为实现公司的宏伟目标而不断努力。

竭诚盼望与您真诚的合作,谛造高品质的建筑艺术空间,谱写动听的幸福艺术人生。粤邦建材——您的选择。

粤邦金属科技
您的选择……

地址:广东省佛山市南海区里水北沙竹园工业区7号
电话:0757-85116855 85116918 传真:0757-85116677
邮箱:fsyuebang@126.com 网址:www.fsyuebang.cn

全国服务电话:400—110—6855

粤邦二维码　　粤邦公众号